SOLUTIONS MANUAL

ENGINEERING MECHANICS
STATICS

THIRD EDITION

David J. McGill
Georgia Institute of Technology
Wilton W. King

PWS Publishing Company
ITP An International Thomson Publishing Company

Boston • Albany • Bonn • Cincinnati • Detroit • London • Madrid • Melbourne
Mexico City • New York • Paris • San Francisco • Singapore • Tokyo • Toronto • Washington

PWS PUBLISHING COMPANY
20 Park Plaza, Boston, MA 02116-4324

I(T)P™
International Thomson Publishing
The trademark ITP is used under license.

ISBN 0-534-93394-7

Printed and bound in the United States of America by Financial Publishing.
1 2 3 4 5 6 7 8 9 10—98 97 96 95 94

To the User:

Occasionally in the text, we have changed the names of bodies in holdover problems which remain from the First Edition. Labels such as $\mathcal{A}$ and $\mathcal{B}$ have sometimes been re-labeled $\mathcal{B}_1$ and $\mathcal{B}_2$, for example. We have not made these changes in the Solutions Manual, but which body is which ought to be clear from the context.

Also, our old notation of $\underline{F}_r$ abd $\underline{M}_{rC}$, which was replaced in the Second Edition by $\Sigma\underline{F}$ and $\Sigma\underline{M}C$ in the text, still appears in the Solutions Manual in some holdover problems.

David J. McGill

Wilton W. King

Contents

CHAPTER ①

(1.1) An automobile is parked on a hill. Find the forces exerted on the tires by the road.

(1.2) Determine the maximum angle that a ladder, supporting a painter, can make with a wall without slipping.

(1.3) Velocity is defined from the concepts of space and time. The dimension of velocity is L/T. Energy is defined from the concepts of force and space. The dimension of energy is $F \cdot L$.

(1.4) $1\ lb = 4.448\ N = 4.448\ \frac{kg \cdot m}{s^2}$

$= 4.448\ \frac{kg \cdot m}{s^2}\left(\frac{1000\ g}{1\ kg}\right)\left(\frac{100\ cm}{1\ m}\right)$

$= 4.448 \times 10^5\ \frac{g \cdot cm}{s^2} = 4.448 \times 10^5$ dynes

(1.5) $1\ mile = 5280\ ft\left(\frac{1\ m}{3.281\ ft}\right)\left(\frac{1\ km}{1000\ m}\right)$

$= 1.609\ km$

(1.6) $2500\ lb\left(4.448\ N/lb\right) = 11{,}120\ N$

(1.7) $1\ Btu = 778\ ft\text{-}lb\left(\frac{1\ m}{3.28\ ft}\right)\left(\frac{4.45\ N}{1\ lb}\right)$

$= 1060\ N \cdot m = 1060\ J$

(1.8) $\frac{mr^2}{t^2}$ has dimension ML^2/T^2; each of the other terms has dimension $F = ML/T^2$.

(1.9) $v = \sqrt{2gr}$

dimensions: $L/T \overset{?}{=} \left(\frac{L}{T^2} \cdot L\right)^{1/2} = L/T$ yes

(1.10) $1\ quax = 1\ ft^2\text{-}slug^3/s^4$

$= 1\ \frac{ft^2\text{-}slug^3}{s^4}\left(\frac{1\ m}{3.28\ ft}\right)^2\left(\frac{1\ kg}{.0685\ slug}\right)^3$

$= 289\ m^2 \cdot kg^3/s^4 = 289$ quix

(1.11) density of earth, $\rho_e = 5.51\left(\frac{62.4}{32.2}\right) = 10.7\ slug/ft^3$

$mg = G\frac{m m_e}{r_e^2} \Rightarrow G = \frac{g r_e^2}{m_e} = \frac{g r_e^2}{\rho_e\left(\frac{4}{3}\pi r_e^3\right)} = \frac{3g}{4\pi \rho_e r_e}$

$G = \frac{3(32.2)}{4\pi(10.7)(3960 \times 5280)} = 3.44 \times 10^{-8}\ \frac{ft^3}{slug\text{-}s^2}\left(\frac{ft^4}{lb\text{-}s^4}\right)$

(1.12) Dimension of C_F is that of $\frac{F}{\rho V^2 L^2}$ which has dimension

$\frac{\left(\frac{slug\ ft.}{sec^2}\right)}{\left(\frac{slug}{ft^3}\right)\left(\frac{ft}{sec}\right)^2 ft^2} = 1$, or, in SI units,

$\frac{kg \cdot m/s^2}{\left(\frac{kg}{m^3}\right)\left(\frac{m}{s}\right)^2 m^2} = 1$

(1.13)

(a) $30\times10^6 \frac{lb}{in^2} \frac{4.4482 N}{lb} \frac{(39.37)^2 in^2}{m^2} = 2.07(10^{11})$ Pa

(b) $2.07(10^{11})$ Pa $\frac{1 kPa}{1000 Pa} = 2.07(10^8)$ kPa

(c) $2.07(10^{11})$ Pa $\frac{1 MPa}{10^6 Pa} = 2.07(10^5)$ MPa

(d) $2.07(10^{11})$ Pa $\frac{1 GPa}{10^9 Pa} = 2.07(10^2) = 207$ GPa

(1.14)

$30 \frac{lb}{ft} \frac{4.4482 N}{lb} \frac{3.2808 ft}{m} = 438 \frac{N}{m}$

(1.15) Smallest 3-digit number is 100
Uncertainty of 1 => 1% max.

(1.16) $V_1 = (2.00)(3.00)(4.00) = 24.0\ m^3$
$V_2 = (2.02)(3.03)(4.04) = 24.7\ m^3$
to 3 sig. figs.
$\therefore V_2 - V_1 = 24.7 - 24.0 = 0.7\ m^3$
is known to only one sig. figure

(1.17) With "a" the length of a side
$V_1 = a^3$
For a 2×10^{-3}% increase,
$V_2 = [(1.00002)a]^3 = 1.00006a^3$ using an
8-digit calculator
$V_2 - V_1 = 0.00006a^3 \Rightarrow 0.006\%$ increase
For a 2×10^{-6}% increase,
$V_2 = [(1.00000002)a]^3 = a^3$ using an
8-digit calculator and can't find $V_2 - V_1$.
Now suppose we let ϵ be the increase in length of a side
$V_2 = (a+\epsilon)^3 = a^3[1+\epsilon/a]^3$
$= a^3[1 + 3\frac{\epsilon}{a}$ + higher powers of $\epsilon/a]$
$\therefore V_2 \simeq a^3(1 + 3\epsilon/a)$
$V_2 - V_1 \approx 3(\frac{\epsilon}{a})a^3 = 6\times10^{-5}a^3$ for $\epsilon/a = 2\times10^{-5}$
$= 6\times10^{-8}a^3$ for $\epsilon/a = 2\times10^{-8}$

CHAPTER 2

(2.1) $|\underline{F}_1| = \sqrt{2^2+3^2+6^2} = 7.0\text{ N}$ $|\underline{F}_2| = 9\text{ N}$

$|\underline{F}_3| = \sqrt{3^2+7^2+\sqrt{7}^2} = 8.06\text{ N}$

ANS.: F_2

(2.2) $\Sigma \underline{F} = 0 = (5\hat{i}+6\hat{j})+(2\hat{i}-3\hat{j}-4\hat{k}) + \underline{F}_3$

COLLECT:

$\underline{F}_3 = -7\hat{i} - 3\hat{j} + 4\hat{k}$ LB.

(2.3)

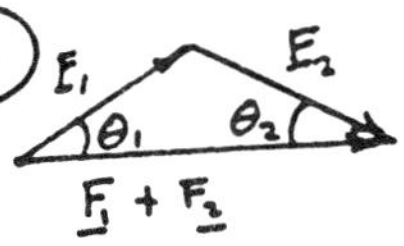

UNLESS $\underline{F}_1$ & $\underline{F}_2$ ARE COLLINEAR, THE SUM OF THEIR MAGNITUDES IS ALWAYS GREATER THAN THEIR SUM.

If not collinear,

Sum $= |\underline{F}_1|\cos\theta_1 + |\underline{F}_2|\cos\theta_2 < |\underline{F}_1| + |\underline{F}_2|$ since |cosines| < 1

(2.4)

(a) $\underline{F} = 238\left(\dfrac{15\hat{i}+8\hat{j}}{17}\right)$ N

(b) $\underline{F} = 210\hat{i} + 112\hat{j}$ N (Check: Magnitude = 238)

(2.5) a) $|\underline{F}| = \sqrt{40^2+50^2+60^2} = 87.8$ N

b) $\cos\theta_x = F_x/F = 40/87.8 = 0.456$

$\cos\theta_y = F_y/F = 50/87.8 = 0.569$

$\cos\theta_z = F_z/F = -60/87.8 = -0.683$

(2.6) $l^2+m^2+n^2=1$; $(.7)^2+(-.2)^2+n^2=1$, $n = \pm .686$

$F_x\hat{i} = F\cos\theta_x\hat{i} = 100(.70)\hat{i} = 70\hat{i}$ LB.

$F_y\hat{j} = F\cos\theta_y\hat{j} = 100(-.20)\hat{j} = -20\hat{j}$ LB.

$F_z\hat{k} = F\cos\theta_z\hat{k} = 100(\pm.686)\hat{k} = \pm 68.6\hat{k}$ LB.

(2.7) $\hat{u} = \dfrac{6000\hat{i} - 6000\hat{j} + 7000\hat{k}}{\sqrt{6000^2+(-6000)^2+7000^2}}$

$= 0.545\hat{i} - 0.545\hat{j} + 0.636\hat{k}$

(Check: Magnitude = 1)

(2.8) $\underline{F} = \underline{F}_1 + \underline{F}_2 = F_1\hat{e} + \underline{F}_2$, WHERE $F_1 = \underline{F}\cdot\hat{e}$

$F_1 = 5(.8) + (-10)(-.6) = 10$ ∴ $\underline{F}_1 = 8\hat{i} - 6\hat{j}$ N

$\underline{F}_2 = \underline{F} - \underline{F}_1 = 5\hat{i} - 10\hat{j} + 3\hat{k} - (8\hat{i} - 6\hat{j})$

$\underline{F}_2 = -3\hat{i} - 4\hat{j} + 3\hat{k}$ N

(2.9) FROM 2.6

$\underline{F} = 100(.70\hat{i} - .20\hat{j} \pm .686\hat{k})$ LB.

$\hat{e} = -.3\hat{i} + .1\hat{j} + .9487\hat{k}$; using +

$\underline{F}\cdot\hat{e} = (70\hat{i} - 20\hat{j} + 68.6\hat{k})\cdot(-.3\hat{i} + .1\hat{j} + .9487\hat{k})$

$= 42.1$ LB (is -88.1 for minus)

(2.10) $\underline{F}\cdot\underline{B} = (10\hat{i}+6\hat{j}-3\hat{k})\cdot(6\hat{i}-2\hat{j})$

$= 48$ LB.FT

(2.11) $\underline{C}(\underline{A}\cdot\underline{C}) + \underline{B} = 3\hat{i}\,[2(3)] + (3\hat{j} - 48\hat{k})$

$= 18\hat{i} + 3\hat{j} - 48\hat{k}$ lb

(2.12)

(a) $\underline{F} = 500\left(\dfrac{\hat{i}+\hat{j}+\hat{k}}{\sqrt{3}}\right)$ N

(b) $\underline{F} = 289\hat{i} + 289\hat{j} + 289\hat{k}$ N

(2.13) $\hat{k} \times (3\hat{i} - 4\hat{j} + 12\hat{k})$ is ⊥ to both the force and the z-axis. This vector is $3\hat{j} + 4\hat{i}$, and a u.v. in its direction is $\dfrac{4\hat{i}+3\hat{j}}{\sqrt{4^2+3^2}} = 0.8\hat{i} + 0.6\hat{j}$

(2.14) $\underline{F} = 30\hat{i} + 40\hat{j} - 120\hat{k}$ LB.

$|\underline{F}| = \sqrt{30^2+40^2+(-120)^2} = 130$ LB.

$\cos\theta_x = F_x/F = 30/130 = .231$; $\theta_x = 76.7°$

$\cos\theta_y = F_y/F = 40/130 = .308$; $\theta_y = 72.1°$

$\cos\theta_z = F_z/F = -120/130 = -.923$; $\theta_z = 157°$

(2.15)

$$\underline{F}_1 \cdot \underline{F}_2 = 0 = (3\hat{i} + F_y\hat{j} + 15\hat{k}) \cdot (7\hat{i} - 2\hat{j} + 3\hat{k})$$

$$21 - 2F_y + 45 = 0 \Rightarrow F_y = 33\text{N}$$

(2.16)

$$|\underline{F}| = \sqrt{20^2 + (-60)^2 + (90)^2} = 110 \text{ N}$$

$$\theta_x = \cos^{-1}\left(\tfrac{20}{110}\right) = 79.5^\circ; \ \theta_y = \cos^{-1}\left(\tfrac{-60}{110}\right) = 123^\circ;$$

$$\theta_z = \cos^{-1}\left(\tfrac{90}{110}\right) = 35.1^\circ$$

(2.17)

$$\underline{F}_1 = 6\hat{i} + 10\hat{j} + 16\hat{k} \text{ LB.}$$

$$\underline{F}_2 = 2\hat{i} - 3\hat{j} \text{ LB.}$$

$$\underline{F}_3 = 25(.707\hat{i} - .707\hat{j}) \text{ LB} = 17.7\hat{i} - 17.7\hat{j} \text{ LB.}$$

(a) $\underline{F} + \underline{F}_2 + \underline{F}_3 = (6\hat{i} + 10\hat{j} + 16\hat{k}) + (2\hat{i} - 3\hat{j}) + (17.7\hat{i} - 17.7\hat{j})$

$$\underline{F}_1 + \underline{F}_2 + \underline{F}_3 = (6+2+17.7)\hat{i} + (10-3-17.7)\hat{j} + 16\hat{k} \text{ LB} = (25.7\hat{i} - 10.7\hat{j} + 16\hat{k}) \text{LB.}$$

(b) $\overline{F}_1 - 2\overline{F}_2 + 3\overline{F}_3 = (6\hat{i} + 10\hat{j} + 16\hat{k}) - 2(2\hat{i} - 3\hat{j}) + (17.7\hat{i} - 17.7\hat{j}) \cdot 3$

$$= (55.1\hat{i} - 37.1\hat{j} + 16\hat{k}) \text{ LB}$$

(2.18)

$$\underline{F}_4 = a\underline{F}_1 + b\underline{F}_2 + c\underline{F}_3$$

$$\therefore 2\hat{i} - 9\hat{j} + 3\hat{k} = a(2\hat{i} + 4\hat{j}) + b(\hat{i} - 2\hat{k}) + c(\hat{i} + \hat{j} - 7\hat{k})$$

$$\Sigma\hat{i}: \quad 2 = 2a + b + c$$

$$\Sigma\hat{j}: \quad -9 = 4a + c$$

$$\Sigma\hat{k}: \quad 3 = -2b - 7c$$

$$a = -\frac{19}{12}, \quad b = \frac{47}{6}, \quad c = -\frac{8}{3}$$

(2.19)

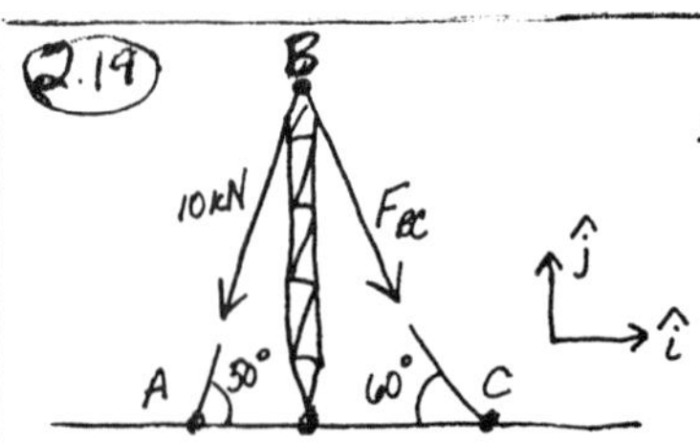

$$\underline{F}_{BC} = F_{BC}(\cos 60^\circ\hat{i} - \sin 60^\circ\hat{j}) = F_{BC}\left(\tfrac{1}{2}\hat{i} - \tfrac{\sqrt{3}}{2}\hat{j}\right)$$

$$F_{AB} = 10(-\cos 50^\circ\hat{i} - \sin 50^\circ\hat{j}) = -6.43\hat{i} - 7.66\hat{j}$$

$$F_{BC_x} + F_{AB_x} = 0 = \frac{F_{BC}}{2} - 6.43 \Rightarrow F_{BC} = 12.9 \text{ kN}$$

Thus $\underline{F}_{BC} + \underline{F}_{AB} = (-12.9\tfrac{\sqrt{3}}{2} - 7.66)\hat{j} = -18.8\hat{j}$ kN

(2.20)

$$\theta = \cos^{-1}\left[\frac{(2\hat{i} + \hat{j} - \hat{k})}{\sqrt{2^2 + 1^2 + (-1)^2}} \cdot \frac{(5\hat{i} - 6\hat{j} + 8\hat{k})}{\sqrt{5^2 + (-6)^2 + 8^2}}\right]$$

$$= \cos^{-1}\left(\frac{10-6-8}{(2.45)(11.2)}\right) = 98.4^\circ$$

(2.21)

$$\underline{F} = 20(\cos 55^\circ\hat{i} - \sin 55^\circ\hat{j}) = 11.5\hat{i} - 16.4\hat{j} \text{ kN}$$

(2.22) TWO OF THEM DEFINE A FAMILY OF PARALLEL PLANES. THERE ARE NO COMPONENTS PERPENDICULAR TO THESE PLANES. THE THIRD VECTOR MAY NOT HAVE A COMPONENT PERPENDICULAR TO THIS FAMILY EITHER. HENCE, IT TOO MUST BE IN ONE OF THESE PARALLEL PLANES.

(2.23)

$$(\underline{A} \cdot \underline{B})^2 = |\underline{A}|^2 |\underline{B}|^2 \cos^2\theta$$

$$\cos^2\theta \leq 1$$

$$\therefore (\underline{A} \cdot \underline{B})^2 \leq |\underline{A}|^2 |\underline{B}|^2$$

(2.24)

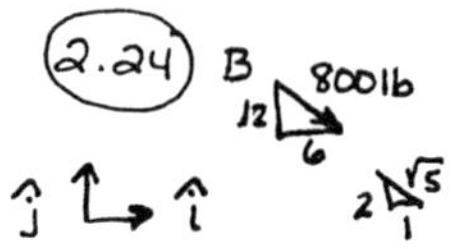

$$\underline{F} = 800\left(\tfrac{1}{\sqrt{5}}\hat{i} - \tfrac{2}{\sqrt{5}}\hat{j}\right) = 358\hat{i} - 716\hat{j} \text{ lb}$$

(2.25)

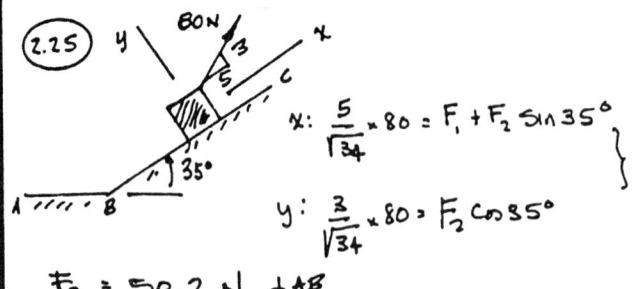

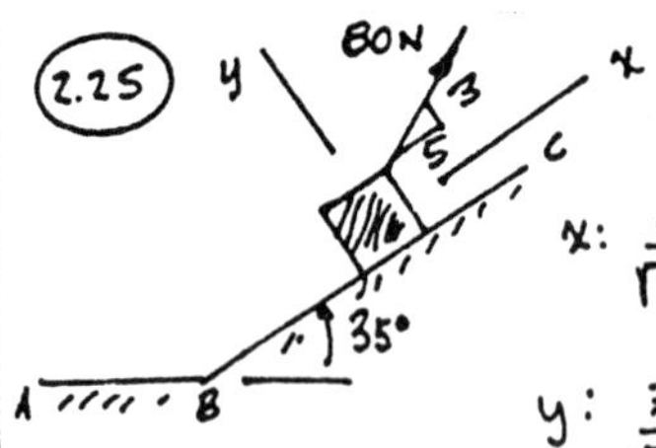

$$x: \ \frac{5}{\sqrt{34}} \times 80 = F_1 + F_2 \sin 35^\circ$$

$$y: \ \frac{3}{\sqrt{34}} \times 80 = F_2 \cos 35^\circ$$

$F_2 = 50.2$ N $\perp$ AB

$F_1 = 39.8$ N ALONG BC

(2.26)

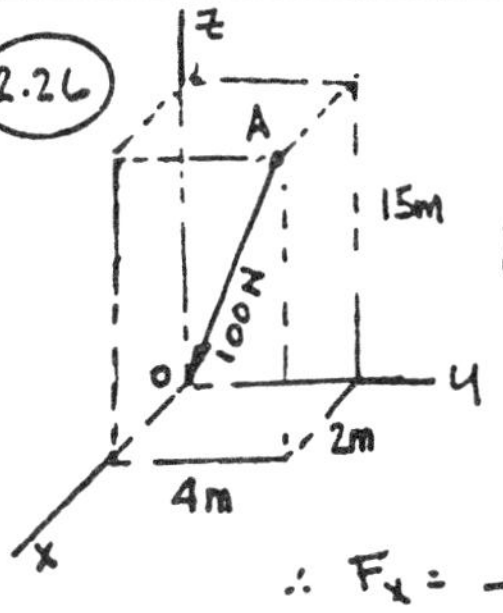

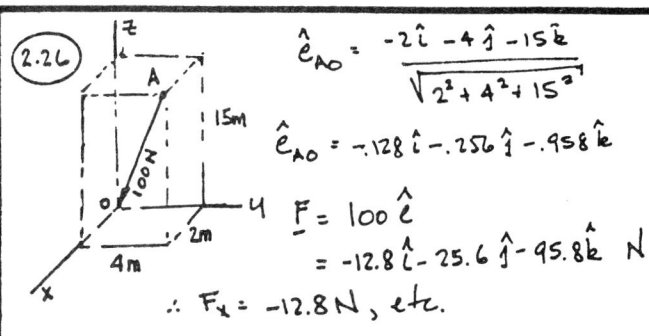

$$\hat{e}_{AO} = \frac{-2\hat{i} - 4\hat{j} - 15\hat{k}}{\sqrt{2^2 + 4^2 + 15^2}}$$

$$\hat{e}_{AO} = -.128\hat{i} - .256\hat{j} - .958\hat{k}$$

$$\underline{F} = 100\hat{e}$$
$$= -12.8\hat{i} - 25.6\hat{j} - 95.8\hat{k} \text{ N}$$

$\therefore F_x = -12.8\text{N}$, etc.

(2.27) $\hat{e}_{AB} = \dfrac{-2\hat{i} + 6\hat{j} - 3\hat{k}}{7}$

a) $\underline{F} = 21\left(-\frac{2}{7}\hat{i} + \frac{6}{7}\hat{j} - \frac{3}{7}\hat{k}\right)$ LB.

b) $\underline{F}_x = -\dfrac{21 \cdot 2}{7}\hat{i} = -6\hat{i}$ LB, $\underline{F}_y = 18\hat{j}$ LB, $\underline{F}_z = -9\hat{k}$ LB

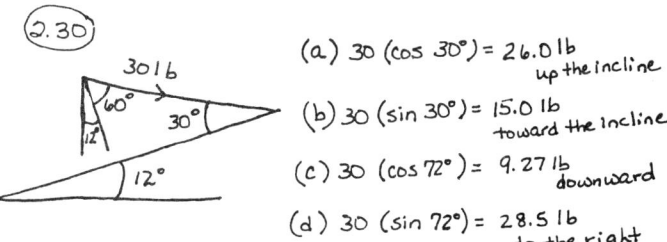

(2.28)

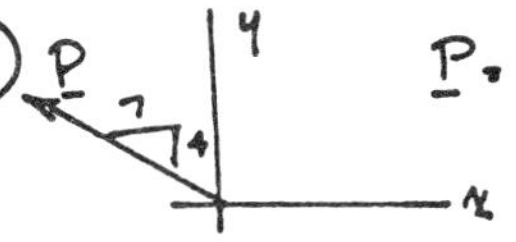

$$\underline{P} = -140\hat{i} + \frac{4}{7} \times 140\hat{j}$$

$$\underline{P} = -140\hat{i} + 80\hat{j} \text{ N}$$

(2.29)

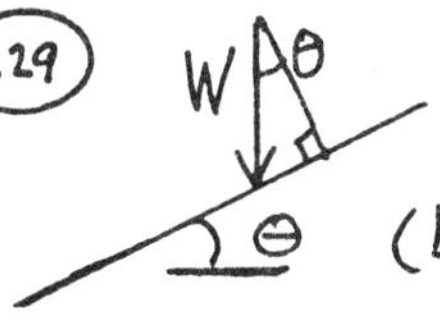

(a) ⊥ plane is the component $W\cos\theta$;

(b) ∥ to plane is $W\sin\theta$, both using trigonometry.

(2.30)

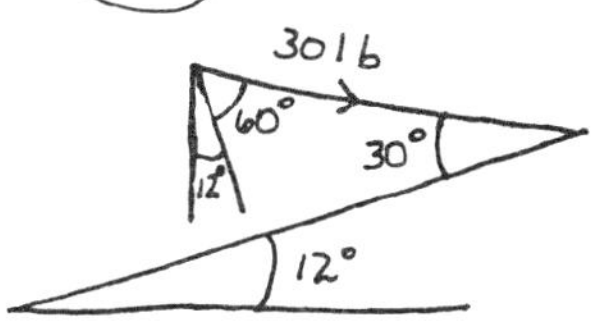

(a) $30(\cos 30°) = 26.0$ lb up the incline

(b) $30(\sin 30°) = 15.0$ lb toward the incline

(c) $30(\cos 72°) = 9.27$ lb downward

(d) $30(\sin 72°) = 28.5$ lb to the right

(2.31)

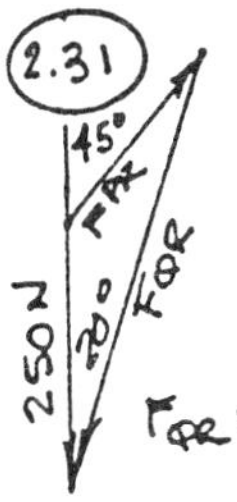

$$F_{QR}\sin 20° = F_{PR}\left(\tfrac{1}{\sqrt{2}}\right)$$

$$F_{QR}\cos 20° - F_{PR}\left(\tfrac{1}{\sqrt{2}}\right) = 250$$

$$F_{QR} = 418\text{N}, \quad F_{PR} = 202\text{ N}$$

(2.32) FROM DIAGRAM, $F_y = F\cos 30°$

AND $F\sin 30° = \sqrt{F_x^2 + F_z^2}$

$\therefore .5F = \sqrt{100^2 + (-30)^2} = 104.4\text{ N}$

SO $F = 208.8\text{ N}$

$$\cos\theta_x = F_x/F = \frac{100}{208.8} = .479$$

$$\cos\theta_z = F_z/F = \frac{-30}{208.8} = -.1437$$

$$\cos\theta_y = \cos 30° = .866$$

& $\underline{F} = 100\hat{i} + 180\hat{j} - 30\hat{k}$ N

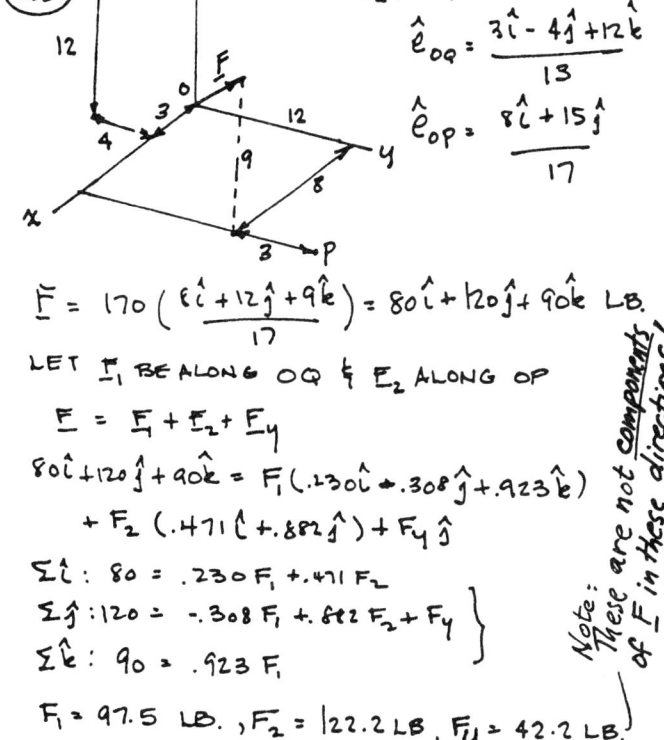

(2.33)

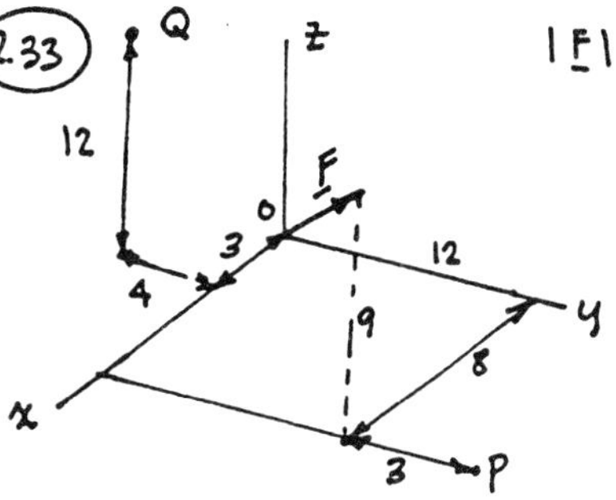

$|\underline{F}| = 170$ LB.

$$\hat{e}_{OQ} = \frac{3\hat{i} - 4\hat{j} + 12\hat{k}}{13}$$

$$\hat{e}_{OP} = \frac{8\hat{i} + 15\hat{j}}{17}$$

$$\underline{F} = 170\left(\frac{8\hat{i} + 12\hat{j} + 9\hat{k}}{17}\right) = 80\hat{i} + 120\hat{j} + 90\hat{k} \text{ LB.}$$

LET $\underline{F}_1$ BE ALONG OQ & $\underline{F}_2$ ALONG OP

$$\underline{F} = \underline{F}_1 + \underline{F}_2 + \underline{F}_y$$

$$80\hat{i} + 120\hat{j} + 90\hat{k} = F_1(.230\hat{i} - .308\hat{j} + .923\hat{k}) + F_2(.471\hat{i} + .882\hat{j}) + F_y\hat{j}$$

$\Sigma\hat{i}: \ 80 = .230F_1 + .471F_2$

$\Sigma\hat{j}: 120 = -.308F_1 + .882F_2 + F_y$

$\Sigma\hat{k}: \ 90 = .923F_1$

$F_1 = 97.5$ LB., $F_2 = 122.2$ LB, $F_y = 42.2$ LB.

Note: These are not components of $\underline{F}$ in these directions!

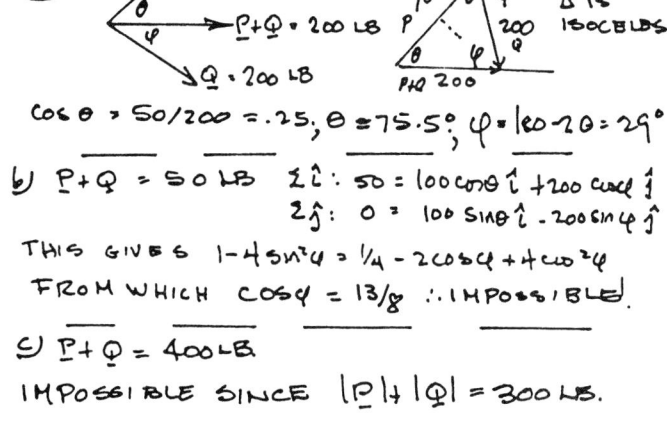

(2.34) a)

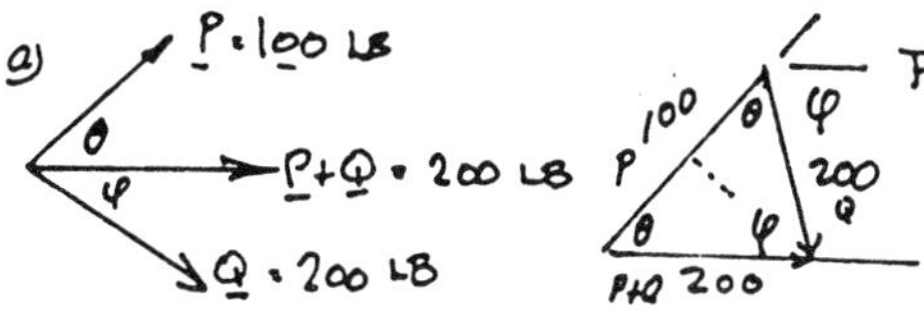

FORCE Δ IS ISOSCELES

$\cos\theta = 50/200 = .25$, $\theta = 75.5°$; $\varphi = 180 - 2\theta = 29°$

b) $\underline{P} + \underline{Q} = 50$ LB $\Sigma\hat{i}: \ 50 = 100\cos\theta\,\hat{i} + 200\cos\varphi\,\hat{j}$

$\Sigma\hat{j}: \ 0 = 100\sin\theta\,\hat{i} - 200\sin\varphi\,\hat{j}$

THIS GIVES $1 - 4\sin^2\varphi = 1/4 - 2\cos\varphi + 4\cos^2\varphi$

FROM WHICH $\cos\varphi = 13/8$ $\therefore$ IMPOSSIBLE.

c) $\underline{P} + \underline{Q} = 400$ LB

IMPOSSIBLE SINCE $|\underline{P}| + |\underline{Q}| = 300$ LB.

(2.35)

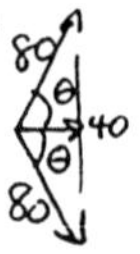

$80(\cos\theta\hat{i}+\sin\theta\hat{j})+80(\cos\theta\hat{i}-\sin\theta\hat{j})=40\hat{i}$

$160\cos\theta = 40$

$\theta = \cos^{-1}(1/4) = 75.52^\circ$

Forces are: $80(0.250\hat{i}+0.968\hat{j})$ and $80(0.250\hat{i}-0.968\hat{j})$ LB.

(2.36) $\underline{F}_4$ DOES THE JOB SINCE IT'S A LINEAR COMBINATION OF $\underline{F}_1$ & $\underline{F}_2$.

(2.37) $\underline{F}_1 \times \underline{F}_2$ is $\perp$ to each of $\underline{F}_1$ and $\underline{F}_2$:

$(\hat{i}+2\hat{j}+3\hat{k})\times(8\hat{i}-9\hat{j}-12\hat{k}) = \hat{i}(-24+27)+\hat{j}(12+24)+\hat{k}(-9-16)$

$= 3\hat{i}+36\hat{j}-25\hat{k}$; Mag. = 43.9

∴ One unit vector $\perp$ both is $\hat{u} = \dfrac{3\hat{i}+36\hat{j}-25\hat{k}}{43.9}$

$= 0.0683\hat{i}+0.820\hat{j}-0.569\hat{k}$

The other unit vector is: $-\hat{u} = -0.0683\hat{i}-0.820\hat{j}+0.569\hat{k}$

(2.38) LET $\underline{A} = a(\hat{i}+\hat{j})+b(\hat{j}+\hat{k})$

$\underline{A}\cdot(\hat{i}+\hat{j}+\hat{k}) = [a\hat{i}+(a+b)\hat{j}+b\hat{k}]\cdot(\hat{i}+\hat{j}+\hat{k}) = 0$

∴ $a+a+b+b=0$; $a=-b$

∴ $\underline{A} = a\hat{i}-a\hat{k}$; $\hat{e} = \frac{1}{\sqrt{2}}\hat{i}-\frac{1}{\sqrt{2}}\hat{k}$

(2.39) **(a.)** $\dfrac{|F_1|}{10} = \dfrac{5}{4} \Rightarrow |F_1| = 12.5$ $\quad \dfrac{|F_2|}{10} = \dfrac{13}{12} \Rightarrow |F_2| = 10.8$

$\dfrac{|F_3|}{10} = \dfrac{17}{15} \Rightarrow |F_3| = 11.3$ $\quad \dfrac{|F_4|}{10} = \dfrac{25}{24} \Rightarrow |F_4| = 10.4$

ANS: $\boxed{F_1}$ has largest magnitude.

(b.) $\dfrac{|F_1|}{1} = \dfrac{13}{12} = 1.08$; $\dfrac{|F_2|}{1} = \dfrac{3}{2} = 1.5$; $\dfrac{|F_3|}{1} = \dfrac{7}{6} = 1.17$

$\dfrac{|F_4|}{1} = \dfrac{11}{9} = 1.22$; $\dfrac{|F_5|}{1} = \dfrac{17}{12} = 1.42$; $\dfrac{|F_6|}{1} = \dfrac{11}{6} = 1.83$

ANS: $\boxed{F_1}$ has smallest magnitude.

(2.40) $\underline{F}_1 = F_1\left(\dfrac{\hat{i}+\hat{j}-\hat{k}}{\sqrt{3}}\right)$; $\underline{F}_2 = F_{2y}\hat{j}+F_{2z}\hat{k}$

$\underline{F}_1 + \underline{F}_2 = -5\hat{i}+8.66\hat{j}$

∴ $F_1(0.577\hat{i}+0.577\hat{j}-0.577\hat{k})+F_{2y}\hat{j}+F_{2z}\hat{k} = -5\hat{i}+8.66\hat{j}$

$\hat{i}$ eqn: $0.577F_1 = -5$

$\hat{j}$ eqn: $0.577F_1 + F_{2y} = 8.66$

$\hat{k}$ eqn: $-0.577F_1 + F_{2z} = 0$

Solns: $F_1 = -8.67$ N, $F_{2z} = -5$ N, $F_{2y} = 13.66$ N

∴ $\underline{F}_1 = -5\hat{i}-5\hat{j}+5\hat{k}$ N

$\underline{F}_2 = 13.66\hat{j}-5\hat{k}$ N

(2.41)

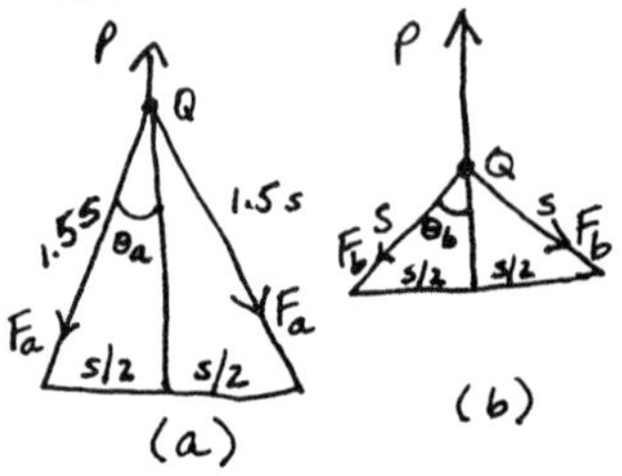

Clearly, θ_a is smaller than θ_b, thus the free part of the sling (not touching the block) is more lined up with force P in (a) than (b). The string tension in (a) is thus smaller than it is in (b), by mentally considering the sum of forces at point Q for equilibrium in the sketches above: Since cos θ is larger in (a), the tension is smaller in (a).

(2.42) $\Sigma\underline{F} = \underline{0} = -80\hat{i}+F_1(0.8\hat{i}+0.6\hat{j})+F_2(0.6\hat{i}-0.8\hat{j})$

$\hat{i}$: $0 = -80+0.8F_1+0.6F_2$

$\hat{j}$: $0 = 0.6F_1-0.8F_2$

Solving, $F_1 = 64$ lb ; $F_2 = 48$ lb

(2.43)

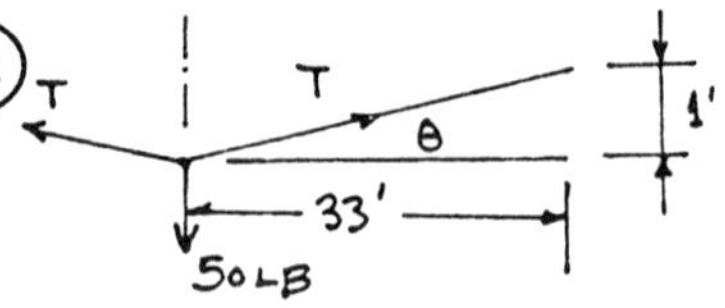

$\Sigma F_x = 0 \Rightarrow T_{CO} = T_{CA} = T$

$\Sigma F_y = 0 = 2T\sin\theta - 50$

$\theta = \tan^{-1}(1/33)$

$\theta = 1.736^\circ = 1/33$ RAD. ∴ $\sin\theta \doteq 1/33 \doteq .0303$

$T = \dfrac{50}{2(.0303)} = 825$ LB

(2.44)

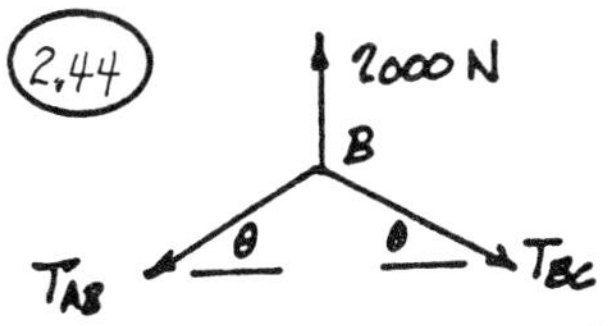

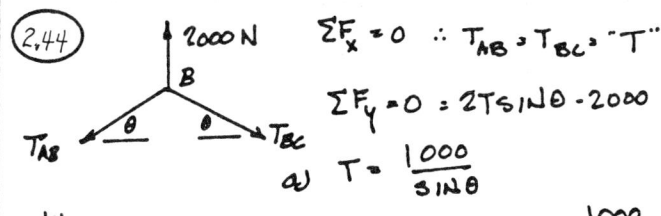

$\Sigma F_x = 0 \therefore T_{AB} = T_{BC} = "T"$

$\Sigma F_y = 0 = 2T\sin\theta - 2000$

a) $T = \dfrac{1000}{\sin\theta}$

b) IF $T_{MAX} = 5000N$, THEN $\sin\theta = \dfrac{1000}{5000}$

$\therefore \theta_{MIN} = \sin^{-1}(.2) = 11.5°$

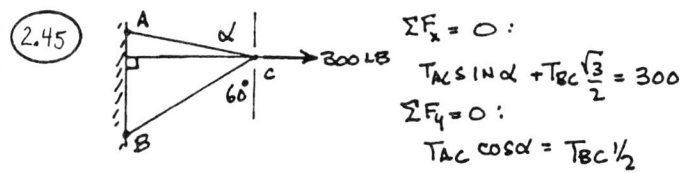

(2.45)

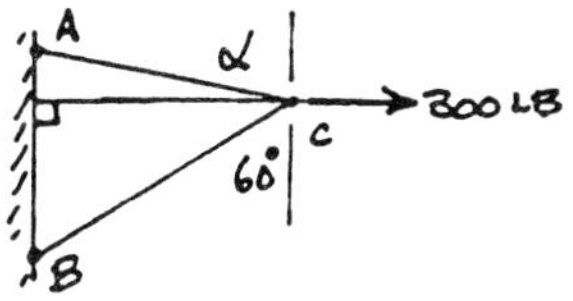

$\Sigma F_x = 0$:

$T_{AC}\sin\alpha + T_{BC}\frac{\sqrt{3}}{2} = 300$

$\Sigma F_y = 0$:

$T_{AC}\cos\alpha = T_{BC}\frac{1}{2}$

$\therefore T_{AC} = \dfrac{300}{\sin\alpha + \sqrt{3}\cos\alpha}$; $\dfrac{dT_{AC}}{d\alpha} = 0$ FOR EXTREMA:

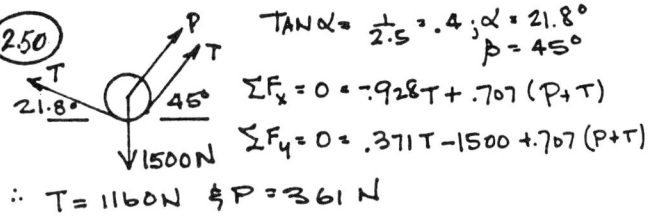

$\dfrac{0 - 300[\cos\alpha - \sqrt{3}\sin\alpha]}{(\sin\alpha + \sqrt{3}\cos\alpha)^2} = 0 \rightarrow \tan\alpha = \dfrac{1}{\sqrt{3}}$

$\therefore \alpha = 30°$

TAKE ANOTHER DERIVATIVE TO ENSURE A MIN OR A QUICKER WAY: CHECK VAL. NEAR 30°

T_{AC} @ 45° = 155.3 > 150 T_{AC} = 150 @ α = 30°

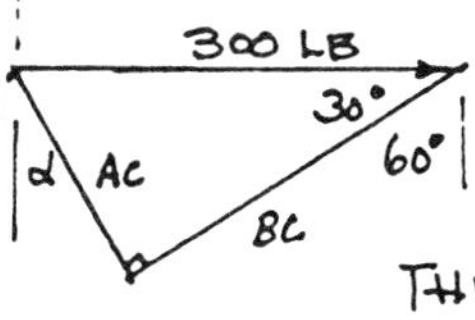

SINCE THE 300 LB FORCE AND THE DIRECTION OF BC ARE BOTH GIVEN, THE SHORTEST LINE TO CLOSE THE FORCE TRIANGLE MUST BE ⊥ TO BC.

THEN $AC = 300\sin 30°$

$= 150$ LB (AS SHOWN)

& $\alpha = 30°$

(2.46) a) FORCES ARE CONCURRENT AT O.

$\overset{+}{\rightarrow} F_x = T\cos\theta - N = 0$

$+\uparrow F_y = 0 = -10 + T\sin\theta$; $T = \dfrac{10}{\sin\theta} = \dfrac{10\sqrt{H^2+1}}{H}$

WHERE $\sin\theta = H/\sqrt{H^2+1}$, etc.

$N = T\cos\theta = \dfrac{10}{H}\sqrt{H^2+1} \times \dfrac{1}{\sqrt{H^2+1}} = \dfrac{10}{H}$

b) AS INCREASES INDEFINITELY:

$N = 10/H \rightarrow 0$; $T = \dfrac{10}{H}\sqrt{H^2+1} \rightarrow 10$ LB

THE ROPE GETS CLOSER AND CLOSER TO THE VERTICAL THROUGH CENTER OF BALL, FOR WHICH:

(2.47)

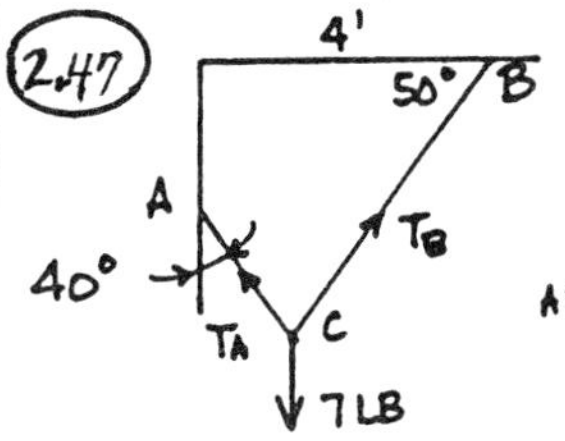

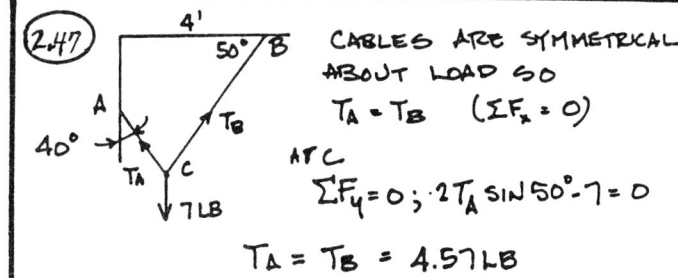

CABLES ARE SYMMETRICAL ABOUT LOAD SO

$T_A = T_B$ $(\Sigma F_x = 0)$

AT C

$\Sigma F_y = 0$; $2T_A\sin 50° - 7 = 0$

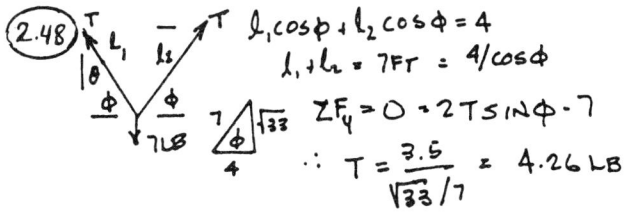

$T_A = T_B = 4.57$ LB

(2.48)

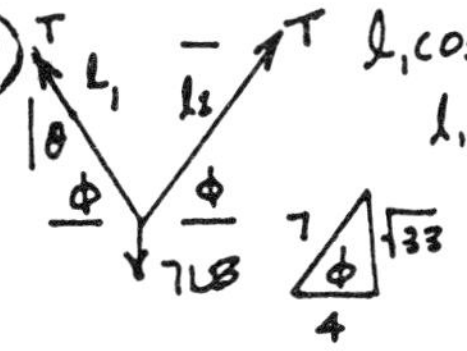

$l_1\cos\phi + l_2\cos\phi = 4$

$l_1 + l_2 = 7FT = 4/\cos\phi$

$\Sigma F_y = 0 = 2T\sin\phi - 7$

$\therefore T = \dfrac{3.5}{\sqrt{33}/7} = 4.26$ LB

(2.49) $\Sigma F_y = 0$;

$T\cos 60° + T\frac{\sqrt{2}}{2} = P\cos\alpha$

$\Sigma F_x = 0$;

$T\sin 60° = T\frac{\sqrt{2}}{2} + P\sin\alpha$

$\Rightarrow T\dfrac{\sqrt{2}+1}{2} = P\cos\alpha$

$T\dfrac{\sqrt{3}-\sqrt{2}}{2} = P\sin\alpha$

$\therefore P^2 = 250^2[2.414^2 + .318^2]$ OR $P = 609$ LB

$\tan\alpha = .318/2.414 \Rightarrow \alpha = 7.5°$

(2.50)

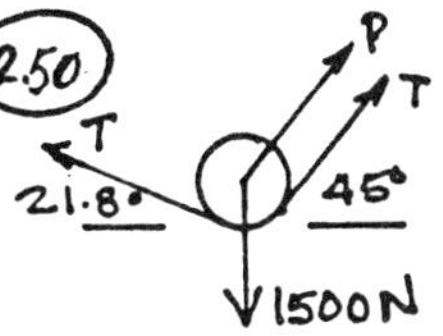

$\tan\alpha = \frac{1}{2.5} = .4$; $\alpha = 21.8°$

$\beta = 45°$

$\Sigma F_x = 0 = -.928T + .707(P+T)$

$\Sigma F_y = 0 = .371T - 1500 + .707(P+T)$

$\therefore T = 1160N$ & $P = 361$ N

(2.51) $\Sigma F_x = 0$ GIVES $T_{AB} = T_{BC}$; $\theta = \phi$

SO $\cos\theta = \cos\phi = 4/5$

$\sin\theta = \sin\phi = 3/5$

AT B: $\Sigma F_y = 0$:

$2\left(\frac{3}{5}T\right) - 50 = 0$

$T = \dfrac{250}{6} = 41.7$ LB

2.52

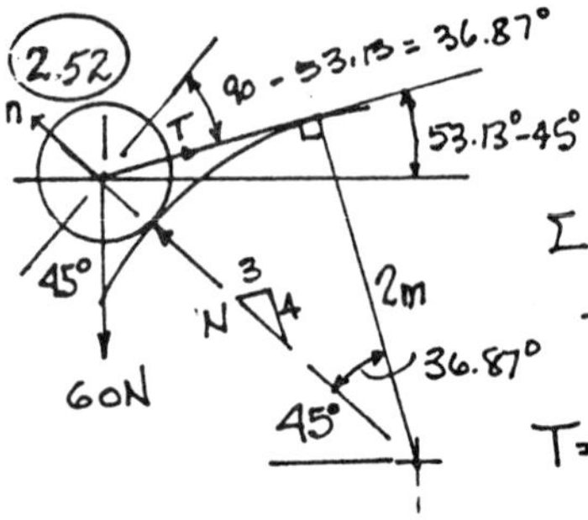

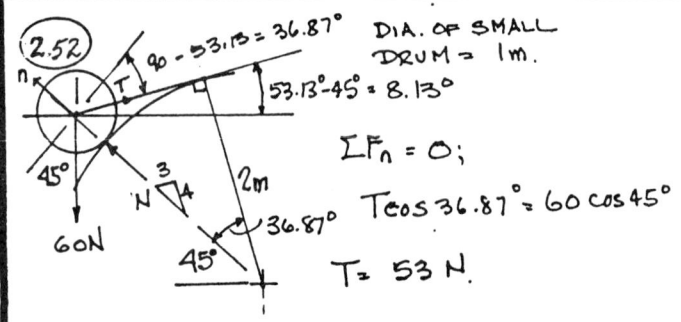

DIA. OF SMALL DRUM = 1m.

$\Sigma F_n = 0;$

$T \cos 36.87° = 60 \cos 45°$

$T = 53\ N.$

2.53

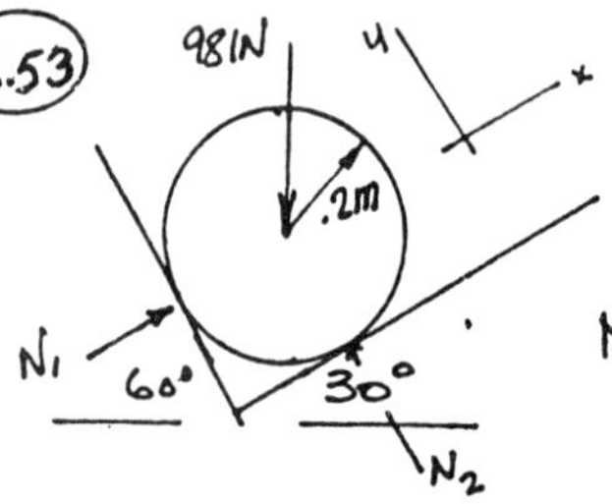

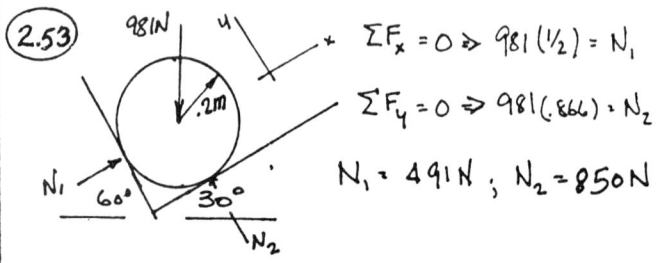

$\Sigma F_x = 0 \Rightarrow 981(1/2) = N_1$

$\Sigma F_y = 0 \Rightarrow 981(.866) = N_2$

$N_1 = 491N\ ;\ N_2 = 850N$

2.54

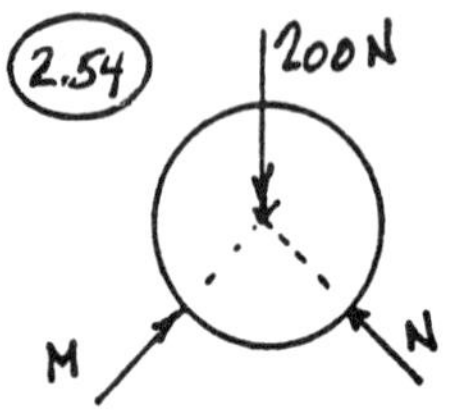

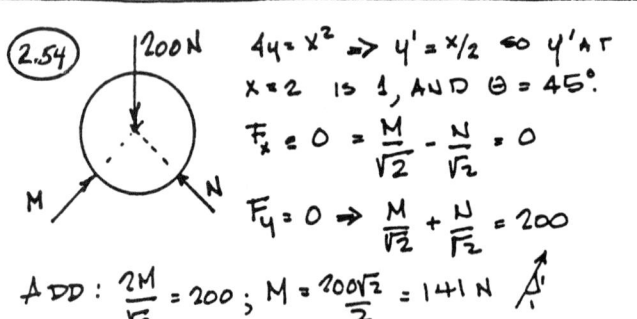

$4y = x^2 \Rightarrow y' = x/2$ so y' AT $x = 2$ IS 1, AND $\theta = 45°$.

$F_x = 0 = \frac{M}{\sqrt{2}} - \frac{N}{\sqrt{2}} = 0$

$F_y = 0 \Rightarrow \frac{M}{\sqrt{2}} + \frac{N}{\sqrt{2}} = 200$

ADD: $\frac{2M}{\sqrt{2}} = 200;\ M = \frac{200\sqrt{2}}{2} = 141\ N$

2.55

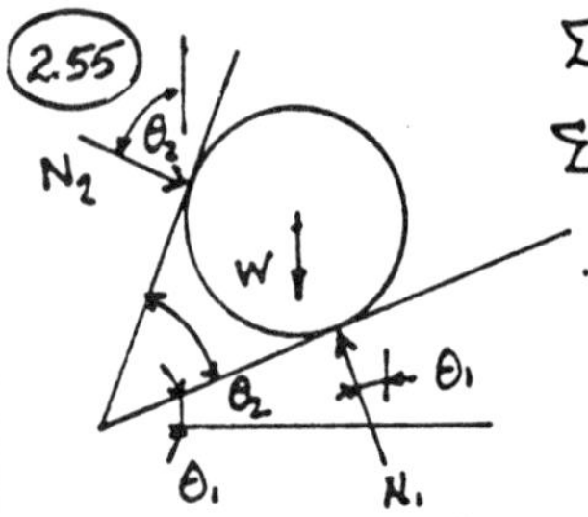

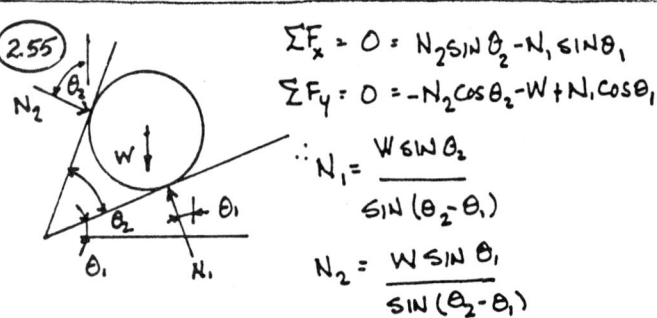

$\Sigma F_x = 0 = N_2 \sin\theta_2 - N_1 \sin\theta_1$

$\Sigma F_y = 0 = -N_2 \cos\theta_2 - W + N_1 \cos\theta_1$

$\therefore N_1 = \frac{W \sin\theta_2}{\sin(\theta_2 - \theta_1)}$

$N_2 = \frac{W \sin\theta_1}{\sin(\theta_2 - \theta_1)}$

AS $\theta_1 \to 0$; $N_1 \to W$ & $N_2 \to 0$

2.56

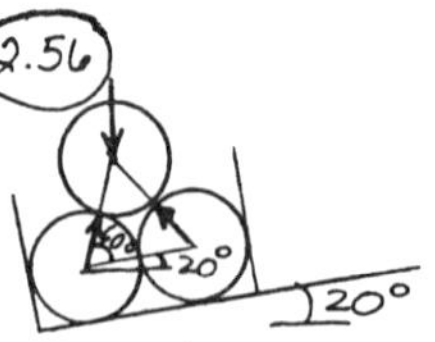

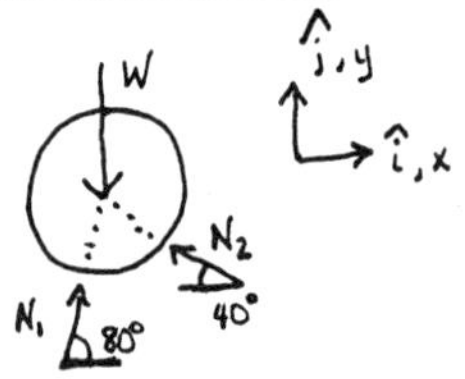

$\Sigma F_x = N_1 \cos 80° - N_2 \cos 40° = 0$

$\Sigma F_y = N_1 \sin 80° + N_2 \sin 40° - W = 0$

$N_1 = \frac{\begin{vmatrix} 0 & -\cos 40° \\ W & \sin 40° \end{vmatrix}}{\cos 80° \sin 40° + \sin 80° \cos 40°} = \frac{0.766W}{0.866} = 0.885\ W$

$N_2 = \frac{N_1 \cos 80°}{\cos 40°} = 0.201\ W$

2.57

SEE FIG. IN TEXT.

$\Sigma F_y = 0 = 1000 - (4) N \sin 25°$

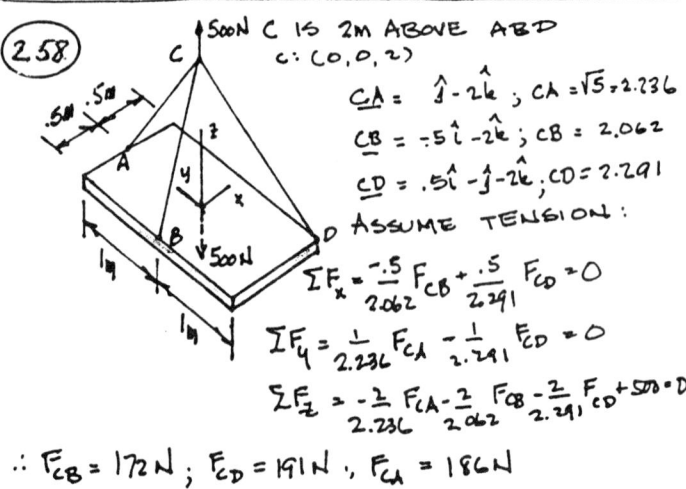

$N = 592N$

2.58

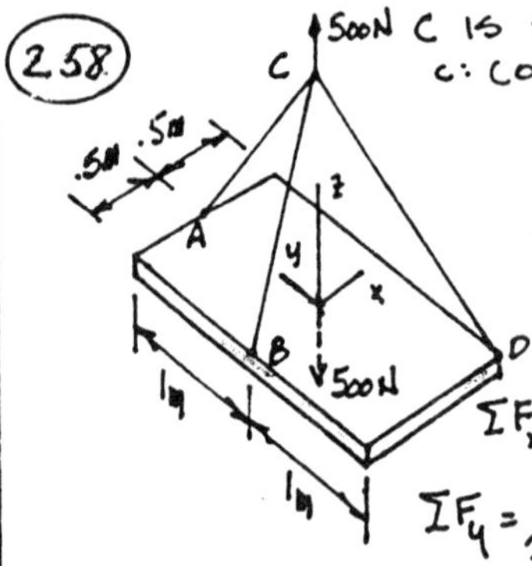

C IS 2M ABOVE ABD

c: (0, 0, 2)

$\underline{CA} = \hat{j} - 2\hat{k}$; $CA = \sqrt{5} = 2.236$

$\underline{CB} = -.5\hat{i} - 2\hat{k}$; $CB = 2.062$

$\underline{CD} = .5\hat{i} - \hat{j} - 2\hat{k}$; $CD = 2.291$

ASSUME TENSION:

$\Sigma F_x = \frac{-.5}{2.062} F_{CB} + \frac{.5}{2.291} F_{CD} = 0$

$\Sigma F_y = \frac{1}{2.236} F_{CA} - \frac{1}{2.291} F_{CD} = 0$

$\Sigma F_z = -\frac{2}{2.236} F_{CA} - \frac{2}{2.062} F_{CB} - \frac{2}{2.291} F_{CD} + 500 = 0$

$\therefore F_{CB} = 172N$; $F_{CD} = 191N$; $F_{CA} = 186N$

2.59

SEE FIG. IN TEXT:

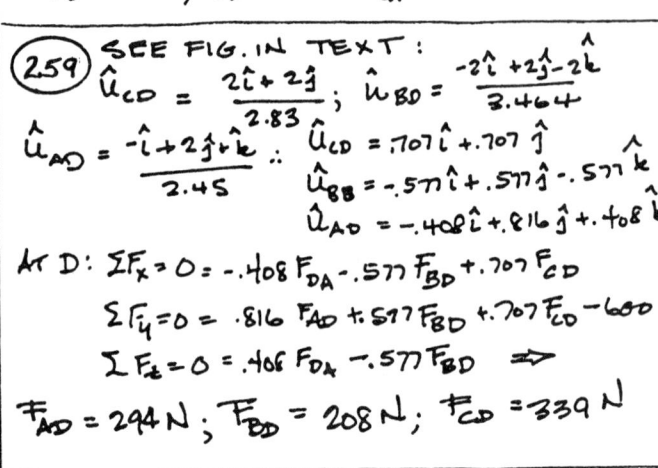

$\hat{u}_{CD} = \frac{2\hat{i} + 2\hat{j}}{2.83}$; $\hat{u}_{BD} = \frac{-2\hat{i} + 2\hat{j} - 2\hat{k}}{3.464}$

$\hat{u}_{AD} = \frac{-\hat{i} + 2\hat{j} + \hat{k}}{2.45}$ $\therefore$ $\hat{u}_{CD} = .707\hat{i} + .707\hat{j}$

$\hat{u}_{BD} = -.577\hat{i} + .577\hat{j} - .577\hat{k}$

$\hat{u}_{AD} = -.408\hat{i} + .816\hat{j} + .408\hat{k}$

AT D: $\Sigma F_x = 0 = -.408 F_{DA} - .577 F_{BD} + .707 F_{CD}$

$\Sigma F_y = 0 = .816 F_{AD} + .577 F_{BD} + .707 F_{CD} - 600$

$\Sigma F_z = 0 = .408 F_{DA} - .577 F_{BD} \Rightarrow$

$F_{AD} = 294N$; $F_{BD} = 208N$; $F_{CD} = 339N$

2.60

THE HT OF THE PLATE IS $s\sqrt{3}/2$.

$\therefore \ell^2 = \left(\frac{s}{\sqrt{3}}\right)^2 + h^2$. SO THE VERTICAL COMPONENT OF FORCE IN A ROPE: h/ℓ

$\therefore \Sigma F_v = 0;\ 3F \frac{\sqrt{\ell^2 - s^2/3}}{\ell} = 500N$

$F_{MAX} = 1500N$ $s = 1m$ $\therefore \ell_{MIN} = .581m$

(2.61)

1) 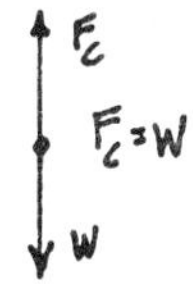

2) 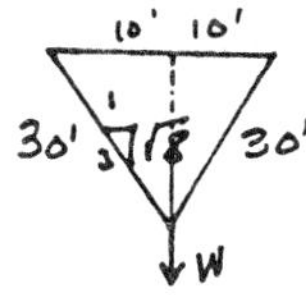

$F_c = .5303W$

2 CABLES

3) 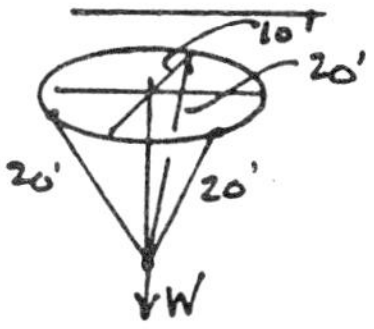

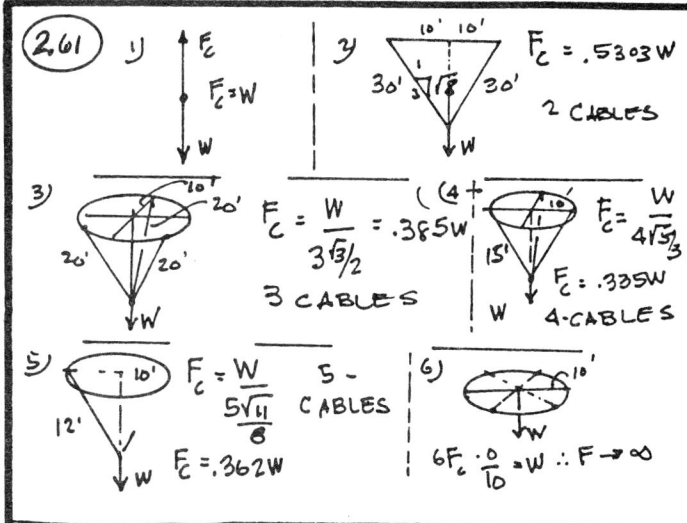

$F_c = \dfrac{W}{3\sqrt{3}/2} = .385W$

3 CABLES

4) 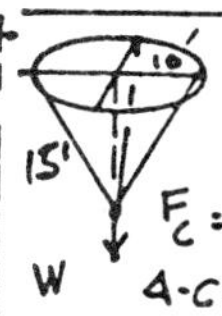

$F_c = \dfrac{W}{4\sqrt{5}/3}$

$F_c = .335W$

4-CABLES

5) 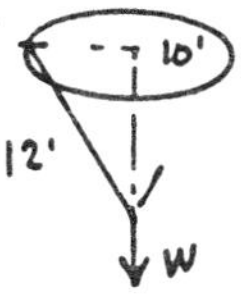

$F_c = \dfrac{W}{5\sqrt{11}/8}$ 5-CABLES

$F_c = .362W$

6) 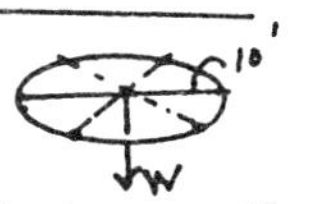

$6F_c \cdot \dfrac{0}{10} = W \therefore F \to \infty$

(2.62) PLATES: 60 LB EACH.

$60/6\times 5 = 2\ LB/FT^2$

TRIANGLES WEIGH: $(2)(\frac{1}{2}\times 8\times 3) = 24$ LB EACH

$W = 60(2) + 24(3) = 192$ LB

$\Sigma F_y = 0 = 4\left[\dfrac{T8}{\sqrt{8^2+4^2+3^2}}\right] = 192$

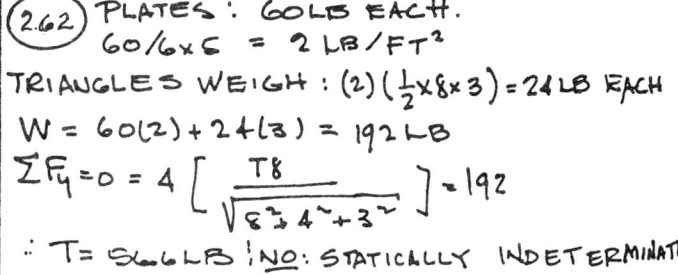

$\therefore T = 56.6$ LB | NO: STATICALLY INDETERMINATE

(2.63) $\underline{F}_1 = 14\left(\dfrac{3\hat{i}+6\hat{j}+2\hat{k}}{7}\right) = 6\hat{i}+12\hat{j}+4\hat{k}$

$\underline{F}_2 = 6\left(\dfrac{3\hat{i}+6\hat{j}-6\hat{k}}{9}\right) = 2\hat{i}+4\hat{j}-4\hat{k}$

$\underline{F}_3 = 10\left(\dfrac{-4\hat{i}-3\hat{j}}{5}\right) = -8\hat{i}-6\hat{j}$

$\Sigma\underline{F}$ (OR $\underline{F}_r$) $= 0\hat{i}+10\hat{j}+0\hat{k} \neq 0$

$\therefore$ NOT IN EQUILIB.; need $\underline{F}_4 = -10\hat{j}$ N

(2.64) Each body must be in equilibrium! So to the particle at the origin, add $52\left(\dfrac{3\hat{i}-4\hat{j}-12\hat{k}}{13}\right) = -12\hat{i}-16\hat{j}-48\hat{k}$ lb; To the other, add $+12\hat{i}+16\hat{j}+48\hat{k}$ lb.

(2.65) 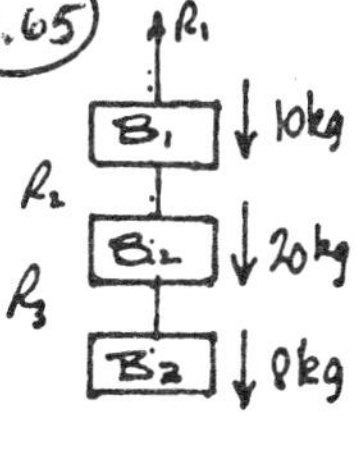

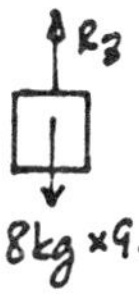

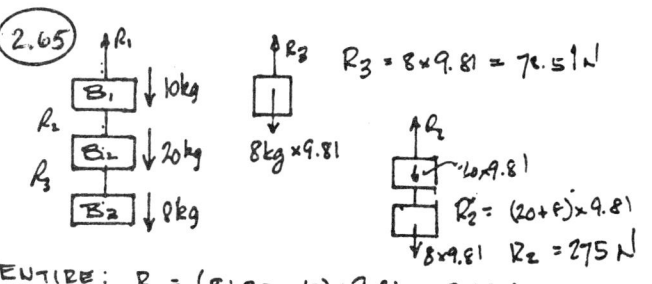

$R_3 = 8\times 9.81 = 78.5\uparrow N$

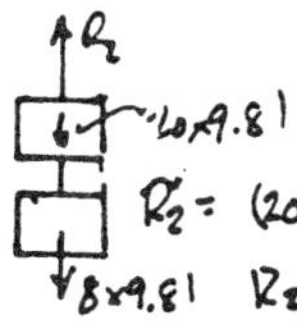

$R_2 = (20+8)\times 9.81$

$R_2 = 275$ N

ENTIRE: $R_1 = (8+20+10)\times 9.81 = 373$ N

(2.66) 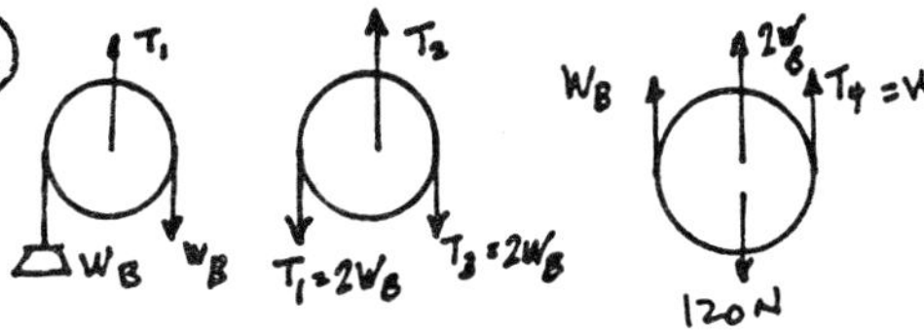

$\therefore W_B + 2W_B + W_B - 120 = 0 \quad \therefore W_B = 30N$

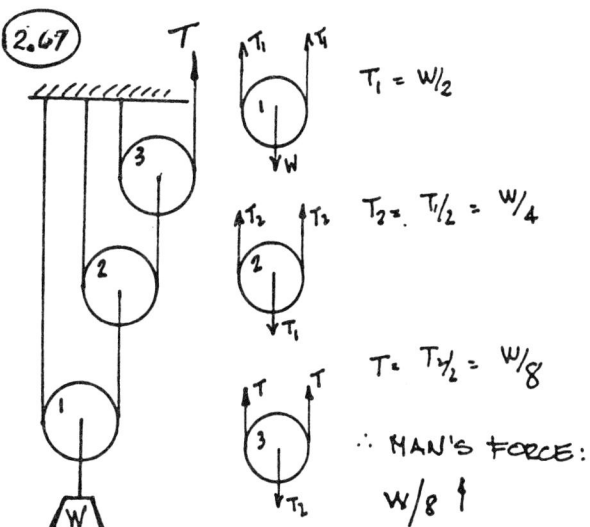

(2.67) 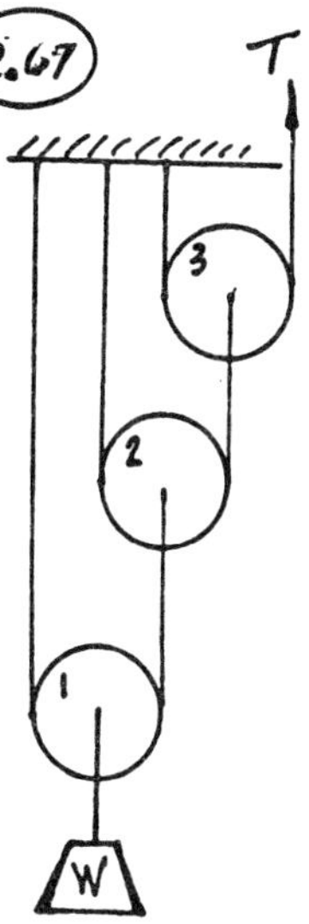

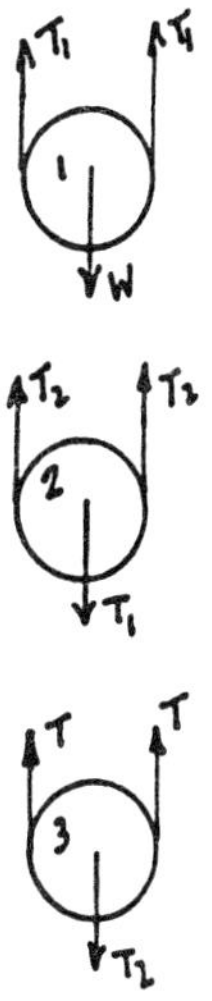

$T_1 = W/2$

$T_2 = T_1/2 = W/4$

$T = T_2/2 = W/8$

$\therefore$ MAN'S FORCE: $W/8\uparrow$

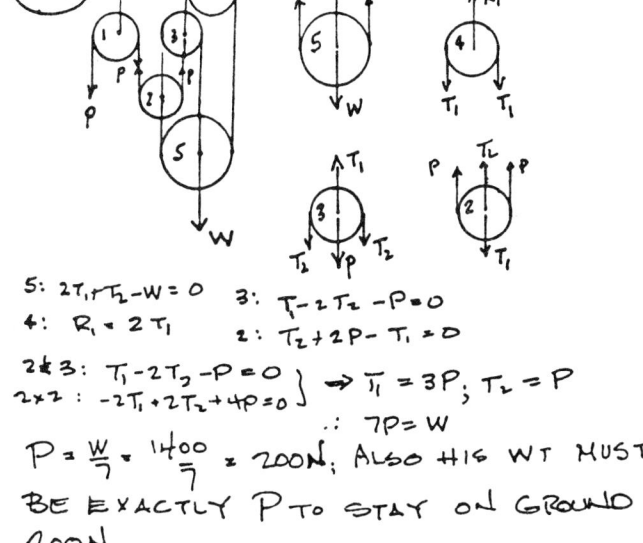

(2.68) 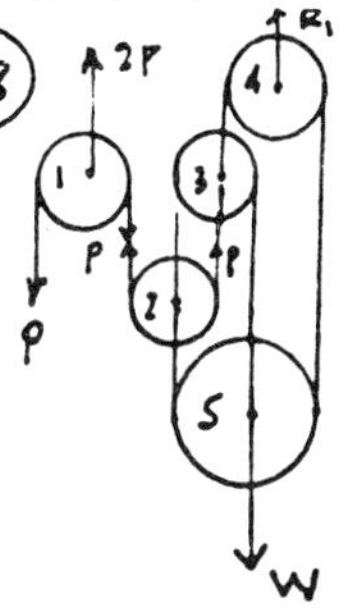

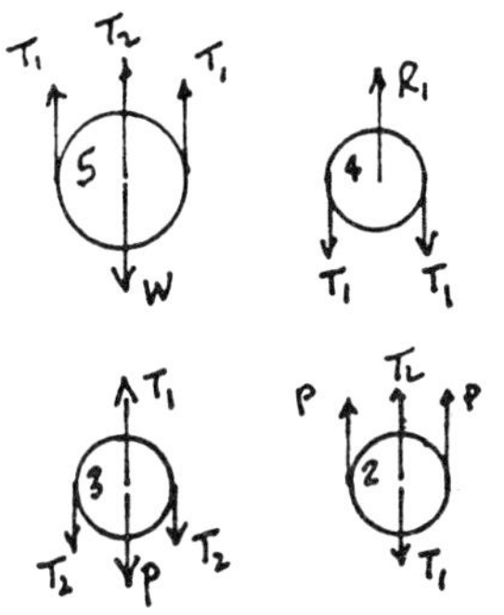

5: $2T_1 + T_2 - W = 0$ 3: $T_1 - 2T_2 - P = 0$

4: $R_1 = 2T_1$ 2: $T_2 + 2P - T_1 = 0$

$2\&3$: $\left.\begin{array}{l} T_1 - 2T_2 - P = 0 \\ 2\times 2: -2T_1 + 2T_2 + 4P = 0 \end{array}\right\} \Rightarrow T_1 = 3P;\ T_2 = P$

$\therefore 7P = W$

$P = \dfrac{W}{7} = \dfrac{1400}{7} = 200N$; ALSO HIS WT MUST BE EXACTLY P TO STAY ON GROUND 200N

(2.69) 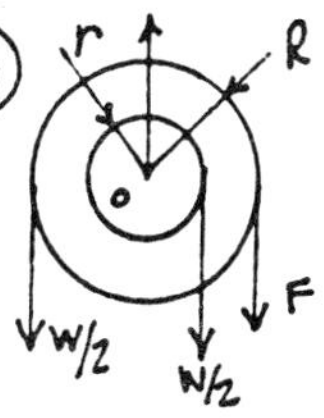

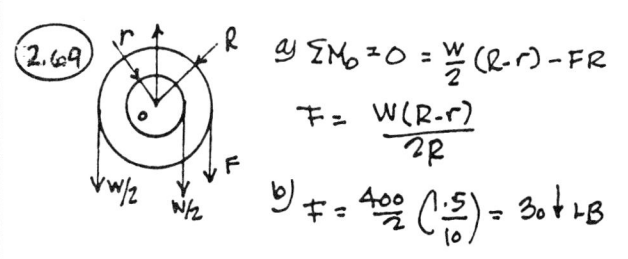

a) $\Sigma M_o = 0 = \dfrac{W}{2}(R-r) - FR$

$F = \dfrac{W(R-r)}{2R}$

b) $F = \dfrac{400}{2}\left(\dfrac{1.5}{10}\right) = 30\downarrow$ LB

2.70 a) SINCE ROPES CARRY SAME FORCE
LOWER BLOCK: $\Sigma F_y = 4F - W = 0$

$F = W/4 = 400/4 = 100 \downarrow LB$

b) $F = \frac{W}{2}\left(\frac{R-r}{R}\right)$ ∴ $100 = \frac{400}{2}\left(1 - \frac{r}{R}\right) \Rightarrow$

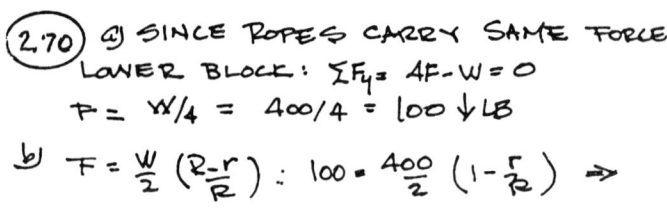

∴ $\frac{r}{R} = 1/2$

2.71

$\Sigma F_y = 0 = 8P - W$

$P = W/8$

2.72

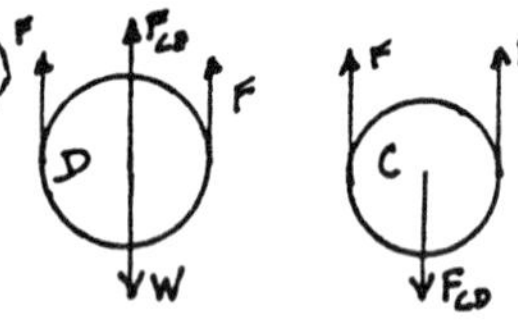

$2F + F_{CD} - W = 0$ (1)

$2F - F_{CD} = 0$ (2)

SOLVE: $F = \frac{1}{4}W$

2.73

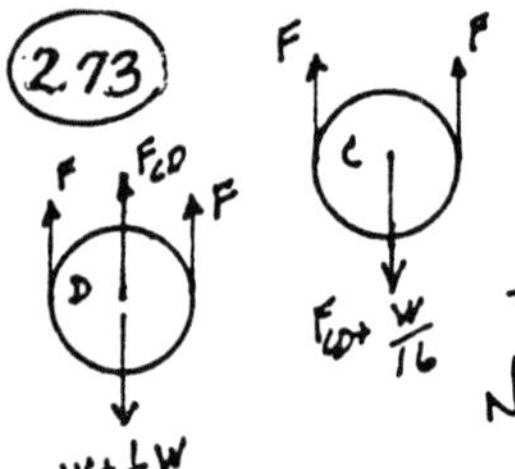

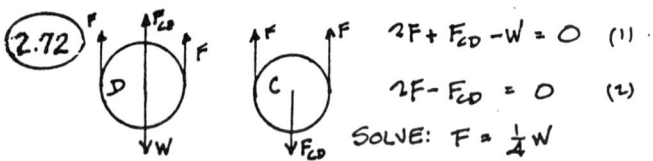

$2F + F_{CD} - \frac{5}{4}W = 0$

$2F - F_{CD} - \frac{W}{16} = 0$

ADD: $F = \frac{21}{64}W$

NOTE: WTS OF A & B DON'T AFFECT F; THEY'RE NOT SUSPENDED

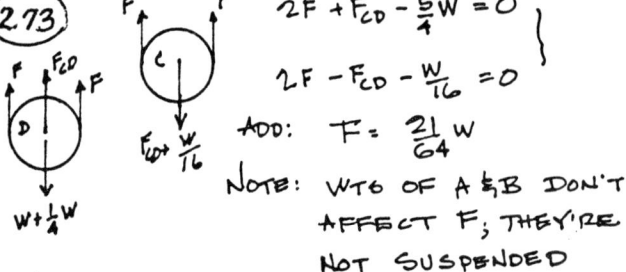

2.74

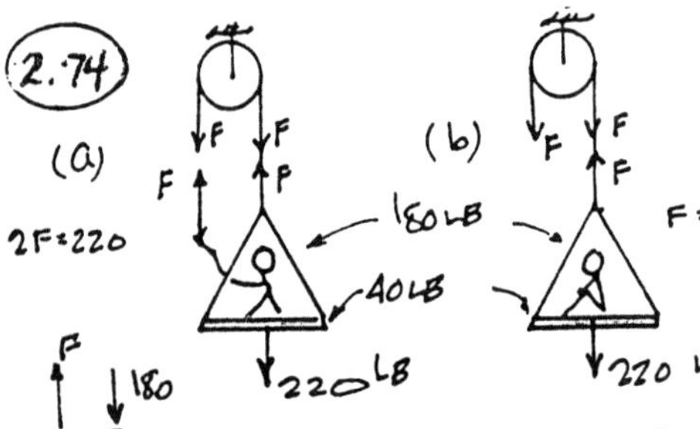

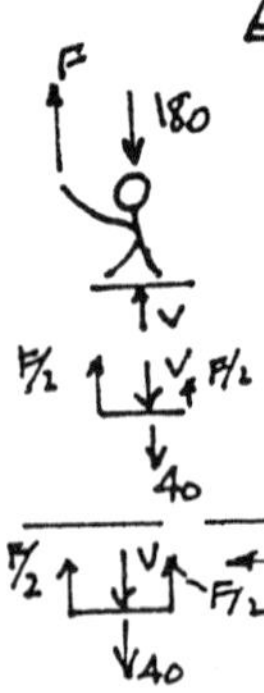

$F + V - 180 = 0$

$2(F/2) - V - 40 = 0$ ⇒ $V = 70$ LB, $F = 110$ LB

b)

$2(F/2) - V - 40 = 0$

$V = 180$ LB

$F = 220$ LB

2.75

a)

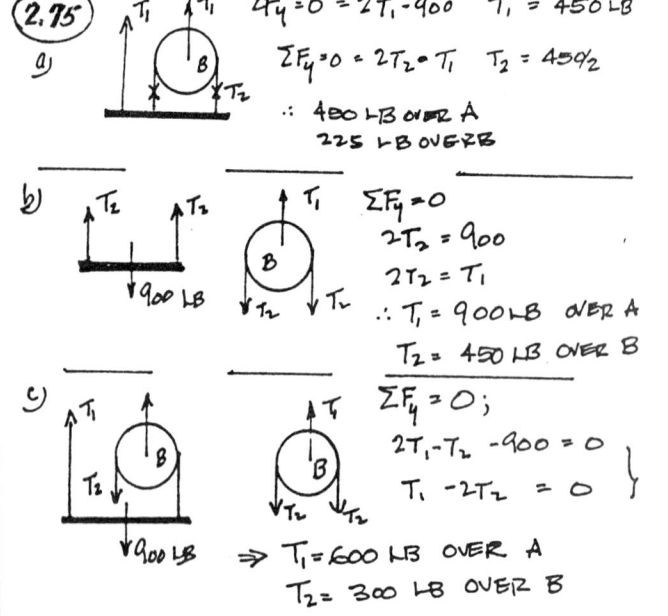

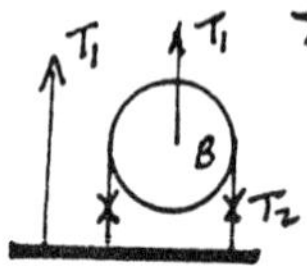

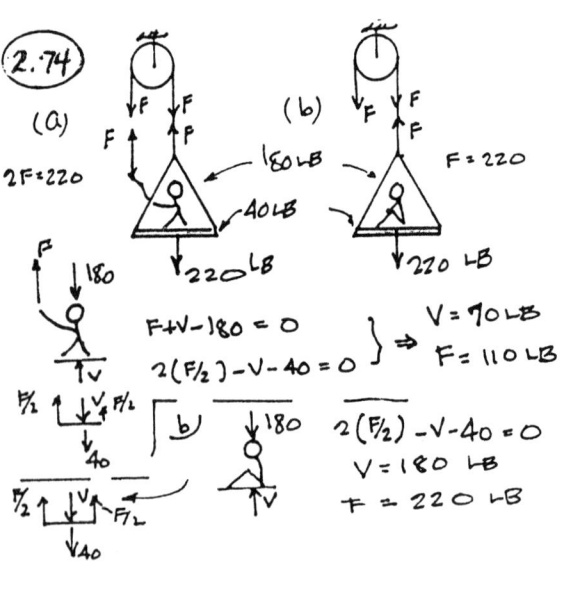

$\Sigma F_y = 0 = 2T_1 - 900$ $T_1 = 450$ LB

$\Sigma F_y = 0 = 2T_2 - T_1$ $T_2 = 450/2$

∴ 450 LB OVER A
225 LB OVER B

b)

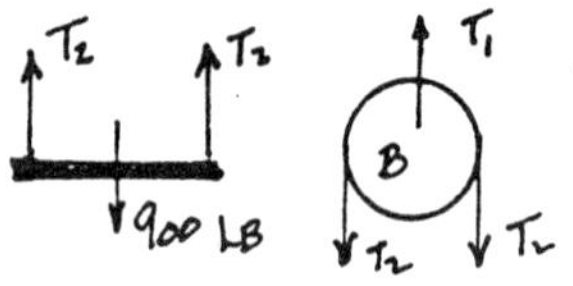

$\Sigma F_y = 0$

$2T_2 = 900$

$2T_2 = T_1$

∴ $T_1 = 900$ LB OVER A

$T_2 = 450$ LB OVER B

c)

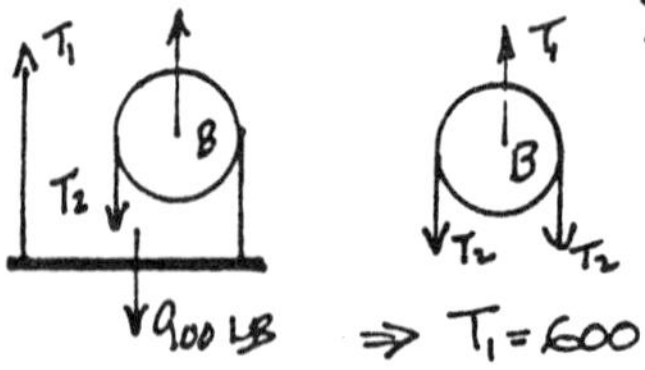

$\Sigma F_y = 0$;

$2T_1 - T_2 - 900 = 0$

$T_1 - 2T_2 = 0$

⇒ $T_1 = 600$ LB OVER A

$T_2 = 300$ LB OVER B

2.76

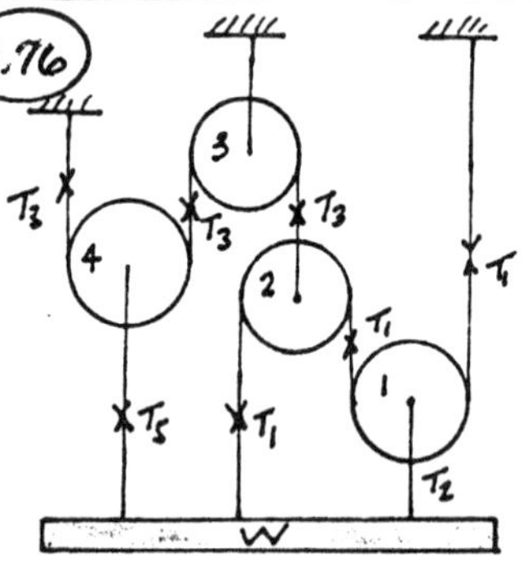

FBD ① ⇒ $T_2 = 2T_1$

FBD ② ⇒ $T_3 = 2T_1$

FBD ③ ⇒

$T_4 = 2T_3 = 4T_1$

FBD ④ →

$T_5 = 2T_3 = 4T_1$

ROPES WITH T_4 & T_5 REACH THEIR LIMITS FIRST & TOGETHER: PLATFORM:

$\Sigma F_y = 0 = T_5 + T_1 + T_2 - W$

⇒ $4T_1 + T_1 + 2T_1 - W = 0$ ∴ $7T_1 = W$

∴ $T_4 = 4T_1 = 1500$ → $T_1 = 1500/4$

So $7T_1 = \frac{7}{4}(1500) = W = 2625$ N

2.77

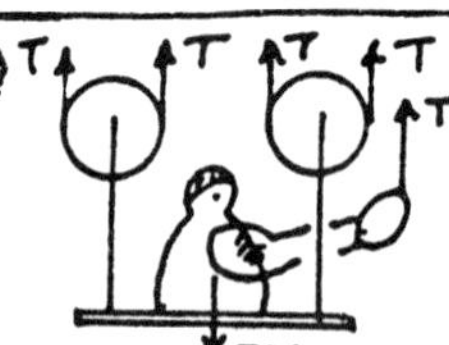

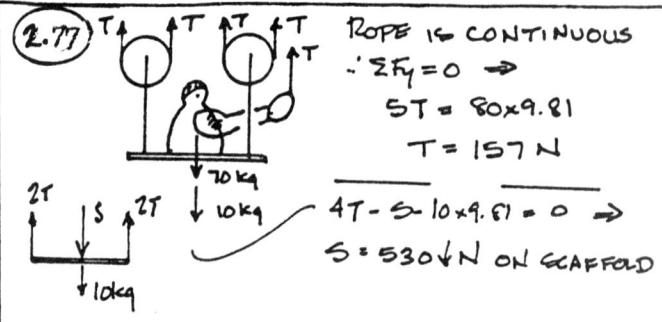

ROPE IS CONTINUOUS

∴ $\Sigma F_y = 0$ ⇒

$5T = 80 \times 9.81$

$T = 157$ N

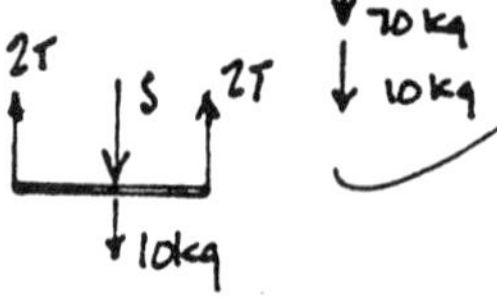

$4T - S - 10 \times 9.81 = 0$ ⇒

$S = 530 \downarrow$ N ON SCAFFOLD

2.78

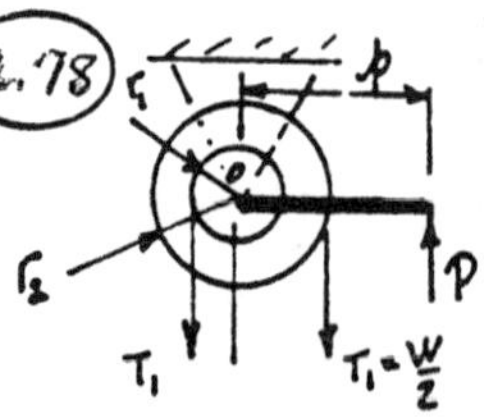

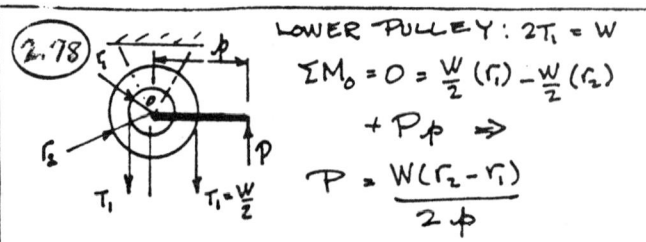

LOWER PULLEY: $2T_1 = W$

$\Sigma M_O = 0 = \frac{W}{2}(r_1) - \frac{W}{2}(r_2) + Pp$ ⇒

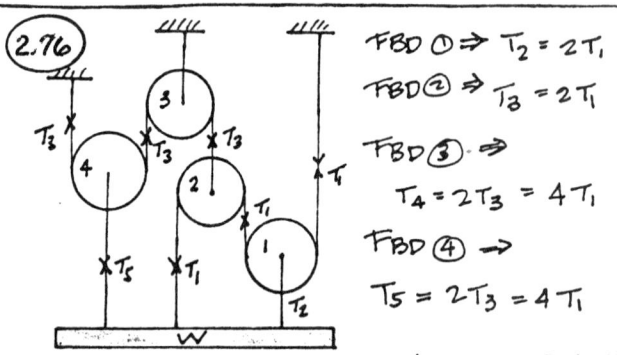

$P = \frac{W(r_2 - r_1)}{2p}$

2.79

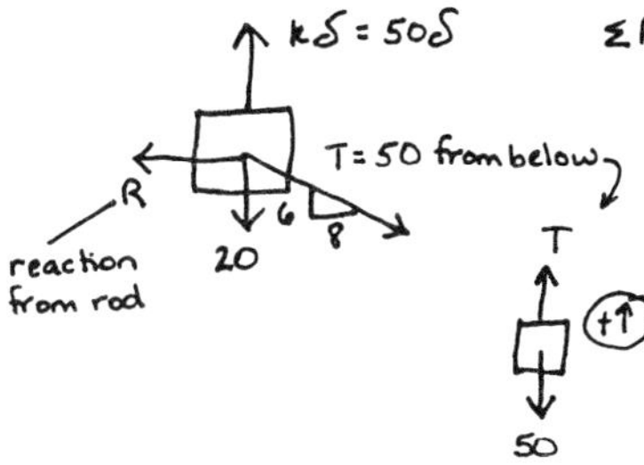

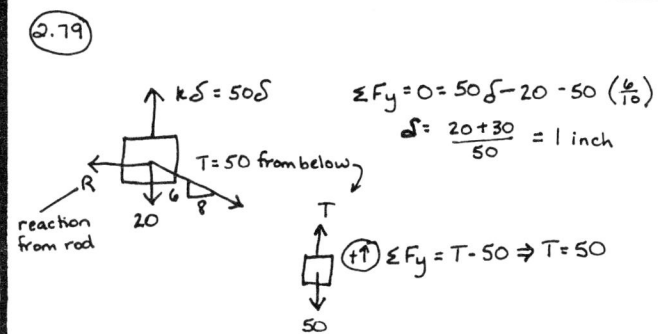

$\Sigma F_y = 0 = 50\delta - 20 - 50\left(\frac{6}{10}\right)$

$\delta = \frac{20+30}{50} = 1$ inch

(+↑) $\Sigma F_y = T - 50 \Rightarrow T = 50$

2.80

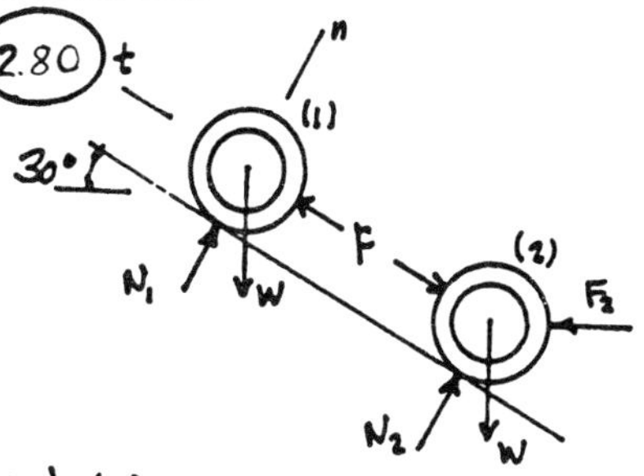

USE AXES n AND t

ON (1) $\Sigma F_n = 0 = N_1 - W\cos 30°$; $N_1 = .866W$

$\Sigma F_t = 0 = F - W\sin 30°$; $F = .5W$

ON (2) $\Sigma F_t = 0 = -.5W - W\sin 30° + F_2\cos 30°$

$F_2 \cos 30° = W$; $F_2 = 1.16W$

$\Sigma F_n = 0 = N_2 - W\cos 30° - F_2 \sin 30° \Rightarrow$

$N_2 = 1.44W$

DIRECTIONS ALL AS SHOWN ON FREE BODY DIAGRAMS.

2.81

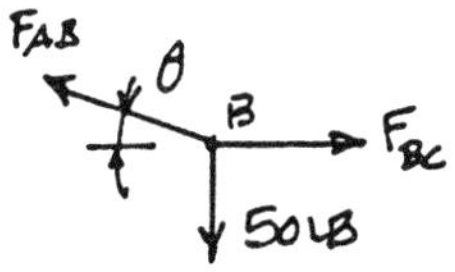

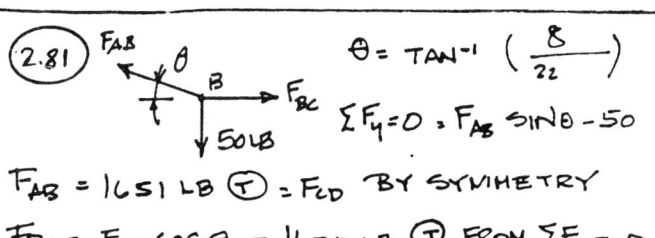

$\theta = \tan^{-1}\left(\frac{8}{22}\right)$

$\Sigma F_y = 0 = F_{AB}\sin\theta - 50$

$F_{AB} = 1651$ LB (T) $= F_{CD}$ BY SYMMETRY

$F_{BC} = F_{AB}\cos\theta = 1650$ LB (T) FROM $\Sigma F_x = 0$

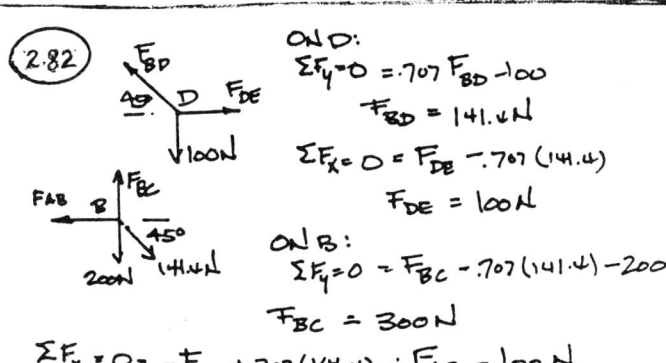

2.82

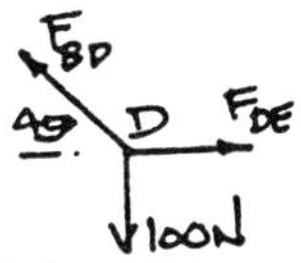

ON D:

$\Sigma F_y = 0 = .707 F_{BD} - 100$

$F_{BD} = 141.4N$

$\Sigma F_x = 0 = F_{DE} - .707(141.4)$

$F_{DE} = 100N$

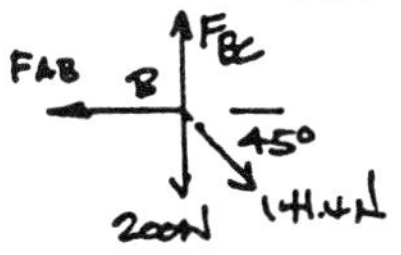

ON B:

$\Sigma F_y = 0 = F_{BC} - .707(141.4) - 200$

$F_{BC} = 300N$

$\Sigma F_x = 0 = -F_{AB} + .707(141.4)$ ∴ $F_{AB} = 100N$

2.83 BY INSPECTION $T = W$; ON CENTER PULLEY: $\Sigma F_y = 0 = 2T\sin 30° - P$

$0 = 2 \times 40 \times 9.81 \times .5 - P$

∴ $P = 40 \times 9.81 = 392N$

2.84

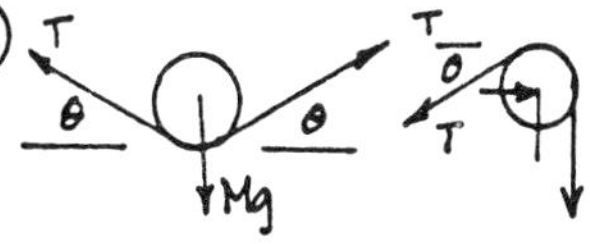

$T = mg$ &

$2mg\sin\theta = Mg$

∴ $\sin\theta = M/2m$

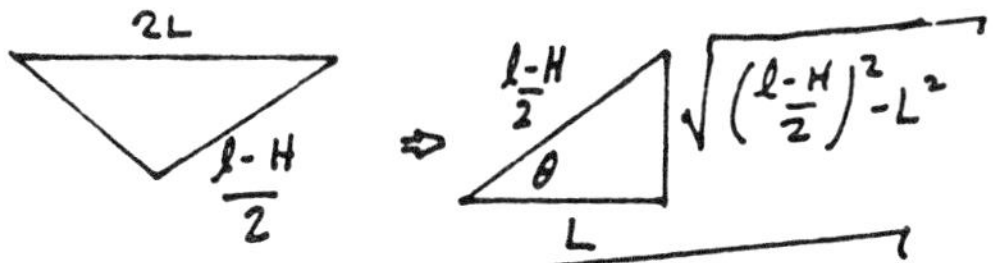

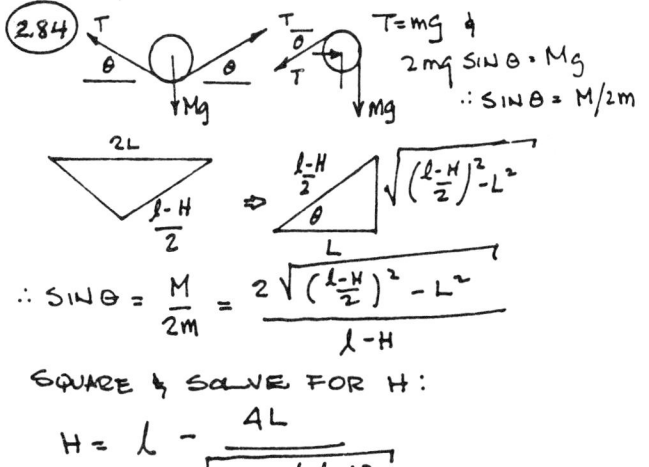

$$\therefore \sin\theta = \frac{M}{2m} = \frac{2\sqrt{\left(\frac{l-H}{2}\right)^2 - L^2}}{l-H}$$

SQUARE & SOLVE FOR H:

$$H = l - \frac{4L}{\sqrt{4 - (M/m)^2}}$$

2.85 FROM FIG. IN TEXT: $P = T$

$\Sigma F_y = 0 \Rightarrow T = P = 125/\cos\theta$ N

θ-DEG	cosθ	T, N
0	1.000	125
30	.866	144
45	.707	177
60	.500	250
75	.259	483
90	0	∞

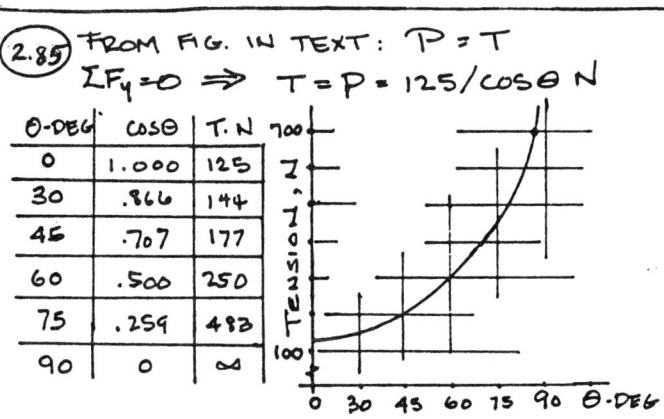

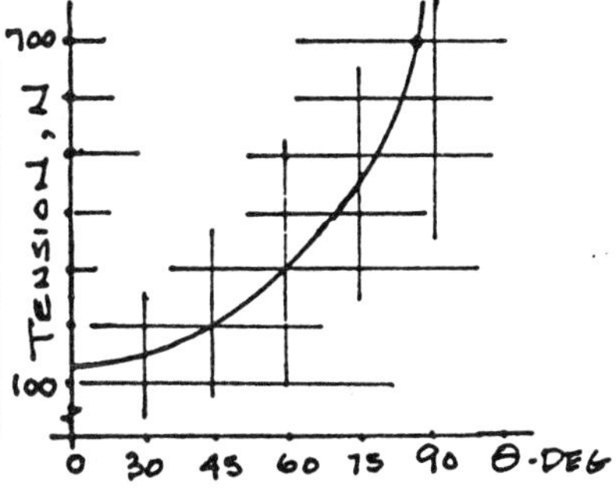

MAN WEIGHS 800N = T_{MAX}

∴ $\cos\theta = 125/800$ OR $\theta = 81°$

2.86

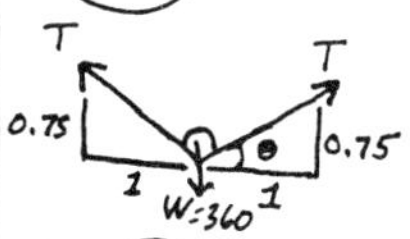

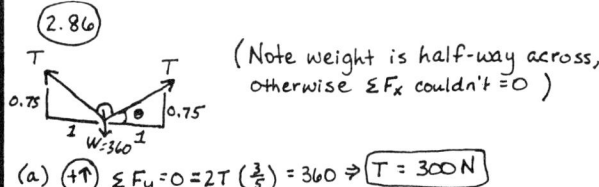

(Note weight is half-way across, otherwise ΣF_x couldn't = 0)

(a) (+↑) $\Sigma F_y = 0 = 2T\left(\frac{3}{5}\right) = 360 \Rightarrow$ **T = 300 N**

(b) He can raise it no higher than where it goes when he exerts all his weight on the rope: T is then = 460, and $\Sigma F_y = 0 \Rightarrow 2(460)\sin\theta = 360 \Rightarrow \sin\theta = 23.04° \Rightarrow \tan\theta = 0.425 = \frac{h}{1}$

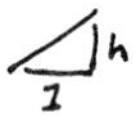

h = 0.425

So how much higher he can lift it is 0.750 − 0.425 = **0.325 m**

(2.87)

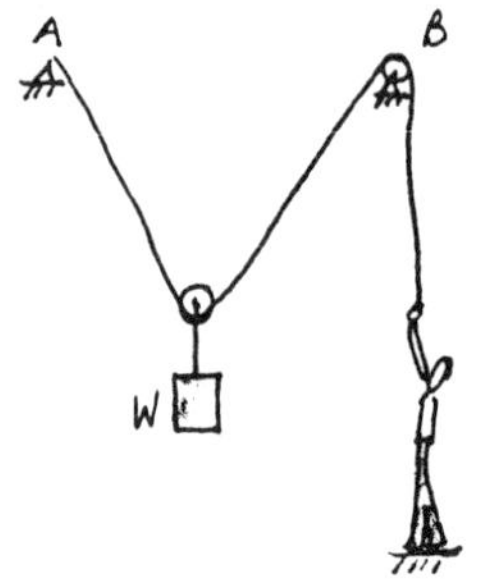

Old length between A and B was $2\sqrt{1^2+(.75)^2} = 2(1.25) = 2.5\text{m}$ of rope.

Is now $2.5+0.7=3.2$, so 1.6m on either side of middle pulley:

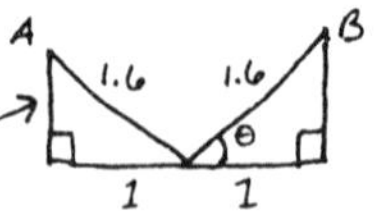

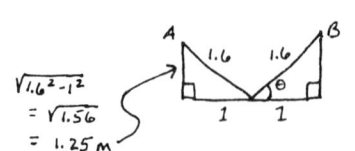

$\sqrt{1.6^2-1^2} = \sqrt{1.56} = 1.25\text{m}$

(↑+) $\Sigma F_y = 0 = 2T\sin\theta - 360 \Rightarrow T = \frac{360}{2\left(\frac{1.25}{1.6}\right)} = 230\text{N}$

(2.88) NORMAL ON B IS 3 TIMES WT. COMPONENTS DOWN THE PLANE OF CYLINDERS C, D, E.

$\Sigma F_{x'} = F - 3(9.81)(5)(\sin 30°) = 0$

$F = 73.7\text{N}$

FOR 100 CYLINDERS : $F = 98(49.1)(5) = 2410\text{N}$

(2.89)

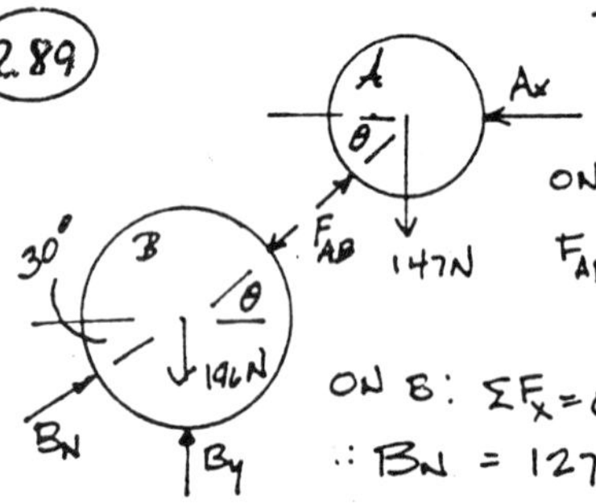

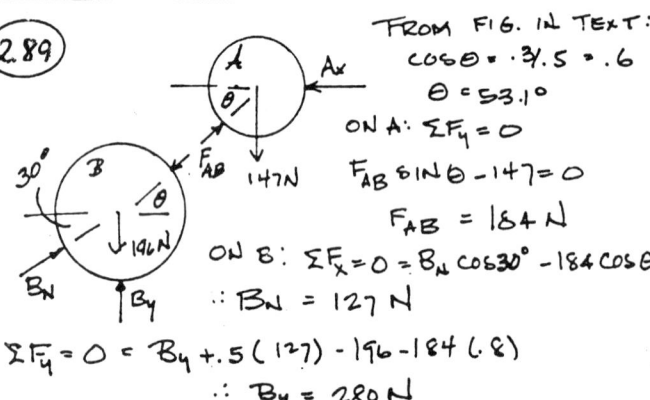

FROM FIG. IN TEXT: $\cos\theta = .3/.5 = .6$

$\theta = 53.1°$

ON A: $\Sigma F_y = 0$

$F_{AB}\sin\theta - 147 = 0$

$F_{AB} = 184\text{N}$

ON B: $\Sigma F_x = 0 = B_N\cos 30° - 184\cos\theta$

$\therefore B_N = 127\text{N}$

$\Sigma F_y = 0 = B_y + .5(127) - 196 - 184(.8)$

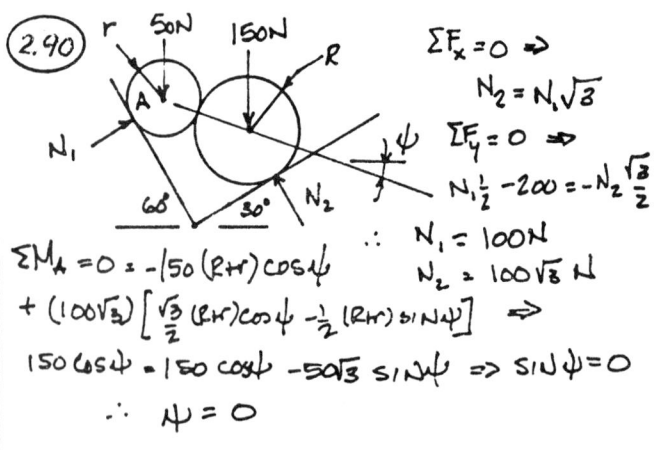

$\therefore B_y = 280\text{N}$

(2.90)

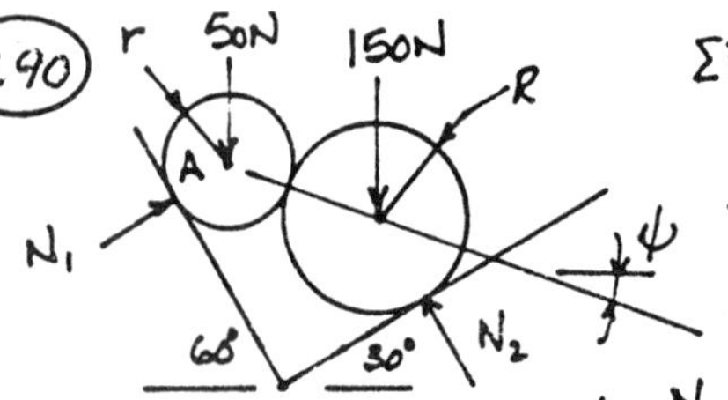

$\Sigma F_x = 0 \Rightarrow$

$N_2 = N_1\sqrt{3}$

$\Sigma F_y = 0 \Rightarrow$

$N_1\frac{1}{2} - 200 = -N_2\frac{\sqrt{3}}{2}$

$\therefore N_1 = 100\text{N}$

$N_2 = 100\sqrt{3}\text{N}$

$\Sigma M_A = 0 = -150(R+r)\cos\psi + (100\sqrt{3})\left[\frac{\sqrt{3}}{2}(R+r)\cos\psi - \frac{1}{2}(R+r)\sin\psi\right] \Rightarrow$

$150\cos\psi = 150\cos\psi - 50\sqrt{3}\sin\psi \Rightarrow \sin\psi = 0$

$\therefore \psi = 0$

(2.91)

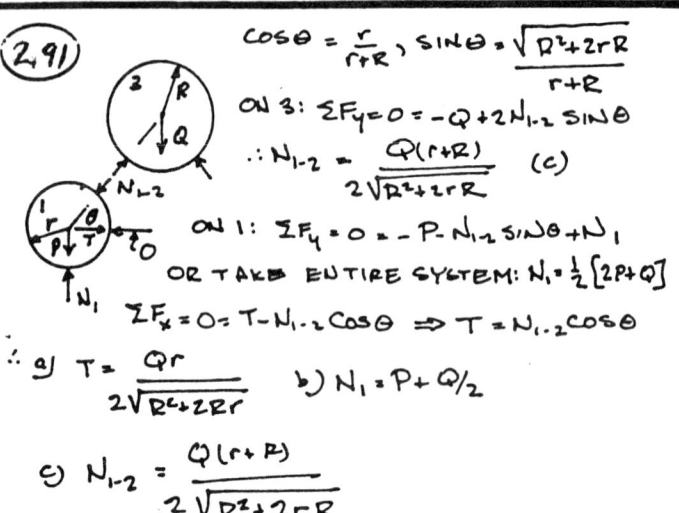

$\cos\theta = \frac{r}{r+R}$, $\sin\theta = \frac{\sqrt{R^2+2rR}}{r+R}$

ON 3: $\Sigma F_y = 0 = -Q + 2N_{1-2}\sin\theta$

$\therefore N_{1-2} = \frac{Q(r+R)}{2\sqrt{R^2+2rR}}$ (c)

ON 1: $\Sigma F_y = 0 = -P - N_{1-2}\sin\theta + N_1$

OR TAKE ENTIRE SYSTEM: $N_1 = \frac{1}{2}[2P+Q]$

$\Sigma F_x = 0 = T - N_{1-2}\cos\theta \Rightarrow T = N_{1-2}\cos\theta$

$\therefore$ a) $T = \frac{Qr}{2\sqrt{R^2+2Rr}}$ b) $N_1 = P + Q/2$

c) $N_{1-2} = \frac{Q(r+R)}{2\sqrt{R^2+2rR}}$

(2.92)

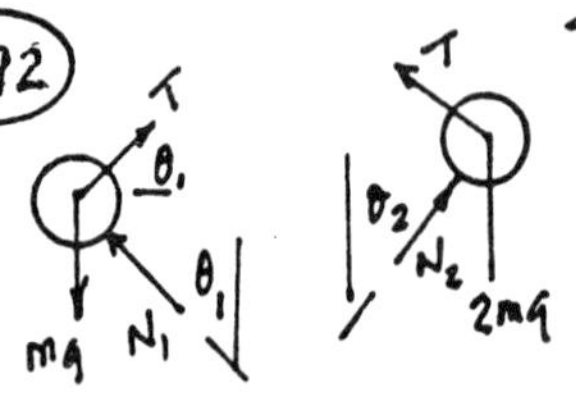

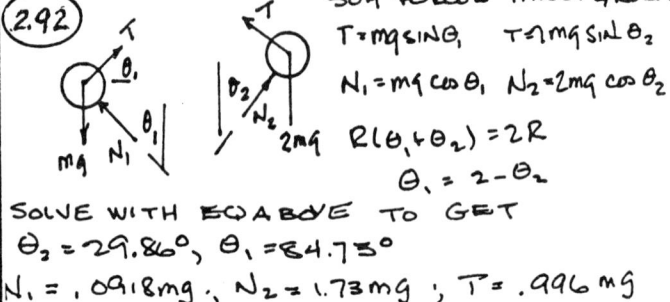

SUM FORCES TANG. & NORM

$T = mg\sin\theta_1$, $T = 2mg\sin\theta_2$

$N_1 = mg\cos\theta_1$ $N_2 = 2mg\cos\theta_2$

$R(\theta_1+\theta_2) = 2R$

$\theta_1 = 2 - \theta_2$

SOLVE WITH EQ ABOVE TO GET

$\theta_2 = 29.86°$, $\theta_1 = 84.73°$

$N_1 = .0918mg$, $N_2 = 1.73mg$; $T = .996mg$

(2.93)

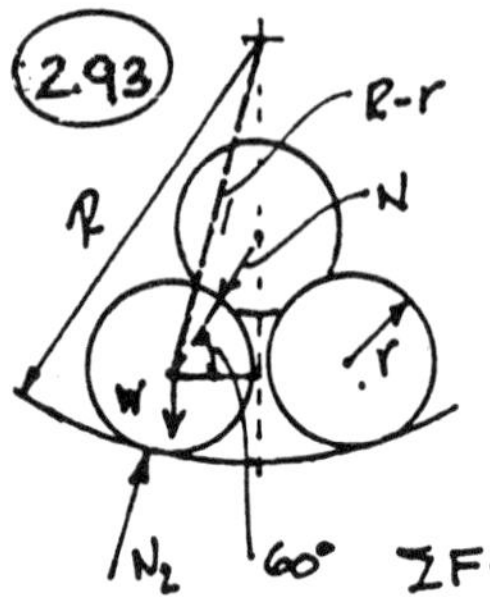

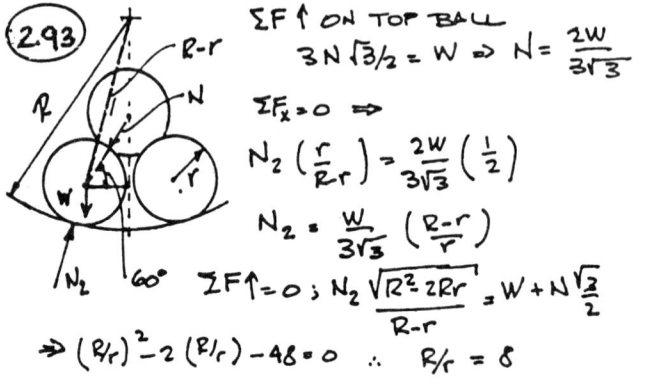

$\Sigma F\uparrow$ ON TOP BALL

$3N\sqrt{3}/2 = W \Rightarrow N = \frac{2W}{3\sqrt{3}}$

$\Sigma F_x = 0 \Rightarrow$

$N_2\left(\frac{r}{R-r}\right) = \frac{2W}{3\sqrt{3}}\left(\frac{1}{2}\right)$

$N_2 = \frac{W}{3\sqrt{3}}\left(\frac{R-r}{r}\right)$

$\Sigma F\uparrow = 0$; $N_2\frac{\sqrt{R^2-2Rr}}{R-r} = W + N\frac{\sqrt{3}}{2}$

$\Rightarrow (R/r)^2 - 2(R/r) - 48 = 0 \quad \therefore \quad R/r = 8$

2.94

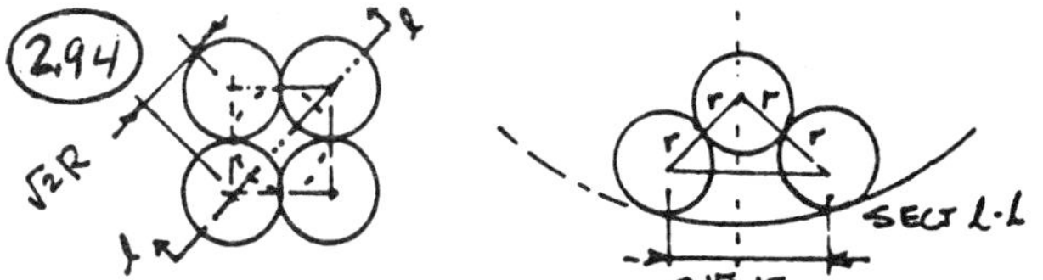

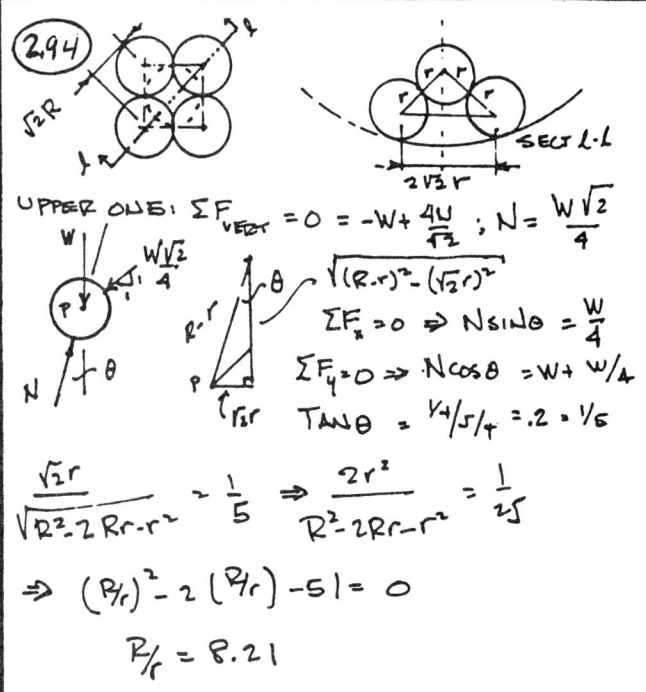

UPPER ONE: $\Sigma F_{VERT} = 0 = -W + \frac{4N}{\sqrt{2}}$; $N = \frac{W\sqrt{2}}{4}$

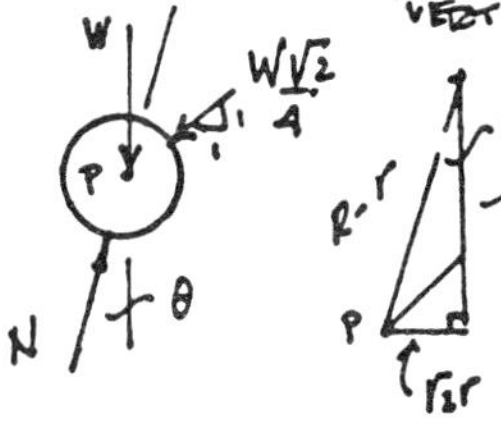

$\sqrt{(R-r)^2-(\sqrt{2}r)^2}$

$\Sigma F_x = 0 \Rightarrow N\sin\theta = \frac{W}{4}$

$\Sigma F_y = 0 \Rightarrow N\cos\theta = W + W/4$

$\tan\theta = \frac{1/4}{5/4} = .2 = 1/5$

$$\frac{\sqrt{2}r}{\sqrt{R^2-2Rr-r^2}} = \frac{1}{5} \Rightarrow \frac{2r^2}{R^2-2Rr-r^2} = \frac{1}{25}$$

$$\Rightarrow (R/r)^2 - 2(R/r) - 51 = 0$$

$$R/r = 8.21$$

2.95

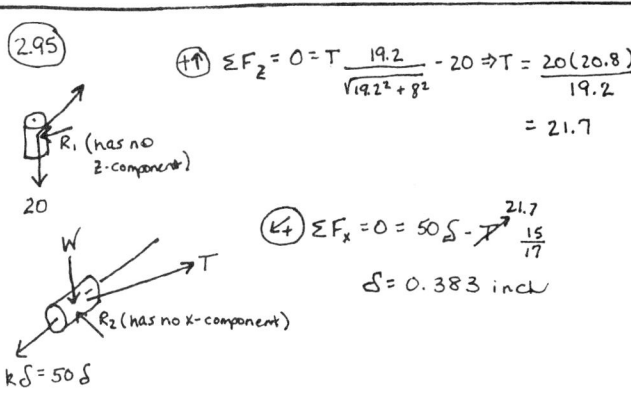

(+↑) $\Sigma F_z = 0 = T\frac{19.2}{\sqrt{19.2^2+8^2}} - 20 \Rightarrow T = \frac{20(20.8)}{19.2}$

$= 21.7$

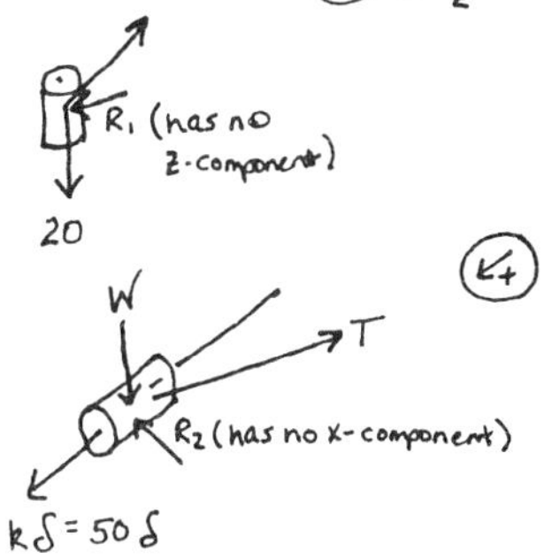

(←+) $\Sigma F_x = 0 = 50\delta - 21.7\,\frac{15}{17}$

$\delta = 0.383$ inch

2.96

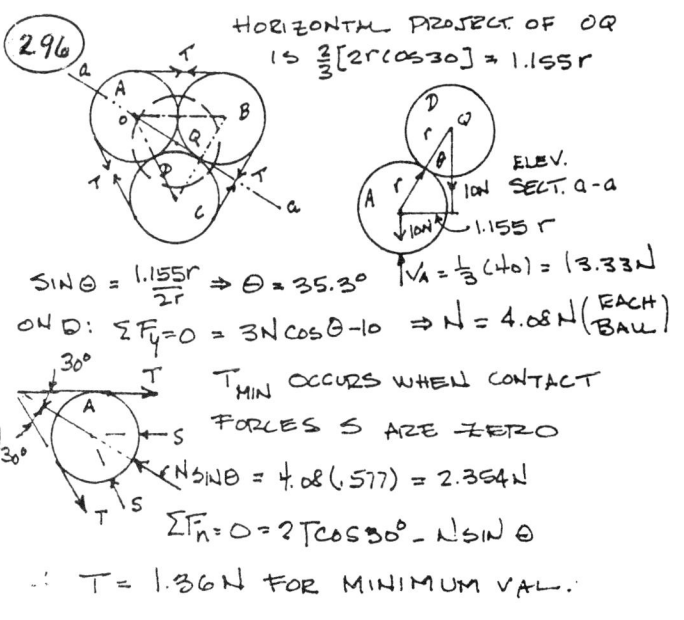

HORIZONTAL PROJECT. OF OQ IS $\frac{2}{3}[2r\cos 30] = 1.155r$

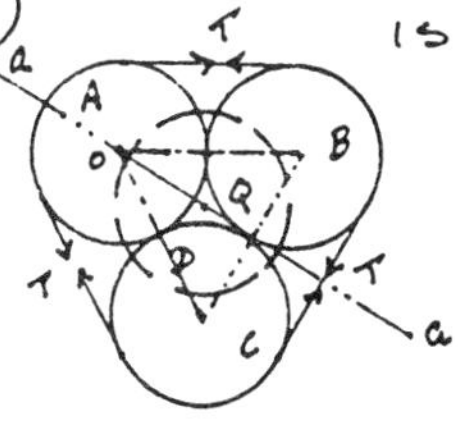

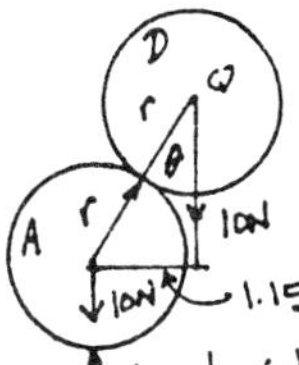

ELEV. SECT. a-a

$\sin\theta = \frac{1.155r}{2r} \Rightarrow \theta = 35.3°$ $N_A = \frac{1}{3}(40) = 13.33N$

ON D: $\Sigma F_y = 0 = 3N\cos\theta - 10 \Rightarrow N = 4.08N$ (EACH BALL)

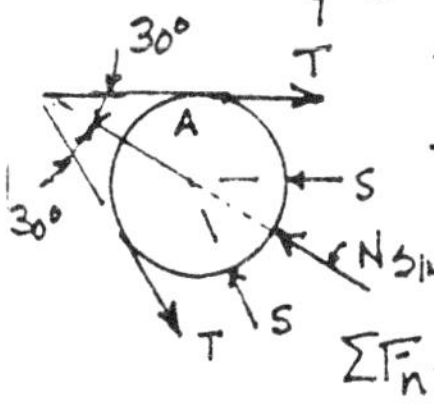

T_{MIN} OCCURS WHEN CONTACT FORCES S ARE ZERO

$N\sin\theta = 4.08(.577) = 2.354N$

$\Sigma F_n = 0 = 2T\cos 30° - N\sin\theta$

∴ T = 1.36N FOR MINIMUM VAL.

2.97 SEE 2.96. THE FORCE P REPLACES THE COMPONENTS OF T IN THE NORMAL DIRECTION ON A. FOR SPHERES OF UNIT WT. T = 0.136. SO FOR WT W

$P = 2T\cos 30\,W = 2(.136)(.866)W = .236W$.

WITHOUT ROUNDOFF, $P = W\sqrt{2}/6$, & $N = .408W \left(= \frac{W}{\sqrt{6}}\right)$

CHAPTER 3

3.1 $\underline{M}_O = 12(5)(-\hat{k}) = -60\hat{k}$ N·cm

3.2 $\underline{M}_O = |\underline{F}| d\hat{n} = 15(2.4)\hat{k} = 36\hat{k}$ lb-ft

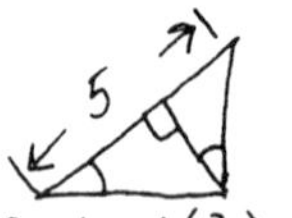

$\theta = \tan^{-1}\left(\frac{3}{4}\right)$

$\therefore \frac{d}{3} = \cos\theta = \frac{4}{5}$

$d = \frac{12}{5} = 2.4$

or $\underline{M}_O = \underline{r} \times \underline{F} = 3\hat{j} \times 15\left(\frac{-4\hat{i} - 3\hat{j}}{5}\right)$

$= 45\left(\frac{-4}{5}\right)(-\hat{k}) = 36\hat{k}$ lb-ft, as above.

or $\underline{M}_O = \underline{r} \times \underline{F} = -4\hat{i} \times 15\left(\frac{-4\hat{i} - 3\hat{j}}{5}\right)$

$= -60\left(\frac{-3}{5}\right)\hat{k} = 36\hat{k}$ lb-ft, once again

3.3

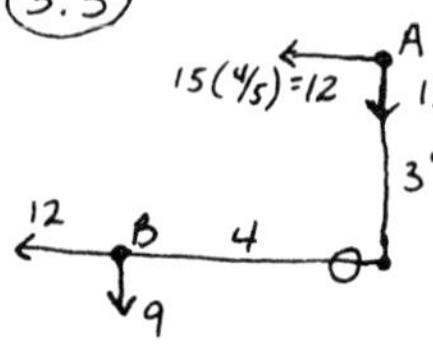

(a) At A:

$\underline{M}_O = [12(3) + 9(0)]\hat{k} = 36\hat{k}$ lb-ft

(b) At B:

$\underline{M}_O = [12(0) + 9(4)]\hat{k} = 36\hat{k}$ lb-ft.

3.4

(a) $\underline{M}_O = \underline{r}_{OC} \times \underline{F} = 16\hat{i} \times (8\hat{i} - 6\hat{j}) = -96\hat{k}$ N·m

(b) $\underline{M}_O =$ (see figure) $16(6)(-\hat{k}) + 8(\underline{0}) = -96\hat{k}$ N·m

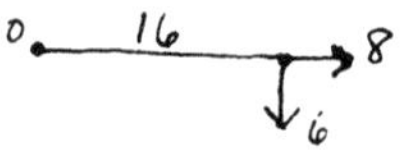

3.5 $\underline{M}_O = 5(\overset{1000}{F}\cos 20°)\hat{k}$

$= 4700\hat{k}$ lb-ft

$\underline{M}_O$ also $= |\underline{F}| d\hat{n} = 1000 d\hat{k}$

So $d = 4.7$ ft as shown in the sketch

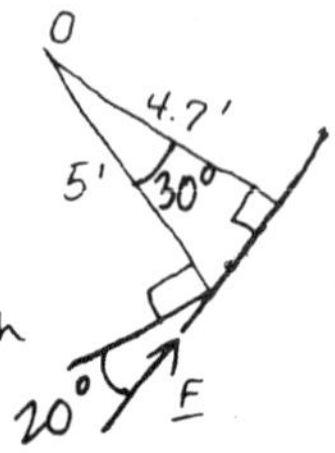

3.6

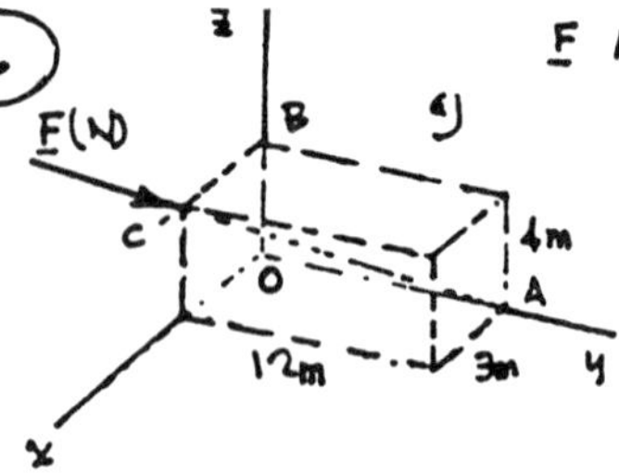

F ACTS ALONG CA

$\underline{F} = 520\hat{e}_{CA}$ N

$\underline{F} = 520\left(-\frac{3}{13}\hat{i} + \frac{12}{13}\hat{j} - \frac{4}{13}\hat{k}\right)$ N

$\underline{F} = -120\hat{i} + 480\hat{j} - 160\hat{k}$ N

b) FROM SKETCH:

$M_x = 0$ AT B

$M_y = 160(3) = 480$ N·m (+)

$M_z = 480(3) = 1440$ N·m (+)

c) $\underline{M}_B = \underline{r}_{BC} \times \underline{F} = 3\hat{i} \times \underline{F} = 480\hat{j} + 1440\hat{k}$ N·m

d) $\underline{M}_B = \underline{r}_{BA} \times \underline{F} = (12\hat{j} - 4\hat{k}) \times \underline{F}$

$= 480\hat{j} + 1440\hat{k}$ N·m

3.7 Break forces into components:

(↺+) $\Sigma M_A = -120(4) - 80(12) - 160(22) + 50(9.5) - 50(14.5)$

$= -5210 \Rightarrow \Sigma\underline{M}_A = -5210\hat{k}$ lb-ft

3.8 $\underline{F} = \frac{50}{\sqrt{14}}(\hat{i} - 2\hat{j} + 3\hat{k})$ LB

(a)

$$\underline{r} \times \underline{F} = \begin{vmatrix} \hat{i} & \hat{j} & \hat{k} \\ -2 & -1 & -5 \\ 1 & -2 & 3 \end{vmatrix} \frac{50}{\sqrt{14}} = -174\hat{i} + 13.4\hat{j} + 66.8\hat{k} \text{ LB-FT}$$

(b) $\underline{M}_P$ also $= |\underline{F}| d\hat{n} = 50 d\hat{n} = -174\hat{i} + 13.4\hat{j} + 66.8\hat{k}$

$$= 187\underbrace{\left(\frac{-174\hat{i} + 13.4\hat{j} + 66.8\hat{k}}{187}\right)}_{\hat{n}}$$

$d = \frac{187}{50} = 3.74$ ft

3.9 $\underline{F}_A = 21\left(-\frac{.3}{.7}\hat{i} - \frac{.6}{.7}\hat{j} + \frac{.2}{.7}\hat{k}\right)$

$= (-9\hat{i} - 18\hat{j} + 6\hat{k})$ N

$\underline{F}_B = -6\hat{i} - 4\hat{k}$ N

$\underline{F}_C = 10\sqrt{10}\left(\frac{.6}{\sqrt{.4}}\hat{j} + \frac{.2}{\sqrt{.4}}\hat{k}\right) = 30\hat{j} + 10\hat{k}$ N

$\underline{F}_D = -\underline{F}_B = 6\hat{i} + 4\hat{k}$ N

a) $\Sigma \underline{F} = (-9\hat{i} + 12\hat{j} + 16\hat{k})$ N

b) $\underline{M}_B = \Sigma(\underline{r} \times \underline{F}) = -.3\hat{i} \times (-9\hat{i} - 18\hat{j} + 6\hat{k})$

$+ (-.3\hat{i} - .2\hat{k}) \times (30\hat{j} + 10\hat{k})$

$+ .6\hat{j} \times (6\hat{i} + 4\hat{k}) = (8.4\hat{i} + 4.8\hat{j} - 7.2\hat{k})$ N·m

3.10 $\hat{e}_{AB} = \frac{-3\hat{i} - 4\hat{j} + 5\hat{k}}{7.07}$; $\underline{F} = 60\,\hat{e}_{AB}$ N

$= -25.4\hat{i} - 34.0\hat{j} + 42.4\hat{k}$ N

(a) $\underline{M}_C = \underline{r} \times \underline{F} = 30\hat{i} \times (-25.4\hat{i} - 34.0\hat{j} + 42.4\hat{k})$

$= -1270\hat{j} - 1020\hat{k}$ N·cm

or

(b) $\underline{M}_C = 34.0(30)(-\hat{k}) + 42.4(30)(-\hat{j}) = -1270\hat{j} - 1020\hat{k}$ N·cm

3.11 $\underline{M}_O = \underline{r}_{OF} \times \underline{F}$; $\underline{r}_{OF} = 20\hat{i} + 10\hat{j}$ FT

$$\underline{M}_O = \begin{vmatrix} \hat{i} & \hat{j} & \hat{k} \\ 20 & 10 & 0 \\ -30 & 0 & 40 \end{vmatrix} = 400\hat{i} - 800\hat{j} + 300\hat{k} \text{ LB-FT}$$

3.12

$\underline{r}_{AB} = 10(\sin\theta \cos 30^\circ \hat{i} + \sin\theta \sin 30^\circ \hat{j} + \cos\theta \hat{k})$

$= 10(.866 \sin\theta \hat{i} + 0.5 \sin\theta \hat{j} + \cos\theta \hat{k})$ m

$\underline{F} = -W\hat{k} = -2500\hat{k}$

$\underline{M}_A = \underline{r}_{AB} \times \underline{F} = 25000 \sin\theta\,(-0.5\hat{i} + 0.866\hat{j})$

$= -12500 \sin\theta\,\hat{i} + 21700 \sin\theta\,\hat{j}$

3.13 $\underline{M}_O = \underline{r} \times \underline{T} = 5000\hat{k}$ N·m

$\underline{r} = \underline{OA} = .5(10)\hat{i} + .866(10)\hat{j} = (5\hat{i} + 8.66\hat{j})$ m

$\underline{T} = T\left(-\frac{12}{13}\hat{i} - \frac{5}{13}\hat{j}\right)$ N

$5000\hat{k} = 6.07\,T\hat{k}$ N·m

$\therefore T = 824$ N

3.14 $\underline{M}_O = \underline{r}_{OA} \times \underline{F}$

$\underline{r}_{AB}/|\underline{r}_{AB}| = \hat{e}_{AB} = \frac{2\hat{i} + 3\hat{j} - 6\hat{k}}{7}$

$\underline{F} = 140\,\hat{e}_{AB} = (40\hat{i} + 60\hat{j} - 120\hat{k})$ LB

$\underline{r}_{OA} = (-5\hat{i} + 2\hat{j} + 6\hat{k})$ FT

$\underline{M}_O = (-5\hat{i} + 2\hat{j} + 6\hat{k}) \times (40\hat{i} + 60\hat{j} - 120\hat{k})$

$= (-600\hat{i} - 360\hat{j} - 380\hat{k})$ LB·FT

ALSO: $d = \frac{|\underline{M}_O|}{|\underline{F}|} = \frac{796}{140} = 5.69$ FT

3.15 $M_B = (P\sin\theta)\left(5 - \frac{2.5}{\tan\theta}\right) = 5P\sin\theta - 2.5P\cos\theta$

For max, $\frac{dM_B}{d\theta} = 0 = 5P\cos\theta + 2.5P\sin\theta$

$\tan\theta = -2 \Rightarrow \theta = 117^\circ$ as shown.

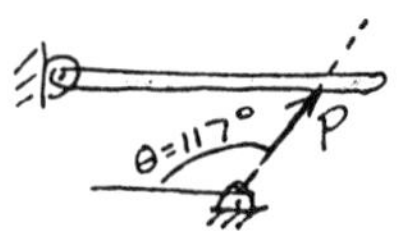

3.16 $M_z = (r_{op}\times F)\cdot\hat{k} = 10\hat{j}\times 20\left[\cos 20^\circ(-\hat{i}) + \sin 20^\circ\hat{k}\right]\cdot\hat{k}$

$= 200\cos 20^\circ\,\hat{k}\cdot\hat{k}$

$= 200\cos 20^\circ = 188$

$\underline{M}_z = 188\,\hat{k}$ N·cm

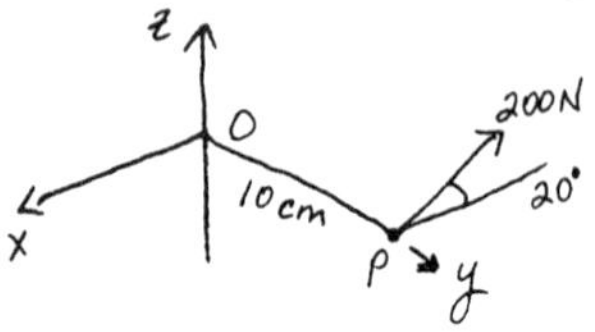

3.17 FROM EXAMPLE 3.6:

$\underline{M}_{CD} = [(r_{CB}\times F)\cdot\hat{e}_{CD}]\,\hat{e}_{CD}$

$r_{CB} = (-4\hat{i} - 3\hat{j} + 6\hat{k})$ m

$F = -4.10\hat{i} - 6.14\hat{j} - 3.07\hat{k}$ N

$\therefore \underline{M}_C = r_{CB}\times F = (46.1\hat{i} - 36.9\hat{j} + 12.3\hat{k})$ N·m, etc.

REST OF SOLUTION IS IDENTICAL TO EX. 2.13

AND $\underline{M}_{CD} = [(r_{DB}\times F)\cdot\hat{e}_{CD}]\,\hat{e}_{CD}$

WHERE $r_{DB} = -8\hat{i} - \hat{j}$ m

$\therefore \underline{M}_D = (3.07\hat{i} - 24.6\hat{j} + 45.0\hat{k})$ N.m –

NOW FOLLOW EX. 3.6.

3.18 $M_{OD} = \underline{M}_O\cdot\hat{u}_{OD} = (r_{OA}\times F)\cdot\hat{u}_{OD}$

$= 3\hat{k}\times 21\left(\frac{2\hat{i} + 6\hat{j} - 3\hat{k}}{7}\right)\cdot\frac{6\hat{j} + 3\hat{k}}{3\sqrt{5}}$

$= 9(2\hat{j} - 6\hat{i})\cdot\left(\frac{2\hat{j} + \hat{k}}{\sqrt{5}}\right) = \frac{9}{\sqrt{5}}(4) = 16.1$ lb-ft

3.19 $F = -80\hat{i} + 60\hat{j} + 240\hat{k}$ LB

a) $r_{PA} = -10\hat{j}$ FT

$r_{PA}\times F = -10\hat{j}\times F = -2400\hat{i} - 800\hat{k}$ LB-FT

$\{[(r_{PA}\times F)\cdot\hat{k}]\}\hat{k} = -800\hat{k}$ FT-LB

b) $r_{PB} = -4\hat{i} - 7\hat{j} + 12\hat{k}$ FT

$r_{PB}\times F = (-4\hat{i} - 7\hat{j} + 12\hat{k})\times F$

$= -2400\hat{i} - 800\hat{k}$ LB-FT

$[(r_{PB}\times F)\cdot\hat{k}]\hat{k} = -800\hat{k}$ LB-FT

c) $r_{QA} = -10\hat{j} - 12\hat{k}$ FT

$r_{QA}\times F = -1680\hat{i} + 960\hat{j} - 800\hat{k}$ LB-FT

$\therefore [(r_{QA}\times F)\cdot\hat{k}]\hat{k} = -800\hat{k}$ LB-FT

d) $r_{QB} = -4\hat{i} - 7\hat{j}$ FT

$r_{QB}\times F = -1680\hat{i} + 960\hat{j} - 800\hat{k}$ LB-FT

$\therefore [(r_{QB}\times F)\cdot\hat{k}]\hat{k} = -800\hat{k}$ LB-FT

3.20 $F = -30\hat{i} + 40\hat{k}$ LB ; $\hat{u}_{AB} = -\frac{12}{13}\hat{j} + \frac{5}{13}\hat{k}$

$\underline{M}_A = r_{AC}\times F = (20\hat{i} - 2\hat{j})\times(-30\hat{i} + 40\hat{k})$

$= -80\hat{i} - 800\hat{j} - 60\hat{k}$ LB-FT

$\underline{M}_\ell = \underline{M}_{AB} = (\underline{M}_A\cdot\hat{u}_{AB})\,\hat{u}_{AB}$

$= \left[+\frac{12}{13}(800) - \frac{5}{13}(60)\right]\left[-.923\hat{j} + .385\hat{k}\right]$

$\underline{M}_\ell = 715(-.923\hat{j} + .385\hat{k})$ LB-FT

(3.21) $\underline{M}_z = (\underline{r}_{OP} \times \underline{F} \cdot \hat{k})\,\hat{k}$

where P is the point of application of the force

$$= \{[0.3\hat{i} - (0.5-0.3)\hat{j} + 0.35\hat{k}] \times 50\hat{i} \cdot \hat{k}\}\,\hat{k}$$

$$= \{[-0.2(50)(-\hat{k}) + 0.35(50)\hat{j}] \cdot \hat{k}\}\,\hat{k}$$

$= 10\hat{k}$ N·m, which tends to unscrew the elbow at O.

(3.22) $M_y = \underline{M}_C \cdot \hat{j} = (-1270\hat{j} - 1020\hat{k}) \cdot \hat{j} = -1270$ N·cm

or $= -12.7$ N·m

$\underline{M}_y = -12.7\hat{j}$ N·m

(3.23)

$$M_{\text{line } L} = \underline{M}_P \cdot \left(\frac{\hat{i}+\hat{j}+\hat{k}}{\sqrt{3}}\right) = (-174\hat{i} + 13.4\hat{j} + 66.8\hat{k}) \cdot \underbrace{\left(\frac{\hat{i}+\hat{j}+\hat{k}}{\sqrt{3}}\right)}_{\hat{u} \text{ in direction of } L}$$

$$= \frac{-174 + 13.4 + 66.8}{\sqrt{3}} = -54.3$$

$\underline{F}$ is $\frac{50}{\sqrt{14}}(\hat{i} - 2\hat{j} + 3\hat{k})$.

To get the component of $\underline{F}$ normal to line L, get the part of $\underline{F}$ along L then subtract:

$$\underline{F}_\perp = \underline{F} - (\underline{F} \cdot \hat{u})\,\hat{u} = \frac{50}{\sqrt{14}}(\hat{i} - 2\hat{j} + 3\hat{k}) - \frac{50}{\sqrt{14}}\left(\frac{1-2+3}{\sqrt{3}}\right)\left(\frac{\hat{i}+\hat{j}+\hat{k}}{\sqrt{3}}\right)$$

$$= \frac{50}{\sqrt{14}}\left[\hat{i}(1-\tfrac{2}{3}) + \hat{j}(-2+\tfrac{2}{3}) + \hat{k}(3-1)\right]$$

$$= \frac{50}{\sqrt{14}}\left(\tfrac{2}{3}\hat{i} - \tfrac{4}{3}\hat{j} + 2\hat{k}\right)$$

And $M_{line} = |\underline{F}_\perp|\,d \Rightarrow d = \dfrac{54.3}{\frac{50}{\sqrt{14}}\sqrt{\frac{4}{9}+\frac{16}{9}+4}} = 1.63$ ft

(3.24)

M_{CE} will be less than the rough estimate 200 (2.5) N·m directed from E toward C. This is 19.6% higher than the true answer below, because 2.5 m is only an estimate of the shortest distance between line CE and the line of action DB of the force.

$$\underline{F} = 200\left(\frac{13\hat{i} - 12\hat{j} + 10\hat{k}}{20.32}\right) \text{N}$$

$$= 128\hat{i} - 118\hat{j} + 98.4\hat{k} \text{ N}$$

$$\hat{u}_{CE} = \frac{-13\hat{i} - 12\hat{j} + 5\hat{k}}{18.38} = -.707\hat{i} - .653\hat{j} + .272\hat{k}$$

$$\underline{M}_C = \underline{r}_{CD} \times \underline{F} = -13\hat{i} \times \underline{F} = 1279\hat{j} + 1534\hat{k} \text{ N·M}$$

AND $\underline{M}_{CE} = (\underline{M}_C \cdot \hat{u}_{CE})\,\hat{u}_{CE} = -418\,\hat{u}_{CE}$ N·m

(3.25)

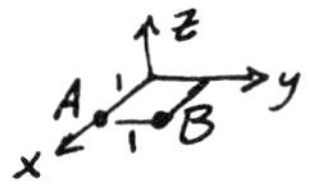

(a) $\underline{r}_{PA} = (-2\hat{j} - 3\hat{k})$ m; $\underline{r}_{PB} = (-\hat{j} - 3\hat{k})$ m

$\underline{F}_A = -106\hat{i} + 106\hat{k}$; $\underline{F}_B = 141\hat{i} - 141\hat{k}$

$$\underline{M}_P = (-2\hat{j} - 3\hat{k}) \times (-106\hat{i} + 106\hat{k}) + (-\hat{j} - 3\hat{k}) \times (141\hat{i} - 141\hat{k})$$

$$= \hat{i}(-212 + 141) + \hat{j}(318 - 423) + \hat{k}(-212 + 141)$$

$$= -71\hat{i} - 105\hat{j} - 71\hat{k} \text{ N·m}$$

(b) $\hat{u}_\ell = \hat{j}$

$\underline{M}_\ell = -105\hat{j}$ N·m

(3.26) $\underline{F} = 2000\left(\dfrac{-.5\hat{\imath} + .2\hat{k}}{.539}\right) = -1855\hat{\imath} + 742\hat{k}$ N

$\underline{M}_{AB} = (\underline{M}_A \cdot \hat{u}_{AB})\,\hat{u}_{AB}$

$\underline{M}_A = \underline{r}_{AC} \times \underline{F} = (.4\hat{\jmath} - .2\hat{k}) \times \underline{F} = 297\hat{\imath} + 371\hat{\jmath} + 742\hat{k}$ N·m

$\hat{u}_{AB} = \left(\dfrac{-.5\hat{\imath} + .4\hat{\jmath} - .2\hat{k}}{.671}\right) = -.745\hat{\imath} + .596\hat{\jmath} - .298\hat{k}$

So $\underline{M}_{AB} = -221\,\hat{u}_{AB}$ N·m

(3.27)

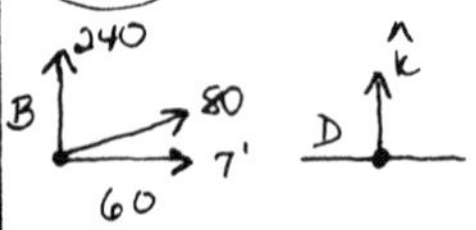

Moment about line through D parallel to z-axis is (see sketch):

$80(7)(-\hat{k}) = -560\hat{k}$ lb-ft

(3.28)

(a) $|\underline{M}_Q| = \sqrt{(-1680)^2 + (960)^2 + (-800)^2}$

$= 2090$ lb-ft

$\therefore\ 2090 = |\underline{F}|\,d_1 = 260\,d$

$d_1 = 8.04$ ft = distance between Q and line of $\underline{F}$

(b) The part of $\underline{F} \perp$ axis z_Q is:

$\underline{F}_\perp = -80\hat{\imath} + 60\hat{\jmath}$. The moment of $\underline{F}$ about Q is $\underline{M}_Q = -1680\hat{\imath} + 960\hat{\jmath} - 800\hat{k}$ lb-ft

$\underline{M}_\ell = (\underline{M}_Q \cdot \hat{k})\,\hat{k} = -800\hat{k}$

$|\underline{M}_\ell| = |\underline{F}_\perp|\,d_2 \Rightarrow 800 = 100\,d_2$

$d_2 = 8$ ft, the shortest distance between the line of action of $\underline{F}$ and z_Q.

(3.29) $\underline{F} = 180\left(\dfrac{-12\hat{\imath} + 12\hat{\jmath} + 6\hat{k}}{18}\right)$ LB

$= -120\hat{\imath} + 120\hat{\jmath} + 60\hat{k}$ LB

$\hat{u}_{AC} = \dfrac{12\hat{\imath} + 12\hat{\jmath}}{16.97} = .707\hat{\imath} + .707\hat{\jmath}$ or $\dfrac{\hat{\imath} + \hat{\jmath}}{\sqrt{2}}$

$\underline{M}_C = \underline{r}_{CD} \times \underline{F} = -12\hat{\imath} \times \underline{F} = 720\hat{\jmath} + (-1440)\hat{k}$

$\underline{M}_{AC} = (\underline{M}_C \cdot \hat{u}_{AC})\,\hat{u}_{AC} = \dfrac{720}{\sqrt{2}}\,\hat{u}_{AC}$ LB-FT $= 509\,\hat{u}_{AC}$

(3.30) $\underline{r}_{CB} = -2\hat{\imath} + 4\hat{\jmath} - 4\hat{k}$ m

$\underline{F} = 140\left(\dfrac{2\hat{\imath} + 6\hat{\jmath} - 3\hat{k}}{7}\right) = 40\hat{\imath} + 120\hat{\jmath} - 60\hat{k}$ N

$\underline{M}_C = \underline{r}_{CB} \times \underline{F} = 240\hat{\imath} - 280\hat{\jmath} - 400\hat{k}$ N·m

a) $\hat{u}_{CA} = (-4\hat{\imath} - 2\hat{\jmath} - \hat{k})/\sqrt{21}$

$\underline{M}_{CA} = (\underline{M}_C \cdot \hat{u}_{CA})\,\hat{u}_{CA} = (-210 + 122 + 87)\,\hat{u}_{CA} = \underline{0}$

NOTE: F PASSES THROUGH A.

b) $\underline{M}_{CB} = \underline{0}$; $\underline{F}$ PASSES THROUGH B

c) $\hat{u}_{CD} = \dfrac{-2\hat{\jmath} - 4\hat{k}}{\sqrt{20}} = (-.447\hat{\jmath} - .895\hat{k})$

AND $\underline{M}_{CD} = (\underline{M}_C \cdot \hat{u}_{CD})\,\hat{u}_{CD} = 483\,\hat{u}_{CD}$ N·m

(3.31) $\underline{F} = 280\left(\dfrac{10\hat{\imath} + 13\hat{\jmath} - 9\hat{k}}{18.71}\right) = 150\hat{\imath} + 195\hat{\jmath} - 135\hat{k}$ LB

$\underline{M}_A = \underline{r}_{AC} \times \underline{F} = -8\hat{\jmath} \times \underline{F} = 1080\hat{\imath} + 1200\hat{k}$ LB-IN

b) $\hat{u}_{OA} = \dfrac{8\hat{\jmath} + 9\hat{k}}{12.04} \doteq .667\hat{\jmath} + .75\hat{k}$

$\underline{M}_{OA} = (\underline{M}_A \cdot \hat{u}_{OA})\,\hat{u}_{OA} = 900\,\hat{u}_{OA}$ LB-IN

c), d) $\underline{M}_{BR} = (\underline{M}_B \cdot \hat{u}_{BR})\,\hat{u}_{BR}$

$\underline{M}_B = \underline{r}_{BC} \times \underline{F} = (-10\hat{\imath} + 6\hat{\jmath}) \times \underline{F}$

$= -810\hat{\imath} - 1350\hat{\jmath} - 2850\hat{k}$ LB-IN

$\hat{u}_{BR} = \dfrac{7\hat{\imath} + 6\hat{\jmath} - 9\hat{k}}{12.88} = .543\hat{\imath} + .466\hat{\jmath} - .699\hat{k}$

$\therefore\ \underline{M}_{BR} = (\underline{M}_B \cdot \hat{u}_{BR})\,\hat{u}_{BR} = 923\,\hat{u}_{BR}$ LB-IN

3.32 $\underline{F} = \underline{F}_1 + \underline{F}_2 = 5\hat{i} + 4\hat{j} - 2\hat{k}$ N at P

$r_{OP} = -\hat{i} + 3\hat{j} - 8\hat{k}$ m

$\underline{M}_O = \underline{r}_{OP} \times \underline{F} = 26\hat{i} - 42\hat{j} - 19\hat{k}$ N·m

$\therefore \underline{M}_z = \hat{k}(\underline{M}_O \cdot \hat{k}) = -19\hat{k}$ N·m

3.33 a) $\underline{F} = 21\left(\frac{-2\hat{i}+6\hat{j}+3\hat{k}}{7}\right) = (-6\hat{i} + 18\hat{j} + 9\hat{k})$ LB

$\underline{r}_{AB} = 3\hat{j} + 3\hat{k}$ FT

$\underline{M}_A = (\underline{r}_{AB} \times \underline{F}) = -27\hat{i} - 18\hat{j} + 18\hat{k}$ LB-FT

$\underline{M}_{AB} = (\underline{M}_A \cdot \hat{u}_{AB})\hat{u}_{AB} = 18\hat{k}$ LB-FT $(\hat{u}_{AB} = \hat{k})$

b)

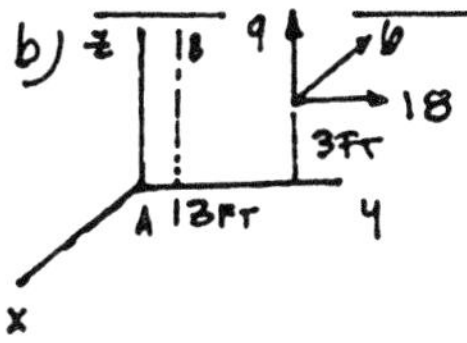

$\underline{M}_{AB} = 6(3)\hat{k} = 18\hat{k}$ LB·FT

3.34 $\underline{F} = 2400\left(\frac{2\hat{i} - 2\hat{j} - 3\hat{k}}{\sqrt{17}}\right)$

a) $\underline{F} = 1164\hat{i} - 1164\hat{j} - 1746\hat{k}$ N

RESOLVE F INTO COMPONENTS PARALLEL AND PERPENDICULAR TO BC. PERPENDICULAR COMPONENT PASSES THROUGH B.

$\therefore \underline{M}_{BC} = 0$ (c) $M_{BA} = 1746(6)(-\hat{i}) = -10500\hat{i}$ N·m

b) $\underline{M}_A = \underline{r}_{AD} \times \underline{F}$; $\underline{r}_{AD} = -2\hat{i} + 6\hat{j}$

$\underline{M}_A = (-2\hat{i} + 6\hat{j}) \times (1164\hat{i} - 1164\hat{j} - 1746\hat{k})$

$= -10467\hat{i} - 3492\hat{j} - 4656\hat{k}$ N·m

3.35 a) $\cos\theta_x = \frac{x}{L}$, etc. $L = \sqrt{x^2 + y^2 + z^2} = 13$ FT

$\cos\theta_x = -\frac{3}{13} = -.231$; $\cos\theta_y = \frac{12}{13} = .923$

$\cos\theta_z = \frac{4}{13} = .308$

b) $\underline{F} = 39\left(-\frac{3}{13}\hat{i} + \frac{12}{13}\hat{j} + \frac{4}{13}\hat{k}\right)$

$= -9\hat{i} + 36\hat{j} + 12\hat{k}$ LB

c) $\underline{M}_A = \underline{r}_{AD} \times \underline{F} = (-10\hat{i} + 20\hat{j} + 4\hat{k}) \times \underline{F}$

$= 96\hat{i} + 84\hat{j} - 180\hat{k}$ LB-FT

d) $\underline{M}_{AB} = \underline{M}_{Ay} = 84\hat{j}$ LB-FT

e) $M_{AD} = 0$ SINCE $\underline{F}$ INTERSECTS AD

3.36 $\underline{F}$ PASSES THROUGH O ; $\underline{r}_{PO} = -3\hat{j}$ FT

a) $\underline{F} = 7\left(\frac{2}{7}\hat{i} + \frac{3}{7}\hat{j} + \frac{6}{7}\hat{k}\right) = 2\hat{i} + 3\hat{j} + 6\hat{k}$ LB

$\underline{M}_P = \underline{r}_{PO} \times \underline{F} = -18\hat{i} + 6\hat{k}$ LB-FT

b) $\hat{u}_l = \frac{12}{13}\hat{j} + \frac{5}{13}\hat{k}$; $\underline{M}_l = (\underline{M}_P \cdot \hat{u}_l)\hat{u}_l$

$\underline{M}_l = \frac{30}{13}\left(\frac{12}{13}\hat{j} + \frac{5}{13}\hat{k}\right) = 2.13\hat{j} + .888\hat{k}$ LB-FT

3.37 $\hat{e}_F = .8\hat{i} + .6\hat{j}$; $\underline{F} = 10\hat{e}_F = 8\hat{i} + 6\hat{j}$ LB

a) $\underline{M}_O = \underline{r}_{OP} \times \underline{F} = (5\hat{i} + 5\hat{j} + 2\hat{k}) \times \underline{F}$

$= -12\hat{i} + 16\hat{j} - 10\hat{k}$ LB-FT

b) $\underline{M}_z = -10\hat{k}$ LB-FT

c) $|\underline{M}_O| = \sqrt{(-12)^2 + (16)^2 + (-10)^2} = 22.36$ LB-FT

FOR $\underline{M}_l$ to BE MAX., $\underline{M}_O$ AND l MUST BE COLLINEAR. $\therefore \hat{u}_l = \hat{u}_{M_O}$

$\cos\theta_x = -12/22.36 = -.537$

$\cos\theta_y = 16/22.36 = .716$

$\cos\theta_z = -10/22.36 = -.447$

AND $\hat{u}_l = (-.537\hat{i} + .716\hat{j} - .447\hat{k})$

AND $\underline{M}_{l\,max} = \underline{M}_O = -12\hat{i} + 16\hat{j} - 10\hat{k}$ LB-FT

3.38 a) $C:(3,8,0)$; $\underline{r}_{AC} = (3-0)\hat{i} + (8-8)\hat{j} + (0-9)\hat{k}$

$\underline{r}_{AC} = 3\hat{i} - 9\hat{k}$ IN ; $\hat{e}_F = -\frac{12}{17}\hat{i} + \frac{8}{17}\hat{j} - \frac{9}{17}\hat{k}$

$\underline{F} = 340\,\hat{e}_F = -240\hat{i} + 160\hat{j} - 180\hat{k}$ LB

$\underline{M}_A = \underline{r}_{AC} \times \underline{F} = 1440\hat{i} + 2700\hat{j} + 480\hat{k}$ LB-IN

b) $\underline{r}_{AB} = -8\hat{j} - 6\hat{k}$; $\hat{u}_{AB} = -.8\hat{j} - .6\hat{k}$

$\underline{M}_{AB} = (\underline{M}_A \cdot \hat{u}_{AB})\hat{u}_{AB} = 1960\hat{j} + 1470\hat{k}$ LB-IN

(c) $\underline{F}_\perp = \underline{F} - \underline{F}_{\parallel} = -240\hat{i} + 160\hat{j} - 180\hat{k}\,\text{lb} - (\underline{F}\cdot\hat{u}_{AB})\hat{u}_{AB}$, with $\hat{u}_{AB} = -0.8\hat{j} - 0.6\hat{k}$

$= -240\hat{i} + 160\hat{j} - 180\hat{k} - \underbrace{[0 + 160(-0.8) - 180(-0.6)]}_{-20}(-0.8\hat{j} - 0.6\hat{k})$

$= -240\hat{i} - 16\hat{j} - 12\hat{k} + 160\hat{j} - 180\hat{k} = (-240, 144, -192)$

distance between $\underline{F}_\perp$ and line AB $= \dfrac{|M_{AB}|}{|F_\perp|}$

$= \dfrac{\sqrt{1960^2 + 1470^2}}{\sqrt{240^2 + 144^2 + 192^2}} = \dfrac{2450}{339} = 7.22$ in.

3.39 (a) $\underline{M}_A = (-\hat{i} + 3\hat{k}) \times 5\sqrt{6}\left(\dfrac{\hat{i} - \hat{j} - 2\hat{k}}{\sqrt{6}}\right) = 15\hat{i} + 5\hat{j} + 5\hat{k}$ N·m

(b) u.v. along line $= \dfrac{2\hat{i} + 2\hat{j} - 4\hat{k}}{\text{mag.}} = \dfrac{\hat{i} + \hat{j} - 2\hat{k}}{\sqrt{6}}$, so

$\underline{M}_{line} = (\underline{M}_A \cdot \hat{uv})\,\hat{uv} = \dfrac{15 + 5 - 10}{\sqrt{6}}\,\dfrac{\hat{i} + \hat{j} - 2\hat{k}}{\sqrt{6}} = \dfrac{10}{6}(\hat{i} + \hat{j} - 2\hat{k})$

$= \frac{5}{3}\hat{i} + \frac{5}{3}\hat{j} - \frac{10}{3}\hat{k}$ N.m.

3.40 $\underline{F} = 40(.6\hat{j} + .8\hat{k}) = 24\hat{j} + 32\hat{k}$ N

$\underline{r} = 2\hat{j}$ m

$\underline{C} = \underline{M}_o = 2\hat{j} \times \underline{F} = 64\hat{i}$ N·m

3.41 DIRECTION OF FORCES ARE NOT GIVEN.

∴ USE ⊥ DISTANCE BETWEEN THEM AND RIGHT-HAND RULE.

∴ $|\underline{C}| = Fd = 800 \times 3 = 2400$ LB-FT

∴ $\underline{C} = -2400\hat{k}$ LB-FT

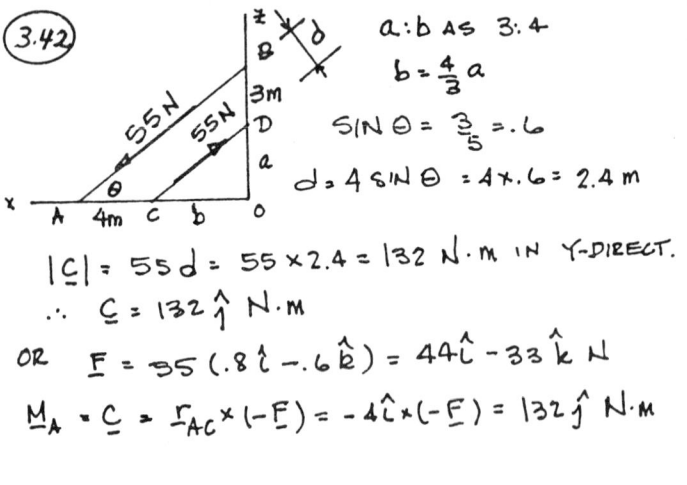

3.42

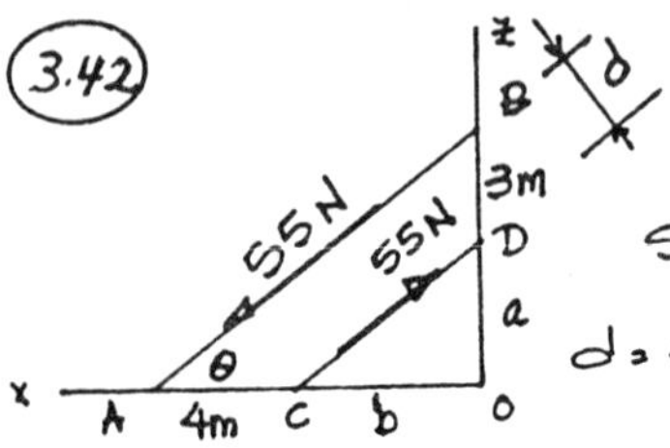

a:b AS 3:4

$b = \frac{4}{3}a$

$\sin\theta = \frac{3}{5} = .6$

$d = 4\sin\theta = 4 \times .6 = 2.4$ m

$|\underline{C}| = 55d = 55 \times 2.4 = 132$ N·m IN Y-DIRECT.

∴ $\underline{C} = 132\hat{j}$ N·m

OR $\underline{F} = 55(.8\hat{i} - .6\hat{k}) = 44\hat{i} - 33\hat{k}$ N

$\underline{M}_A = \underline{C} = \underline{r}_{AC} \times (-\underline{F}) = -4\hat{i} \times (-\underline{F}) = 132\hat{j}$ N·m

3.43

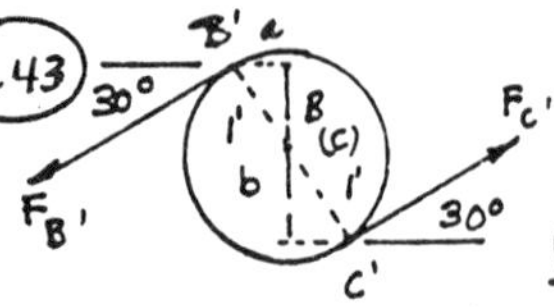

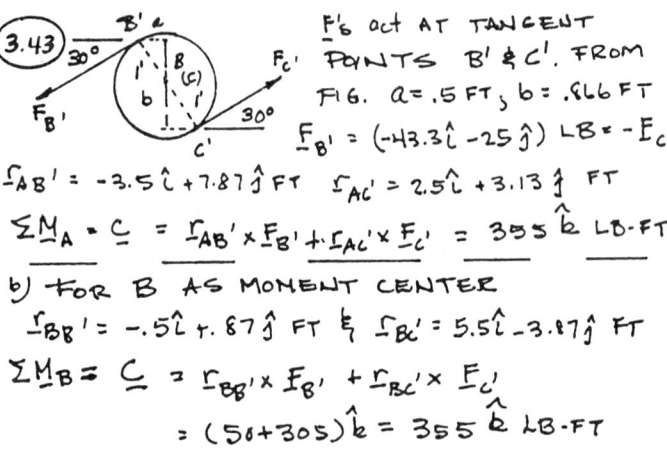

F's act AT TANGENT POINTS B' & C'. FROM FIG. $a = .5$ FT, $b = .866$ FT

$\underline{F}_{B'} = (-43.3\hat{i} - 25\hat{j})$ LB $= -\underline{F}_{C'}$

$\underline{r}_{AB'} = -3.5\hat{i} + 7.87\hat{j}$ FT $\underline{r}_{AC'} = 2.5\hat{i} + 3.13\hat{j}$ FT

$\Sigma\underline{M}_A = \underline{C} = \underline{r}_{AB'} \times \underline{F}_{B'} + \underline{r}_{AC'} \times \underline{F}_{C'} = 355\hat{k}$ LB-FT

b) FOR B AS MOMENT CENTER

$\underline{r}_{BB'} = -.5\hat{i} + .87\hat{j}$ FT & $\underline{r}_{BC'} = 5.5\hat{i} - 3.87\hat{j}$ FT

$\Sigma\underline{M}_B = \underline{C} = \underline{r}_{BB'} \times \underline{F}_{B'} + \underline{r}_{BC'} \times \underline{F}_{C'}$

$= (50 + 305)\hat{k} = 355\hat{k}$ LB-FT

3.44 $M_o/_{IN} = 300 \times 16$

$\underline{M}_o = 4800(2\pi \times 16)\hat{k} = 483000\hat{k}$ LB-IN

b) $\underline{M}_A = \underline{M}_o = 483000\hat{k}$ LB-IN (SEE TEXT)

3.45 $\underline{F}_B = 265\left(\dfrac{3\hat{i} + 2\hat{j} - 2\hat{k}}{4.123}\right)$ LB

$\underline{F}_B = 193\hat{i} + 129\hat{j} - 129\hat{k}$ LB

(a) $\underline{M}_o = \underline{r} \times \underline{F}_B = (2\hat{j} + 2\hat{k}) \times \underline{F}_B$

$= -258\hat{i} - 388\hat{j} - 774\hat{k}$ LB-FT

(b) $\underline{M}_A = (+3\hat{i} - 2\hat{j}) \times (-\underline{F}_B)$

$= -258\hat{i} - 388\hat{j} - 774\hat{k}$ LB-FT, same, as it must be.

(d). $\underline{M}_y = (\underline{M}_o \cdot \hat{j})\hat{j} = -388\hat{j}$ LB-FT

(c) $\underline{M}_{DE} = (\underline{M}_D \cdot \hat{j})\hat{j} = (\underline{M}_o \cdot \hat{j})\hat{j} = -388\hat{j}$ LB-FT

3.46 $\hat{u}_{AB} = \dfrac{-\hat{i}+4\hat{j}-2\hat{k}}{\sqrt{21}}$; $|F| = \sqrt{60^2+80^2} = 100$ LB

$\therefore \ \underline{C} = 100(5)(-\hat{i}) = -500\hat{i}$

$\underline{M}_{AB} = (\underline{C}\cdot\hat{u}_{AB})\hat{u}_{AB} = (-500\hat{i}\cdot\hat{u}_{AB})\hat{u}_{AB}$

$= 109\,\hat{u}_{AB}$ LB-FT

3.47 $\underline{C} = (8\hat{i}-6\hat{k})\times 30\hat{j}$

$= 180\hat{i} + 240\hat{k}$ LB-IN = MOMENT ABOUT ANY POINT

3.48

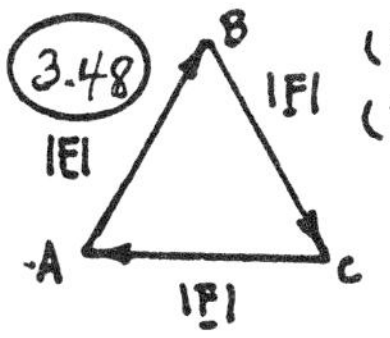

(1) THE FORCE POLYGON CLOSES.

(2) FOR ANY POINT "P":

$\underline{M}_P = \underline{r}_{PA}\times\underline{F}_{AC} + \underline{r}_{PA}\times\underline{F}_{AB} + \underline{r}_{PC}\times\underline{F}_{BC}$

$= \underline{r}_{PA}\times(\underline{F}_{AC}+\underline{F}_{AB}+\underline{F}_{BC}) + \underline{r}_{AC}\times\underline{F}_{BC}$

$= \underline{0} + \underline{M}_A$

3.49 $\Sigma\underline{F} = (6-6)\hat{i} + (8-8)\hat{j} = \underline{0}$

$\circlearrowleft + M_A = -6(3) - 8(7) = -74$ LB-FT

$\circlearrowleft + M_B = -8(7) - 6(3) = -74$ LB-FT

3.50 $\Sigma\underline{F} = \underline{0}$ BECAUSE PENTAGON IS A CLOSED FORCE POLYGON.

LET THE 37N FORCES AROUND THE PENTAGON BE ALONG AB, BC, CD, DE, & EA.

USE X-Y AXES AT A:

$\underline{r}_{AD} = 2(2\cos 36°)\hat{i} = 3.236\hat{i}$ m

$\underline{r}_{AB} = 2(\sin 18°\hat{i} - \cos 18°\hat{j})$

$= .618\hat{i} - 1.902\hat{j}$ m

$\underline{F}_{DE} = -37\cos 36°\hat{i} + 37\sin 36°\hat{j}$ N

$\underline{F}_{CD} = 37(\sin 18°\hat{i} + \cos 18°\hat{j})$ N

$\underline{M}_A = \underline{r}_{AD}\times\underline{F}_{DE} + \underline{r}_{AB}\times\underline{F}_{CD}$

$= 70.4\hat{k} + 113.9\hat{k} + 70.4\hat{k} = 254.7\hat{k}$ N·m

MOVE AXES TO B.

$\underline{M}_B = \underline{r}_{BC}\times\underline{F}_{CD} + \underline{r}_{BE}\times\underline{F}_E$; $\underline{F}_E = \underline{F}_{DE} + \underline{F}_{EA}$

$\underline{F}_E = -59.8\hat{i}$ N

$\therefore \ \underline{M}_B = 2\hat{i}\times(11.43\hat{i} + 35.19\hat{j}) + (\hat{i} + 3.078\hat{j})\times(-59.8\hat{i})$

$= 70.4\hat{k} + 184.2\hat{k} = 254.6\hat{k}$ N·m

3.51 FORCE POLYGON IS CLOSED $\therefore \Sigma\underline{F} = \underline{0}$.

CLOCKWISE AROUND THE HEXAGON: A, C, D, E, F, G, A WITH B IN THE CENTER.

$\underline{r}_{AD} = (1.5\times 2\,\hat{i} + .866\times 2\,\hat{j})$ FT

$\underline{r}_{AF} = (3\hat{i} - 1.732\hat{j})$ FT

$\underline{F}_{CD} + \underline{F}_{DE} = 5\hat{i} + 2.5\hat{i} - 4.33\hat{j}$

$\therefore \ \underline{M}_A = (3\hat{i} + 1.732\hat{j})\times(5\hat{i} + 2.5\hat{i} - 4.33\hat{j})$

$+ (3\hat{i} - 1.732\hat{j})\times(-7.5\hat{i} - 4.33\hat{j}) = -52.0\hat{k}$ LB-FT

FOR M_B THE SIX FORCES ARE EQUI-DISTANCE FROM B.

$d = 2\sin 60° = \sqrt{3} = 1.732$ FT

EACH FORCE CONTRIBUTES A CLOCKWISE MOMENT ABOUT B OF $1.732\times 5 = 8.66$ LB-FT

$\therefore \ \underline{M}_B = -6\times 8.66\hat{k} = -52.0\hat{k}$ LB-FT

(3.52) FORCE POLYGON CLOSES $\therefore \Sigma \underline{F} = \underline{0}$

16 FORCES EQUALLY SPACED 3' FROM B. EACH FORCE HAS A MOMENT 14×3 = 42 LB-FT CLOCKWISE ABOUT B.

$\therefore \underline{M}_B = -42 \times 16\hat{k} = -672\hat{k}$ LB-FT

$\underline{M}_A = \underline{r}_{AP_1} \times \underline{F}_1 + \underline{r}_{AP_2} \times \underline{F}_2 + \cdots$

$= \underline{r}_{AB} \times \underline{F}_1 + \underline{r}_{BP_1} \times \underline{F}_1 + \cdots$

$= \underline{r}_{BP_1} \times \underline{F}_1 + \cdots + \underline{r}_{AB} \times (\underline{F}_1 + \cdots) = \underline{M}_B + \underline{0}$

(3.53) (a, b):

$\underline{M}_0 = 2\hat{j} \times 10\sqrt{3} \left[\frac{-\hat{i}-\hat{j}-\hat{k}}{\sqrt{3}}\right] = 20\left[\hat{k} - \hat{i}\right]$ N·m

$= \underline{M}_A = \underline{M}_B = \underline{M}$ any point, since the system is a couple.

(c) $\underline{M}_{AB} = (\underline{M}_A \cdot \hat{u}_{AB})\hat{u}_{AB}$ and $\hat{u}_{AB} = \dfrac{(10-2)\hat{i} + (-6-3)\hat{j} + (12-0)\hat{k}}{\sqrt{8^2+9^2+12^2}}$

$= \dfrac{8\hat{i} - 9\hat{j} + 12\hat{k}}{17}$

$= \dfrac{20}{17}(12-8)\dfrac{8\hat{i} - 9\hat{j} + 12\hat{k}}{17} = \dfrac{80}{17}\left(\dfrac{8\hat{i} - 9\hat{j} + 12\hat{k}}{17}\right)$ N·m

(3.54) $\hat{e}_M = \dfrac{\underline{CD} \times \underline{DA}}{|\underline{CD} \times \underline{DA}|}$; $\underline{CD} = -3\hat{i}$; $\underline{DA} = -4\hat{j} + 5\hat{k}$

$\hat{e}_M = .781\hat{j} + .625\hat{k}$

$\underline{M} = 4\sqrt{41}\,\hat{e}_M = (20\hat{j} + 16\hat{k})$ LB·IN

$\underline{M}_D = \underline{M} + \underline{r}_{DO} \times \underline{F} = \underline{M} + (-4\hat{j}) \times (9\hat{i} + 12\hat{j})$

$\therefore \underline{M}_D = 20\hat{j} + 52\hat{k}$ LB·IN

$\overline{F}$ PASSES THROUGH $\overline{CD}$ AND $\underline{M} \perp \overline{CD}$

$\therefore M_{CD} = \underline{0}$

(3.55) $\hat{u}_C \perp$ TO AECD

$\hat{u}_C = -\frac{5}{13}\hat{j} - \frac{12}{13}\hat{k}$; $\underline{C} = 260 \times 2\,(\hat{u}_C)$ N·m

$\underline{C} = (-200\hat{j} - 480\hat{k})$ N·m

$\hat{u}_\ell = \frac{8}{17}\hat{i} + \frac{15}{17}\hat{j}$

$\underline{C}_\ell = (\underline{C} \cdot \hat{u}_\ell)\hat{u}_\ell = -176\,\hat{u}_\ell$ N·m

(3.56)

Direction of couple $= \dfrac{\underline{r}_{EA} \times \underline{r}_{ED}}{\text{magnitude}} = \dfrac{(-4\hat{i} + 4\hat{j}) \times (-4\hat{i} + 3\hat{k})}{\text{magnitude}}$

$= \dfrac{12\hat{i} + 12\hat{j} + 16\hat{k}}{4\sqrt{34}} = \dfrac{3\hat{i} + 3\hat{j} + 4\hat{k}}{\sqrt{34}}$

Next, the distance d between $\underline{F}$ and $-\underline{F}$ may be found with the help of the sketch at the left:

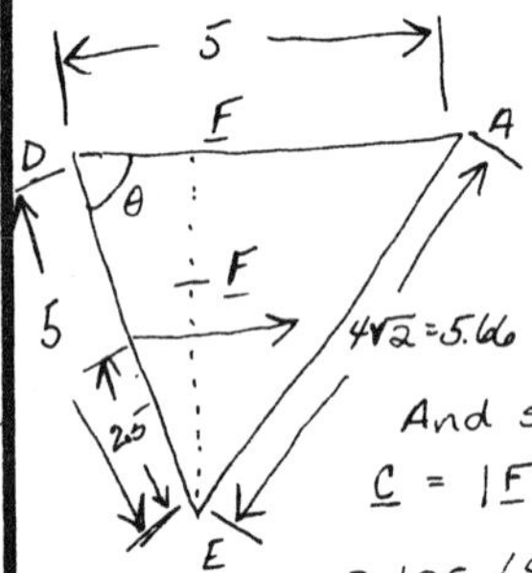

By the law of cosines,

$(4\sqrt{2})^2 = 5^2 + 5^2 - 2(5)5\cos\theta$

$\cos\theta = \frac{9}{25}$

Thus $\sin\theta = \sqrt{1-\cos^2\theta} = \frac{4\sqrt{34}}{25}$

And so

$\underline{C} = |\underline{F}|\,d\,\hat{u} = 50\left[\frac{1}{2}5\sin\theta\right]\hat{u}$

$= 125\left(\frac{4\sqrt{34}}{25}\right)\left(\frac{3\hat{i} + 3\hat{j} + 4\hat{k}}{\sqrt{34}}\right) = 60\hat{i} + 60\hat{j} + 80\hat{k}$ N·m

as before.

3.57

(a) $\Sigma \underline{F} = 3\hat{i} + 4\hat{j} + 5\hat{j} = 3\hat{i} + 9\hat{j}$ lb

(b) $\Sigma \underline{M}_P = -6\hat{k} + (-6\hat{i}) \times 5\hat{j}$
$= -36\hat{k}$ lb-ft

(c) $\Sigma \underline{M}_O = 8\hat{k} + 5(2)\hat{k} = 18\hat{k}$ lb-ft

(d) $\Sigma \underline{M}_O = \Sigma \underline{M}_P + \underline{r}_{OP} \times \Sigma \underline{F}$
$= -36\hat{k} + (8\hat{i} + 6\hat{j}) \times (3\hat{i} + 9\hat{j})$
$= -36\hat{k} + 72\hat{k} - 18\hat{k}$
$= (72 - 54)\hat{k} = 18\hat{k}$ lb-ft, again

3.58

(a) $\Sigma \underline{F} = 60\hat{i} + 80\hat{j} + 60\hat{k}$ N

(b) $\Sigma \underline{M}_R = 40\hat{k} + (40\hat{j} + 30\hat{i}) + \underbrace{(-3\hat{i} + \hat{j} - 2\hat{k}) \times (80\hat{j} + 60\hat{k})}_{-240\hat{k} + 180\hat{j} + 60\hat{i} + 160\hat{i}}$
$= 250\hat{i} + 220\hat{j} - 200\hat{k}$ N·m

(c) $\Sigma \underline{M}_O = (30\hat{i} + 40\hat{j} + 40\hat{k}) + \underbrace{(3\hat{i} - \hat{j} + 2\hat{k}) \times 60\hat{i}}_{60\hat{k} + 120\hat{j}}$
$= 30\hat{i} + 160\hat{j} + 100\hat{k}$ N·m

(d) $\Sigma \underline{M}_O = \Sigma \underline{M}_R + \underline{r}_{OR} \times \Sigma \underline{F}$
$= 250\hat{i} + 220\hat{j} - 200\hat{k} + \underbrace{(3\hat{i} - \hat{j} + 2\hat{k}) \times (60\hat{i} + 80\hat{j} + 60\hat{k})}_{-220\hat{i} - 60\hat{j} + 300\hat{k}}$
$= 30\hat{i} + 160\hat{j} + 100\hat{k}$ N·m, as above

3.59 $\Sigma \underline{F} = \hat{i}$ N

a) $\Sigma M_O = (-\hat{i} + \hat{j}) \times (2\hat{i} + 3\hat{j} - 5\hat{k}) + (\hat{j} - \hat{k}) \times (7\hat{i} - 2\hat{k}) + (\hat{i} - \hat{j}) \times (7\hat{i} - 2\hat{k}) + (\hat{i} - \hat{k}) \times (-\hat{i} - 3\hat{j} + 5\hat{k}) + (2\hat{j} - \hat{k}) \times (-14\hat{i} + 4\hat{k}) = 20\hat{k}$ N·m

b) $\Sigma \underline{F} \neq \underline{0}$

M_O DUE TO $\underline{F}_1, \underline{F}_2$ MUST $= -20\hat{k}$

c) $F_{1x} + F_{2x} = -1$

$F_{1y} = -F_{2y}$

$F_{1z} = -F_{2z} = 0$

$4F_{2z} + 1F_{1z} = 0$

(1) $F_{1y} + (4)F_{2y} = -20$

$-F_{2y} + 4F_{2y} = -20$

$F_{2y} = -\frac{20}{3}$, $F_{1y} = \frac{20}{3}$

$\therefore \underline{F}_1 = a\hat{i} + \frac{20}{3}\hat{j}$

$\underline{F}_2 = (-a-1)\hat{i} - \frac{20}{3}\hat{j}$

WHERE a IS ARBITRARY

3.60 $\Sigma M_Q = \Sigma M_O + \underline{r}_{QO} \times \Sigma \underline{F}$
$= 20\hat{k} + (-\hat{i} - 2\hat{j} - 3\hat{k}) \times \hat{i}$
$= 20\hat{k} + 2\hat{k} - 3\hat{j} = -3\hat{j} + 22\hat{k}$ N·m

$M_Q = (-2\hat{i} - \hat{j} - 3\hat{k}) \times (2\hat{i} + 3\hat{j} - 5\hat{k}) + (-\hat{i} - \hat{j} - 4\hat{k}) \times (7\hat{i} - 2\hat{k}) + (-3\hat{j} - 3\hat{k}) \times (7\hat{i} - 2\hat{k}) + (-2\hat{j} - 4\hat{k}) \times (-\hat{i} - 3\hat{j} + 5\hat{k}) + (-\hat{i} - 4\hat{k}) \times (-14\hat{i} + 4\hat{k})$
$= (+14\hat{i} - 16\hat{j} - 4\hat{k}) + (2\hat{i} - 30\hat{j} + 7\hat{k}) + (6\hat{i} - 21\hat{j} + 21\hat{k}) + (-22\hat{i} + 4\hat{j} - 2\hat{k}) + (60\hat{j})$
$= -3\hat{j} + 22\hat{k}$ N·m

3.61

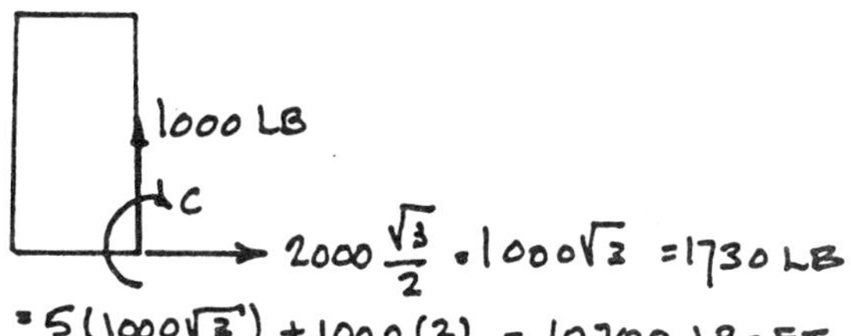

$C = 5(1000\sqrt{3}) + 1000(2) = 10{,}700$ LB-FT

3.62 GIVEN $\underline{F}_A = 50\hat{i}$ N; FIND B & $\underline{F}_B$

$\underline{F}_B = -\underline{F}_A = -50\hat{i}$ N

$\underline{M}_A = \underline{M}_O = 18000\hat{k}$ N·cm

$\underline{M}_A = \underline{r}_{AB} \times \underline{F}_B = (y - 20)\hat{j} \times (-50\hat{i}) = 18000\hat{k}$

$\therefore y = 380$ cm

3.63 CLOCKWISE COUPLE DUE TO VERTICAL FORCES OF 180N d cm APART.

$d = \frac{|M|}{|F|} = \frac{18000}{180} = 100$ cm

$\therefore$ A: (30,40) cm & B: (-70,40) cm

(3.64)

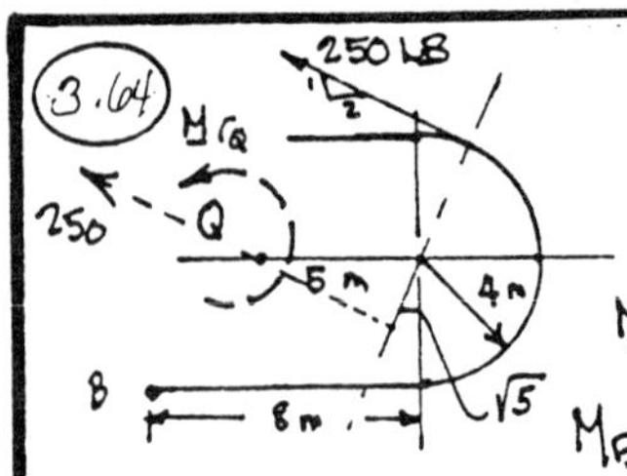

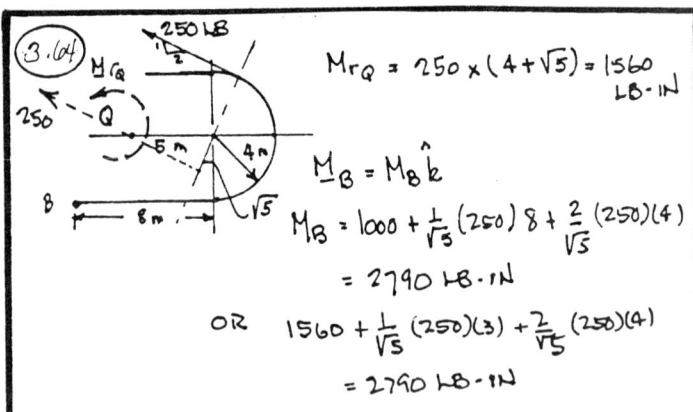

$M_{rQ} = 250 \times (4+\sqrt{5}) = 1560$ LB·IN

$\underline{M}_B = M_B\hat{k}$

$M_B = 1000 + \frac{1}{\sqrt{5}}(250)\,8 + \frac{2}{\sqrt{5}}(250)(4)$

$= 2790$ LB·IN

OR $1560 + \frac{1}{\sqrt{5}}(250)(3) + \frac{2}{\sqrt{5}}(250)(4)$

$= 2790$ LB·IN

(3.65)

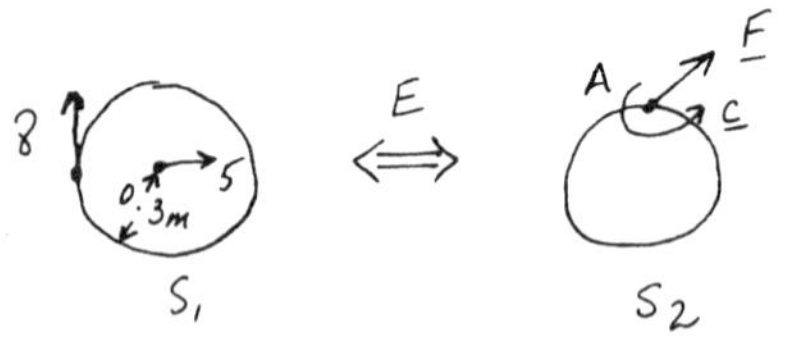

$(\Sigma \underline{F})_{S_2} = (\Sigma \underline{F})_{S_1}$: $\underline{F} = 5\hat{i} + 8\hat{j}$ N

$(\Sigma \underline{M}_A)_{S_2} = (\Sigma \underline{M}_A)_{S_1}$: $\underline{C} = 5(0.3)\hat{k} - 8(0.3)\hat{k}$

$\underline{C} = -0.9\hat{k}$ N·m

(3.66)

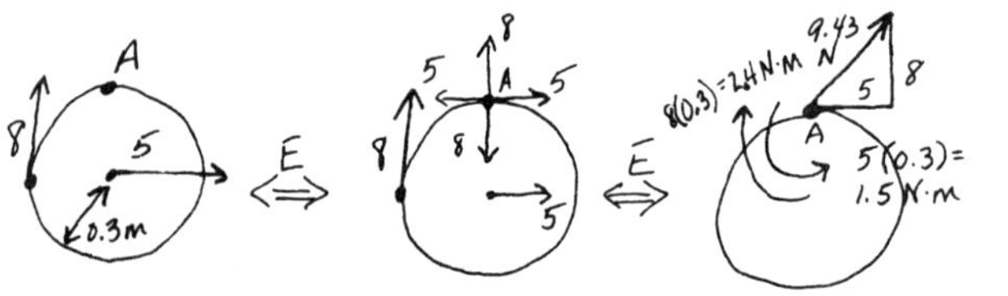

So answer is :

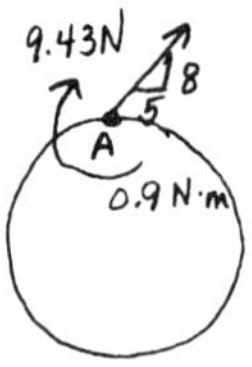

(3.67)

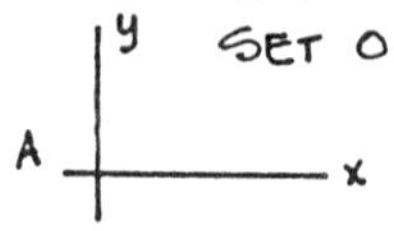

SET OF AXES AT A USE FIG IN TEXT

CASE	F_r (N)	$\underline{M}_{rA}$ (N·m)
a	$100\hat{i} + 100\hat{j}$	$500\hat{k}$
b	$100\hat{i} + 100\hat{j}$	$1000\hat{k}$
c	$100\hat{i} - 100\hat{j}$	$200\hat{k}$
d	$100\hat{i} - 100\hat{j}$	$200\hat{k}$
e	$100\hat{i} + 100\hat{j}$	$200\hat{k}$
f	$0 + 100\hat{j}$	$350\hat{k}$

c & d ARE EQUIPOLLENT

(3.68) (7) $\Sigma \underline{F} = 4\sqrt{5}\left(\frac{1}{\sqrt{5}}\hat{i} + \frac{2}{\sqrt{5}}\hat{j}\right) - 9\hat{i} - 3\hat{j}$

$= -5\hat{i} + 5\hat{j}$ N

$\Sigma \underline{M}_P = 40\hat{k} + 3\hat{i} \times (-3\hat{j})$

$= 31\hat{k}$ N·m (EQUIPOL. WITH (3))

(8) $\Sigma \underline{F} = -5\hat{i} - 5\hat{j} + 5\hat{j} + 5\hat{i} = \underline{0}$

$\Sigma \underline{M}_P = [5(3) - 5(6)]\hat{k} = -15\hat{k}$ N·m

(EQUIPOL. WITH NONE)

(9) $\Sigma \underline{F} = -5\hat{j}$ N

$\Sigma \underline{M}_P = 24(1)\hat{k} - 6(4)\hat{k} = \underline{0}$ (EQUIP. WITH NONE)

(10) $\Sigma \underline{F} = \sqrt{5}\left(\frac{1}{\sqrt{5}}\hat{i} + \frac{2}{\sqrt{5}}\hat{j}\right) + 4\hat{i} + 3\hat{j}$

$= 5\hat{i} + 5\hat{j}$ N

$\Sigma \underline{M}_P = 10\hat{k} - 4(6)\hat{k} = -14\hat{k}$ N·m (EQPLNT: (6))

(3.69) $\underline{F}_1$ & $\underline{F}_2$ ARE FORCES ON BOLTS AT 5 O'CLOCK & 4 O'CLOCK, RESPECTIVELY.

$F_1 = kd_1 = k(3\sin 22.5°) = 1.148\,k$

$F_2 = kd_2 = k(3\cos 22.5°) = 2.772\,k = 2.41F_1$

$M_\ell = 2(2F_1d_1 + 2F_2d_2) = 4.60F_1 + 26.7F_1 = 20000$

$\therefore$ $F_1 = 639$ LB

$F_2 = 2.41F_1 = 1540$ LB

(3.70) Two in center are zero;

$F_1 = k d_1 = k(3 \sin 45^\circ) = 2.121k$

$F_2 = k d_2 = 3.00k = 1.414 F_1$

$M_\ell = 2(2F_1 d_1) + 2F_2 d_2$

$= 4F_1(2.121) + 2(1.414 F_1)(3) = 20000$

FROM WHICH $F_1 = 1179$ LB & $F_2 = 1667$ LB

(3.71) $\Sigma \underline{F} = \underline{F}_r = 40\hat{i} + 40\hat{j} + 40\hat{k}$ N Let (1,1,1) be point A

$\underline{r}_{AP_1} \times \underline{F}_1 = (2\hat{i}+\hat{j}) \times (10\hat{i}+20\hat{j}+30\hat{k}) = 30\hat{i} - 60\hat{j} + 30\hat{k}$ N·m

$\underline{r}_{AP_2} \times \underline{F}_2 = (\hat{j}+2\hat{k}) \times (30\hat{i}+20\hat{j}+10\hat{k}) = -30\hat{i} + 60\hat{j} - 30\hat{k}$ N·m

Total $\underline{M}_A = \underline{0}$

(3.72) 1) FOR DIRECTION OF $\underline{M}_1$

$\underline{N}_1 = \hat{j} \times (-\hat{i} + 2\hat{k}) = \hat{k} + 2\hat{i}$

$\underline{M}_1 = M_0 \left(\frac{2}{\sqrt{5}}\hat{i} + \frac{1}{\sqrt{5}}\hat{k}\right)$

2) FOR DIRECT. OF $\underline{M}_2$

$\underline{N}_2 = -\hat{i} \times (-\hat{j} + \hat{k}) = \hat{k} + \hat{j}$; $\underline{M}_2 = M_0\left(\frac{1}{\sqrt{2}}\hat{j} + \frac{1}{\sqrt{2}}\hat{k}\right)$

3) FOR DIR. OF $\underline{M}_3$ $\underline{N} = -\hat{k}$; $\underline{M}_3 = -M_0\hat{k}$

EQUIPOLLENT $\underline{M}$

$\underline{M} = M_0\left(+\frac{2}{\sqrt{5}}\hat{i} + \frac{1}{\sqrt{5}}\hat{j} + \frac{1}{\sqrt{2}}\hat{j} + \frac{1}{\sqrt{2}}\hat{k}\right)$

$= M_0(.894\hat{i} + .707\hat{j} + .154\hat{k})$

(3.73) $(\Sigma \underline{F})_1 = (\Sigma \underline{F})_2$; $(\Sigma \underline{M}_E)_1 = (\Sigma \underline{M}_E)_2$

$P\hat{j} + P\hat{k} = (\Sigma \underline{F})_2$

$(-a\hat{i} + a\hat{k}) \times P\hat{j} + (-a\hat{j} \times P\hat{k}) = (\Sigma \underline{M}_E)_2$

$-Pa(2\hat{i} + \hat{k}) = \underline{C}_2$

THUS AT E:

$\underline{F}_2 = P\hat{j} + P\hat{k}$

$\underline{C}_2 = -Pa(2\hat{i} + \hat{k})$

(3.74) $\Sigma \underline{F} = \underline{F}_R = \frac{3}{5}(10)\hat{i} - \frac{4}{5}(10)\hat{k} = (6\hat{i} + 8\hat{j} - 8\hat{k})$ LB

$\hat{u}_c = \frac{\underline{CB} \times \underline{BA}}{|\underline{CB} \times \underline{BA}|} = \frac{4\hat{i} + 3\hat{j}}{5}$; $\underline{C} = 3(2)\hat{u}_c$

$\Sigma \underline{M}_0 = \underline{r}_{OD} \times (6\hat{i} + 8\hat{j} - 8\hat{k}) + \underline{C}$

$= (3\hat{i} + 2\hat{j}) \times (6\hat{i} + 8\hat{j} - 8\hat{k}) + \underline{C}$

$\underline{M}_0 = (-11.2\hat{i} + 24\hat{j} + 15.6\hat{k})$ LB-FT

(3.75) $\underline{M}_0 = \underline{r} \times \underline{F} = .6\hat{j} \times 40\hat{i} + (.5\hat{i} + 1.3\hat{j} - .15\hat{k}) \times (-40\hat{i} - 500\hat{k}) + (-.2\hat{i} + 1.3\hat{j} + .15\hat{k}) \times 30\hat{k} + 1.3\hat{j} \times (-30\hat{k}) + 200\hat{j} = (-650\hat{i} + 462\hat{j} + 28\hat{k})$ N·M

$\underline{F}_r = \Sigma \underline{F} = -500\hat{k}$ N

40-N-COUPLE: $\underline{C}_z = 40(.7)\hat{k} = 28\hat{k}$ N·m

$\underline{C}_y = 40(.15)\hat{j} = 6\hat{j}$ N·M

30 N-COUPLE: $\underline{C}_y = 30(.2)\hat{j} = 6\hat{j}$ N·m

FINALLY DUE TO 500 N FORCE:

$\underline{M}_0 = \underline{r} \times \underline{F} = (.5\hat{i} + 1.3\hat{j}) \times (-500\hat{k})$

& $\underline{M}_0 = \Sigma(\underline{r} \times \underline{F} + \underline{C}'s) = -650\hat{i} + (250 + 200 + 6 + 6)\hat{j} + 28\hat{k}$

$\therefore \underline{M}_0 = -650\hat{i} + 462\hat{j} + 28\hat{k}$ N·m

---

(3.76) $\hat{u}_c = \frac{2}{\sqrt{13}}\hat{j} + \frac{3}{\sqrt{13}}\hat{k}$

$\underline{C} = \sqrt{13}\,\hat{u}_c = (2\hat{j} + 3\hat{k})$ LB-FT

ALSO $\underline{F} = 2\sqrt{13}\left(\frac{3}{\sqrt{13}}\hat{j} - \frac{2}{\sqrt{13}}\hat{k}\right) = (6\hat{j} - 4\hat{k})$ LB

$\underline{M}_C = 2\hat{j} + 3\hat{k} + (-6\hat{i}) \times (6\hat{j} - 4\hat{k}) = 2\hat{j} + 3\hat{k} - 36\hat{k} - 24\hat{j}$

$= -22\hat{j} - 33\hat{k}$ lb-ft

(3.77)

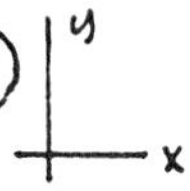

$\Sigma \underline{F} \neq 0 = -500\hat{i} + 800\left(\frac{1}{\sqrt{2}}\hat{i} - \frac{1}{\sqrt{2}}\hat{j}\right) + 1000\left(\frac{\sqrt{3}}{2}\hat{i} + \frac{1}{2}\hat{j}\right) + 1200\hat{i}$

$\therefore \Sigma \underline{F} = \underline{F}_r = 2130\hat{i} - 66\hat{j}$ LB

(3.78) $\Sigma \underline{F} = 300\hat{j} = \underline{F} + 500\left(\frac{\sqrt{3}}{2}\hat{i} - \frac{1}{2}\hat{j}\right) - 1000\hat{i}$

$\underline{F} = 567\hat{i} + 550\hat{j}$ LB

$\theta = \tan^{-1}(550/567) = 44.1^\circ$

(3.79) SEE FIG. IN TEXT:

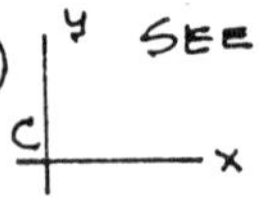

$\Sigma F_x = 3\cos 30° - 2\cos 30° = .866$ LB

$\Sigma F_y = 1 - 2\sin 30° - 3\sin 30° = -1.5$ LB

$\therefore \underline{F}_r = (.866\hat{i} - 1.5\hat{j})$ LB OR $F_r = 1.73$ LB $\angle 60°$

$\Sigma \underline{M}_{r_c} = \underline{0}$

(3.80) $\underline{F}_r = (.866\hat{i} - 1.5\hat{j})$ LB AS BEFORE

$\underline{M}_A = \underline{M}_c + \underline{r}_{Ac} \times \underline{F}_r$

$= \underline{0} + (-2.89\hat{j}) \times (.866\hat{i} - 1.5\hat{j}) = 2.5\hat{k}$ LB-FT

(3.81) SEE FIG. IN TEXT:

$\Sigma \underline{M} = 0 = 50\hat{i} + 120\hat{j} \overbrace{- C(\cos\theta\,\hat{i} + \sin\theta\,\hat{j})}^{\underline{C}}$ (1)

$\Sigma\hat{i} = 0: \quad 50 - C\cos\theta = 0$

$\Sigma\hat{j} = 0: \quad 120 - C\sin\theta = 0$ $\Rightarrow \dfrac{C\sin\theta}{C\cos\theta} = \dfrac{120}{50}$

$\therefore \tan\theta = \dfrac{12}{5} \quad \theta = 67.4°$

$C = \dfrac{120}{\sin\theta} = 130$ N·m

Note from (1) that $\underline{C} = -50\hat{i} - 120\hat{j}$ with magnitude 130 N·m ✓

(3.82) $\Sigma \underline{F}_r = -30\hat{k}$ kN

$\Sigma \underline{M}_c = r_{CA} \times \underline{F}_r = (-15\hat{i} + 30\hat{j}) \times (-30\hat{k})$

$= -9\hat{i} - 4.5\hat{j}$ kN·m

(3.83) SEE FIG. IN TEXT:

$\Sigma\underline{F} \neq 0; \ \Sigma\underline{F} = (40\hat{i} - 20\hat{j} - 30\hat{k})$ LB

$\Sigma\underline{M}_o = \underline{M}_{or} = \Sigma(\underline{r}\times\underline{F}) + \underline{C}$

$= 5\hat{i} \times (40\hat{i} - 20\hat{j} - 30\hat{k}) + 40\hat{i} + 30\hat{j} - 20\hat{k}$

$\therefore \underline{M}_{or} = (40\hat{i} + 180\hat{j} - 120\hat{k})$ LB·FT

(3.84) SEE FIG. IN TEXT:

$\underline{F}_r = \Sigma\underline{F} = 21\left(-\frac{3}{7}\hat{i} - \frac{6}{7}\hat{j} + \frac{2}{7}\hat{k}\right) + 10\sqrt{10}\left(\frac{3}{\sqrt{10}}\hat{j} + \frac{1}{\sqrt{10}}\hat{k}\right)$

$\underline{F}_r = (-9\hat{i} + 12\hat{j} + 16\hat{k})$ LB

$\Sigma\underline{M}_B = \Sigma(\underline{r}\times\underline{F}) = -3\hat{i}\times(-9\hat{i} - 18\hat{j} + 6\hat{k}) + 6\hat{j}\times(6\hat{i} + 4\hat{k})$

$+ (-3\hat{i} - 2\hat{k})\times(30\hat{j} + 10\hat{k})$

$= (84\hat{i} + 48\hat{j} - 72\hat{k})$ LB-FT

(3.85) $\underline{M}_{r_A} = \underline{M}_{r_B} + \underline{r}_{AB} \times \underline{F}_r$

a) $\underline{M}_{r_A} = 3\hat{i}\times(-9\hat{i} - 18\hat{j} + 6\hat{k}) + 2\hat{k}\times(30\hat{j} + 10\hat{k})$

$+ (-6\hat{j})\times(-6\hat{i} - 4\hat{k})$

$= (-36\hat{i} - 18\hat{j} - 90\hat{k})$ LB-FT

b) $\underline{M}_{r_A} = \underline{M}_{r_B} + \underline{r}_{AB} \times \underline{F}_r$

$\underline{r}_{AB} \times \underline{F}_r = (3\hat{i} - 6\hat{j} + 2\hat{k}) \times (-9\hat{i} + 12\hat{j} + 16\hat{k})$

$= (-120\hat{i} - 66\hat{j} - 18\hat{k})$ LB-FT

$\therefore \underline{M}_{r_A} = (84 - 120)\hat{i} + (48 - 66)\hat{j} + (-72 - 18)\hat{k}$

$= (-36\hat{i} - 18\hat{j} - 90\hat{k})$ LB·FT

(3.86) LET $\underline{F}_C$ BE THE 300 N FORCE; $\underline{F}_B$ THE 500 N AND $\underline{F}_D$ THE 700 N.

$\underline{F}_c = 300\left(\dfrac{.4\hat{i} - .6\hat{j} - 1.2\hat{k}}{1.40}\right)$ $\quad \underline{F}_B = -500\hat{k}$

$\underline{F}_D = 700\left(\dfrac{-2.4\hat{i} + .5\hat{j} - \hat{k}}{2.65}\right)$

$\Sigma\underline{F}_A = (86 - 634)\hat{i} + (-129 + 132)\hat{j} + (-257 - 264 - 500)\hat{k}$

$\therefore = (-548\hat{i} + 3\hat{j} - 1021\hat{k})$ N

$\Sigma\underline{M}_A = \Sigma\underline{r}\times\underline{F} = (.7\hat{j}\times(-500\hat{k})) + [-1.5\hat{j}\times(85.7\hat{i} - 128.6\hat{j})]$

$+ (-2.6\hat{j} + \hat{k})\times(-634\hat{i} + 132\hat{j} - 264\hat{k})$

$= (350\hat{i}) + 386\hat{i} + 129\hat{k} + 554\hat{i} - 634\hat{j} - 1648\hat{k}$

$\therefore \Sigma\underline{M}_A = 1290\hat{i} - 634\hat{j} - 1519\hat{k}$ N·m

$\underline{M}_{r_O} = -2.4\hat{i}\times(-634\hat{i} + 132\hat{j} - 264\hat{k}) + 0.6\hat{j}\times(86\hat{i} - 127\hat{j} - 257\hat{k}) +$

$+ 1.4\hat{j}\times(-500\hat{k}) = -854\hat{i} - 634\hat{j} - 368\hat{k}$. ①

$\underline{r}_{AO}\times\underline{F}_r = -2.1\hat{j}\times(-548\hat{i} + 3\hat{j} - 1021\hat{k})$

$= 2144\hat{i} - 1151\hat{k}$. ②

Adding ① & ② gives $1290\hat{i} - 634\hat{j} - 1519\hat{k}$, which indeed is $\underline{M}_{r_A}$.

$\underline{M}_{line} = (\underline{M}_{r_A}\cdot\hat{u}_\ell)\,\hat{u}_\ell$

$= (1290\hat{i} - 634\hat{j} - 1519\hat{k})\cdot\left(\dfrac{\hat{i} + \hat{j} + \hat{k}}{\sqrt{3}}\right)$

$= \dfrac{1290 - 634 - 1519}{\sqrt{3}} = -498$ N·m

3.87 FROM 3.23, $\underline{F}_r = 3.4\hat{i} + 67.8\hat{j} + 31.2\hat{k}$ LB

$\underline{M}_o = -21.5\hat{i} - 76.0\hat{j} + 357\hat{k}$ LB-FT

$\Sigma \underline{M}_C = \Sigma \underline{r} \times \underline{F} = 4\hat{k} \times 80\left(\frac{5\hat{i}+8\hat{j}}{\sqrt{89}}\right) + \underline{C}$

$= (-271\hat{i} + 80\hat{j} + 45\hat{k})$

$\underline{r}_{OC} \times \underline{F}_r = (-5\hat{i} - 8\hat{j}) \times (3.4\hat{i} + 67.8\hat{j} + 31.2\hat{k})$

$= (-250\hat{i} + 156\hat{j} - 312\hat{k})$

$\underline{M}_C = \underline{M}_o + \underline{r}_{\alpha} \times \underline{F}_r$

$= (-22\hat{i} - 76\hat{j} + 357\hat{k}) + (-250\hat{i} + 156\hat{j} - 312\hat{k})$

$\therefore \underline{M}_C = (-272\hat{i} + 80\hat{j} + 45\hat{k})$ LB-FT

3.88 SEE FIG. IN TEXT:

$\Sigma \underline{F} = 80(-.8\hat{j} - .6\hat{k}) + 100(-.8\hat{i} - .6\hat{j})$

$+ 120(-.894\hat{i} + .447\hat{k}) + 700(\frac{3}{7}\hat{i} - \frac{2}{7}\hat{j} + \frac{6}{7}\hat{k})$

$= 113\hat{i} - 324\hat{j} + 606\hat{k}$ LB

$\underline{M}_o = \Sigma(\underline{r} \times \underline{F}) + \underline{C} = 6.5\hat{i} \times (-107.3\hat{i} + 53.6\hat{k})$

$+ 200\hat{j} + 200\hat{i} + 7.5\hat{i} \times (300\hat{i} - 200\hat{j} + 600\hat{k})$

$= (200\hat{i} - 4648\hat{j} - 1500\hat{k})$ LB-FT

3.89 (a) $(4\hat{i}+3\hat{k}) \times 10\left(\frac{-4\hat{j}+3\hat{k}}{5}\right) = 24\hat{i} - 24\hat{j} - 32\hat{k}$ lb-ft

(b) $(4\hat{j}+3\hat{k}) \times 15\left(\frac{-4\hat{i}+3\hat{k}}{5}\right) = 36\hat{i} - 36\hat{j} + 48\hat{k}$ lb-ft

(c) $\hat{u}_V \perp OBG$ is $\frac{(-4\hat{i}+3\hat{k}) \times (-4\hat{i} - 4\hat{j})}{\text{mag.}} = \frac{3\hat{i} - 3\hat{j} + 4\hat{k}}{\sqrt{34}}$

$\underline{C} = 2\sqrt{34}\left(\frac{3\hat{i} - 3\hat{j} + 4\hat{k}}{\sqrt{34}}\right) = 6\hat{i} - 6\hat{j} + 8\hat{k}$ lb-ft = moment of $\underline{C}$ about any point.

(d) $\underline{M}_{r_O} = \Sigma(\text{above}) = 66\hat{i} - 66\hat{j} + 24\hat{k}$ lb-ft

$\underline{M}_{r_O} \cdot \underbrace{\hat{u}_{OG}}_{\frac{4\hat{i}+4\hat{j}}{\sqrt{32}}} = M_{OG} = 0$ [obvious because $\underline{F}_1$ & $\underline{F}_2$ pass thru OG, & $\underline{C} \perp OG$!]

(e) $M_{OE} = M_{z\text{-axis}} = \underline{M}_{r_O} \cdot \hat{k} = 24$

$\underline{M}_{OE} = 24\hat{k}$ lb-ft

(f) total $\underline{M}_{r_O}$, less its 2 $\perp$ components in the plane EOG, leaves its component $\perp$ EOG.

Check: $\underline{M}_{r_O} - \underline{M}_{OG} - \underline{M}_{OE} = 66\hat{i} - 66\hat{j}$, $\perp$ EOG.

3.90 $\Sigma F_x = -300 + .707(500) + .866(400) + 200$

$= 600 \rightarrow N$

$\Sigma F_y = -350 - .707(500) + .5(400) = 504 \downarrow N$

$\therefore \underline{F}_r = 600\hat{i} - 504\hat{j}$ N through O

3.91 

SEE FIG. IN TEXT:

$\Sigma F_y = [.832(400) - .6(300) - .707(100)]\hat{j}$

$= 82.1\hat{j}$ N

$\Sigma F_x = [.555(400) + 200 + .8(300)]\hat{i} - .707(100)\hat{i}$

$= 591\hat{i}$ N

OR $F_r = \sqrt{(82.1)^2 + 591^2} = 597$ N (82.1°) THRU O

3.92 $\Sigma F_x = [-\frac{8}{17}(340) + \frac{12}{13}(130)]\hat{i} = -40\hat{i}$

$\Sigma F_y = [\frac{15}{17}(340) + 200 + \frac{5}{13}(130)]\hat{j} = 550\hat{j}$

$\underline{F}_r = -40\hat{i} + 550\hat{j}$ through intersection of lines of action

3.93 $\Sigma \underline{F} = -100\hat{j} + 50(-\frac{5}{\sqrt{29}}\hat{i} + \frac{2}{\sqrt{29}}\hat{j})$

$+ 60(.5\hat{i} + .866\hat{j})$

$\underline{F}_r = (-16.4\hat{i} - 29.4\hat{j})$ LB THRU O

$F_r = 33.7$ LB, $\theta = 60.8°$

3.94 SYSTEM IS CONCURRENT AT A.

100 N: $100(-\frac{1}{\sqrt{17}}\hat{i} + \frac{4}{\sqrt{17}}\hat{k})$

$= (-24.3\hat{i} + 97.0\hat{k})$ N

130 N: $130(-\frac{3}{13}\hat{i} - \frac{4}{13}\hat{j} + \frac{12}{13}\hat{k})$

$= (-30\hat{i} - 40\hat{j} + 120\hat{k})$ N

160 N: $160(-\frac{1}{\sqrt{10}}\hat{j} + \frac{3}{\sqrt{10}}\hat{k})$

$= -50.6\hat{j} + 151.8\hat{k}$ N

60 N: $60(-.6\hat{i} - .8\hat{j}) = -36\hat{i} - 48\hat{j}$ N

50 N: $50\hat{j}$ N

$\Sigma \underline{F} = -90.3\hat{i} - 88.6\hat{j} + 369\hat{k}$ N

(3.95) 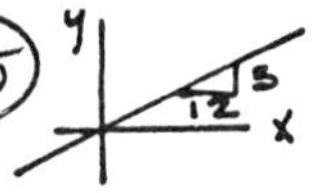 SEE FIG. IN TEXT:

$\Sigma \underline{F} = \frac{12}{13}(1600)\hat{i} - \frac{5}{13}(3900)\hat{i} - 800\hat{i} - 3000\hat{j} + \frac{5}{13}(1600)\hat{j} + \frac{12}{13}(3900)\hat{j} = (-823\hat{i} + 1215\hat{j})$ LB

(3.96) FORCES ARE CONCURRENT AT A.

$\Sigma F = 40(.5\hat{i} - .866\hat{j}) - 20\hat{i} + 30(.643\hat{i} + .766\hat{j})$

$\Sigma \underline{F} = \underline{F}_r = 19.3\hat{i} - 11.6\hat{j}$ LB

OR $F_r = 22.5 \angle 31°$ LB

(3.97) SEE FIG. IN TEXT:

$\underline{F}_{r_x} = [-\frac{12}{13}(169) + \frac{3}{5}(25) + 18 + 2 + 8]\hat{i}$

$= -118\hat{i}$ KIPS

$\underline{F}_{r_y} = (-\frac{4}{5}(25) - \frac{5}{13}(169))\hat{j} = -85\hat{j}$ KIPS

$F_r = \sqrt{118^2 + 85^2} = 145.4$ kip 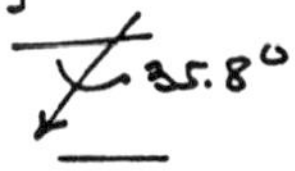

$\underline{M}_{r_B} = 6\hat{j} \times 8\hat{i} + 12\hat{j} \times 2\hat{i} + 18\hat{j} \times 13\hat{i} + (-8\hat{i} + 6\hat{j}) \times (-156\hat{i} - 65\hat{j}) + (-6\hat{i} + 12\hat{j}) \times (15\hat{i} - 20\hat{j})$

$= 1090\hat{k}$ KIP-FT

$\therefore M_{r_B} = F_{r_x}(y) \therefore y = \frac{1090}{118} = 9.24$ FT ABOVE B

(3.98) 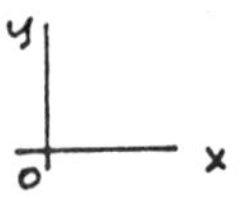 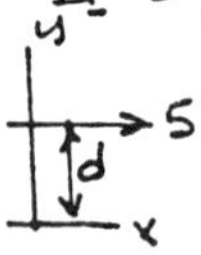

$\Sigma \underline{F} = 5\hat{i}$ $\Sigma \underline{M}_O = 10\hat{k} + 5\sqrt{2}\hat{j} \times 5\hat{i}$

$= -25.4\hat{k}$ FT-LB

$\therefore 5d = 25.4$

$d = 5.08$ FT

PARALLEL TO x

(3.99) $\Sigma \underline{F} = (850\hat{i} - 1110\hat{j})$ LB

$\underline{C} = 4880\hat{k}$ LB-FT

$\Sigma \underline{M}_O = 4880\hat{k} + \underline{r}_{OB} \times \underline{F}_r$ WHERE $\underline{r}_{OB} = -4\cos 60°\hat{i} + (6 + 4\sin 60°)\hat{j}$

$\therefore \underline{M}_O = 4880\hat{k} + (-2\hat{i} + 9.46\hat{j}) \times \underline{F}_r = -940\hat{k}$ LB-FT

SO $(x\hat{i} + y\hat{j}) \times \underline{F}_r = \underline{M}_{Or}$

$(-1150x - 850y)\hat{k} = -940\hat{k} \Rightarrow$

$y + 1.353x = 1.11$

$\therefore$ X-INTERCEPT: $x = .818$ FT

(3.100) $\Sigma \underline{F} = 16\hat{i} + 12\hat{j} + 20(-\frac{3}{5}\hat{i} - \frac{4}{5}\hat{j})$

$= 4\hat{i} - 4\hat{j}$ N

$\Sigma \underline{M}_O = 280\hat{k} + 10(12)\hat{k} - 16(10)\hat{k} - 16(10)\hat{k}$

$= 80\hat{k}$ N.m

$(x\hat{i} + 4\hat{j})(4\hat{i} - 4\hat{j}) = 80 \Rightarrow x + y = -20$

$\therefore$ X-INTERCEPT: $x = -20$ m

(3.101) $\underline{F}_r = -2\hat{i}$; $\underline{M}_{r_O} = 2(17)\hat{k} - 16\hat{k} = 18\hat{k}$ lb-in.

$(x\hat{i} + y\hat{j}) \times (-2\hat{i}) = 18\hat{k} \Rightarrow 2y = 18 \Rightarrow y = 9$ in.

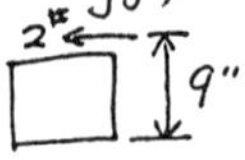 (Doesn't cross the x-axis.)

(3.102) $\Sigma \underline{F} = 120\hat{i} - \frac{12}{13}(260)\hat{i} - \frac{5}{13}(260)\hat{j} + 80\hat{i} + 60\hat{j} - \frac{8}{17}(170)\hat{i} + \frac{15}{17}(170)\hat{j} = -120\hat{i} + 110\hat{j}$ LB

$\Sigma \underline{M}_O = \underline{r} \times \underline{F} = 30\hat{j} \times 120\hat{i} + (30\hat{i} + 30\hat{j}) \times (-240\hat{i} - 100\hat{j}) + 30\hat{i} \times (-80\hat{i} + 150\hat{j})$

$= 5100\hat{k}$ LB-IN

$(x\hat{i} + y\hat{j}) \times \underline{F}_r = \underline{M}_{Or}$; $(x\hat{i} + y\hat{j}) \times (-120\hat{i} + 110\hat{j}) = 5100\hat{k}$

$\Rightarrow 11x + 12y = 510 \therefore$ X-INTERCEPT: $x = 46.4$ IN.

(3.103) $\underline{F}_r = 3\hat{i} + 3\hat{j}$ lb, $\underline{M}_{r_O} = 40\hat{k} - 15\hat{k} - 10\hat{k}$

$= 15\hat{k}$ lb-in. $= \underline{M}_{r_{O\perp}}$

$(x\hat{i} + y\hat{j}) \times (3\hat{i} + 3\hat{j}) = 15\hat{k}$

$3x - 3y = 15 \Rightarrow y = x - 5$

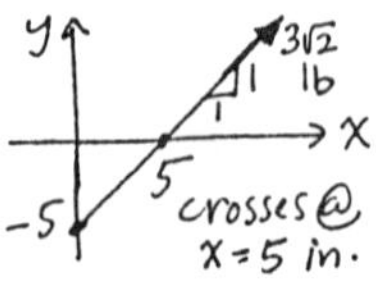

crosses @ x = 5 in.

3.104 $\Sigma \underline{F} = 10\hat{k} - 4\hat{k} - 16\hat{k} + 8\hat{k} = -2\hat{k}$ N

$\Sigma \underline{M}_o = (\hat{i} - 3\hat{j}) \times 10\hat{k} + \hat{j} \times (-4\hat{k}) + (2\hat{i} - \hat{j}) \times (-16\hat{k}) + (2\hat{i} + 2\hat{j}) \times 8\hat{k}$

$\underline{M}_o = -2\hat{i} + 6\hat{j}$ N·m

So $(x\hat{i} + y\hat{j}) \times \underline{F}_r = \underline{M}_o$

$(x\hat{i} + y\hat{j}) \times (-2\hat{k}) = -2\hat{i} + 6\hat{j}$

$-2y\hat{i} + 2x\hat{j} = -2\hat{i} + 6\hat{j}$

So $+2y = 2$; $2x = 6$

$\therefore \underline{F} = -2\hat{k}$ N

AT $x = 3$ m, $y = 1$ m

3.105

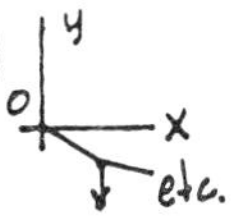

$\Sigma \underline{F} = (-20 - 30 - 25 - 15)\hat{j} = -90\hat{j}$ LB

$\Sigma \underline{M}_o = 2\hat{i} \times (-20\hat{j}) + 8\hat{i} \times (-30\hat{j}) + 15\hat{i} \times (-25\hat{j}) + 18\hat{i} \times (-15\hat{j})$

$= -925\hat{k}$ LB-FT

$(x\hat{i} + y\hat{j}) \times \underline{F} = \underline{M}_o$; $(x\hat{i} + y\hat{j}) \times (-90\hat{j}) = -925\hat{k}$

GIVES: $-90x = -925$ $x = 10.3$ FT

$\therefore \underline{F} = -90\hat{j}$ lb AT 10.3 FT TO THE RT. OF O.

3.106 $\Sigma \underline{F} = (50 + 40 + 60 - 70 - 80)\hat{k} = \underline{0}$

$\Sigma \underline{M}_o = \underline{C} = (200 - 350 + 180)\hat{i} + (320 + 280 - 120)\hat{j}$

$= 30\hat{i} + 480\hat{j}$ LB-FT

3.107 "O" IS ORIGIN:

$\Sigma \underline{F} = (-30 - 50 - 80 - 40 - 20)\hat{k} = -220\hat{k}$ N

$\Sigma \underline{M}_o = 2\hat{j} \times (-50\hat{k}) + (3.5\hat{i} + 4\hat{j}) \times (-80\hat{k}) + (7\hat{i} + 5.5\hat{j}) \times (-40)\hat{k} + (7\hat{i} + 7\hat{j}) \times (-20\hat{k})$

$= -780\hat{i} + 700\hat{j}$ N·M

$(x\hat{i} + y\hat{j}) \times (-220\hat{k}) = (-780\hat{i} + 700\hat{j}) \Rightarrow$

$x = 3.18$ m ; $y = 3.55$ m

3.108 X-Y IS PLANE OF TRIANGLE:

$\Sigma \underline{F} = (60 + 80 - 100)\hat{k} = 40\hat{k}$ N

$\Sigma \underline{M}_o = (\hat{i} + 1.732\hat{j}) \times 80\hat{k} + 2\hat{i} \times (-100\hat{k})$

$= (138.6\hat{i} + 120\hat{j})$ N·m

$(x\hat{i} + y\hat{j}) \times 40\hat{k} = (138.6\hat{i} + 120\hat{j}) \Rightarrow$

$x = -3$ m ; $y = 3.46$ m

3.109 $\Sigma \underline{F} = (1.12 + 2 + 3 + 4 + 5 + 2.88)\gamma\hat{i} = 18\gamma\hat{i}$ LB

$\Sigma \underline{M}_o = -\hat{j} \times 1.12\gamma\hat{i} + (-2\hat{j} \times 2\gamma\hat{i}) + (-3\hat{j} \times 3\gamma\hat{i}) + (-4\hat{j} \times 4\gamma\hat{i}) + (-5\hat{j} \times 5\gamma\hat{i}) + (-6\hat{j} \times 2.88\gamma\hat{i})$

$= 72.48\gamma\hat{k}$ LB-FT

$(x\hat{i} + y\hat{j}) \times 18\gamma\hat{i} = 72.48\gamma\hat{k} \Rightarrow y = -4.02$ FT

3.110 a) $\Sigma \underline{F} = (120\hat{i} - 50\hat{j})$ LB ; $F = 130$ LB

$\Sigma \underline{M}_o = -5\hat{i} \times (-50)\hat{j} - 3\hat{i} \times 50\hat{j} + (3\hat{i} - 2\hat{j}) \times (120\hat{i} - 50\hat{j})$

$= 190\hat{k}$ LB-FT $= \underline{C}_r$

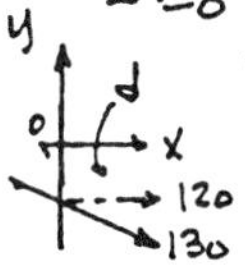

$130d = 190 \therefore d = 1.58'$

OR Y-INTERCEPT: IS -1.58 FT

3.111 YES, BECAUSE $\underline{F}_r \cdot \underline{M}_{rp} = 0$

$d = |\underline{M}_{rp}| / |\underline{F}_r|$

3.112 a) IF $\underline{M}_{rp} \perp$ TO $\underline{F}_r$ (AT P), WE CAN MOVE $\underline{F}_r$ (IN THE PLANE CONTAINING $\underline{F}$ WHICH IS $\perp$ $\underline{M}_{rp}$) SO $\underline{r}_{PF} \times \underline{F}_r = \underline{M}_{rp}$

b) TO REDUCE TO A COUPLE $\underline{F}_r = \underline{0}$

3.113

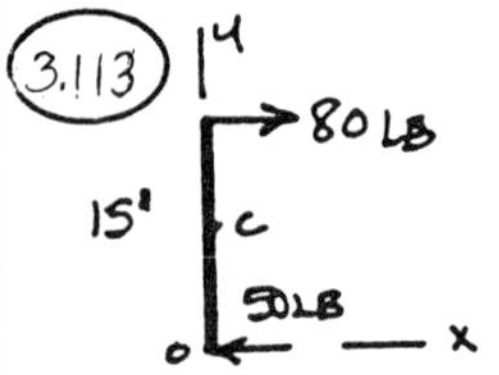

$\Sigma \underline{F} = 80\hat{i} - 50\hat{i} = 30\hat{i}$ LB

$\Sigma \underline{M}_o = 15\hat{j} \times 80\hat{i} = -1200\hat{k}$ LB-IN

$(x\hat{i} + y\hat{j}) \times 30\hat{i} = -1200\hat{k}$

GIVES $y = 40$ IN.

$\therefore$ 30 LB FORCE TO RIGHT 40 IN. ABOVE O

3.114 SEE FIGURE. $\Sigma \underline{F} = (P-50)\hat{i}$

$\Sigma \underline{M}_O = 15\hat{j} \times P\hat{i} = -15P\hat{k}$

ALSO: $\Sigma \underline{M}_o = +7.5\hat{j} \times (P-50)\hat{i} = -7.5(P-50)\hat{k}$

$\therefore 15P = 7.5(P-50) \Rightarrow P = 50 \leftarrow$ LB

3.115 SEE FIG. IN TEXT.

a) $\Sigma \underline{F} = -2200\hat{i} + 1200\hat{j}$ LB

$(x\hat{i} + y\hat{j}) \times \underline{F} = -2500\hat{k} \Rightarrow 12x + 22y = -25$

$\therefore \underline{F} = -2200\hat{i} + 1200\hat{j}$ WITH INTERCEPTS

$x = -2.08$ FT, $y = -1.14$ FT

b) EQ. OF ℓ: $y = -\sqrt{3}x + 4$

" " LINE OF ACTION OF $\underline{F}$: $12x + 22y = -25$

SOL. OF THESE: $x = 4.33$ FT & $y = -3.50$ FT

3.116 SEE FIG IN TEXT

$\underline{F}_1 = 3\sqrt{13}\left(-\frac{2}{\sqrt{13}}\hat{i} - \frac{3}{\sqrt{13}}\hat{k}\right) = -6\hat{i} - 9\hat{k}$ LB

$\underline{F}_2 = 2\sqrt{40}\left(\frac{2}{\sqrt{40}}\hat{i} + \frac{6}{\sqrt{40}}\hat{j}\right) = 4\hat{i} + 12\hat{j}$ LB

$\underline{C}_1 = 21\left(\frac{2}{7}\hat{i} + \frac{6}{7}\hat{j} + \frac{3}{7}\hat{k}\right) = (6\hat{i} + 18\hat{j} + 9\hat{k})$ LB-FT

$\underline{C}_2 = -9\hat{j}$ LB-FT ; $\Sigma \underline{F} = -2\hat{i} + 12\hat{j} - 9\hat{k}$ LB

$\underline{M}_{Ar} = \Sigma \underline{r} \times \underline{F} + \Sigma \underline{C}$

$= 3\hat{k} \times (-6\hat{i} - 9\hat{k}) + [-2\hat{i} \times (4\hat{i} + 12\hat{j})] + 6\hat{i} + 9\hat{j} + 9\hat{k}$

$= 6\hat{i} - 9\hat{j} - 15\hat{k}$ LB-FT

b) IF $\underline{F}_r \perp \underline{M}_{Ar}$, WE CAN REDUCE TO ONE FORCE:

$\underline{F}_r \cdot \underline{M}_{Ar} = -12 - 108 + 135 = 15 \neq 0 \therefore$ NOT $\perp$

SINCE $\underline{F}_r$ IS NOT $\underline{0}$, SYSTEM CANNOT BE REDUCED TO A COUPLE.

3.117 $\Sigma \underline{F} = 25\hat{k} - 35\hat{k} + 20\hat{k} = 10\hat{k}$ LB

a) $\Sigma \underline{M}_o = \underline{r} \times \underline{F} + \underline{C} = (3\hat{i} - 2\hat{j}) \times 25\hat{k} + (2\hat{i} + 2\hat{j}) \times (-35\hat{k}) + (-3\hat{i} + 2\hat{j}) \times 20\hat{k} + 50\hat{j}$

$= (-80\hat{i} + 105\hat{j})$ LB-FT

$\therefore \underline{F}_r = 10\hat{k}$ LB AT O & $\underline{M}_o = (-80\hat{i} + 105\hat{j})$ LB-FT

b) $\underline{M}_o = (-80\hat{i} + 105\hat{j})$; $\underline{M}_{or} = (x\hat{i} + y\hat{j}) \times \underline{F}_r$

$\underline{M}_{or} = (x\hat{i} + y\hat{j}) \times 10\hat{k} = -10x\hat{j} + 10y\hat{i}$

SO $-80\hat{i} + 105\hat{j} = 10y\hat{i} - 10x\hat{j} \Rightarrow$

$y = -8$ FT ; $x = -10.5$ FT

$\therefore \underline{F}_r = 10\hat{k}$ LB AT $(-10.5, -8)$ FT

3.118 GIVEN: $\underline{M}_{rA} \cdot \underline{F}_r = 0$

$\underline{M}_{rB} = \underline{M}_{rA} + \underline{r}_{BA} \times \underline{F}_r$

$\underline{M}_{rB} \cdot \underline{F}_r = \underline{M}_{rA} \cdot \underline{F}_r + (\underline{r}_{BA} \times \underline{F}_r) \cdot \underline{F}_r$

$= 0 + 0$

$= 0$ Q.E.D.

3.119 A: $(0, a, -b)$

a) $\Sigma \underline{F} = 3P\hat{i} - P\hat{j} + 2P\hat{k}$

$\Sigma \underline{M}_A = (-a\hat{j} \times 3P\hat{i}) + (b\hat{k} \times -P\hat{j}) + (c\hat{i} \times 2P\hat{k})$

$= P(b\hat{i} - 2c\hat{j} + 3a\hat{k})$

b) $\underline{F} \cdot \underline{M}_A = 0 \Rightarrow 3b + 2c + 6a = 0$

c) NOT UNLESS $\underline{F} = 0$.

3.120 $\Sigma \underline{F} = -\frac{5}{13}(130)\hat{i} - 50\hat{i} + \frac{12}{13}(130)\hat{j} - 100\hat{k}$

$= \underline{F}_r = (-100\hat{i} + 120\hat{j} - 100\hat{k})$ LB

$\underline{M}_{r_o} = \Sigma \underline{r} \times \underline{F} : 4\hat{j} \times (-50)\hat{i} + 2\hat{j} \times (-100\hat{k})$

$= (-200\hat{i} + 200\hat{k})$ LB-FT

BUT $\underline{F}_r \cdot \underline{M}_{r_o} = (-100)(-200) + (-100)(200) = 0$

$\therefore$ REDUCTION TO FORCE-ALONE RESULT IS POSSIBLE.

$(x\hat{i} + y\hat{j} + z\hat{k}) \times (-100\hat{i} + 120\hat{j} - 100\hat{k}) = -200\hat{i} + 200\hat{k}$

WHICH GIVES: $-100y - 120z = -200$

$120x + 100y = 200$

$100x - 100z = 0 \Rightarrow x = z$

$\therefore$ LINE OF ACTION OF $\underline{F}_r$: $6x + 5y = 10$; $x = z$

3.121 a) $\underline{F}_r = 100\hat{i} - 200\hat{j} - 300\hat{k}$ N

$\underline{M}_{r_O} = 300\ell\hat{j} - 100\ell\hat{j} - 100\ell\hat{k} - 200\ell\hat{i}$

$= (-200\ell - 10)\hat{i} + (200\ell - 20)\hat{j} + (-300\ell + 30)\hat{k}$

b) FOR $\underline{F}_r \cdot \underline{M}_{r_O} = 0$

$-100(200\ell + 10) - 200(200\ell - 20) + 300(300\ell - 30) = 0$

WHICH GIVES: $300\ell = 60$; $\ell = .200$ m

3.122 $\Sigma \underline{F} = \underline{F}_r = (8\hat{i} - 6\hat{k}) + 14\left(-\frac{2}{7}\hat{i} - \frac{6}{7}\hat{j} + \frac{3}{7}\hat{k}\right)$

$\therefore \underline{F}_r = 4\hat{i} - 12\hat{j}$ LB

$\underline{M}_{r_A} = \Sigma\, \underline{r} \times \underline{F} + \underline{C} = (-6\hat{j} + 3\hat{k}) \times (8\hat{i} - 6\hat{k})$

$+ (3\hat{k} \times (-10)\hat{i}) + 5\sqrt{40}\left(-\frac{2}{\sqrt{40}}\hat{i} + \frac{6}{\sqrt{40}}\hat{j}\right)$

$\therefore \underline{M}_{r_A} = 26\hat{i} + 24\hat{j} + 48\hat{k}$ LB-IN.

CHECK TO SEE IF $\underline{F}_r \perp \underline{M}_{r_A}$:

$\underline{F}_r \cdot \underline{M}_A = (4\hat{i} - 12\hat{j}) \cdot (26\hat{i} + 24\hat{j} + 48\hat{k})$

$= 104 - 288 \neq 0$

$\therefore$ SYSTEM CANNOT BE REDUCED TO A SINGLE FORCE.

3.123

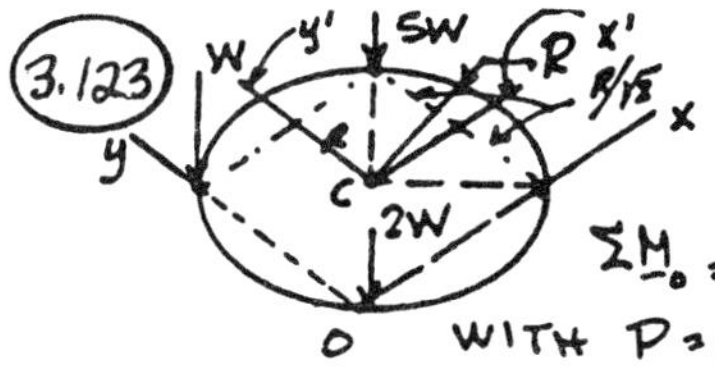

a) $\Sigma \underline{F} = 0$

$P - W - 2W - 5W = 0$

$P = 8W$

$\Sigma \underline{M}_O = Py - \sqrt{2}RW - \sqrt{2}R(5W) = 0$

WITH $P = 8W \Rightarrow y = \frac{3}{4}\sqrt{2}R = 1.06R$

AND $-Px + \sqrt{2}R(5W) = 0 \Rightarrow x = \frac{5\sqrt{2}}{8}R = .884R$

b) USE AXES AT C: x', y'. WANT SMALLEST $|P|$

$Py' - \frac{R}{\sqrt{2}}(5W) - \frac{R}{\sqrt{2}}(W) + \frac{R}{\sqrt{2}}(2W) = 0$ ⋮ FOR $\underline{M}_{r_C} = 0$

$Py' = \frac{4}{\sqrt{2}}RW = 2\sqrt{2}RW$

$-Px' + \frac{R}{\sqrt{2}}(5W) - \frac{R}{\sqrt{2}}(W) - \frac{R}{\sqrt{2}}(2W) = 0$

$Px' = \frac{2}{\sqrt{2}}RW = \sqrt{2}RW \quad \therefore y' = 2x'$

THE LARGER y' ($\&\, x'$) THE SMALLER P.

$x'^2 + y'^2 = R^2 \Rightarrow x'^2 + (2x')^2 = R^2$

$x' = \pm R/\sqrt{5} = \pm .447R$

$y' = \pm 2R/\sqrt{5} = \pm .894R$

WITH $x' = R/\sqrt{5}$; $PR/\sqrt{5} = \sqrt{2}RW \quad P = \sqrt{10}W = 3.16W$

" $x' = -R/\sqrt{5}$ .. $P = -3.16W$

SO WE CAN HAVE $3.16W\hat{k}$ AT $(x, y) = (1.15R, 1.60R)$

$\Rightarrow \underline{F} = 3.16W\hat{k} - 8W\hat{k} = -4.84W\hat{k}$

OR $-3.16W\hat{k}$ AT $(x, y) = (0.260R, -0.187R)$

$\Rightarrow \underline{F} = -3.16W\hat{k} - 8W\hat{k} = -11.2W\hat{k}$

3.124

$xF_{ry} - yF_{rx} = M_{rp}$ becomes, if $F_{rx} = 0$,

$xF_{ry} = M_{rp}$, so $x = \dfrac{M_{rp}}{F_{ry}}$

3.125 $\Sigma \underline{F} = \underline{F}_r = (6\hat{i} - 8\hat{k}) + 8\hat{j}$ LB $\quad F_r = 12.81$ LB

$\underline{M}_{r_O} = \Sigma(\underline{r} \times \underline{F}) + \underline{C} = (3\hat{i} + 2\hat{j}) \times (6\hat{i} - 8\hat{k})$

$+ (3\hat{i} + 2\hat{j}) \times 8\hat{j} + 3(2)(.8\hat{i} + .6\hat{k})$

$\underline{M}_{r_O} = -11.2\hat{i} + 24\hat{j} + 15.6\hat{k}$ LB-FT

NOW $\underline{F}_r \cdot \underline{M}_{r_O} = -67.2 + 192 - 124.8 = 0$

$\therefore -8y = -11.2$; $y = 1.4$ FT
$8x = 24$; $x = 3$ FT } PIERCING PT

3.126 FOR COPLANAR FORCE SYSTEMS $\underline{M}_{r_\parallel} = 0$, SO ALL $\underline{M}_{r_\perp} = \underline{M}_r$

(1) $\underline{F}_r = (5\hat{i} - 5\hat{j})$ N ; $\hat{e}_F = .707\hat{i} - .707\hat{j}$

$\underline{M}_{r_P} = 30\hat{k}$ N·m

$(x\hat{i} + y\hat{j}) \times \underline{F}_r = \underline{M}_{r_P} \Rightarrow$ $x = -6$m $(y = 0)$; $y = -6$m $(x = 0)$

(2) $\underline{F}_r = -5\hat{i} - 5\hat{j}$ N ; $\underline{M}_{r_P} = 30\hat{k}$ N·m

$(x\hat{i} + y\hat{j}) \times \underline{F}_r = \underline{M}_{r_P} \Rightarrow$ $x = -6$m $(y = 0)$; $y = +6$m $(x = 0)$

(3) $\underline{F}_r = -5\hat{i} + 5\hat{j}$ N ; $\underline{M}_{r_P} = 31\hat{k}$ N·m

AS ABOVE: $x = 6.2$m $(y = 0)$; $y = 6.2$m $(x = 0)$

(4) $\underline{F}_r = 5\hat{i} + 5\hat{j}$ N ; $\underline{M}_{r_P} = -14\hat{k}$ N·m

AGAIN: $(x\hat{i} + y\hat{j}) \times \underline{F} = \underline{M}_{r_P} \Rightarrow$ $x = -2.8$m $(y = 0)$; $y = 2.8$m

(6) *same as (4).*

NO "SINGLE FORCE THROUGH P" BECAUSE $\Sigma \underline{M}_P \neq \underline{0}$ FOR EACH CASE.

Note (5) is screwdriver already, with $\underline{F}_r = \underline{0}$.

3.127 FORCES: $(1\hat{j} - 1\hat{j} - 1\hat{i}) + F_x\hat{i} + F_y\hat{j} + F_z\hat{k} = 0$

$\Sigma\hat{i}$: $-1 + F_x = 0 \therefore F_x = 1$ LB, $F_y = 0$, $F_z = 0$

MOMENTS: (USE A AS REF.)

$\underline{M}_{A_1} + \underline{C}_A = \underline{M}_{A_2}$ WHERE $\underline{M}_{A_1} = -\hat{k} \times -1\hat{i} = 1\hat{j}$ LB-FT

$1\hat{j} + C_x\hat{i} + C_y\hat{j} + C_z\hat{k} = (-\hat{i} + \hat{j} + \hat{k}) + (\hat{i} - \hat{k}) \times 1\hat{j}$

$\hat{j} + C_x\hat{i} + C_y\hat{j} + C_z\hat{k} = (-\hat{i} + \hat{j} + \hat{k}) + (\hat{i} - \hat{k})$

$\hat{j} + (\underline{0}) = \hat{j} \Rightarrow \underline{C}_A = 0$

ALL WE NEED IS $F_x = 1$ LB AT A (ADDED)

Screwdriver is $\underline{F} = -\hat{i}$ through $(1,1,0)$ with no couple.

3.128 "O" IS ORIGIN – SEE FIG. IN TEXT

$\underline{F}_r = 26\left(\frac{4}{13}\hat{\imath} + \frac{12}{13}\hat{\jmath} + \frac{3}{13}\hat{k}\right) + 64\sqrt{10}\left(\frac{-4}{4\sqrt{10}}\hat{\imath} + \frac{12}{4\sqrt{10}}\hat{\jmath}\right) = -56\hat{\imath} + 216\hat{\jmath} + 6\hat{k}$ LB

$\underline{M}_{r_o} = 3\hat{k}\times(12\hat{\imath} - 9\hat{k}) + 4\hat{\imath}\times(-64\hat{\imath} + 192\hat{\jmath})$
$= 108\hat{\imath} + 912\hat{k}$ LB-FT

$\hat{e}_F = (-56\hat{\imath} + 216\hat{\jmath} + 6\hat{k})/223.2$

$\underline{M}_{r_o} = \underline{M}_{r_{o\parallel}} + \underline{M}_{r_{o\perp}}$; $\underline{M}_{r_{o\parallel}} = \underline{M}_{r_o}\cdot\hat{e}_F$

$\underline{M}_{r_{o\parallel}} = -2.6(-.251\hat{\imath} + .968\hat{\jmath} + .027\hat{k})$ LB-FT

$\underline{M}_{r_{o\perp}} = \underline{M}_{r_o} - \underline{M}_{r_{o\parallel}} = 107\hat{\imath} - 2.5\hat{\jmath} + 912\hat{k}$ LB-FT

NOW $\underline{r}_{OA}\times\underline{F}_r = \underline{M}_{r_{o\perp}}$

$(x\hat{\imath} + y\hat{\jmath} + z\hat{k})\times(-56\hat{\imath} + 216\hat{\jmath} + 6\hat{k}) \Rightarrow$

$$\left.\begin{aligned}(6y - 216z) &= 107\\ (-56z - 6x) &= -2.5\\ 216x + 56y &= 912\end{aligned}\right\}\ \text{USE ANY TWO FOR EQ. OF LINE}$$

∴ SCREWDRIVER IS A FORCE $\underline{F}_r$ & MOM. $\underline{M}_{r_{o\parallel}}$ ACTING ALONG THE LINE THROUGH (4.23, 0, –.5) AND (.42, 17.9, 0)

3.129 $F_r = \Sigma\underline{F} = -6\hat{k}$ N

$\underline{M}_{r_o} = 4\hat{\imath}\times(-1\hat{k}) + 3\hat{\jmath}\times(-3\hat{k}) = -9\hat{\imath} + 4\hat{\jmath}$ N·m

$\underline{M}_{r_o}$ IS IN X-Y PLANE & ∴ ⊥ $\underline{F}_r$

∴ $\underline{M}_{r_{o\parallel}} = 0$ & $\underline{M}_{r_{o\perp}} = \underline{M}_{r_o}$

SO $\underline{r}_{OF}\times\underline{F} = \underline{M}_{r_{o\perp}} = \underline{M}_{r_o}$; $(x\hat{\imath} + y\hat{\jmath} + z\hat{k})\times(-6\hat{k}) = \underline{M}_{r_o}$

$-6y\hat{\imath} + 6x\hat{\jmath} = -9\hat{\imath} + 4\hat{\jmath} \Rightarrow y = 1.5$ m, $x = .67$ m

∴ SINGLE FORCE $-6\hat{k}$ N THRU (.67, 1.5, 0) m

3.130 LET A BE (1, 1, 1)

$\underline{M}_{r_A} = 100(1)(-\hat{\imath}) + 100(1)(-\hat{\jmath}) + 100(1)(-\hat{k})$
$= -100\hat{\imath} - 100\hat{\jmath} - 100\hat{k}$ N·m ; $\Sigma\underline{F} = 0$

∴ RESULTANT IS A MOM. $\underline{M}_{r_A}$ OF MAG. $100\sqrt{3}$ N·m THAT MAKES EQUAL ANGLES WITH THE NEG. COOR. AXES (54.7°)

3.131 $\Sigma\underline{F} = \underline{F}_r = (-1.73\hat{\imath} - 3\hat{\jmath})$ LB

$\Sigma\underline{M}_o = \underline{M}_{r_o} = (-2.5\hat{\imath} - 1.25\hat{\jmath})\times(-3)\hat{\jmath} = 7.5\hat{k}$ LB-FT

SINCE $\underline{M}_{r_o} \perp \underline{F}_r$, $\underline{M}_{r_{o\perp}} = \underline{M}_{r_o}$

$(x\hat{\imath} + y\hat{\jmath})\times\underline{F}_r = \underline{M}_{r_{o\perp}} = 7.5\hat{k}$

OR $-3x + 1.73y = 7.5$

INTERCEPTS: $x = -2.5$ FT $(y=0)$
and $y = 4.33$ FT $(x=0)$

3.132 $\Sigma\underline{F} = \underline{F}_r = -50\hat{\jmath} + 80\hat{k}$ N

$\Sigma\underline{M}_o = \underline{M}_{r_o} = 3\hat{\imath}\times(-50\hat{\jmath}) + 300\hat{\imath} + 6\hat{\imath}\times 40\hat{k} + (6\hat{\imath} - 2\hat{\jmath})\times 70\hat{k} + (6\hat{\imath} + 2\hat{\jmath})\times(-30\hat{k})$

∴ $\underline{M}_{r_o} = (100\hat{\imath} - 480\hat{\jmath} - 150\hat{k})$ N·m

$\hat{e}_F = \underline{F}_r/|\underline{F}| = (-50\hat{\jmath} + 80\hat{k})/94.34$

$\underline{M}_{r_{o\parallel}} = (\underline{M}_{r_o}\cdot\hat{e}_F)\hat{e}_F = -67.3\hat{\jmath} + 107.9\hat{k}$ N·m

AND $\underline{M}_{r_{o\perp}} = \underline{M}_{r_o} - \underline{M}_{r_{o\parallel}} = 100\hat{\imath} - 413\hat{\jmath} - 258\hat{k}$ N·m

∴ $(x\hat{\imath} + y\hat{\jmath} + z\hat{k})\times\underline{F}_r = \underline{M}_{r_{o\perp}}$

$(80y + 50z)\hat{\imath} - 80x\hat{\jmath} - 50x\hat{k} = 100\hat{\imath} - 413\hat{\jmath} - 258\hat{k}$

$$\therefore \left.\begin{aligned}80y + 50z &= 100\\ -80x + 413 &= 0\\ -50x + 258 &= 0\end{aligned}\right\}$$

∴ SCREWDRIVER: $\underline{F}_r$ & $\underline{M}_{r_{o\parallel}}$ & $80y + 50z = 100$, $x = 5.16$ m

3.133 "O" IS ORIGIN

$\underline{F}_r = 3\hat{k}$ LB

$\underline{M}_{r_o} = 2\hat{\imath}\times 3\hat{k} + 6\hat{\jmath} = \underline{0}$

} ∴ AT "O" $\underline{F}_r = 3\hat{k}$ LB

$F_1 = 3$ lb; $F_2 = 4$ lb; $M = 50$ lb-in.

3.134 $\underline{F}_r = 3\hat{\imath} + 4\hat{\jmath}$ LB

$\underline{M}_{r_o} = -4(25)\hat{\imath} + 50\hat{k} = -100\hat{\imath} + 50\hat{k}$ LB-IN.

$\hat{e}_F = (3/5\,\hat{\imath} + 4/5\,\hat{\jmath})$

$\underline{M}_{r_{o\parallel}} = (\underline{M}_{r_o}\cdot\hat{e}_F)\hat{e}_F = -36\hat{\imath} - 48\hat{\jmath}$ LB-IN

$\underline{M}_{r_{o\perp}} = \underline{M}_{r_o} - \underline{M}_{r_{o\parallel}} = (-100\hat{\imath} + 50\hat{k}) - (-36\hat{\imath} - 48\hat{\jmath})$
$= -64\hat{\imath} + 48\hat{\jmath} + 50\hat{k}$

$(x\hat{\imath} + y\hat{\jmath} + z\hat{k})\times\underline{F}_r = \underline{M}_{r_{o\perp}} = -64\hat{\imath} + 48\hat{\jmath} + 50\hat{k}$

$\Rightarrow 4x - 3y = 50$; $z = 16$ IN.

3.135 $\underline{F}_r = 3P\hat{i} - P\hat{j} + 2P\hat{k}$

$\underline{M}_{r_O} = 2P(3a)\hat{i} - [2P(2a) + 3Pa]\hat{j} = 6Pa\hat{i} - 7Pa\hat{j}$

$\hat{e}_F = \frac{3}{\sqrt{14}}\hat{i} - \frac{\hat{j}}{\sqrt{14}} + \frac{2}{\sqrt{14}}\hat{k}$; $\underline{M}_{r_{O\parallel}} = \underline{M}_{r_O} \cdot \hat{e}_F$

$\underline{M}_{r_{O\parallel}} = \frac{25}{14}Pa\,(3\hat{i} - \hat{j} + 2\hat{k})$; $\underline{M}_{r_{O\perp}} = \underline{M}_{r_O} - \underline{M}_{r_{O\parallel}}$

$\underline{M}_{r_{O\perp}} = \frac{Pa}{14}(9\hat{i} - 73\hat{j} - 50\hat{k})$

$(x\hat{i} + y\hat{j} + z\hat{k}) \times P\,(3\hat{i} - \hat{j} + 2\hat{k}) = \underline{M}_{r_{O\perp}}$

$\Rightarrow$ ① $2y + z = \frac{9}{14}a$; $-2x + 3z = -\frac{73}{14}a$ ②

③ $-x - 3y = -\frac{50}{14}a$ | FOR $z = 0$: $y = \frac{9}{28}a$

$x = 73/28\,a$

FINAL ANSWER: $\underline{F}_r = 3P\hat{i} - P\hat{j} + 2P\hat{k}$

ALONG $2y + z = \frac{9}{14}a$ OR $28y + 14z = 9a$

$2x - 3z = \frac{73}{14}a$ OR $28x - 42z = 73a$

$\underline{C} = Pa\left(\frac{75}{14}\hat{i} - \frac{25}{14}\hat{j} + \frac{50}{14}\hat{k}\right)$

3.136 $\underline{F}_r = -4F\hat{k}$ "O" IS ORIGIN

$\underline{M}_{r_O} = -F\ell\hat{i} + 9F\ell\hat{j} - F\ell\hat{k}$; $\hat{e}_F = -\hat{k}$

$\underline{M}_{r_{O\parallel}} = (\underline{M}_{r_O} \cdot \hat{e}_F)\,\hat{e}_F = F\ell(-\hat{k})$

$\underline{M}_{r_{O\perp}} = \underline{M}_{r_O} - \underline{M}_{r_{O\parallel}} = -F\ell\hat{i} + 9F\ell\hat{j}$

$(x\hat{i} + y\hat{j} + z\hat{k}) \times (-4F\hat{k}) = -F\ell\hat{i} + 9F\ell\hat{j}$

$\Rightarrow$ $-4Fy = -F\ell$; $y = \frac{1}{4}\ell$

$4Fx = 9F\ell$; $x = \frac{9}{4}\ell$

$\therefore$ $\underline{F}_r = -4F\hat{k}$; $\underline{M}_{r_{O\parallel}} = -F\ell\hat{k}$ AT $x = 2.25\ell$, $y = .25\ell$

3.137 $\underline{F}_r = -50\hat{i} - 120\hat{j}$ N ($F_r = 130$ N)

$\Sigma\underline{M}_A = \underline{M}_{r_A} = 6\hat{i} \times (-20\hat{j}) + 500\hat{k} + 12\hat{i} \times (-100\hat{j})$

$+ (12\hat{i} - 6\hat{j}) \times 50\hat{i} = -520\hat{k}$ N·m

SINCE $\underline{F} \perp \underline{M}_{r_A}$, $\underline{M}_{r_{A\parallel}} = 0$ & $\underline{M}_{r_{A\perp}} = \underline{M}_{r_A}$

$(x\hat{i} + y\hat{j} + z\hat{k}) \times (-50\hat{i} - 120\hat{j}) = -520\hat{k}$

$\Rightarrow$ $-120x + 50y = -520$; $z = 0$

$\therefore$ SCREWDRIVER IS

$\underline{F}_r = -50\hat{i} - 120\hat{j}$ N AT $x = \frac{52}{12} = 4.33$ M, $y = 0$

3.138 "O" IS ORIGIN

$\Sigma\underline{F} = \underline{F}_r = 10\hat{i} - 10\hat{j} + 10\hat{k}$ LB

$\underline{M}_{r_O} = \hat{k} \times 10\hat{i} + (2\hat{i} + \hat{j}) \times 10\hat{k} = 10\hat{i} - 10\hat{j}$ LB-FT

$\hat{e}_F = .577\hat{i} - .577\hat{j} + .577\hat{k}$

$\underline{M}_{r_{O\parallel}} = (\underline{M}_{r_O} \cdot \hat{e}_F)\hat{e}_F = 11.54\,\hat{e}_F$

$\underline{M}_{r_{O\perp}} = \underline{M}_{r_O} - \underline{M}_{r_{O\parallel}} = (10\hat{i} - 10\hat{j}) - (6.66\hat{i} - 6.66\hat{j}$

$+ 6.66\hat{k}) = (3.34\hat{i} - 3.34\hat{j} - 6.66\hat{k})$ LB-FT

$(x\hat{i} + y\hat{j} + z\hat{k}) \times \underline{F}_r = \underline{M}_{r_{O\perp}}$ $\Rightarrow$

$10y + 10z = 3.34$
$10z - 10x = -3.34$
$-10x - 10y = -6.66$

} ANY TWO GIVE LINE OF ACTION

3.139 $\underline{F}_r = (5\hat{j} + 12\hat{k}) + (9\hat{i} - 12\hat{k}) = 9\hat{i} + 5\hat{j}$ LB

$\underline{M}_{r_O} = 60\hat{i} + 106\hat{j} + 9\hat{i} \times (5\hat{j} + 12\hat{k}) + (9\hat{i} + 5\hat{j}) \times (9\hat{i} - 12\hat{k})$

$\therefore$ $\underline{M}_{r_O} = 106\hat{j}$ LB-FT; $\hat{e}_F = (9\hat{i} + 5\hat{j})/\sqrt{106}$

$\underline{M}_{r_{O\parallel}} = \frac{5(106)}{\sqrt{106}}\left(\frac{9\hat{i} + 5\hat{j}}{\sqrt{106}}\right) = 45\hat{i} + 25\hat{j}$ LB-FT

$\underline{M}_{r_{O\perp}} = 106\hat{j} - (45\hat{i} + 25\hat{j}) = -45\hat{i} + 81\hat{j}$

$(x\hat{i} + y\hat{j} + z\hat{k}) \times (9\hat{i} + 5\hat{j}) = \underline{M}_{r_{O\perp}}$

$\Rightarrow$ $5x - 9y = 0$; $9z = 81$; $-5z = -45$

$z = 9$ FT

WITH $\underline{F}_r = 9\hat{i} + 5\hat{j}$ LB, $\underline{C} = 45\hat{i} + 25\hat{j}$ LB-FT } ALONG $5x - 9y = 0$ and $z = 9$ FT

3.140

$\underline{F}_r = 8\hat{j} - 8\hat{k}$ N and

$\underline{M}_{rA} = 8\hat{i}$ N·m, and $\underline{F}_r \cdot \underline{M}_{rA} = 0 + 0 + 0 = 0$

If the magnitude of just one of the 2 forces changes, $\underline{F}_r$ will have an x-component, but $\underline{M}_{rA}$ will not change. Hence $\underline{F}_r \cdot \underline{M}_{rA} \neq 0$ any longer, so a single-force resultant is impossible.

3.141

(a) Any system may be replaced by the resultant force $\underline{F}_r$ at a point P and the couple $\underline{M}_{rp}$. The plane of $\underline{F}_r + \underline{M}_{rp}$ is sketched, with point P and both vectors shown lying in it.

(b) $\underline{M}_{rp}$ is replaced by its 2 components parallel and perpendicular to $\underline{F}_r$; these are called $\underline{M}_{rp\parallel}$ and $\underline{M}_{rp\perp}$.

(c) $\underline{M}_{rp\perp}$ is replaced by two forces $\underline{F}_r$ at Q and $-\underline{F}_{r_A}$ at P, with the distance $|r_{PQ}|$ between them determined so as to make this replacement form the same couple. (That distance will be $|\underline{M}_{rp\perp}| \,/\, |\underline{F}_r|$.)

(d) The two coincident forces left at P, $\underline{F}_r$ and $-\underline{F}_r$, cancel, leaving $\underline{F}_r$ at Q and $\underline{M}_{rp\parallel}$ at P. But the latter is a couple and has the same moment everywhere. So it is slid over to Q, forming the screwdriver there, parallel to the original $\underline{F}_r$.

3.142

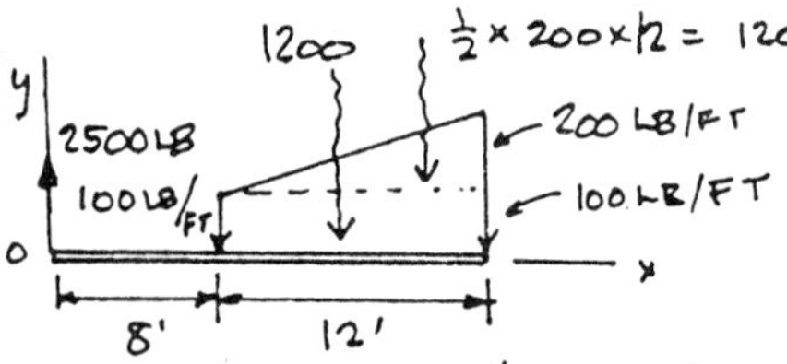

$\underline{F}_r = 2500\hat{j} - 1200\hat{j} - 1200\hat{j} = 100\hat{j}$ LB

$\Sigma \underline{M}_o = 1200 \times 14(-\hat{k}) + 1200(16)(-\hat{k}) = -36000\hat{k}$ LB FT

$\therefore \; 100\,d = 36000$

$\therefore$ RESULTANT IS $100\hat{j}$ LB AT $x = -360$ FT

3.143 SEE FIG. IN TEXT. ONLY A MOMENT AT THE WALL.

$$M = \int_0^L \left(q_0 \sin\frac{2\pi x}{L}\,dx\right) x = q_0\left(\frac{-L}{2\pi}\right)\left(\cos\frac{2\pi x}{L}\right) x \Big|_0^L$$

$$-\int_0^L -\frac{q_0 L}{2\pi}\cos\frac{2\pi x}{L}\,dx \;\Rightarrow\; -\frac{q_0 L^2}{2\pi}$$

$\therefore$ MOMENT OF COUPLE IS $\dfrac{q_0 L^2}{2\pi}\hat{k}$

3.144 NORMAL PRESSURE $p = \left(\dfrac{z}{100}\right)^2$ PSF

ELEMENT OF AREA: $dA = a\,dz$

ELEMENT OF FORCE DUE TO PRESSURE:

$$dF = p\,dA = p\,a\,dz = \frac{z^2}{10^4}\,a\,dz \text{ LB}$$

$$\therefore F_{r_z} = \int_0^h dF = \int_0^h \frac{a z^2}{10^4}\,dz = 21.3 \times 10^4 \text{ LB}$$ (Force is in $-x$ direction)

ALSO: $M_y = \int z\,dF = \int_0^h \dfrac{z^3}{10^4}\,a\,dz = \dfrac{a h^4}{4 \times 10^4}$

$F_r z_r = M_y \quad \therefore \; z_r = \dfrac{a h^4}{4 \times 10^4}\left(\dfrac{3 \times 10^4}{a h^3}\right) = \dfrac{3}{4}h = 300$ FT

($y_r = 50$ FT)

3.145 FROM TEXT: $F_r = \frac{1}{2}(6)(6) = 18$ LB

$z_r = \frac{1}{3}(6) = 2$ FT. THE CONCENTRATED LOADS OF 3.109 ARE RESULTANTS OF THE DISTRIBUTED LOADS OVER 1.5, 1, 1, 1, 1 AND .5 FT RESPECTIVELY. THE <u>LINES OF ACTION</u>, HOWEVER, ARE <u>NOT</u> PROPERLY PLACED.

3.146 $v_z = v_{30}\left(\dfrac{z}{30}\right)^{.3}$ FT/SEC; $p = \frac{1}{2}\rho v_z^2 C_D$

$v_{30} = 20$ FPS, $C_D = 1.4$, $\rho = .00241$ SLUG/FT³

$\therefore \; v_z = 51.98\,z^{.6}$; $p = .0877\,z^{.6}$ PSF

BLDG 1: $h = 100'$, $w = 50'$	BLDG 2: $h = 50'$, $w = 100'$
$dF = p\,dA = .0877 z^{.6}(50\,dz)$	$dF = p\,dA = .0877 z^{.6}(100\,dz)$
$F = \int_0^{100} 4.385 z^{.6}\,dz$	$F = \int_0^{50} 8.77 z^{.6}\,dz$
$F = 4344$ LB	$F = 2866$ LB

(3.147)

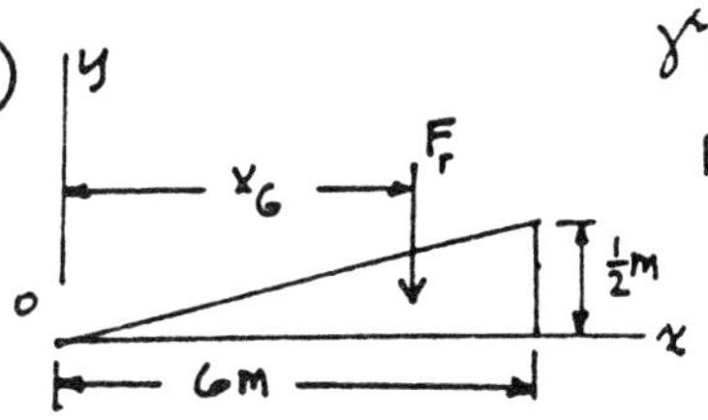

$\gamma = 22600\ N/m^3$

$F_r = W = \gamma\, VOL.$

$= 22600\left(\frac{1}{2}\times 6\times\frac{1}{2}\right)\times 1$

$= 33900\ N$

$\therefore$ W = 33900N AT $X_G = \frac{2}{3}(6) = 4m$

(3.148) ALL INFINITESIMAL PRESSURE FORCES $p\,dA$ EITHER PASS THROUGH THE CONE'S AXIS OR ARE PARALLEL TO IT.

b) SEE PAGE 104;

FORCE ON CURVED SURFACE JUST OPPOSITE TO FORCE ON FLAT BASE.

(3.149)

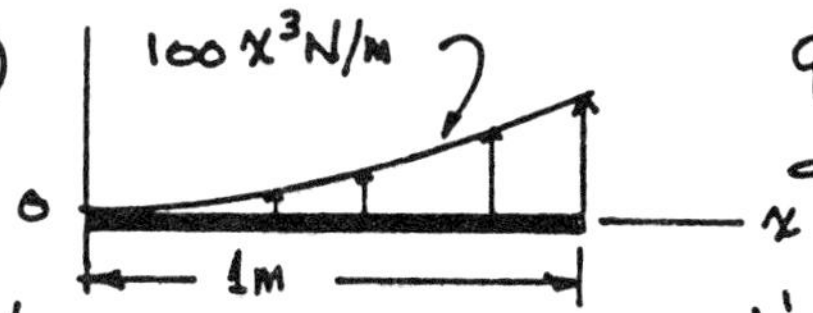

$q = 100x^3$

$dF = q\,dx \uparrow$

$F = \int_0^1 100x^3 dx = 25N$; $M_o = \int_0^1 x\,dF = 20 N\cdot m$

& $F(x_r) = M_o \quad \therefore x_r = \frac{20}{25} = \frac{4}{5} = .8m$

(3.150) FOR PROB 3.150 - 3.152:

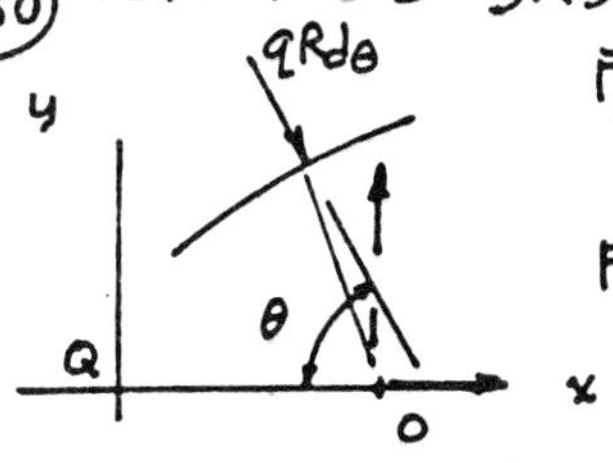

$F_{r_x} = \int_0^\pi \cos\theta\, q R\, d\theta$

$F_{r_y} = -\int_0^\pi \sin\theta\, q R\, d\theta$

$\underline{M}_{r_o} = 0$

$\therefore \underline{M}_{r_Q} = \underline{0} + R\, F_{r_y}\hat{k}$

FOR $q = 300\cos\theta$; $R = 1$

$F_{r_x} = 300\int_0^\pi \cos^2\theta\, d\theta = 150\pi$

$F_{r_y} = -300\int_0^\pi \sin\cos\theta\, d\theta = 0$

$\therefore \underline{F}_r = 150\pi\,\hat{i}$ N

(3.151) $q = 300\cos 2\theta$

$F_{r_x} = 300\int_0^\pi \cos 2\theta\cos\theta\, d\theta = 0$

$F_{r_y} = -300\int_0^\pi \cos 2\theta\sin\theta\, d\theta = 200N$

} USE DOUBLE ANGLE FORM.

$\underline{M}_{r_Q} = (1)(200)\hat{k}$ N.M ; $\underline{F}_r = 200\hat{j}$ N

(3.152) $q = 300\cos 3\theta$

$F_{r_x} = 300\int_0^\pi \cos 3\theta\cos\theta\, d\theta$

$F_{r_y} = -300\int_0^\pi \cos 3\theta\sin\theta\, d\theta$

BUT $\cos(3\theta+\theta) = \cos 3\theta\cos\theta - \sin 3\theta\sin\theta$
$\cos(3\theta-\theta) = \cos 3\theta\cos\theta + \sin 3\theta\sin\theta$

AND $\sin(3\theta+\theta) = \sin 3\theta\cos\theta - \sin\theta\sin 3\theta$
$\sin(3\theta-\theta) = \sin 3\theta\cos\theta - \sin\theta\cos 3\theta$

USE THESE:

$F_{r_x} = 150\left[\frac{\sin 4\theta}{4} + \frac{\sin 2\theta}{2}\right]_0^\pi = 0$

$F_{r_y} = -\frac{300}{2}\left[-\frac{\cos 4\theta}{4} + \frac{\cos 2\theta}{2}\right]_0^\pi = 0$

$\therefore \underline{M}_{r_Q} = \underline{0}$ & $\underline{F}_r = \underline{0}$

(3.153)

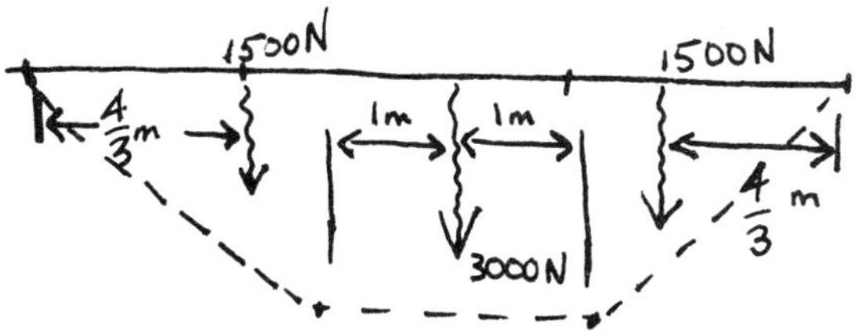

3.154

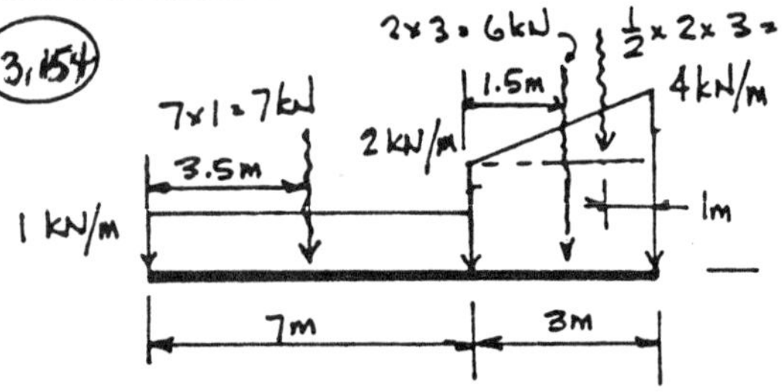

3.157

$$F = 2\int 55\sqrt{1^2 - \left(\frac{x}{1.1}\right)^2}\, dx$$

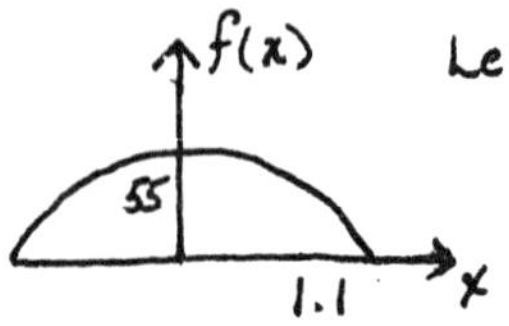

Let $\frac{x}{1.1} = \sin\theta$, $\frac{dx}{1.1} = \cos\theta\, d\theta$.

When $\begin{cases} x = 0, & \theta = 0 \\ x = 1.1, & \theta = \pi/2 \end{cases}$

$$\therefore F = 2.2\int_0^{\pi/2} 55\cos\theta\,(\cos\theta\, d\theta)$$

$$= 2.2\int_0^{\pi/2} 55\underbrace{\cos^2\theta}_{\frac{1+\cos 2\theta}{2}}\, d\theta = 2.2\left[\left(\frac{55}{2}\right)\theta\Big|_0^{\pi/2} + \frac{55\sin 2\theta}{4}\Big|_0^{\pi/2}\right]$$

$= 95.0\text{ N}$ (for half the load)

Smaller circle gives $2(0.7)\frac{35\pi}{4} = 38.5\text{ N}$

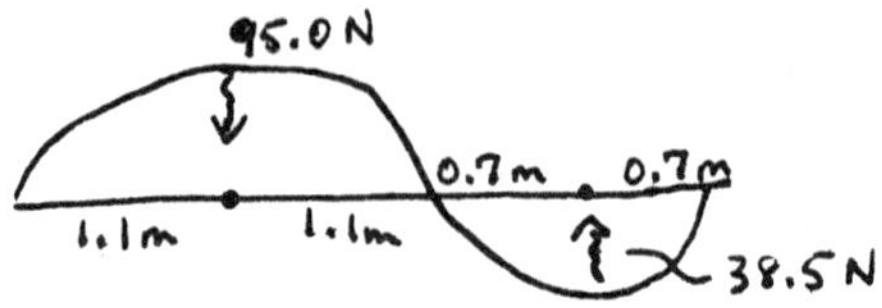

3.155

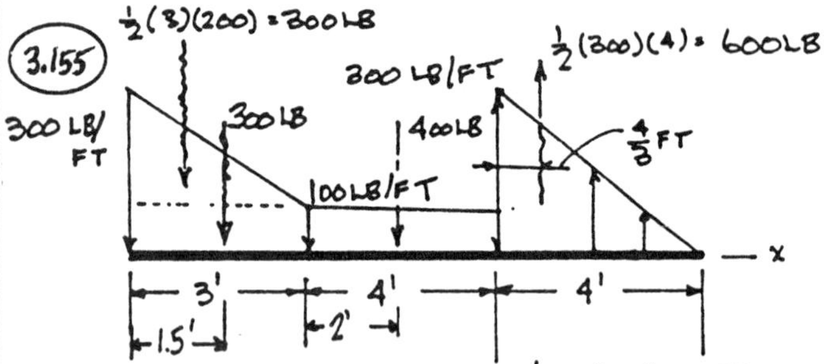

INSTEAD OF 300LB AT 1.5' AND 400LB AT 5' WE COULD USE A SINGLE FORCE OF 700LB AT 3.5 FT.

3.158 (a) $\underline{M}_A = \underline{r}_{AB}\times\underline{F} = (2\hat{i}+3\hat{j}-6\hat{k})\times(\hat{i}-2\hat{j}+2\hat{k})$

$= -6\hat{i} - 10\hat{j} - 7\hat{k}$ N.m

(b) $M_\ell = (6\hat{i} - 10\hat{j} - 7\hat{k})\cdot\left(\frac{3\hat{i}+4\hat{j}-12\hat{k}}{13}\right) = 2$

$\underline{M}_\ell = 2\left(\frac{3\hat{i}+4\hat{j}-12\hat{k}}{13}\right)$ N·m

(c) Distance $= \underline{r}_{AB}\times\frac{\underline{F}}{|\underline{F}|} = \frac{|-6\hat{i}-10\hat{j}-7\hat{k}|}{3} = \frac{\sqrt{155}}{3}$

$= 4.53$ m

3.156

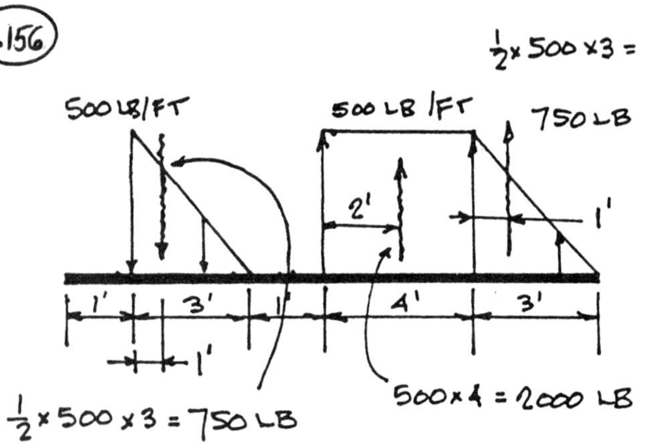

3.159 $\underline{F}_r = 450\hat{i} - 290\hat{j}$ lb $= \Sigma\underline{F}_i$

$\Sigma\underline{M}_O = -330\hat{k} + (\hat{i}+3\hat{j})\times(100\hat{i} - 200\hat{j}) + (2\hat{i}-5\hat{j})\times(50\hat{i}-340\hat{j}) + (-7\hat{i})\times 250\hat{j} + \underline{0}$

$= -3010\hat{k}$ lb-ft

$(x\hat{i}+y\hat{j})\times(450\hat{i} - 290\hat{j}) = -3010\hat{k}$

$450y + 290x = 3010 \Rightarrow y = -0.644x + 6.69$

3.160 $\underline{F}_r = -280\hat{k}$ N;

$(x\hat{i}+y\hat{j})\times(-280\hat{k}) = (10\hat{i}-20\hat{j})\times 1000\hat{k} + (-5\hat{i}+15\hat{j})\times(-380\hat{k}) + (-10\hat{i}-2\hat{j})\times(-900\hat{k})$

$-280y\hat{i} + 280x\hat{j} = -26900\hat{i} - 21900\hat{j}$ N.m

$x = -78.2$ m ; $y = 96.1$ m

3.160 is here

CHAPTER 4

4.1

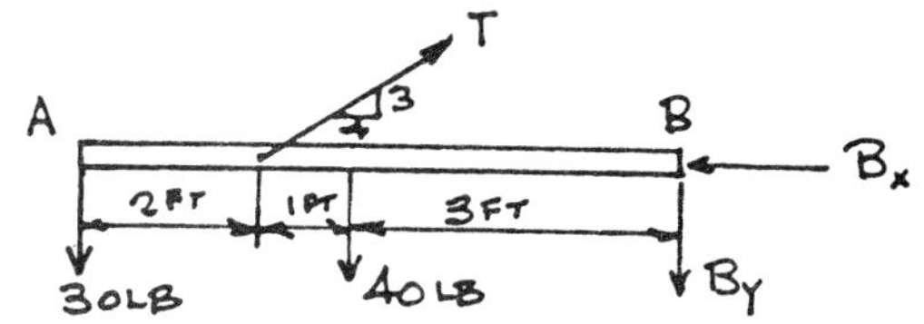

4.2

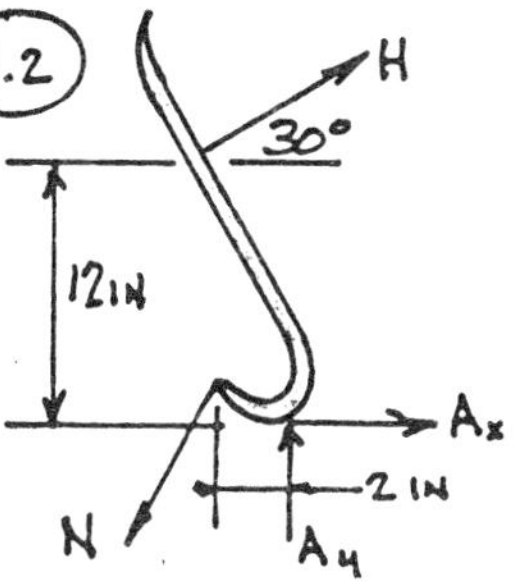

4.3

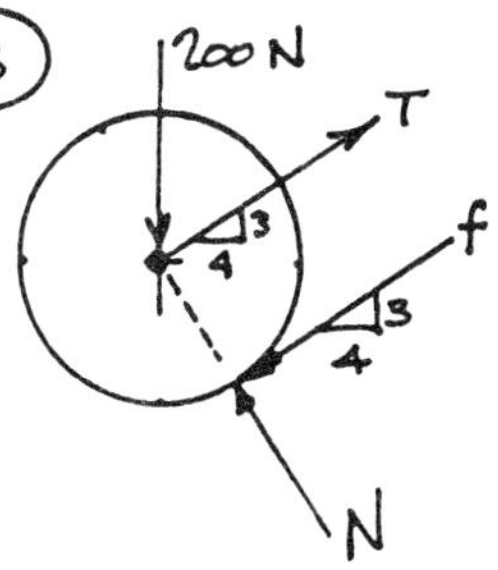

4.4

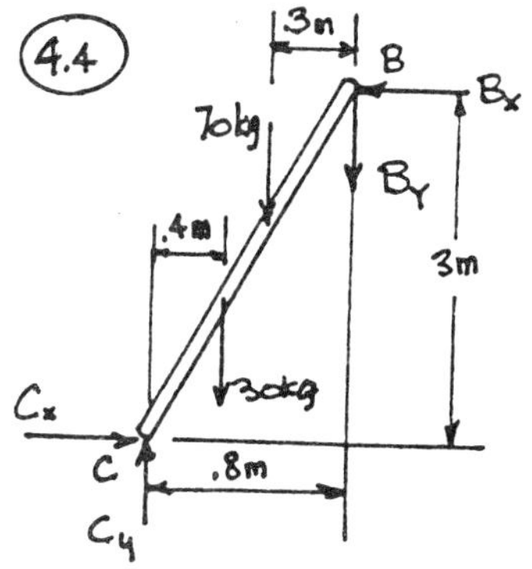

4.5

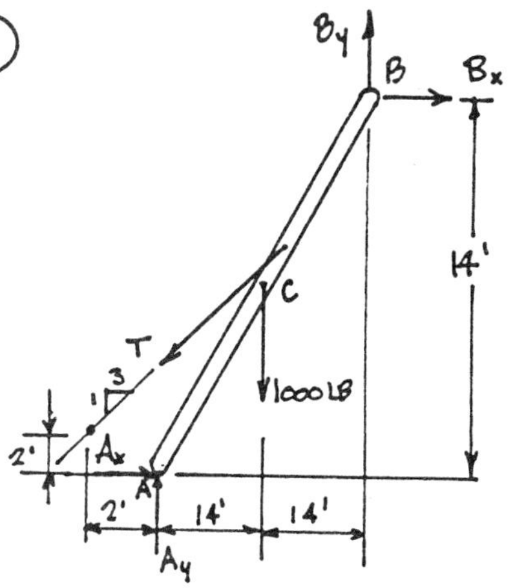

4.6

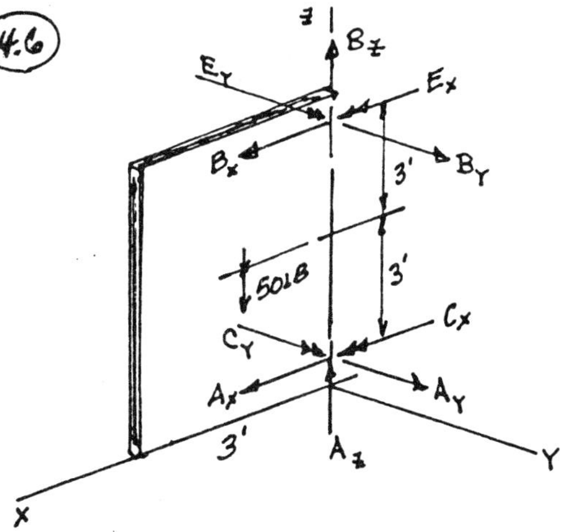

4.7

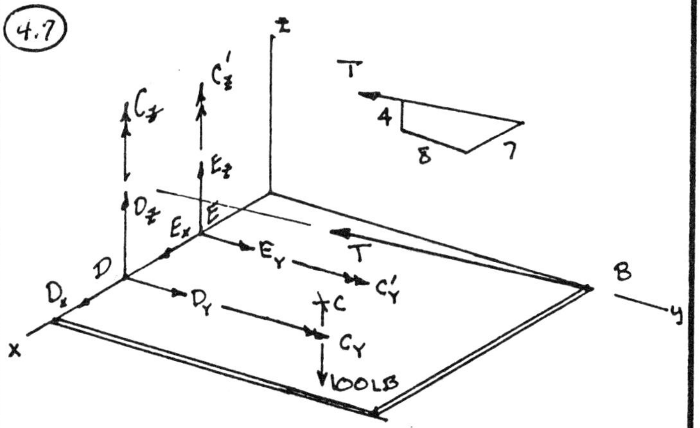

4.8

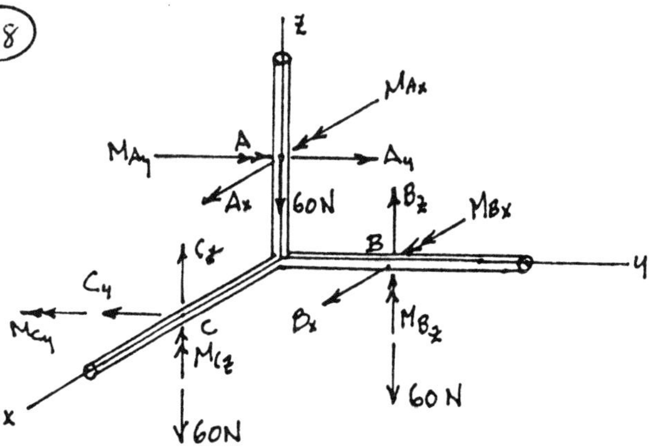

(4.9)

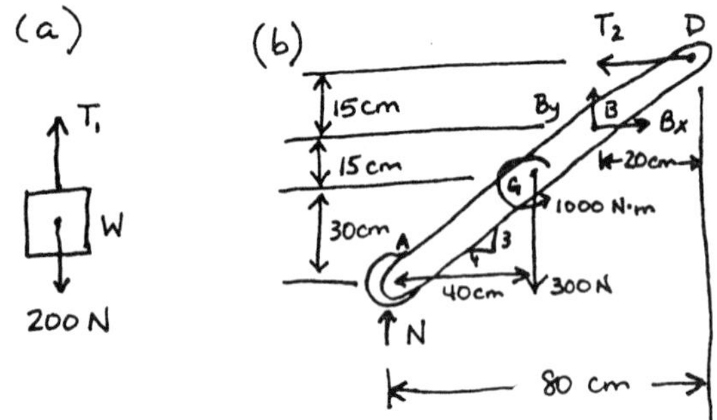

(4.10)

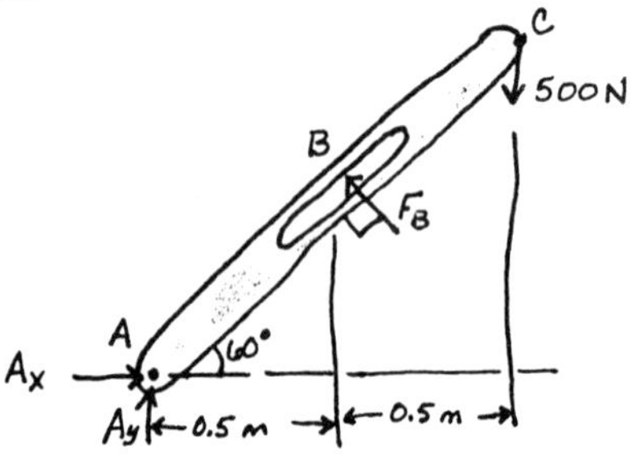

(4.11)

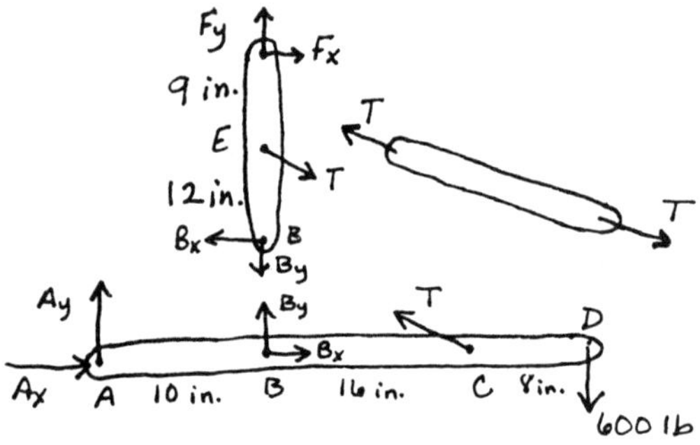

(4.12) $\Sigma \underline{M}_P \neq 0$ SINCE TWO OF THE FORCES PASS THROUGH P BUT THE OTHER DOES NOT. SO "NO!"

(4.13)

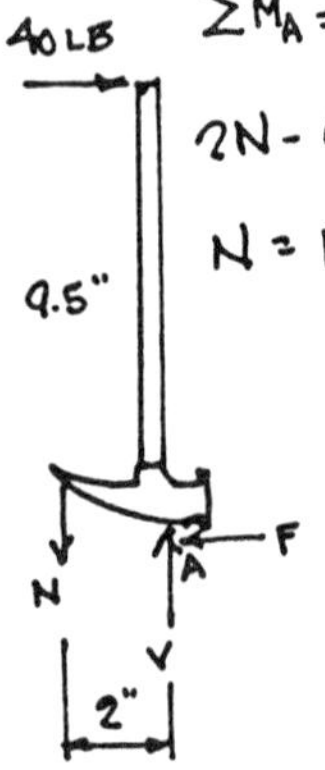

$\Sigma M_A = 0;$

$2N - 9.5(40) = 0$

$N = 190 \text{ LB}$

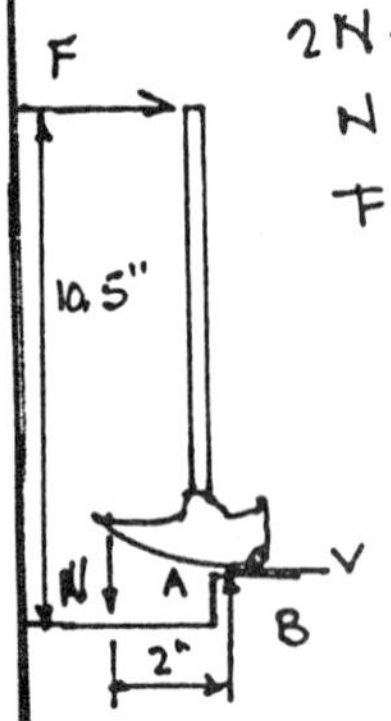

$\Sigma M_A = 0;$

$2N - 9.5F = 0$

$N = 150$

$\underset{\rightarrow}{F = 31.6 \text{ LB}}$

(4.14)

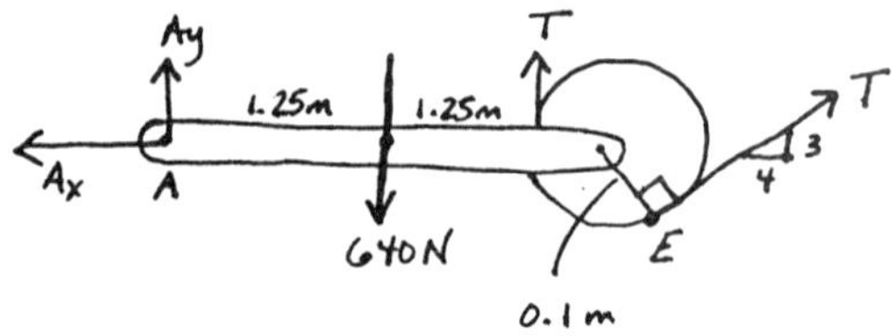

$$\circlearrowleft\!\!+\quad \Sigma M_A = 0 = -640(1.25) + T(2.4) + \tfrac{3}{5}T\left[2.5 + 0.1\left(\tfrac{3}{5}\right)\right] + \tfrac{4}{5}T(0.1)\tfrac{4}{5}$$

$$T = \frac{640(1.25)}{2.4 + 1.536 + .064} = 200 \text{ N, as before.}$$

(4.15)

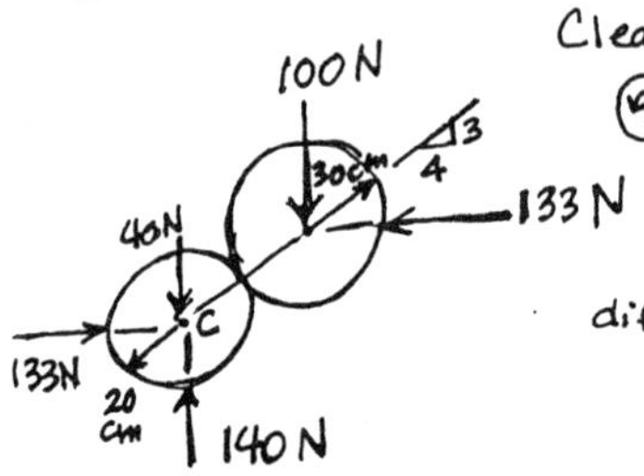

Clearly, $\Sigma F_x = 0$ and $\Sigma F_y = 0$.

$\circlearrowleft\!\!+\ \Sigma M_C = 133(.30 + .20)\frac{3}{5} - 100(.50)\frac{4}{5}$

$= 133(.30) - 40.$

$= 39.9 - 40.0 = -0.1 \text{ N·m},$

differing from zero due to roundoff.

(4.16)

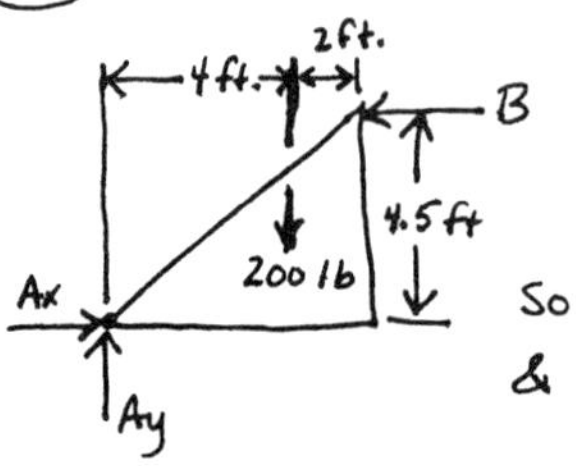

$\circlearrowleft\!\!+\ \Sigma M_A = 0 = 4.5B - 200(4)$

$B = 178 \text{ lb}$

So $\Sigma F_x = 0 = A_x - 178 \Rightarrow A_x = 178 \text{ lb}$

& $\Sigma F_y = 0 = A_y - 200 \Rightarrow A_y = 200 \text{ lb}$

(4.17)

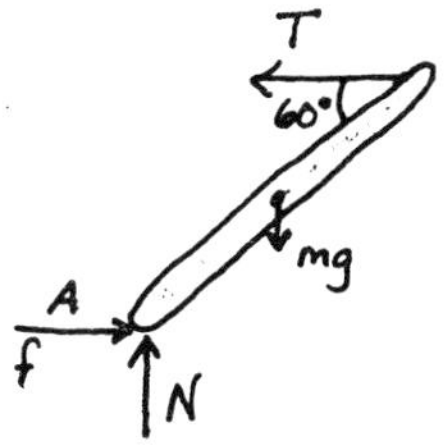

$\circlearrowleft + \; \Sigma M_A = 0 = TL\frac{\sqrt{3}}{2} - mg\frac{L}{2}\frac{1}{2}$

$T = \frac{mg}{2\sqrt{3}} = 0.289\,mg$

(4.18)

Equipollent systems to the distributed loads:

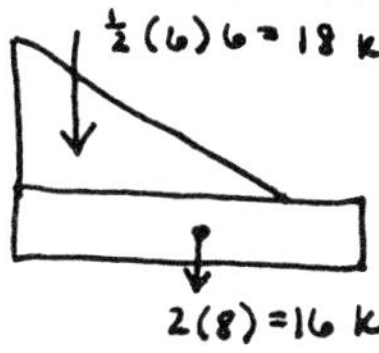

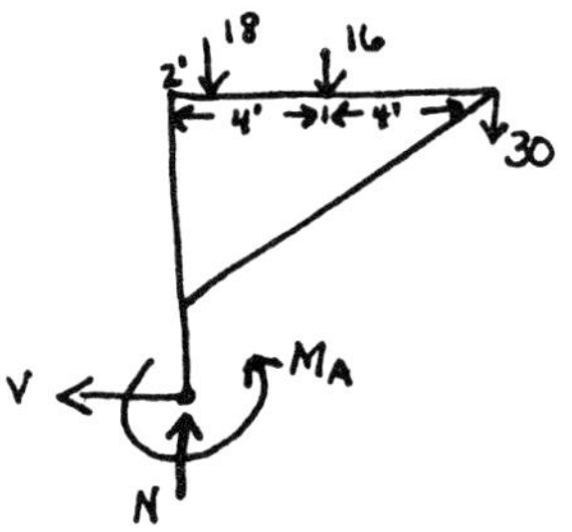

Note that V = 0 from $(\xrightarrow{+})\; \Sigma F_x = 0 = -V$

$(+\uparrow)\; \Sigma F_y = 0 = N - 18 - 16 - 30 \Rightarrow N = 64$ kips

$\circlearrowleft + \; \Sigma M_A = 0 = M_A - 18(2) - 16(4) - 30(8)$

$M_A = 340$ kip-ft

(4.19)

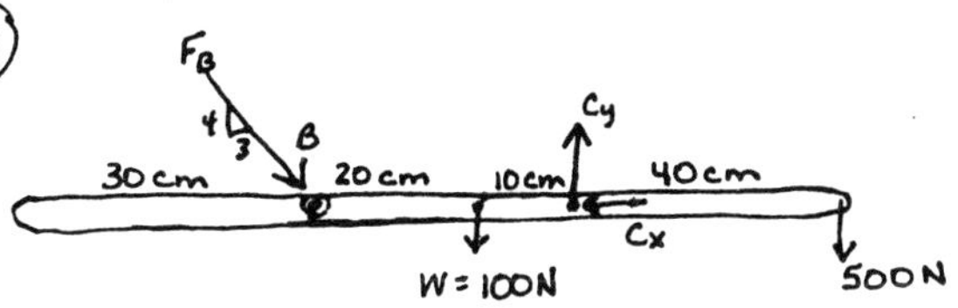

$\circlearrowleft + \; \Sigma M_c = 0 = 100(10) - 500(40) + \frac{4}{5}F_B(30)$

$F_B = 792$ N

(4.20) $\Sigma \underline{F}$ AT C $= 0 = (200 + .5F_{BC} - .5F_{AC})\hat{\imath} + (400 + .866F_{BC} + .866F_{AC})\hat{\jmath}$

$\Sigma \hat{\imath}: \; 200 + .5F_{BC} - .5F_{AC} = 0$

$\Sigma \hat{\jmath}: \; 400 + .866F_{BC} + .866F_{AC} = 0$

SOLUTION GIVES: $F_{AC} = 31$ LB (C); $F_{BC} = 431$ LB (C)

(4.21)

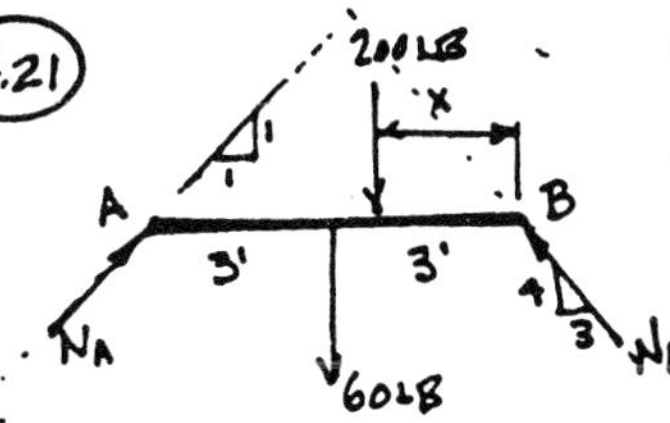

$\Sigma F_x = 0 = .707N_A - .6N_B$

$\Sigma F_y = 0 = .707N_A - 60 - 200 + .8N_B$

$\therefore N_B = 185.7$ LB

$N_A = .6(185.7)/0.707 = 158$ LB

$\circlearrowleft + \Sigma M_A = 0 = -60(3) - 200(6 - x) + .8N_B(6)$

$\therefore \; x = 2.45$ FT

(4.22)

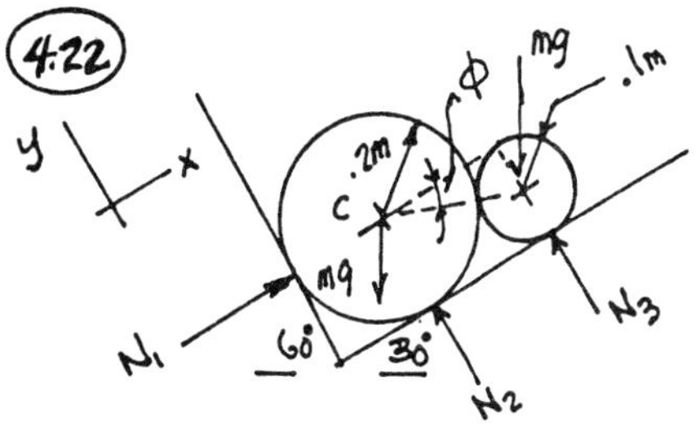

$\phi = \sin^{-1}(.1/.3) = 19.5°$

$\Sigma M_c = 0 = .283N_3 - mg[(.866)(.283) + .5(.1)]$

$N_3 = 1020$ N

$\Sigma F_x = 0; \; N_1 = 2mg(\frac{1}{2}) = mg = 981$ N

$\Sigma F_y = 0; \; N_2 = 2mg(.866) - mg(1.04) = 680$ N

(4.23)

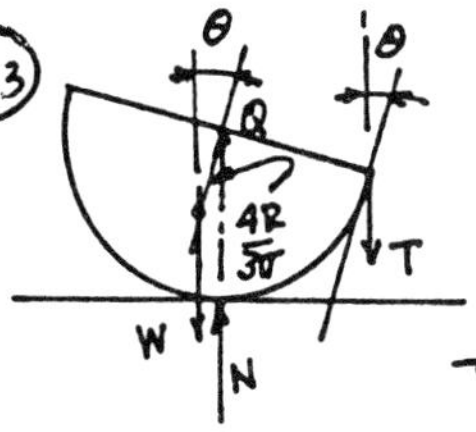

N & WT. ARE VERTICAL ∴ ROPE MUST BE VERTICAL ALSO.

$\Sigma M_Q = 0; \; W\frac{4R}{3\pi}\sin\theta = T\cos\theta\, R$

$T = \frac{4}{3\pi}\tan\theta$

IF $\theta = 0, T = 0; \; \theta = \pi/2, T \to \infty$ ✓

(4.24)

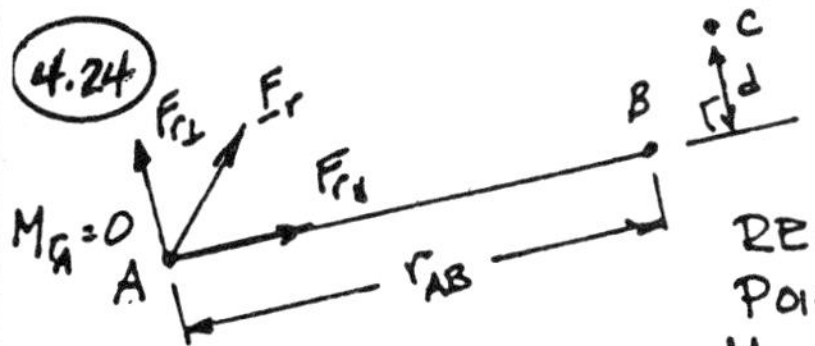

THREE MOMENT EQUATIONS MUST HAVE A ZERO RESULTANT AT SOME POINT, SAY A. IF $M_{r_A} = 0$, THEN THE RESULTANT AT A CAN ONLY BE A FORCE, F_r. IF $M_{r_B} = 0$, THEN COMPONENT $F_{r\perp}$ MUST VANISH. A THIRD MOMENT CENTER (C) ALSO MUST HAVE $M_{r_C} = 0$. THIS REQUIRES $F_{r\parallel}$ TO VANISH ($F_{r\parallel} \cdot d = 0$). NOTE: $F_{r\parallel}$ MUST NOT PASS THROUGH C. ∴ ABC CANNOT BE COLLINEAR.

(4.25)

$F_{r_x} = 0$ & $M_{r_A} = 0$ MEANS THAT F_r IS A FORCE THROUGH A IN THE Y-DIRECTION. IF B IS NOT ON A LINE PARALLEL TO Y THROUGH A, THEN $M_{r_B} = 0$ WILL FORCE THE RESULTANT TO BE ZERO.

(4.26) $F_{r_y} = 0$ & $M_{r_A} = 0 \Rightarrow F_r$ CAN CONSIST ONLY OF A FORCE THROUGH A IN THE X-DIRECTION. IF B IS NOT ON A LINE PARALLEL TO X THROUGH A, THEN $M_{r_B} = 0$ WILL FORCE THE RESULTANT TO BE ZERO

4.27

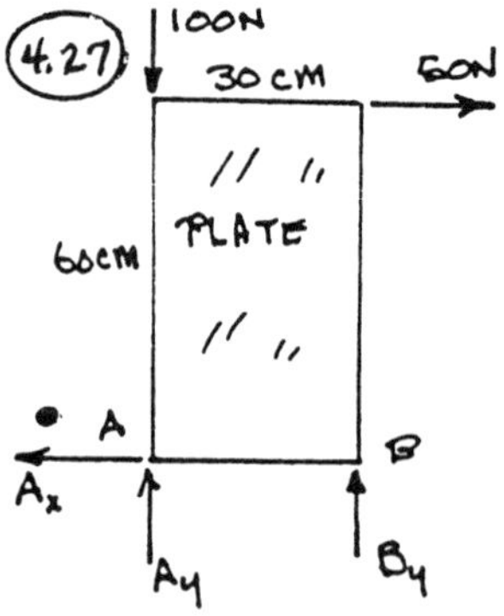

$\Sigma M_{r_A} = 0 = -50(60) + B_y(30)$

$B_y = 100 \uparrow N$

$\Sigma M_B = 0 = -A_y(30) + 100(30) - 50(60)$

$A_y = 0$

CHK:

$F_{r_x} = 0 = -A_x + 50$

$A_x = 50 \leftarrow N$

4.28

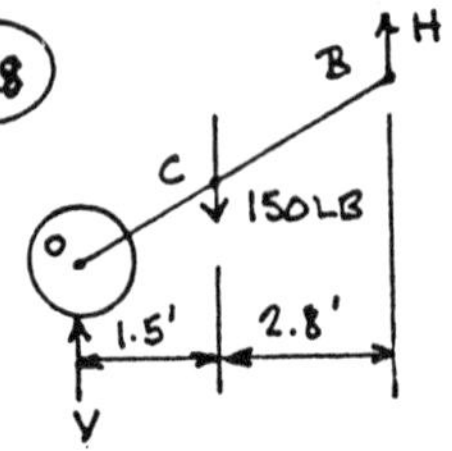

$\Sigma M_O = 0 = -150(1.5) + H(4.3)$

$H = 52.3$ LB

$\Sigma F_y = 0 = V - 150 + 52.3$

$V = 97.7$ LB

4.29 FROM PROB. 4.28, H = 52.3 LB. SEE FIG.

$\Sigma F_y = F_{r_y} = 0 = -52.3 - 170 + N \Rightarrow N = 222$ LB.

TAKE MOM. ABOUT A POINT ON LINE OF ACTION OF H, SAY B.

$M_{r_B} = -(170)(1.2) + 222.3d$

$d = .918$ FT (11.0 IN.)

4.30 a)

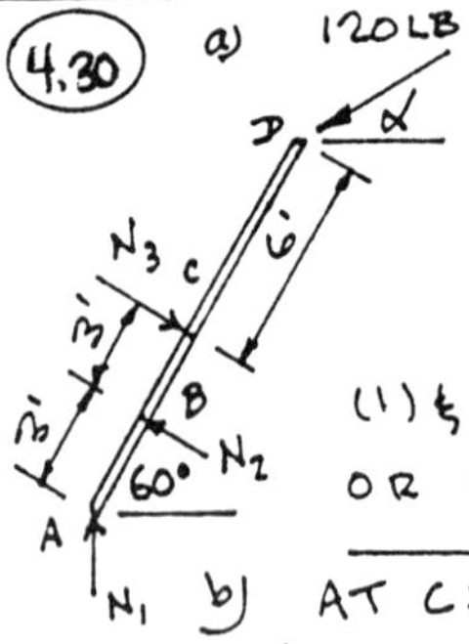

$\Sigma M_A = 0$

$-6N_3 + 120\cos\alpha\,(12 \cdot \frac{\sqrt{3}}{2}) - 120\sin\alpha\,(12 \cdot \frac{1}{2}) = 0$ (1)

$\Sigma F_x = 0$; $N_3 \frac{\sqrt{3}}{2} = 120\cos\alpha$ (2)

(1) & (2) LEAD TO: $\cos\alpha = \sqrt{3}\sin\alpha$

OR $\tan\alpha = \frac{1}{\sqrt{3}}$; $\alpha = 30°$

b) AT C:

$N_3 = \frac{240}{\sqrt{3}} \frac{\sqrt{3}}{2} = 120$ (30°) LB

AT A: $N_1 = 120\sin\alpha + N_3 \cdot \frac{1}{2} = \frac{120}{2} + \frac{120}{2}$

$N_1 = 120 \uparrow$ LB

4.31

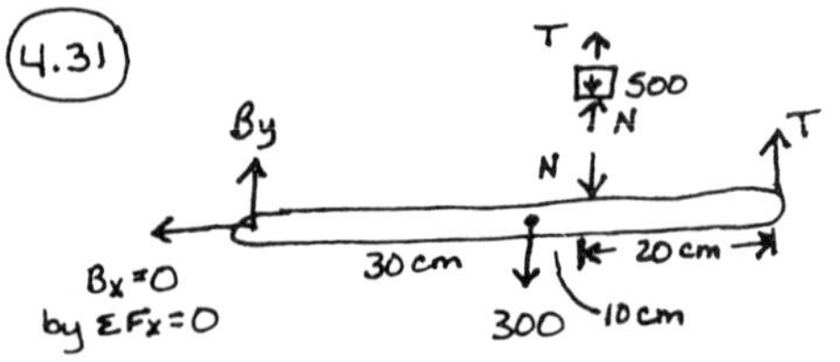

(+↑) $\Sigma F_y = 0$ on block:

$T + N - 500 = 0$

$T = 500 - N$

(↺+) $\Sigma M_B = 0 = -300(30) - N(40) + (500 - N)60$

$N = \frac{-9000 + 30000}{40 + 60} = 210$ Newtons

$T = 500 - N = 290$ Newtons = Tension in wire

$\Sigma F_y = 0 \Rightarrow B_y = N + 300 - (500 - N)$

$= 2(210) - 200 = 220$ Newtons

4.32

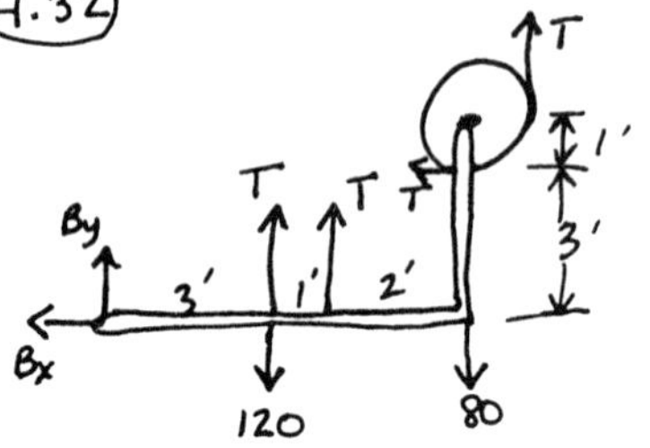

(↺+) $\Sigma M_B = 0 = 3T + 4T + 3T + 7T - 120(3) - 80(6)$

$17T = 840$

$T = 49.4$ lb

4.33

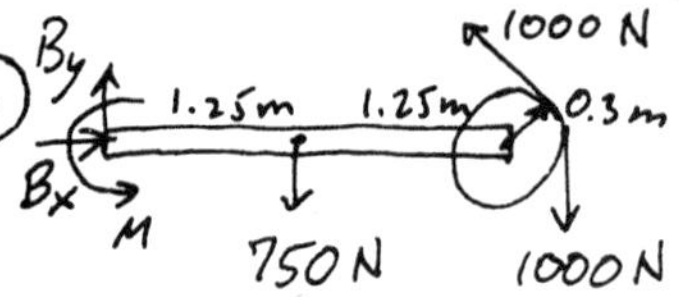

The cable forces are equipollent to:

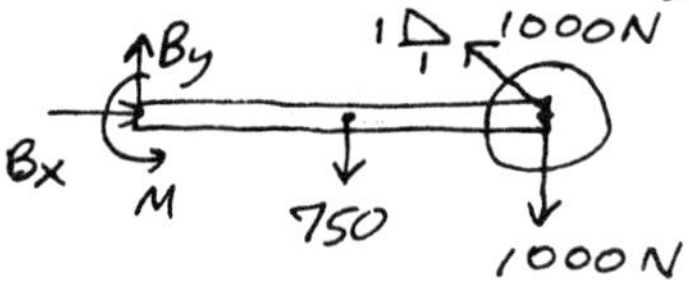

$\Sigma F_x = B_x - \frac{1000}{\sqrt{2}} = 0 \Rightarrow B_x = 707N$

$\Sigma F_y = B_y - 750 + \frac{1000}{\sqrt{2}} - 1000 \Rightarrow B_y = 1040N$

$\Sigma M_{wall} = 0 = M - 750(1.25) - 1000(2.5) + \frac{1000}{\sqrt{2}}(2.5)$

$M = 1670$ N.m

(4.34) LET C BE CENTER OF BOLT HEAD

$\Sigma M_C = 0 \Rightarrow F_1 \frac{a}{2} + F_2 \frac{a}{2} = 30\times 8 = 240;\ a = .577$

ON WRENCH: $\Sigma F = 0;\ F_1 + 30 = F_2$

$\therefore 2F_1 + 30 = 832;\ F_1 = 401$ LB; $F_2 = 431$ LB

(4.35) $\Sigma M_C = 0 \Rightarrow F_1 \frac{a}{6} + F_2 \frac{a}{6} = 30(8) = 240$

AGAIN: $F_1 + 30 = F_2$; $2F_1 + 30 = 2496$

$\therefore F_1 = 1230$ LB & $F_2 = 1260$ LB

SMALLER MOMENT ARMS ⇒ LARGER RESULTANT

(4.36)

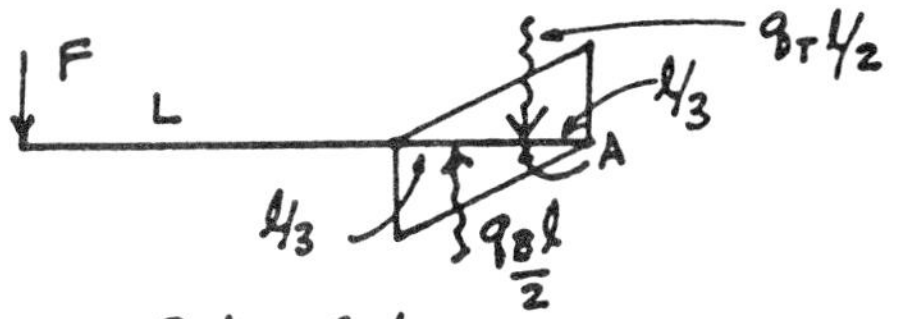

$\Sigma F_y = 0;\ \frac{q_B l}{2} - \frac{q_T l}{2} = F$

$\Sigma M_A = 0;\ F(L + \frac{2}{3}l) = \frac{q_B l}{2}\left(\frac{l}{3}\right)$ ⇒ $q_B = F\left(\frac{6L}{l^2} + \frac{4}{l}\right)$, $q_T = F\left(\frac{6L}{l^2} + \frac{2}{l}\right)$

(4.37)

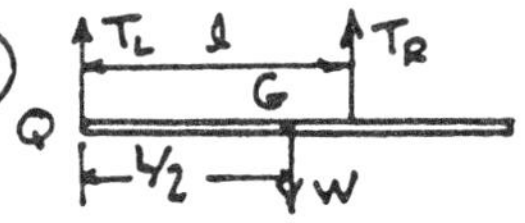

$\Sigma M_Q = 0;\ T_R l = WL/2$

$T_R = \frac{WL}{2l} \geq 0$

$T_L = W - \frac{WL}{2l} = W\left(\frac{2l - L}{2l}\right) \geq 0$ (CAN'T "PUSH" A ROPE)

$\therefore 2l \geq L$ OR $l \geq L/2 \Rightarrow$ NO EQUIL. IF $l < L/2$

(4.38) LET A BE AT HINGE OF SCAFFOLD

$\Sigma M_A = 0;\ Wx + wl/2 - T\sin\theta\, l = 0$

W = MAN'S WT. & w = TOTAL SCAFFOLD WT.

b) $w \ll W$ & $x = 0$; $T = \frac{w}{2\sin\theta}$, SMALL NUMBER

c) $w \ll W$ & $x = l$; $T \approx Wl/l\sin\theta = \frac{W}{\sin\theta}$

d) $W \ll w$; $T \approx \frac{w}{2\sin\theta}$ (NOT EXACT AND NOT SMALL)

(4.39)

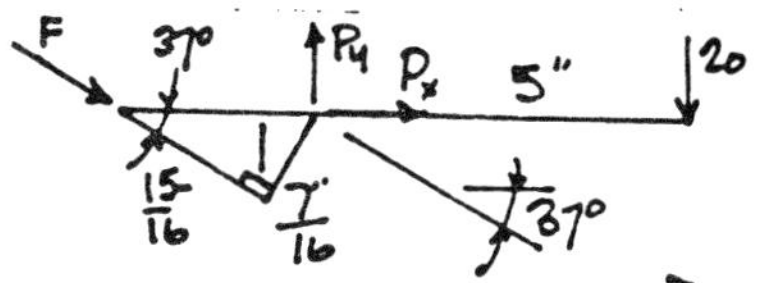

a) $\frac{7}{16}F = 20\times 5 = 100$; $F = 229$ ↖37° LB

b) $F_{PIN} = (20 + 229\sin 37°)\downarrow + 229\cos 37° \rightarrow$

$\therefore |F_{PIN}| = 242$ LB

c) $M_T = 20\left[5 + \frac{7}{16}\sin 37° + \frac{15}{16}\cos 37°\right]$

$= 120$ ↻ LB·IN.

(4.40)

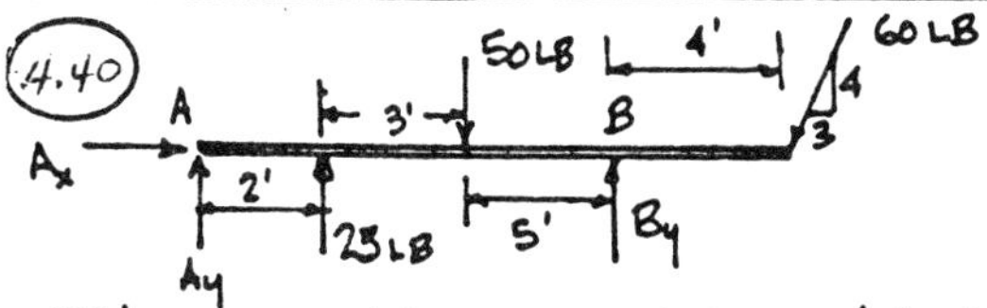

$\Sigma M_A = 0 = 25(2) - 50(5) + B_y(10) - \frac{4}{5}(60)(14)$

$B_y = 87.2\uparrow$ LB

$\Sigma F_x = 0;\ A_x = \frac{3}{5}(60) = 36 \rightarrow$ LB

$\Sigma F_y = 0;\ A_y = 50 - 25 - 87.2 + 48 = 14.2\downarrow$ LB

(4.41)

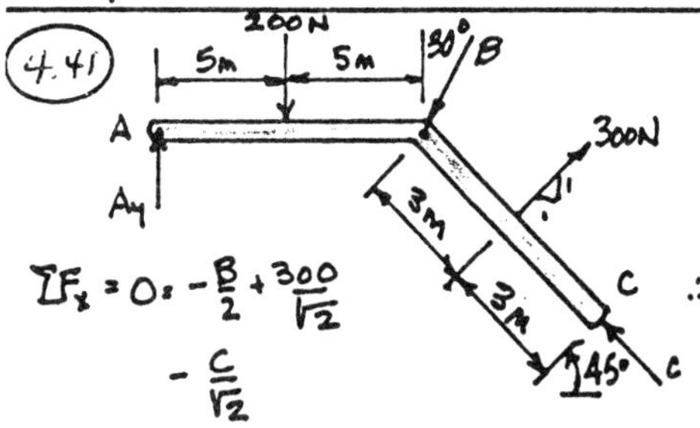

$\Sigma M_B = 0;$

$-A_y(10) + 200(5) + 300(3) = 0$

$\therefore A_y = 190\uparrow$ N

$\Sigma F_x = 0 = -\frac{B}{2} + \frac{300}{\sqrt{2}} - \frac{C}{\sqrt{2}}$

$\Sigma F_y = 0 = 190 - 200 - B(.866) + \frac{300}{\sqrt{2}} + \frac{C}{\sqrt{2}}$

$\therefore B = 303$ N (30°) & $C = 85.6$ N (45°)

(4.42)

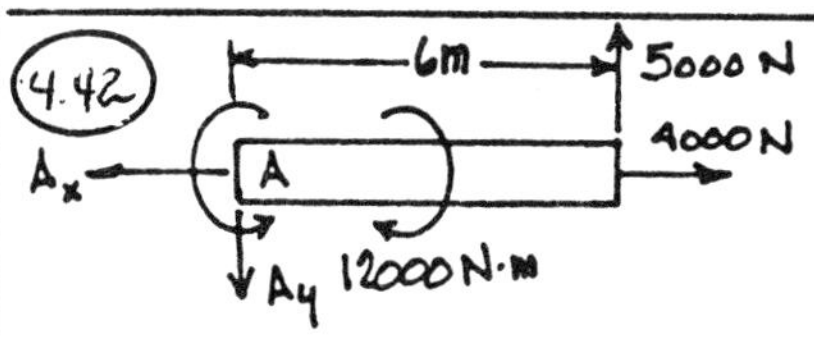

$\Sigma F_x = 0;$

$A_x = 4000 \leftarrow$ N

$\Sigma F_y = 0;$

$A_y = 5000\downarrow$ N

$\Sigma M_A = 0;\ M_A - 12000 + 5000(6) = 0$

$M_A = 18000$ ↻ N·m

(4.43)

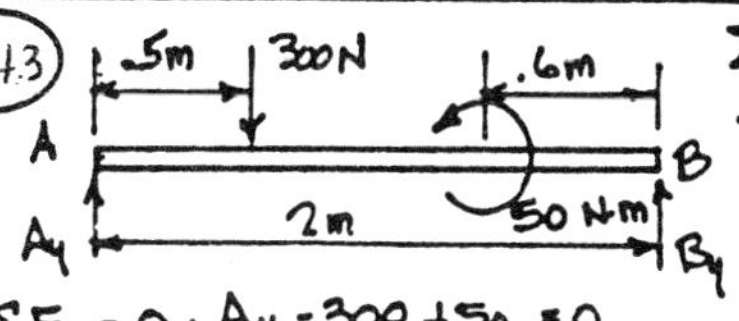

$\Sigma F_x = 0;\ A_x = 0$

$\Sigma M_B = 0 = -300(.5) + 50 + B_y(2)$

$\therefore B_y = 50\uparrow$ N

$\Sigma F_y = 0;\ A_y - 300 + 50 = 0$

$\therefore A_y = 250\uparrow$ N

4.44

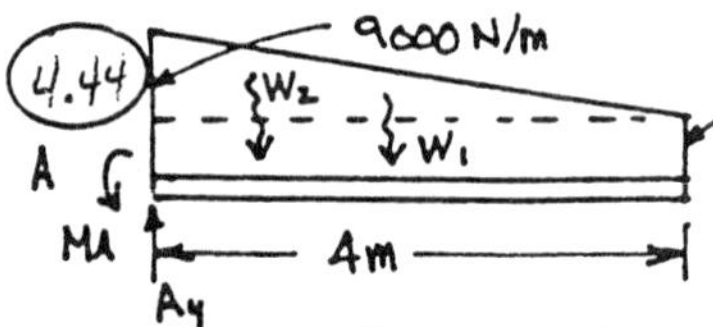

$W_1 = 4500 \times 4 = 18000\ N$

$W_2 = \frac{1}{2}(4500)(4) = 9000\ N$

$\Sigma F_y = 0 \Rightarrow A_y = 27000 \uparrow N$; $\Sigma M_A = 0$

$M_A = 18000(2) + 9000(4/3) = 48000 \circlearrowleft N \cdot m$

4.45

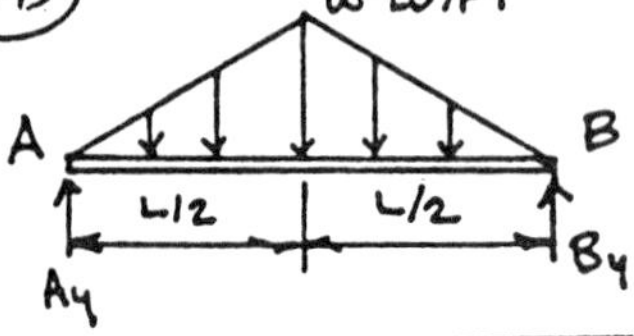

TOTAL LOAD: $\frac{1}{2}(w)(L) = wL/2$ LB

BY SYMMETRY: $A_y = B_y = wL/4$ LB

$A_x = B_x = 0$

4.46

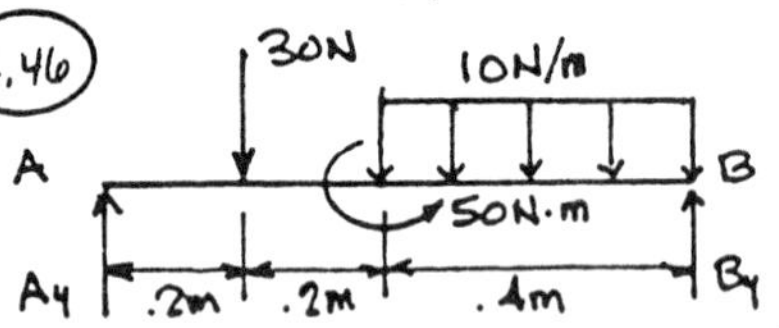

AGAIN $A_x = 0$.

$\Sigma M_A = 0 = -30(.2) + 50 - 10(.4)(.6) + B_y(.8) = 0$

$B_y = 52 \downarrow N$

$\Sigma F_y = 0 = A_y + 80 - 10 \times .4 - 52 = 0$

$A_y = 86 \uparrow N$

4.47

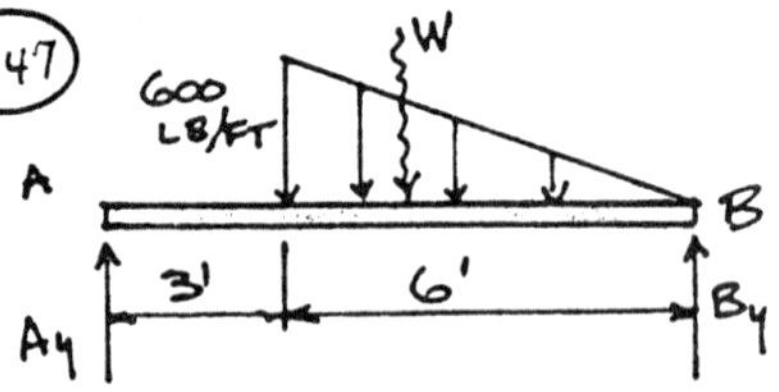

$A_x = 0$

$\Sigma M_A = 0$

$W = \frac{1}{2}(600)(6) = 1800\ LB$

$-1800 \times (3+2) + 9(B_y) = 0$; $B_y = 1000 \uparrow LB$

$\Sigma F_y = 0 = A_y - 1800 + 1000 = 800 \uparrow LB$

4.48

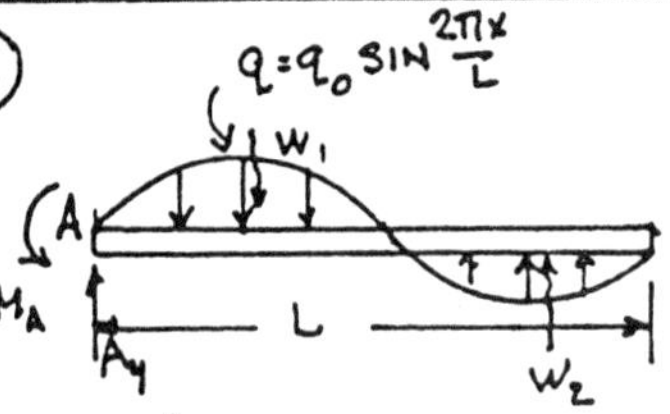

$W_1 = \int_0^{L/2} q\,dx$

$W_2 = \int_{L/2}^{L} q\,dx$

BY SYMMETRY! $W_1 = W_2 \therefore A_y = 0$

$W_1 = \int_0^{L/2} q_0 \sin \frac{2\pi x}{L} dx = q_0 \frac{L}{2\pi}\left[-\cos \frac{2\pi x}{L}\right]_0^{L/2} = \frac{q_0 L}{\pi}$

$\Sigma M_A = 0 \quad M_A = q_0 L^2 / 2\pi \circlearrowleft$

4.49

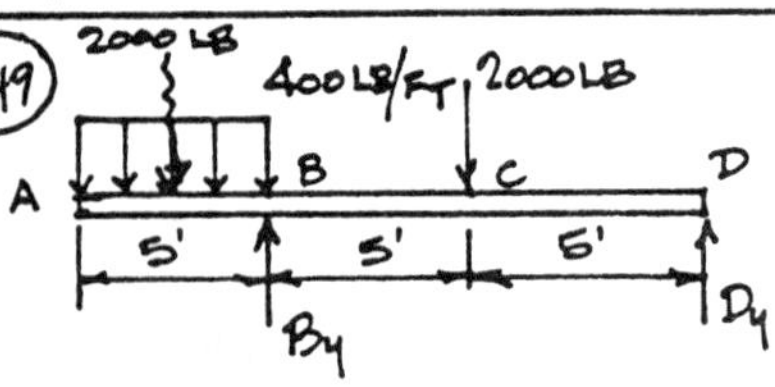

$D_x = 0$.

$\Sigma M_D = 0$

$400(5)(12.5) - 10B_y + 2000(5) = 0$; $B_y = 3500 \uparrow LB$

$\Sigma F_y = 0 = -400(5) + 3500 - 2000 + D_y$; $D_y = 500 \uparrow LB$

4.50

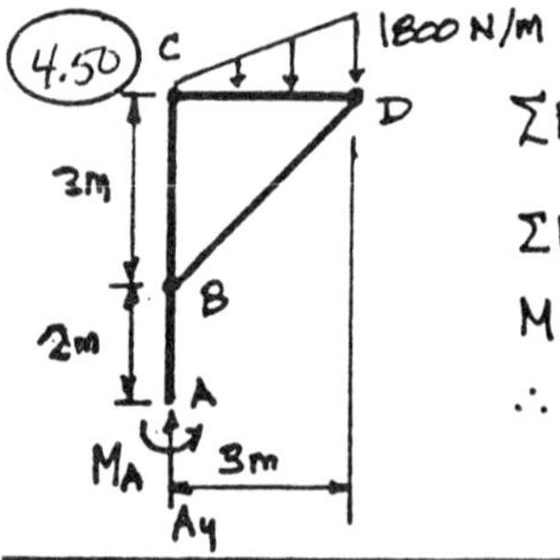

$W = \frac{1}{2}(1800)(3) = 2700 \downarrow N$

$\Sigma F_y = 0$; $A_y = 2700 \uparrow N$

$\Sigma M_A = 0$

$M_A - W(2/3 \times 3) = 0$

$\therefore M_A = 5400 \circlearrowleft N \cdot m$

4.51

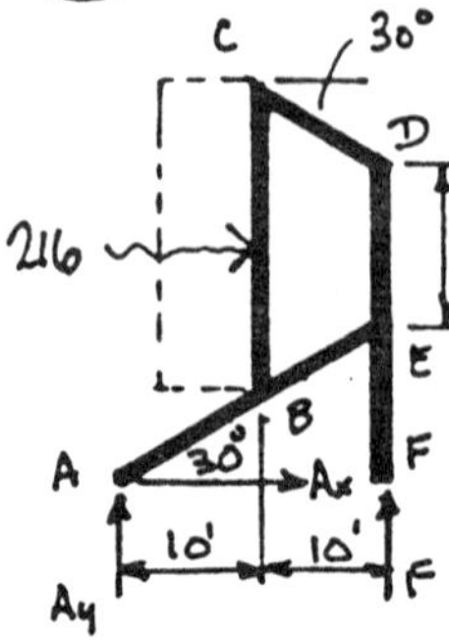

$\Sigma M_A = 0$;

$-216(16.55) + 20F = 0$

$F = 178 \uparrow LB$

$\Sigma F_x = 0 = +A_x + 216$

$A_x = 216 \leftarrow LB$

$\Sigma F_y = 0 = A_y + F$

$\therefore A_y = 178 \downarrow LB$

4.52

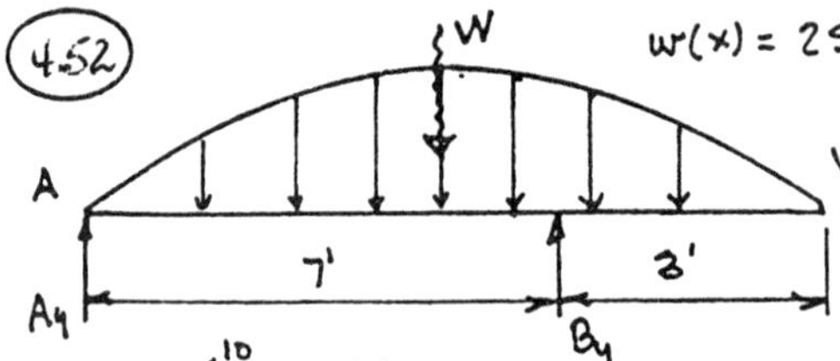

$w(x) = 2 \sin \frac{\pi x}{10}$ LB/FT

$W = \int_0^{10} w(x)\,dx$

$W = \int_0^{10} 2 \sin \frac{\pi x}{10} dx = 40/\pi$ LB

$\Sigma M_A = 0 = -\frac{40}{\pi}(5) + B_y(7) \Rightarrow B_y = 9.09 \uparrow LB$

$\Sigma M_B = 0 = \frac{40}{\pi}(2) - A_y(7) \Rightarrow A_y = 3.64 \uparrow LB$

4.53

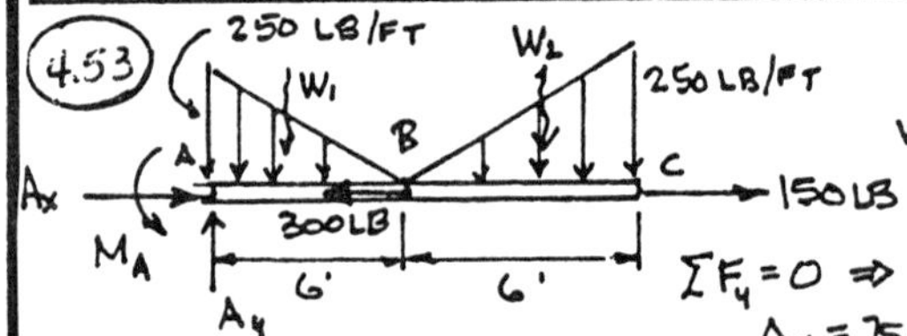

$W_1 = W_2$

$W_1 = \frac{1}{2}(250)(6) = 750\ LB$

$\Sigma F_y = 0 \Rightarrow$

$A_y = 750 + 750 = 1500 \uparrow LB$

$\Sigma F_x = 0 \Rightarrow A_x = 150 \rightarrow LB$

$\Sigma M_A = 0 = M_A - 750(2) - 750(10) = 9000 \circlearrowleft$ LB-FT

4.54

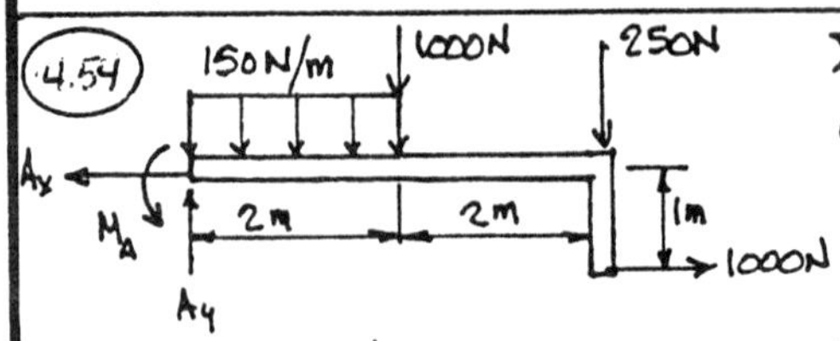

$\Sigma F_x = 0 \Rightarrow$

$A_x = 1000 \leftarrow N$

$\Sigma F_y = 0 \Rightarrow$

$A_y = 1550 \uparrow N$

$\Sigma M_A = 0 = M_A - 150(2)(1) - 1000(2) - (250)(4) + (1000)(1)$

$\therefore M_A = 2300 \circlearrowleft N \cdot m$

(4.55)

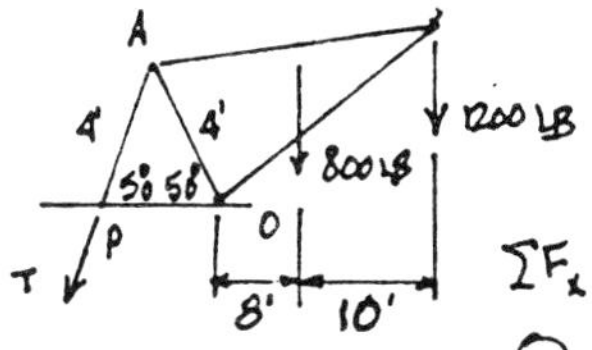

$\Sigma M_O = 0 = T\sin(50°)(5.14) - 800(8) - 1200(18)$

$T = 7110$ LB (TEN. IN JACK)

$\Sigma F_x = 0 = O_x - T\cos 50°$

$O_x = 4570 \rightarrow$ LB

$\Sigma F_y = 0 = O_y - T\sin 50° - 800 - 1200$

$O_y = 7450 \uparrow$ LB

(4.56)

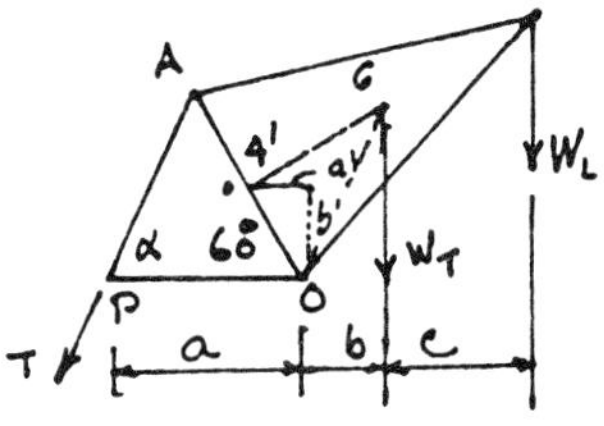

$AP^2 = a^2 + 4^2 - 2a(4)\cos 60°$

$AP = 4.67$ FT $\alpha = 47.9°$

$a' = 2\cos 50° = 1.286'$

$b' = 2\sin 50° = 1.532'$ } IN PROB 4.55

$OG = l = 12.12'$

$r_{OG} = \sqrt{2^2 + l^2} = 12.28'$

ROTATE r_{OG} CW 10°. THIS GIVES

$a = 5.14'$, $b = 9.23'$, $c = 11.30'$

$\Sigma M_O = 0 = T\sin 47.9(5.14) - 800(9.23) - 1200(20.53) \Rightarrow T = 8400$ LB

$\Sigma F_x = 0 \Rightarrow O_x = 5630 \rightarrow$ LB

$\Sigma F_y = 0 \Rightarrow O_y = 8230 \uparrow$ LB

(4.57)

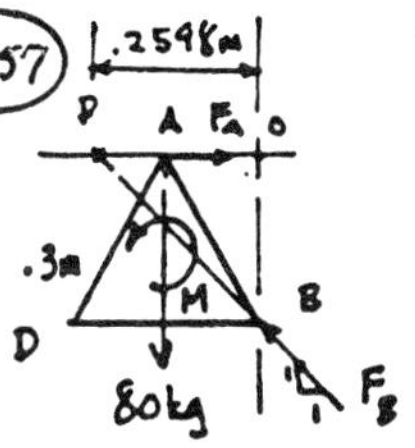

$\Sigma M_P = 0;$

$-80(9.81)(.1098) + M = 0$

$\therefore M = 86.2$ N·m

(4.58)

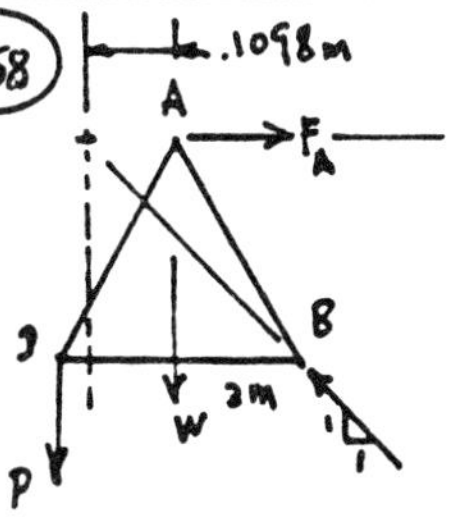

AGAIN:

$\Sigma M_P = 0$

$= -80(9.81)(.1098) + P(.0402)$

$\therefore P = 2140 \downarrow$ N

(4.59)

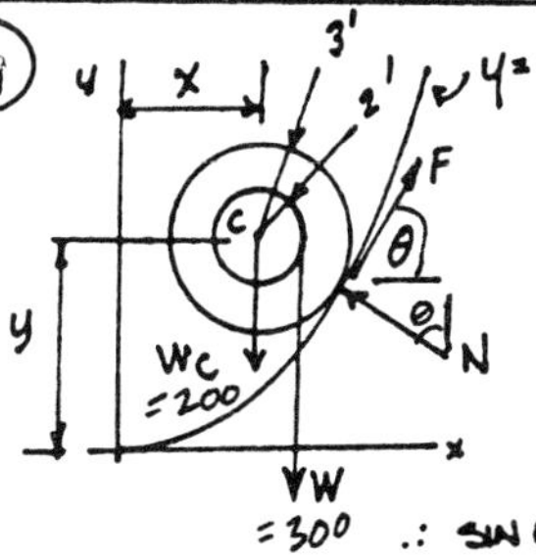

$y = x^2$ $W_c = 200$ LB; $W = 300$ LB

$\Sigma M_C = 0 = -300(2) + 3F$

$F = 200$ LB

$\Sigma F_x = 0 = 200\cos\theta - N\sin\theta$

$\Sigma F_y = 0 = -500 + 200\sin\theta + N\cos\theta$

$\therefore \sin\theta = \frac{200}{500} \Rightarrow \theta = 23.6°$

$y' = \tan\theta = \frac{2x}{80}$ $\therefore x = 40(.437) = 17.5$ & $y = \frac{17.5^2}{80} = 3.83$

$\therefore y_c = 3.83 + 3\cos\theta = 6.58'$

(4.60)

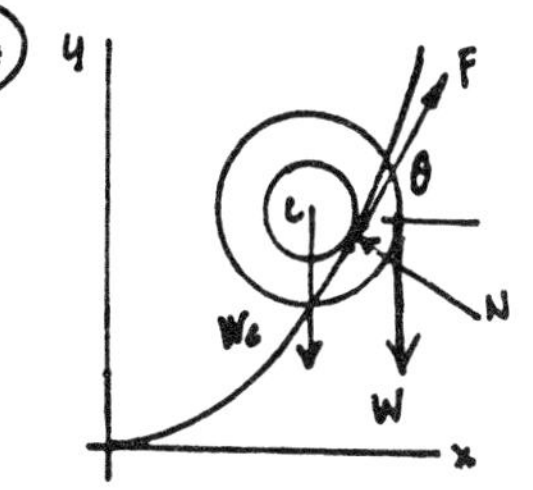

SEE 4.59 ABOVE

$\Sigma M_C = 0 = F(2) - (300)(3)$

$F = 450$ LB

$\Sigma F_x = 0 = 450\cos\theta - N\sin\theta$

$\Sigma F_y = 0 = 450\sin\theta + N\cos\theta - 500$

SOLVE TO GET $\sin\theta = \frac{450}{500}$

$\therefore \theta = 64.15°$; $\tan\theta = \frac{2x}{80} = 2.065$

$\therefore x = 82.6$ & $Y = \frac{82.6^2}{80} = 85.3 \Rightarrow y_c = 85.3 + 2\cos\theta = 86.2'$

(4.61)

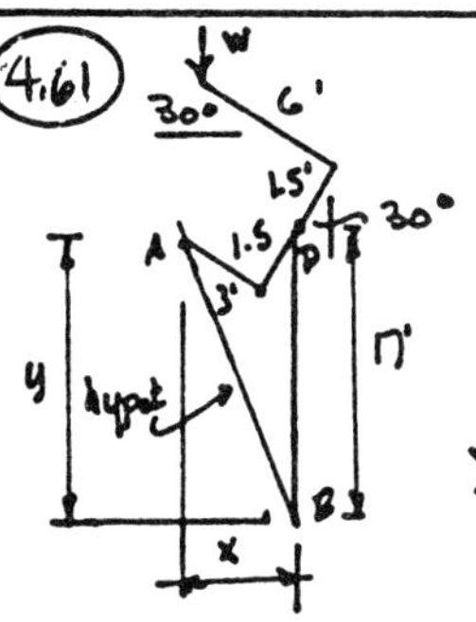

$x = \frac{1.5}{2} + \frac{3\sqrt{3}}{2} = 3.35$

$y = 17 - 1.5\frac{\sqrt{3}}{2} + 3\left(\frac{1}{2}\right) = 17.201'$

hypot. = 17.52 FT

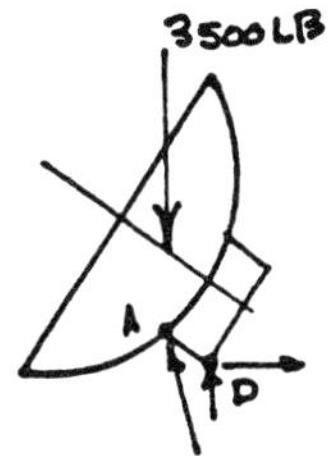

$\Sigma M_D = 0 = 3500\left(6\frac{\sqrt{3}}{2} - 1.5\left(\frac{1}{2}\right)\right) - F_{AB}\left(\frac{.335}{17.52}\right)(17)$

$F_{AB} = \frac{15561}{3.254} = 4787$

OR $F_{AB} = 4790$ LB

VERT. COMP. OF F_{AB} GOES THRU D.

(4.62)

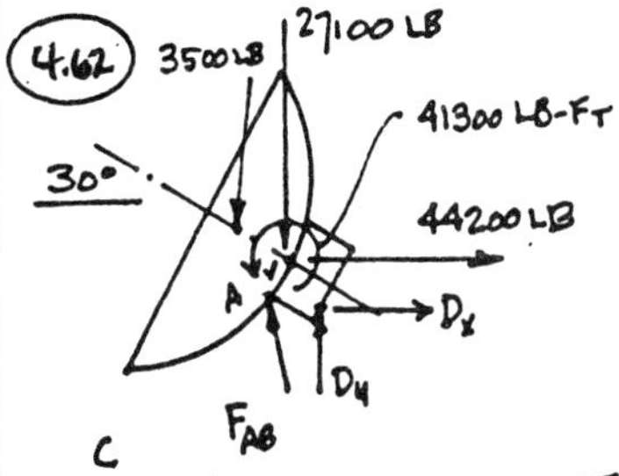

$\Sigma M_D = 0$

$(4.446)3500 - F_{AB}\left(\frac{3.35}{17.52}\right)(17) + 27100(1.848) - 44200(2.799) + 41300 = 0$

$F_{AB} = 5160$ LB (T)

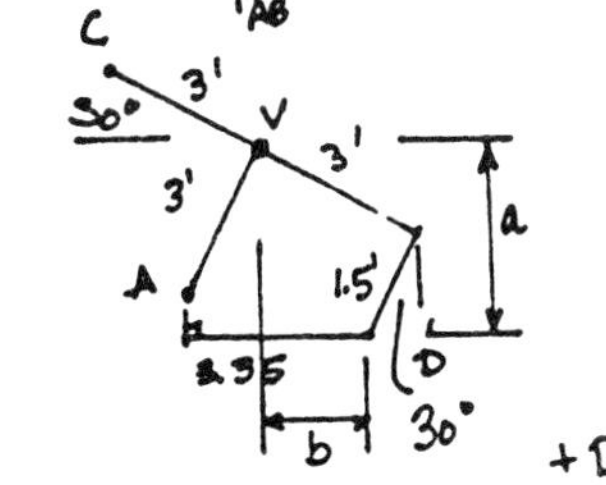

$\Sigma F_x = 0 = 44200 + D_x + 5160\left(\frac{3.35}{17.52}\right)$

$\therefore D_x = 45200 \leftarrow$ LB

$\Sigma F_y = 0 = -27100 - 3500 + D_y - 5160\left(\frac{17}{17.52}\right)$

$\therefore D_y = 35600 \uparrow$ LB

$b = 3\cos 30° - 1.5\sin 30 = 1.848'$

$a = 3\sin 30° + 1.5\cos 30° = 2.799'$

4.63

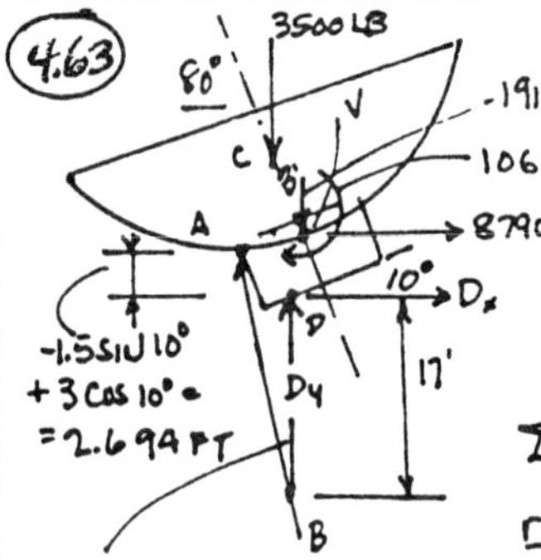

$$\bar r_{DV} = 1.5[\cos 10°\hat i + \sin 10°\hat j] + 3[-\sin 10°\hat i + \cos 10°\hat j]$$

$$\therefore \bar r_{DV} = .956\hat i + 3.215\hat j$$

$$\bar r_{DC} = .4393\hat i + 6.169\hat j$$

$$\Sigma M_D = 0$$

$$\bar r_{DV}\times(8790\hat i - 19100\hat j) - 106000\hat k + \bar r_{DC}\times(-3500\hat j) + (-17\hat j)\times \bar F_{AB} = 0$$

$$\tan^{-1}\left(\frac{1.998}{19.64}\right) = 5.793°$$

$$\hat k[-18300 - 28300 - 106000 - 1520 - F_{AB}1.72] = 0$$

$$F_{AB} = -89600 \text{ LB} \quad \text{OR } 89600 \text{ (T) LB}$$

$$\Sigma F_x = 0 = 89600 \sin 5.79° + D_x + 8790 = 0$$

$$D_x = 17800 \leftarrow \text{LB}$$

$$\Sigma F_y = 0 = -89600 \cos 5.79 + D_y - 19100 - 3500$$

$$D_y = 112000 \uparrow \text{LB}$$

4.64

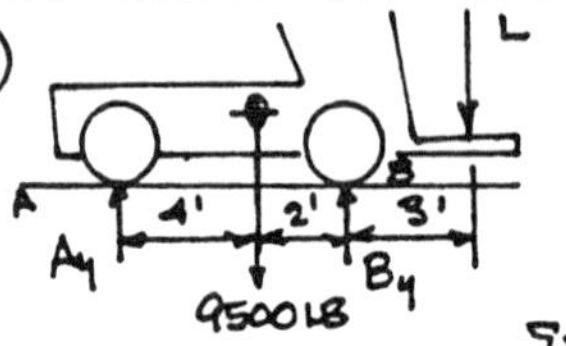

a) $L = 5000$ LB

$$\Sigma M_A = 0 = -9500(4) + B_y(6) - 5000(9)$$

$$B_y = 13800 \uparrow \text{LB}$$

$$\Sigma M_B = 0 \Rightarrow A_y = 667 \uparrow \text{LB}$$

b) FOR TIPPING $A_y \approx 0$.

$$\Sigma M_B = 0 = 9500(2) - L(3) = 0$$

$$L = 6330 \downarrow \text{LB}$$

4.65

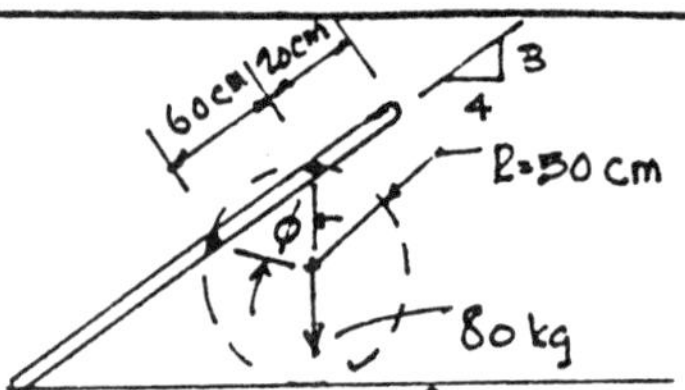

$$60^2 = 2(50)^2 - 2(50)^2\cos\phi$$

$$\phi = 73.74°$$

$$\frac{\pi - \phi}{2} = 53.13°$$

$\therefore$ ROD'S SLOPE 3:4

$$\text{ROD'S LT} = \frac{100}{.6} + 20 = 186.7$$

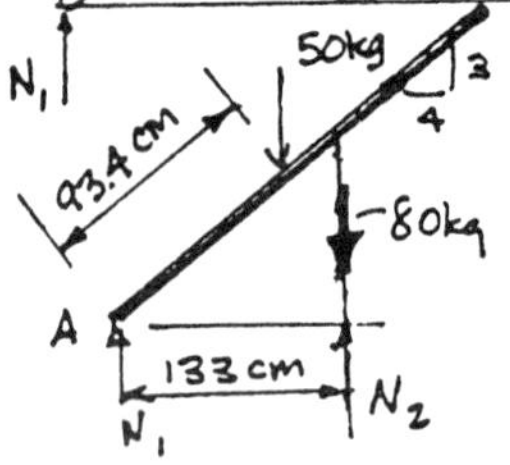

$$\Sigma M_A = 0;$$

$$N_2 133 - 50(9.81)(93.4)(.8) - 80(9.81)133 = 0$$

$$N_2 = 1060 \text{ N}$$

$$N_1 = 1280 - 1060 = 220 \text{ N}$$

4.66

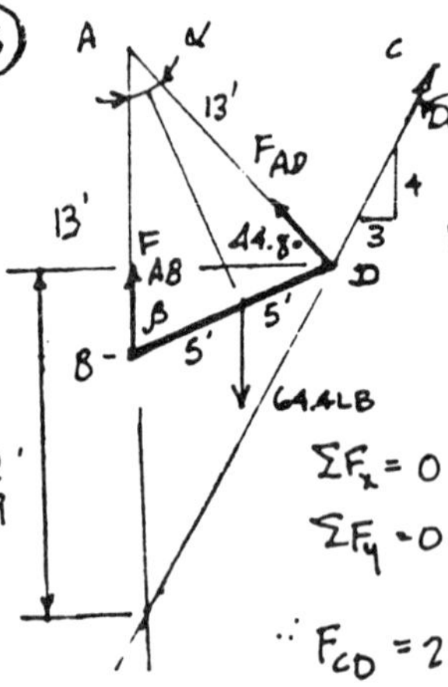

$$\sin\frac{\alpha}{2} = \frac{5}{13} = .385$$

$$\alpha = 45.2°$$

$$\beta = 90 - \alpha/2 = 67.4°$$

F_{AB} MUST CARRY ½ THE WEIGHT

$$\therefore F_{AB} = \frac{64.4}{2} = 32.2 \text{ LB}$$

$$\Sigma F_x = 0 = -F_{AC}\cos 44.8° + .6F_{CD}$$

$$\Sigma F_y = 0 = 32.2 - 64.4 + F_{AC}\sin 44.8 + .8F_{CD}$$

$$\therefore F_{CD} = 23.1 \text{ LB}, \quad F_{AC} = 19.5 \text{ LB}$$

4.67

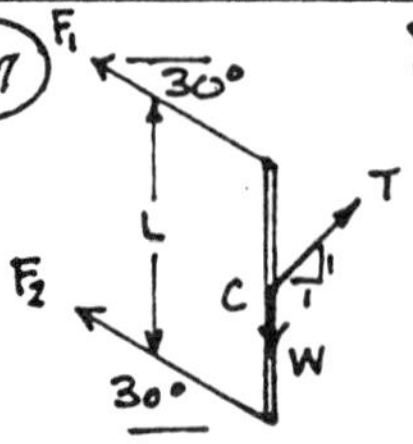

$$\Sigma M_C = 0 \ \therefore\ F_1 = F_2$$

$$\Sigma F_y = 0 \Rightarrow 2F_1\tfrac{1}{2} - W + \frac{T}{\sqrt 2} = 0$$

$$\Sigma F_x = -2F_1\frac{\sqrt 3}{2} + \frac{T}{\sqrt 2} = 0$$

$$F_1 = T/\sqrt 6$$

$$\therefore \frac{T}{\sqrt 6} + \frac{T}{\sqrt 2} = W \Rightarrow T = .897W$$

4.68

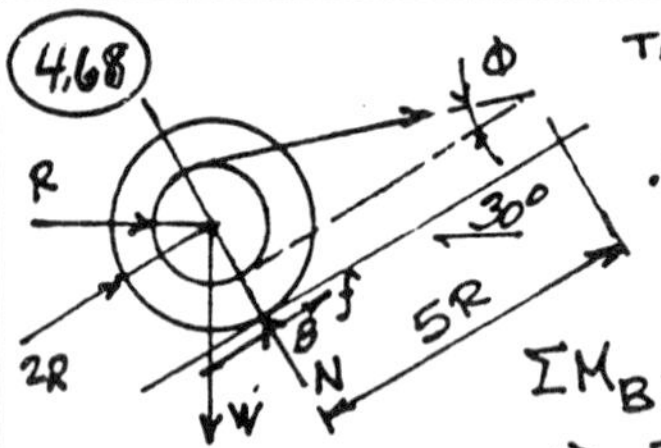

$$\tan\phi = \frac{R(\cos\phi + 1)}{5R - R\sin\phi}$$

$\therefore$

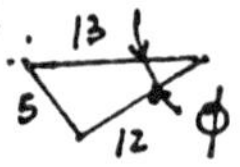

$$\Sigma M_B = 0 = \frac{W}{2}(2R) - T\frac{12}{13}(R) - T\frac{5}{13}(5R)$$

$$\Rightarrow T = \frac{13}{37}W$$

4.69

$$\Sigma F_x = 0 = P - B\sin 40 = 0$$

$$\Sigma F_y = 0 = -50 + F_y + B\cos 40$$

$$\Sigma M_O = 0 = -P - 5F_y + 3(30) + 100$$

$$\left.\begin{array}{l} -B\sin 40 - 5F_y = -190 \\ B\cos 40 + F_y = 50 \end{array}\right\} \Rightarrow B = 18.8 \text{ N}$$

$$\Rightarrow P = 18.8\sin 40° = 12.1 \rightarrow \text{N}$$

4.70

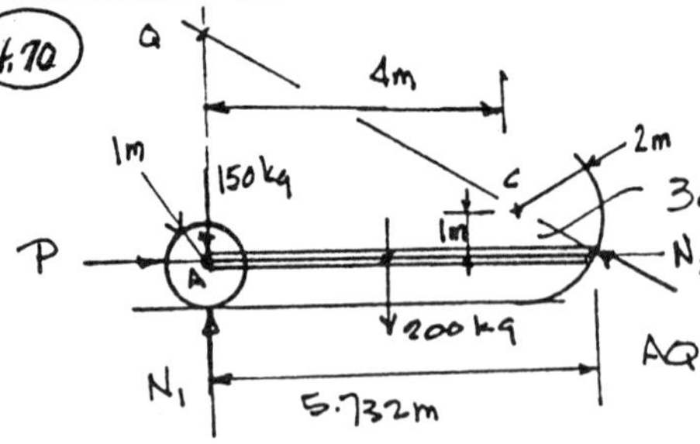

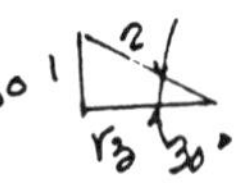

$$AQ = 5.732\tan 30° = 3.31 \text{ m}$$

$$\Sigma M_Q = 0 = 200(9.81)\left(\frac{5.732}{2}\right) - P(3.31)$$

$$P = 1700 \rightarrow \text{N}$$

4.71 SEE FIG. ABOVE & ADD 50N·m ↻.

$$\Sigma M_Q = 0 = P(3.31) - 50 - 200(9.81)\frac{5.732}{2}$$

$$P = 1710 \rightarrow \text{N}$$

(4.72)

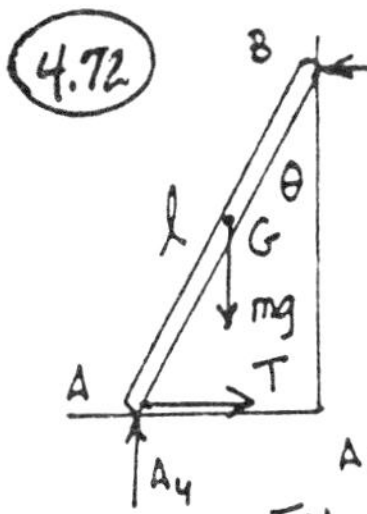

$\Sigma F_y = 0 = A_y - mg \therefore A_y = mg\uparrow$

$\Sigma M_B = 0 = -A_y\, l \sin\theta + mg\frac{l}{2}\sin\theta + Tl\cos\theta \Rightarrow$

$T = \frac{mg\tan\theta}{2}$

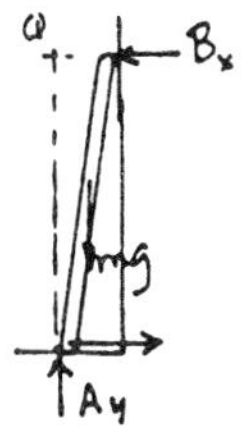

AS $\theta \to 0$, $T \to 0$

$\Sigma M_Q = 0 \Rightarrow T \to 0$ SINCE

MOM. ARM OF $A_y \to 0$

AS $\theta \to 90°$, $T \to \infty$

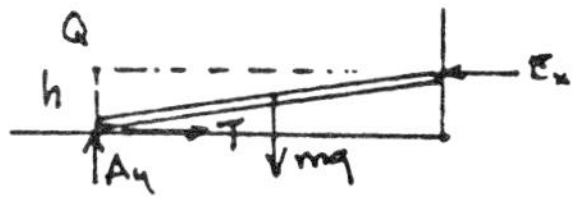

$\Sigma M_Q = 0$ GIVES

$Th = mg\, l/2$ SO

AS $h \to 0$, $T \to \infty$

(4.73)

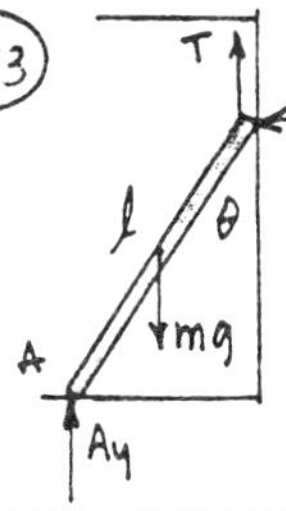

$\Sigma F_x = 0 \Rightarrow B_x = 0$

$\Sigma M_A = 0 = -mg\,(l/2 \sin\theta) + Tl\sin\theta \Rightarrow T = mg/2$

NOTE: $T = A_y = mg$ FOR ALL $\theta > 0$

(4.74)

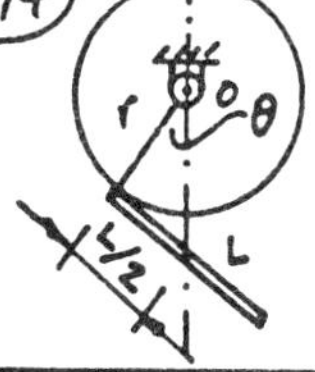

FOR EQUILIBRIUM WT OF BAR CONCENTRATED UNDER "O".

FROM FIG. THEN:

$\theta = -\tan^{-1}\left(\frac{L/2}{r}\right)$

"–" SIGN CW FROM VERTICAL

(4.75)

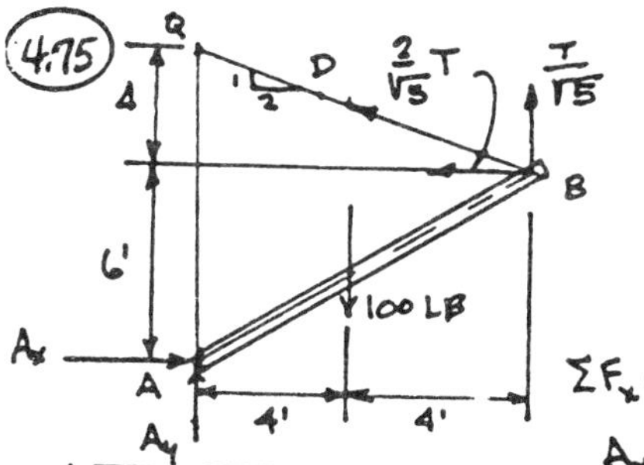

$\Sigma M_A = 0 = -100(4) + \frac{2}{\sqrt5}T(6) + \frac{1}{\sqrt5}T(8)$

$\to T = \frac{400\sqrt5}{20}$

$T = 44.7$ LB

$\Sigma F_x = 0 = A_x - \frac{2}{\sqrt5}T$

$A_x = 40 \to$ LB

$\Sigma F_y = 0 = A_y - 100 + \frac{T}{\sqrt5}$

$A_y = 80\uparrow$ LB

CHK: $\Sigma M_Q = 0$

$100 \times 4 - 10A_x = 0$,

$A_x = 40 \to$ LB

EXTEND QB UNTIL IT INTERSECTS LINE OF ACTION OF A_x (20' AWAY) AND TAKE MOMENTS THERE: $100 \times 16 - 20A_y = 0$: $A_y = 80\uparrow$ LB

Note 4.76 in next column →

(4.79) $\Sigma M_{\text{RIGHT WHEELS}} = 0$

$10(1) + 18(13) \le \mathcal{C}(d+2) \Rightarrow \frac{244}{d+2} \le \mathcal{C} \le \frac{50}{d-2}$

WITHOUT $\mathcal{C}$, $\Sigma M_{\text{LEFT WHEELS}} = 0$

$10(5) > \mathcal{C}(d-2)$; SO IF $d > 2'$

THEN $244(d-2) \le 50d + 100 \Rightarrow d \le 3.03$ FT

continued ↗

THEN, FROM ABOVE: $\frac{244 - 2\mathcal{C}}{\mathcal{C}} \le d \le \frac{2\mathcal{C} + 50}{\mathcal{C}}$

IF $\mathcal{C} > 0 \Rightarrow \mathcal{C} \ge 48.5$ TONS

FOR $d = 2.5$ FT : $\frac{244}{4.5} \le \mathcal{C} \le \frac{50}{.5} = 100$

$\therefore 54.2 \le \mathcal{C} \le 100$ TONS

(4.76)

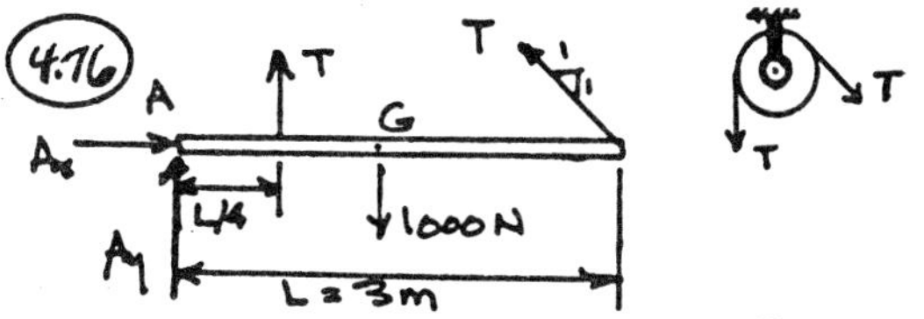

$\Sigma M_A = 0 = T(L/4) - 1000(L/2) + \frac{\sqrt2}{2}T(L)$

$T = 522$ N

$\Sigma F_x = 0 = A_x - .707T$; $A_x = 369 \to$ N

$\Sigma F_y = 0 = A_y + 1.707T - 1000$

; $A_y = 109\uparrow$ N

(4.77)

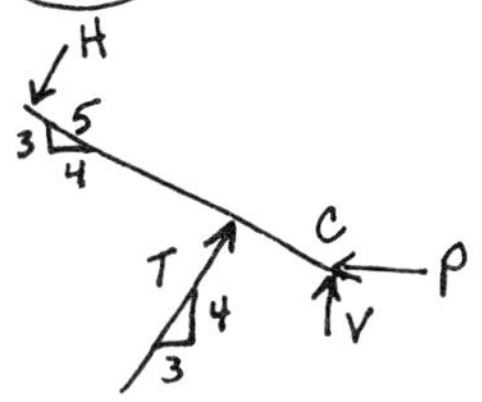

$\Sigma M_C = 0 = 48H - 12T \Rightarrow T = 4H$

$\Sigma F_x = 0 = (4H - H)3/5 - P$

$P = \frac{9}{5}H \leftarrow$

$\Sigma F_y = 0 = (4H - H)\frac{4}{5} + V$

$V = -\frac{12}{5}H$ or $+\frac{12}{5}H\downarrow$

So with $\hat{j}$, $\hat{i}$, the force by pin onto ABC at C is $\boxed{-\frac{9}{5}H\hat{i} - \frac{12}{5}H\hat{j}}$, which has a magnitude of 3H. The result is actually just:

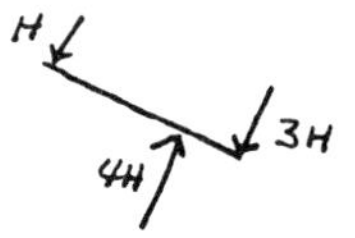

(4.78)

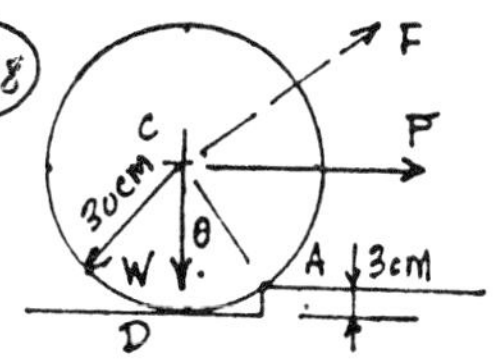

$\theta = \cos^{-1}(27/30) = 25.84°$

TO GET OVER STEP REACTION AT $D \to 0$.

$W = 100 \times 9.81 = 981$ N

a) $\Sigma M_A = 0 = .27F - 981(.30\sin\theta)$

$\therefore F = 475 \to$ N

b) $\Sigma M_A = 0 = .3F - 981(.30\sin\theta)$

$\therefore F = 428 \nearrow$ N

← Note 4.79 starts at bottom of left column.

4.80

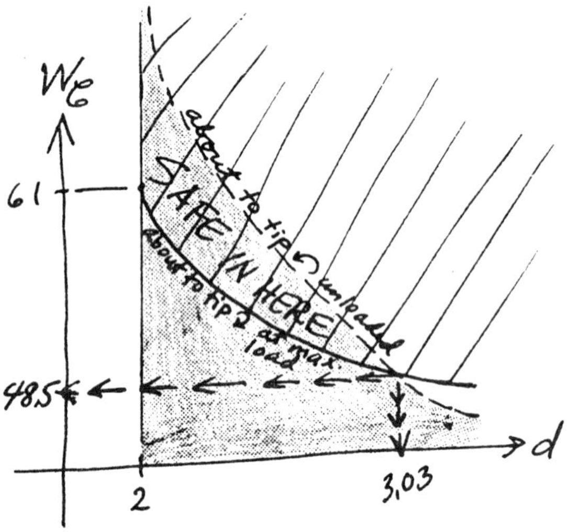

I. To prevent ↻ under maximum load:

Assume $d > 2$ for practical reasons.

$W_G(d+2) \geq 244$

$W_G \geq \frac{244}{d+2}$

is region shaded with lines.

II. To prevent ↺ when unloaded:

$W_G(d-2) \leq 50$

$W_G \leq \frac{50}{d-2}$ is region shaded solidly, below dashed curve.

Note that safe points for equilibrium have to be in the region shaded both ways!

4.81

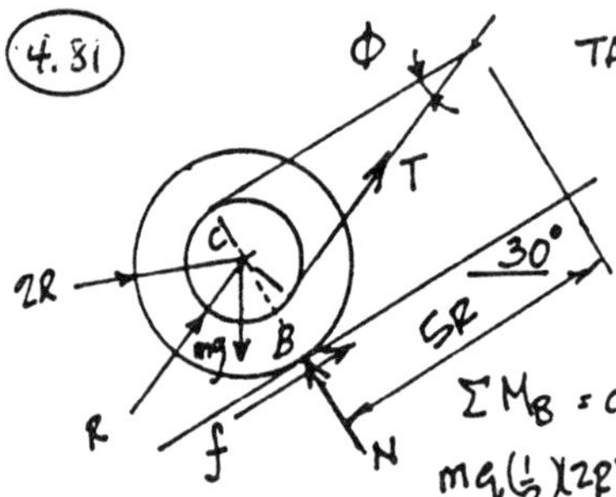

$\tan\phi = \frac{R + R\cos\phi}{5R - R\sin\phi}$

$\Rightarrow 5\sin\phi - \sin^2\phi = \cos\phi + \cos^2\phi$

$\Rightarrow \phi = \cos^{-1}(12/13)$

$\Sigma M_B = 0 \Rightarrow$

$mg(\frac{1}{2})(2R) = T\cos\phi(3R) - T\sin\phi(5R)$

$\therefore T = \frac{13}{11} mg$

4.82

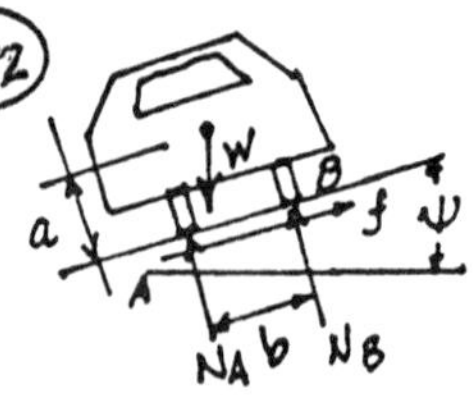

$\Sigma M_B = 0 = (W\sin\psi)a + (W\cos\psi)\frac{b}{2} - N_A b$

$\therefore N_A = W\left[\frac{a}{b}\sin\psi + \frac{\cos\psi}{2}\right]$

4.83

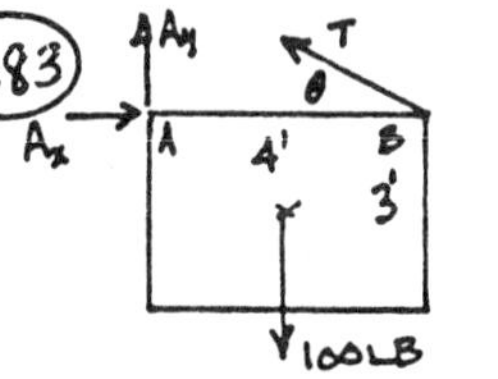

$\Sigma M_A = 0 = T\sin\theta(4) - 100(2)$

$T\sin\theta = 50$

$T = \frac{50}{\sin\theta} \leq 400$

$\theta \geq 7.18°$

$A_x = T\cos\theta = \frac{50}{\sin\theta}\cos\theta$

$A_y = 100 - T\sin\theta = 100 - \frac{50}{\sin\theta}\sin\theta = 50$

$A = \sqrt{50^2 + (50\cot\theta)^2} \leq 600 \Rightarrow \theta \geq 4.78°$

$\therefore \theta \geq 7.18°$

4.84

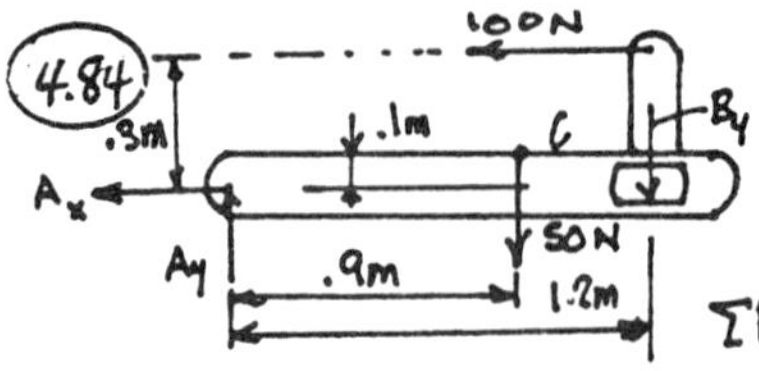

$\Sigma M_A = 0 = 100(.3) + 50(.9) - B_y(1.2)$

$\therefore B_y = 12.5 \uparrow N$

$\Sigma F_y = 0 = A_y - 50 + 12.5$

$A_y = 37.5 \uparrow N$

4.85 (a) WIND LOAD = $P = pA$

$P = 62.5(5)(4.8) = 1500$ LB ACTING → 17.5 FT ABOVE A AND B.

$\Sigma M_B = 0 = 3800(6) - 1500(17.5) - A_y(12)$

$A_y = 288 \downarrow$ LB. BUT A_y MUST BE UP (ROLLER)

∴ TANK BLOWS OVER

(b) FROM (a) ABOVE, THE UNBALANCED MOMENT IS 3450 LB-FT, OR $W_{ADD}(6)$

$W_{ADD} = 3450/6 = 575$ LB

$575 = \frac{\pi}{4}(4.8)^2 h(62.5) \Rightarrow h = .508$ FT

$\therefore H = .508 = 5 - .508$ OR

MUST FILL 4.49 FT FROM TOP

(.508 FT DEEP)

4.86

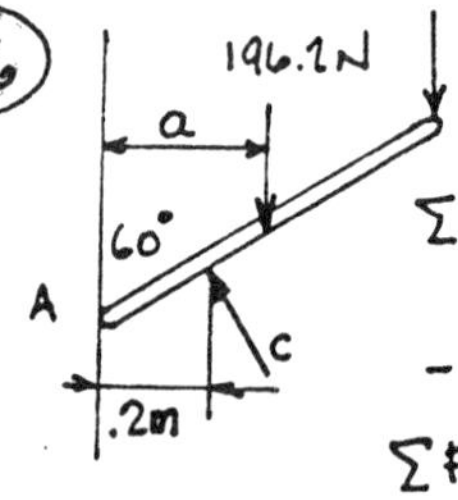

LENGTH OF BAR = .6m

$a = .3\frac{\sqrt{3}}{2}$

$\Sigma M_A = 0 = \frac{.2}{\cos 30}(C) - (.3\frac{\sqrt{3}}{2})196.2 - B(.6\cos 30°)$

$\Sigma F_y = 0 = C\cos 30° - 196.2 - B$

$C = (196.2 + B)/\cos 30°$

∴ FROM ABOVE: $B = 5.32 \downarrow N$

4.87

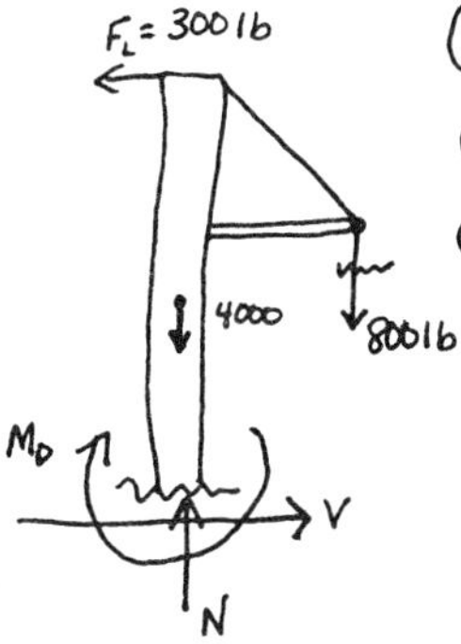

$(\overset{+}{\rightarrow})\ \Sigma F_x = 0 = V - 300 \Rightarrow V = 300$ lb

$(+\uparrow)\ \Sigma F_y = 0 = N - 4000 - 800 \Rightarrow N = 4800$ lb

$(\circlearrowleft +)\ \Sigma M_D = 0 = 300(36) - 800(6) - M_D$

$M_D = 6000$ lb-ft

4.88

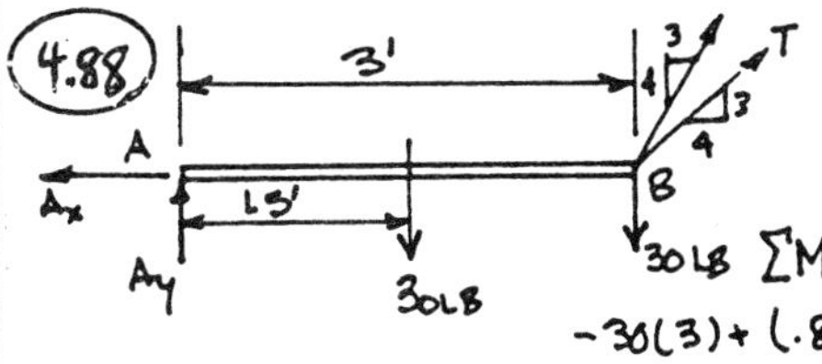

RESULTANT OF ROPE TENSIONS PASS THROUGH B:

$\Sigma M_A = 0 = -30(1.5) - 30(3) + (.8T + .6T)3$

$\therefore T = 32.1$ LB ; $\Sigma M_B = 0 = 30(1.5) - A_y(3)$

$\therefore A_y = 15 \uparrow$ LB ; $\Sigma F_x = 0 = -A_x + (.6 + .8)T \therefore A_x = 45.0 \leftarrow$ LB

4.89

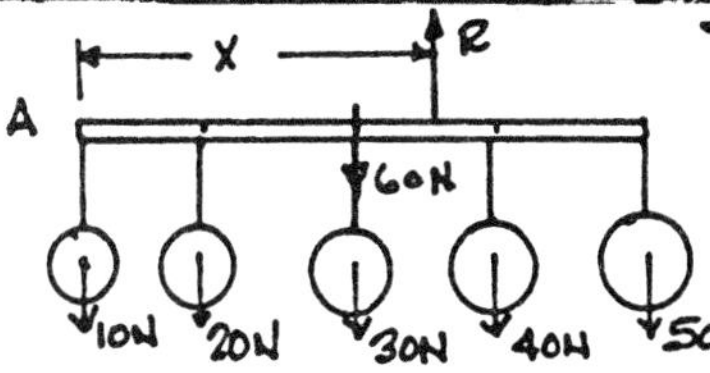

$\Sigma F_y = 0 \Rightarrow R = 210 \uparrow N$

WTS ARE 10 cm APART.

$\Sigma M_A = 0 = 210x - 20(10) - (30+60)(20) - (40)(30) - 50(40)$

$\therefore x = 24.8$ cm

4.90

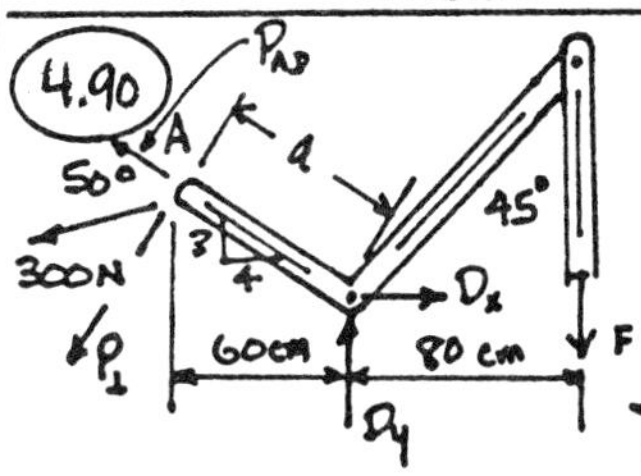

RESOLVE FORCE AT A INTO COMP. ALONG AD AND ⊥ TO AD.

$P_\perp = 300 \sin 50° = 230$ N

$a = \frac{5}{4}(60) = 75$ cm

$\Sigma M_D = 0 = 230(75) - F(80)$

$\therefore F = 216 \downarrow N$

4.91

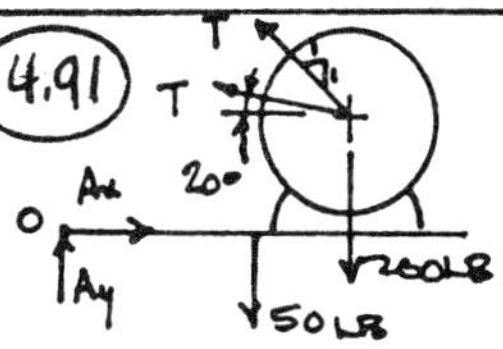

$\Sigma M_O = 0 = \frac{T}{\sqrt{2}}(1.5) + \frac{T}{\sqrt{2}}(1.5)$
$+ T\cos 20°(1.5) + T\sin 20°(1.5)$
$-200(1.5) - 50(1.25)$

$\Rightarrow T = 89.6$ LB

4.92

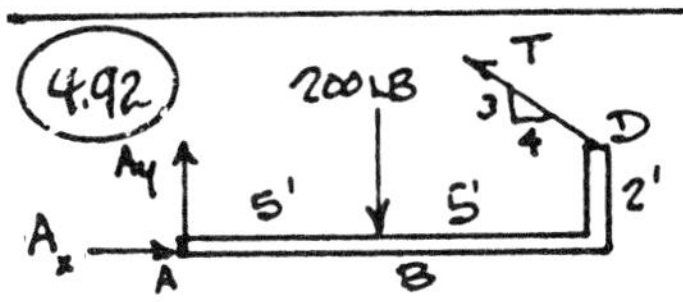

$\Sigma M_A = 0$

$\frac{3}{5}T(10) + \frac{4}{5}T(2) - 200(5) = 0$

$\therefore T = 132$ LB

$\Sigma \underline{F} = \underline{0} \quad A_x\hat{\imath} + A_y\hat{\jmath} - 200\hat{\jmath} + T(-\frac{4}{5}\hat{\imath} + \frac{3}{5}\hat{\jmath}) = \underline{0}$

$A_x = \frac{4}{5}T = 105$ LB

$A_y = 200 - \frac{3}{5}T = 121$ LB

$\therefore \underline{F}_A = A_x\hat{\imath} + A_y\hat{\jmath} = 105\hat{\imath} + 121\hat{\jmath}$ LB

4.93

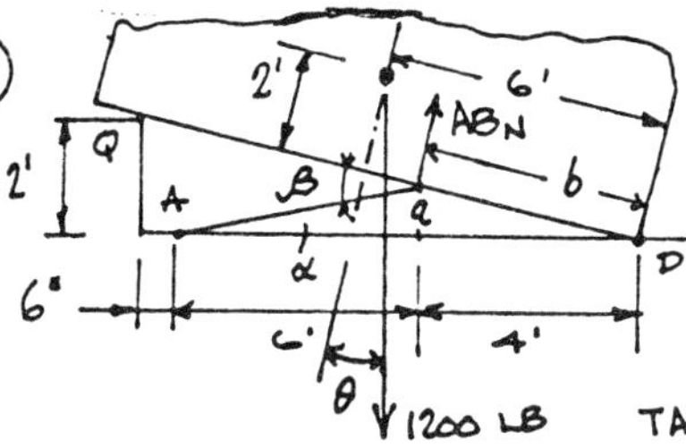

$\tan\theta = \frac{2}{10.5}$

$\theta = 10.78°$

$a = 4\tan\theta$

$a = .762$ FT

$\tan\alpha = a/6 = .127$

$\alpha = 7.24°$

$\measuredangle \beta = \alpha + \theta = 18.02°$

$AB_N = AB\sin\beta = .3093\,AB$

$\Sigma M_D = 0 = 1200\cos\theta(6) - 1200\sin\theta(2) - .309\,AB(4.07)$

$\Rightarrow AB$ OR $F_{AB} = 5260$ LB

4.94

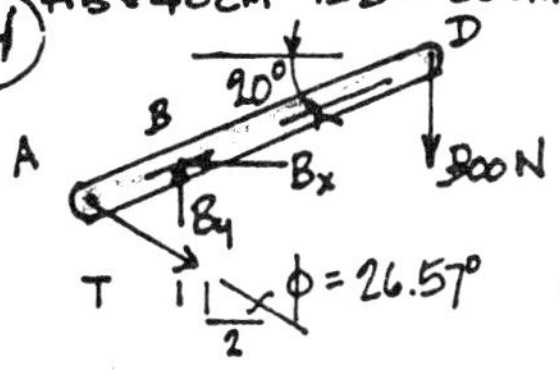

$\Sigma M_B = 0 = 40T\sin(20° + \phi) - 300(80\cos 20°)$

$T = 776$ N

$\Sigma F_x = 0 = -B_x + 776\frac{2}{\sqrt{5}}$

$\therefore B_x = 694 \leftarrow N$

$\Sigma F_y = 0 = B_y - 300 - T/\sqrt{5} \Rightarrow B_y = 647 \uparrow N$

4.95

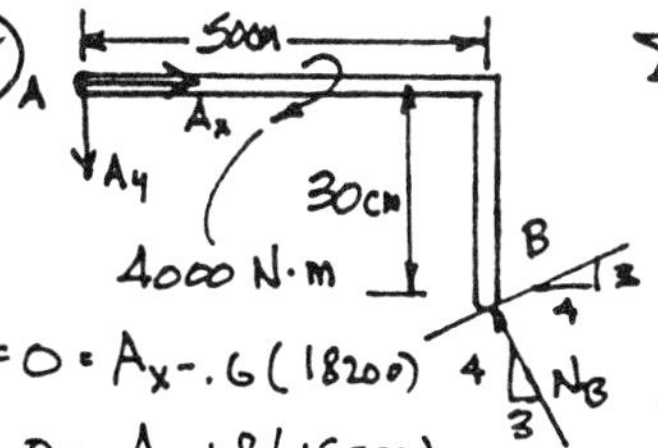

$\Sigma M_A = 0 = -4000 - .6N_B(.30) + .8N_B(.50)$

$\therefore N_B = 18200$ N

$\Sigma F_x = 0 = A_x - .6(18200)$

$\therefore A_x = 10900 \rightarrow N$

$\Sigma F_y = 0 = -A_y + .8(18200)$

$A_y = 14500 \downarrow N$

4.96

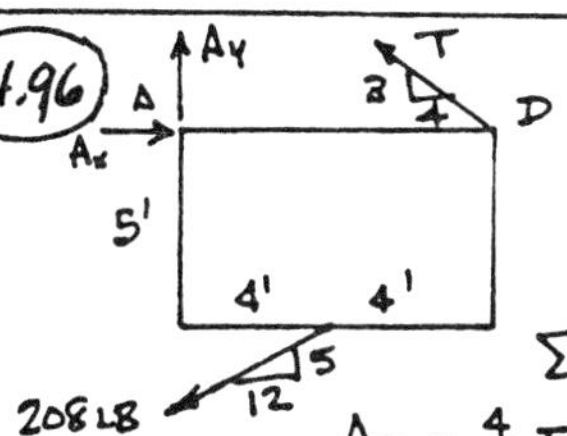

$\Sigma M_A = 0 = 8(\frac{3}{5}T) - 4(\frac{5}{13})(208) - 5(\frac{12}{13})(208)$

$\therefore T = 800/3$ LB

$\Sigma \underline{F} = \underline{0}$

$A_x - \frac{4}{5}T - \frac{12}{13}(208) = 0 ;\ A_x = 405$ LB

$A_y + \frac{3}{5}T - \frac{5}{13}(208) = 0 ;\ A_y = -80$ LB

$\therefore \underline{F}_A = 405\hat{\imath} - 80\hat{\jmath}$ LB

4.97

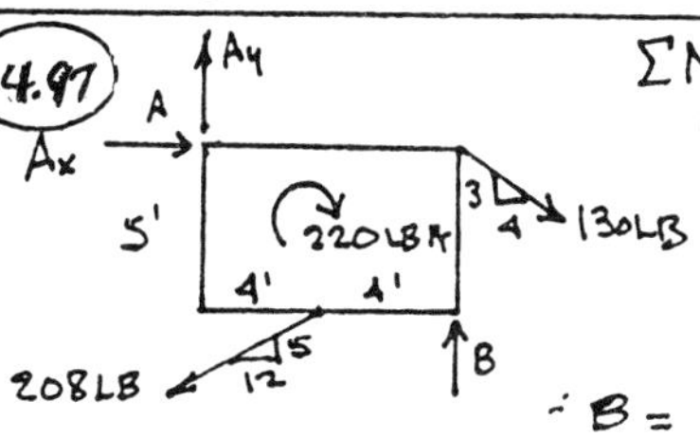

$\Sigma M_A = 0$

$8B - 8(\frac{3}{5})(130) - 220 - 5(\frac{12}{13})(208) - 4(\frac{5}{13})(208) = 0$

$\therefore B = 266 \uparrow$ LB

$\Sigma \underline{F} = \underline{0} \quad A_x + \frac{4}{5}(130) - \frac{12}{13}(208) = 0 ;\ A_x = 88$ LB

$A_y + B - \frac{3}{5}(130) - \frac{5}{13}(208) = 0 ;\ A_y = -107.5$ LB

$\therefore \underline{F}_A = 88\hat{\imath} - 108\hat{\jmath}$ LB

4.98

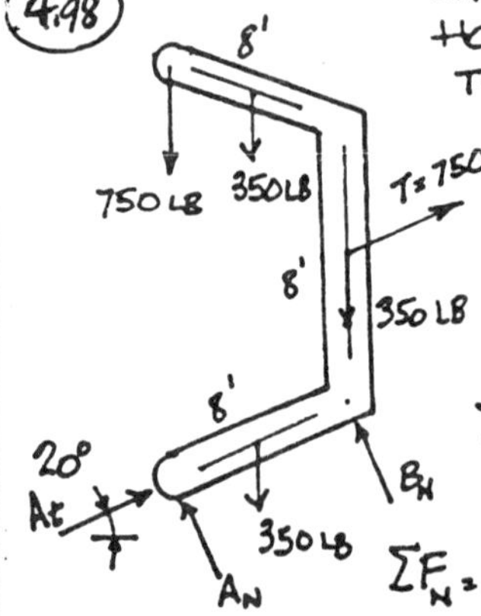

EACH OF TWO DAVITS HOLDS UP HALF THE BOAT. THUS 2 750 LB TEN.

$\Sigma M_A = 0;\ 8B_N - 2(350)4(.940) - 350(4)(.940) - 750(4)(.940) = 0$

$B_N = 1010 \nwarrow 20°$ LB

$\Sigma F_t = 0 = A_t + 750 - [350(3) + 750] \times \sin 20° = 0 \therefore A_t = 134 \swarrow 20°$ LB

$\Sigma F_N = 0$

$A_N + B_N - [750 + 3(350)]\cos 20° = 0$

$\Rightarrow A_N = 681 \nwarrow 20°$ LB

4.99

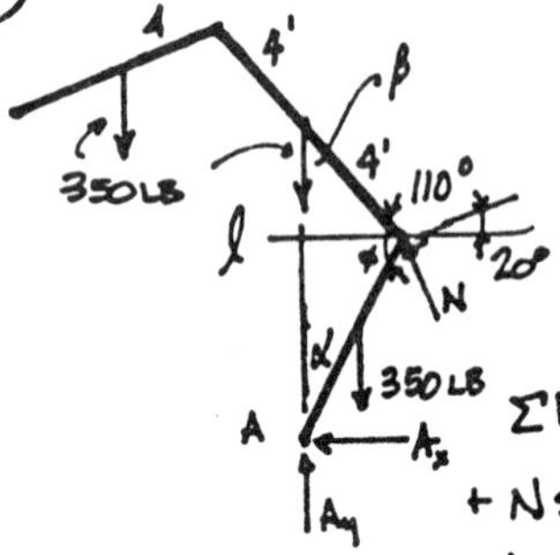

$\ell^2 = 4^2 + 8^2 - 2(4)(8)\cos 110°$

$\ell = 10.09'$

$\dfrac{\sin 110°}{10.09} = \dfrac{\sin\alpha}{4}$

$\alpha = 21.9°$

$\therefore \beta = 48.1°$

$\Sigma M_A = 0 = -350(4)\sin\alpha + N\sin 20°(8\cos\alpha) + N\cos 20°\, 8\sin\alpha + 350(6.50)$

$\therefore N = 328 \nwarrow 20°$ LB

$\Sigma F_x = 0 = -A_x + 328\sin 20° \Rightarrow A_x = 112 \leftarrow$ LB

$\Sigma F_y = 0 = A_y - 1050 - 328\cos 20° \Rightarrow A_y = 1360 \uparrow$ LB

4.100

(a)

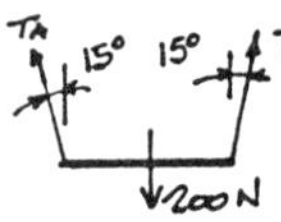

FROM SYMMETRY ($\Sigma M = 0$) $T_A = T_B = T$

$\Sigma F_y = 0 = 2T\cos 15° - 200$

$T = 104$ N

(b.)

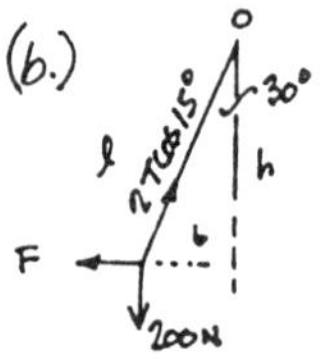

$b = .5\ell$; $h = .866\ell$

$\Sigma M_O = 0 = 200(.5\ell) - F(\frac{\sqrt{3}}{2}\ell)$

$\Rightarrow F = 115$ N

$\Sigma F_y = 0 = (2T\cos 15°)(\cos 30°) - 200$

$\therefore T = 120$ N (each)

4.101

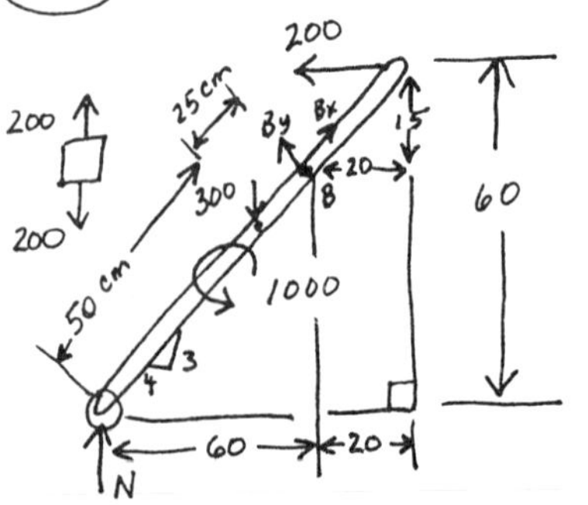

$\circlearrowleft\!+\ \Sigma M_B = 0$

$0 = 200(15) + 1000 + 300(25)(\frac{4}{5}) - N(60)$

N = 167 Newtons

4.102

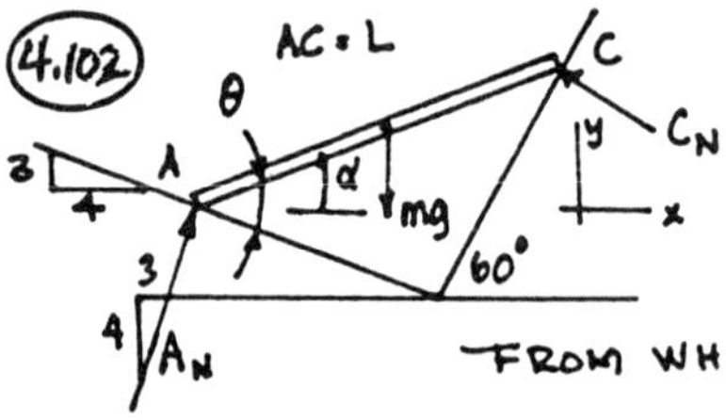

$\Sigma F_x = 0;$

$.6A_N - .866C_N = 0$

$\Sigma F_y = 0$

$.8A_N - mg + .5C_N = 0$

FROM WHICH: $A_N = .872\,mg$

$C_N = .604\,mg$

$\Sigma M_A = 0;\ -mg(\frac{L}{2}\cos\alpha) + .5C_N(L\cos\alpha) + .866C_N \times (L\sin\alpha) = 0$; SUB. A_N & C_N AND GET $\tan\alpha = .379$; $\alpha = 20.7°$

$\therefore \theta = 36.9 + 20.7 = 57.6°$

4.103

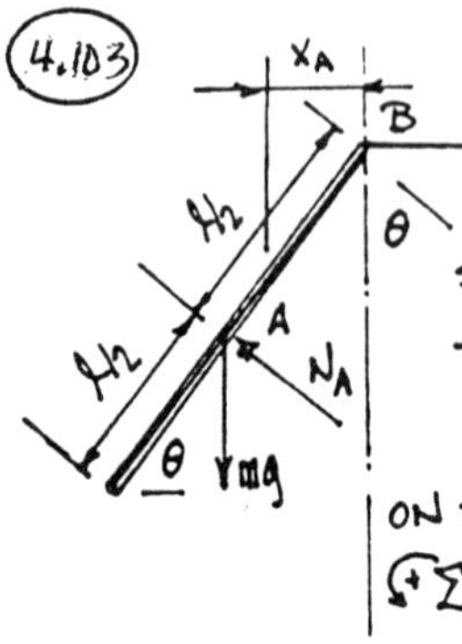

SLOPE: $y = x^2/\ell$

$dy/dx = 2x/\ell = \tan\theta$

BAR & PARABOLA HAVE SAME SLOPE AT POINT A.

$\tan\theta = 2x_A/\ell$; $\sin\theta = \dfrac{2x_A}{\sqrt{\ell^2 + 4x_A^2}}$

ON B:

$\circlearrowleft\!+\ \Sigma M_B = 0 = mg(\frac{\ell}{2}\cos\theta) - N_A(\frac{x_A}{\cos\theta})$

$\Sigma F_y = 0 = -mg + N_A\cos\theta$; $N_A = \dfrac{mg}{\cos\theta}$ (2)

COLLECTING:

$dy/dx = \tan\theta = \dfrac{2x_A}{\ell} = \cos^3\theta$; OR

$\cos^3\theta - \tan\theta = 0$. BY SIMPLE TRIAL AND ERROR, $\theta = 31.7°$ ABOVE GIVES $-.002 = 0$ $\therefore$ USE IT

$\tan\theta = 2x/\ell \Rightarrow x_A = \frac{\ell}{2}\tan 31.7°$

OR $x_A = .309\,\ell$

4.104

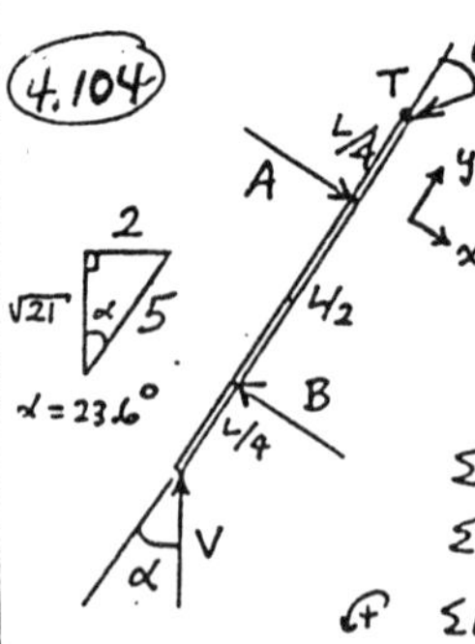

$\Sigma F_x = 0 = A - B - V\sin\alpha - P\sin\beta$ (1.)

$\Sigma F_y = 0 = V\cos\alpha - P\cos\beta$ (2.)

$\circlearrowleft\!+\ \Sigma M_T = 0 = \frac{L}{4}A - \frac{3}{4}LB - V\sin\alpha\, L$

or $A - 3B - 4V\sin\alpha = 0$ (3.)

Solving these 3 EQNs and substituting $\sin\alpha = \frac{2}{5}$ and $\cos\alpha = \frac{\sqrt{21}}{5}$ gives

(continued)

4.104, continued:

$$A = P\left(\frac{3}{2}\sin\beta - \frac{\cos\beta}{\sqrt{21}}\right)$$

$$B = \frac{P}{2}\left(\sin\beta - \frac{6}{\sqrt{21}}\cos\beta\right)$$

$$V = \frac{5P\cos\beta}{\sqrt{21}}$$

Thus $A \geq 0$ for $\pi + \tan^{-1}\left(\frac{2}{3\sqrt{21}}\right) \geq \beta \geq \tan^{-1}\left(\frac{2}{3\sqrt{21}}\right) = 8.28^\circ$

$B \geq 0$ for $\pi + \tan^{-1}\left(\frac{6}{\sqrt{21}}\right) \geq \beta \geq \tan^{-1}\left(\frac{6}{\sqrt{21}}\right) = 52.6^\circ$

$V \geq 0$ for $\frac{\pi}{2} \geq \beta \geq -\frac{\pi}{2}$

So the answer, satisfying all three forces ≥ 0, is the interval $52.6^\circ \leq \beta \leq 90^\circ$

(4.105)

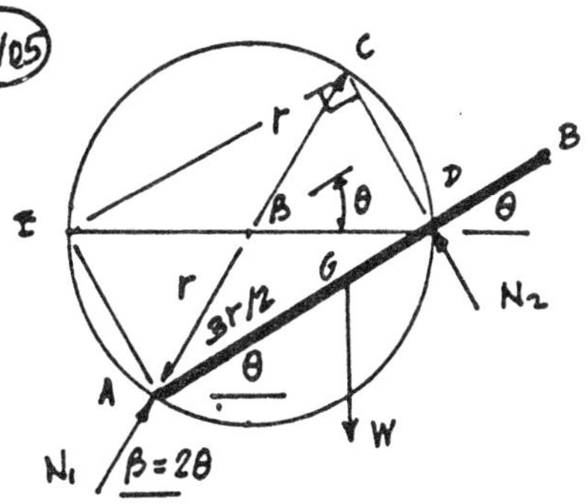

AG = 3r/2
β = 2θ SINCE
AC IS DIAGONAL
OF RECTANGLE
ADCE

$$\Sigma F_x = 0 = N_1\cos 2\theta - N_2\sin\theta \quad (1)$$

$$\Sigma F_y = 0 = N_1\sin 2\theta + N_2\cos\theta - W \quad (2)$$

$$\Sigma M_A = 0 = \frac{3r}{2}(\cos\theta)W + N_2\,2r\cos\theta \Rightarrow N_2 = \frac{3}{4}W \quad (3)$$

Sub. into (1): $N_1 = \frac{\sin\theta}{\cos 2\theta}\,\frac{3}{4}W$

Sub. into (2): $(\tan 2\theta\sin\theta + \cos\theta)\frac{3}{4}W - W = 0$, giving a quadratic eqn. in $\cos\theta$. Use ⊕ root & $8\cos^2\theta - 3\cos\theta - 4 = 0$ gives:

$$\theta = \cos^{-1}(0.919) = 23.2^\circ$$

(4.106)

See Figure in text. $|\underline{F}_1| = |\underline{F}_2| = F$

$$\underline{F}_1 = F(-2\hat{i} + 3\hat{k} + \sqrt{2}\hat{i} + \sqrt{2}\hat{j})/\text{magnitude}$$
$$= F(-0.586\hat{i} + 1.41\hat{j} + 3\hat{k})/3.37$$
$$= F(-0.174\hat{i} + 0.418\hat{j} + 0.890\hat{k})$$

$$\underline{F}_2 = F(0.418\hat{i} - 0.174\hat{j} + 0.890\hat{k})$$

$$\underline{C} = \text{cable force} = C\left(\frac{-\hat{i} - \hat{j}}{\sqrt{2}}\right) = C(-0.707\hat{i} - 0.707\hat{j})$$

$$\Sigma\underline{F} = \underline{0} = \hat{i}(-0.174F + 0.418F - 0.707C) + \hat{j}(0.418F - 0.174F - 0.707C) + \hat{k}(0.890F(2) - 1300) = \underline{0}$$

$F = 730$ lb Ⓒ and $C = 252$ lb Ⓣ

(4.107)

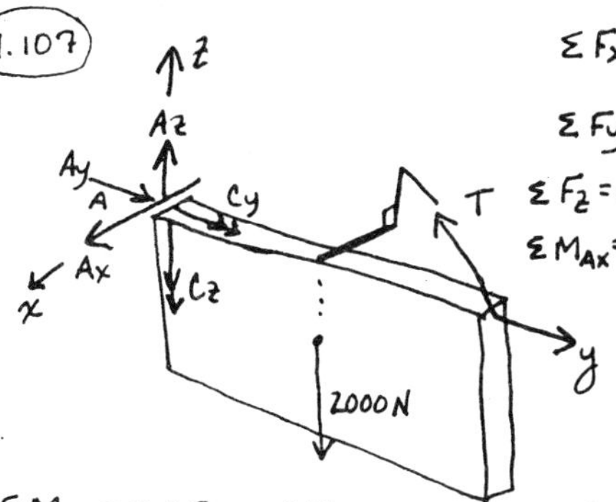

$$\Sigma F_x = 0 = A_x - \frac{3}{13}T \quad (1)$$

$$\Sigma F_y = 0 = A_y - \frac{12}{13}T \quad (2)$$

$$\Sigma F_z = 0 = A_z - 2000 + \frac{4}{13}T \quad (3)$$

$$\Sigma M_{Ax} = 0 = \frac{4}{13}T(2.4) - 2000(1.2)$$

$$T = 3250\text{ N}$$

$\Sigma M_{Ay} = 0 = C_y$; $\Sigma M_{Az} = 0 = -C_z + \frac{3}{13}T(2.4)$

$C_z = 1800$ N·m

Sub T into (1, 2, 3): $A_x = 750$ N
$A_y = 3000$ N
$A_z = 1000$ N

(4.108)

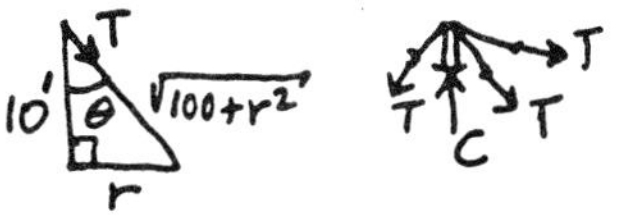

$$\Sigma F_y = 0 = C - 3T\cos\theta$$

$$C = 3T\,\frac{10}{\sqrt{100+r^2}}$$

With C & T at their maxima,

$$10000 = \frac{30(4000)}{\sqrt{100+r^2}} \Rightarrow 100 + r^2 = 144$$

$$r = \sqrt{44} = \boxed{6.63 \text{ ft}}$$

(4.109)

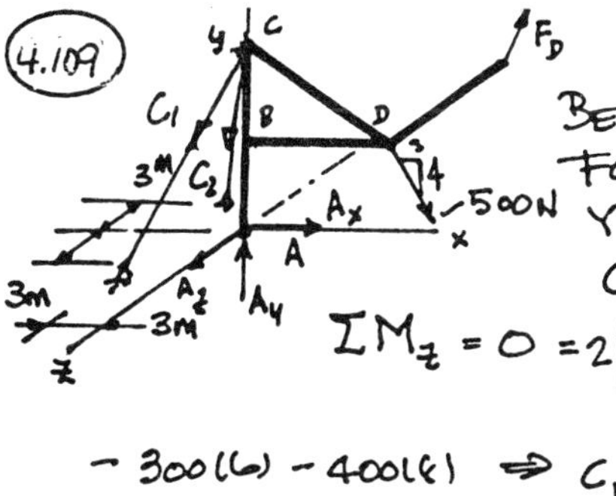

$\Sigma M_{y\text{-axis}} = 0 \Rightarrow F_D = 0$

BECAUSE ALL OTHER FORCES INTERSECT Y-AXIS. ALSO ⇒ $C_1 = C_2$.

$$\Sigma M_z = 0 = 2\left[C_1\frac{3}{\sqrt{3^2+3^2+12^2}}\right]12 - 300(6) - 400(6) \Rightarrow C_1 = 884\text{ N}$$

$$F_{r_x} = 0 = 300 - 2C_1\frac{3}{\sqrt{162}} + A_x;\ A_x = 117\text{ N}$$

$$F_{r_y} = 0 = A_y - 2C_2\frac{12}{\sqrt{162}} - 400;\ A_y = 2070\text{ N}$$

$$F_{r_z} = 0 = A_z$$

$\therefore F_D = 0$, $C_1 = C_2 = 884$ N

$A_x = 117 \rightarrow$ N ; $A_y = 2070\uparrow$ N

$A_z = 0$

(4.110)

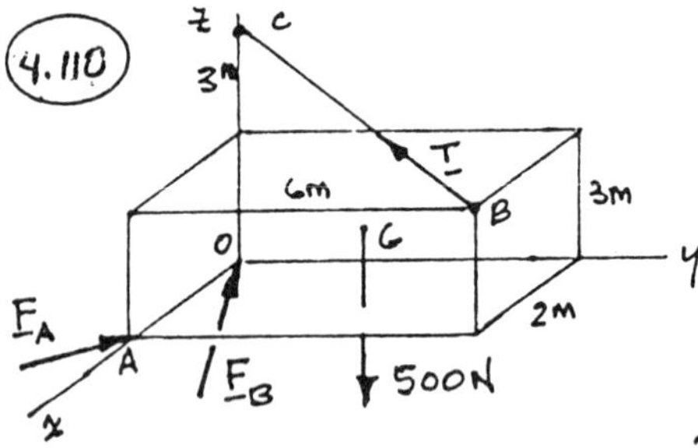

$\Sigma \underline{M}_O = \underline{0} = \underline{r}_{OA} \times \underline{F}_A + \underline{r}_{OG} \times (-500\hat{k}) + \underline{r}_{OC} \times \underline{T}$

$\underline{M}_O \cdot \hat{i} = M_x$; $\underline{F}_A$-TERM DROPS OUT :

$0 = -1500 + \frac{36T}{7}$; $\therefore T = 292\,N$

(4.111)

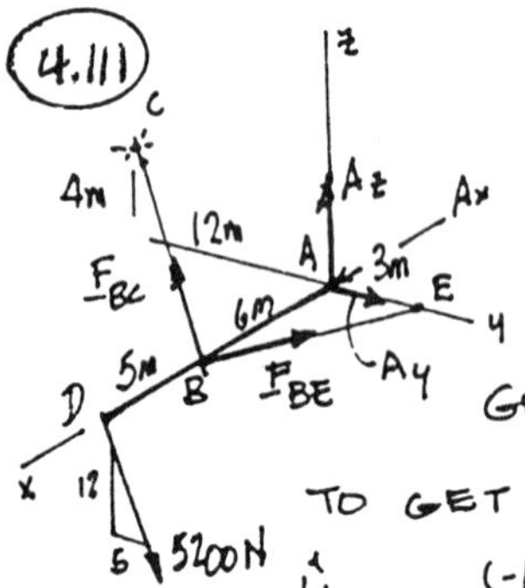

$\underline{M}_{r_A} = 0 = 6\hat{i} \times [\underline{F}_{BC} + \underline{F}_{BE}] + 11\hat{i} \times (2000\hat{j} - 4800\hat{k})$

$\underline{M}_{r_A} \cdot \hat{j} = 0$; $\underline{F}_{BE}$ TERM DROPS OUT AND WE GET $F_{BC} = 30800\,N$

TO GET F_{BE} ; $\underline{M}_A \cdot \hat{u}_{AC} = 0$

$\hat{u}_{AC} = (-12\hat{j} + 4\hat{k})/4\sqrt{10}$; $\hat{u}_{BE} = \frac{-6\hat{i} + 3\hat{j}}{3\sqrt{5}}$

$0 = 6\hat{i} \times F_{BE}\,\hat{u}_{BE} \cdot \hat{u}_{AC} + 22000\hat{k} \cdot \hat{u}_{AC} + 11(4800)\hat{j} \cdot \hat{u}_{AC} = 0$

THIS GIVES: $F_{BE} = 50800\,N$

(4.112)

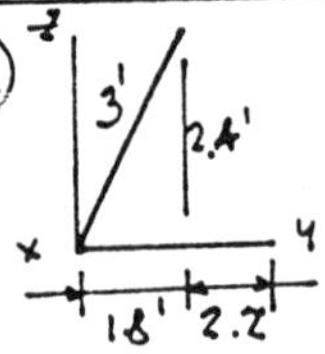

$\underline{F}_c(\text{STICK}) = F_c \left(\frac{-3\hat{i} - 2.2\hat{j} + 2.4\hat{k}}{\sqrt{3^2 + 2.2^2 + 2.4^2}} \right)$

$\Sigma M_x = 0 = \frac{2.4}{\sqrt{}} F_c(4) - 40(.9)$

$\therefore F_c = 16.6\,LB$ Ⓒ

(4.113) SEE FIG. IN TEXT : $\hat{u}_{AB} = \frac{8\hat{i} + 15\hat{j}}{17}$

$M_{AB} = \underline{M}_{r_A} \cdot \hat{u}_{AB} = 0$

LENGTH OF CD $\sqrt{(-11)^2 + (-1.5)^2 + 5^2} = 12.18'$

WT OF CD $= 12(12.18) = 146.1$ LB

SO:

$\hat{u}_{AB} \cdot \{(-7\hat{i} + 6\hat{j} + 5\hat{k}) \times D\hat{i} + (4\hat{i} + 7.5\hat{j}) + \frac{1}{2}(-11\hat{i} - 1.5\hat{j} + 5\hat{k}) \times (-146.1\hat{k})\} = 0$

$\Rightarrow (1.02)(146.1) = D$

$\therefore \underline{D} = 149\hat{i}$ LB

(4.114) WT/LENGTH OF FRAME = 150N/M

TENSIONS IN CABLES BE 1, 2.

$\Sigma M_x = 0 = 1C_1 - 165(1) - 150(.5)$; $C_1 = 240N$

$\Sigma M_y = 0 = 165(.55) + 150(.8) + 120(.4) - C_2(.8)$

$C_2 = 323N$

$\Sigma F_x = 0 \Rightarrow A_x = 0$; $\Sigma F_y = 0 = A_y = 0$

$\Sigma F_z = 0 = A_z - 165 - 150 - 120 + C_1 + C_2 \Rightarrow$

$A_z = -128$ $\therefore$ REACT. AT A $= 128\downarrow N$

(4.115)

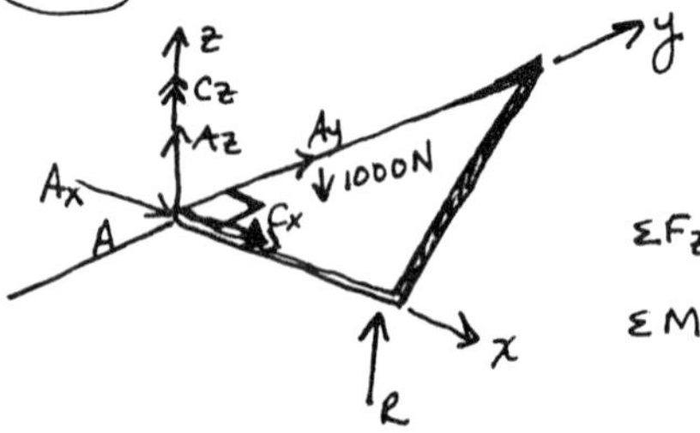

$\Sigma F_x = 0 = A_x$

$\Sigma F_y = 0 = A_y$

$\Sigma F_z = 0 = A_z + R - 1000$ ①

$\Sigma M_{Cx} = 0 = C_x - 1000(1)$

$C_x = 1000\,N \cdot m$

$\Sigma M_{Cy} = 0 = 1000(1) - R(3) \Rightarrow R = 333N$

$\therefore$ by ①, $A_z = 667N$

$\Sigma M_{Cz} = 0 = C_z$

(4.116) $\underline{AB} = -2\hat{i} + 3\hat{j} + 6\hat{k}$ $|\underline{AB}| = 7'$

$\underline{W} = W(-2/7\,\hat{i} + 3/7\,\hat{j} + 6/7\,\hat{k})$ LB

$\Sigma \underline{M}_O = 0 = (2\hat{i} + 1.5\hat{j}) \times (-120\hat{k}) + 3\hat{j} \times W(-2/7\,\hat{i} + 3/7\,\hat{j} + 6/7\,\hat{k})$

$\Sigma \hat{i} : \Rightarrow -180 + \frac{18}{7}W = 0$; $W = 70$ LB

4.117 $\Sigma\underline{F} = -mg\hat{k} + A_x\hat{i} + A_y\hat{j} + P\hat{i} + B_y\hat{j} + B_z\hat{k} = \underline{0}$

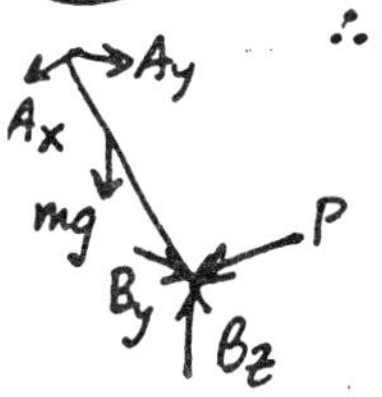

$\therefore P + A_x = 0$, $A_y + B_y = 0$, and $B_z = mg$.

$\Sigma\underline{M}_B = \underline{0} = \underline{r}_{BA} \times (A_x\hat{i} + A_y\hat{j}) + \frac{\underline{r}_{BA}}{2} \times (-mg\hat{k})$, where

$\underline{r}_{BA} = 7.5\hat{i} - 5\hat{j} + 17.5\hat{k}$

$\therefore (7.5\hat{i} - 5\hat{j} + 17.5\hat{k}) \times (A_x\hat{i} + A_y\hat{j} - mg/_2\,\hat{k}) = \underline{0}$

$\therefore\ \hat{i} \Rightarrow -17.5A_y + 5\frac{mg}{2} = 0 \Rightarrow A_y = 0.143\,mg$

$\hat{j} \Rightarrow 17.5A_x + 7.5(mg/2) = 0 \Rightarrow A_x = -0.214\,mg$

$\hat{k} \Rightarrow 7.5A_y + 5A_x = 0$ check ✓

$P = -A_x = +0.214\,mg$

$B_y = -A_y = -0.143\,mg$

$B_z = mg$

All forces pass through AB, so that $\Sigma M_{AB} = 0$ is identically satisfied.

4.118 in next column

4.119

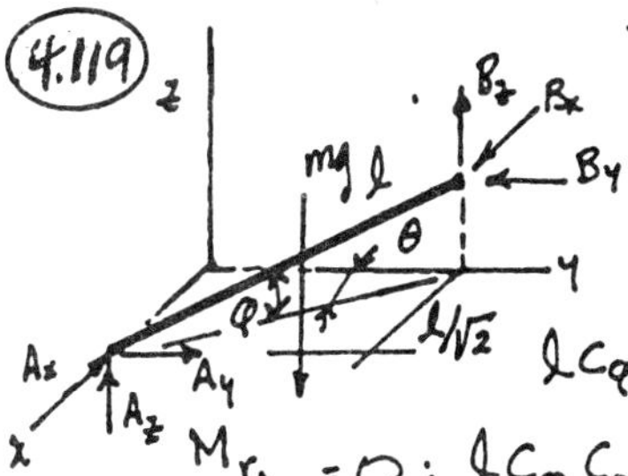

FOR THIS PROB: $S_\varphi = \sin\phi$; $C_\varphi = \cos\phi$ ETC.

$\rho = \frac{\sqrt{A_x^2 + A_y^2}}{A_z}$, $\sigma = \frac{\sqrt{B_y^2 + B_z^2}}{B_x}$

$\ell C_\varphi S_\theta = \ell/\sqrt{2}$; $C_\varphi = \frac{1}{\sqrt{2}\,S_\theta}$

$M_{r_{A_z}} = 0$: $\ell C_\varphi C_\theta B_x = B_y \ell C_\varphi S_\theta$

① $B_x = B_y \tan\theta$; Now $M_{r_{A_x}} = 0 \Rightarrow$

② $B_y \ell S_\varphi + B_z \ell C_\varphi C_\theta = \frac{mg}{2}\ell C_\varphi C_\theta$; Now $M_{r_{B_z}} = 0 \Rightarrow$

③ $A_y \ell C_\varphi S_\theta = A_x \ell C_\varphi C_\theta \Rightarrow A_x = A_y \tan\theta$; Now $M_{r_{B_y}}$

④ $A_x \ell S_\varphi + (\frac{mg}{2} - A_z)\ell C_\varphi S_\theta = 0$; USE ③ TO GET

$A_y[\tan\theta S_\varphi - C_\varphi S_\theta(\frac{\sec\theta}{\rho})] = -\frac{mg}{2}C_\varphi C_\theta$; FOR A_z

$\frac{\sqrt{A_x^2 + A_y^2}}{A_z} \triangleq \rho = \frac{\sqrt{A_y^2(1+\tan^2\theta)}}{A_z} = \frac{A_y \sec\theta}{A_z} \Rightarrow A_z = \frac{A_y \sec\theta}{\rho}$

So: $A_y[S_\varphi - \frac{1}{\rho}C_\varphi] = -\frac{mg}{2}C_\theta C_\varphi$; NOTE: $\tan\varphi = \sqrt{-\cos 2\theta}$

$A_y = [\tan\varphi - \frac{1}{\rho}] = -\frac{mg}{2}C_\theta$; $A_y = (mg C_\theta/2)/(\frac{1}{\rho} - \sqrt{-\cos 2\theta})$

$\Sigma F_y = 0$; $A_y = B_y$; BY ①, $B_x = B_y \tan\theta = A_y \tan\theta$

$B_x = (mg S_\theta/2)/(1/\rho - \sqrt{-\cos 2\theta})$; FROM ② & $A_y = B_y$

$B_z = \frac{mg}{2}\left[1 - \frac{\tan\varphi}{\frac{1}{\rho} - \sqrt{-\cos 2\theta}}\right] = \frac{mg}{2}\left[\frac{1/\rho - 2\sqrt{-\cos 2\theta}}{\frac{1}{\rho} - \sqrt{-\cos 2\theta}}\right]$

SUB. B_x, B_y, B_z INTO DEF. OF σ

$\sigma S_\theta = \sqrt{C_\theta^2 + (\frac{1}{\rho} - 2\sqrt{\ })^2}$; SQUARE BOTH SIDES AND REARRANGE TERMS TO GET

$\sqrt{S_\theta^2\sigma^2 - C_\theta^2} = \frac{1}{\rho} - 2\sqrt{2S_\theta^2 - 1}$

4.118 SEE FIG. IN TEXT. $\ell\ell$ = LINE ALONG SHAFT THROUGH POINT A.

$F_{r_x} = 0 = B_x + A_x$; $F_{r_y} = 0 = B_y + C_y - 1300$

$F_{r_z} = 0 = A_z + C_z - 2000$; $\Sigma M_x = 0 = -7B_y - 12A_z$

$\Sigma M_z = 0 = 10C_y + 12A_x$; $\Sigma M_{\ell\ell} = 0 = -5B_x - 10C_z$

$\therefore A_x = -13790$ LB; $A_z = 6896$ LB; $B_x = 13790$ LB

$B_y = -15250$ LB; $C_z = -6896$ LB; $C_y = 16550$ LB

Note: 4.119 in left column.

4.120 $\Sigma M_{AB} = 0$ IN FIG. ADE IS AN ISOSCELES TRIANGLE: $\sin\frac{\theta}{2} = \frac{.3}{1.3}$

$\theta = 26.7°$ $\alpha = \frac{1}{2}(180 - \theta) = 76.7°$

$\Sigma M_{AB} = 0 = -325(\frac{1.3}{2}\sin\theta) + F_{DE}\sin\alpha(1.3)$

$F_{DE} = 75$ N

4.121 SEE FIGURE IN TEXT:

$\Sigma\underline{M}_A = \underline{0} = 200\hat{k} \times F_{BF}\left(\frac{90\hat{i} + 180\hat{j} - 200\hat{k}}{283.7}\right) + 200\hat{k} \times (3000)\left(\frac{-180\hat{i} - 200\hat{k}}{269.1}\right) + (360\hat{k} - 300\hat{j}) + 280\hat{k} \times F_{CE}\left(\frac{90\hat{i} - 70\hat{j} - 280\hat{k}}{302.3}\right)$. EXPAND AND COLLECT COEFFICIENTS TO GIVE

$F_{BF} = 3840$ N; $F_{CE} = 7510$ N; ALSO

$\Sigma\underline{F} = 0 \Rightarrow A_x = -148$ N, $A_y = -693$ N

$A_z = 11900$ N

4.122 MOMENT OF BD ABT. AC

$400 \times 5\cos 60° = 1000$ LB-FT

$\underline{r}_{BD} = \{10\cos 60°[\cos(90-\phi)\hat{i} + \sin(90-\phi)\hat{k}] + 10\sin 60°\hat{j}\}$ WHERE $\phi = \tan^{-1} 5/12$

$\hat{u}_{DE} = \{-\hat{i}(5\sin\phi + 6.5\cos\phi) - \hat{k}(5\cos\phi + 6.5\sin\phi) + 11.34\hat{j}\}/\sqrt{7.923^2 + 7.115^2 + 11.34^2}$

MOM DUE TO T ABOUT AC IS

$\underline{M}_B \cdot \hat{u}_{AC} = \underline{r}_{BD} \times T\hat{u}_{DE} \cdot \hat{u}_{AC} \Rightarrow T = 111$ LB

(4.123) SEE FIGURES IN TEXT

$$\underline{T} = \frac{T}{\sqrt{3}}(\hat{i}+\hat{j}+\hat{k})$$

$$\Sigma \underline{M}_0 = \underline{0} = C_x\hat{i} + C_z\hat{k} + 10\hat{i} \times \frac{T}{\sqrt{3}}(\hat{i}+\hat{j}+\hat{k})$$
$$+ 5\hat{i} \times (-320\hat{i} - 240\hat{j}) + 5.9\hat{i} \times (-200\hat{k})$$

$\hat{i}: C_x = 0,\quad \hat{j}: T = 118\sqrt{3}$ lb-ft, $\hat{k}:$ $\boxed{C_z = 20 \text{ lb-ft}}$

$$\Sigma \underline{F} = \underline{0} = \underbrace{R_x\hat{i} + R_y\hat{j} + R_z\hat{k}}_{\text{force reaction at } O} + \underline{T} - 320\hat{i} - 240\hat{j} - 200\hat{k}$$

$$\boxed{\begin{aligned} R_x &= 320 - 118 = 202 \text{ lb} \\ R_y &= 240 - 118 = 122 \text{ lb} \\ R_z &= 200 - 118 = 82 \text{ lb} \end{aligned}}$$

(4.124) $\underline{BD} = 3\hat{i} - 6\hat{j} + 6\hat{k}$; $|\underline{BD}| = 9$

$\underline{CE} = -6\hat{i} - 12\hat{j} + 6\hat{k}$; $|\underline{CE}| = 14.7$

$$\Sigma \underline{M}_A = \underline{0} = 6\hat{j} \times F_{BD}\left(\frac{3}{9}\hat{i} - \frac{6}{9}\hat{j} + \frac{6}{9}\hat{k}\right)$$
$$+ 12\hat{j} \times F_{CE}\left(-\frac{6}{14.7}\hat{i} - \frac{12}{14.7}\hat{j} + \frac{6}{14.7}\hat{k}\right) + 9\hat{j} \times (-300\hat{k})$$

$$\therefore F_{BD}(4\hat{i} - 2\hat{k}) + F_{CE}\left(\frac{72}{14.7}\hat{i} + \frac{72}{14.7}\hat{k}\right) - 2700\hat{i}$$

COLLECT COEFFICIENTS TO GET

$F_{BD} = 450$ LB ; $F_{CE} = 184$ LB

(4.125) HINGE EXERTS NO MOM. ABT AO.
SO, DUE TO W & T $\quad \underline{M}_{r_0} \cdot \hat{u}_{BA} = 0$

$$\left[.8\hat{k} \times T\left(\frac{-2\hat{i} - \hat{j} + .8\hat{k}}{2.375}\right) + (\hat{i} + \tfrac{1}{2}\hat{j}) \times (-250\hat{k})\right] \cdot \hat{i} = 0$$

$\therefore T = 371$ N

$$\Sigma \underline{M}_B = 0 = C_{By}\hat{j} + C_{Bz}\hat{k} + \underline{r}_{BC} \times (-250\hat{k})$$
$$+ (-.2\hat{i} + .8\hat{k}) \times T\left(\frac{-2\hat{i} - \hat{j} + .8\hat{k}}{2.375}\right)$$

$\Sigma \hat{j}: \Rightarrow C_{By} = 24.9$ N·m

$\Sigma \hat{k}: \Rightarrow C_{Bz} = -31.2$ N·m

(4.126) $\Sigma M_{z\text{-AXIS}} = 0 \Rightarrow 500(.05) - .25F$

$F = 100$ N

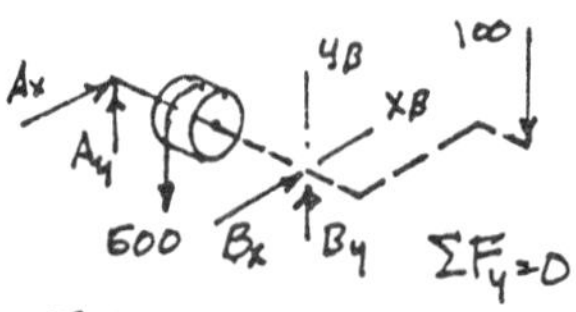

$$\Sigma M_{xB} = 0 = A_y(1.4) + 100(.7) - 500(.8)$$

$$\Rightarrow A_y = \frac{400 - 70}{1.4} = 236\uparrow \text{N}$$

$\Sigma F_y = 0 \Rightarrow A_y + B_y - 600 = 0 \Rightarrow B_y = 364\uparrow$N

$\Sigma M_{yB} = 0 \Rightarrow A_x = 0 \therefore \Sigma F_x = 0 \Rightarrow B_x = 0$

(4.127) $\underline{M}_0 = -2\hat{k} \times C_x\hat{i} - (3\hat{i} + 2\hat{j}) \times (-2000\hat{k})$
$- (3\hat{j} + 2\hat{k}) \times (-4000\hat{i}) + (-3\hat{j} \times B_x\hat{i})$
$+ (-4\hat{i} - 3\hat{j} + \hat{k}) \times (A_y\hat{j} + A_z\hat{k}) = 0$

(1) $\Sigma\hat{i}$: $6000 - 3A_z - A_y = 0$

(2) $\Sigma\hat{j}$: $-2C_x + 8000 + 4A_z = 0$

(3) $\Sigma\hat{k}$: $-12000 - 4A_y + 3B_x = 0$

(4) $\Sigma F_x = C_x + B_x - 4000 = 0$

(5) $\Sigma F_y = A_y + B_y = 0$

(6) $\Sigma F_z = A_z + C_z - 2000 = 0$

SIMULTANEOUS SOLUTION OF EQ 1-6 GIVES:

$C_x = 16000$N ; $B_x = -12000$N ; $A_y = -12000$N ;
$B_y = 12000$N ; $A_z = 6000$N
$C_z = -4000$ N

(4.128) $\Sigma \underline{F} = 0 = -2000\hat{k} + 1200\hat{i} + 500\hat{j}$
$+ O_x\hat{i} + O_y\hat{j} + O_z\hat{k}$

$\Sigma\hat{i}$: $1200 + O_x = 0$; $O_x = -1200$N

$\Sigma\hat{j}$: $500 + O_y = 0$; $O_y = -500$N

$\Sigma\hat{k}$: $-2000 + O_z = 0$; $O_z = 2000$N

$\Sigma M_{x\text{-axis}} = 0 = C_x - 2000(3) \Rightarrow C_x = 600$ N·m

$\Sigma M_y = 0 = C_y$

$\Sigma M_z = 0 = C_z - 1200(6) \Rightarrow C_z = 720$ N·m

$\therefore \underline{F}_0 = -1200\hat{i} - 500\hat{j} + 2000\hat{k}$ N

$\underline{M}_0 = 600\hat{i} + 720\hat{k}$ N·m

(4.129) $\Sigma M_x = 0$ (HINGE LINE)

$$0 = 30\left(\frac{30}{2}\sin 35°\right) + 60\left[30\sin 35° + 5\sin 55° + 1.5\cos 55°\right] + \hat{i}\cdot 2\left[(-10\hat{i} + 6\hat{j} + 4\hat{k}) \times T\left(\frac{5\hat{i} + 18\hat{j} - 6\hat{k}}{19.62}\right)\right]$$

$$1588 = \frac{2T}{19.62}\begin{vmatrix} 1 & 0 & 0 \\ -10 & 6 & 4 \\ 5 & 18 & -6 \end{vmatrix} \Rightarrow T = 144 \text{ LB} \; ⓒ$$

4.130 $B_x \to B_z$; C_y, C_z BE FORCES & COUPLES AT RIGHT HINGE

$\Sigma M_x \Rightarrow$ SAME T AS BEFORE ∴

$T = 144 \times 2 = 288\text{N}$ Ⓒ ON LEFT STRUT

F_{r_x}: $T\left(\frac{5}{19.62}\right) + B_x = 0 \Rightarrow B_x = -73.4\text{ N}$

F_{r_y}: $T\left(\frac{18}{19.62}\right) - 90 + B_y = 0 \Rightarrow B_y = -174\text{ N}$

F_{r_z}: $T\left(\frac{-6}{19.62}\right) + B_z = 0 \Rightarrow B_z = 88.1\text{ N}$

$\Sigma M_{B_y} = 0 = C_y - T\left(\frac{6}{19.62}\right)(34) + T\left(\frac{5}{19.62}\right)4 = 0$

∴ $C_y = -2700$ IN-LB

$\Sigma M_{B_z} = 0 = C_z - T\left(\frac{18}{19.62}\right)34 - T\left(\frac{5}{19.62}\right)6 = 0$

$C_z = 9420$ LB-IN

4.131 CABLE AB = 14' DOOR IS 4' × 6'

$\underline{F}_{AB} = F_{AB}(-3/7\hat{i} - 2/7\hat{j} + 6/7\hat{k})$

$M_x = 0 = -72(2) + \frac{6}{7}F_{AB}(4) \Rightarrow F_{AB} = 42$ LB

OR $\underline{M}_o = (3\hat{i} + 2\hat{j}) \times (-72\hat{k}) + (6\hat{i} + 4\hat{j}) \times F_{AB}(-3/7\hat{i} - 2/7\hat{j} + 6/7\hat{k}) + 6\hat{i} \times (D_y\hat{j} + D_z\hat{k}) = 0$

$\Sigma\hat{i}$: $0 = -144 + \frac{24}{7}F_{AB} \Rightarrow F_{AB} = 42$ LB

4.132

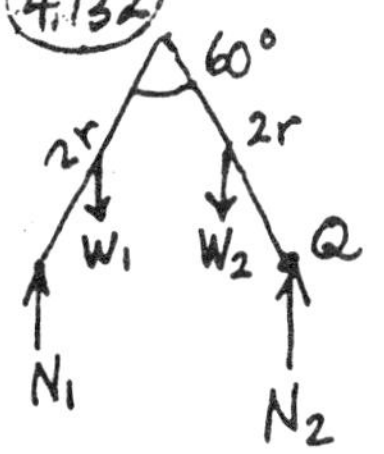

$\Sigma M_Q = 0 = -N_1(2r) + W_1\frac{r}{2}3 + W_2\frac{r}{2}$

$2rN_1 = \rho Ag\,2r\,\frac{3r}{2} + \rho Ag\,2\pi r\,\frac{r}{2}$

$= \rho Agr^2(3 + \pi)$

$N_1 = 3.07\,\rho Agr$

$N_2 = \overbrace{\rho Agr(2 + 2\pi)}^{W_1 + W_2} - \overbrace{3.07\rho Agr}^{N_1}$

$N_2 = 5.21\,\rho Agr$

4.133 FORCES AT A: $A_x \to A_z$
COUPLES " " $C_x \to C_z$

$\Sigma M_x = 0 = 100(10) + 3(20) + C_x \Rightarrow C_x = -1060$ LB-FT

$\Sigma M_y = 0 = -100(30) - 10(20) + C_y \Rightarrow C_y = 3200$ LB-FT

$\Sigma M_z = 0 = 3(30) - 10(10) + C_z \Rightarrow C_z = 10$ LB-FT

$\Sigma F_x = 0 \Rightarrow A_x + 10 = 0$; $A_x = -10$ LB.

$\Sigma F_y = 0 \Rightarrow A_y + 3 = 0$; $A_y = -3$ LB

$\Sigma F_z = 0 \Rightarrow A_z + 100 = 0$; $A_z = -100$ LB

4.134 SEE FIG. IN TEXT: $A_x = 0$ & THE FORCE F AT D ACTING ON PLATE IS ⊥ TO AB AND PARALLEL TO X-Y PLANE.

$\Sigma M_{AB} = 0 = -100(1.2) + F(1) \Rightarrow F = 120$ LB

OR $\underline{F} = 120\left(\frac{4\hat{i} + 3\hat{j}}{5}\right)$LB

$B_x = -120(.8) = -96$LB; $\Sigma M_y = 0 = .8(120)(1) + (.54)(100) - 3A_z \Rightarrow A_z = 50$ LB ↑

∴ $B_z = 50$ LB FROM $\Sigma F_z = 0$

$\Sigma M_{z\,\text{THRU B}} = 0 \Rightarrow A_y(3) = .8(120)(4) \Rightarrow A_y = 128$ LB ←

SO $B_y - 128 + .6(120) = 0$; $B_y = 128 - 72 = 56$LB →

∴ $F = 120$LB; $B_x = -96$LB. $A_z = 50$LB; $A_y = -128$LB

$B_y = 56$LB, $B_z = 50$LB

4.135

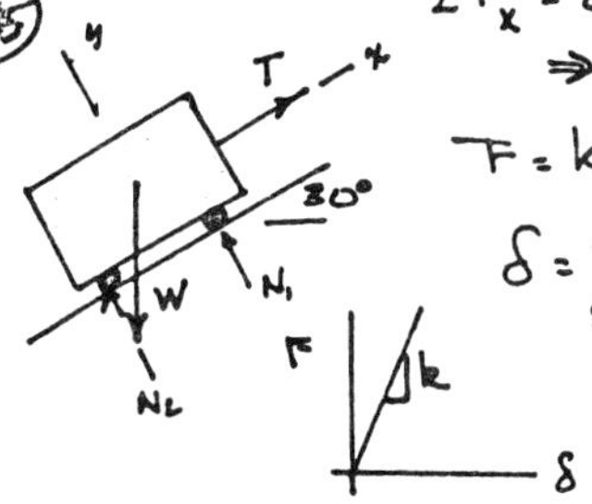

$\Sigma F_x = 0 = .5W + T$

$\Rightarrow T = 250\text{N}$ Ⓣ

$F = k\delta$; $\delta = F/k$

$\delta = \frac{250}{5000} = .05\text{m}$

4.136

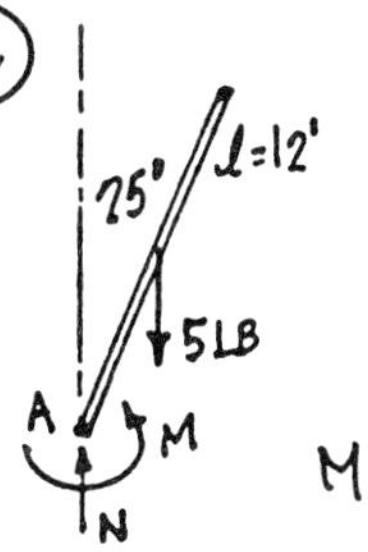

$\Sigma M_A = 0$

$5 \cdot 6 \sin 25° - M = 0$

$M = 12.68$ LB-FT

$M = k\theta \quad \theta = 25\pi/180 = .436$ RAD

$k = \frac{12.68\text{ LB-FT}}{.436\text{ RAD}}$

$k = 29.1$ LB-FT/RAD

4.137

$\Sigma M_O = 0 = F_S h\cos\theta - P\ell\sin\theta$

$F_S = k\delta = kh\sin\theta$, so that

$kh^2\sin\theta\cos\theta = P\ell\sin\theta$

$\therefore\ \theta = \pm n\pi$, $n = 0, 1, 2, \cdots$ is one solution. Also,

$kh^2\cos\theta = P\ell$ gives another:

$\theta = \cos^{-1}\left(\frac{P\ell}{kh^2}\right)$, which is a real angle if $P\ell < kh^2$.

4.138

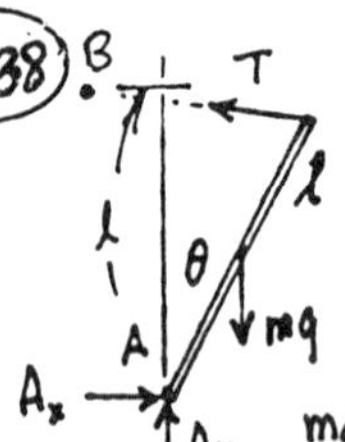

$L_{sp} = \sqrt{(\ell + \ell\sin\theta)^2 + (\ell - \ell\cos\theta)^2}$

"FINAL LENGTH"

BREAKUP T AT B AND SUM MOMENTS ABOUT A.

$\frac{mg\ell}{2}\sin\theta = k\left[L_{sp} - \ell\right]\left[\left(\frac{\ell + \ell\sin\theta}{L_{sp}}\right)\ell - \left(\frac{\ell - \ell\cos\theta}{L_{sp}}\right)\ell\right] \Rightarrow$

a) $\frac{mg}{2k\ell}\sin\theta = (L_{sp} - \ell)\left[\frac{\sin\theta + \cos\theta}{L_{sp}}\right]$

b) IF $\theta = 0$, $L_{sp} = \ell$ & $0 = 0$

c) FOR $k\ell = mg$ THE EQ. BECOMES

$0 = \left(1 - \frac{1}{\sqrt{3 + 2\sin\theta - 2\cos\theta}}\right)(1 + \cot\theta) - \frac{1}{2}$

START ABOUT $\theta = 90°$ AND INCREMENT TO ABT. 97°. WE GET $\theta = 96.3°$

4.139

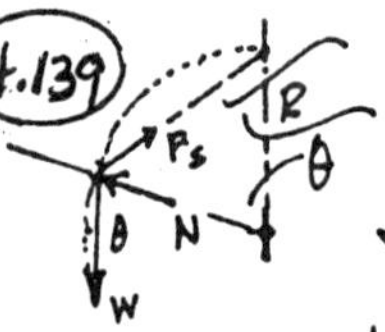

$\ell = \sqrt{2R^2 - 2R^2\cos\theta}$

$\Sigma F_x = 0 \Rightarrow N\sin\theta = F_s\sin(\pi/2 - \theta/2)$

$= k(\ell - R/4)\cos\theta/2$

$N\sin\theta = k\left[\sqrt{2}R\sqrt{1-\cos\theta} - R/4\right]\cos\theta/2$

$\Sigma F_y = 0 \Rightarrow N\cos\theta + k\left[\sqrt{2}R\sqrt{1-\cos\theta} - R/4\right]\sin\frac{\theta}{2} = mg$

$\left\{\frac{k\left[\sqrt{2}R\sqrt{1-\cos\theta} - R/4\right]\cos\theta/2}{\sin\theta}\right\}\cos\theta + k\left[\sqrt{2}R\sqrt{1-\cos\theta} - R/4\right]\sin\theta/2 = mg$

$\frac{2mg}{R}\left[\sqrt{2}R\sqrt{1-\cos\theta} - R/4\right]\left\{\cos\frac{\theta}{2}\cot\theta + \sin\frac{\theta}{2}\right\} = mg$

$\Rightarrow \sqrt{2}\sqrt{1-\cos\theta} = 1/4 + \sin\frac{\theta}{2} \Rightarrow$

$\theta = \sin^{-1}(1/4) = 28.96°$

4.140

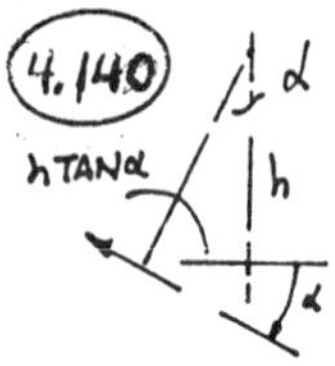

LINE "PRESSURE" = p LB/UNIT LT

$L_F = 2\pi h\tan\alpha$

$\delta = 2\pi h\tan\alpha - L$

$(p\cos\alpha)2R - 2k\delta = 0$ (1)

$p2\pi R\sin\alpha = W$ (2)

PUT (2) INTO (1) $\Rightarrow \frac{W}{2\pi} = k\tan\alpha(2\pi h\tan\alpha - L)$

$\frac{\left(\frac{W}{2\pi k\tan\alpha} + L\right)}{2\pi\tan\alpha} = h \Rightarrow h = \frac{W + 2\pi kL\tan\alpha}{4\pi^2 k\tan^2\alpha}$

4.141

a) IF TWO LINES OF ACTION ARE ∥ (PARALLEL) THEN ALL 3 ARE, ELSE $\Sigma \underset{\sim}{F} \neq 0$. FOR THIS CASE CONSIDER THEN THE PLANE DEFINED BY F_1 & F_2. (IF THEY'RE COLLINEAR ON LINE ℓ IN PLANE P_1 THEN F_3 IS COLLINEAR WITH THEM ELSE $\Sigma \underset{\sim}{M}_P \neq \underset{\sim}{0}$ WHERE P IS ON ℓ. IN THIS CASE THE FORCES ARE COPLANAR AND CONCURRENT). TAKE MOMENTS ABOUT A POINT Q IN PLANE P_1 UNLESS F_3 IS IN THE SAME PLANE P_1 $\Sigma \underset{\sim}{M}_Q$ CANNOT BE ZERO:

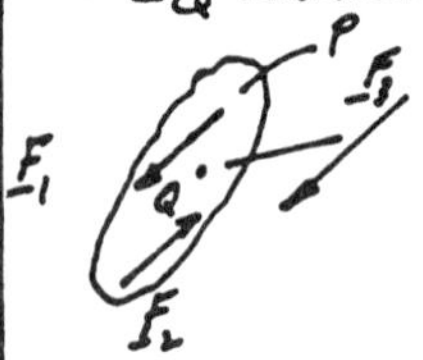

F_3 WILL PRODUCE A MOMENT WITH A COMPONENT IN PLANE P UNLESS IT LIES IN THAT PLANE; BUT F_1 & F_2 CANNOT PRODUCE A MOMENT WRT Q WITH A COMPONENT IN PLANE P. ∴ ALL 3 FORCES ARE PARALLEL & COPLANAR IN CASE (a).

b)

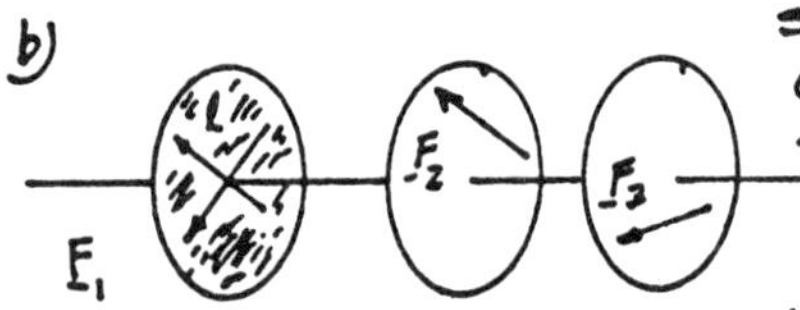

SUPPOSE NO TWO OF F_1, F_2, F_3 ARE PARALLEL. BY $\Sigma F = 0$, THE FORCES MUST LIE IN PARALLEL PLANES: $\Sigma \underset{\sim}{M}_\ell = \underset{\sim}{0} \Rightarrow$ LINE OF F_3 HAS TO INTERSECT ℓ (NOTE F_3 CAN'T BE PARALLEL TO F_2 (& HENCE ℓ) BY HYPOTHESIS OF CASE (b)]. ∴ F_3 HAS TO BE IN THE "SHADED" PLANE! NOW $\Sigma \underset{\sim}{M}_Q$ WHERE Q IS THE INTERSECTION POINT OF F_1 & F_3 IN SHADED PLANE (THEY INTERSECT SINCE THEY ARE IN THE SAME PLANE & NOT PARALLEL!) THIS GIVES THE RESULT THAT F_2 HAS TO GO THROUGH Q ALSO, OTHERWISE $\Sigma \underset{\sim}{M}_Q$ CANNOT BE 0!

4.142

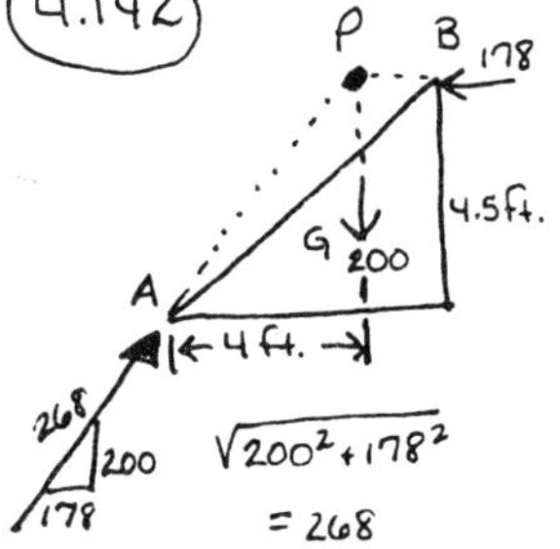

(a) These are the forces, from the solution to 4.16. So we have a body acted on by three coplanar, non-parallel forces. They are concurrent because (see Figure):

$\frac{4.5}{4} = 1.13$

and $\frac{200}{178} = 1.12$, off by <1% due to rounding

(b)

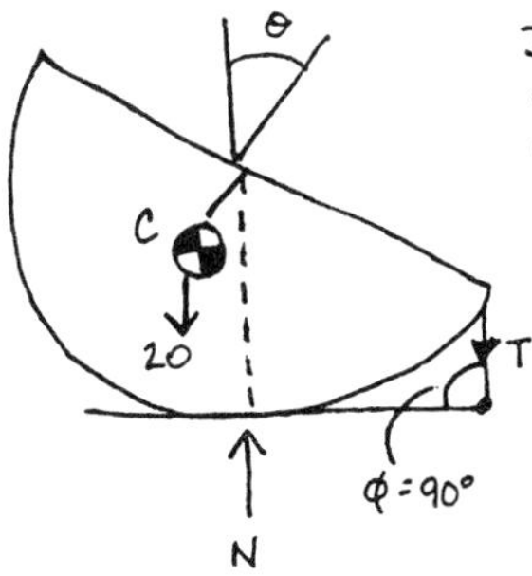

If the tension T were not also vertical, ΣMoments about the intersection of N and T would not be zero, due to the non-zero moment of the weight (which is parallel to N).

4.143

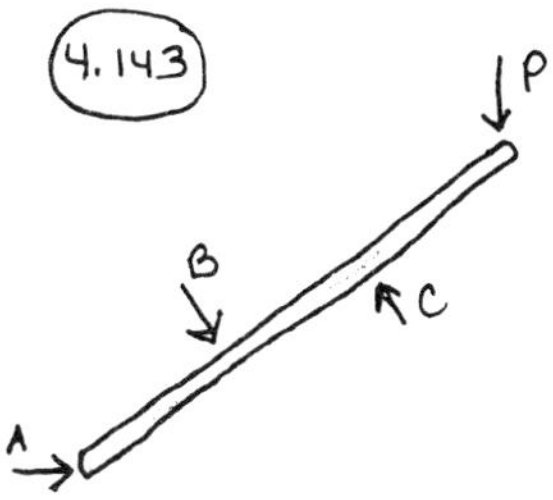

(a) If any one of A, B, C vanished, we would have a 3-force coplanar system with the forces not concurrent or parallel; 4.141 says this cannot happen. If any two are zero, the remaining one is not "equal and opposite" to P. If all 3 vanish, body under P alone not in equilibrium. Thus none of A, B, C can vanish without destroying equilibrium.

(b)

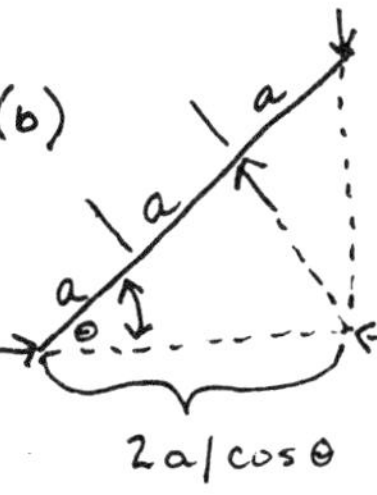

The forces must now meet at a point, by 4.141.

$\frac{2a/\cos\theta}{3a} = \cos\theta$

$\cos\theta = \sqrt{\frac{2}{3}}$

$\theta = 35.3°$

4.144

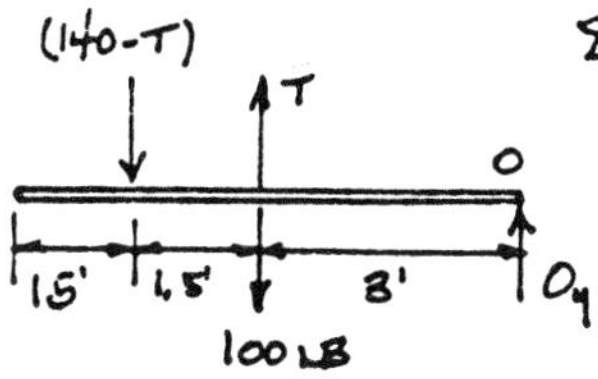

$\Sigma M_O = 0 = 100(3) - T(3) + (140-T)(4.5)$

$T = \frac{930}{7.5} = 124$ LB

YES. MAN CAN APPLY UP TO W

4.145 FROM LEFT TO RIGHT

a) AB b) AB, BC, EF; c) BD; d) BD

4.146

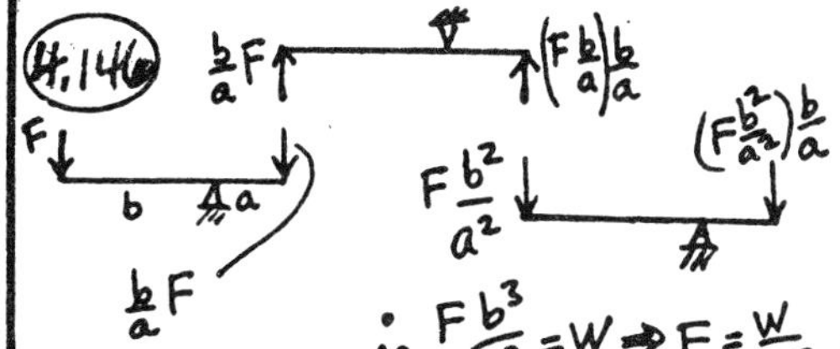

Results are from $\Sigma M_{fulcrum}$ each time, from left beam to right.

$\therefore F\frac{b^3}{a^3} = W \Rightarrow F = \frac{W}{125}$ or $W = 125F$

4.147

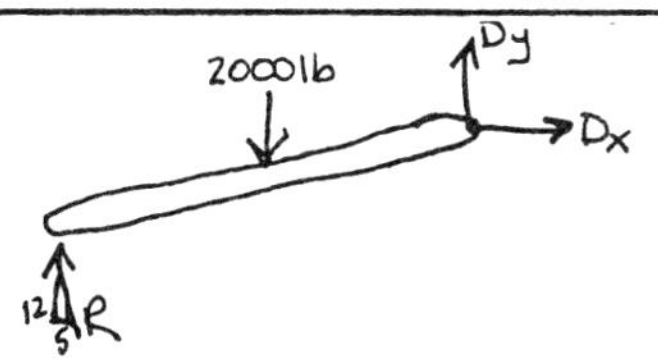

$\Sigma M_D = 0 = 2000(2.5)\frac{12}{13} - R(5)$

$R = 923$ lb

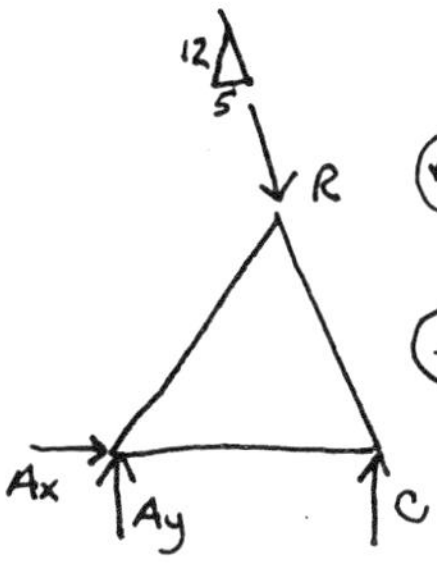

$\Sigma M_A = 0 = 4C - \frac{5}{13}R\left(4\frac{\sqrt{3}}{2}\right) - \frac{12}{13}R(2)$

$C = 733$ lb

$\Sigma F_x = 0 = A_x + \frac{5}{13}R \Rightarrow A_x = -355$ lb or 355 lb ←

$\Sigma F_y = 0 = A_y + C - \frac{12}{13}R$

$A_y = \frac{12}{13}(923) - 733 = 119$ lb

4.148

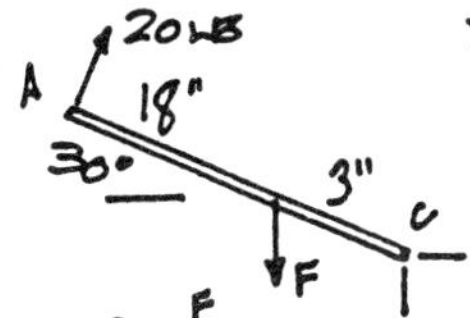

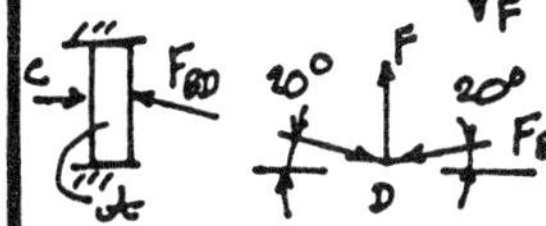

$\Sigma M_C = 0: -20(21) + F(3)\cos 30° \Rightarrow F = 161.7$ LB

ON D:

$\Sigma F_y = 0: 161.7 - 2F_{BD}\sin 20°$

$F_{BD} = 236$ LB

ON ⅃: ΣF_x: $C - F_{BD}\cos 20° \Rightarrow C = 222$ LB

AND C ACTS ON B ∴ ⅃ ON B IS 222 LB

4.149

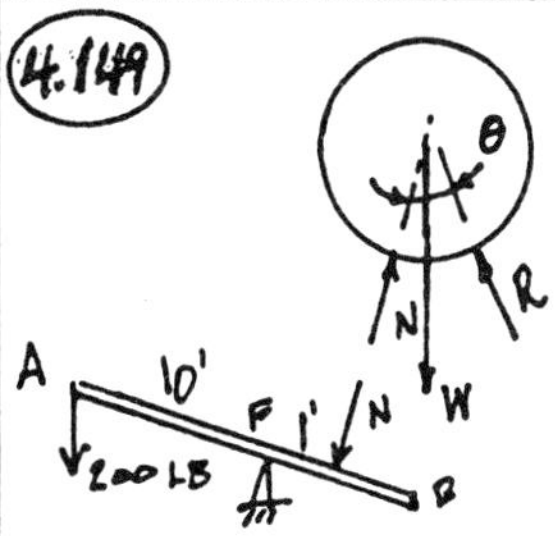

ON AFB $\Sigma M_F = 0$

$200(10)\cos 10° - N(1) = 0$

$N = 1970$ LB

ON BOULDER:

$\Sigma F_y = 0 = 1970\cos 10° - 3000 + R\cos(\theta - 10°)$ (1)

$\Sigma F_x = 0 = 1970\sin 10° - R\sin(\theta - 10°)$ (2)

TRANSPOSE & DIVIDE (2) BY (1)

$\tan(\theta - 10°) = .323 \Rightarrow \theta = 27.9°$

FROM (1) OR (2): $R = 1113$ LB

4.150

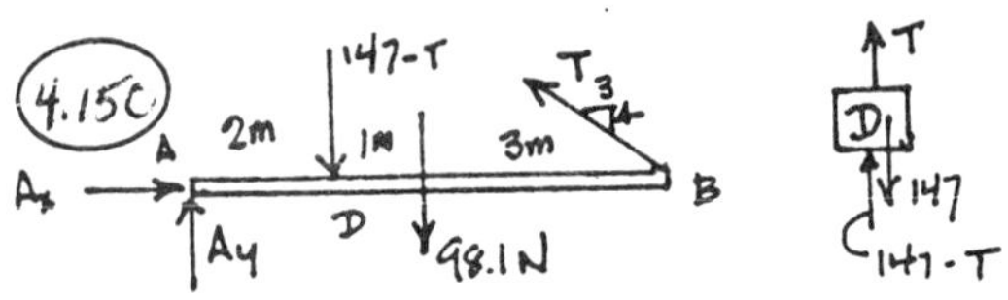

$\Sigma M_A = 0 = -(147-T)(2) - 98.1(3) + .6T(6) \Rightarrow T = 105N$

$\therefore$ AT D FORCE $= 147 - 105 = 42N$ DOWN

$\Sigma F_x = 0 \Rightarrow A_x = .8T = 84 \rightarrow N$

$\Sigma F_y = 0 \Rightarrow A_y = 42 + 98.1 - .6T = 77\uparrow N$

4.151 ARCHER PUSHES WITH 50 LB AND PULLS WITH 50 LB

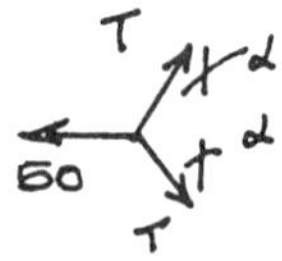

$2T\sin\alpha = 50 \Rightarrow T = \dfrac{25}{\sin\alpha}$

VERTICAL FORCES FROM STRING TENSION : $T\cos\alpha$

$\therefore$ VERT. FORCE $= \dfrac{25}{\sin\alpha} \cdot \cos\alpha = 25\cot\alpha$

SYSTEM = MAN WITH BOW. NO EXTERNAL HORIZONTAL FORCES ON SYSTEM SO COMP. OF RESULT. ON GRND. = 0

4.152 a) FORCE IN LINK TO $\mathcal{A}$ MUST BE ZERO. SO WT COMPONENT DOWN PLANE ($\mathcal{B}$) MUST BALANCE P $\therefore$ $P = 133(3/5) = 79.8N$

b)

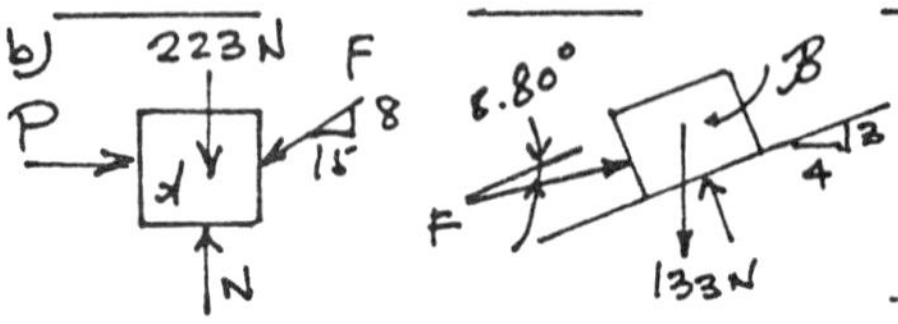

ON $\mathcal{B}$: $F\cos 8.8° = 133(3/5)$

$F = 80.8N$

THEN ON $\mathcal{A}$: $\Sigma F_x \Rightarrow P = 80.8\left(\frac{15}{17}\right) = 71.3N$

4.153

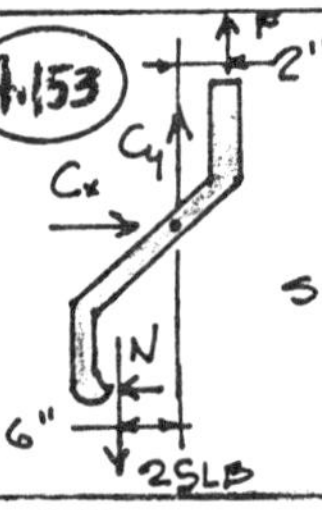

$\Sigma M_C = 0 = -25(2) - 25(6) + N(12)$

$N = 16.67 \leftarrow LB$

$\Sigma F_x = 0 = C_x - N = 0 \quad C_x = 16.7 \rightarrow LB$

SINCE $F = 25\uparrow LB \quad C_y = 0$

4.154

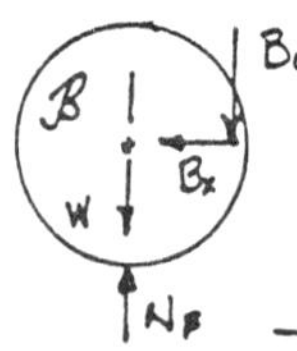

ON $\mathcal{B}$ $\Sigma M_{CEN} \neq 0$ UNLESS $B_y = 0$. SO CONSIDER BAR $\mathcal{R}$

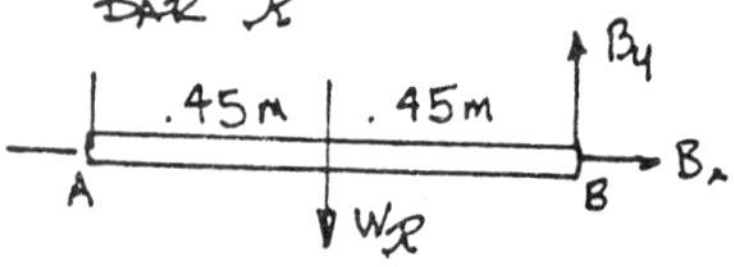

BAR CANNOT BE IN EQ. UNLESS $B_y \neq 0$ ($\Sigma M_A = 0$). SINCE B_y MUST EITHER BE ZERO OR NOT ZERO, SYSTEM CANNOT BE IN EQUILIBRIUM

4.155 FROM 4.154 : COUPLE NEEDED MUST OFFSET $B_y(.2m)$, THE IMBALANCE.

FROM $\mathcal{R}$, $\Sigma M_A \Rightarrow B_y = \dfrac{.45(40)(9.81)}{.9}$

$B_y = 196.2\ N$

$\therefore$ $C = 196.2 \times .2 = 39.2\ N \cdot m$ ↺

4.156

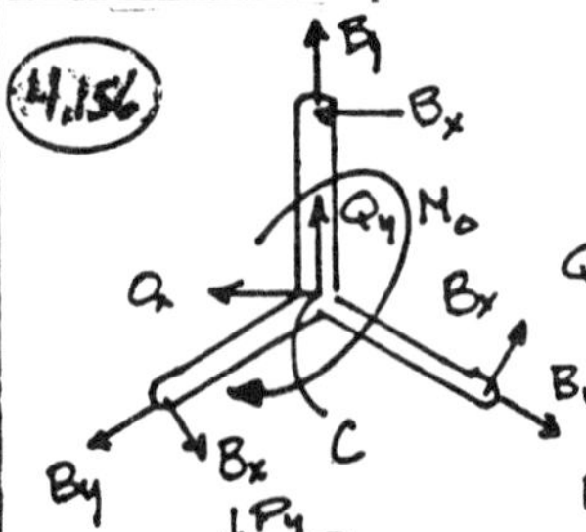

$\Sigma M_c = 0$; SO WITH SYMMETRY :

$3B_x(R+r) = M_0 \Rightarrow B_x = \dfrac{M_0}{3(R+r)}$

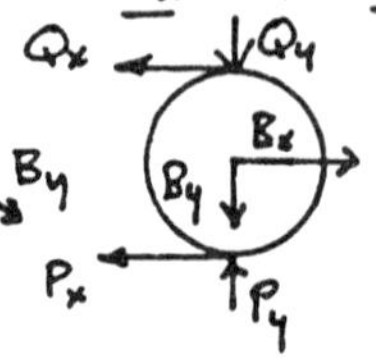

$\Sigma F_x = 0$ & $\Sigma M_Q = 0$

$Q_x = P_x = \dfrac{M_0}{6(R+r)}$

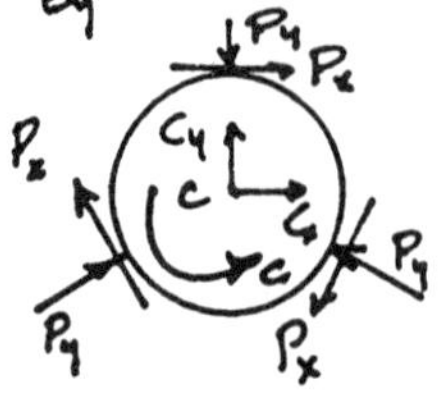

$\Sigma M_c = 0$:

$-3P_xR - C = 0$

$\therefore$ $C = \dfrac{M_0R}{2(R+r)}$ ↺

4.157

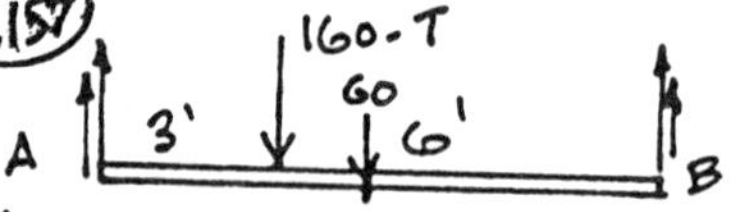

FOR PULLEY $\Sigma M \Rightarrow$ $T = 56.3$ LB

$\Sigma M_B = 0 \Rightarrow 60(4.5) + 6(160 - 56.3) = 2A(9) \therefore A = 49.7$ LB EACH ROPE

4.158 SEE FIG. IN TEXT & LET HINGE BE POINT A.

$\Sigma M_A = 0 = 20(5.75) - F(1.5) = 0$; $F = 76.7$ LB

b) $\Sigma M_A = 0 = 20(5) - F(1.5)$; $F = 66.7$ LB

4.159

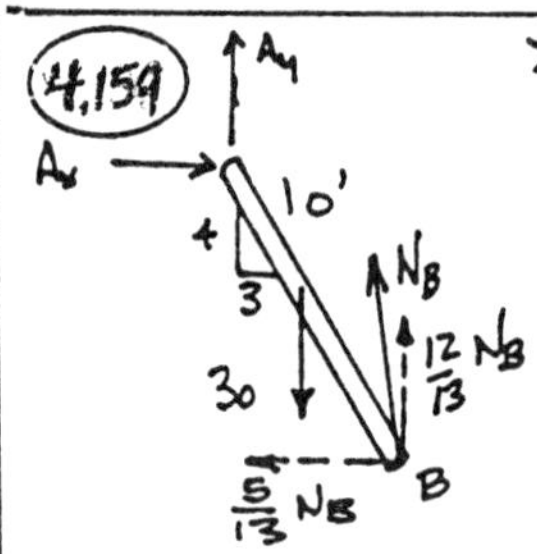

$\Sigma M_A = 0 = -30(3) - \frac{5}{13}N_B(8) + \frac{12}{13}N_B(6) \Rightarrow$

$N_B = 36.6$ LB

$\Sigma F_x = A_x - \frac{5}{13}(36.6) = 0$

$A_x = 14.1$ LB

FOR ENTIRE SYSTEM: $\Sigma F_x = A_x - P = 0$

$\therefore$ $N_B = 36.6$ LB (direction 5, 12)

$P = 14.1 \leftarrow$ LB

(4.160) 2-FORCE MEMBERS: B_1, B_2, B_4

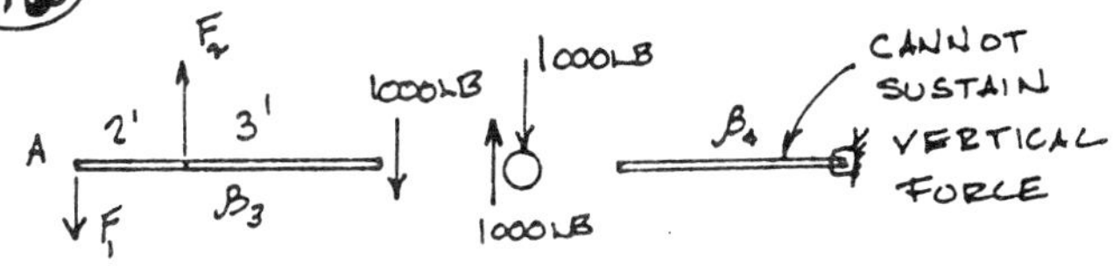

$\Sigma M_{HINGE} = 0 = 3F_2 - 5F_1$

$\Sigma M_A = 0 = 2F_2 - (5)1000 = 0 \therefore F_2 = 2500$ LB

$F_1 = 1500$ LB

SO FORCES IN

$B_4: 0$; $B_2: 2500$ LB (T); $B_1: 1500$ LB (T)

(4.161)

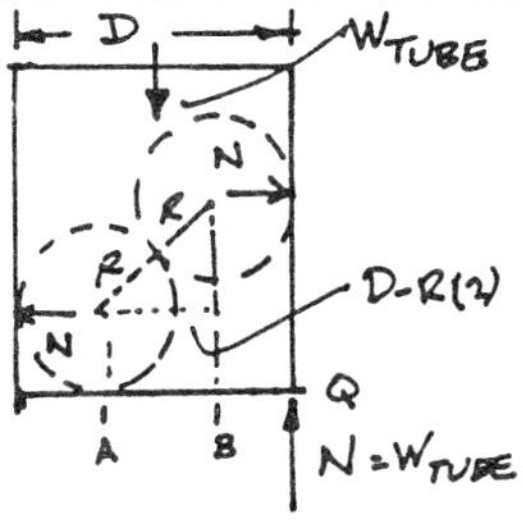

TWO COUPLES:

$W_{TUBE}(D/2)$

& $N\sqrt{(2R)^2 - (D-2R)^2}$

$\therefore \Sigma M_Q = 0$

$N = W_{TUBE}$ $\Rightarrow W_{TUBE} = \dfrac{2W(D-2R)}{D}$

WHERE F.B.D. OF MARBLES TOGETHER

GIVES $N = \dfrac{W(D-2R)}{\sqrt{(2R)^2 - (D-2R)^2}}$

b) N WILL HAVE LIE BETWEEN A & B (FIG. ABOVE)
HENCE N CANNOT BE AT THE EDGE

(4.162) CE is a 2-force member.

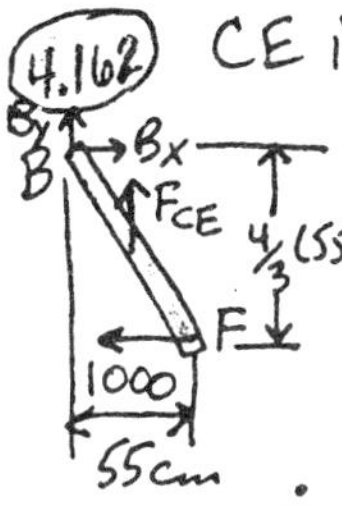

$\Sigma M_B = 0 = F_{CE}(25) - 1000(73\frac{1}{3})$

$F_{CE} = 2930$ N

$\Sigma F_x = 0 \Rightarrow B_x = 1000$ N

$\Sigma F_y = 0 \Rightarrow B_y = -2930$ N

$\therefore$ force on BEF at B is

$1000\hat{i} - 2930\hat{j}$ N

And force on ABCD at B is the reverse:

$-1000\hat{i} + 2930\hat{j}$ N

(4.163)

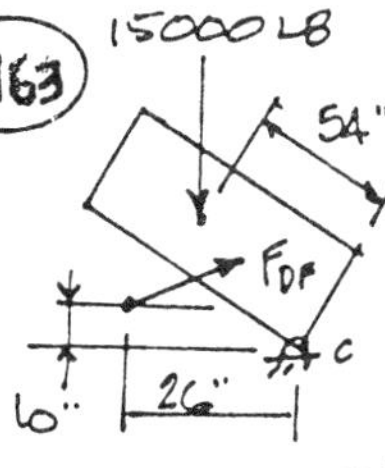

$\Sigma M_C = 0 = 15000(54 \cos 30.8° - 30 \sin 30.8°) - \frac{F_{DF}}{\sqrt{2}}(26+10)$

$F_{DF} = 18280$ LB

ON b): $\Sigma M_B = 0 = \frac{F_{DF}}{\sqrt{2}}(8+10) - F_{AE}\frac{40}{\sqrt{1700}}(10) \Rightarrow F_{AE} = 24000$ LB (C)

(4.164) FROM PULLEY $E_y = 1000$ LB. FROM ENTIRE SYSTEM: $\Sigma M_B = 0 \Rightarrow A_y = 250\downarrow$ LB

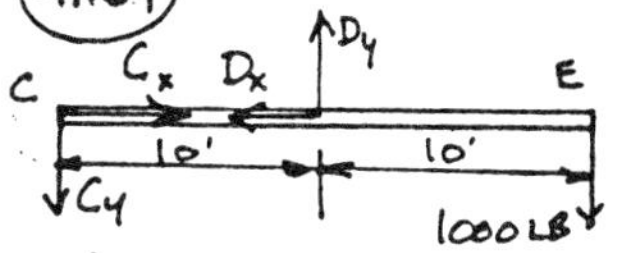

ON CDE: $\Sigma M_D = 0 \Rightarrow C_y = 1000$ LB

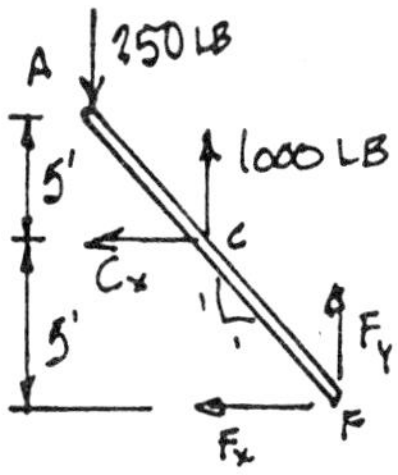

ON ACF: $\Sigma M_F = 0$

$250(10) - 1000(5) + C_x(5) = 0$

$C_x = 500$ LB

ANS: $-500\hat{i} + 1000\hat{j}$ LB ONTO AF

(4.165)

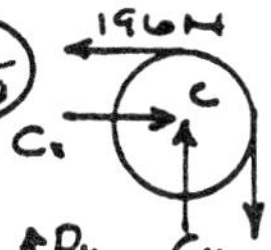

$\therefore$ ON ABC

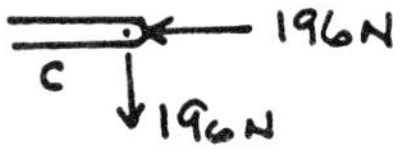

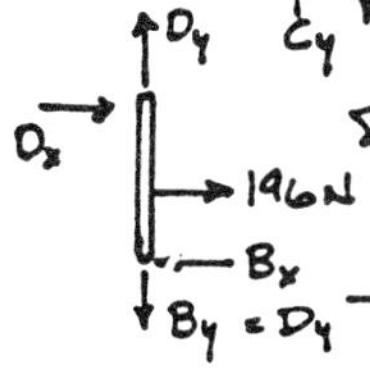

$\Sigma M_B = 0 \Rightarrow D_x = \frac{196(.2)}{1} = 39.2 \leftarrow$ N

$B_x = 196 - 39.2 = 157 \leftarrow$ N

FOR ENTIRE SYSTEM: $\Sigma M_A = 0 \Rightarrow$

$196(3) - (1)D_y - 39.2(1) = 0 \Rightarrow D_y = 549\uparrow$ N on ABC

$\Sigma F_x = 0 \Rightarrow A_x - 39.2 = 0 \quad A_x = 39.2 \rightarrow$ N

$\Sigma F_y = 0 \Rightarrow A_y + D_y - 196 = 0 \Rightarrow A_y = 353\downarrow$ N

(4.166) FOR ENTIRE SYSTEM: T = 28kN

$\Sigma M_A = 0 \Rightarrow E_y = 32$ kN UP

$\Sigma F_x = 0 \Rightarrow A_x = 42$ kN $\leftarrow$, $\Sigma F_y = 0 \Rightarrow A_y = 4\downarrow$ kN

$\therefore \underline{A} = -42\hat{i} - 4\hat{j}$ kN

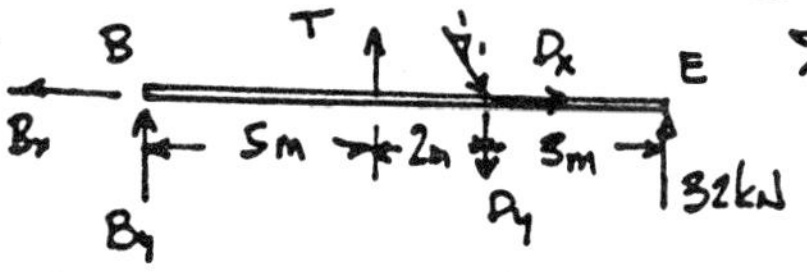

ON BE: $D_y = D_x$

$\Sigma M_D = 0 \Rightarrow$

$B_y = \frac{40}{7} = 5.71$ kN

$\Sigma M_B = 0 = 28(5) - D_y(7) + 32(10) \Rightarrow D_y = 65.7$ kN

$B_x = D_x = 65.7$ kN

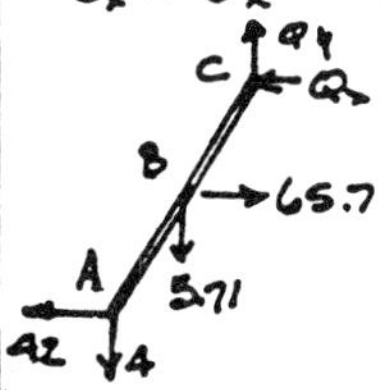

$\Sigma F_x = 0 \Rightarrow Q_x = 23.7 \leftarrow$ kN

$\Sigma F_y = 0 \Rightarrow Q_y = 9.71\uparrow$ kN

4.167 ENTIRE SYSTEM:

$\Sigma M_A = 520(2.4) - F_y(3.2) = 0 \Rightarrow F_y = 390\uparrow N$

$TAN^{-1}(8/9) = 41.63°$

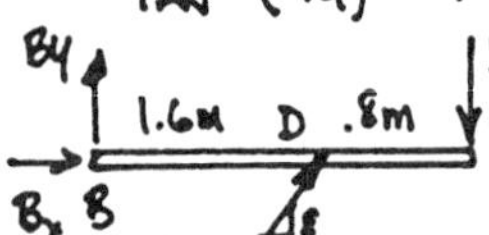

$\Sigma M_B = 0 = D(1.6)SIN\,41.6° - 520(2.4) \Rightarrow D = 1170\ N$

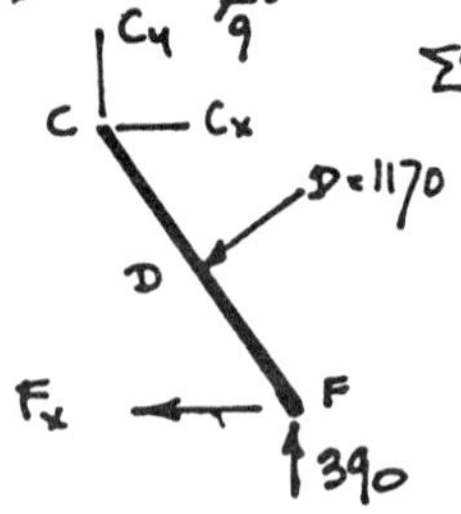

$\Sigma M_C = 0 = -F_x(3.6) + F_y(3.2) - D(1.8^2 + 1.6^2)^{1/2} \Rightarrow F_x = -436\ N$

∴ REACTION AT F:

$-436\hat{i} + 390\hat{j}$ N

THE FORCE ON THE PIN AT D BY CF IS

1170  N

4.168

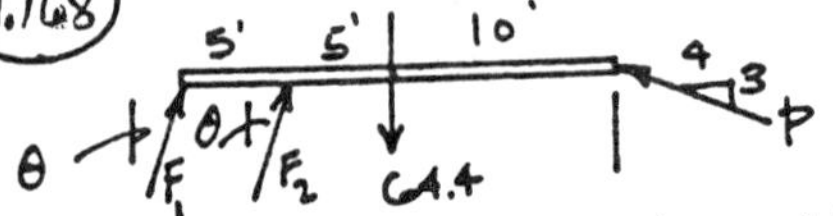

$\Sigma F_x = 0 \Rightarrow (F_1 + F_2)SIN\theta = 4/5P$

$\Sigma F_y = 0 \Rightarrow (F_1 + F_2)COS\theta = 64.4 - 3/5P$

DIVIDE TO GET TANθ & SOLVE FOR P

$$P = \frac{322\,TAN\theta}{4 + 3\,TAN\theta}$$

4.169 SEE TEXT.

LET BD = BC = ℓ AND r << ℓ

$\Sigma M_B = 0 = \ell[T_{DC}\,SIN(\pi/2 - \theta/2) - 2000\,SIN\,\theta]$

$T_{DC} = 4000\,SIN\,\theta/2$ LB | $\Sigma F_{ALONG\ BC} = 0 \rightarrow B = 2000$ LB (C)

NOTE: TRUSS BC IS A "TWO-FORCE" MEMBER. ∴ FORCE AT B PASSES THRU C AND IS INDEPENDENT OF θ.

4.170 FOR ENTIRE SYSTEM:

$\Sigma M_A = 0 \Rightarrow F_y = 134\uparrow N$

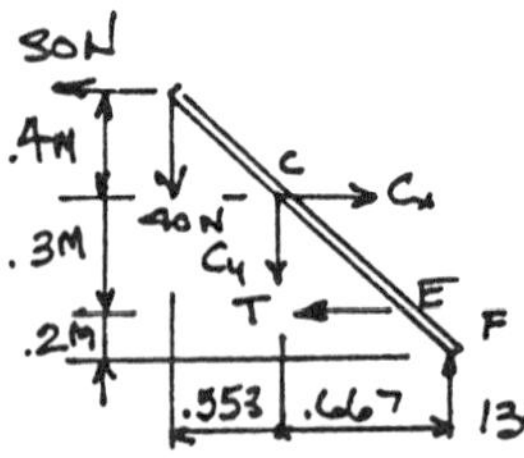

$\Sigma M_C = 0 = 40(.533) + 30(.4) + 134(.667) - T(.3)$

$\Rightarrow T = 409 \leftarrow N$

$\Sigma F_x = 0 \Rightarrow C_x = 439 \rightarrow N$

$\Sigma F_y = 0 \Rightarrow C_y = 94\downarrow N$

∴ $C = \sqrt{C_x^2 + C_y^2} = 449$ θ N θ = 12.1° ON ABCD

4.171

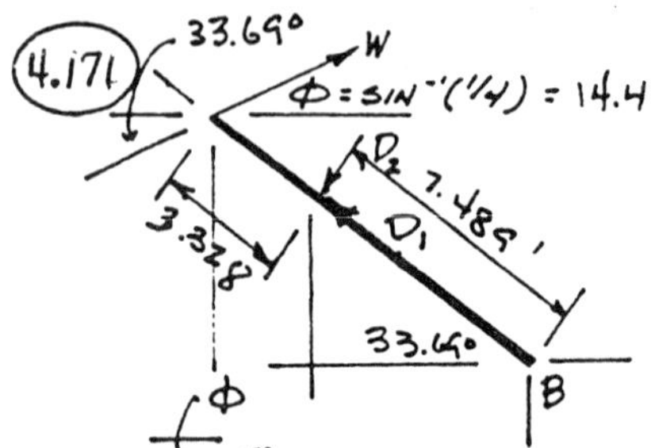

$\Sigma M_B = 0$

$7.489 D_2 - W(10.82)(SIN\,48.17°) = 0$

$D_2 = 1.076W$

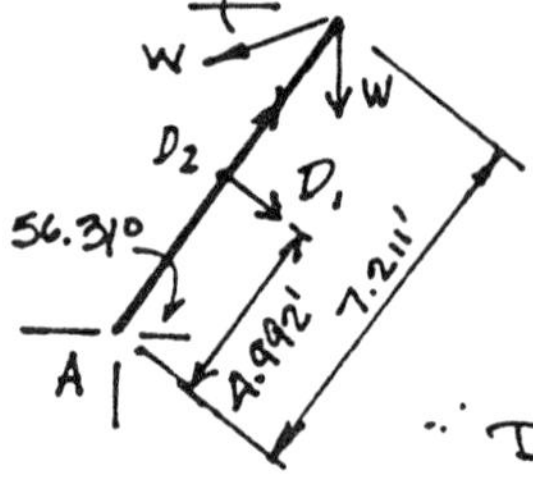

$\Sigma M_A = 0 = -4.992 D_1 + W(SIN\,41.83°)(7.211) - W\,SIN\,33.69°(7.211) = 0$

$D_1 = .162W$

∴ $D = \sqrt{D_1^2 + D_2^2} = 1.09W$

4.172

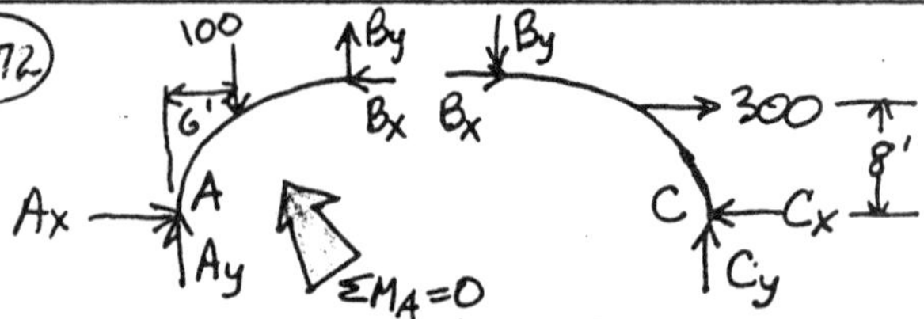

$\Sigma M_A = 0 = (B_x + B_y)15 - 100(6)$

Then from right half FBD above:

$\Sigma M_C = 0 = 15(B_y - B_x) - 300(8).$

∴ $B_y + B_x = 40$
$B_y - B_x = 160$

$2B_y = 200 \Rightarrow B_y = 100$

∴ $B_x = -60$

∴ At B, pin reaction onto AB is

$-B_x\hat{i} + B_y\hat{j} = +60\hat{i} + 100\hat{j}$ lb

4.173 FOR ENTIRE STRUCTURE:

$\Sigma F_y = 0 = A_y + B_y - (1250 + 400)$

$\Sigma M_A = 0 = 4B_y - 400(3) - (\frac{1250}{2})(2) - (\frac{1250}{2})(5)$

$\Rightarrow B_y = 1394\ N$; THEN $A_y = 256\ N$

DISCONNECT PLATFORM WITH LOADS AND....

$\Sigma M_D = 0 = (\frac{-1250}{2})(2) + (\frac{-1250}{2})(5) + 4E - (400)(3)$

$\Rightarrow E = 1394\ N$

ON AFE:

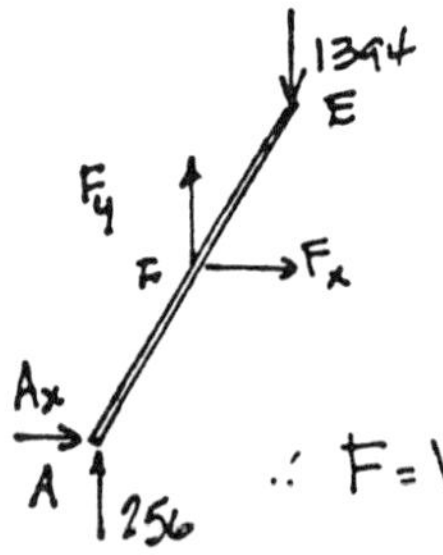

$\Sigma F_y = 0 = -1394 + 256 + F_y$

$\Rightarrow F_y = 1138N$

$\Sigma M_A = 0 = (-1394)(4) + 1138(2) - F_x(2.25) \Rightarrow F_x = -1467\ N$

∴ $F = \sqrt{F_x^2 + F_y^2} = 1857$ OR 1860N

4.174

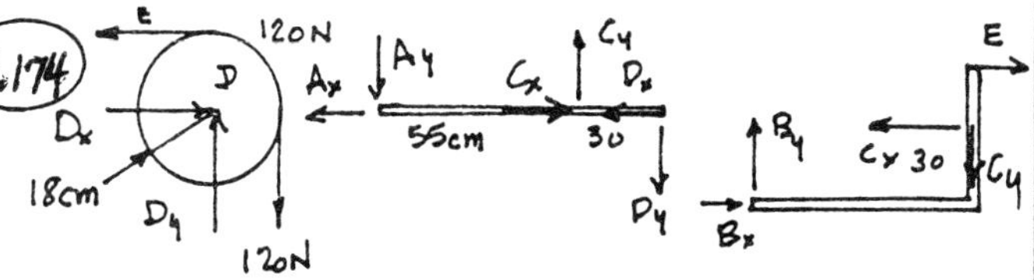

FROM ENTIRE SYSTEM (SEE FIG. IN TEXT)

$\Sigma M_B = 0 = A_x(30) - 120(103) \Rightarrow A_x = 412\,N$

ON D: $D_x = 120N$; $D_y = 120N$. SO ON ACD

$\Sigma M_C = 0 \rightarrow A_y = 65.5N$

$\Sigma M_A = 0 = C_y(55) - 120(85) \Rightarrow C_y = 185.5N$

ON ENTIRE SYSTEM: $\Sigma F_y = 0 \Rightarrow B_y = 185.5N$

$A_x = B_x = 412N$

FORCE ON ACD BY PIN 563 ∠19.2° N

4.175

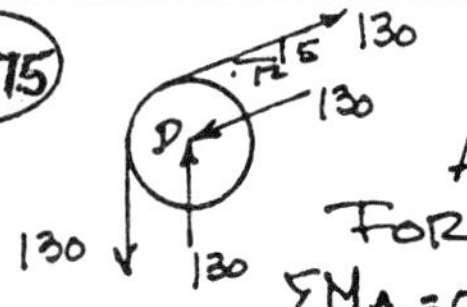

REPLACE PULLEY BY THE TWO 130 LB FORCES AT D AS INDICATED.

FOR ENTIRE SYSTEM:

$\Sigma M_A = 0 = -130(6) + \frac{5}{13}(130)(6)$

$-\frac{12}{13}(130)(4) - 200(8) + 6E \Rightarrow E = 427\,LB$

$\Sigma F_x = 0 = \frac{12}{13}(130) + A_x \Rightarrow A_x = -120\,LB$

$\Sigma F_y = 0 = + A_y - 130 - 200 + 80 + 427 \Rightarrow A_y = 147\,LB$

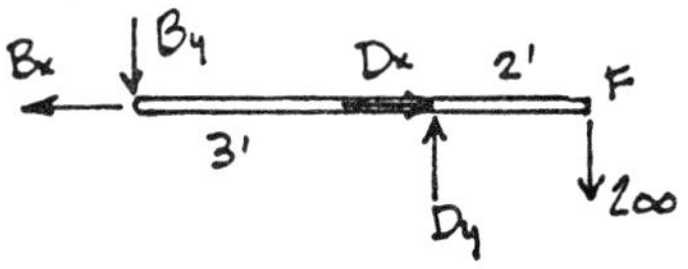

ON BDF:

$\Sigma M_B = 0 = 3D_y - 5(200)$

$D_y = 333\,LB$

ON PULLEY ABOVE: $F_x = \frac{12}{13}(130) \leftarrow LB = 120 \leftarrow LB$

" " $F_y = 130 - \frac{5}{13}(130) = 80 \uparrow LB$

PIN AT D

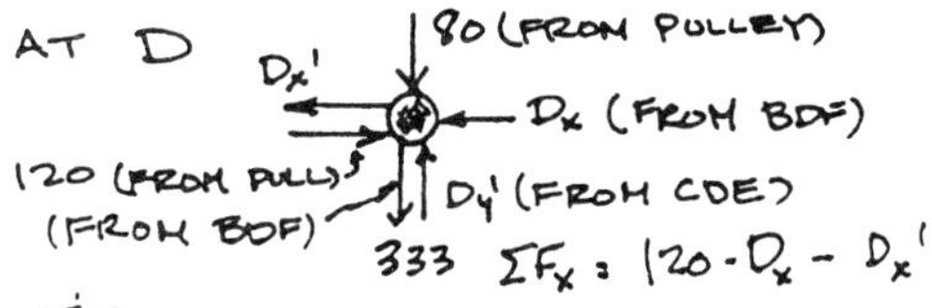

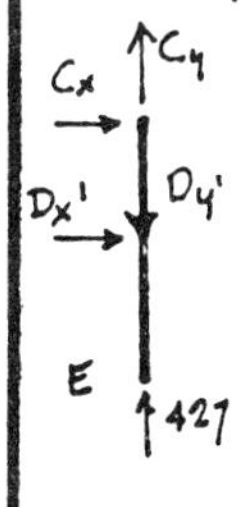

$\Sigma F_x = 120 - D_x - D_x' = 0$

$\Sigma M_C = 0 \Rightarrow D_x' = 0 \therefore D_x = 120\,LB$

FORCE ONTO BDF AT D BY THE PIN IS $120\hat{i} + 333\hat{j}$ LB

4.176 BC IS A TWO-FORCE MEMBER. REACTION AT B PASSES THRU C AND $B_x = B_y$

FOR ENTIRE SYSTEM:

$\Sigma M_A = 0 = Pa - B_y 2a$; $\Sigma F_x = A_x - B_x = 0$

$B_y = P/2 = B_x$, $\Sigma F_y = 0 = A_y + B_y$

$B = \frac{P}{2}\sqrt{2}$ (1:1) ; $A = \frac{P}{2}\sqrt{2}$ (1:1)

4.177 FROM ENTIRE SYSTEM:

$\Sigma M_A = 0 = B_y(8) - 200(9) \Rightarrow B_y = 225\,LB$

$\Sigma F_y = 0 \Rightarrow A_y = 25 \downarrow LB$

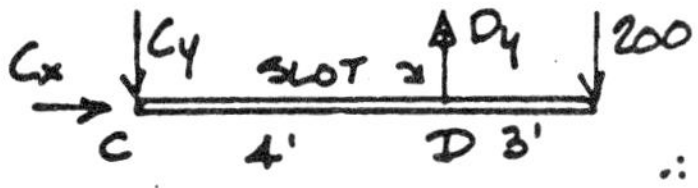

ON CD: $\Sigma F_x = 0$; $C_x = 0$

$\Sigma M_C = 0 \Rightarrow D_y = D = 350\,LB$

$\therefore C_y = 350 - 200 = 150\,LB$

∴ ON EB AT D, THE FORCE EXERTED BY CD IS 350 ↓ LB

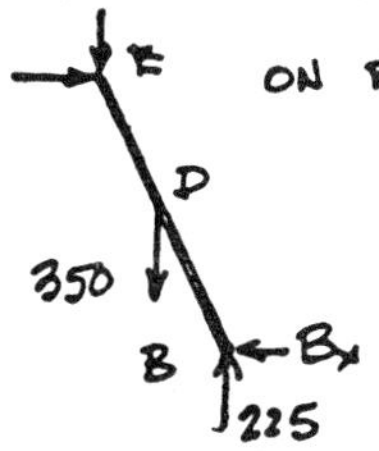

ON EDB: $\Sigma M_B = 0 = -350(2) - B_x(8) + 225(4)$

$B_x = \frac{200}{8} = 25 \leftarrow LB \therefore A_x = 25 \rightarrow LB$

4.178

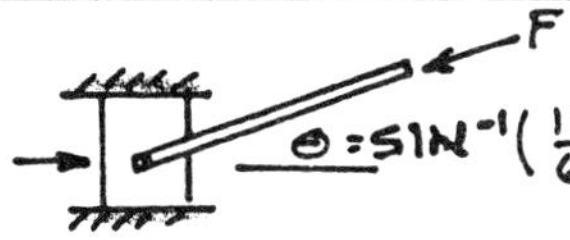

$\Sigma F_x = 0$:

$F\cos\theta = F_P = \pi 8^2(100-15) \Rightarrow F = 17330\,LB$

4.179 ENTIRE SYSTEM:

$\Sigma M_A = 0 = 1000\frac{(10)}{\sqrt{2}} - 500\frac{(3)}{\sqrt{2}} - B_y 6\sqrt{2}$

$B_y = 708.3 \downarrow LB$; $\Sigma F_y \Rightarrow A_y = 1208 \uparrow LB$

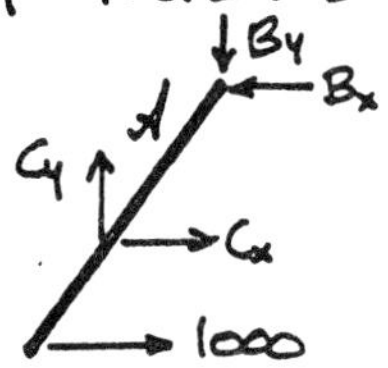

$\Sigma F_y = 0 \Rightarrow C_y = 708 \uparrow LB$

$\Sigma M_B = 0 = \frac{1000(10)}{\sqrt{2}} + C_x\frac{6}{\sqrt{2}}$

$-708\left(\frac{6}{\sqrt{2}}\right) \Rightarrow C_x = -958\,LB$

4.180 AT D. $\Sigma F_y = 0 = T_C \sin 30° - 1kN \therefore T_C = 2kN$

ON ACB: $\Sigma M_B = 0 = T_C \sin 30°(2) - A_y(2)$

$A_y = 1kN$; $\Sigma M_C \Rightarrow B_y = 0$; $\Sigma F_x \Rightarrow B_x = T_C \cos 30°$

$\therefore A_y = 1 \uparrow kN$; $B_x = 1.73 \leftarrow kN$; $B_y = 0$

4.181

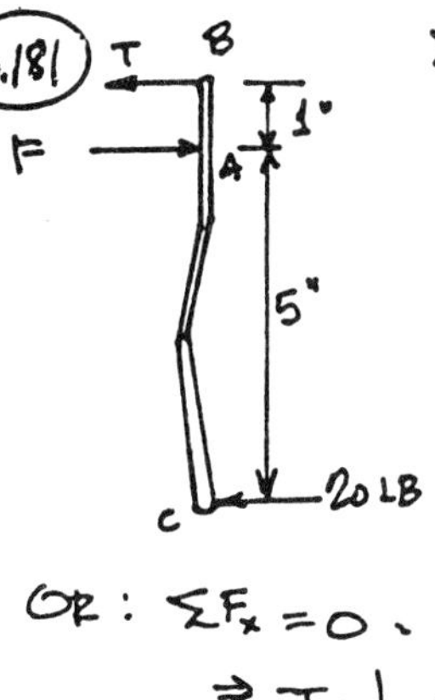

$\Sigma M_B = 0 = F(1) - 20(6)$

$F = 120\,LB$ (C)

$\Sigma M_A = 0 = T(1) - 20(5)$

$\therefore T = 100\,LB$ (T) IN MEMBER AB

OR: $\Sigma F_x = 0 = 120 - 20 - T$

$\Rightarrow T = 100\,LB$

(4.182)

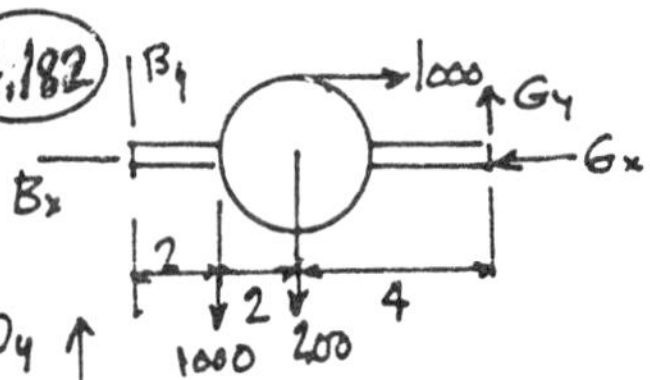

$\Sigma M_B = 0 = -1000(2+2) - 200(4) + G_y(8)$

$G_y = 600\uparrow$ LB

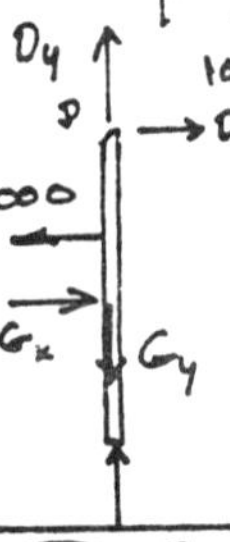

$\Sigma M_D = 0 : -1000(6) + G_x(8)$

$G_x = 750$ LB

$\therefore -750\hat{i} + 600\hat{j}$ LB OR

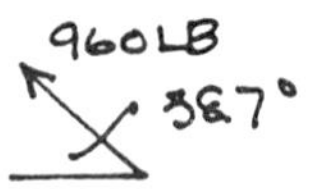

960 LB, 38.7°

(4.183) FOR ENTIRE SYSTEM: $\Sigma F_x \Rightarrow E_x = 0$

$\Sigma M_E = 0 \Rightarrow A_y = 200\uparrow N$

$\Sigma F_y = 0 \Rightarrow E_y = 350 - 200 = 150\uparrow N$

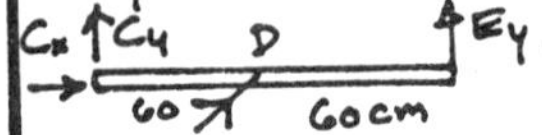

$\Sigma M_D = 0 = 60C_y - 60E_y = 0$

$\therefore C_y = 150\uparrow N$

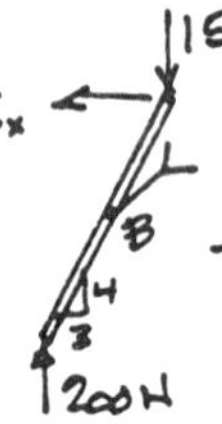

$\Sigma M_B = 0 = -200(36) + C_x(72) - 150(54)$

$C_x = 213 \leftarrow N$; $C = \sqrt{C_x^2 + C_y^2}$

FORCE ON C ON ABC

261 N, $\theta = 35.2°$

(4.184)

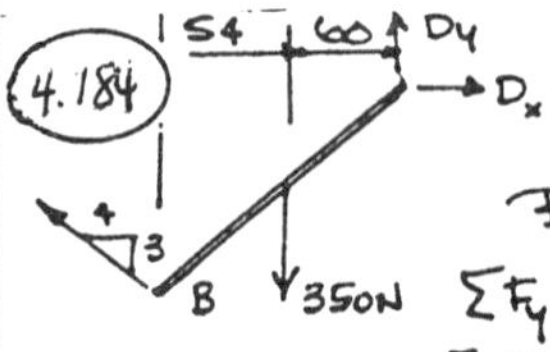

$\Sigma M_D = 0 = 350(60) - .6B(114) - .8B(72) \Rightarrow B = 166.7$ N

$B_x = 133.3$ N ; $B_y = 100$ N

$\Sigma F_y = 0 = 100 - 350 + D_y$; $D_y = 250$ N

$\Sigma F_x = 0 = D_x - 133.3 = 0$; $D_x = 133.3$ N

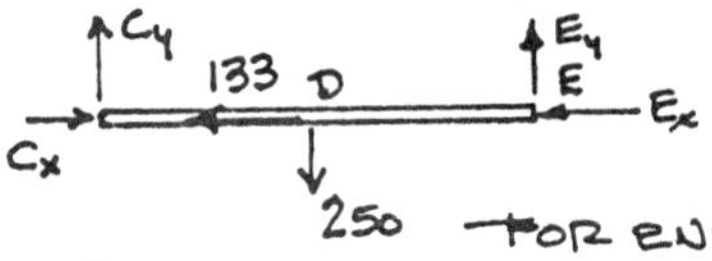

ON CDE:

$\Sigma M_E = 0 \Rightarrow E_y = 125\uparrow N$

$\Sigma F_y \Rightarrow E_y = 125\uparrow N$

FOR ENTIRE SYSTEM:

$\Sigma M_A = 0 = -350(90) + 125(210) + E_x(120)$

$\Rightarrow E_x = 43.8 \leftarrow N$

ON CE $\Sigma F_x = 0 \Rightarrow C_x = 133 + 43.8 = 177 \rightarrow N$

$\therefore -177\hat{i} - 125\hat{j}$ N OR C = 217 N

35.2°

(4.185)

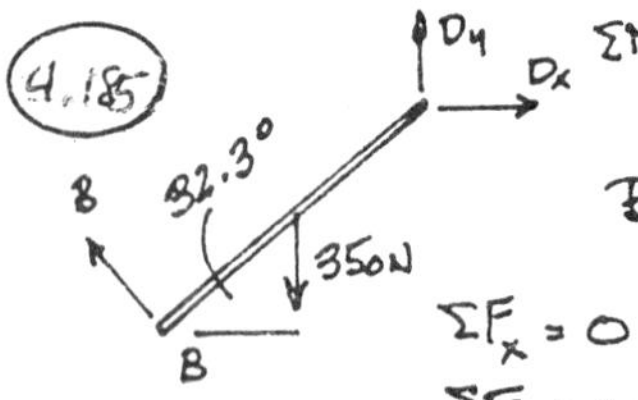

$\Sigma M_D = 0 = 350(60) - .845B(114) - .534B(72) \Rightarrow$

B = 155.9 N ; $B_x = 83.3$ N, $B_y = 131.7$ N

$\Sigma F_x = 0 \Rightarrow D_x = 83.3 \rightarrow N$

$\Sigma F_y = 0 \Rightarrow D_y = 218\uparrow N$

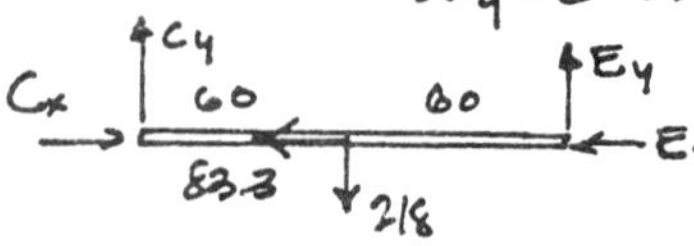

$C_y = E_y = 109.2$ N FROM $\Sigma M_{E\,AND\,D}$

Continued →

ENTIRE SYSTEM AGAIN: $\Sigma M_A = 0$

$-350(90) + 109.2(210) + E_x(120) = 0$; $E_x = 71.4$ N

ON CE; $\Sigma F_x = 0$; $C_x = 83.3 + 71.4 = 154.7$ N →

$\therefore$ ON ABC AT C

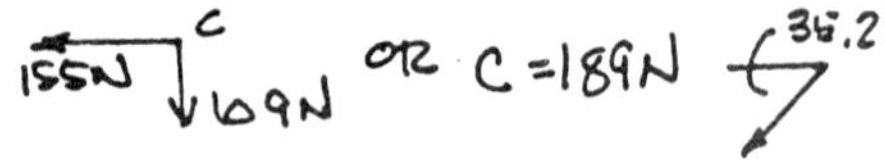

155 N, 109 N OR C = 189 N, 35.2°

(4.186)

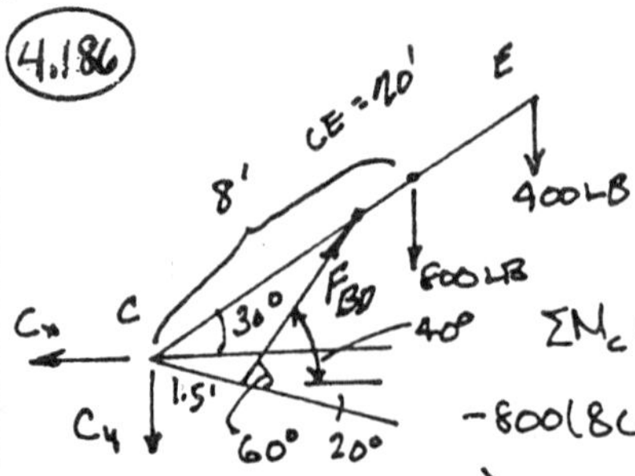

LAW OF SINES:

$\frac{1.5}{\sin 10°} = \frac{x}{\sin 120°}$

$x = 7.48'$

$\Sigma M_C = 0 = -400(20\cos 30°) - 800(8\cos 30°) + F_{BD}\sin 10°(7.48)$

$\Rightarrow F_{BD} = 9600$ LB (C)

$\Sigma F_x = 0 \Rightarrow C_x = 7350$ LB ; $\Sigma F_y = 0 \Rightarrow C_y = 4470$ LB

(4.187)

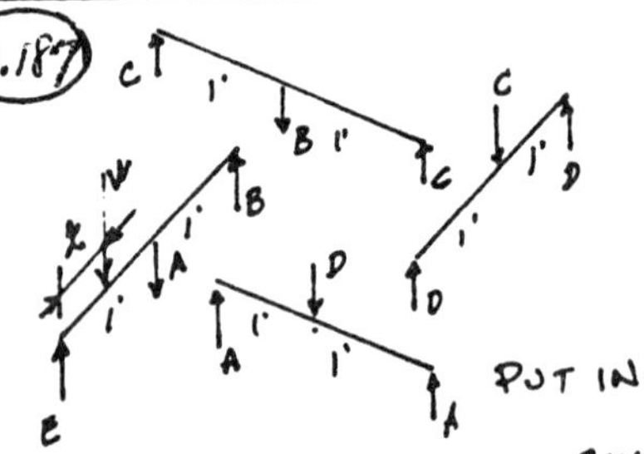

$\Sigma M_E = 2B \cdot A - Wx = 0$ ①

$\Sigma F_{VERT} = 0$ ON 3 BEAMS:

$B = 2C$ ②

$C = 2D$ ③

$D = 2A$ ④

} $B = 8A$

$\therefore C = 4A$

PUT INTO ① ⇒

$A = \frac{Wx}{15}$, $B = \frac{8Wx}{15}$, $C = \frac{4Wx}{15}$, $D = \frac{2Wx}{15}$; $\therefore$ FOR MAX $x = 2$; $B = \frac{16}{15}W$

(4.188) ENTIRE SYSTEM: $\Sigma F_x \Rightarrow A_x = 0$

$\Sigma M_E = 0 = -2(3) + A_y(2) \Rightarrow A_y = 3$ kN ↑

ON AC $\Sigma M_C = 0 \Rightarrow B_x = 0$

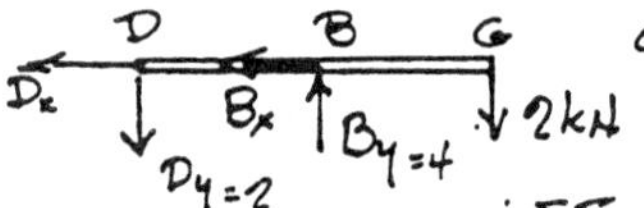

ON DG: $\Sigma F_x \Rightarrow D_x = B_x = 0$

$\Sigma M_B = 0 \Rightarrow D_y = 2$ kN ↓

$\therefore \Sigma F_y = 0 \Rightarrow B_y = 4\uparrow$ kN

(4.189)

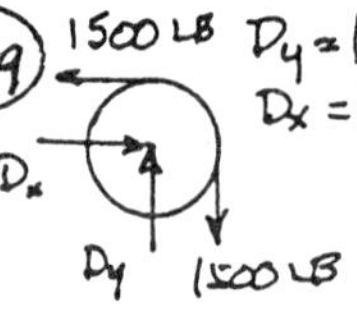

$D_y = 1500$ LB

$D_x = 1500$ LB

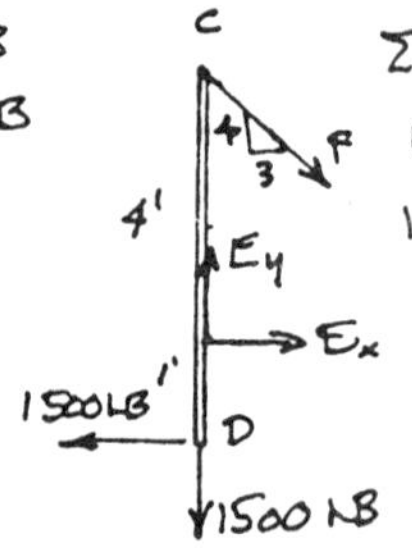

$\Sigma M_B = 0$

$E_y(3) = 1500(3) - 1500(1) = 0$

$\therefore E_y = 1000$ LB ↑

$\Sigma F_y = 0 = F_y - E_y - 1500$

$F_y = -500$

$F_x = \frac{3}{4} \times F_y = -375$; $\Sigma F_x = E_x - 1500 - 375$; $E_x = 1875$ LB

$\therefore$ ON AB AT E $-1880\hat{i} - 1000\hat{j}$ LB

4.190 REPLACE PULLEY WITH D_x + D_y AND USE ENTIRE SYSTEM:

$\Sigma F_x = 0 \Rightarrow A_x = 1500\,LB \rightarrow$; $\Sigma F_y = 0 \Rightarrow A_y = 1500\uparrow LB$

$\Sigma M_A = 0 = M_A - 1500(1) - 1500(6) = 10500\ LB{\cdot}FT$ ↺

4.191

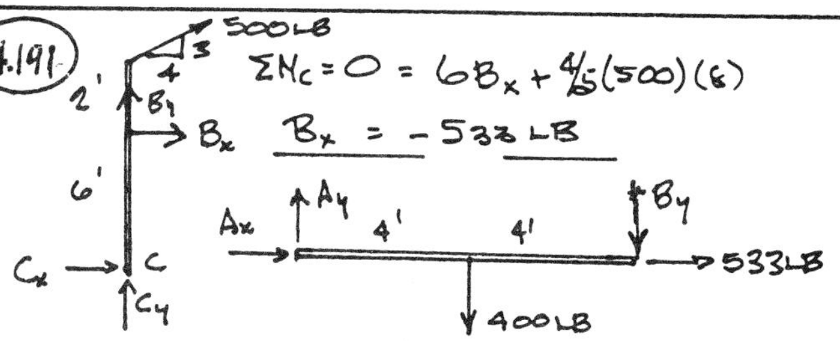

$\Sigma M_C = 0 = 6B_x + \frac{4}{5}(500)(8)$

$B_x = -533\ LB$

$\Sigma F_x = 0 \Rightarrow A_x = -533$; $A_y = 200\,LB$; $B_y = -200\,LB$

a) ON CD AT B $-533\hat{i} - 200\hat{j}$ LB

b) ON AB AT A $-533\hat{i} + 200\hat{j}$ LB

4.192 $\Sigma M_{LEFT\,REACT} = 0 = 60C_y - 30(300) + 30(300)$

$\therefore C_y = 0$

NO: 5 PINS = 10 UNKNOWNS ; 3 BARS × 3 = 9 EQS.

4.193

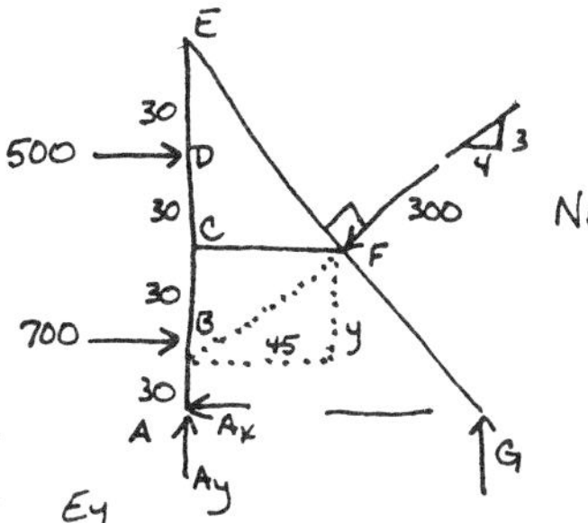

↺+ $\Sigma M_A = 0 = 90G + \frac{4}{5}(300)(60 - 33.75) - 500(90) - 700(30)$

$G = 663\,N$

where $\frac{y}{45} = \frac{3}{4} \Rightarrow y = 33.75$ cm

Note CF is 2-force member.

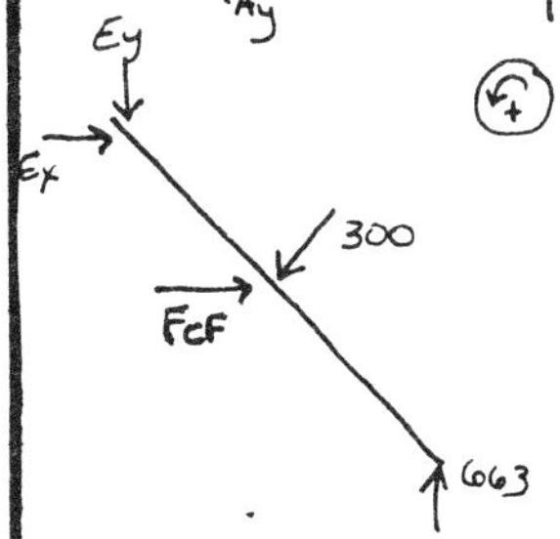

↺+ $\Sigma M_E = 0 = 663(90) - 300\left(\frac{150}{2}\right) + F_{CF}(60)$

$F_{CF} = -620$ so $F_{CF} = 620\,N$ (T)

and force onto ACE at C is 620 → N

Back to overall FBD above: $\Sigma F_x = 0 = 500 + 700 - \frac{4}{5}(300) - A_x$

$A_x = 1200 - 240 = 960\,N$ as shown

$\Sigma F_y = 0 = A_y - \frac{3}{5}(300) + 663 \Rightarrow A_y = -483$

So force onto ACE at A is 960 ← + 483 ↓

From 2nd FBD above, $\Sigma F_x = 0 = E_x - 620 - \frac{4}{5}(300)$

$E_x = 860$

and $\Sigma F_y = 0 = -E_y + 663 - \frac{3}{5}(300) \Rightarrow E_y = 663 - 180 = 483$

So force onto ACE at E is 860 ← + 483 ↑

Continued →

Check:

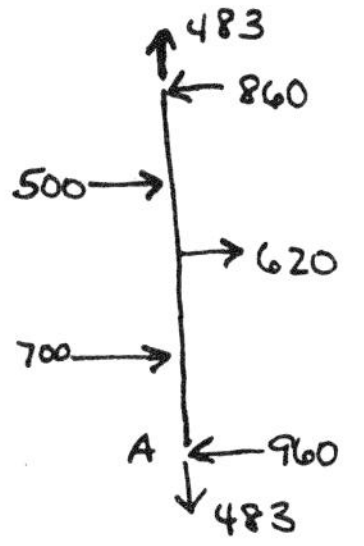

$\Sigma F_y = 483 - 483 = 0$ ✓

$\Sigma F_x = 1200 + 620 - 860 - 960 = 0$ ✓

$\Sigma M_A = -[700(30) + 500(90) + 620(60)] + 860(120) = -103{,}200 + 103{,}200 = 0$ ✓

4.194

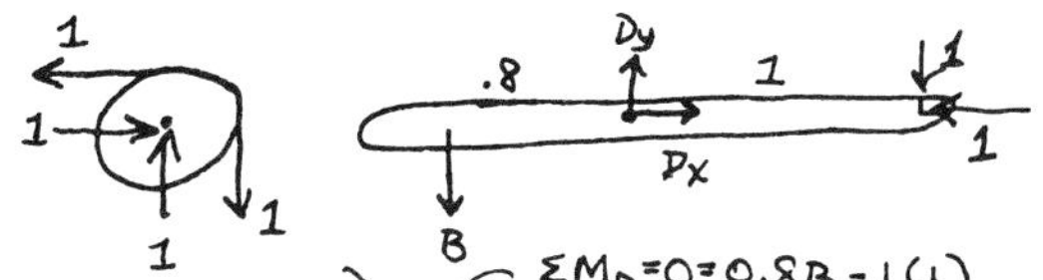

↺+ $\Sigma M_D = 0 = 0.8B - 1(1)$

$B = 1.25$ kN

+↑ $\Sigma F_y = 0 = D_y - B - 1$

$D_y = 2.25$ kN

$\Sigma F_x = 0 \Rightarrow D_x = 1$ kN

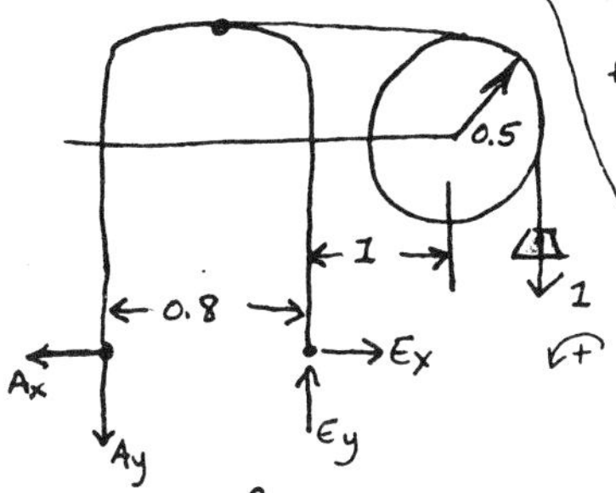

↺+ $\Sigma M_A = 0 = 0.8E_y - 1(2.3)$

$E_y = 2.88$ kN

$\Sigma F_y = 0 = E_y - 1 - A_y$

$A_y = 1.88$ kN

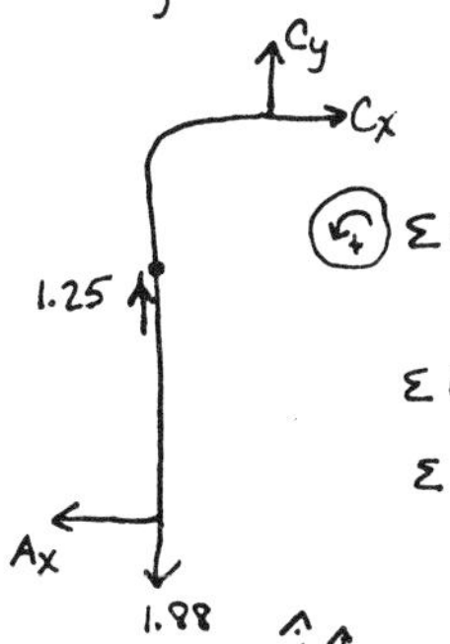

↺+ $\Sigma M_C = 0 = 1.88(0.4) - 1.25(0.4) - A_x(1.7)$

$A_x = 0.148$

$\Sigma F_x = 0 \Rightarrow C_x = A_x = 0.148$ kN

$\Sigma F_y = 0 = 1.25 + C_y - 1.88$

$C_y = 0.63$ kN

$\hat{j}$ ↑ → $\hat{i}$ Ans. is $0.148\hat{i} + 0.63\hat{j}$ kN

4.195

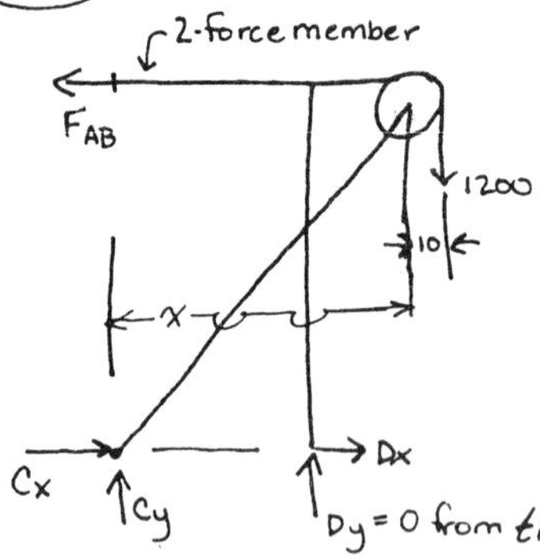

$D_y = 0$ from the other FBD below.

$\Sigma M_C = 0 = F_{AB}(110) - 1200\left[5/6(100)+10\right]$

So $F_{AB} = 1020$ N = reaction onto AB at A, in direction shown where lever arm of 1200 about C is $x+10$, where $\frac{100}{x} = \frac{60}{50}$

On overall FBD, $\Sigma F_x = 0 = C_x + D_x - 1020$ ($D_x = 150$)

$C_x = 870$ N

$\Sigma F_y = 0 = C_y - 1200 \Rightarrow C_y = 1200$ N

$\hat{j}$, $\hat{i}$: Reaction at C is $870\,\hat{i} + 1200\,\hat{j}$ N

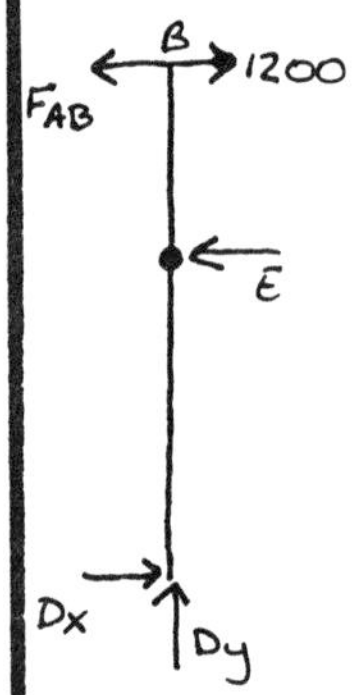

$\Sigma F_y = 0 = D_y$

$\Sigma M_D = 60E + 110(F_{AB} - 1200)$

$E = \frac{110}{60}(1200 - 1020)$

$= 330$ N = force exerted by pin onto BD, in direction shown.

$\Sigma F_x = 0 \Rightarrow D_x + 1200 - 1020 - 330 = 0$

$D_x = 150$ N = reaction at D in direction indicated.

4.196

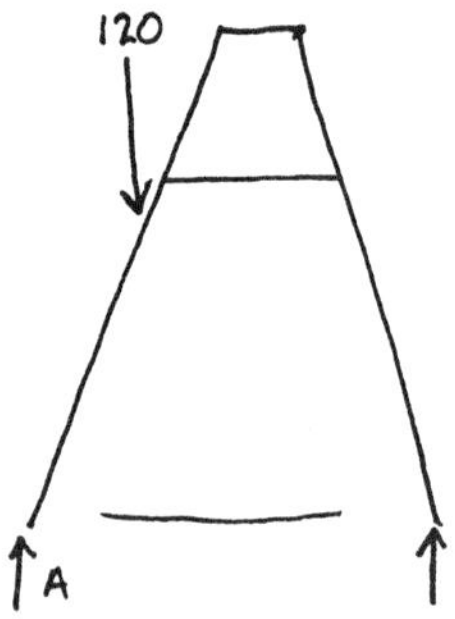

(↺+) $\Sigma M_A = 0 = 54B - 14.4(120)$

$B = 32.0$ lb

$\Sigma F_y = 0 \Rightarrow A = 120 - 32$

$= 88.0$ lb

where:

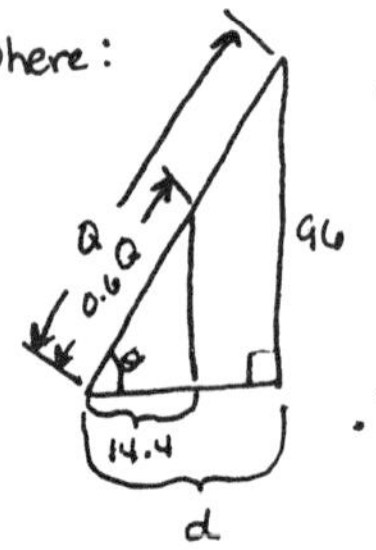

$\cos\theta = \frac{14.4}{0.6Q}$

$\sin\theta = \frac{96}{Q}$

$\therefore \tan\theta = \frac{96}{(14.4/0.6)} \Rightarrow \theta = \tan^{-1}(4.00) = 76.0°$

$\therefore \frac{96}{d} = \tan\theta = 4 \Rightarrow d = 24$ in. and distance across top is $54 - 2(24) = 6$ in.

continued →

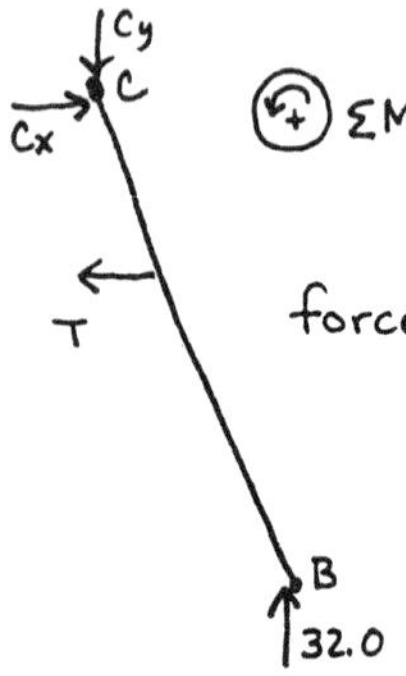

(↺+) $\Sigma M_C = 0 = 32(24) - T(36)$

$T = 21.3$ lb

force in one brace $= \frac{21.3}{2} = 10.7$ lb

4.197

$\Sigma M_Q = 0 = PR - mg\,2R/\pi$

$P = \frac{2mg}{\pi}$

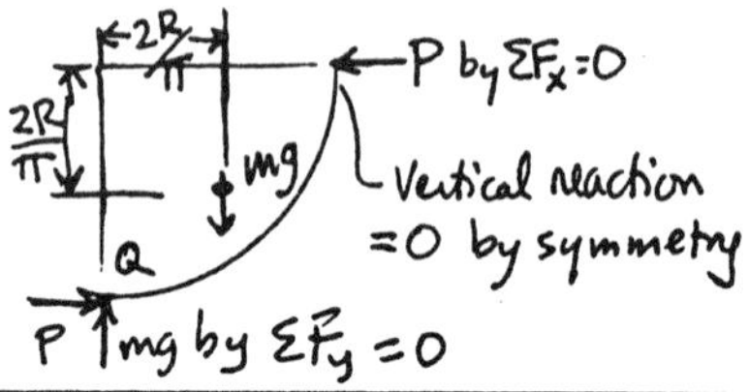

4.198

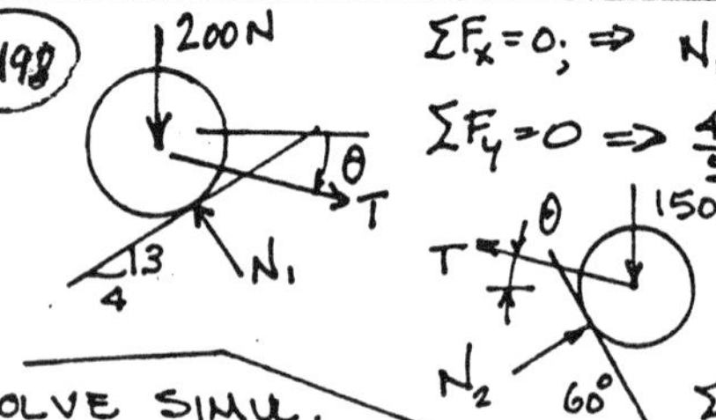

$\Sigma F_x = 0; \Rightarrow N_1 = \frac{5}{3}T\cos\theta$ (1)

$\Sigma F_y = 0 \Rightarrow \frac{4}{5}N_1 - 200 = T\sin\theta$ (2)

$\Sigma F_x = 0 \Rightarrow N_2 = \frac{T\cos\theta}{\cos 30°}$ (3)

$\Sigma F_y = 0 \Rightarrow N_2 \sin 30 + T\sin\theta = 150$ (4)

SOLVE SIMUL.

$\frac{4}{3}T\cos\theta - T\sin\theta = 200$ (5)

FROM (1) & (2) : (4) & (5) $T\cos\left[4/3 + \frac{1}{\sqrt{3}}\right] = 350$

AND $T\sin\theta\left[\sqrt{3} + 3/4\right] = 150\sqrt{3} - 200\,(3/4)$

DIVIDE: $\tan\theta = .242$; $\theta = 13.6°$

4.199 SEE 4.198 ABOVE. SWAP WEIGHTS (3) & (4) BECOME

$T\cos\theta\,1/\sqrt{3} + T\sin\theta = 200 \ldots (5)$, AND (5) ABOVE BECOMES $4/3\,T\cos\theta - T\sin\theta = 150 \ldots (6)$

ADD (5) & (6) $\Rightarrow T\cos\theta\left[\frac{1}{\sqrt{3}} + \frac{4}{3}\right] = 350 \ldots (7)$

& (5)$\sqrt{3}$ − (6)(3/4) $\Rightarrow T\sin\theta(\sqrt{3} + 3/4) = 200\sqrt{3} - 150(3/4) \ldots (8)$

(7) ÷ (8) $\Rightarrow \tan\theta = .5146$; $\theta = 27.2°$

(4.200) a)

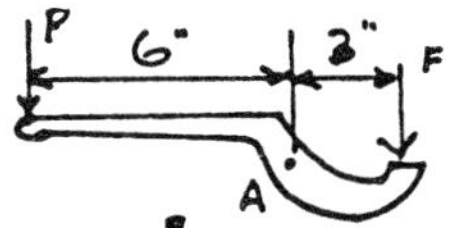

$\Sigma M_A = 0 = P(6) - F(3)$

$F = 2P$

b)

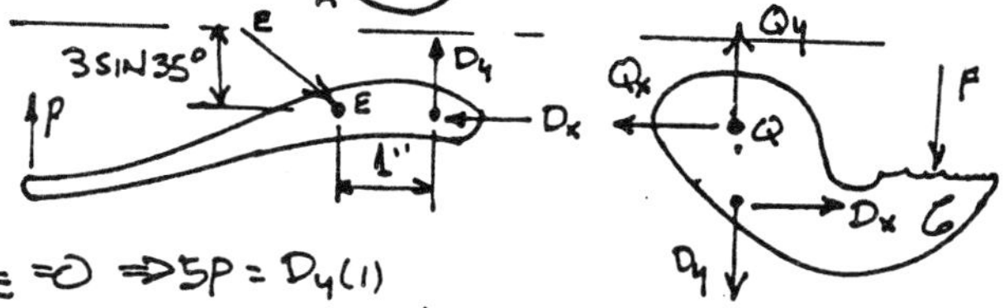

$\Sigma M_E = 0 \Rightarrow 5P = D_y(1)$

$\Sigma F_y = 0 \Rightarrow P + 5P = E \sin 35° \Rightarrow E = 10.46P$

$\Sigma F_x = 0 \Rightarrow D_x = E\cos 35° = 8.57P$

NEXT: ON C

$\Sigma M_Q = 0 \Rightarrow 1.721\, D_x = 2F$

$\Rightarrow F = \dfrac{1.72\,(8.57P)}{2}$

$F = 7.37\,P$

(4.201) Using above solution,

$P + 5P = E\sin\theta \Rightarrow E = 6P/\sin\theta$

$D_x = E\cos\theta = 6P\cot\theta$, then $\Sigma M_Q = 0$ on C

gives $1.721\,(6P\cot\theta) = 2F$

$F = 5.16\,P\cot\theta$, max when

θ is smallest – here, $\theta_{min} = \tan^{-1}\left(\dfrac{3\sin 35°}{5}\right)$

$= 19.0°$

$\therefore F_{MAX} = 5.16\,P\cot 19.0° = 15.0P$

(4.202)

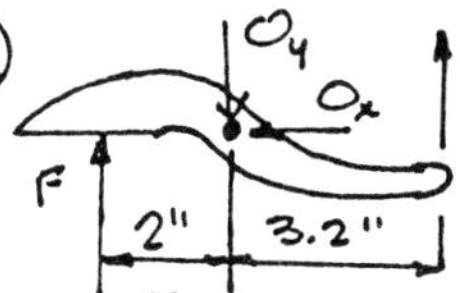

$\Sigma M_O = 0 \Rightarrow$

$C_y = .625F \uparrow$

$\Sigma F_y = 0 \Rightarrow$

$O_y = 1.625F$

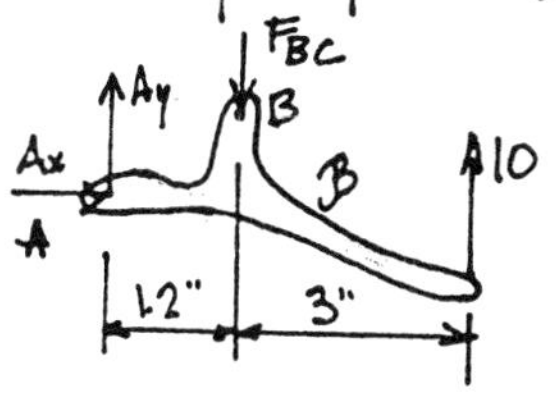

$\Sigma F_x = 0 \Rightarrow A_x = 0$

$\Sigma M_B = 0 \Rightarrow A_y = 25$ LB

$\Sigma F_y = 0 \Rightarrow F_{BC} = 35$ LB

SO FROM ABOVE: $F = 35/.625 = 56$ LB

MECH. ADV. $= 56/10 = 5.6$

ON LOWER FIG. $\Sigma M \Rightarrow 2F = 10(6.2)$

$F = 31$ LB & MECH. ADV $= 31/10 = 3.1$

$\therefore$ COMPOUND SNIPS $56/31 = 1.81$ TIMES SIMPLE SNIPS

(4.203)

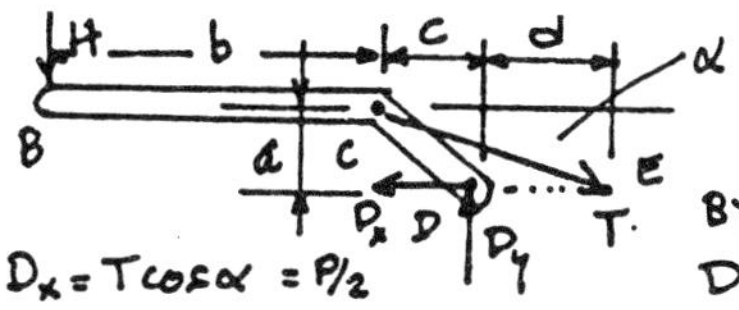

LET P BE CLAMPING FORCE.

BY SYMM. $D_x = P/2$

$\Sigma F_x \Rightarrow D_x = T\cos\alpha = P/2$

$\alpha = \tan^{-1}(a)/(c+d)$

$\Sigma M_D \Rightarrow H(b+c) = T\sin\alpha(d) = \dfrac{P}{2\cos\alpha}\sin\alpha\, d$

$\Rightarrow \dfrac{P}{H} = \dfrac{2(b+c)(c+d)}{ad}$

(4.204)

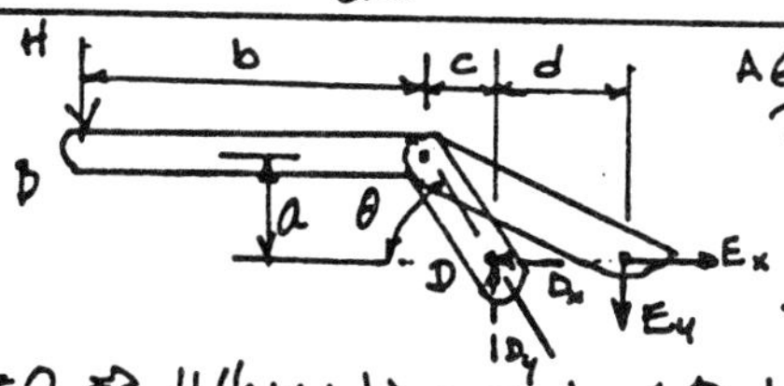

AGAIN: $D_x = P/2$

$\theta = \tan^{-1}\dfrac{a}{c}$

$\therefore D_y = \dfrac{a}{c} D_x$

$\Sigma M_E = 0 \Rightarrow H(b+c+d) = D_y d = \dfrac{a}{c} D_x d = \dfrac{a}{c}\dfrac{P}{2} d$

$\therefore \dfrac{P}{H} = \dfrac{2c(b+c+d)}{ad}$ (LESSER)

(4.205)

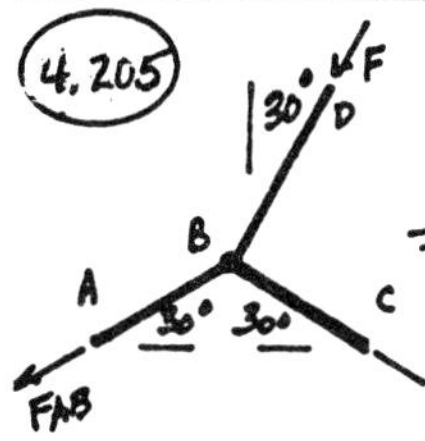

$F_{AB}\cos 30°$ PUSHES ROCK.

$\Sigma F_{BD} = 0: -F + F_{AB}\cos 30°$

$F\cos 30°$ = LOAD ON PISTON

$F = \dfrac{\pi \cdot 6^2 \cdot 70}{\cos 30°} = 9142$ LB

AND $F_{AB}\cos 30 = F$ $\therefore$ ANS: 9142 LB

(4.206)

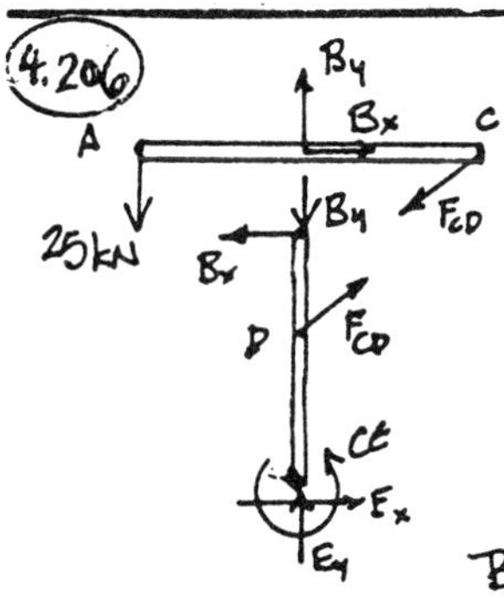

ON ABC:

$\Sigma M_B \Rightarrow 1.6(25) = F_{CD}\dfrac{1}{\sqrt{3.56}}1.6$

$F_{CD} = 47.2$ kN

$B_x = 47.2\left(\dfrac{1.6}{\sqrt{3.56}}\right) = 40$ kN

$B_y = 47.2\left(\dfrac{1}{\sqrt{3.56}}\right) + 25 = 50$ kN

$\therefore B = \sqrt{B_x^2 + B_y^2} = 64.0$ kN

PINS:

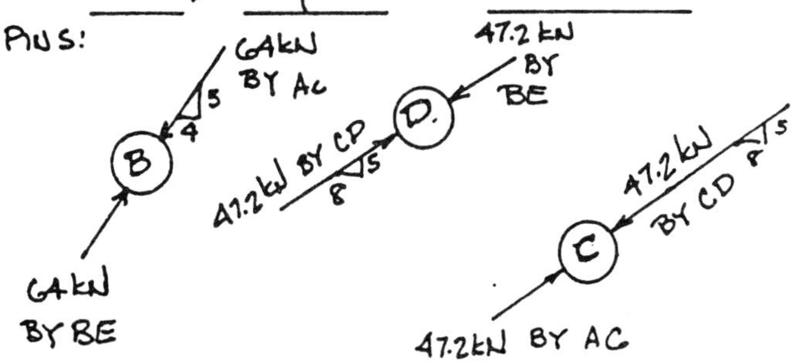

4.207

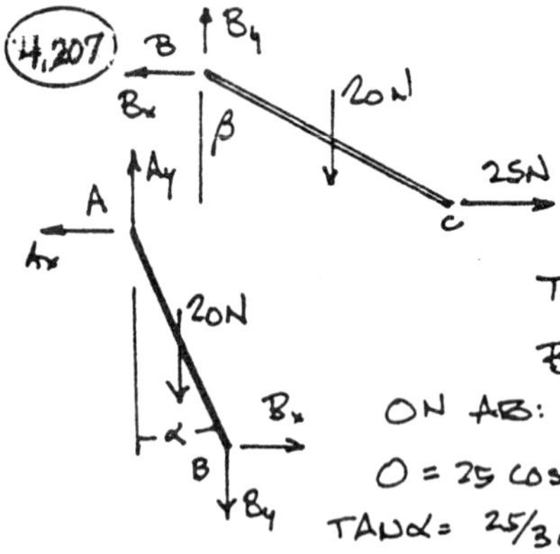

ON BC:

$\Sigma F_y = 0 \Rightarrow$

$B_y = 20N$

$\Sigma M_B = 0 \Rightarrow$

$\tan\beta = 2.5;\ \beta = 68.2^\circ$

$B_x = 20N$

ON AB: $\Sigma M_A = 0 \Rightarrow 0$

$0 = 25\cos\alpha - 30\sin\alpha$

$\tan\alpha = 25/30;\ \alpha = 39.8^\circ$

4.208 SEE FIG. IN TEXT: FBD ON ENTIRE SYSTEM: $\Sigma M_A = 0 \Rightarrow E_y = 200\uparrow$ LB

$\Sigma F_x = 0 \Rightarrow A_x = 160$ LB $\leftarrow$

$\Sigma F_y = 0$ 280 LB $= A_y = 280$ LB $\uparrow$

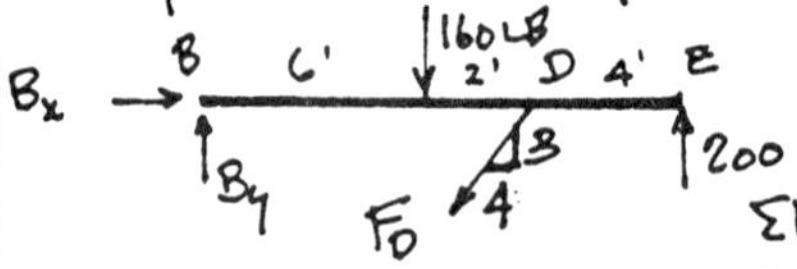

$\Sigma M_B = 0 \Rightarrow$

$F_D = 300$ LB (T)

$\Sigma F_y = 0 \Rightarrow B_y = 140$ LB

$\Sigma F_x = 0 \Rightarrow B_x = 240$ LB

ACB AS FBD: $\Sigma M_A = 0$ FOR CHECK AND

$\Sigma F_x = 0 \Rightarrow C_x = 400 \rightarrow$ LB ON ABC

$\Sigma F_y = 0 \Rightarrow C_y = 140\downarrow$ LB ON ABC

ON PIN AT C

CHECK

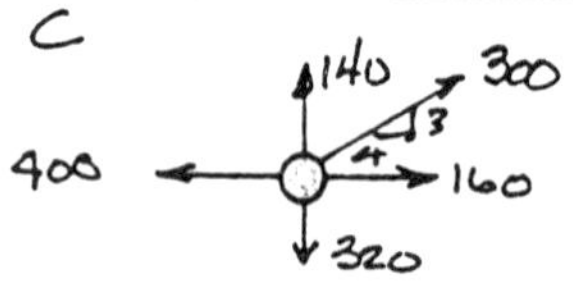

4.209

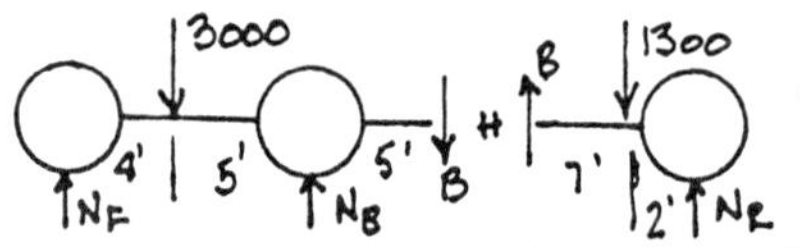

TRAILER:

$\Sigma M_H = 0 \Rightarrow$

$N_R = 1011.1$ LB

BOTH WHLS.

$\Sigma F_y = 0 \Rightarrow B = 289$ LB DOWN ON BALL.

ON TRUCK: $\Sigma M_B = 0 = 3000(5) - 9N_F - 5(289)$

$\Rightarrow N_F = 1506$ LB TWO WHEELS (753 LB EACH)

$\Sigma F_y = 0 \Rightarrow N_B = 3000 + 289 - 1506 = 1783$ LB

TRAILER: 506 LB EACH WHEEL

TRUCK: REAR: 891 LB EACH WHEEL

FRONT: 753 LB " "

BALL: 289 LB DOWNWARD ON BALL

to next page →

4.210

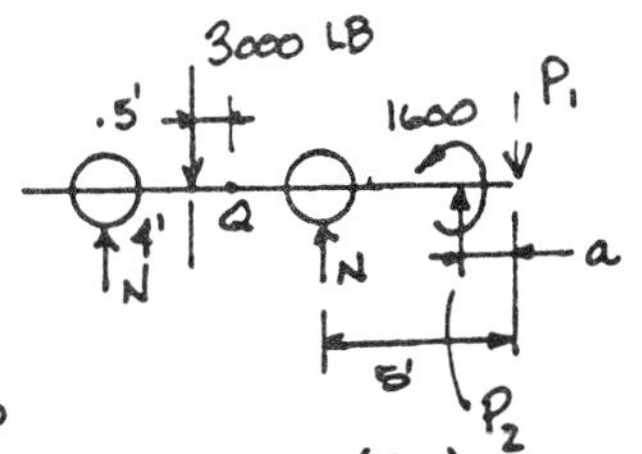

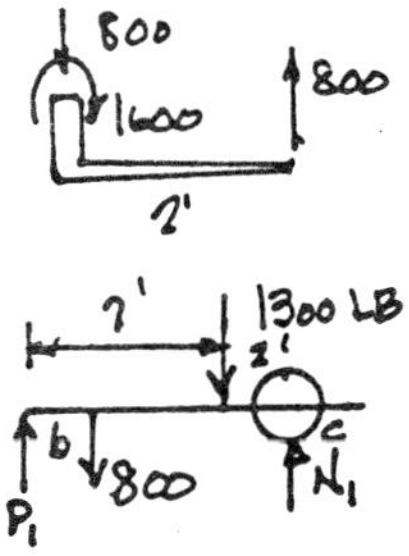

$\Sigma M_Q = 0$

$3000(.5) + 1600 + (9.5 - a)(800)$

$-9.5P_1 = 0$

$10700 - 800a - 9.5P_1 = 0$ ① $\quad \Sigma M_c = 0$

$2(1300) + 800[9 - (2 - a)] - 9P_1 = 0 \Rightarrow$

$800a = 9P_1 - 8200$ ②

② INTO ① $\Rightarrow P_1 = 1020$ LB & FROM ② $a = 1.23'$

$\Sigma F_y = 0$ ON TRAILER $\Rightarrow N_1 = 1080$ LB (540 LB EACH)

$P_1 = 1020$ LB (WAS 289 LB IN 3.266)

$b = 2 - a = .77$ FT

$\therefore$ WITH $a = 1.23$ FT & $b = 0.77$ FT

N_R WENT FROM 506 LB $\to$ 540 LB EA.

B " " 289 LB $\to$ 1020 LB

4.211 $20\% \times 260 = 52$ LB. DIRECTION OF T IS 25° BELOW HORIZONTAL

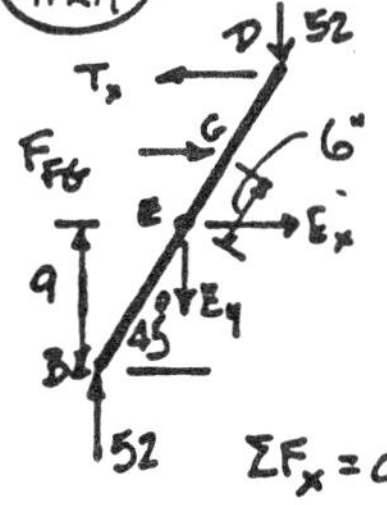

$\therefore T = 52/\sin 25° = 123$ LB

$T_x = 123\cos 25° = 111$ LB

$\Sigma M_E = 0 = 111(9) - 52(18) - F_{FG}(6\frac{\sqrt{2}}{2})$

$F_{FG} = 14.9$ LB Ⓒ IN $\mathcal{L}$

$\Sigma F_x = 0 \Rightarrow E_x = 96$ LB ; $E_y = 0$

NOTE: LINK WOULD NEED A LITTLE SLEEVE OVER PIN TO PREVENT BUCKLING

4.212

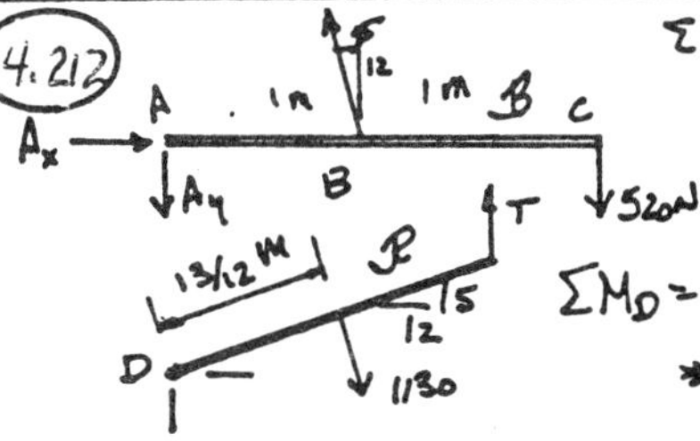

$\Sigma M_A = \frac{12}{13}B(1) - 520(2) = 0$

$B = 1130$ N

$\Sigma M_D = 0 = -1130\left(\frac{13}{12}\right) + 2T = 0$

$\Rightarrow T = 612$ N

PINNED TO $\mathcal{R}$ & SLIDES ON $\mathcal{B}$

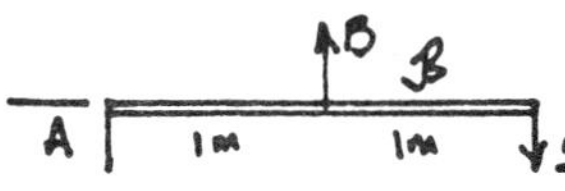

$\Sigma M_A = 0 = B(1) - 520(2)$

$\therefore B = 1040$ N

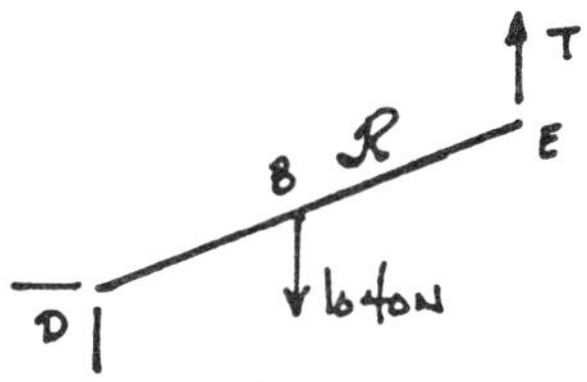

$\Sigma M_D = 0$

$1040(1) - 2(T) = 0$

$T = 520$ N

4.213

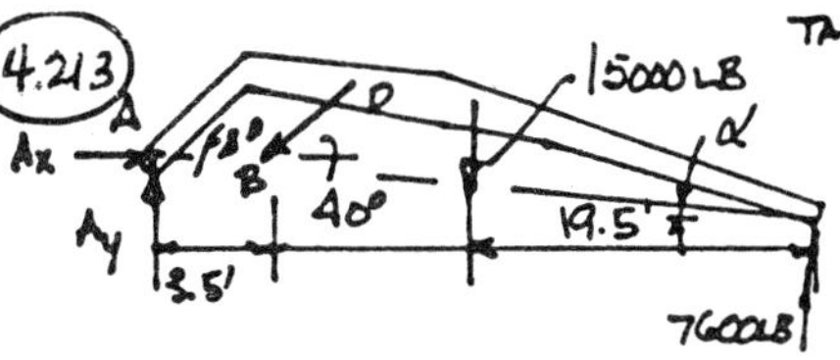

$\tan\alpha = 34/39$

$\alpha = 49°$

$\Sigma M_A \Rightarrow 7600(39.14) - 15000(19.5) + F_{BD}\sin 40°(3.5) = 0$

$F_{BD} = 2206$ LB Ⓣ

$\Sigma F_x = 0 \Rightarrow A_x + 7600(.0852) - 2206\cos 40° = 0$

$A_x = 1042 \to$ LB

$\Sigma F_y = 0 \Rightarrow A_y - F_{BD}\sin 40 - 15000 + 7600(.9964) = 0$

$\therefore A_y = 8845 \uparrow$ LB

4.214 SEE FIG IN TEXT:

$\Sigma M_K = 0 = 7600[5.75(.0852) + 15(.9964)]$

$+ (-F_{EF})[(\cos 15°)(2) - 2\sin 15°] - 6200(8)$

$\Rightarrow F_{EF} = 47900$ LB Ⓒ

4.215

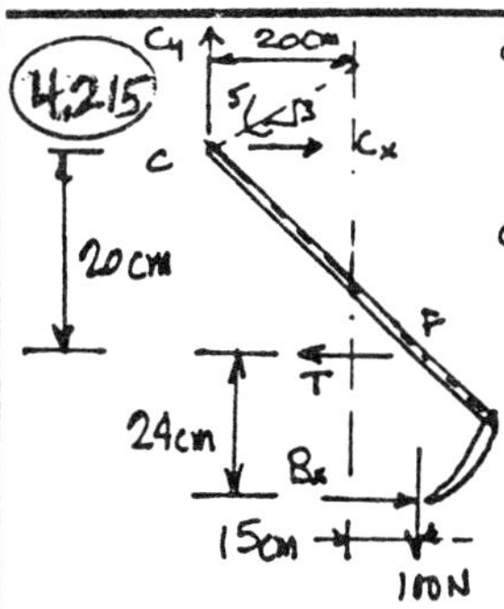

ON LINK CE: $\Sigma F_y = 0 \Rightarrow$

CE = 194.4 N ; $C_x = 166.7$ N

$C_y = 100$ N

ON CFB: $\Sigma M_c = 0$

$-T(20) + B_x(44) - 100(35) = 0$

$\Sigma F_x = 0 \Rightarrow B_x = T - 166.7$

THESE GIVE:

$T = 461$ N Ⓣ

$A_x = B_x = 284$ N ON WT AT A

4.216 SEE 3.222

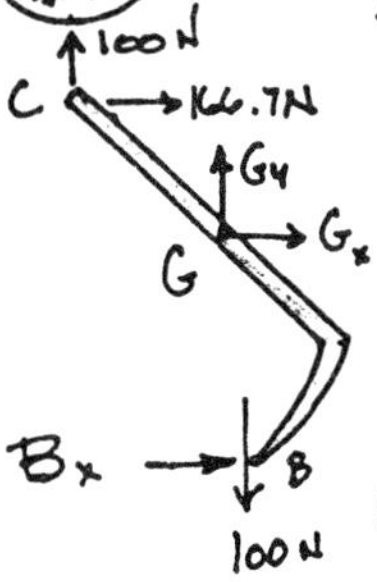

$\Sigma F_y = 0 \Rightarrow G_y = 0$

$\Sigma M_G = 0 \Rightarrow B_x = 194.4$ N

$\Sigma F_x = 0 = 166.7 - G_x + 194.4$

$\Rightarrow G_x = 361$ N

$\therefore$ ON DA, $G_x = 361$ N TO RIGHT AND AT A ACTING ON $\mathcal{W}$ 194 N TO THE RIGHT

4.217 SEE FIG. IN TEXT. AB & JH ARE TWO-FORCE MEMBERS.

$\Sigma M_D = 0 = F_{AB}\cos 75(25) + F_{AB}\sin 75(8)$

$-940(76) - 150(50\cos 65°) = 0 \Rightarrow F_{AB} = 5250$ LB

$\Sigma F_x = 0 \to D_x = -1360$ LB

$\Sigma F_y = 0 \to D_y = -3980$ LB

OR $\underline{D} = -1360\hat{\imath} - 3980\hat{\jmath}$ LB

4.218 TO GET DIMENSIONS SEE BOTH FIG IN TEXT.

$\Sigma M_p = 0 \Rightarrow F_{JH} = 319$ LB (T) EACH SIDE

$\Sigma F_x = 0 = P_x - 319\,(38.9/40.7)$; $P_x = 305$ LB

$\Sigma F_y = 0 = -940 + P_y - 319\,(12/40.7)$; $P_y = 1034$ LB

$\underline{P} = 305\hat{i} + 1034\hat{j}$ LB

4.219

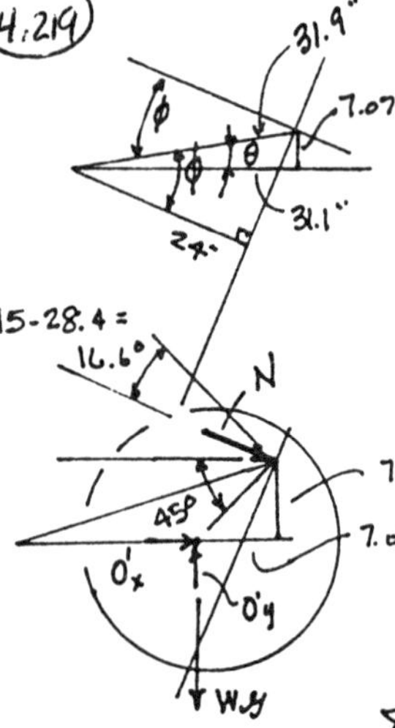

$\phi = \cos^{-1}\left(\frac{24}{31.9}\right) = 41.2°$

$\theta = \tan^{-1}\left(\frac{7.07}{31.1}\right) = 12.8°$

$\phi - \theta = 28.4°$

ON y:

$\Sigma M_{O'} = 0$

$1000 - (N\cos 16.6°)(10) = 0$

$N = 104$ LB

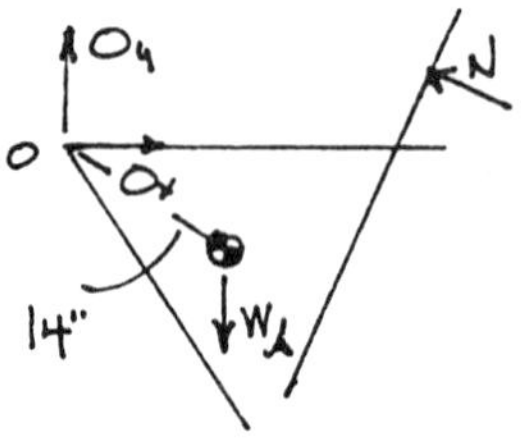

$\Sigma M_O = 0$

$N\cos 28.4°(7.07) + N\sin 28.4\,(31.1)$
$- W_l\,(14\cos 28.4) = 0$

$\therefore W_l = 177$ LB

4.220 SEE FIG. IN TEXT:

$\Sigma M_A = 0 = 100\sqrt{27}\,\sin\theta - 120(3)\cos\theta$

$\tan\theta = 360/520 = .692 \quad \therefore \theta = 34.7°$

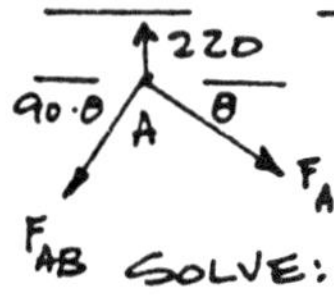

$\Sigma F_x = 0 = F_{AC}\cos 34.7° - F_{AB}\sin 34.7°$

$\Sigma F_y = 0 = F_{AC}\sin 34.7° + F_{AB}\cos 34.7 - 220$

SOLVE: $F_{AC} = 125$ N ; $F_{AB} = 181$ N

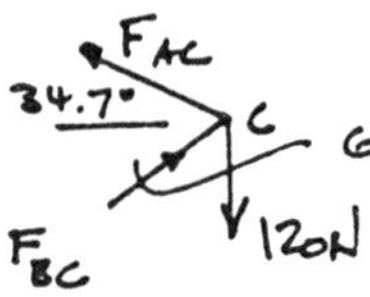

FROM $\sin B = 3/6$ $\measuredangle B = 30°$
$\measuredangle C = 60°$

$60 - 34.7 = 25.3°$

$\Sigma F_x = 0 = F_{BC}\cos 25.3° - F_{AC}\cos 34.7°$

$\therefore F_{BC} = 114$ N

4.221

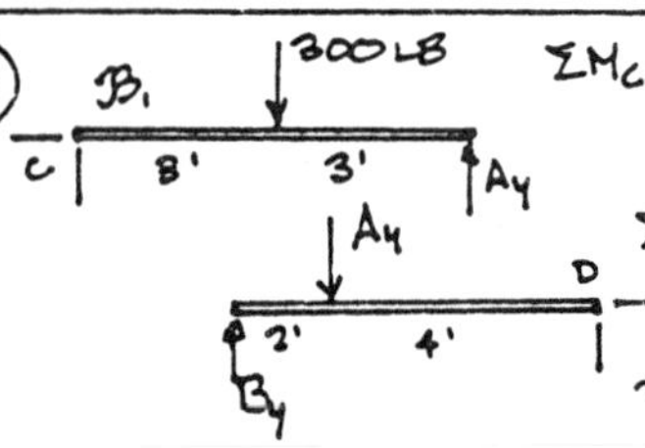

$\Sigma M_C = 0 = 300 \times 3 - A_y(6)$

$A_y = 150\uparrow$ LB

$\Sigma M_D = 0$

$6B_y = 4A_y$

$B_y = 100\uparrow$ LB

4.222

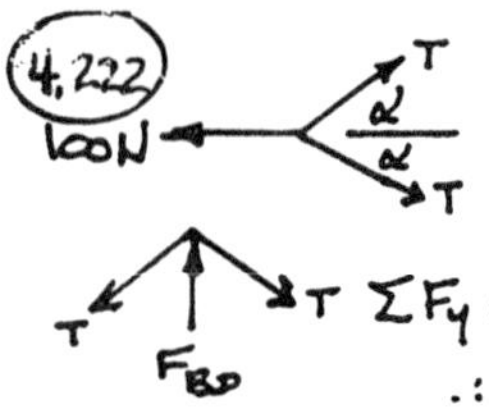

$\alpha = \sin^{-1}(.4) = 23.6°$

$\Sigma F_x = 0 = 2T\cos\alpha - 100$

$T = 54.6$ N

$\Sigma F_y = 0 = 2T\sin\alpha - F_{BD} = 0$

$\therefore F_{BD} = 437$ N (C)

4.223

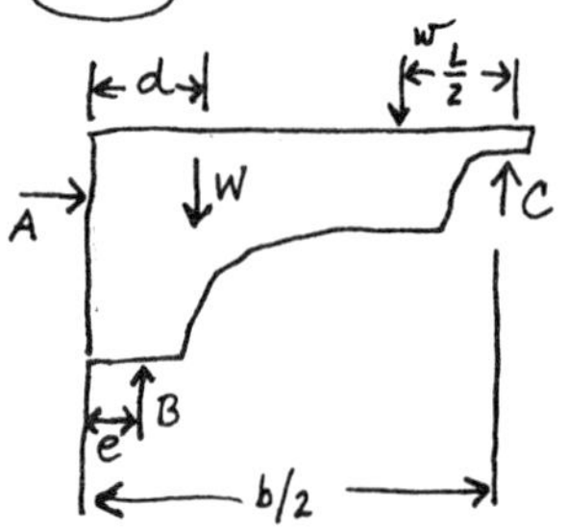

$A = 0$ from $\Sigma F_x = 0$

$w + W = B + C$ from $\Sigma F_y = 0$

$\Sigma M_A = 0 = Be + C\frac{b}{2} - Wd - w\left(\frac{b-L}{2}\right)$

Sub for B and solve for C:

$0 = (w + W - C)e + \frac{Cb}{2} - Wd - w\left(\frac{b-L}{2}\right)$

$C = \dfrac{(w+W)e - Wd - w\left(\frac{b-L}{2}\right)}{(2e-b)/2}$

$= \frac{w}{2}\left(\frac{2e-(b-L)}{2e-b}\right)2 + \frac{W(e-d)2}{2e-b}$

$C = w\left[\frac{b-L-2e}{b-2e}\right] + \frac{2W(d-e)}{b-2e}$

So $B = w\left[\frac{\cancel{b}-\cancel{2e}-\cancel{b}+L+\cancel{2e}}{b-2e}\right] + W\left[\frac{b-\cancel{2e}-2d+\cancel{2e}}{b-2e}\right]$

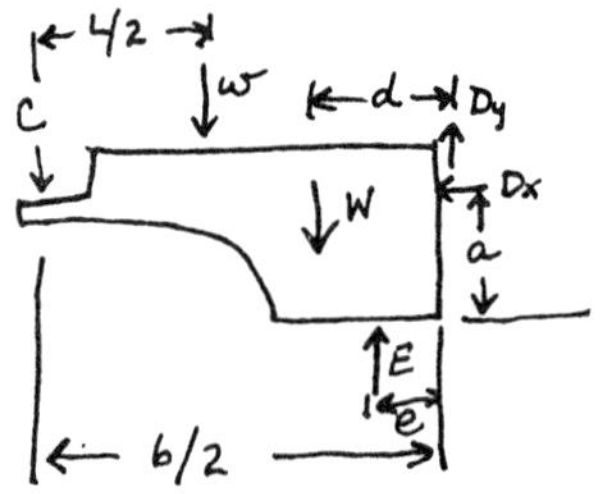

$\Sigma M_D = 0$ gives:

$Wd + w\left(\frac{b-L}{2}\right) + C\,\frac{b}{2} = Ee$

Substitute for C and get:

$E = \frac{W}{e}\left[d + \frac{b}{2}\,\frac{2(d-e)}{b-2e}\right] +$

$+\ \frac{w}{e}\left[\frac{b-L}{2} + \frac{b}{2}\,\frac{(b-L-2e)}{b-2e}\right]$

C, B, E are all in the directions shown on the FBD's.

4.224

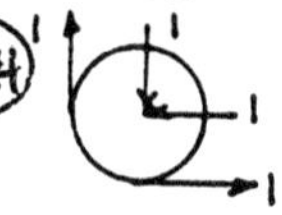

MOVE PULLEY TENSIONS TO AXLE AND TAKE MOMENTS ABOUT B.

$\Sigma M_B = 0 = -1(1) - 1(5) + A_y(2)$; $A_y = 3$ LB $\uparrow$

$\Sigma M_A = 0 = B_y(2) - 1(3) - 1(5)$; $B_y = 4$ LB $\downarrow$

$\Sigma F_x = 0 = -B_x + 1 \quad \therefore B_x = 1 \leftarrow$ LB

4.225

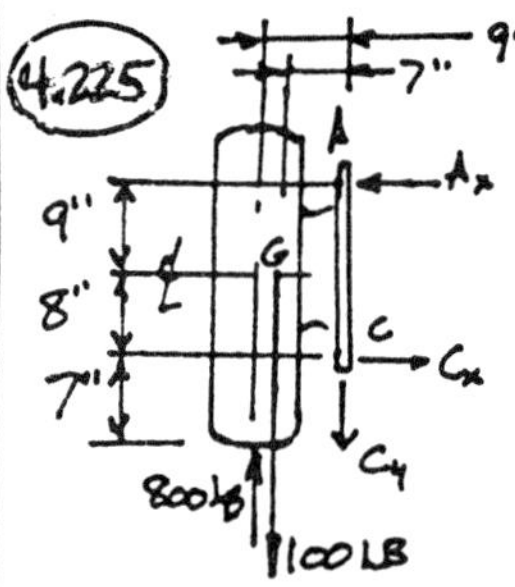

$\Sigma M_C = 0 = A_x(17) - 800(9) + 100(7)$

$A_x = 382$ LB

$\therefore$ ON FRAME BY AB : 382 → LB

$\Sigma F_x = 0 \Rightarrow C_x = 382$ LB

$\Sigma F_y = 0 \Rightarrow C_y = 700$ LB

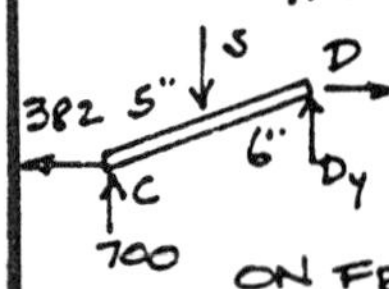

ON CD $\Sigma M_D = 0 : -700(11) - 382(2) + S(16)$; $S = 1410$ LB (C)

$\Sigma F_x \Rightarrow D_x = 382$ LB ; $\Sigma F_y \Rightarrow D_y = 710$ LB

ON FRAME BY CD IS $-382\hat{i} - 710\hat{j}$ LB

(4.226)

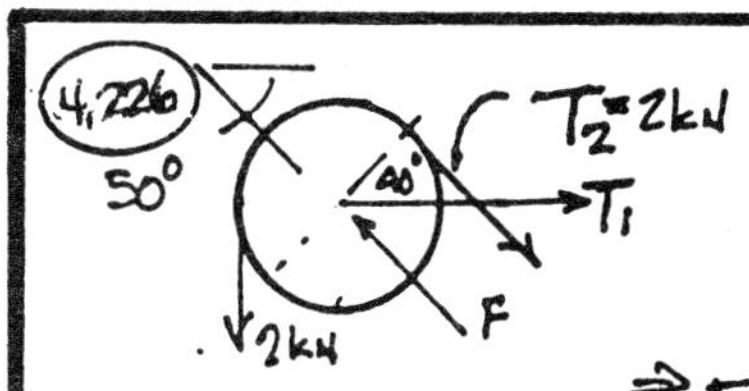

$\Sigma F_x = 0 = T_1 - F\cos 50° + 2\cos 50°$

$\Sigma F_y = 0 = -2 + F\sin 50° - 2\sin 50°$

$\Rightarrow F = 4.61\ kN$ (C)

$T_1 = (F-2)\cos 50° = 1.68\ kN$

(4.227)

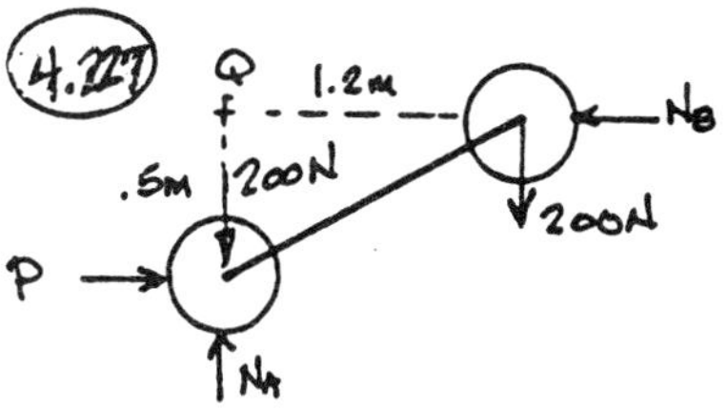

$\Sigma M_Q = 0$

$P(.5) - 200(1.2) = 0$

$P = 480N$

(4.228) ENTIRE SYSTEM:

$\Sigma M_A = 0 = B_x(2) - 9600(5.6)$

$B_x = 26880N$; $\Sigma F_x = 0 \Rightarrow A_x = 26880 \leftarrow N$

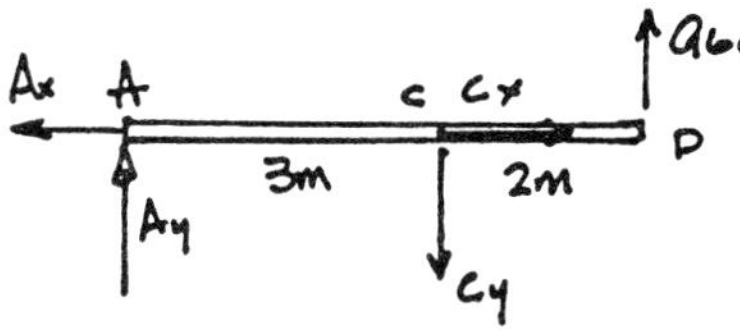

ON ACD: $\Sigma M_C = 0 = 9600(2) - A_y(3)$

$\therefore A_y = 6400N$; $\Sigma F_y = 0 \Rightarrow C_y = 16000N$ on ACD

$\Sigma F_x = 0 \Rightarrow C_x = A_x = 26880\ N$ — ENTIRE SYSTEM AGAIN $\Sigma F_y = 0 \Rightarrow B_y = 3200\ N$

$\therefore \underline{B} = 26880\hat{i} + 3200\hat{j}\ N$ FORCES POSITIVE AS SHOWN ON ACD

(4.229)

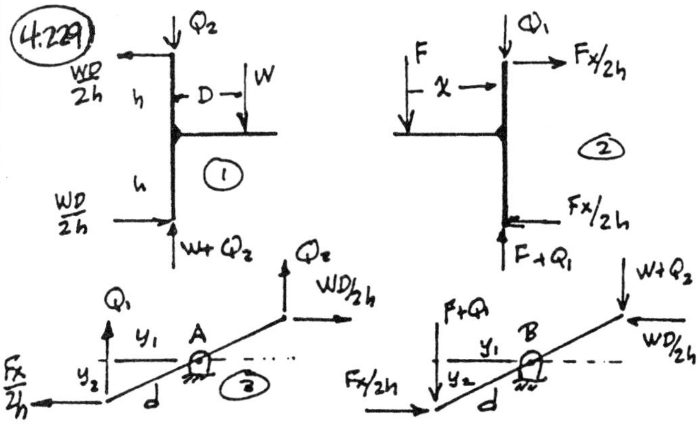

① & ② PUT RIGHT & LEFT PARTS OF ROBERVAL'S BALANCE IN EQUILIB.

③: $\Sigma M_A = 0 = (Q_2 - Q_1)y_1 - \left(\frac{WD}{2h} + \frac{Fx}{2h}\right)y_2 = 0$

④: $\Sigma M_B = 0 = (F + Q_1 - W - Q_2)y_1 + \left(\frac{WD}{2h} + \frac{Fx}{2h}\right)y_2$

ADD: $(F - W)y_1 = 0 \Rightarrow F = W$ FOR ANY X

(4.230) BENEATH B & C THE NORMAL FORCE IS $(500+200+200)/2 = 450N$ EACH

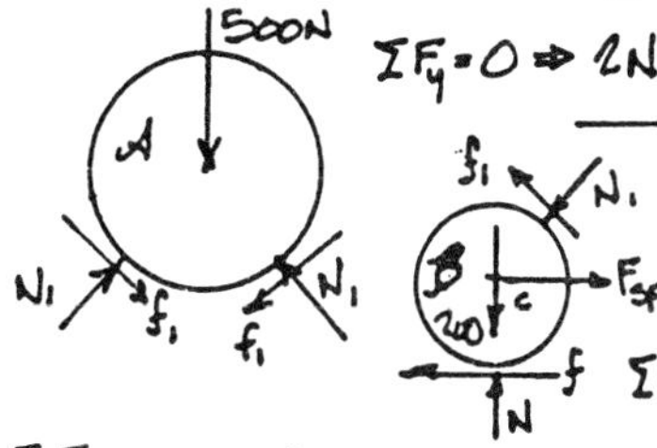

$\Sigma F_y = 0 \Rightarrow 2N_1\frac{\sqrt{3}}{2} - 2f_1\frac{1}{2} = 500$ ①

$k = 200N/m$

$F_{sp} = 200 \times 2.5 = 500N$

$\Sigma M_C \Rightarrow f = f_1$

$\Sigma F_x = 0 \Rightarrow N_1\frac{1}{2} + f_1\frac{\sqrt{3}}{2} + f = 500$

$\Sigma F_y = 0 = N - 200 + \frac{1}{2}f_1 - N_1\frac{\sqrt{3}}{2} = 0$

SOLVE SIMULT. $\Rightarrow f_1 = 165N = f$; $N_1 = 384N$

(4.231)

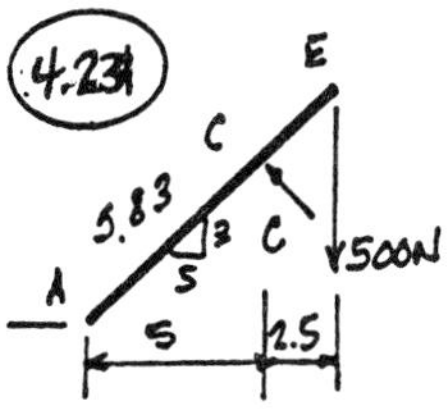

$\Sigma M_A = 0 \Rightarrow C = 643N$

$C_x = 331 \leftarrow N$, $C_y = 551 \uparrow N$

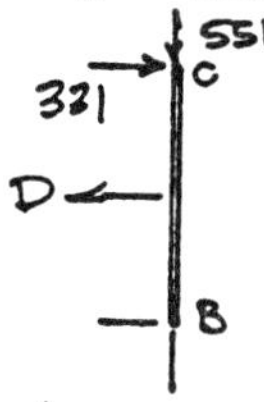

$\Sigma M_B = 0 \Rightarrow$

$D = 828N$

AS SHOWN

(4.232) SEE 4.231 ABOVE:

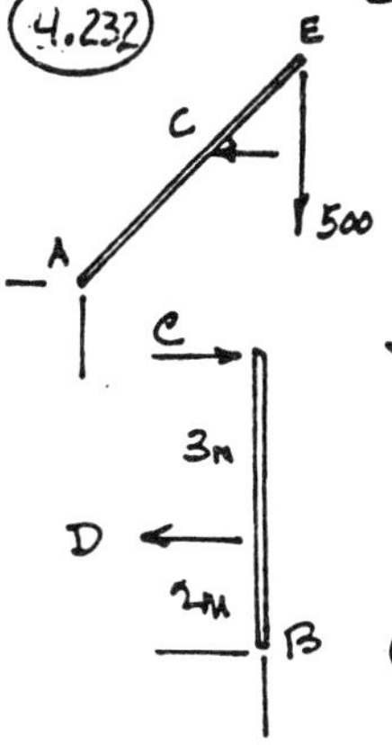

$\Sigma M_A = 0 = 500(7.5) - C(3)$

$\Rightarrow C = 1250 \leftarrow N$

$\Sigma M_B = 0 = 2D - 1250(5)$

$\therefore D = 3125N$

AS SHOWN

(4 TIMES THE VAL. IN 3.268)

(4.233) IN EACH CASE $\hat{i}$ IS AWAY FROM WALL

$\Sigma M_x = 0$

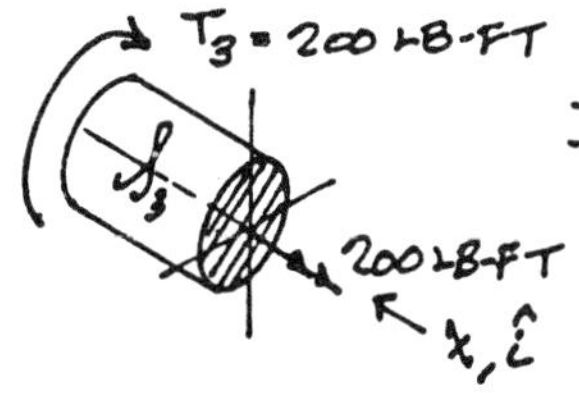

$\underline{T}_3 = 200\hat{i}$ LB-FT

$\underline{T}_2 = 100\hat{i}$ LB-FT

$\Sigma M_x = 0$

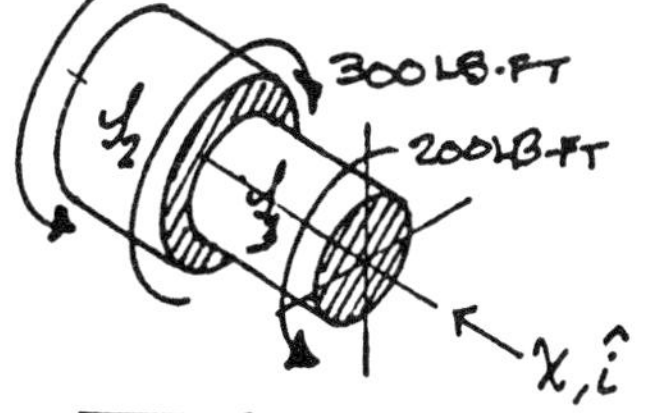

continued →

4.233 continued: $\underline{T}_1 = 400\hat{i}$ LB-FT $\qquad \Sigma M_x = 0$

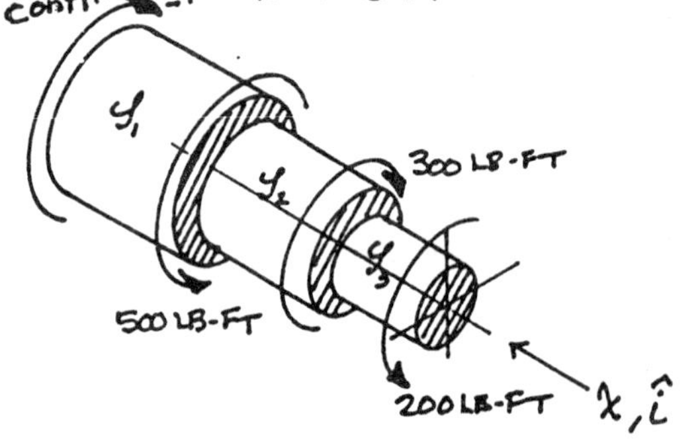

(4.234) FROM SYMMETRY $C_Y = D_Y = 500N$

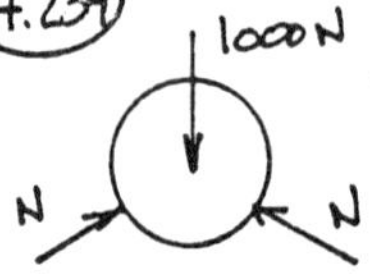

$\Sigma F_y = 0 = -1000 + 2N\cos 60°$

$N = 1000N$

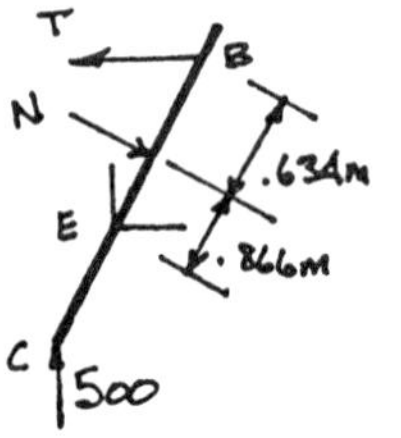

$\Sigma M_B = 0 = -500(.5) - 1000(.866) + T(.866 \times 1.5)$

$\Rightarrow T = 859\ N$

(4.235)

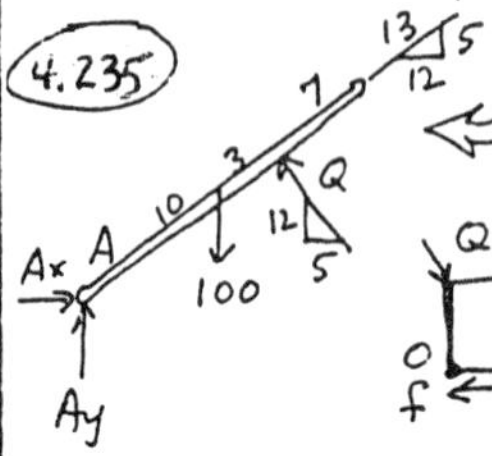

$\Sigma M_A = 0 = 13Q - 100\left[\frac{12}{13}(10)\right]$

$Q = 71.0$ lb

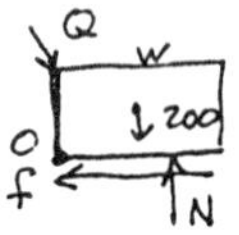

$\Sigma F_x = 0 \Rightarrow f = Q\left(\frac{5}{13}\right) = 27.3$ lb

$\Sigma F_y = 0 \Rightarrow N = 200 + Q\left(\frac{12}{13}\right) = 266$ lb

Need the width w to get location of N. Can find min. w for equilibrium, tho:

$\Sigma M_O = 0 \Rightarrow wN = \frac{5}{13}Q(5) + 200\frac{w}{2}$

$w = \frac{137}{166} = 0.825$ ft

For a later problem, note that:

$A_x = \frac{5}{13}Q = 27.3$ lb; $A_y = 100 - \frac{12}{13}Q = 34.5$

4.236 is in next column →

(4.237)

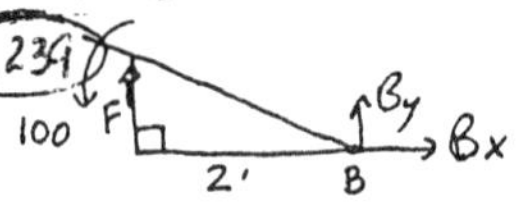

Now, $\Sigma M_B = 0 \Rightarrow 2F = 100$

$F = 50$ lb ©

Onto bar at A: $\underline{50\hat{j}\text{ lb.}}$

$\Sigma F_x = 0 \Rightarrow B_x = 0$; $\quad \Sigma F_y = 0 \Rightarrow B_y = -50$

Reaction at B on bar becomes $\underline{-50\hat{j}\text{ lb.}}$

(4.236)

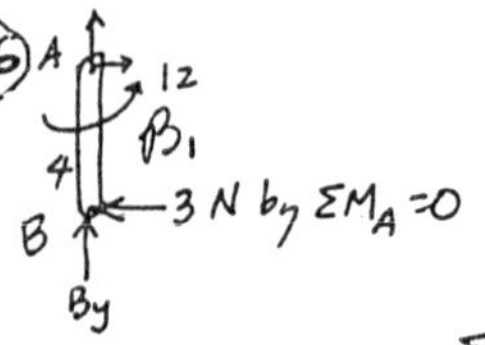

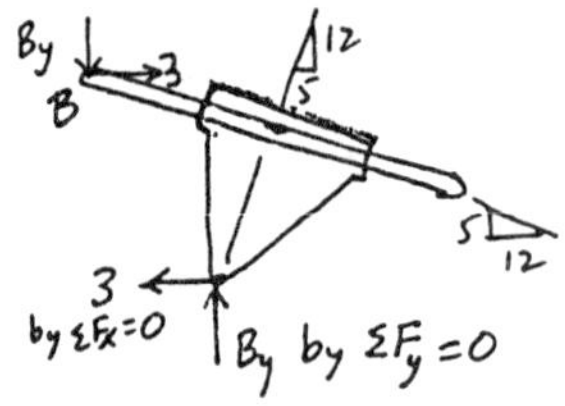

$\Sigma M_B = 0 = B_y\left[12 - \frac{5}{13}(10)\right] - 3\left[\frac{12}{13}(10) + 5\right]$

$B_y = 5.24$

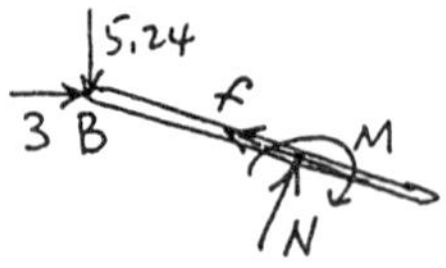

$\Sigma F_x = 0 = N + 3\left(\frac{5}{13}\right) - 5.24\left(\frac{12}{13}\right)$

$N = 3.68$ Newtons

$\Sigma F_y = 0 = f - 3\left(\frac{12}{13}\right) - 5.24\left(\frac{5}{13}\right)$

$f = 4.78$ Newtons

$\Sigma M_B = 0 = -M + 13\overbrace{(3.68)}^{N} \Rightarrow M = 47.8$ N·cm

(4.237) $\Sigma M_O = 0 = -500000 + \frac{20000}{\sqrt{2}}1 - \frac{150000}{\sqrt{2}}1 + [(F\cos 20°)5]2 = 0$

$F = 63000$ lb.

(4.238) AC is a 2-force member.

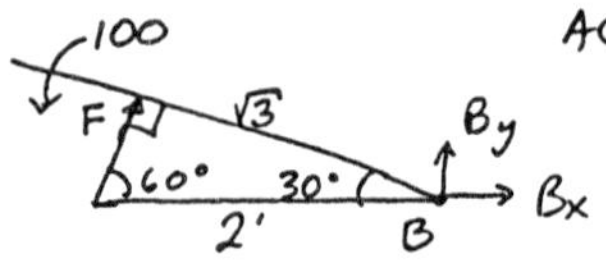

$\Sigma M_B = 0 = 100 - \sqrt{3}F \Rightarrow F = 57.7$ lb ©

So onto AC at A is the force $57.7 \measuredangle 60°$ lb.

At B: $B_x = -F\cos 60° = -57.7\left(\frac{1}{2}\right) = -28.9$

and $B_y = -F\sin 60° = -57.7\left(\frac{\sqrt{3}}{2}\right) = -50.0$

Reaction at B onto bar is $-28.9\hat{i} - 50.0\hat{j}$ lb

(4.239) at bottom of left-hand column.

(4.240)

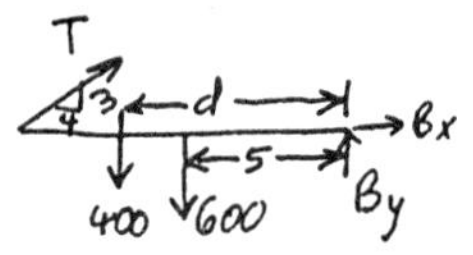

$\Sigma M_B = 0 = 3000 + 400d - 0.6T(10)$.

$T = 500 + \frac{400d}{6}$

$T = 66.7d + 500$

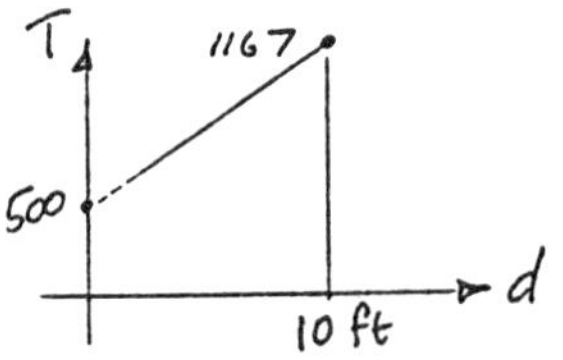

At $d = 6$, $T = 900$

$\Sigma F_x = 0 \Rightarrow B_x = -900(.8) = -720$

$\Sigma F_y = 0 \Rightarrow B_y = 1000 - 900(.6) = 460$

∴ Reaction is $-720\hat{i} + 460\hat{j}$ lb

(4.241)

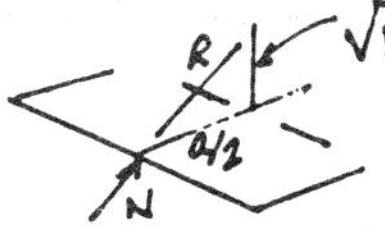

$\sqrt{R^2-a^2/4} = \sqrt{\ }$

$\Sigma F_y = 0 \Rightarrow \dfrac{4N\sqrt{\ }}{R} = W$

$\therefore N = \dfrac{WR}{\sqrt{\ }}$

IN-PLANE FORCES ARE EACH $\dfrac{N}{R}(a/2)$

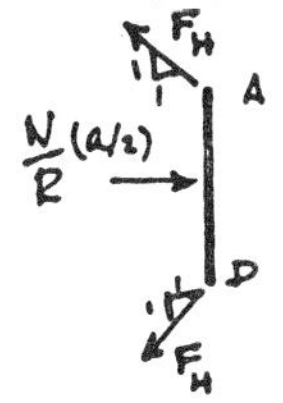

EQUAL F_H's & 45° BY SYMMETRY.

$\Sigma F_x = 0 \Rightarrow \dfrac{2F_H}{\sqrt{2}} = N\dfrac{a/2}{R} = \dfrac{WR}{\sqrt{\ }}\dfrac{a/2}{R}$

$\therefore F_H = \dfrac{Wa}{8\sqrt{2}\,h}$ WHERE $h = \sqrt{\ }$

(4.242)

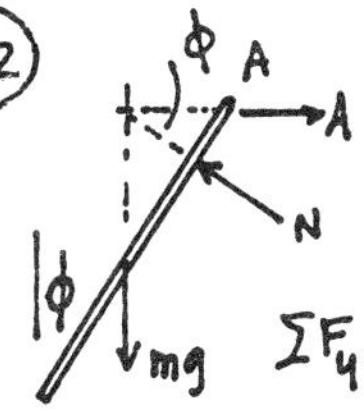

$\Sigma M_A = 0 \Rightarrow$

$mg\,\ell/2 \sin\phi = N \dfrac{\ell/4}{\sin\phi}$

$N = 2mg\sin^2\phi$

$\Sigma F_y = 0 \Rightarrow N\sin\phi - mg = 0$

$\therefore \sin^3\phi = 1/2 \;;\; \phi = 52.5°$

(4.243)

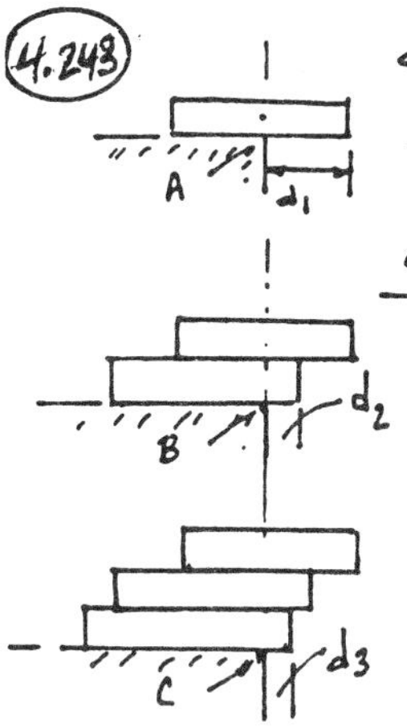

$d_{max} = \frac{L}{2}(1)$ ELSE $\Sigma M_A \neq 0$

$d_{2max} = \frac{L}{2}\left(\frac{1}{2}\right)$ " $\Sigma M_B \neq 0$

$d_{3max} = \frac{L}{2}\left(\frac{1}{3}\right)$ " $\Sigma M_C \neq 0$

SO FOR n BLOCKS (TOP BLOCK IS 1ST) OVERHANG IS:

$n^{th}: \frac{L}{2}\left(\frac{1}{n}\right)$

$(n-1)^{st}: \frac{L}{2}\left(\frac{1}{n} + \frac{1}{n-1}\right)$

$\vdots$

$2^{nd}: \frac{L}{2}\left(\frac{1}{2} + \frac{1}{3} + \cdots + \frac{1}{n}\right)$

$1^{st}: \frac{L}{2}\left(1 + \frac{1}{2} + \frac{1}{3} + \cdots + \frac{1}{n}\right)$

FOR 4 BLOCKS: OVERHANG OF TOP BLOCK

$= \frac{L}{2}\left(1 + \frac{1}{2} + \frac{1}{3} + \frac{1}{4}\right) = \frac{25}{24}L$

(4.244)

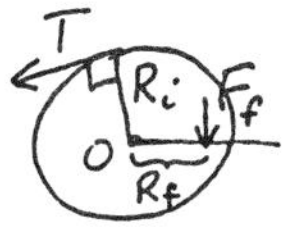

$\Sigma M_O = 0 \Rightarrow TR_i = F_f R_f$

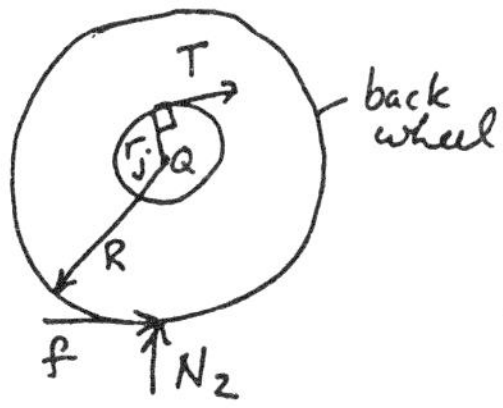

$\Sigma M_Q = 0 \Rightarrow fR = Tr_j$

$\therefore \dfrac{F_f R_f}{R_i} = T = \dfrac{fR}{r_j}$

$\therefore f = \dfrac{F_f R_f r_j}{R R_i}$

---

no. of small gear teeth ↓ \ no. of large gear teeth →	39	52
14	2.79 (3)	3.71 (1)
17	2.29 (5)	3.06 (2)
22	1.77 (7)	2.36 (4)
26	1.50 (9)	2.00 (6)
30	1.30 (10)	1.73 (8)

Table of ratios (ordering in circles)

(4.245)

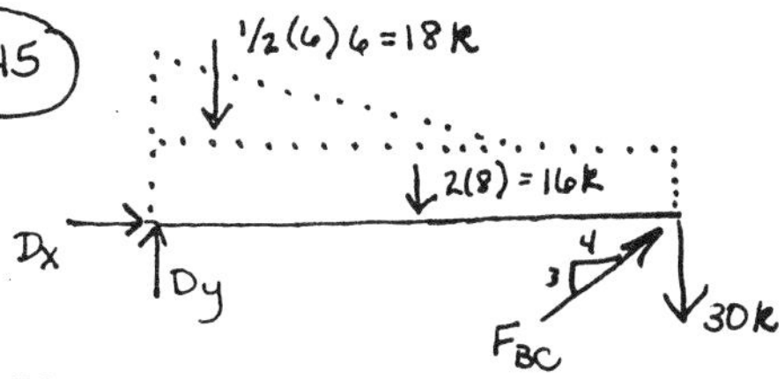

$\Sigma M_D = 0 = F_{BC}\left(\frac{3}{5}\right)8 - (30)8 - 18(2) - 16(4)$

$F_{BC} = \dfrac{340}{(24/5)} = 70.8$ kips

(4.246)

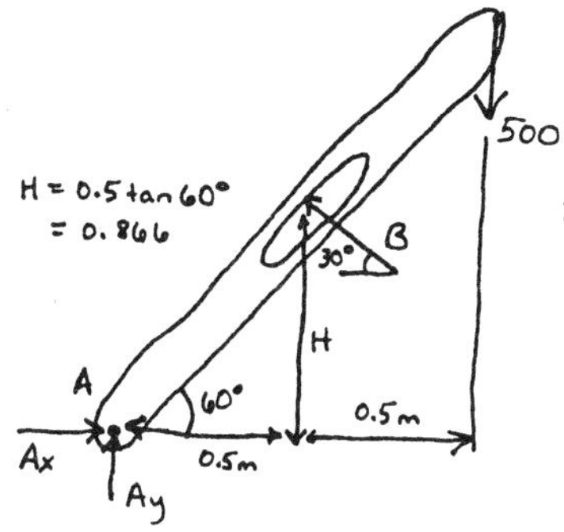

$H = 0.5\tan 60° = 0.866$

$\Sigma M_A = 0 = B\sqrt{H^2+0.5^2} - 500(1)$

$B = \dfrac{500}{\sqrt{0.866^2+0.5^2}} = 500\,N$

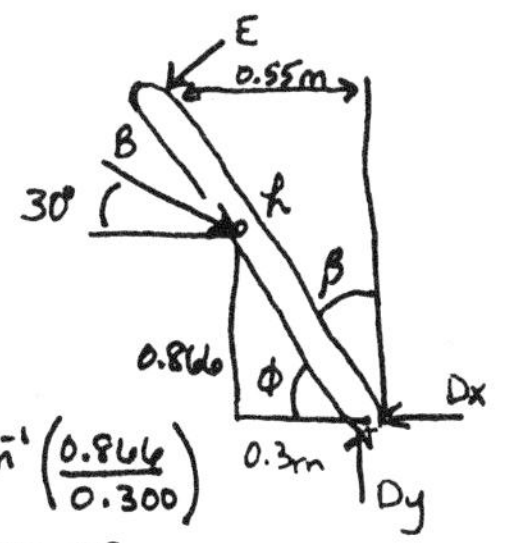

$\Sigma M_D = 0 = Eh - B\cos 30°(0.866) + B\sin 30°(0.3)$

$E = \dfrac{300}{1.68} = 179\,N$

$\phi = \tan^{-1}\left(\dfrac{0.866}{0.300}\right) = 70.9°$

$\beta = 90 - \phi = 19.1°$

$h = 0.55/\sin\beta = 1.68\,m$

4.247 EC is the two-force member.

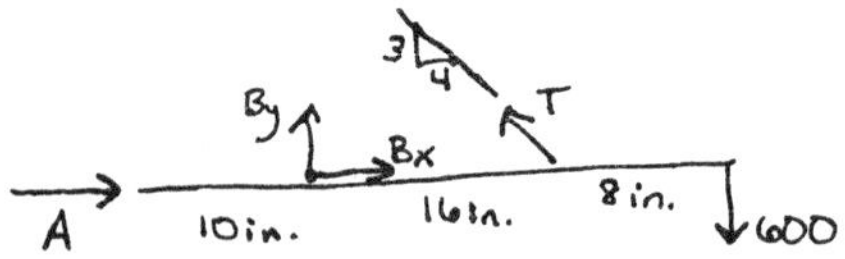

$$\circlearrowleft\!+\ \Sigma M_B = 0 = T\left(\tfrac{3}{5}\right)16 - 600(24)$$

$$T = 1500 \text{ lb}$$

4.248 The tension in the cable follows from moments about R on the free-body diagram of the bar R (see Figure 1(c) in the Example.)

$$\circlearrowleft\!+\ \Sigma M_R = 0 = T(2\sin 60° \text{ ft}) - (P\cos 60°)(1.5 \text{ ft})$$

$$T = \frac{52.0(1.5)}{2(\sqrt{3}/2)} = 45.0 \text{ lb}$$

Then the equilibrium of forces on R results in

$$\xrightarrow{+}\ \Sigma F_x = 0 = P\cos 30° - T - R_x$$

from which

$$R_x = 104(\sqrt{3}/2) - 45.0$$
$$= 45.1 \text{ lb}$$

Also,

$$+\uparrow\ \Sigma F_y = 0 = -P\sin 30° + R_y$$
$$R_y = 104(0.5) = 52 \text{ lb}$$

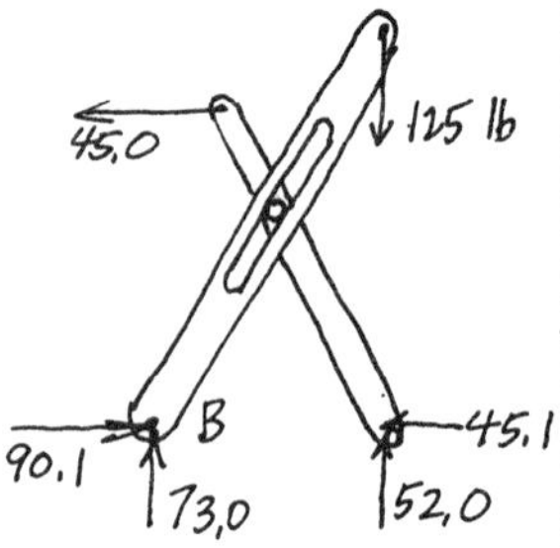

On overall FBD:

$\Sigma F_x = 90.1 - 45.0 - 45.1 = 0$ ✓

$\Sigma F_y = 73 + 52 - 125 = 0$ ✓

$$\circlearrowleft\!+\ \Sigma M_B = -(125 \text{ lb})(2.5\cos 60° \text{ ft}) + (52 \text{ lb})[2(1.5\cos 60°) \text{ ft}] + (45.0 \text{ lb})(2\sin 60° \text{ ft})$$

$= -0.31$ lb-ft (slightly off from zero due to roundoff error)

4.249

$$\Sigma M_A = 0 = -150(4) + A_y(3)$$
$$A_y = 200$$

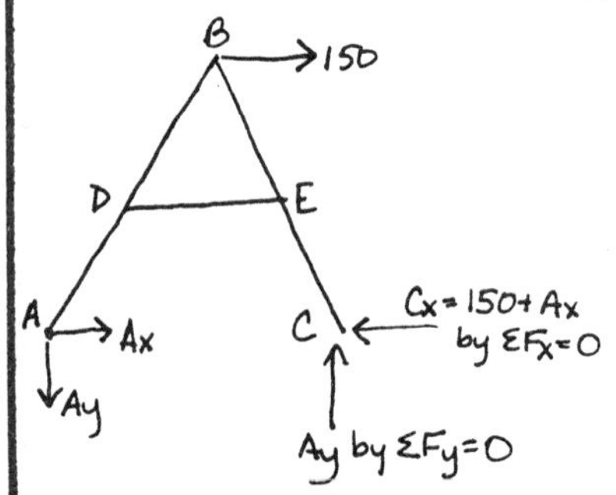

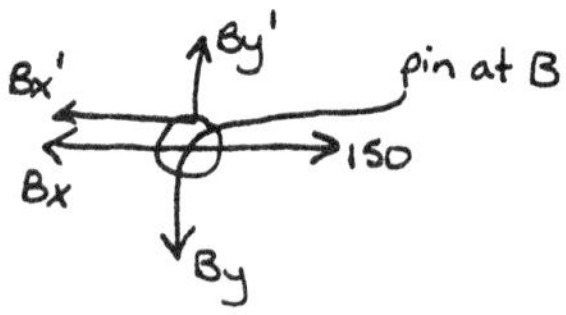

$\Sigma F_x = 0 \Rightarrow B_x' = 150 - B_x$

$\Sigma F_y = 0 \Rightarrow B_y' = B_y$

continued →

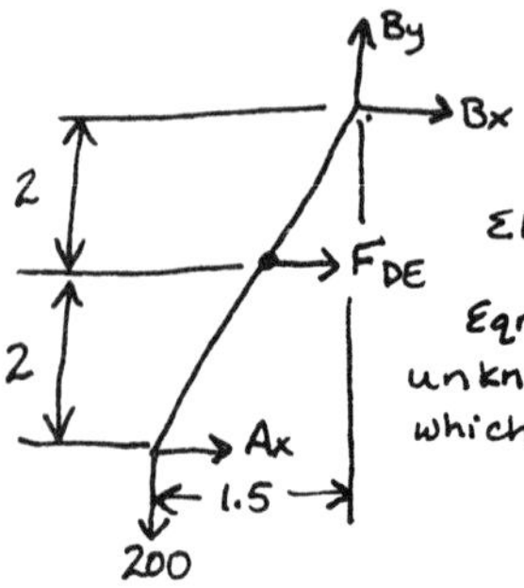

$\Sigma F_x = 0 = B_x + F_{DE} + A_x$ (1.)

$\Sigma F_y = 0 \Rightarrow B_y = 200$

$\Sigma M_B = 0 = 2F_{DE} + 1.5(200) + 4A_x$ (2.)

Eqns. (1)+(2) contain 3 remaining unknowns, so they can't be solved, which we were to show.

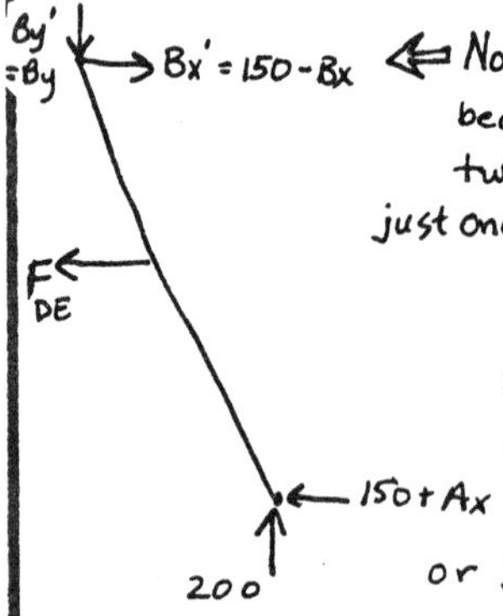

Note: This FBD doesn't help, because the "overall less the other two" yield it. But let's show this, just one time:

$\Sigma F_x = 0 = 150 - B_x - F_{DE} - 150 - A_x$

which is the same as (1.)

$\Sigma F_y = 0 \Rightarrow B_y = 200$, already obtained.

and $\Sigma M_B = 0 = -F_{DE}(2) - 150(4) - A_x(4) + 200(1.5)$

or $2F_{DE} + 4A_x + 300 = 0$ which is (3.)

4.250

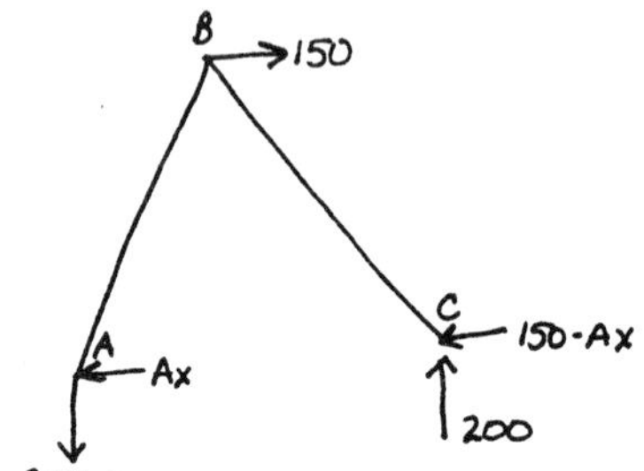

200, by solution to 4.251 (overall FBD)

Since AB is a 2-force member, the force at A has to lie along the direction BA:

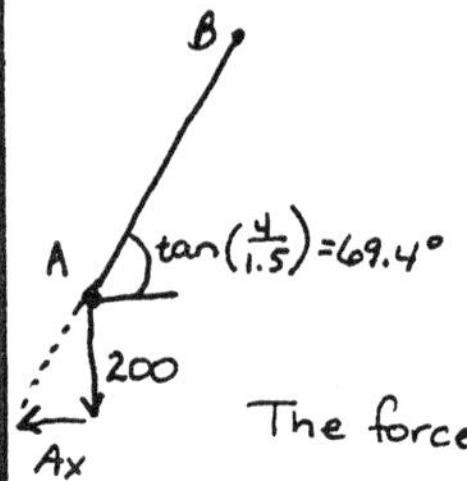

Thus $\dfrac{200}{A_x} = \dfrac{4}{1.5}$

$A_x = 75$ N

The forces at A and B onto AB are:

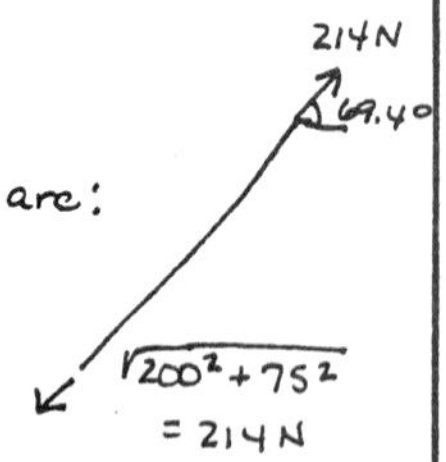

Previously, the magnitude of the reaction at B onto AB was $\sqrt{346^2 + 200^2} = 400$ N, nearly twice as big.

(4.251)

In Example 4.19, we found (see the FBD's in Figure E4.19b):

$E = 395$ lb, $D_x = 417$ lb, $D_y = 75$ lb

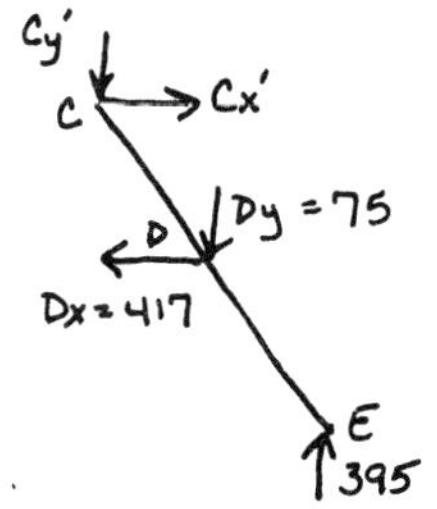

$\Sigma F_x = 0 \Rightarrow C_x' = 417$

$\Sigma F_y = 0 \Rightarrow C_y' = 395 - 75 = 320$

From Figure 2(a) of the Example,

$\Sigma F_x = 0 \Rightarrow A_x = 250$ and $\Sigma F_y = 0 \Rightarrow A_y = 150 - E$
$= -245$

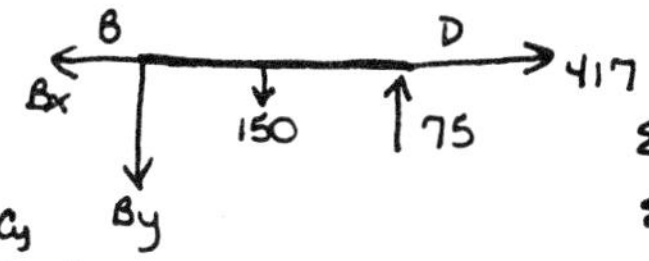

$\Sigma F_x = 0 \Rightarrow B_x = 417$

$\Sigma F_y = 0 \Rightarrow B_y = 75 - 150 = -75$

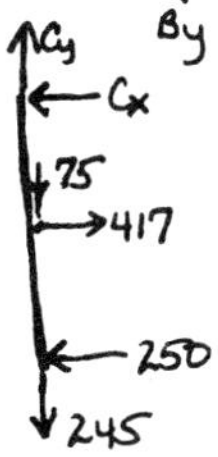

$\Sigma F_x = 0 \Rightarrow C_x = 417 - 250 = 167$

$\Sigma F_y = 0 \Rightarrow C_y = 245 + 75 = 320$

Now put these on FBD of pin at C:

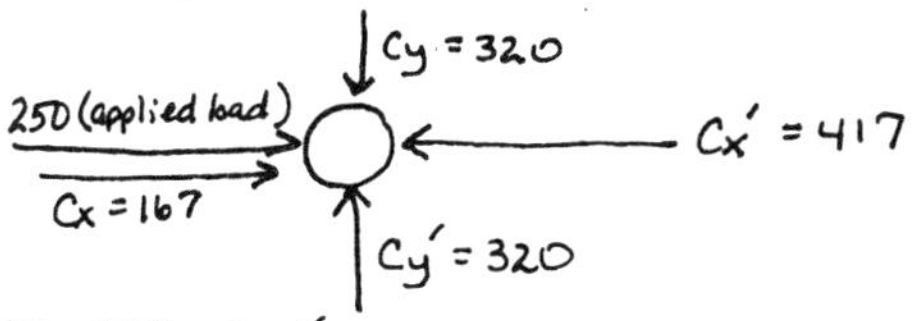

$\Sigma F_x = 167 + 250 - 417 = 0$ ✓

$\Sigma F_y = 320 - 320 = 0$ ✓

(4.252)

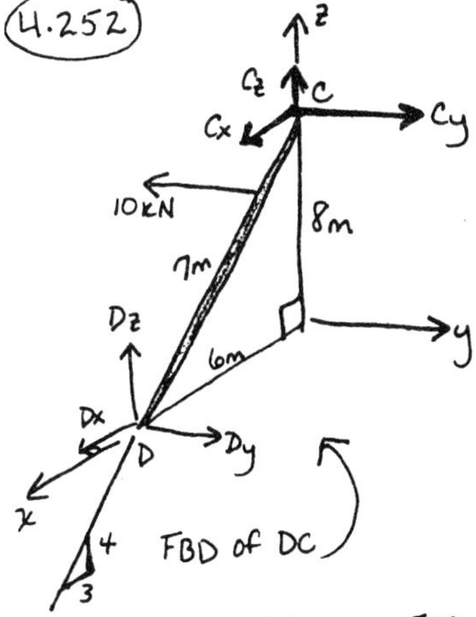

$\Sigma M_{Dx} = 0 = 10\left(7 \times \frac{4}{5}\right) - C_y(8)$

$C_y = \frac{280}{40} = 7$ kN

$\Sigma M_{Dy} = 0 = C_z(6) + C_x(8)$ (1)

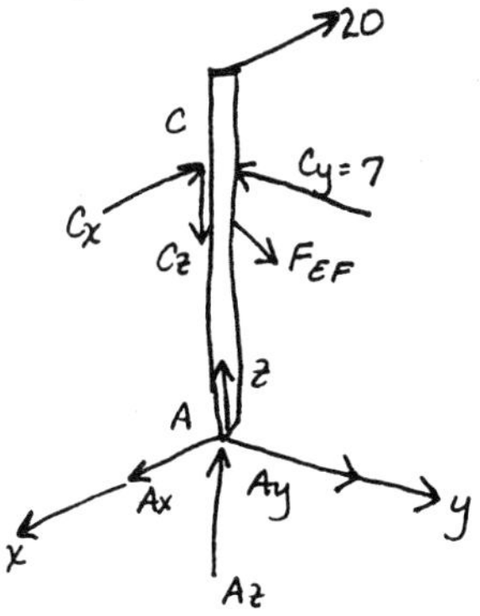

$\Sigma M_{Ay} = 0 = -C_x(8) - 20(10)$

$C_x = \frac{200}{-8} = -25$

$\therefore$ By (1) above, $C_z = \frac{-8}{6} C_x$

$= +\frac{4}{3}(25)$

$= 33.3$

So the force onto AB at C is:

$+25\hat{i} - 7\hat{j} - 33.3\hat{k}$ kN

(4.253)

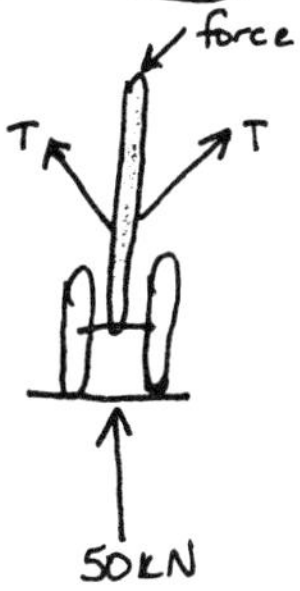

$\Sigma M_{Cx} = 0 = -50(1.1) + 2\left[\frac{1.495}{2.01}(1.2) - \frac{1.2}{2.01}(0.695)\right]T$

So $T = 57.6$ kN

where $\underline{r}_{ED} = 0.6\hat{i} + 1.2\hat{j} - (0.695 + 0.8)\hat{k}$ with magnitude 2.01 m, using the sketch at the left below

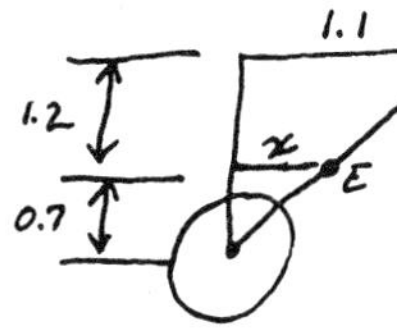

$\frac{1.9}{1.1} = \frac{0.7}{x}$

$x = 0.405$

$1.1 - 0.405 = 0.695$

(4.254)

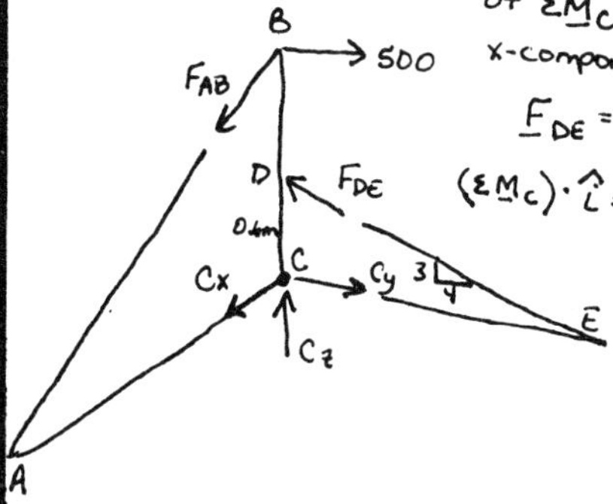

$F_{AB} = 0$ because the y-component of $\Sigma \underline{M}_C$ contains only the x-component of F_{AB} times 1.2 m.

$\underline{F}_{DE} = F_{DE}\left(\frac{3\hat{k} - 4\hat{j}}{5}\right)$

$(\Sigma \underline{M}_C) \cdot \hat{i} = 0 = F_{DE}\left(\frac{4}{5}\right)(0.6) - 500(1.2)$

$F_{DE} = 1250$ N (C)

(DE is a 2-force member)

(4.255)

$A_y = C_y = D_y = 1200/3 = 400$ LB

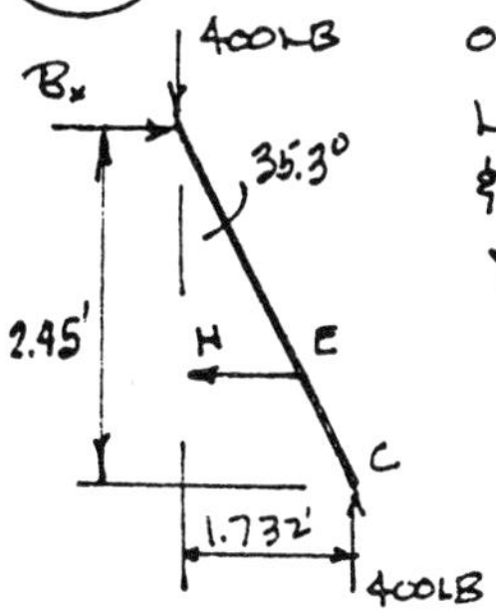

ON BC: $\Sigma F_y = 0 \Rightarrow B_y = 400$ LB

LET H = RESULTANT OF EF & EG AT E ON BC.

$\Sigma M_B = 0 = 400(1.732) - H(1.634)$

$H = 424$ LB

$F_{EF}\cos 30° + F_{EG}\cos 30° = H$

& $F_{EF} = F_{EG} \Rightarrow F_{EF} = 245$ LB

$\therefore F_{EF} = F_{EG} = F_{FG} = 245$ LB (T)

4.256

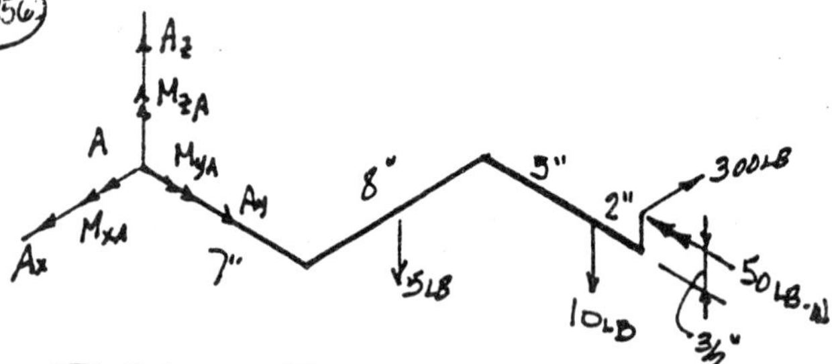

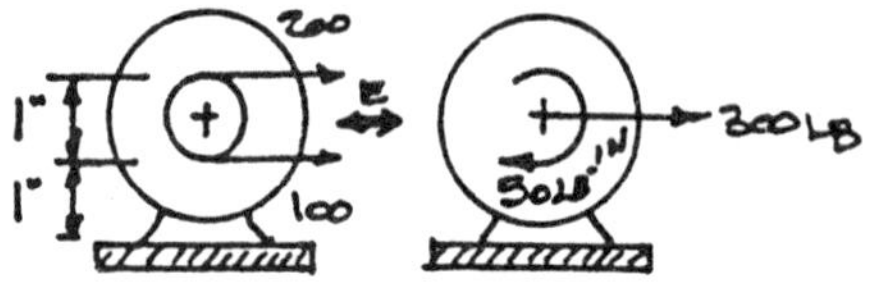

a) TORQUE $= 200(1/2) - 100(1/2) = 50$ LB-IN

b) $\Sigma \underline{F} = \underline{0} = \underline{F}_A - 300\hat{i} - (5+10)\hat{k}$

$\Rightarrow \underline{F}_A = 300\hat{i} + 15\hat{k}$ OR $A_x = 300$ LB, $A_y = 0$, $A_z = 15$ LB

c) $\Sigma \underline{M}_A = 0 = M_{xA}\hat{i} + M_{yA}\hat{j} + M_{zA}\hat{k} + (7\hat{j} - 4\hat{i}) \times (-5\hat{k})$

$+ (12\hat{j} - 8\hat{i}) \times (-10\hat{k}) + (14\hat{j} - 8\hat{i} + \frac{3}{2}\hat{k}) \times (-300\hat{i})$

$- 50\hat{j} = 0 \Rightarrow$

$M_{xA} = 155$ LB-IN ; $M_{yA} = 600$ LB-IN, $M_{zA} = -4200$ LB-IN

4.257

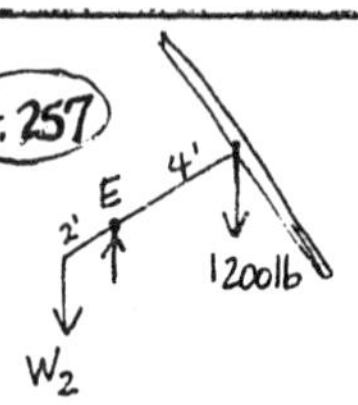

If there is to be no moment at E (c.g. of B_6 on x-axis), then $2W_2 = 4(1200) \Rightarrow W_2 = 2400$ lb.

$\therefore$ Reaction onto B_6 at E $= 1200 + 2400 = 3600$ lb, up, with a couple $\underline{M}_E = 1200(1.5)(-\hat{j}) = -3000\hat{j}$ lb-ft.

And onto B_5 at O: Only force component is again $3600 \uparrow$ lb. Couple $\underline{C}$ is:

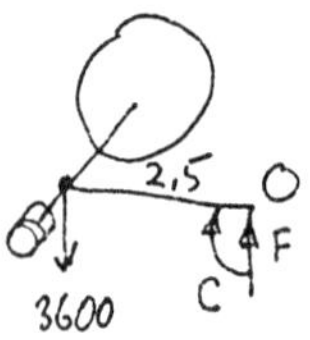

$\Sigma M_O = 0 = 3600(2.5)(-\hat{j}) + C\hat{j} + 3000\hat{j}$

So $\underline{C} = 3600(2.5)\hat{j} - 3000\hat{j}$
$= 6000$ lb-ft $\hat{j}$

4.258

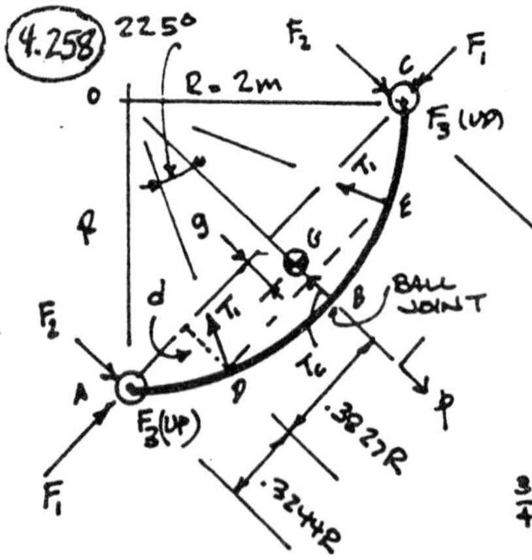

$d = R(\cos 225 - \cos 45°)$

$d = .2168R$

$g = \frac{2R}{\pi}\sqrt{2} - R\cos 45°$

$g = .1932R$

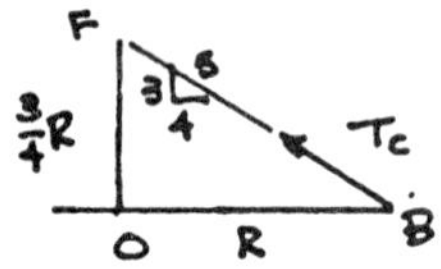

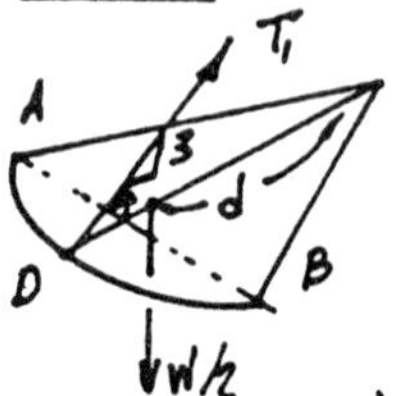

FOR AN "EIGHTH" OF A RING:

$\frac{W}{2} = \frac{\pi}{4}(2)(10)$

$= 5\pi$ N

d = DISTANCE TO CENTROID OF ARC AB $d = \frac{\sqrt{2}(2R/\pi)}{\cos(\pi/8)} = .9745R$

$\Sigma M_{AB} = 0 = -\frac{3}{5}T_1(R - .9239R) + \frac{W}{2}(.97450 - .92388)R$

$.6(.07612)T_1 = .05062W$

$T_1 = 17.41$ N

ON QUARTER RING: $\Sigma M_{AC} = 0$

MOM. ARM FOR VERTICAL COMP. OF T_1 IS

$\left[R - \frac{R\cos 45°}{\cos 22.5°}\right]\cos 22.5° = d = .2168R$

FOR T_c: $R(1 - \frac{1}{\sqrt{2}}) = .2929R$

AND MOM. ARM FOR W IS

$\sqrt{2}\left(\frac{2R}{\pi}\right) - \frac{R}{\sqrt{2}} = 0.1932R = g$

$\Sigma M_{AC} = 0$

$W(.1932R) - 2(.6T_1)(.2168R) - .6T_c(.2929R) = 0$

WITH $T_1 = 17.41$ & $W = 10\pi$

$T_c = 8.76$ N

4.259

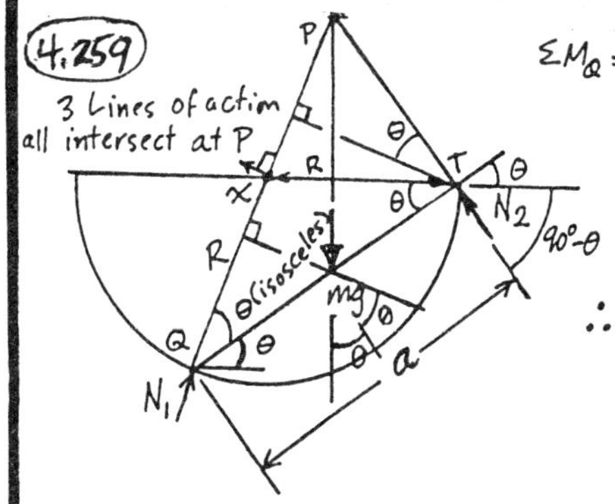

$$\Sigma M_Q = 0 = N_2 \sqrt{2(1+\cos 2\theta)}\, R - mg\frac{L}{2}\cos\theta$$

$$\Sigma F_x = 0 \Rightarrow N_2 \cos\theta = mg\cos 2\theta$$

$$\therefore \frac{mg\cos 2\theta}{\cos\theta}\sqrt{\quad}\, R = mg\frac{L}{2}\cos\theta$$

From isosceles △ QPT,

$$a^2 = R^2 + R^2 - 2R^2 \underbrace{\cos(180-2\theta)}_{-\cos 2\theta}$$

$$a = \sqrt{2(1+\cos 2\theta)}\, R$$

$$\therefore \frac{L}{R} = \frac{4\sqrt{2}\cos 2\theta}{\sqrt{1+\cos 2\theta}} \quad \text{Eq.(1)}$$

Max is when $\theta = 0$, for which $\frac{L}{R} = \frac{4\sqrt{2}}{\sqrt{2}} = 4.$

Min. is when $a = L$ (nothing hanging out):

Then, $\frac{L}{R} = \frac{a}{R} = \sqrt{2(1+\cos 2\theta)} \overset{\text{also}}{=} \frac{4\sqrt{2}\cos 2\theta}{\sqrt{1+\cos 2\theta}}$

$$\therefore \quad 1 + \cos 2\theta = 4\cos 2\theta$$

$$3\cos 2\theta = 1$$

$$\cos 2\theta = 1/3.$$

$$\therefore \frac{L}{R} = \frac{4\sqrt{2}/3}{\sqrt{4/3}} = \frac{2\sqrt{2}\sqrt{3}}{3} = \frac{2\sqrt{6}}{3} = 1.63$$

Program is to solve Eq. (1) for θ for 101 values of L/R, which are $\frac{2\sqrt{6}}{3} + n\delta$, $n = 0, 1, \cdots, 100$ where $\delta = \frac{4 - 2\sqrt{6}/3}{100}$.

4.260

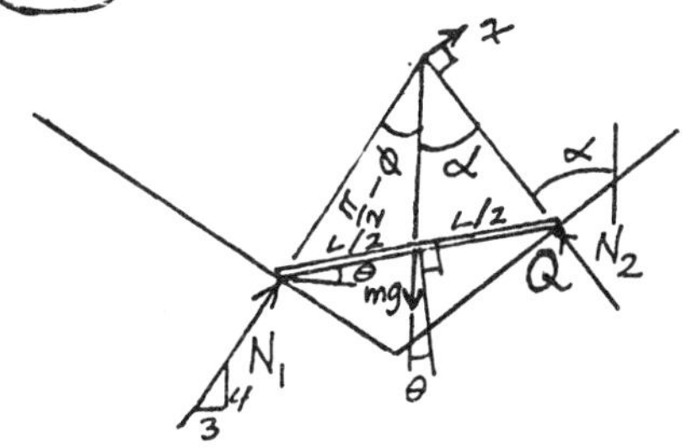

Let $\phi = \tan^{-1}\frac{4}{3}$

$$\Sigma M_Q = 0 \Rightarrow N_1 \sin(\phi-\theta) L = mg\cos\theta\,\frac{L}{2} \qquad (1)$$

$$\Sigma F_x = 0 \Rightarrow N_1 \sin[90 - \phi + \alpha] = mg\sin\alpha \qquad (2)$$

Sub. (1) into (2):

$$\frac{mg\cos\theta}{2\sin(\phi-\theta)}\cos(\phi-\alpha) = \sin\alpha$$

$$\cos\theta \underbrace{\cos(\phi-\alpha)}_{\cos\phi\cos\alpha + \sin\phi\sin\alpha} = 2\sin\alpha \underbrace{\sin(\phi-\theta)}_{\sin\phi\cos\theta - \cos\phi\sin\theta}$$

$$\cos\theta\,\frac{(3\cos\alpha + 4\sin\alpha)}{5} = 2\sin\alpha\,\frac{(4\cos\theta - 3\sin\theta)}{5}$$

$$\cos\theta - \frac{2\sin\alpha}{3\cos\alpha + 4\sin\alpha}(4\cos\theta - 3\sin\theta) = 0$$

For each α, the left side is $f(\theta) = 0$, which can be solved numerically. (Actually, the eqn. can be reduced to $\tan\theta = \frac{4}{3} - \frac{1}{2}\cot\alpha$.)

4.261

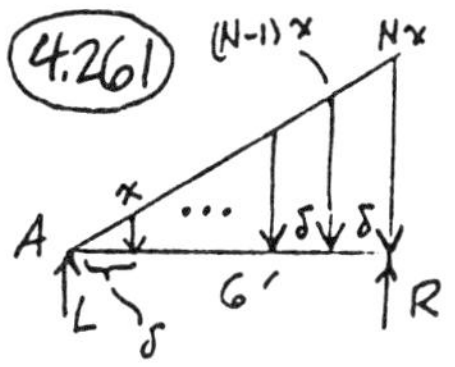

$$\Sigma F = x + 2x + \cdots + (N-1)x + Nx = 300$$

$$x\underbrace{(1 + 2 + \cdots + N)}_{\frac{N(N+1)}{2}} = 300$$

$$\delta = \frac{6}{N}$$

$x = \frac{600}{N(N+1)}$ = value of smallest (leftmost) of the loads.

and

Nx = largest (rightmost) load over the roller.

$$\Sigma M_A = 0 \Rightarrow 6R = \frac{600}{N(N+1)}\left[\delta + 2(2\delta) + \cdots + N(N\delta)\right]$$

$$6R = \frac{600}{N(N+1)}\,\overset{6/N}{\delta}\,[1^2 + 2^2 + \cdots + N^2]$$

We want $R = \frac{600}{N^2(N+1)}[1^2 + 2^2 + \cdots + N^2] < 202$

where $202 = 200 + 1\%(200)$. Numerical answer by computer is $N_{min} = 51$; actually have equality at $N = 50$. But the series $1^2 + 2^2 + N^2$ is equal to $\frac{N(N+1)(2N+1)}{6}$, so can do problem in closed form to check.

(4.262) $\Sigma M_B = 0 = -W S_\theta 7Q + W \sin(\psi + \frac{\pi}{2} - \theta) 7Q + T \sin(\phi + \frac{\pi}{2} - \theta) 7Q = 0$. Note could've just summed forces.

(ϕ = $\theta/2$ (below))

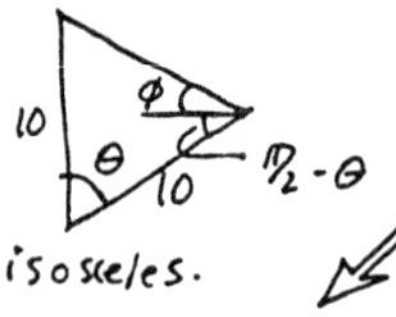

isosceles.

$$\therefore \frac{T}{W} = \frac{S_\theta - \sin(\psi + \frac{\pi}{2} - \theta)}{\sin\left(\frac{\pi - \theta}{2}\right)} \quad (1)$$

$\pi = \Sigma(\text{angles})$

$= \theta + 2[\phi + \frac{\pi}{2} - \theta]$

$\pi = 2\phi + \pi - \theta$

$\phi = \theta/2$

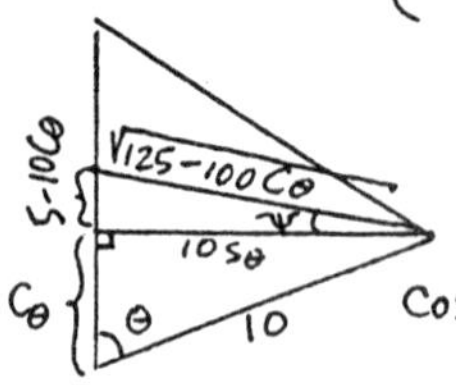

$$\sin\psi = \frac{5(1-2C_\theta)}{\sqrt{125-100C_\theta}} \quad (2)$$

$$\cos\psi = \frac{10S_\theta}{\sqrt{125-100C_\theta}} \quad (3)$$

For each θ between $0 \,\&\, \pi$, say every 5°, compute by computer the value of ψ using (2) or (3). Then use (1) to compute T/W for that $\theta \,\&\, \psi$.

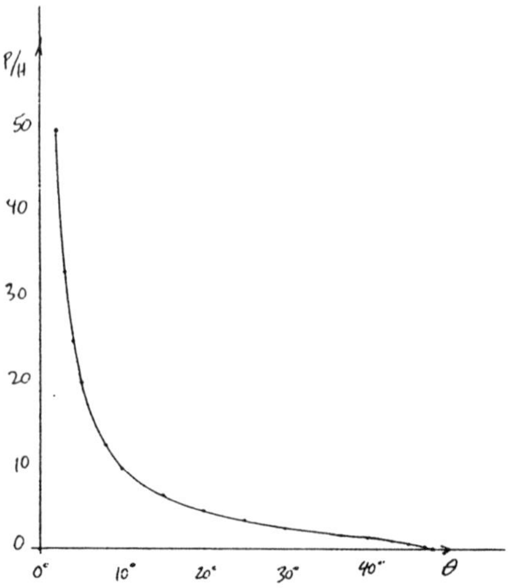

Some check values:

θ	P/H
2°	49.1
10°	9.63
30°	2.64

(4.263) (a)

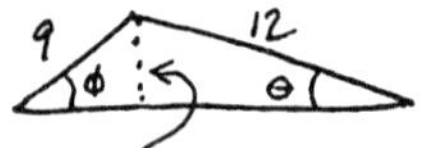

$9 \sin\phi = 12 \sin\theta$

$\phi = \sin^{-1}(\frac{4}{3}\sin\theta)$ (1.)

(b)

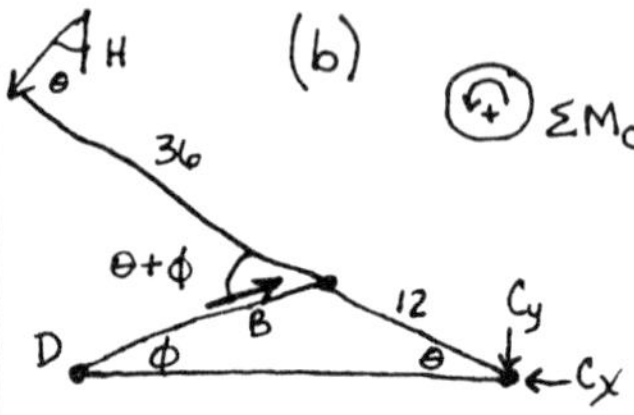

$\Sigma M_C = 0 = 48H - B\sin(\theta+\phi)(12)$

$$B = \frac{4H}{\sin(\theta+\phi)} \quad (2.)$$

(c)

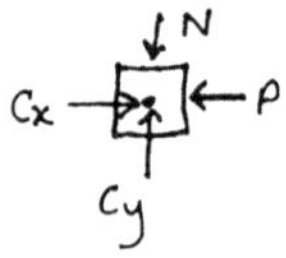

$\Sigma F_x = 0$ on FBD of ABC:

$C_x = P = B\cos\phi - H\sin\theta$ (3.)

(d) Steps: Given θ, get ϕ from Eqn (1.).

Then compute B/H from (2.) as $\frac{4}{\sin(\theta+\phi)}$.

Then get $\frac{P}{H} = \frac{B}{H}\cos\phi - \sin\theta$ from (3.) after substituting B/H. The resulting graph should have this form:

Continued ↗

(e) P must be >0, so $B\cos\phi - H\sin\theta > 0$

$$\frac{4H}{\sin(\theta+\phi)}\cos\phi > H\sin\theta$$

Since $\sin\phi = \frac{4}{3}\sin\theta$, we have

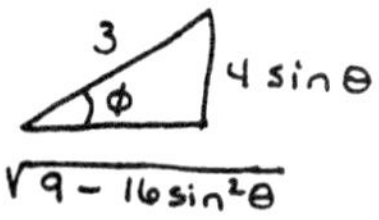

so that $\frac{4\sqrt{9-16\sin^2\theta}}{3} > \sin\theta\left[\sin\theta\frac{\sqrt{}}{3} + \cos\theta\left(\frac{4}{3}\sin\theta\right)\right]$

$$\sin^2\theta\left[\frac{\sqrt{}}{3} + \frac{4\cos\theta}{3}\right]$$

or Let $S_\theta = \sin\theta$ and $C_\theta = \cos\theta$:

$\sqrt{9-16\sin^2\theta}\,(4 - \sin^2\theta) > 4\sin^2\theta\cos\theta$

Square:

$$9 - 16S_\theta^2 > \left(\frac{4S_\theta^2 C_\theta}{4 - S_\theta^2}\right)^2 = \frac{16S_\theta^4(1-S_\theta^2)}{16 - 8S_\theta^2 + S_\theta^4}$$

$(9-16S_\theta^2)(16 - 8S_\theta^2 + S_\theta^4) > 16S_\theta^4(1-S_\theta^2)$

$144 - 328S_\theta^2 + 121S_\theta^4 > 0$

Let $x = S_\theta^2$: $121x^2 - 328x + 144 > 0$

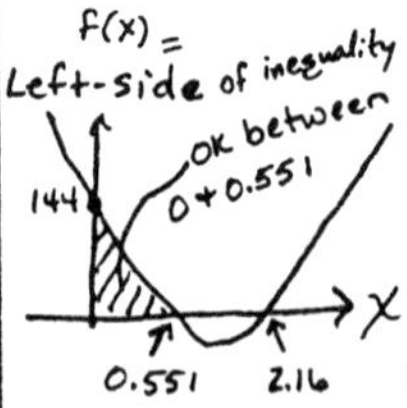

Roots: $x = \frac{328 \pm 194.6}{242} = 2.16 + 0.551$ (can't be $\sin^2\theta$! ($0 \le |\sin\theta| \le 1$))

$\sin^2\theta = 0.551 \Rightarrow \theta = 47.9°$

Note that when DB is vertical, $\theta = \sin^{-1}(9/12) = 48.6°$, slightly too big.

CHAPTER 5

5.1

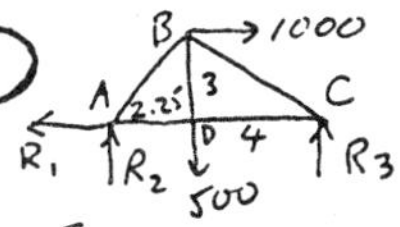

$\Sigma F_x = 0 \Rightarrow R_1 = 1000$

$\Sigma M_A = 0 = 6.25 R_3 - 3(1000) - \frac{9}{4}(500)$

$R_3 = 660; \therefore R_2 = -160$

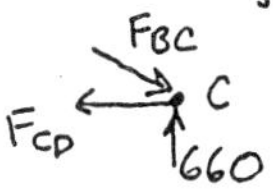

$.6F_{BC} - 660 \Rightarrow F_{BC} = 1100$ lb (C)

$F_{CD} = .8 F_{BC} = 880$ lb (T)

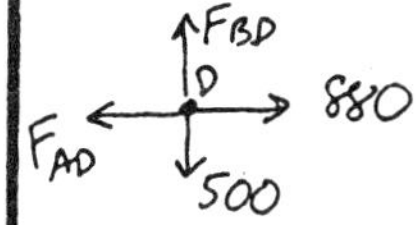

$F_{AD} = 880$ lb (T)

$F_{BD} = 500$ lb (T)

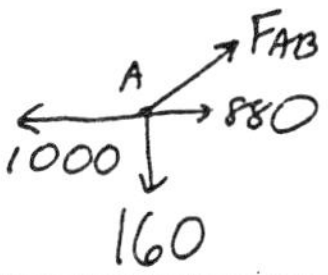

$.8 F_{AB} = 160 \Rightarrow F_{AB} = 200$ lb (T)

Check: $.6(200) + 880 - 1000 = 0$ ✓

5.2

REACTIONS AT A & F = 1 ↑ kip

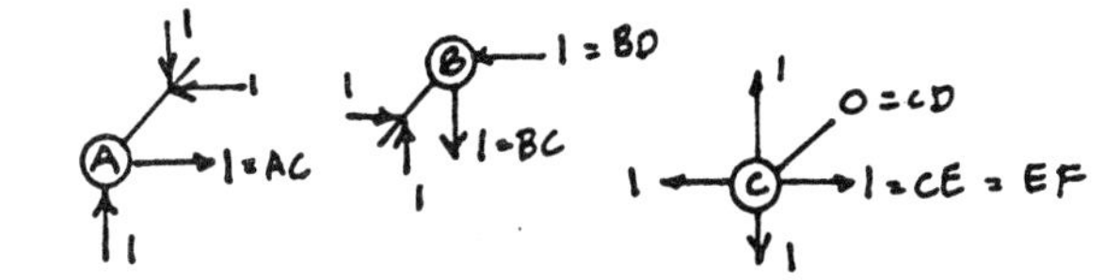

AB = $\sqrt{2}$ k (C) = DF

BC = 1k (T) = DE

AC = 1k (T) = CE = EF

BD = 1k (C) , CD = 0

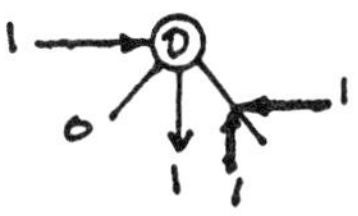

5.3

$\Sigma M_A = 0 \Rightarrow E_y = 2$ LB ↑ ; $\Sigma F_y \Rightarrow A_y = 3$ ↑ LB

JOINTS F, C, H BY INSPECTION GIVE DF, CG, BH

EL	LB
AB	-4.24
BC	-4.00
CD	-4.00
DE	-2.83
EF	+2.00
FG	+2.00
GH	+3.00
HA	+3.00
BH	+2.00
BG	1.41
CG	0
GD	2.83
DF	0

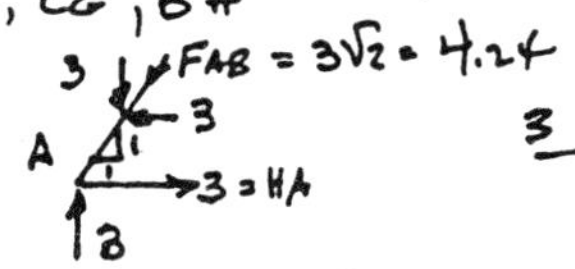

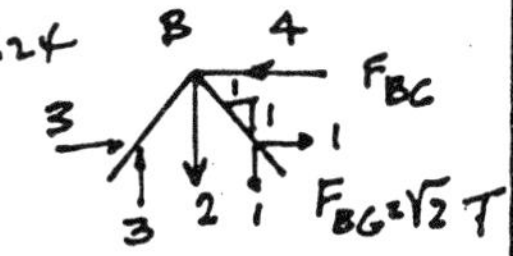

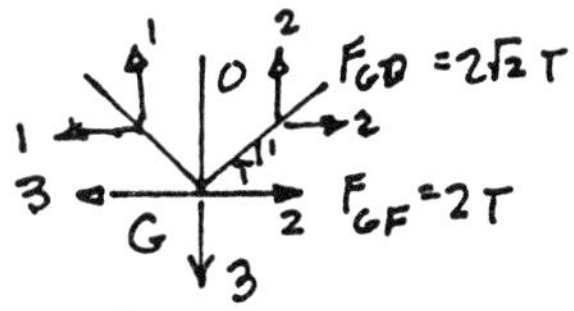

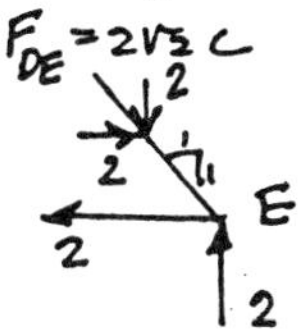

5.4

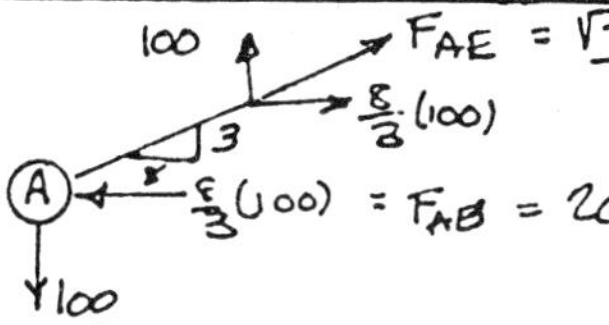

$F_{AE} = \frac{\sqrt{73}}{3}(100) = 285$ LB (T)

$\frac{8}{3}(100)$

$\frac{8}{3}(100) = F_{AB} = 267$ LB (C)

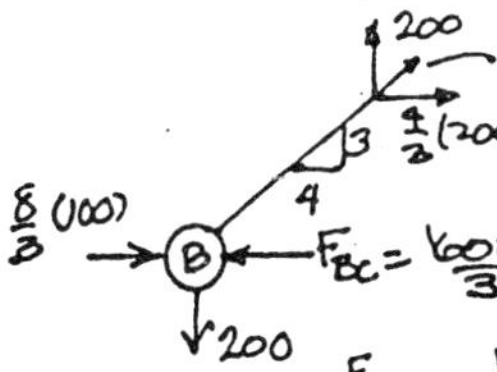

$F_{BE} = \frac{5}{3} \times 200 = 333$ LB (T)

$\frac{4}{3}(200)$

$F_{BC} = \frac{1600}{3} = 534$ LB (C)

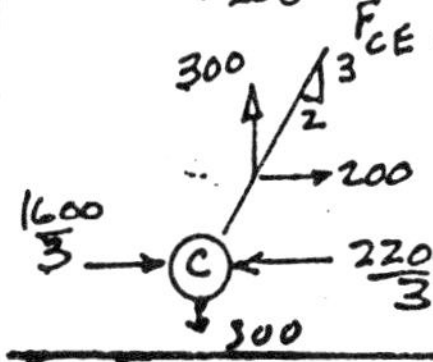

$F_{CE} = \frac{\sqrt{13}}{3}(300) = 361$ LB (T)

$\frac{2200}{3} = F_{CD} = 733$ LB (C)

5.5

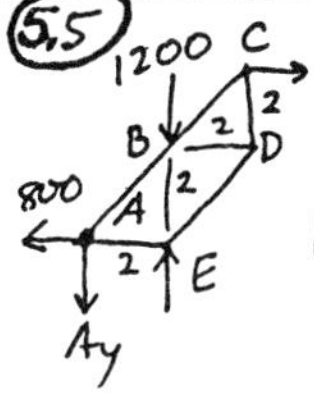

$\Sigma M_A = 0 \Rightarrow 3200 + 2400 = 2E$

$E = 2800$ N

So $A_y = 1600$ N

$F_{BC}/\sqrt{2} = 800$

$F_{BC} = 1130$ N (T)

$F_{CD} = \frac{F_{BC}}{\sqrt{2}} = 800$ N (C)

Next, a FBD of D:

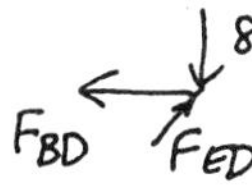

Similarly to above,

$F_{ED} = 1130$ N (C)

& $F_{BD} = 800$ N (T)

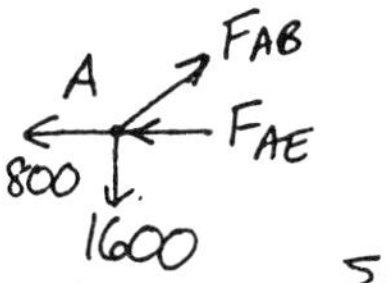

$\frac{F_{AB}}{\sqrt{2}} = 1600$ by $\Sigma F_y = 0$; thus $F_{AB} = 2260$ N (T)

$\Sigma F_x = 0 \Rightarrow -F_{AE} - 800 + \frac{2260}{\sqrt{2}} = 0$

$F_{AE} = 800$ N (C)

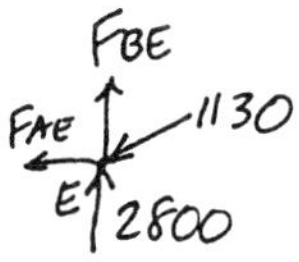

$\Sigma F_y = 0 = F_{BE} - \frac{1130}{\sqrt{2}} + 2800$

$F_{BE} = -2000$ or 2000 N (C)

5.6

EQUILIB. OF JOINTS B, G, E, C GIVE BG = CG = CE = CF = 0, THEN FORCES IN AB, BC, CD ARE EQUAL; DE = EF AND AG = GF

$\Sigma M_F = 0 \Rightarrow 10 A_y = 1.2(4000) \Rightarrow A_y = 480$ ↓ N

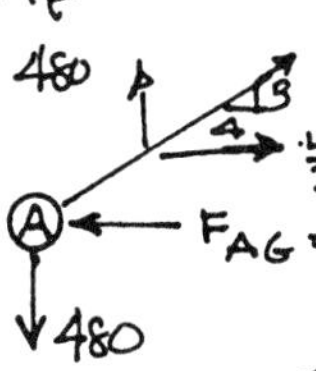

$F_{AB} = \frac{5}{3} \times 480 = 800$N (T)

$\frac{4}{3} \times 480 = 640$

$F_{AG} = 640$ (C)

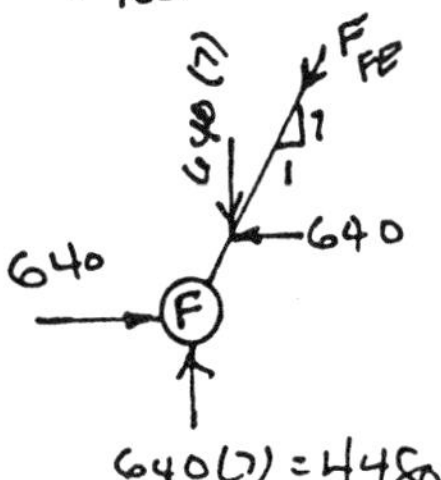

$F_{FH} = 4480$N (C)

$F_{FE} = \frac{\sqrt{50}}{1} \times 640 \doteq 4530$N (C)

640(7) = 4480 N (C)

5.7

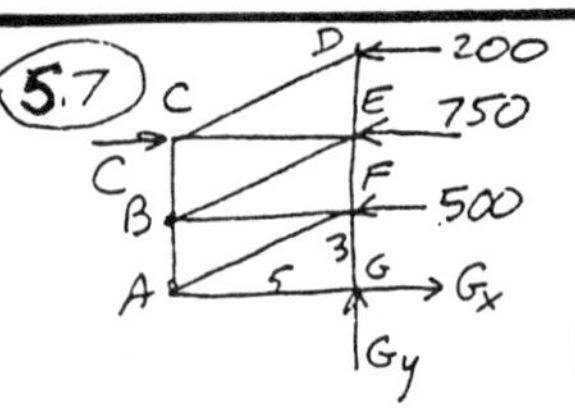

$\Sigma F_y = 0 \Rightarrow G_y = 0$

$\Sigma M_C = 0 = 6G_x - 500(3) + 200(3)$

$G_x = 150\ lb$

So by $\Sigma F_x = 0$, $C = 1300\ lb$

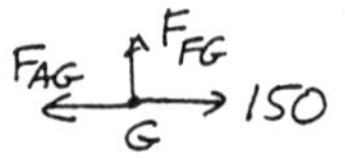

$F_{FG} = 0$

$F_{AG} = 150\ lb$ (T)

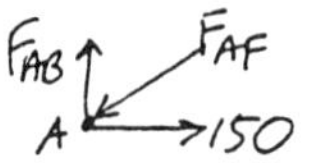

$\frac{5}{\sqrt{34}} F_{AF} = 150$

$F_{AF} = 30\sqrt{34} = 175\ lb$ (C)

Then $F_{AB} = \frac{3}{\sqrt{34}} F_{AF} = 90\ lb$ (T)

Next :

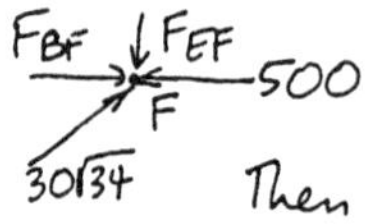

$F_{EF} = \frac{3}{\sqrt{34}}(30\sqrt{34}) = 90\ lb$ (C)

Then $F_{BF} = 500 - \frac{5}{\sqrt{34}}(30\sqrt{34}) = 350\ lb$ (C)

Next :

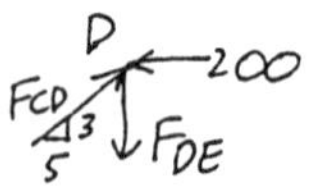

$\frac{5}{\sqrt{34}} F_{CD} = 200 \Rightarrow F_{CD} = 40\sqrt{34} = 233\ lb$ (C)

Then $F_{DE} = \frac{3}{\sqrt{34}}(40\sqrt{34}) = 120\ lb$ (T)

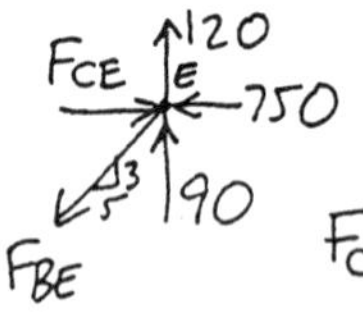

$\frac{3}{\sqrt{34}} F_{BE} = 120 + 90 \Rightarrow F_{BE} = 408\ lb$ (T)

$F_{CE} = 750 + \frac{5}{\sqrt{34}} F_{BE} = 1100\ lb$ (C)

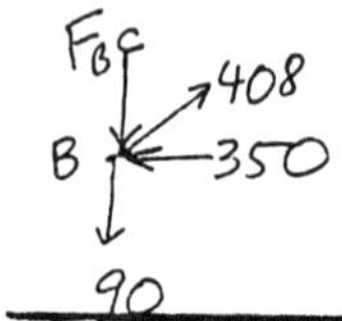

$F_{BC} = \frac{3}{\sqrt{34}}(408) - 90 = 120\ lb$ (C)

5.8

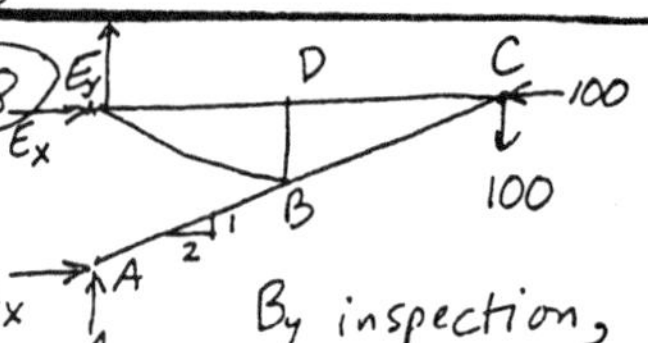

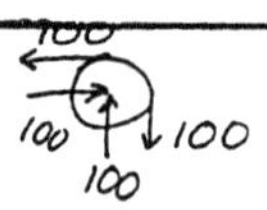

By inspection, $F_{DB} = F_{EB} = 0$

Since AB is a 2-force member,

$\frac{A_y}{A_x} = \frac{1}{2} \Rightarrow A_x = 2A_y$. $\Sigma M_E = 0 = -100(20) + 10A_x$

$A_x = 200$

$\therefore A_y = 100$

So $E_y = 0$

$\therefore F_{AB} = \sqrt{100^2 + 200^2} = 100\sqrt{5} = 224\ lb$ (C)

$F_{BC} = 224\ lb$ (C)

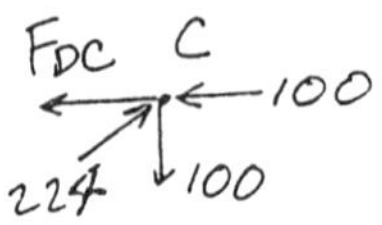

$\Sigma F_x = 0 = -100 + 224\frac{2}{\sqrt{5}} - F_{DC}$

$F_{DC} = 100\ lb$ (T)

$= F_{ED}$

5.9

$\Sigma F_x = 0 \Rightarrow A_x = 125 \leftarrow N$; $\Sigma M_A = 0 \Rightarrow$
$D_y = 125 \times \frac{4}{3} = 167 \uparrow N \therefore A_y = 167 \downarrow N$

EITHER BD OR AC ACTS. ASSUME BD IS ACTIVE, THEN JOINT C LOOKS LIKE

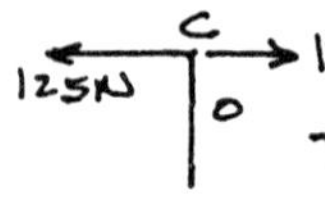

; IE CD = 0. JOINT D WOULD THEN INDICATE BD IN COMP. (N.G.)

∴ AC IS ACTIVE & BD IS NOT. SO:

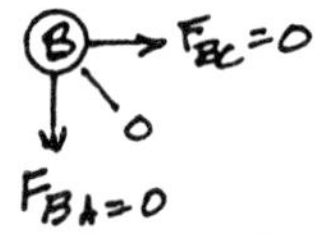

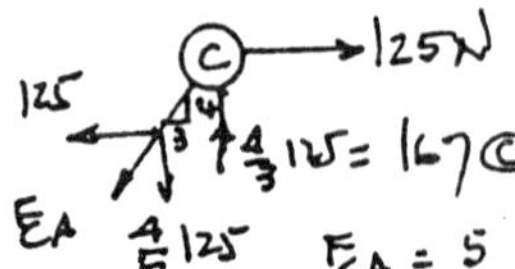

$\frac{4}{3}125 = 167$ (C) $= F_{CD}$

$F_{CA} = \frac{5}{3} \times 125 = 208\ N$ (T)

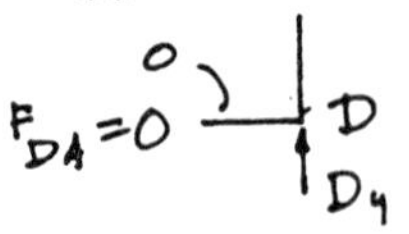

OTHERS: 0.

5.10

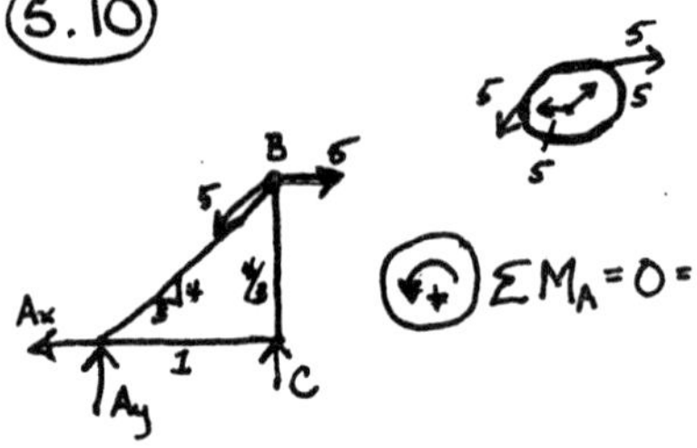

$\Sigma M_A = 0 = 1C - 5(4/3)$

$C = \frac{20}{3}$

Pin C:

$\Sigma F_x = 0 \Rightarrow F_{AC} = 0$

$\Sigma F_y = 0 \Rightarrow F_{BC} = C = 6.67\ kN$ (C)

Pin B:

$\Sigma F_x = 0 = F_{AB}\frac{3}{5} - 5(\frac{3}{5}) + 5$

$F_{AB} = (3-5)5/3 = -10/3$

or $F_{AB} = 3.33\ kN$ (T)

5.11 Pin B:

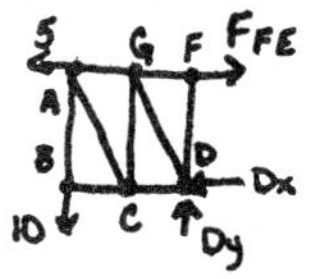

$\circlearrowleft\!+ \; \Sigma M_D = 0 = 5(5) - 5(F_{FE}) + 10(5) \Rightarrow F_{FE} = 15$ kN (T)

$\xrightarrow{+} \; \Sigma F_x = 0 = 15 - 5 - D_x \Rightarrow D_x = 10$

$+\!\uparrow \; \Sigma F_y = 0 = D_y - 10 \Rightarrow D_y = 10$

Pin F:

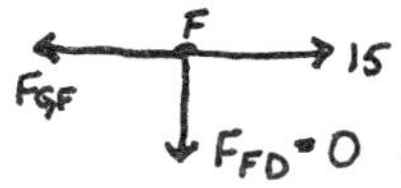

$F_{FD} = 0$ by $\Sigma F_y = 0$

$\xrightarrow{+} \; \Sigma F_x = 0 = 15 - F_{GF} \Rightarrow F_{GF} = 15$ kN (T)

Pin D:

$\Sigma F_y = 0 = 10 - F_{GD}\frac{2}{\sqrt{5}} \Rightarrow F_{GD} = 5\sqrt{5}$ kN (C)
$= 11.2$ kN (C)

$\xrightarrow{+} \; \Sigma F_x = 0 = F_{GD}\frac{1}{\sqrt{5}} - F_{CD} - 10 \Rightarrow F_{CD} = -5$
or $F_{CD} = 5$ kN (C)

Pin A:

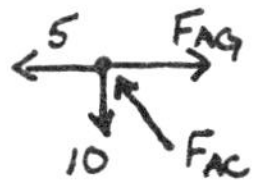

$\Sigma F_y = 0 = F_{AC}\frac{2}{\sqrt{5}} - 10$

$F_{AC} = 5\sqrt{5}$

$F_{AC} = 11.2$ kN (C)

$\Sigma F_x = 0 = -5\sqrt{5}\frac{1}{\sqrt{5}} - 5 + F_{AG} \Rightarrow F_{AG} = 10$ kN (T)

Pin G:

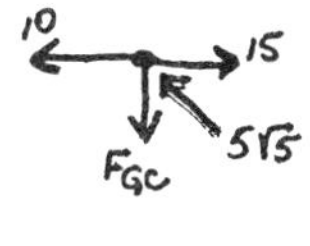

$\Sigma F_y = 0 = 5\sqrt{5}\frac{2}{\sqrt{5}} - F_{GC}$

$F_{GC} = 10$ kN (T)

5.12

$\Sigma M_F = 0 \Rightarrow E_x = 0 \Rightarrow F_x = 0$

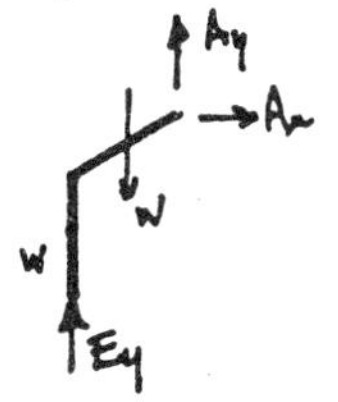

$\Sigma M_A = 0 \Rightarrow$

$E_y = \frac{3}{2}W \;\; \therefore$

$C_y = \frac{3}{2}W$ ALSO

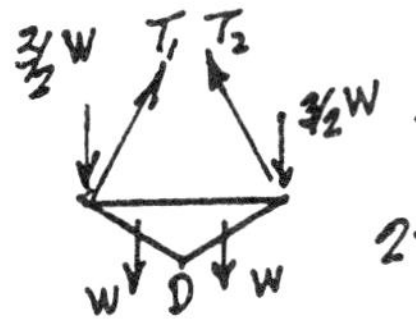

$T_1 = T_2$; $\Sigma F_y = 0 \Rightarrow$

$2T_1\frac{\sqrt{3}}{2} - 2(3/2 W) - 2W = 0$

$T_1 = \frac{5}{\sqrt{3}}W = 2.89W$

b) TO MAKE $T_1 = T_2 = 0$

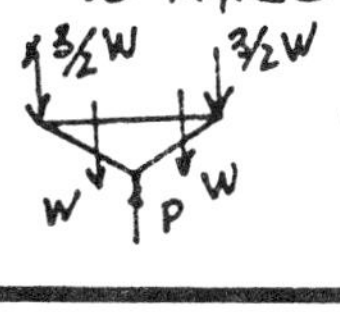

$P = 2W + 2(3/2 W) = 5W$

5.13

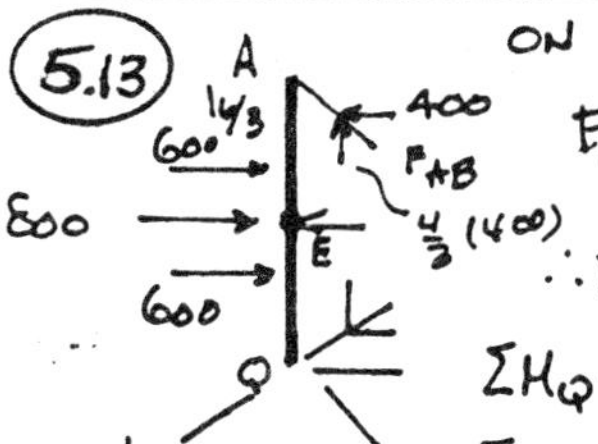

ON AE: $\Sigma M_B = 0$

$F_{AB_x} = \frac{600(14/3)}{8} = 400$

$\therefore F_{AB} = \frac{5}{3} \times 400 = 667$ LB (C)

$\Sigma M_Q \Rightarrow 2000(8) - 400(16) = 8F_{EB}$

$F_{EB} = 1200$ LB (C)

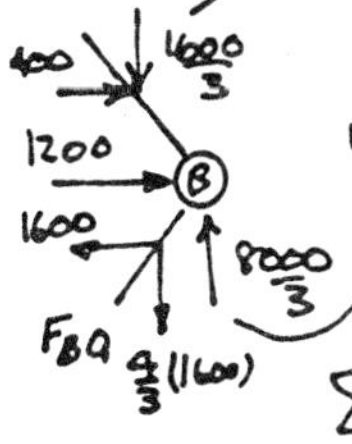

$F_{BQ} = \frac{5}{3}(1600) = 2670$ LB (T)

$F_{BC} = \frac{8000}{3} = 2670$ LB (C) $= F_{CD}$

$\Sigma M_D = 0 \Rightarrow 2000 \times 16 - 12 F_{GQ_y} = 0$

$F_{QG_y} = \frac{8000}{3}\downarrow \quad \therefore F_{QG} = \frac{5}{4}\left(\frac{8000}{3}\right) = 3333$ LB (T)

$D_y = \frac{8000}{3}\uparrow$; $D_x = 2000 \leftarrow$

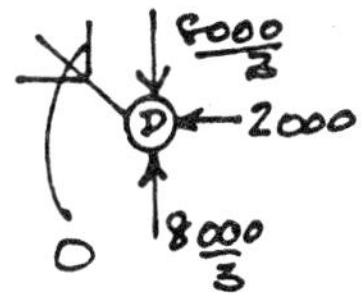

$\therefore F_{DQ} = 0$ SINCE

$F_{DQ_y} = 0$

$F_{QC} = 0$ by $\Sigma F_x = 0$ at joint C.

5.14

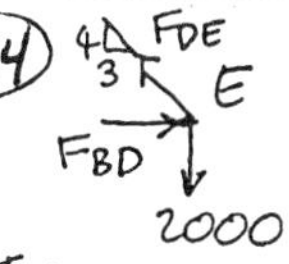

$\Sigma F_y = 0 \Rightarrow F_{DE}\left(\frac{4}{5}\right) = 2000$

$F_{DE} = 2500$ lb (T)

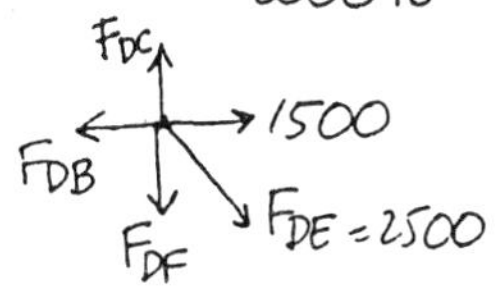

$F_{BD} = .6(2500) + 1500)$

$= 3000$ lb (T)

5.15

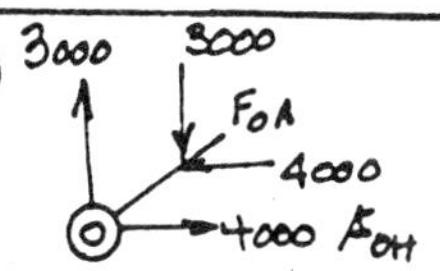

$\therefore F_{OH} = 4000$ LB (T)

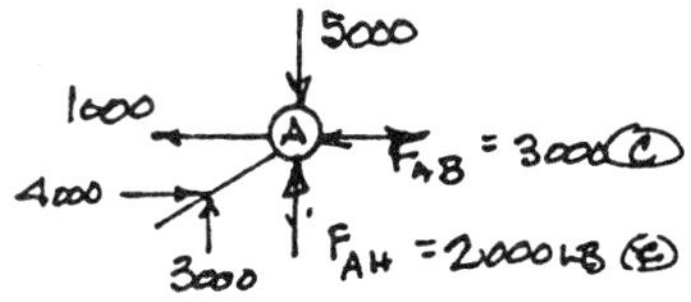

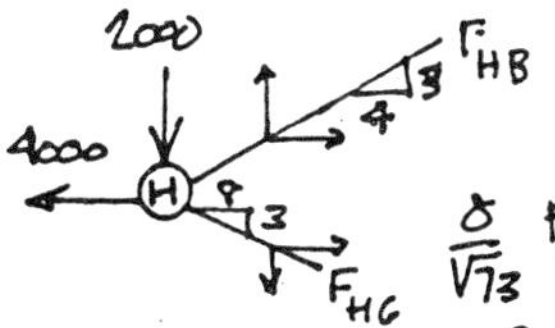

$\frac{8}{\sqrt{73}}F_{HG} + \frac{4}{5}F_{HB} = 4000$

$-\frac{3}{\sqrt{73}}F_{HG} + \frac{3}{5}F_{HB} = 2000$

$F_{BH} = 3690$ LB (T); $F_{AB} = 3000$ LB (C)

5.16 $\Sigma M_A = 0 = 2.5T - 2.5\left(\frac{1}{\sqrt{5}}T\right) - 6\left(\frac{2T}{\sqrt{5}}\right)$

$+ 6(300) = 0 \Rightarrow T = 452$ LB

SEE TEXT FOR DIMENSIONS.

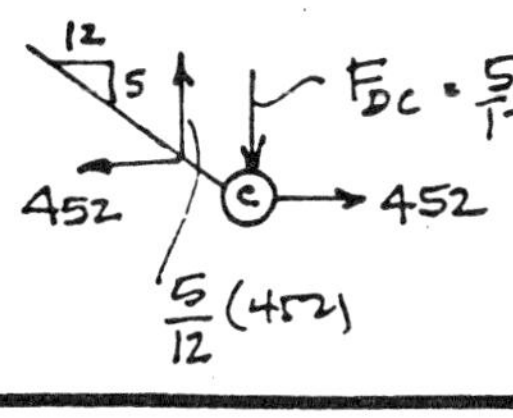

$F_{DC} = \frac{5}{12}(452) = F_{BD} = \frac{5}{12}(452)$

$F_{BD} = 188$ LB (C)

5.17

FORCE = X(W)

BAR	X
AB	.415 Ⓒ
AG	.915 Ⓒ
BG	.215 Ⓣ
BC	.414 Ⓒ
CG	.704 Ⓒ
FG	.289 Ⓒ
CD	1.050 Ⓒ
CF	.395 Ⓣ
DF	.354 Ⓒ
DE	.317 Ⓒ
EF	.183 Ⓣ

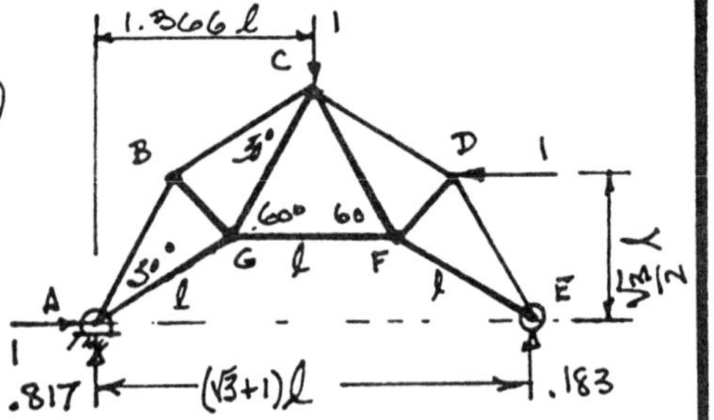

$\Sigma M_A = 0 = -(1.366l) + .866l + 2.732l E_y$

$E_y = .183$; ∴ $A_y = .817$

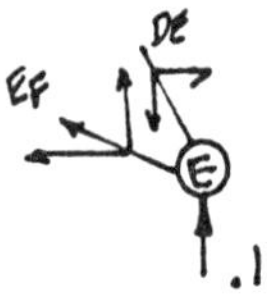

$-.866EF + .5DE = 0$

$.183 + .5EF - 1.5EF = 0$

$DE = 1.732EF$

∴ EF = .183 Ⓣ

DE = .317 Ⓒ

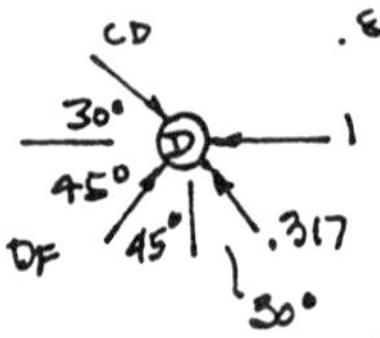

$.866CD + .707DF - 1 - .5(.317) = 0$

$-.5CD + .707DF + .866(.317) = 0$

⇒ CD = 1.050 Ⓒ

DF = .354 Ⓒ

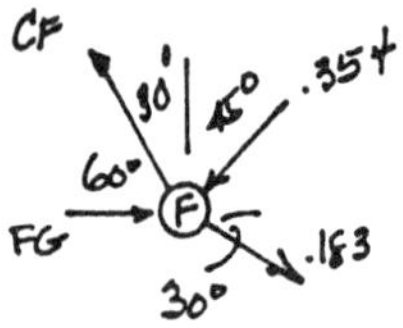

$.866CF - .707(.354) - .5(.183) = 0$

CF = .395 Ⓣ

$FG - .5(.395) - .707(.354) + .866(.183) = 0$

FG = .289 Ⓒ

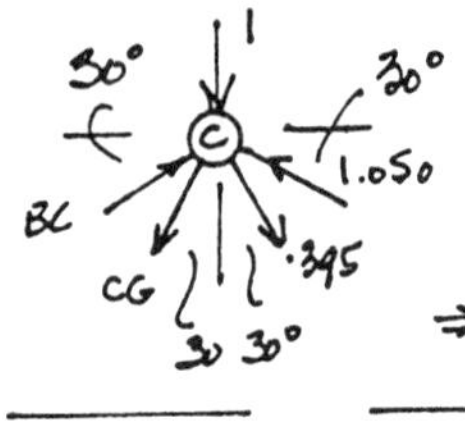

$.866BC - .5CG + .5(.395) - .866(1.050) = 0$

$-1 + .5BC - .866CG - .866(.395) + .5(1.050) = 0$

⇒ CG = .704 Ⓒ ; BC = .414 Ⓒ

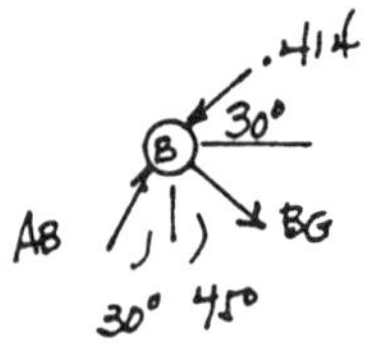

$.5AB + .707BG - .866(.414) = 0$

$.866AB - .707BG - .5(.414) = 0$

⇒ AB = .414 Ⓒ ; BG = .215 Ⓣ

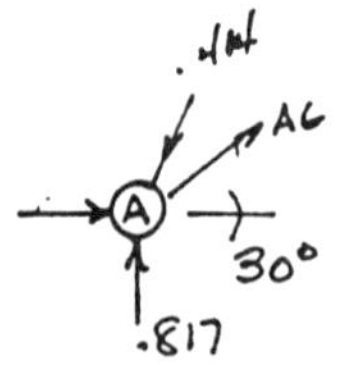

$.817 - .866(.415) + .5AG = 0$

AG = .915 Ⓒ

5.18 SYMMETRY : CONSIDER ONLY LEFT HALF

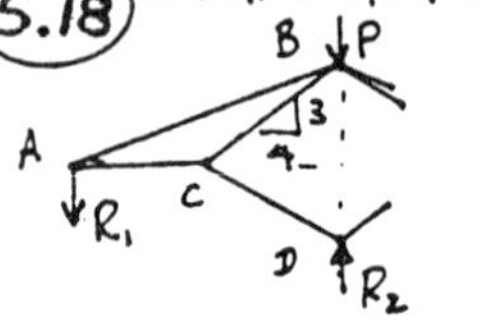

$\Sigma F_y = 0$; $2R_1 - R_2 + P = 0$

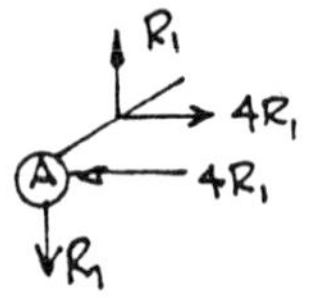

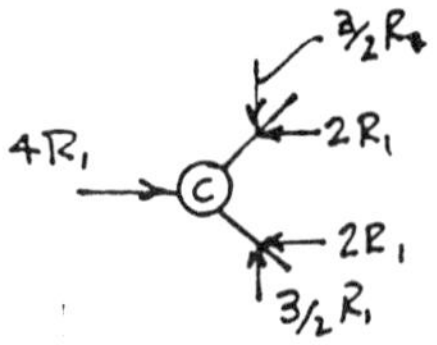

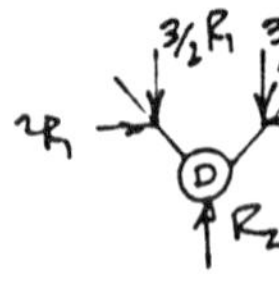

∴ $R_2 = 3R_1$

∴ $R_1 = P$↓ & $R_2 = 3P$↑

$AB = \sqrt{17}R_1 = 4.12P$ Ⓣ

$CB = \frac{5}{4} \cdot 2R_1 = 2.5P$ Ⓒ

$CD = 2.5P$ Ⓒ

$AC = 2 \cdot 2R_1 = 4R_1 = 4P$ Ⓒ

5.19 $\Sigma M_A = 0 \Rightarrow F_y = 950$↑LB ; $A_y = 50$↓LB

$\Sigma F_x = 0 \Rightarrow A_x = 0$

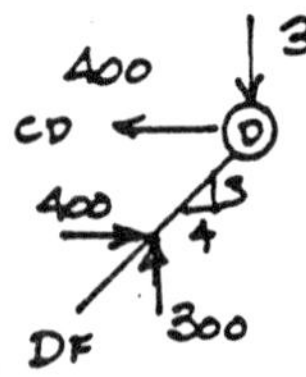

∴ DF = 500 LB Ⓒ

CD = 400 LB Ⓣ = CB

CF = 400 LB Ⓒ

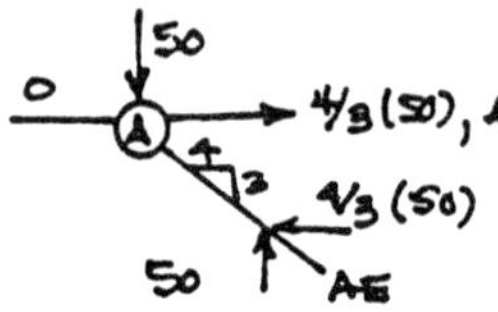

∴ AB = 67 LB Ⓣ

$AE = \frac{5}{3}\text{AB} = \frac{250}{3}$

AE = 83.3 LB Ⓒ

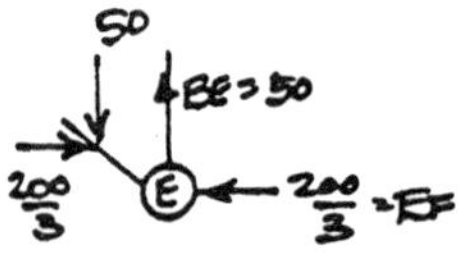

∴ BE = 50 LB Ⓣ

EF = 67 LB Ⓒ

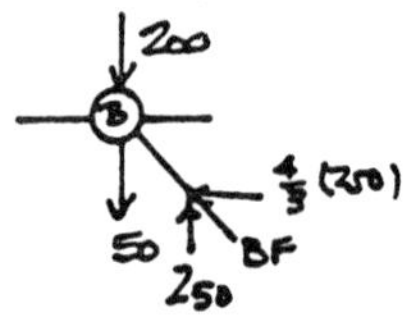

$BF = \frac{5}{3}(250) = 417$ LB Ⓒ

5.20 By inspection, $F_{DF} = F_{DG} = 0$.

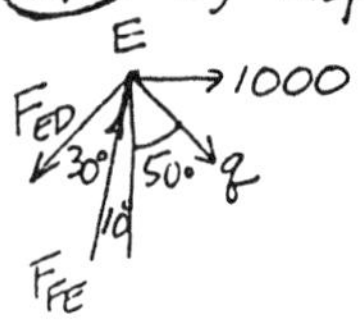

Need F_{FE}, so $\Sigma F_q = 0$:

$1000 \cos 40° - F_{FE} \cos 60° = 0$

$F_{FE} = 1530$ lb Ⓒ $= F_{FG}$ also, using pin F.

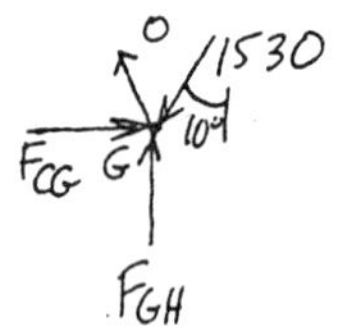

$\Sigma F_x = 0 = F_{CG} - 1530 \sin 10°$

$F_{CG} = 266$ lb Ⓒ

5.21 $\Sigma M_A = 0 = -9(3) - 6(6) - 3(9) + G_x(4.5)$

$G_x = 20$ kN →; $A_x = 20$ ← kN; $A_y = 18$↑ kN

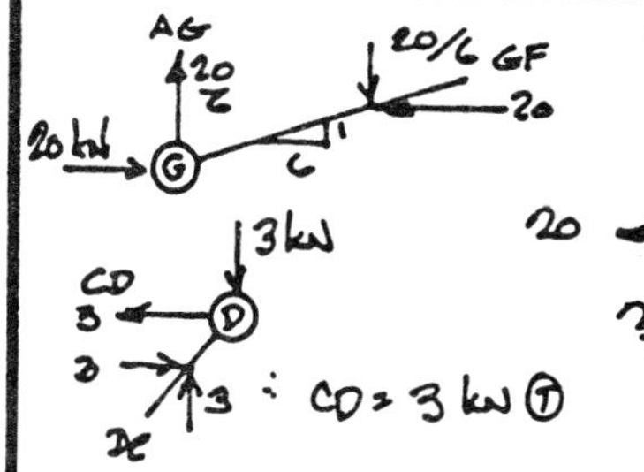

$F_{AG} = \frac{20}{6} = 3.33$ kN (T)

$\therefore AB = 9$ kN (T)

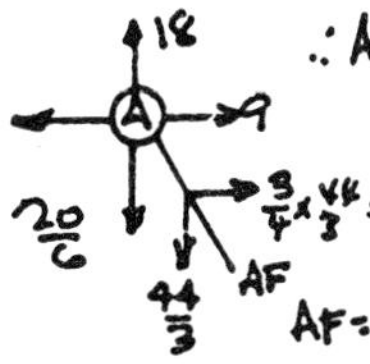

$\frac{3}{4} \times \frac{44}{3} = 11$

$CD = 3$ kN (T)

$AF = \frac{5}{3}(11) = 18.3$ kN (T)

5.22

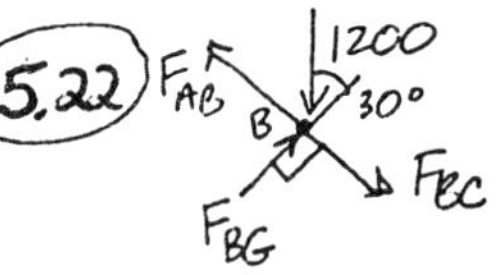

$\Sigma F \perp ABC = 0$:

$F_{BG} = 1200 \frac{\sqrt{3}}{2} = 1040$ lb (C)

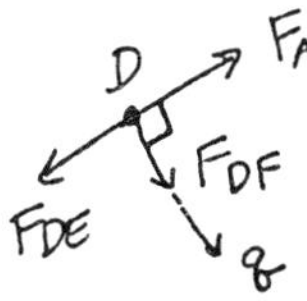

$\Sigma F_q = 0 = F_{DF}$

5.23 $\Sigma M_A = 16 \times 6 - 10 G_x = 0$ $G_x = 25.6$ k ←

$A_x = 25.6$ k → ; $G_y = 16$ k ↑ $F_{AB} = 25.6\left(\frac{13}{12}\right) = 27.7$ k (C)

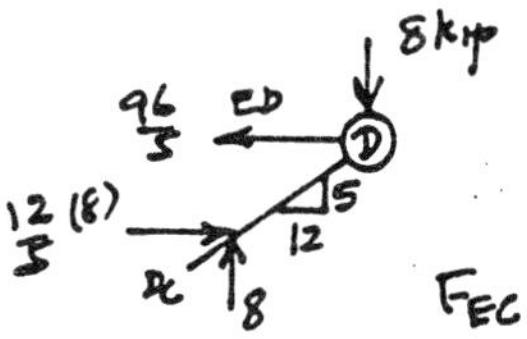

$F_{ED} = \frac{96}{5} = 19.2$ k (T) $= F_{EF}$

$F_{DC} = \frac{13}{5}(8) = 20.8$ k (C) $= F_{BC}$

$F_{EC} = 0 \therefore F_{FC} = 0$

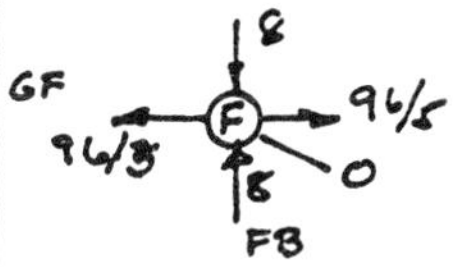

$\therefore F_{FB} = 8$ k (C)

$F_{GF} = 19.2$ k (T)

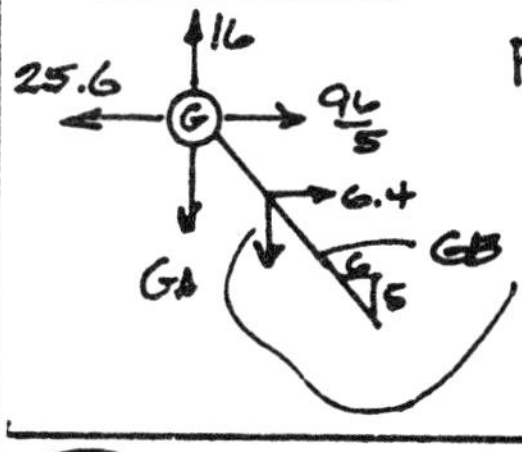

$F_{GB} = \frac{\sqrt{61}}{6}(6.4) = 8.33$ k (T)

$\frac{5}{6} \cdot 6.4 = 5.33$

$F_{GA} = 16 - 5.33 = 10.7$ k (T)

5.24

ZERO FORCE MEMBER	EQUILIB. OF JOINT:
RQ . . .	R & $F_{RQ} = 0$
QP . . .	Q ∴ $F_{PQ} = 0$
PN . . .	P ∴
NM . . .	N ∴ $F_{PN} = 0$
LM . . .	M ∴ $F_{MN} = 0$
BC . . .	C

5.25 $\Sigma M_{\text{LEFT SUP}} = 0 \Rightarrow$ RIGHT SUP. = 38.1 k ↑

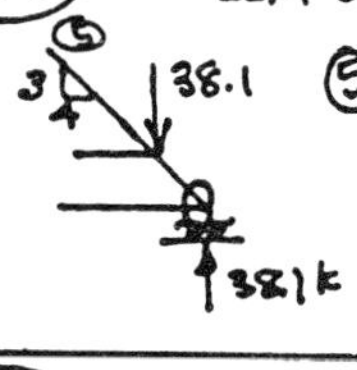

(5): $F_{(5)} = \frac{38.1}{.6} = 63.5$ k (C)

$F_{(1)} = 0$; $F_{(2)} = 0$ BY INSPECTION

$F_{(4)} = 20$ k (T) $F_{(3)} = 5\frac{\sqrt{2}}{2} = 3.54$ k (T)

5.26 $\Sigma M_E = 0 = 5(36) - 48 A_y - 3(8) - 4(16)$

$A_y = 1.92$ k↑; $A_x = 7$ ← kip

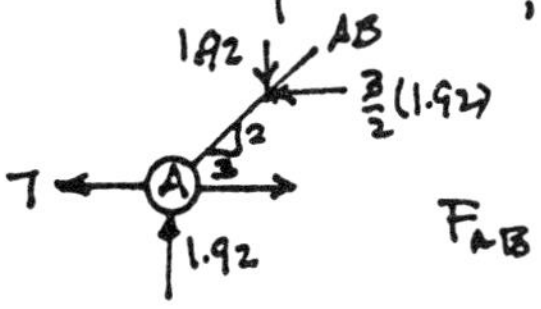

$F_{AB} = \frac{\sqrt{13}}{2}(1.92) = 3.46$ k (C)

$F_{AB} = F_{BC}$; $F_{BH} = 0$

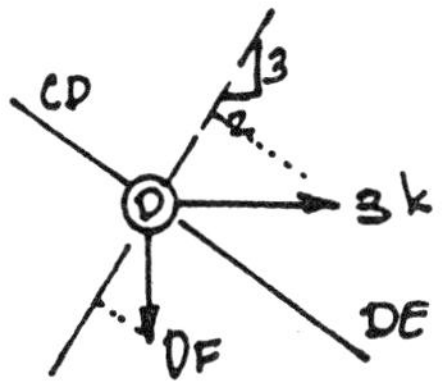

$\frac{3}{\sqrt{13}} F_{DF} = \left(\frac{2}{\sqrt{13}}\right)3$

$\therefore F_{DF} = 2$ k (T)

5.27 EXTEND EFG UNTIL IT INTERSECTS ABCD AT SAY "O" 16 m TO THE LEFT OF D. CUT A SECT. THROUGH BC – CG – GF AND ΣM_O.

$\Sigma M_O = 0 = 30 \times (16 - 6) + 20(1.5) - C_y(16 - 2)$

$\therefore C_y = \frac{330}{14} = 23.57$ $\therefore C_y = \frac{3}{5} C$

OR $F_{CG} = \frac{C_y}{.6} = \frac{23.57}{.6} = 39.3$ kN (T)

$F_{BG} = 0$. AT JOINT A AG_y MUST BAL 30 kN

$\therefore AG = \frac{30}{.6} = 50$ kN (C) | ALT. SLTN: JNT. A THEN SIMULT. EQ. AT JNT. G

5.28 By inspection, forces in CE, BE, BF and AF all vanish.

This leaves $F_{AB} = F_{BC} = F_{CD}$ and

$F_{GF} = F_{FE} = F_{ED}$.

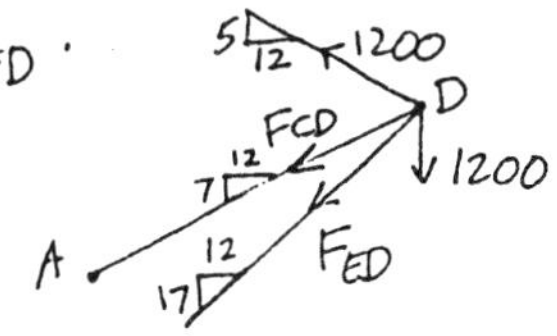

$\Sigma M_A = 0 = 1200\left(\frac{12}{13}\right)12 - 1200(12) - F_{ED}\frac{12}{\sqrt{433}}(10)$

$F_{ED} = -192$ or 192 lb (C)

Then $\Sigma F_x = 0 = 1200\left(\frac{12}{13}\right) - F_{ED}\frac{12}{\sqrt{433}} - F_{CD}\frac{12}{\sqrt{193}}$

$F_{CD} = -1150$ or 1150 lb (C)

(5.29)

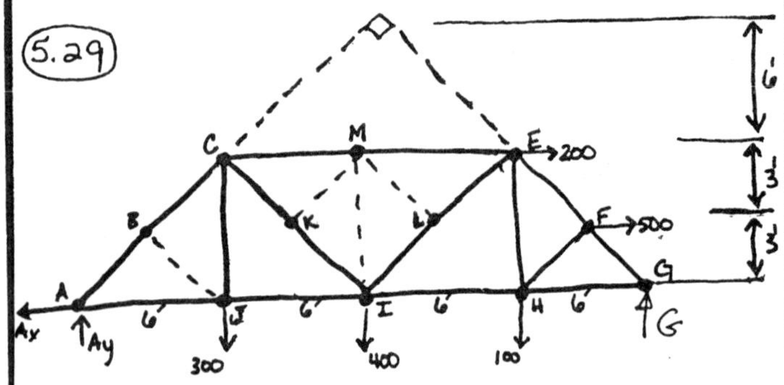

(a) The dashed members carry zero force. There are (6) of them. (Each carries the only force in a direction at the node at one of its ends.)

(b) Pin F:

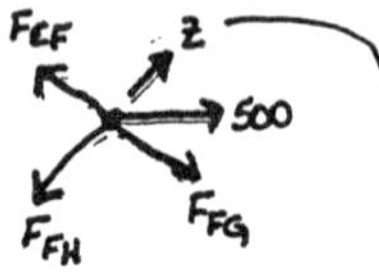

$\Sigma F_z = 0$:

$0 = \frac{500}{\sqrt{2}} - F_{FH}$

$F_{FH} = 354$ lb (T)

(c) On overall FBD, $\Sigma M_G = 0$ gives the same A_y in either case. But with a roller at A, A_x goes to zero. It WAS clearly 700 lb with a pin at A:

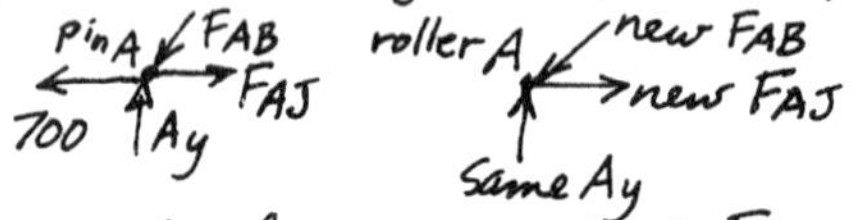

Since the vertical component of F_{AB} must equal the same A_y in order for $\Sigma F_y = 0$, then F_{AB} is same in either case. Thus F_{AJ} must differ by 700 lb in the 2 cases.

(5.30)

(a) $F_{AD} = 0$ by summing forces perpendicular to line FDB on a FBD of pin D;

Then $F_{AF} = 0$ by summing forces ⊥ line AB on a FBD of pin A;

$F_{EC} = 0$ by summing forces ⊥ BEG on a FBD of pin E;

Then $F_{BC} = 0$ by $\Sigma F_x = 0$ on pin C, and

$F_{CG} = 0$ by $\Sigma F_y = 0$ on pin C.

Thus 5 of the 10 members' forces are zero.

(b)

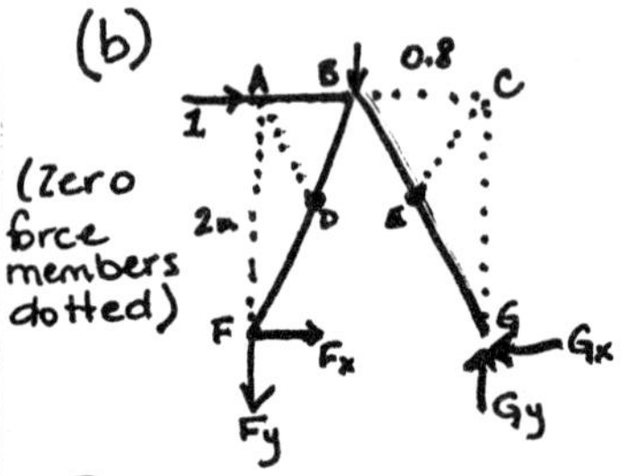

$\circlearrowleft + \; \Sigma M_F = 0 = -[2(1) + 0.8(0.75)] + 1.5 G_y$

$G_y = 1.73$ kN

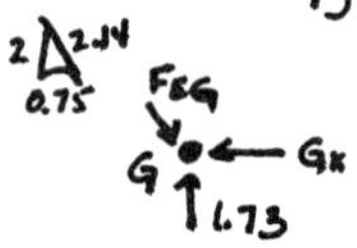

$\Sigma F_y = 0 \Rightarrow F_{EG} \frac{2}{2.14} = 1.73$

$F_{EG} = 1.85$

$\Sigma F_x = 0 = 1.85 \frac{0.75}{2.14} - G_x$

$\therefore G_x = 0.648$ kN

On overall truss:

$\Sigma F_x = 0 = F_x - 0.648 + 1 \Rightarrow F_x = -0.352$

$\Sigma F_y = 0 = 1.73 - 0.8 - F_y \Rightarrow F_y = 0.930$

Pin F:

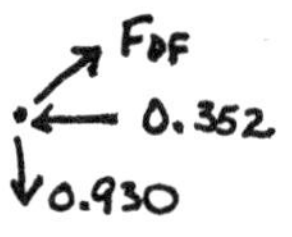

$\Sigma F_x = 0 = F_{DF} \frac{0.75}{2.14} - 0.352 \Rightarrow F_{DF} = 1.00$ kN

Check:

$\Sigma F_y = 1.00 \frac{2}{2.14} - 0.930 = 0.005 \approx 0$ ✓ (round off).

5.31 START WITH VERTICAL MEMBER IN MIDDLE, WORK TO ONE END, THEN WORK FROM CENTER TO OTHER END

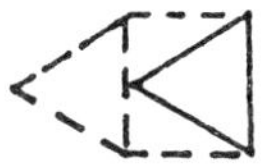

etc.

5.32 CAN'T START AT CENTER ADDING TWO MEMBERS AT A TIME. IF WE START AT ONE END ALL IS WELL UNTIL WE REACH CENTER; THEN CAN'T CONTINUE.

5.33

$m = m_1 + m_2 - 1 \qquad m_1 = 2p_1 - 3$

$p = p_1 + p_2 - 2 \qquad m_2 = 2p_2 - 3$

$2p - 3 = 2(p_1 + p_2 - 2) - 3 = 2p_1 + 2p_2 - 7$

$= (m_1 + 3) + (m_2 + 3) - 7 = m_1 + m_2 - 1$

$= m$ QED

5.34 $m = m_1 + m_2 + 3$ AND $p = p_1 + p_2$

$m = (2p_1 - 3) + (2p_2 - 3) + 3$

$= 2(p_1 + p_2) - 3$

$\therefore m = 2p - 3$ QED

5.35 ALL MEMBERS ARE 2m

$\Sigma M_B = 0 \Rightarrow A_y = .3(4) = 1.2\text{ kN} \uparrow$

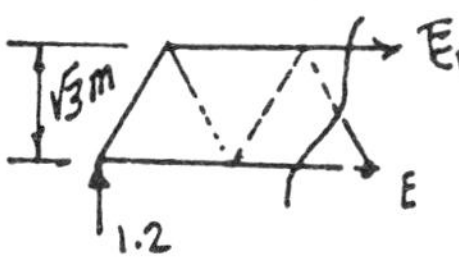

$\Sigma M_E = 0 = 1.2(4) + F_{CD}\sqrt{3}$

$F_{CD} = -2.77\text{ kN}$

OR $F_{CD} = 2.77\text{ kN}$ Ⓒ

5.36

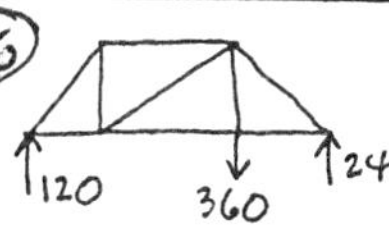

$\Sigma M_A = 0 \Rightarrow$ Reaction at F is 240↑ lb

Then $\Sigma F_y = 0 \Rightarrow$ Reaction at A is 120↑ lb

Next,

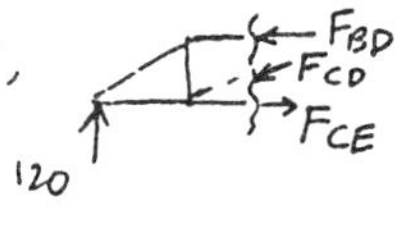

$\Sigma M_C = 0 \Rightarrow 3F_{BD} = 120(4)$

$F_{BD} = 160\text{ lb}$ Ⓒ

$\Sigma F_y = 0 \Rightarrow 120 - \frac{3}{5}F_{CD} = 0$

$F_{CD} = 200\text{ lb}$ Ⓒ

5.37

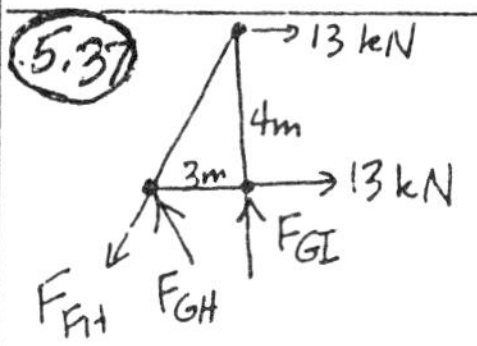

$\Sigma M_J = 0 = 13(4) - 8(\frac{3}{5}F_{GH})$

$F_{GH} = \frac{65}{6} = 10.8\text{ kN}$ Ⓒ

5.38 Make this cut section. All forces being sought are then exposed at once.

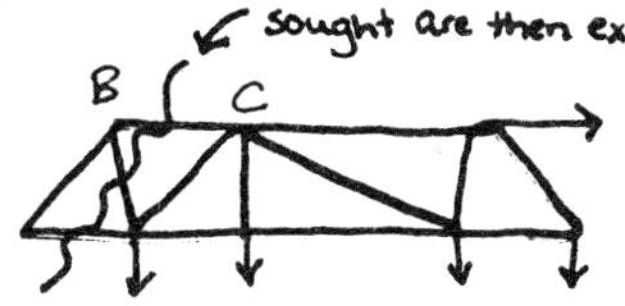

FBD of right part:

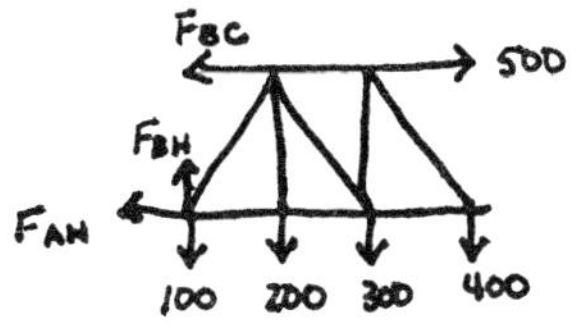

$\circlearrowleft + \ \Sigma M_H = 0 = F_{BC}(\not{z}) - 500(\not{z}) - 200(\not{z}) - 300(\not{z})2 - 400(\not{z})3$

$F_{BC} = 2500\text{ lb}$ Ⓣ

$\xrightarrow{+} \Sigma F_x = 0 = -2500 + 500 - F_{AH} \Rightarrow F_{AH} = -2000\text{ lb}$

or $F_{AH} = 2000\text{ lb}$ Ⓒ

$+\uparrow \ \Sigma F_y = 0 = F_{BH} - 100 - 200 - 300 - 400 \Rightarrow F_{BH} = 1000\text{ lb}$ Ⓣ

5.39

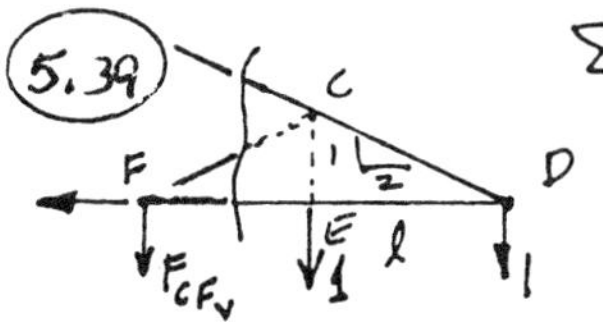

$\Sigma M_D = 0 \Rightarrow 1(l) + 2F_{CF_V}l = 0$

$F_{CF_V} = -.5$

$\therefore F_{CF} = .5\frac{\sqrt{5}}{1} = 1.12\text{ kN}$ Ⓒ

FOR F_{BG} CUT NEXT PANEL AND ΣM_D AGAIN

$\Sigma M_D = 0 = 1(2l) + 1(l) + F_{BG_V}3l = 0$

$F_{BG_V} = -1$ OR $F_{BG} = 1\sqrt{2} = 1.41\text{ kN}$ Ⓒ

5.40 $\Sigma M_F = 0 = -3(6) + 2(6) - 12A_y \Rightarrow A_y = .5\uparrow\text{kip}$

$A_x = 2 \leftarrow \text{kip}; \ F_{GE} = 0 = F_{BG}$

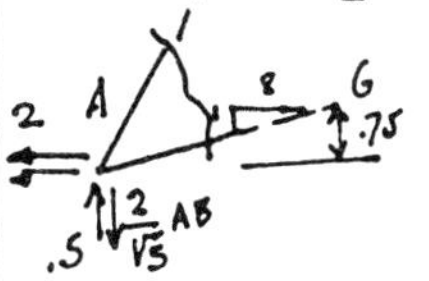

$\Sigma M_G = .5(6) + 2(.75) + AB\left[\frac{.75}{\sqrt{5}} \bullet \frac{2(6)}{\sqrt{5}}\right] = 0$

$\therefore F_{AB} = .894\text{ k}$ Ⓒ $= F_{BC}$

5.41

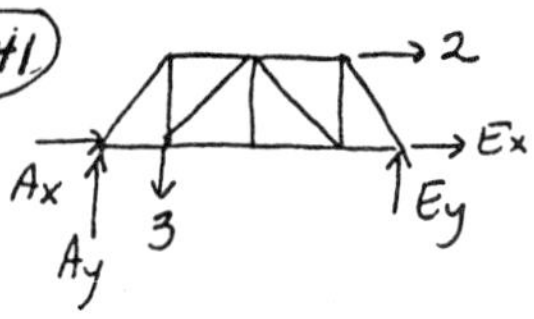

$\Sigma M_A \Rightarrow 12E_y = 2(4) + 3(3)$

$E_y = 1.42 \text{ kN}$

$A_y + E_y = 3 \Rightarrow A_y = 1.58 \text{ kN}$

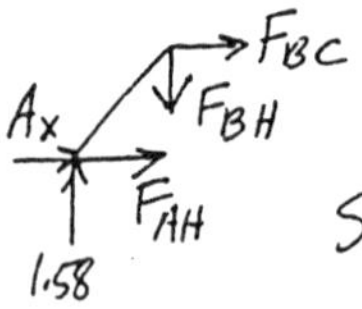

$\Sigma F_y = 0 \Rightarrow F_{BH} = 1.58 \text{ kN}$ (T)

Similarly, on the other end, $F_{DF} = 1.42 \text{ kN}$ (T)

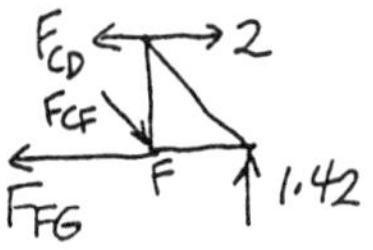

$\Sigma F_y = 0 \Rightarrow \frac{4}{5} F_{CF} = 1.42$

$F_{CF} = 1.78 \text{ kN}$ (C)

$\Sigma M_F = 0 = 4F_{CD} - 4(2) + 3(1.42)$

$F_{CD} = 0.935 \text{ kN}$ (T)

5.42

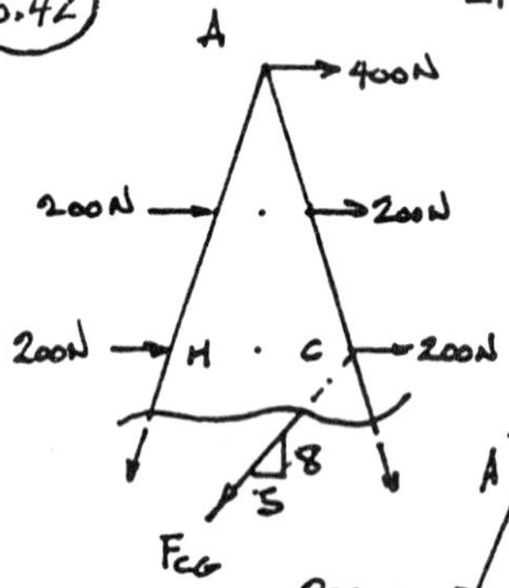

$\Sigma M_A = 0$ RESOLVE F_{CG} INTO COMP. AT C.

$400(5) + 400(10) - 10\left(\frac{5}{\sqrt{89}}\right)F_C$

$-1.25\left(\frac{8}{\sqrt{89}} F_{CG}\right) = 0$

$F_{CG} = 100\sqrt{89} = 943\text{N}$ (T)

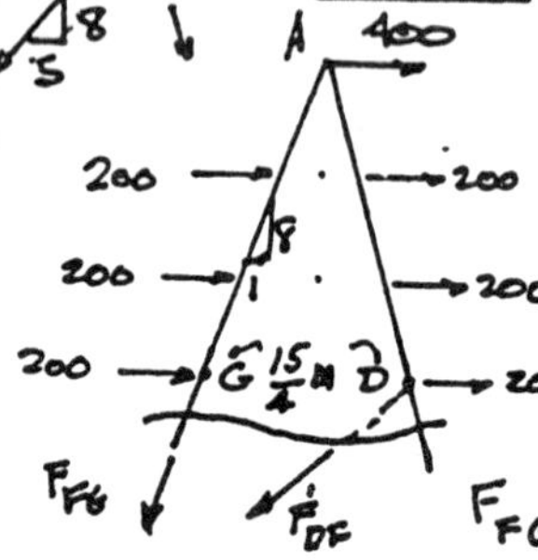

$\Sigma M_D = 0$

$\frac{8}{\sqrt{65}} F_{FG}\left(\frac{15}{4}\right)$

$- 400(5) -$

$400(10) -$

$400(15) = 0$

$F_{FG} = 400\sqrt{65}$

$\Rightarrow 3220\text{N}$ (T)

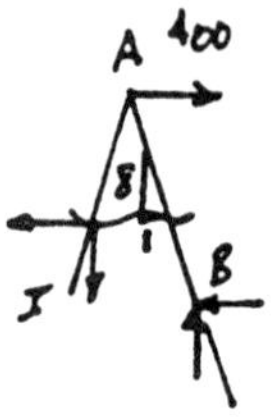

VERTICALS OF AI & AB ARE OPP & EQ.

∴ HORIZ. ARE SAME : 200

∴ $F_{AB} = 200\sqrt{65} = 1612 \text{ N}$ (C)

5.43 CUT SECT. DE-DG-HG & TAKE RH. FBD

$\Sigma F_y = 0 \quad DG_V = 6 \therefore F_{DG} = 6\sqrt{2} = 8.49\text{k}$ (T)

NOW, $F_{KH} = 0 \therefore F_{JH} = 0$

5.44 On overall FBD, with A_x, A_y at A and L at L,

$\Sigma M_A = 0 = 72L - 12(200) - 24(400) - 36(300)$
$-48(400) - 16(100) - 8(200)$

$L = 628 \text{ lb}$

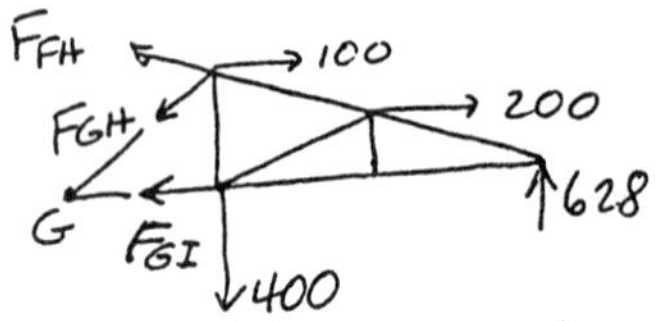

$\Sigma M_G = 0$

$24\left(\frac{3}{\sqrt{13}}\right)F_{FH} + 36(628)$

$-16(100) - 8(200) - 12(400)$

$= 0$

$F_{FH} = -732$ or 732 lb (C)

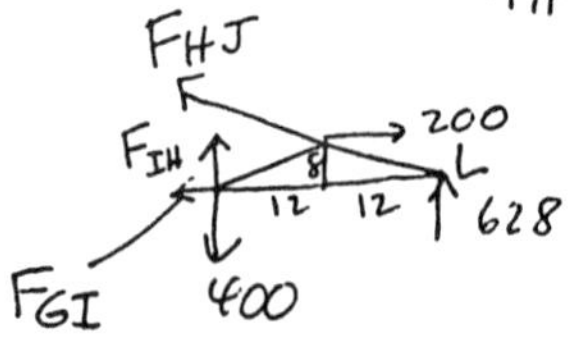

$\Sigma M_L = 0$

$400(24) - F_{IH}(24) - 8(200)$

$= 0$

$F_{IH} = 333 \text{ lb}$ (T)

$F_{JK} = 0$ by inspection

5.45

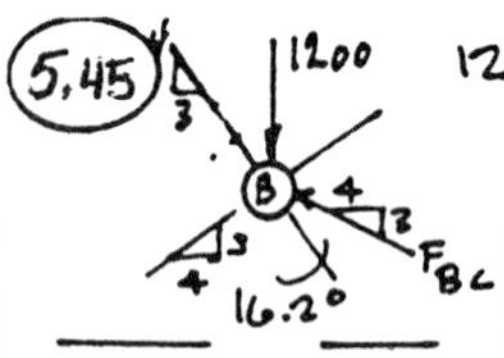

$1200(.8) = F_{BC} \cos 16.26°$

$F_{BC} = 1000 \text{ LB}$ (C)

b) EXTEND ED TO MEET FCA AT "Q" 50' FROM EF. ; SECT: DE-CE-CF

RESOLVE INTO COMP. AT C AND ΣM_Q ;

$\Sigma M_Q = 0 = 900(32) + 1200(36) - .6F_{CE}(40)$

$F_{CE} = \frac{72000}{24}$: $F_{CE} = 3000 \text{ LB}$ (T)

5.46 From symmetry, at A and G reactions are 300 lb ↑ each. By inspection,

$F_{IE} = 0$ and $F_{JD} = 200 \text{ lb}$ (T)

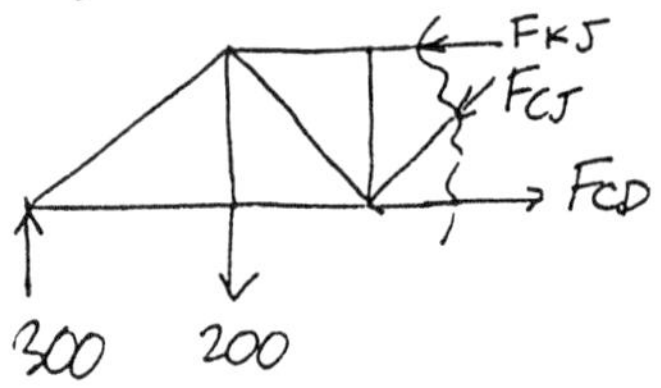

$\Sigma F_y = 0$: (↓+)

$\frac{\sqrt{3}}{2} F_{CJ} + 200 - 300$

$F_{CJ} = 115 \text{ lb}$ (C)

$\Sigma M_C = 0 = 10\sqrt{3} F_{KJ} + 10(200) - 20(300) = 0$

$F_{KJ} = 231 \text{ lb}$ (C)

(5.47) EXTEND ABCD DOWN TO LEFT UNTIL IT MEETS EFG AT SAY "H". H IS 18m TO LEFT OF D. NOTE: $G_y = 0$; $G_x = \leftarrow 2kN$ & $R_y = 3kN\uparrow$. CUT THROUGH AB - AF - GF USE LH FBD ΣM_H. $\Sigma M_H = 0 \cdot AF_y(14) = 0 \therefore F_{AF} = 0$

CUT THROUGH BC - CF - FE $\Sigma M_H = 0$

$3(14) - E_{Fy}(14) = 0 \therefore F_{CFy} = 3$

$\therefore F_{CF} = 3/.8 = 3.75 kN$ (T)

(5.48)

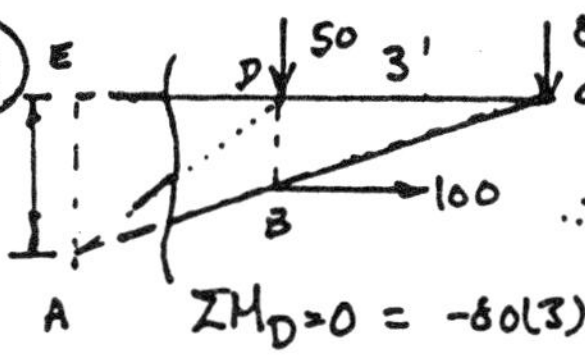

$\Sigma M_A = 0 = DE(4/3) - 50(3) - 80(6) - 100(2/3)$

$\therefore F_{DE} = 523 LB$ (T)

$\Sigma M_D = 0 = -80(3) + 100(2/3) - \frac{9}{9.22} AB(2/3)$

$\therefore F_{AB} = 266 LB$ (C) ; $\Sigma M_C = 0 = 50(3) + 100(2/3) + \frac{1}{9.85} AD(8) \Rightarrow F_{AD} = 178 LB$ (C)

—— —— —— NO! INDETERMINATE!

(5.49) $\Sigma M_G = 0 \Rightarrow$ Reaction at A is 721 lb↑

Then :

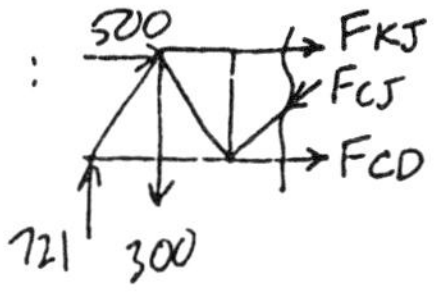

$\Sigma F_y = 0 = \frac{\sqrt{3}}{2} F_{CJ} + 300 - 721$

$F_{CJ} = 486$ lb (C)

$F_{KC} = 0$ by inspection

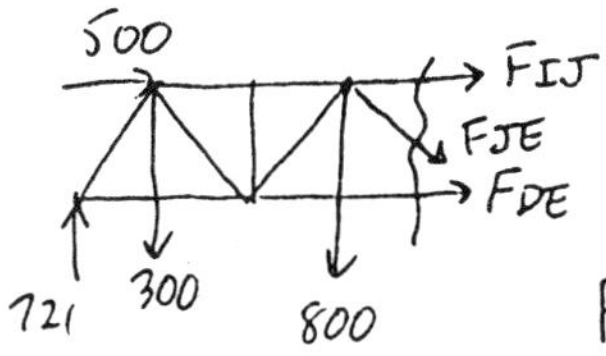

$\Sigma M_J = 0 = 10\sqrt{3}\, F_{DE} + 20(300) - 30(721)$

$F_{DE} = 901$ lb (T)

At pin I, $\Sigma F_y = 0 = F_{IE} - 300 \Rightarrow F_{IE} = 300$ lb (C)

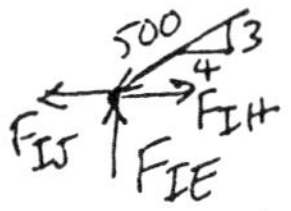

(5.50)

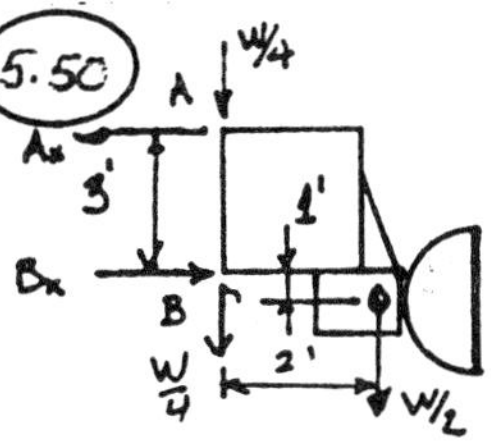

$\Sigma M_B = 0 = A_x(3) - \frac{W}{2}(2)$

$A_x = 100 \leftarrow LB$; $B_x = 100 \rightarrow LB$

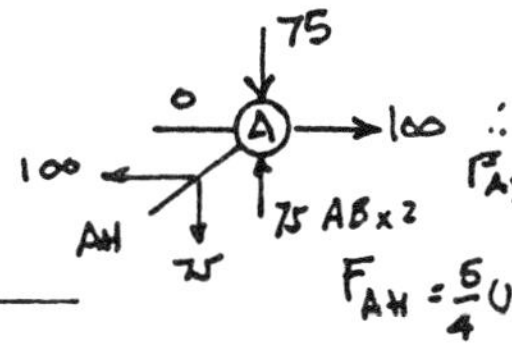

$\therefore F_{AB} = 150 LB$ (C)

$F_{AH} = \frac{5}{4}(100) = 125 LB$ (T)

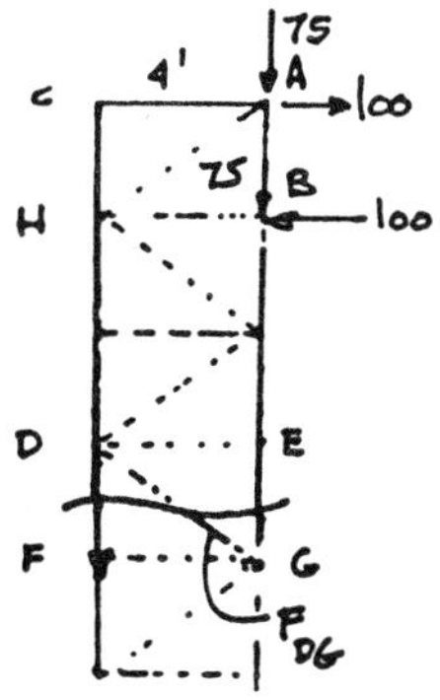

$\Sigma M_G = 0 = -100(12) + 100(9) + DF(4)$

$\therefore F_{DF} = 75 LB$ (T)

$\Sigma F_x = 0 = 100 - 100 + .8 DG = 0$

$\therefore F_{DG} = 0$

ONLY AB DEPENDS ON "1/4 OF THE WEIGHT"

(5.51) $\Sigma M_A = 0 \Rightarrow 3lD = 6000l - 3600l$

$D = 800\uparrow LB$.

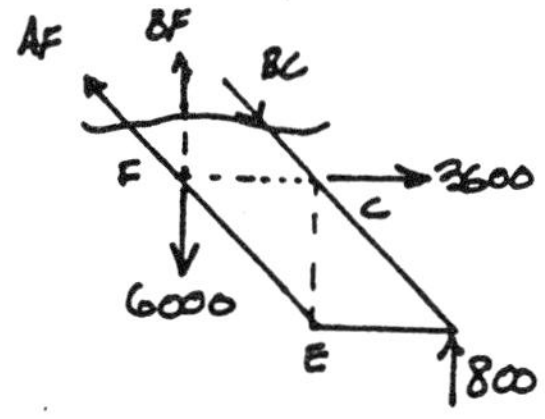

$\Sigma M_F = 0 = 800(2l) - F_{BC}\, l/\sqrt{2} = 0$

$F_{BC} = 1600\sqrt{2} = 2260 LB$ (C)

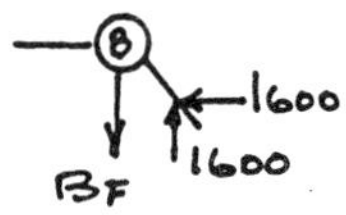

$\therefore F_{BF} = 1600 LB$ (T)

(5.52) $\Sigma M_G = 0 = 1000 \frac{\sqrt{3}}{2}(30) - 1000(1/2)\frac{30}{\sqrt{3}} + 500(20) + 500(40) - 60 H_y \Rightarrow H_y = 789 \uparrow LB$

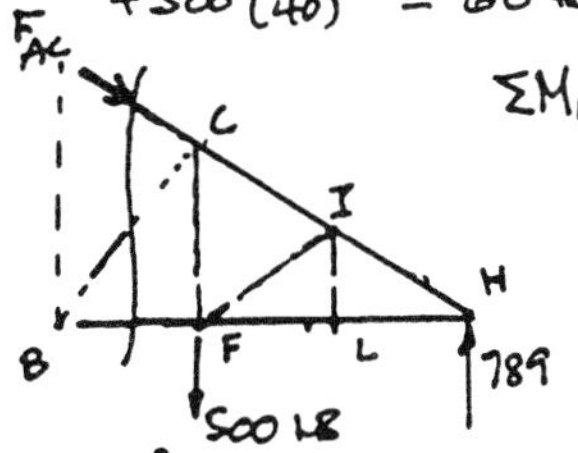

$\Sigma M_B = 0 = 500(10) - 789(30) + F_{AC}(1/2)30 = 0$

$F_{AC} = 1245 LB$ (C)

$\Sigma F_x = 0 - F_{AD_x} = 1078 + 500 = 1578$

$\Sigma F_y = 0$

$F_{AB} = 1000\frac{\sqrt{3}}{2} - 622.5 - 911$

$= -667$

$\therefore F_{AB} = 667 LB$ (T)

5.53

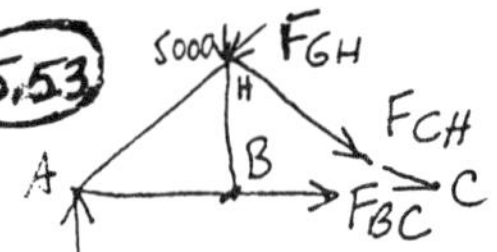

6000 lb by symmetry

$\Sigma M_C = 0$:

$16\left(\frac{3}{5}F_{GH}\right) + 8(5000) - 16(6000) =$

$F_{GH} = 5830$ lb Ⓒ

$\Sigma M_A = 0 = 5000(8) + 16\left(\frac{3}{5}F_{CH}\right) = 0$

$F_{CH} = \frac{-25000}{6} = -4170$ or 4170 lb Ⓒ

$\Sigma M_H = 0 = 6F_{BC} - 8(6000)$

$F_{BC} = 8000$ lb Ⓣ

5.54 $\Sigma M_A = 0 = 600(30) - DE(18) = 0$

$F_{DE} = 1000$ LB Ⓣ. CUT SECT: KJ-JC-CD-DE AND SUM FORCES ⊥ TO KJ.

$F_{CJ}\frac{\sqrt{2}}{2} = 1000\frac{\sqrt{2}}{2} - 600\frac{\sqrt{2}}{2} \Rightarrow F_{CJ} = 400$ LB Ⓒ

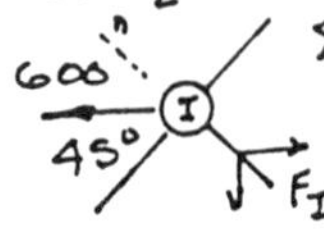

$\Sigma F_n = 0 \Rightarrow F_{IF} = 600\frac{\sqrt{2}}{2} = 424$ LB Ⓣ

$F_{HG} = 0$

$F_{LB} = 0$

5.55 EXTEND DIRECTION OF TOP CHORD MEMBER AB-DE UNTIL IT MEETS BOT. MEMBERS EXTENDED AT SAY "Q". Q IS 64' TO THE RIGHT OF AJ. CUT BC-BH-IJ AND ΣM_Q. $\Sigma M_Q = 5(32) - (BH)_v(48)$

$(BH)_v = 10/3$ ∴ $F_{BH} = \frac{10}{3}\sqrt{(10.5)^2 + 8^2}/10.5 = 4.19$k Ⓣ

ZERO MEMB: FE, DE, AT JOINT J NO VERT. ∴ AJ IS ZERO MEM. ALSO

5.56

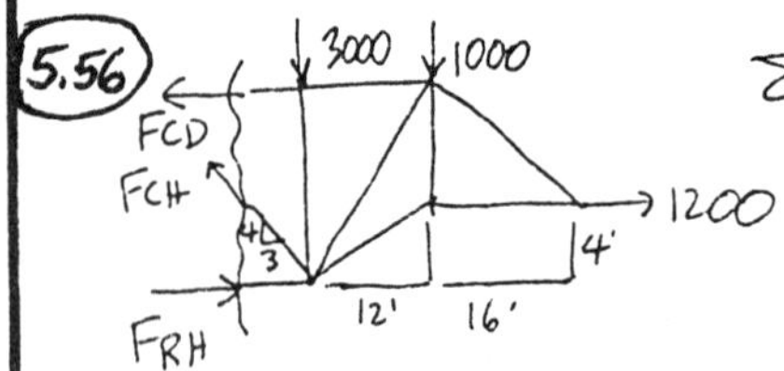

$\Sigma F_y = 0$

$\frac{4}{5}F_{CH} - 3000 - 1000 = 0$

$F_{CH} = 5000$ lb Ⓣ

$\Sigma M_H = 0 = 16F_{CD} - 12(1000) - 4(1200)$

$F_{CD} = 1050$ lb Ⓣ

By equil. of pin D, $F_{DE} = F_{CD} = 1050$ lb Ⓣ

5.57

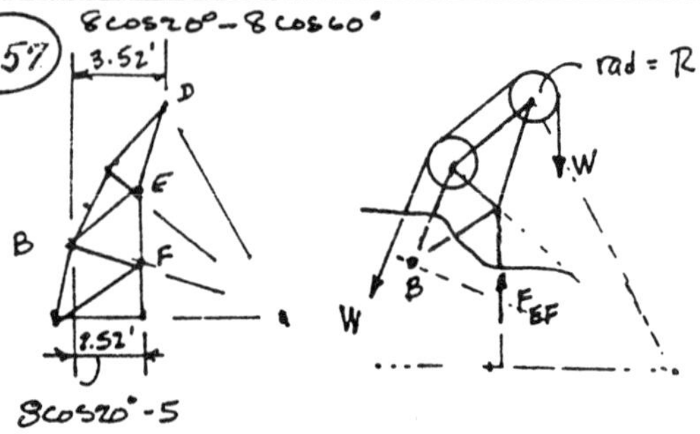

$\Sigma M_B = 0$

$2.52F_{EF} - W(3.52 + R) + WR = 0$

$F_{EF} = \frac{3.52W}{2.52} = 1.40W$

∴ $F_{EF} = 1.40W$ Ⓒ

START W BCD. ADD BED. ADD BFE, etc. Now cut BC, BD, & ED:

5.58

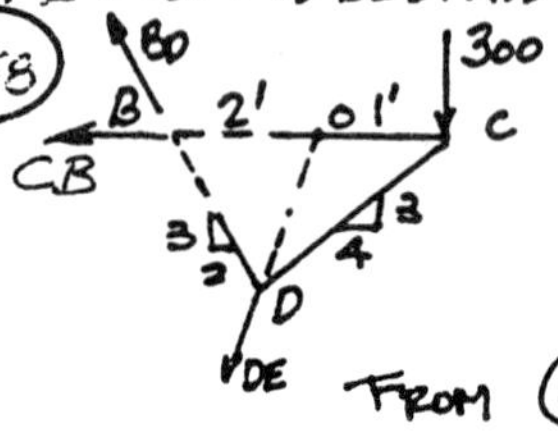

$\Sigma M_D = 0 = -300(1)$

$-\frac{3}{\sqrt{13}}F_{BD}(2) \Rightarrow$

$F_{BD} = 180.3$ LB Ⓒ

FROM Ⓒ-JOINT

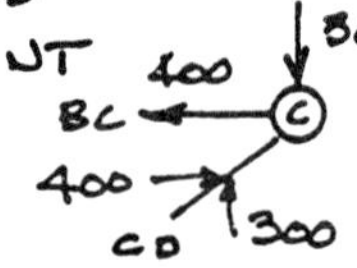

$\Sigma M_G = 0 \Rightarrow A_x = 450 \leftarrow$ LB

Also $A_y = 450\uparrow$ LB

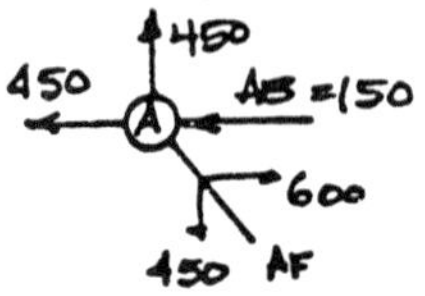

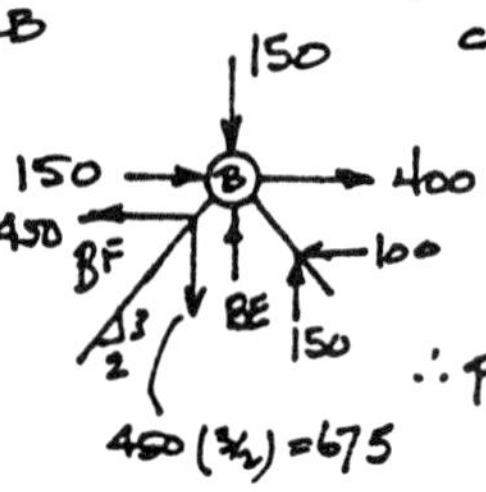

∴ $F_{BE} = 675$ LB Ⓒ

5.59 $\Sigma M_A = 0$ on overall FBD ⇒ E = 3300↑ lb at roller.

Then:

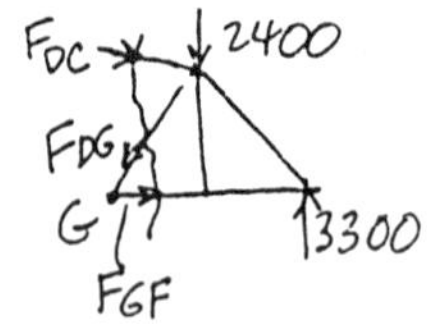

$\Sigma M_G = 0$

$= 12(3300) - 6(2400) - F_{DC}\frac{3}{\sqrt{10}}8$

$F_{DC} = 3320$ lb Ⓒ

$\Sigma F_y = 0 = 3300 - 2400 - \frac{F_{DC}}{\sqrt{10}} - \frac{F_{DG}}{\sqrt{2}} = 0$

$F_{DG} = -212$ or 212 lb Ⓒ

$F_{DF} = 0$ by inspection

5.60

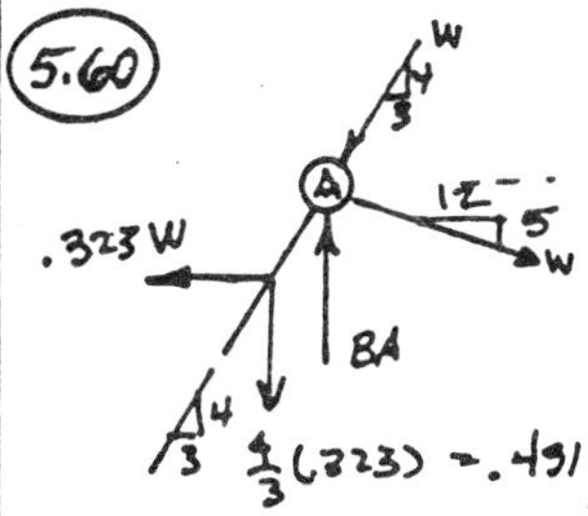

$F_{BD} = F_{BA}$

$\frac{4}{3}(.323) = .431W \quad \therefore F_{BA} = .431W + \frac{5}{13}W + .8W$

$F_{BA} = F_{BD} = 1.65W = 1615\,N$ Ⓒ or $1620\,N$ Ⓒ

5.61 $\Sigma M_A = 0 \Rightarrow 12F = 6(12) + 4(12) + 8(6)$

$\therefore F = 14\,kN$

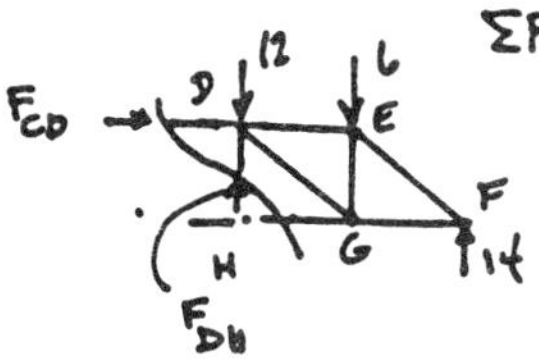

$\Sigma F_y = 0 \Rightarrow F_{DH} = 12 + 6 - 14 = 4\,kN$ Ⓒ

$\Sigma M_H = 0 = -3F_{CD} - 4(6) + 8(14)$

$\therefore F_{CD} = 29.3\,kN$ Ⓒ

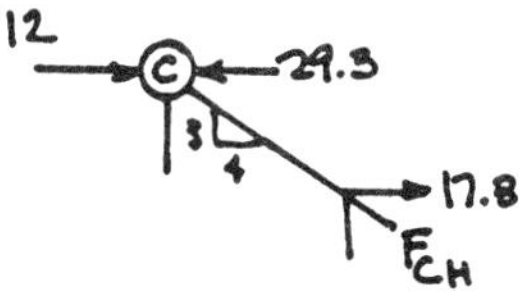

$\therefore F_{CH} = \frac{17.3}{.8} = 21.6\,kN$ Ⓣ

5.62

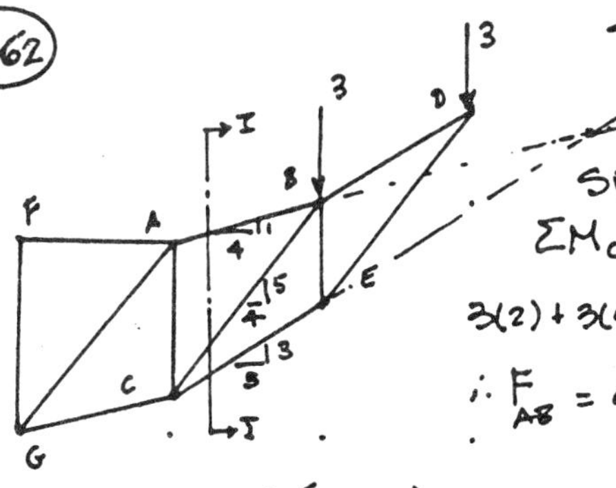

SEE TEXT FOR DIM.

USE SECT I-I

$\Sigma M_C = 0$

$3(2) + 3(4) - 2\left(\frac{4F_{AB}}{\sqrt{17}}\right) = 0$

$\therefore F_{AB} = 9.28\,k$ Ⓣ

$\Sigma M_B = 3(2) - 1.3\left(\frac{5}{\sqrt{34}}F_{CE}\right) = 0 \quad \therefore F_{CE} = 5.38\,k$ Ⓒ

SECT I. $\Sigma F_y = 0$

$\frac{5}{\sqrt{41}}F_{CB} + \frac{3}{\sqrt{34}}F_{CE} - \frac{1}{\sqrt{17}}F_{AB} - 6 = 0 \Rightarrow F_{CB} = 7.02\,k$ Ⓒ

5.63

$\sin^{-1}(.6/4.7) = 7.33°$

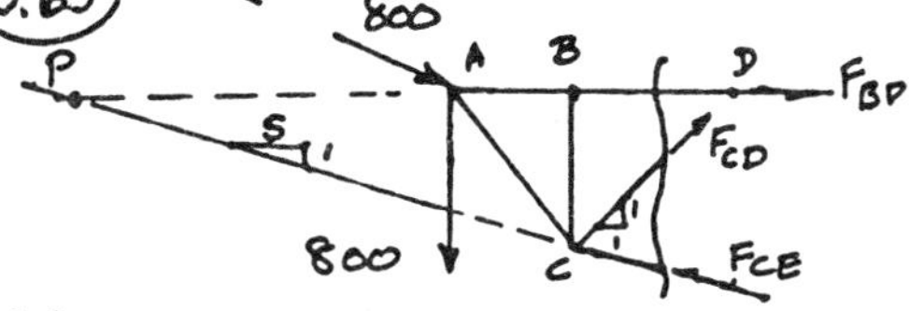

$\Sigma M_P = 0 = 9\left(\frac{1}{\sqrt{2}}F_{CD}\right) - 6.3(800) - 6.3(800 \sin 7.33°) = 0$

$\therefore F_{CD} = 893\,N$ Ⓣ

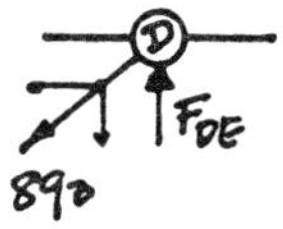

$\therefore F_{DE} = 893\left(\frac{\sqrt{2}}{2}\right) = 631\,N$ Ⓒ

5.64

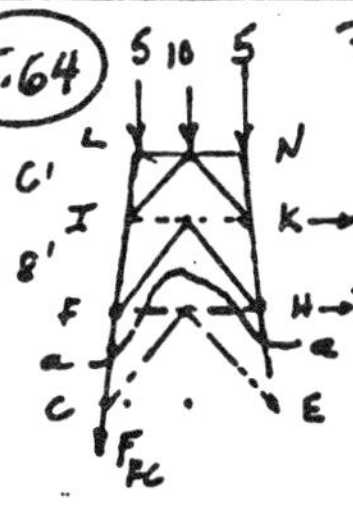

FOR FC USE SECT a-a

$\Sigma M_H = 0$ SLOPE OF FC IS 32:3

$FH = 12.63'$

$\Sigma M_H = 5(1.313) + 6(6.313) + 5(11.313) + F_{FC}(12.63) - 8(7) = 0$

$F_{FC} = 5.58\,k$ Ⓒ

5.65

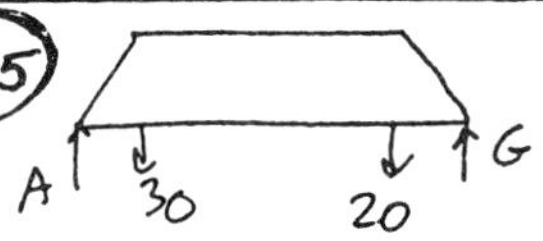

$\Sigma M_G = 0$ gives $A = 27.5$ kips

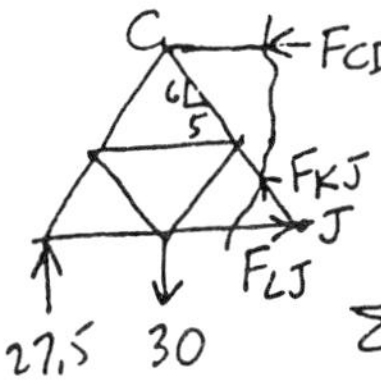

$\Sigma F_y = 0 = \frac{6}{\sqrt{61}}F_{KJ} - 30 + 27.5$

$F_{KJ} = 3.25$ kips Ⓒ

$\Sigma M_J = 0 = 30F_{CD} + 25(30) - 50(27.5) = 0$

$F_{CD} = 20.8$ kips Ⓒ

$\Sigma M_C = 0 = 30F_{LJ} - 25(27.5) = 0$

$F_{LJ} = 22.9$ kips Ⓣ

5.66 SYM: $D_y = 1.5\,kN$ ↑

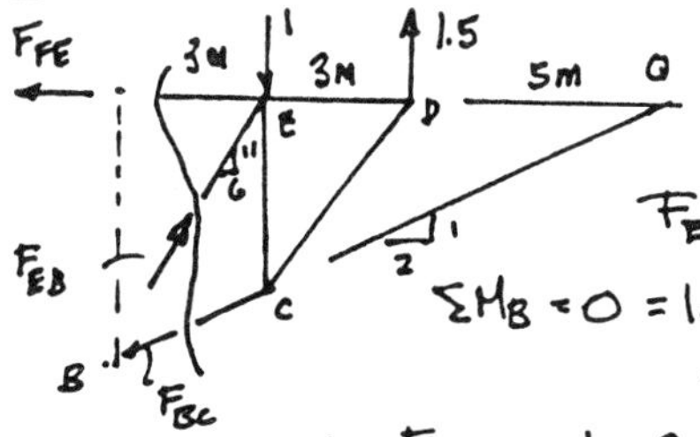

$\Sigma M_Q = 0$

$-(1.5)(5) + 1(8) + \frac{11}{\sqrt{157}}F_{EB}(8) = 0$

$F_{EB} = .071\,kN$ Ⓒ

$\Sigma M_B = 0 = 1.5(6) - 1(3) - F_{FE}(5.5) = 0$

$\therefore F_{FE} = 1.09\,kN$ Ⓒ

$\Sigma F_y = 0 = 1.5 - 1 + .071\left(\frac{11}{\sqrt{157}}\right) - \frac{1}{\sqrt{5}}F_{BC} = 0$

$\therefore F_{BC} = 1.26\,kN$ Ⓣ

5.67 $\Sigma M_G = 0 \Rightarrow A_y = 347 \uparrow$ LB ; $A_x = 700 \leftarrow$ LB

$F_{KD} = F_{DI} = F_{DJ} = 0$; $F_{BL} = 0$; $F_{CL} = 300$ LB (T)

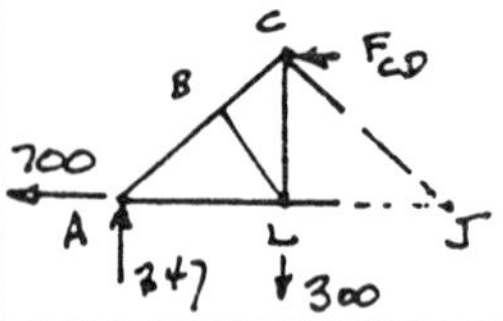

$\Sigma M_J = 0$

$347(12) - 300(6) - F_{CD}(5) = 0$

$F_{CD} = 473$ LB (C)

5.68 See Example 4.6 for reactions.

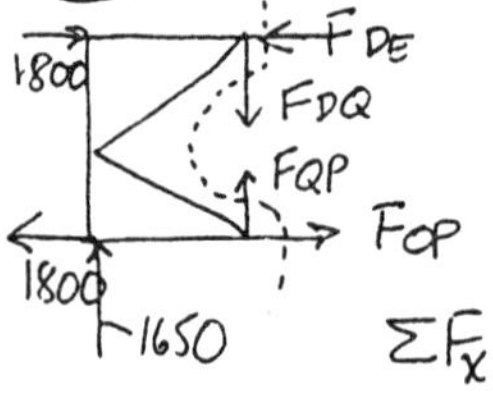

$\Sigma M_P = 0$

$6F_{DE} - 6(1800) - 4(1650) = 0$

$F_{DE} = 2900$ lb (C)

$\Sigma F_x = 0 = F_{OP} - F_{DE} + 1800 - 1800$

$F_{OP} = 2900$ lb (T)

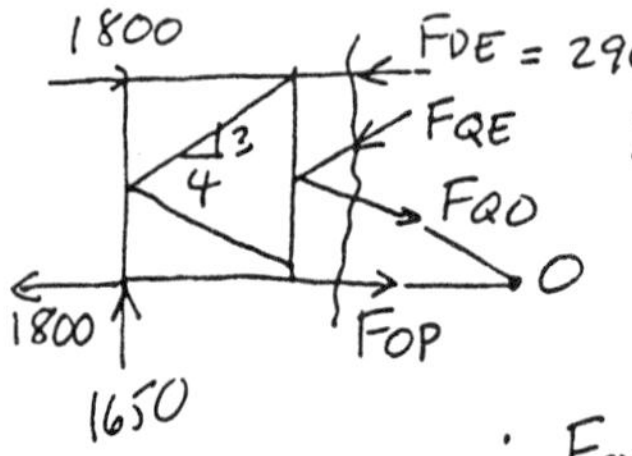

$\Sigma M_O = 0 = -1800(6)$

$-1650(8) + 4000 + 2900(6)$

$+ F_{QE}\left(\frac{4}{5}\right)6$

$\therefore F_{QE} = 542$ lb (C)

5.69

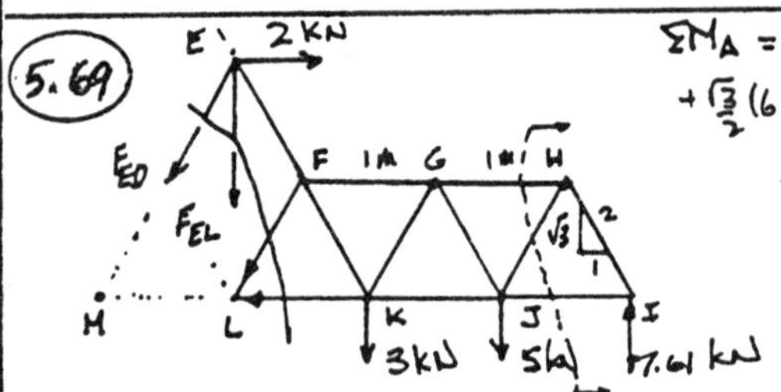

$\Sigma M_A = 4(3) + 5(5)$

$+ \frac{\sqrt{3}}{2}(6) + 2\sqrt{3} = 6 I_y$

$I_y = 7.61$ kN

$\Sigma M_L = 0 = \left(\frac{2\sqrt{3}}{2}\right)\frac{1}{2}F_{ED} - \left(\frac{2\sqrt{3}}{2}\right)2 - 1(3) - 2(5) + 3(7.61)$

$\therefore F_{ED} = 7.36$ kN (C)

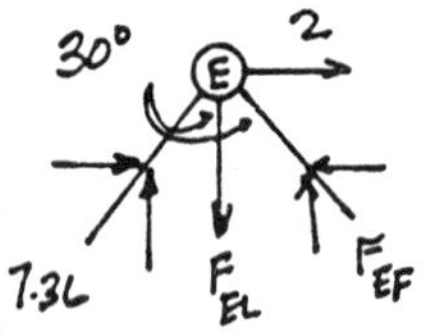

SECT: GH-HJ-JI $\Sigma M_J = 0$

$(1)7.61 - \frac{\sqrt{3}}{2}F_{GH} = 0$

$F_{GH} = \frac{2}{\sqrt{3}}(7.61)$

$F_{GH} = 8.79$ kN (C)

$F_{EF_x} = 2 + \frac{1}{2}(7.36) = 5.68$

$F_{EF_y} = 9.87$ $\therefore \Sigma F_y = 0 \Rightarrow F_{EL} = 7.36\frac{\sqrt{3}}{2} + 9.87 = 16.3$ kN (T)

5.70

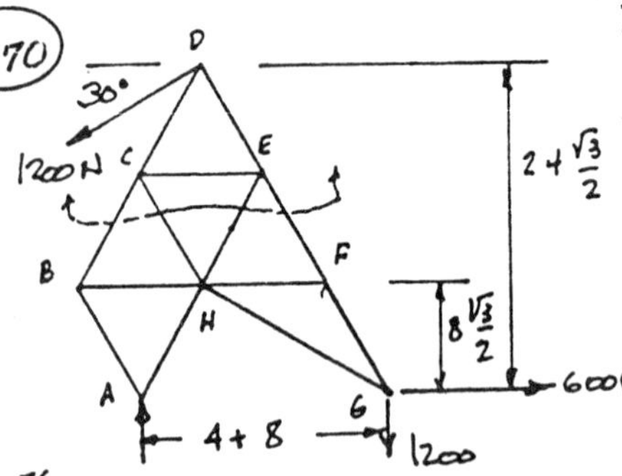

$\Sigma M_A = 0$

$16 G_y + 1200\frac{\sqrt{3}}{2}($

$12\sqrt{3}) - 600(4) = 0$

$G_y = 1200$ N $\downarrow$

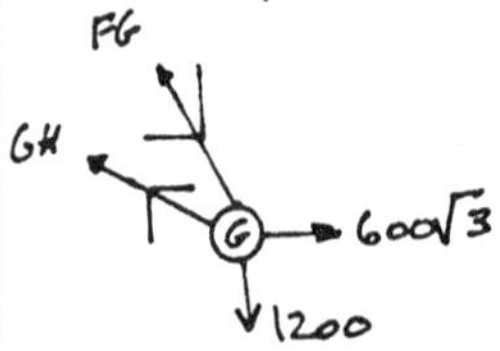

$\left.\begin{array}{l}\frac{\sqrt{3}}{2}FG + \frac{1}{2}GH = 1200 \\ \frac{1}{2}FG + \frac{\sqrt{3}}{2}GH = 600\sqrt{3}\end{array}\right\}$

$F_{FG} = 600\sqrt{3}$ (T) $= F_{EF}$

NOW USE SECT. CB-CH-EH-EF (SEE ABOVE) AND

ΣM_C. $\Sigma M_C = 0$ $1200\frac{\sqrt{3}}{2}(4\sqrt{3}) - 600(4) - 600\sqrt{3}\left(\frac{\sqrt{3}}{2}\right)8$

$- F_{EH}\frac{\sqrt{3}}{2}(8) = 0 \Rightarrow$

$7200 - 2400 - 7200 - 4\sqrt{3}F_{EH} = 0$. $F_{EH} = 346$ N (C)

5.71 $\tan\theta = \frac{1 + .9\cos\theta}{6 - .9\sin\theta}$; 1ST GUESS

$\theta = \tan^{-1}\left(\frac{1.9}{6}\right) = 17.6°$, THEN TRY $\theta = 17.6°$

$\tan^{-1}(.324) = 17.9° \Rightarrow .32436 \Rightarrow 17.971° = 18° \therefore \theta = 18°$

a) ZERO FORCE MEMBERS: BG, CG, CF

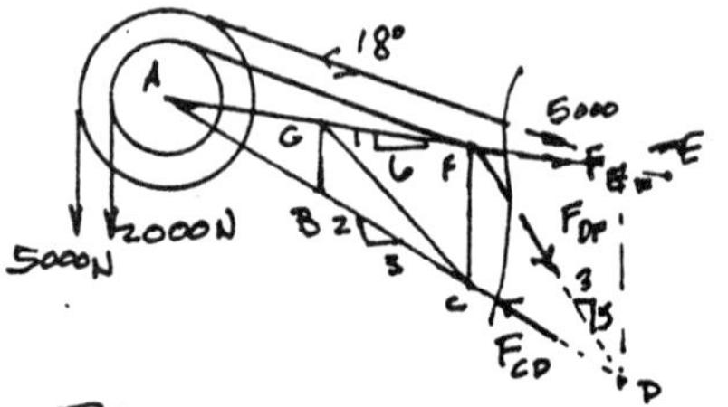

$\Sigma M_A = 0 = -6(2000) - 6\left(\frac{5}{\sqrt{34}}F_{DF}\right) + 4\left(\frac{3}{\sqrt{34}}F_{DF}\right)$

$\Rightarrow F_{DF} = 389$ N (T)

$\Sigma M_D \Rightarrow \frac{\sqrt{37}}{6}F_{FE_H}$ $33F_{FE_H} = 5000(6.9) + 2000(6.6) - 5000\cos 18(3)$

$F_{FE} = \frac{\sqrt{37}}{6}F_{FE_H} = 11298 = 11300$ N (T)

$\Sigma F_y = \frac{2}{\sqrt{13}}F_{CD} - 2000 - 5000(1 + \sin 18°) - \frac{5}{\sqrt{34}}(389)$

$- \frac{1}{\sqrt{37}}F_{EF} = 0 \Rightarrow \frac{2}{\sqrt{13}}F_{CD} = 8880 + \frac{1}{\sqrt{37}}F_{EF}$

$E_D = 19358 = 19400$ N (C)

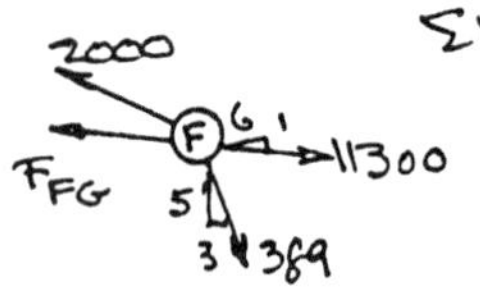

$\Sigma F_x = 0 = -\frac{6}{\sqrt{37}}F_{FG} + \frac{6}{\sqrt{37}}(11300)$

$-2000\cos 18° + \frac{3}{\sqrt{34}}(389) = 0$

$\Rightarrow F_{FG} = 9600$ N (T)

5.72

$\theta = \sin^{-1}\left(\frac{.2}{8}\right) = 1.433°$

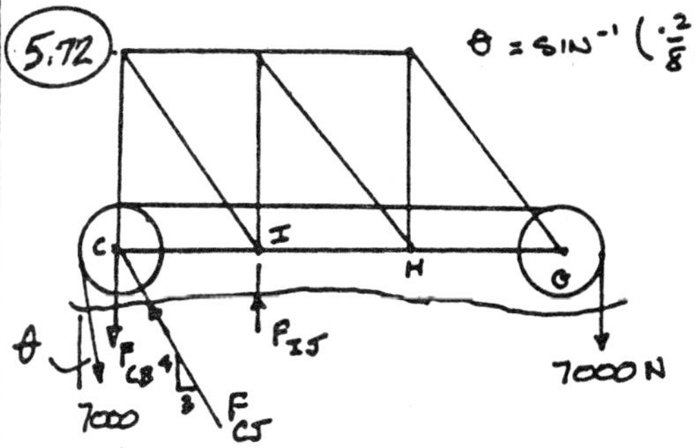

$\Sigma F_x = 0 \Rightarrow 7000 \sin\theta = \frac{3}{5} F_{CJ} \Rightarrow F_{CJ} = 292\text{ N}$ Ⓒ

$\Sigma M_C = 0 = 7000(.2) + F_{IJ}(3) - 7000(9.2)$

$\therefore\ F_{IJ} = 21000\text{ N}$ Ⓒ

5.73

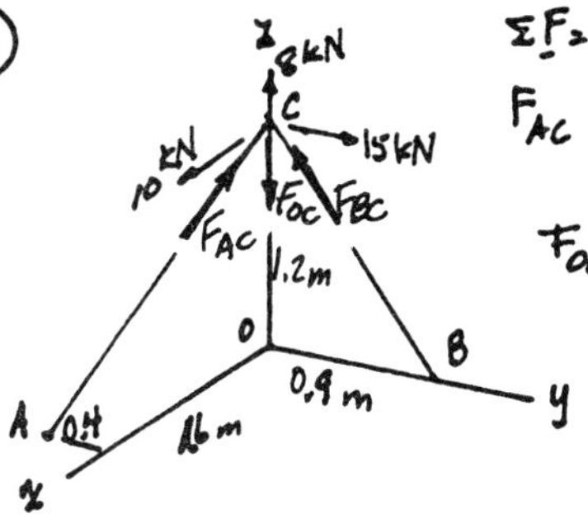

$\Sigma \underline{F} = 0 =$

$F_{AC}\dfrac{(-16\hat{i}+4\hat{j}+12\hat{k})}{20.40} + F_{OC}(-\hat{k}) + F_{BC}\dfrac{(-9\hat{j}+12\hat{k})}{15} + 10\hat{i} + 15\hat{j} + 8\hat{k} = 0$

$\hat{i}:\ -F_{AC}\,.784 + 10 = 0 \Rightarrow F_{AC} = 12.75$ Ⓒ

$\hat{j}:\ \left(F_{AC}\dfrac{4}{20.40}\right) - \dfrac{9}{15}F_{BC} + 15 = 0 \Rightarrow F_{BC} = 29.17\text{ k}$ Ⓒ

$\hat{k}:\ \dfrac{12F_{AC}}{20.40} - F_{OC} + \dfrac{4}{5}F_{BC} + 8 = 0 \Rightarrow F_{OC} = 38.83\text{ k}$ Ⓣ

5.74

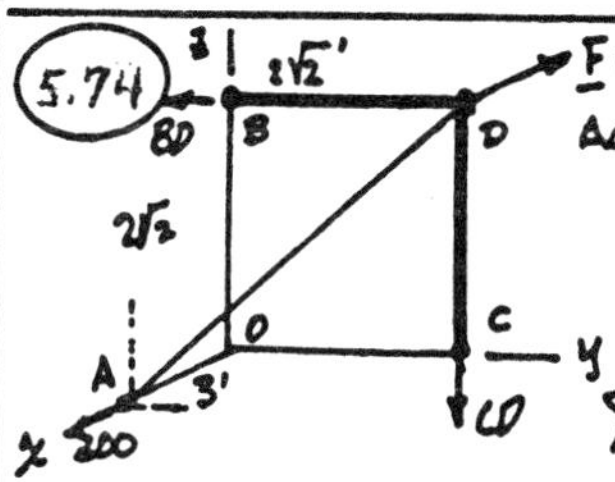

$\underline{F} = -300\hat{i}$ LB OD = 4' ∴ AD = 5'

AOD: 3:4:5 Δ $AD_x = 300$ ∴

TEN. IN WIRE IS 500 LB $= F_{DA}$

$\Sigma M_D = 0 \Rightarrow CD = BD$

$\Sigma F_x = 400\frac{\sqrt{2}}{2} + BD = 0$

$\therefore\ BD = -283 = 283\text{ LB}$ Ⓒ; $CD = 283$ LB Ⓒ

5.75

NEGLECT DIMENSIONS OF TOP PLATE. TO AVOID STATIC INDETERMINANCY MUST ASSUME SYMMETRY. THEREFORE, EACH TWO-FORCE LEG HAS A VERTICAL COMPONENT OF 600/4 = 150 LB

SO $\dfrac{14}{\sqrt{(14)^2+(6)^2+(5)^2}}F = 150$

$\therefore\ F = 172$ LB Ⓒ

5.76

SEE FIG IN TEXT FOR DIMENS.

DIR COS. OF AB: −.636, −.545, .545

$\hat{u}_{DC} = \dfrac{4\hat{i}+9\hat{k}}{97} = .406\hat{i} + .914$

$\Sigma \underline{M}_D \cdot \hat{u}_{CD} = 0 \Rightarrow AB.\ \ \underline{r}_{DB} = \hat{i}+6\hat{j}+3\hat{k}$

$\underline{F}_B = \underline{AB} - 960\hat{k}$ & $(\underline{r}_{DB}\times\underline{F}_B)\cdot\hat{u}_{CD} = 0$

$$\begin{vmatrix} 1 & 6 & 3 \\ -AB(.636) & -AB(.545) & AB(.545)-960 \\ .406 & 0 & .914 \end{vmatrix} = 0$$

EXPAND & COLLECT TERMS ⇒ AB = 469 LB Ⓣ

5.77

SEE TEXT FOR FIG. (BALL & SOCK. AT B)

$F_{AB}\left(-\frac{4}{13}\hat{i} + \frac{3}{13}\hat{j} + \frac{12}{13}\hat{k}\right) + F_{BD}\left(\frac{3}{13}\hat{i} + \frac{4}{13}\hat{j} + \frac{12}{13}\hat{k}\right)$

$+ F_{BC}\left(-\frac{5}{13}\hat{j} + \frac{12}{13}\hat{k}\right) - 144\hat{k} = 0 \Rightarrow$

$-4F_{AB} + 3F_{BD} = 0$

$3F_{AB} + 4F_{BD} - 5F_{BC} = 0$

$F_{AB} + F_{BD} + F_{BC} = \frac{144}{12}(13) = 156$

$$F_{BD} = \frac{\begin{vmatrix} -4 & 0 & 0 \\ 3 & 0 & -5 \\ 1 & 156 & 1 \end{vmatrix}}{\begin{vmatrix} -4 & 3 & 0 \\ 3 & 4 & -5 \\ 1 & 1 & 1 \end{vmatrix}} = \frac{-156(20)}{-16-15-9-20} \Rightarrow 52\text{ LB Ⓒ}$$

5.78

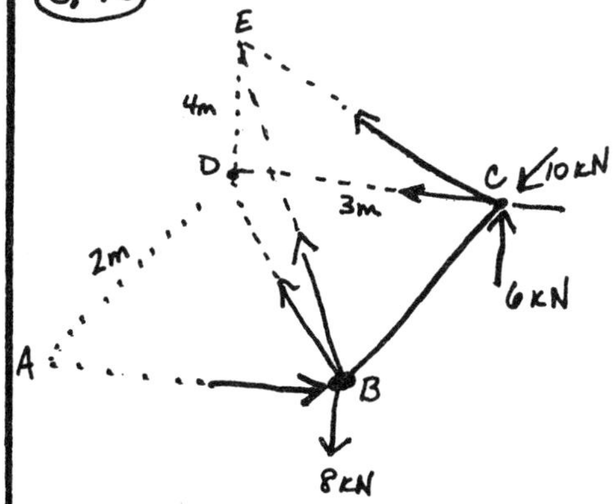

Imagine the section shown and $\Sigma M_{\text{line }DG} = 0$:

$\frac{10(3)}{2} = F_{AB}$

$= 15\text{ kN}$ Ⓒ

$\Sigma M_{\text{line }EC} = (\Sigma \underline{M}_C)\cdot\hat{u}_{EC} = 0$

so $0 = \left[15(2)\hat{k} + 8(2)\hat{j} + 2F_{DB}\frac{3}{\sqrt{9+4}}(-\hat{k})\right]\cdot\left(\dfrac{-4\hat{k}+3\hat{j}}{5}\right)$

$30(-4) + \dfrac{6F_{DB}}{\sqrt{13}}(+4) + 16(3) = 0$

$F_{DB} = +10.8$ or 10.8 kN Ⓣ

(5.79) $\Sigma M_{A_x} = 0 \Rightarrow 12C_x = -3C_z$; $\Sigma F_z = 0$

$\therefore C_z = 100$; $C_x = -25$. $12C_y + 4C_z = 0$

$\therefore C_y = -\frac{1}{3}C_z = -33.3$; $A_y + C_y = 0 \therefore A_y = 33.3$

$\Sigma M_z = 0 = -B_x 4 + 3A_y - 4(100) \Rightarrow B_x = -75$

$\therefore A_x = 0$

b)

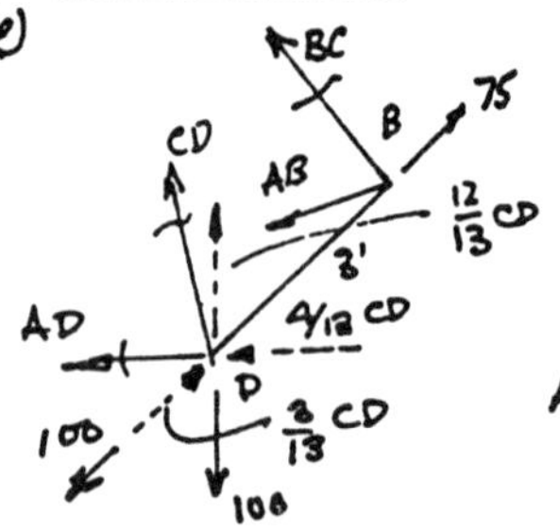

$\Sigma M_{B_y} = 0 = 3(100) - 3\left(\frac{12}{13} CD\right)$

$CD = 108$ LB (T)

$\Sigma M_{B_z} = 0 = -3AD - \frac{4}{13} CD(3) \Rightarrow$

$AD = -\frac{4}{13}\left(\frac{1300}{12}\right) \Rightarrow 33.3$ LB (C) $= F_{AD}$

c)

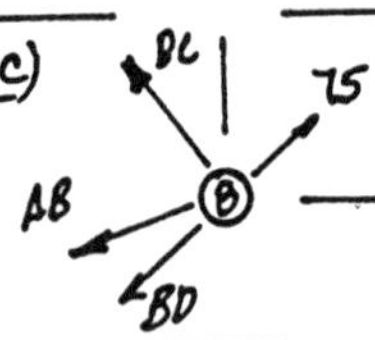

$\Sigma F_z = 0 \therefore BC = 0$

$\Sigma F_y = 0 \therefore AB = 0$

$\Sigma F_x = 0 \therefore BD = 75$ LB (T)

d) ONLY FORCE ON A WITH Z-COMP IS AC $\Rightarrow AC = 0$

(5.80) REFER TO Ex. 5.9

$\underline{r}_{PQ} = -1.5\hat{\imath} + 2\hat{\jmath}$ FT

$\underline{F}_{QA} = F_{QA}\left(\frac{9.5\hat{\imath} - 2\hat{\jmath} - 6\hat{k}}{11.4}\right) = (.833\hat{\imath} - .175\hat{\jmath} - .526\hat{k})F_{QA}$

$\underline{F}_{QB} = F_{QB}\left(\frac{5.5\hat{\imath} + 4.93\hat{\jmath} - 6\hat{k}}{9.52}\right) = (.578\hat{\imath} - .518\hat{\jmath} - .630\hat{k})F_{QB}$

$\Sigma \underline{M}_P = \underline{0}$; $\underline{r}_{PR} \times (\underline{F}_R + \underline{F}_{OR}) + \underline{r}_{PQ} \times (\underline{F}_Q + \underline{F}_{QA} + \underline{F}_{QB}) = \underline{0}$

$$\begin{vmatrix} \hat{\imath} & \hat{\jmath} & \hat{k} \\ -2.75 & -.25 & -3 \\ (700 - .674F_{OR}) & (500 - .0613F_{OR}) & (-400 + .735F_{OR}) \end{vmatrix} +$$

$$\begin{vmatrix} \hat{\imath} & \hat{\jmath} & \hat{k} \\ -1.5 & 2 & 0 \\ (-1400 + .833F_{QA} + .578F_{QB}) & (300 - .175F_{QA} + .518F_{QB}) & (-800 - .526F_{QA} - .630F_{QB}) \end{vmatrix}$$

$= \underline{0}$

$\hat{\imath}$: $100 - .25(.735F_{OR}) + 1500 - 3(.0613F_{OR}) + 1600 - 1.05F_{QA} - 1.26F_{QB} = 0$ USING

$F_{OR} = 1020$ FROM Ex 4.9

$[.25(.735) + 3(.0613)][1020] + 1.05F_{QA} + 1.26F_{QB} = 0$

$1.05F_{QA} + 1.26F_{QB} = -375 \quad \ldots (1)$

$\hat{\jmath}$: $-1100 + 2.75(.735F_{OR}) - 2100 + 3(.674F_{OR}) - 1200 - 1.5(.526F_{QA}) - 1.5(.630F_{QB}) = 0 \Rightarrow$

$.789F_{QA} + .945F_{QB} = -280 \quad \ldots (2)$

NOTE: EQ (1) & (2) ARE DEPENDENT!

$\hat{k}$: $-2.75(500) + [2.75(.0613) - .25(.674)](1020) + .75(700) + 450 + [1.5(.175) - 2(.833)]F_{QA} + [-(1.5)(.518) - 2(.578)]F_{QB} + 2800 = 0 \Rightarrow$

$1.40F_{QA} + 1.93F_{QB} = 2050 \quad \ldots (3)$

$\Rightarrow F_{QA} = \frac{-3310}{.263} = 12600$ LB (C)

$\Rightarrow F_{QB} = \frac{2680}{.263} = 10200$ LB (T)

(5.81)

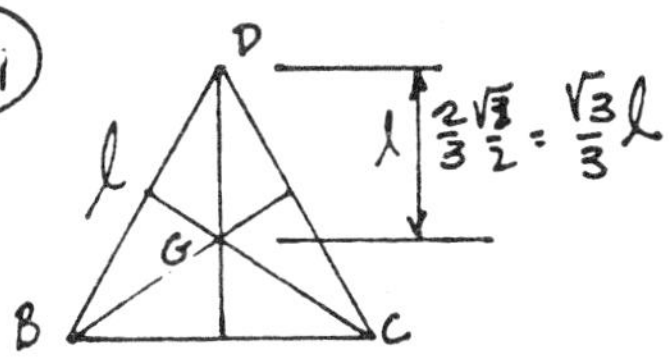

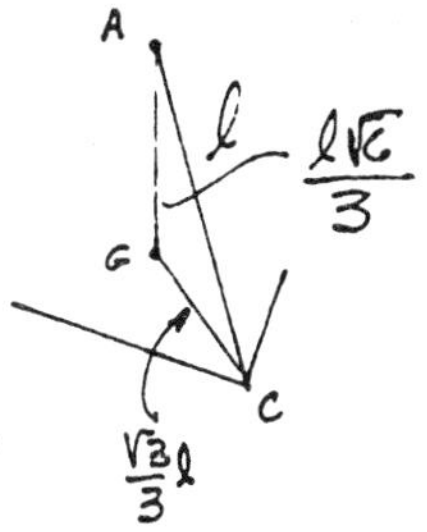

AT JOINT A: VERT. ON EACH MEMBER IS $P/3$ ∴

$$F_{AC} = \left(1/\frac{\sqrt{6}}{3}\right)\left(\frac{P}{3}\right) = \frac{\sqrt{6}P}{6} = .408P \text{ (T)}$$

$$\therefore F_{AC} = F_{AB} = F_{AD} = F_{BE} = F_{CE} = F_{DE} = .408P \text{ (T)}$$

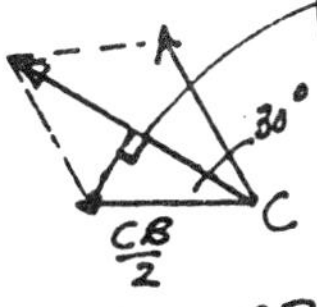

$$\left(\frac{\sqrt{3}}{3}\Big/\frac{\sqrt{6}}{6}\right)P = \frac{P}{3\sqrt{2}}$$

$$\frac{CB}{2}\cos 30°(2) = \frac{P}{3\sqrt{2}} \Rightarrow CB = \frac{2P}{3\sqrt{6}}$$

$$\therefore F_{CB} = \frac{2P}{3\sqrt{6}} = .272P \text{ (C)}$$

(5.82) SEE TEXT.

JOINT B:

$$-F_{BC}\hat{i} - F_{BE}\hat{k} + F_{AB}\left(-\frac{\hat{i}}{\sqrt{2}} + \frac{\hat{j}}{\sqrt{2}}\right) - 2000\hat{i} = 0$$

$$F_{AB} = F_{BE} = 0\ ;\ F_{BC} = 2000\text{ N (C)}$$

JOINT C:

$$F_{BC}\hat{i} - F_{CF}\hat{k} + F_{AC}\hat{j} + F_{CE}\left(\frac{2}{\sqrt{13}}\hat{i} - \frac{3}{\sqrt{13}}\hat{k}\right) = 900\hat{i} - 600\hat{j} + 1500\hat{k}$$

$\hat{j}$: $F_{AC} = 600\text{ N}$ (C)

$\hat{i}$: $F_{CE} = 2900\frac{\sqrt{13}}{2} = 5230\text{ N}$ (T)

$\hat{k}$: $F_{CF} = -1800 - 2900(3/2) \Rightarrow 6150\text{ N}$ (C)

JOINT A:

$$F_{AB}\left(\frac{1}{\sqrt{2}}\hat{i} - \frac{1}{\sqrt{2}}\hat{j}\right) + F_{AC}(-\hat{j}) + F_{AD}(-\hat{k})$$
$$+ F_{AE}\left(\frac{2}{\sqrt{17}}\hat{i} - \frac{2}{\sqrt{17}}\hat{j} - \frac{3}{\sqrt{17}}\hat{k}\right) + F_{AF}\left(-\frac{2}{\sqrt{13}}\hat{j} - \frac{3}{\sqrt{13}}\hat{k}\right)$$
$$+ 1920\hat{j} + 1440\hat{k} = 0$$

$\hat{i}$: $F_{AE} = 0$

$\hat{j}$: $600 - \frac{2}{\sqrt{13}}F_{AF} + 1920 = 0 \Rightarrow F_{AF} = 4540\text{ N}$ (T)

$\hat{k}$: $-F_{AD} - \frac{3}{\sqrt{13}}\left(2520\frac{\sqrt{13}}{2}\right) + 1440 = 0$

$\Rightarrow F_{AD} = 2340\text{ N}$ (C)

PROB. IS STATICALLY INDET. FOR FORCES IN DE, EF, DF

(5.83)

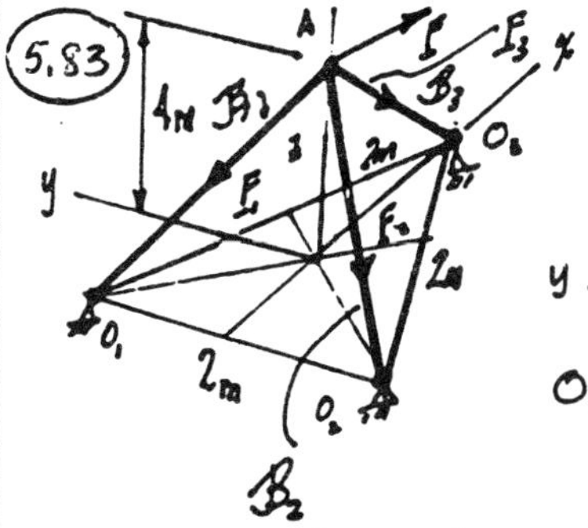

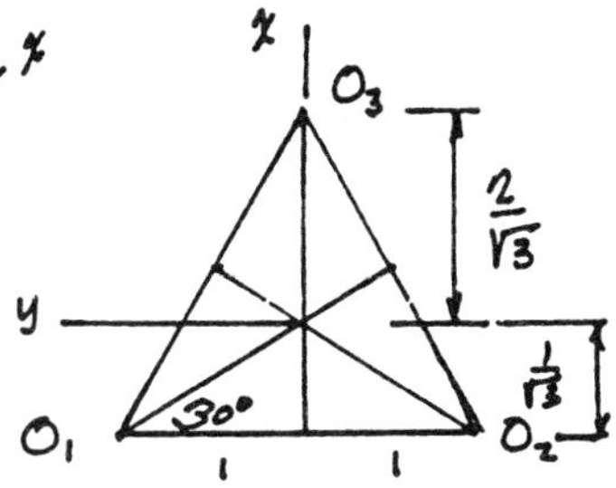

$$\underline{F}_1 = F_1\left(\frac{-\hat{i} + \sqrt{3}\hat{j} - 4\sqrt{3}\hat{k}}{\sqrt{52}}\right)$$

$$\underline{F}_2 = F_2\left(\frac{-\hat{i} - \sqrt{3}\hat{j} - 4\sqrt{3}\hat{k}}{\sqrt{52}}\right)$$

$$\underline{F}_3 = F_3\left(\frac{2\hat{i} - 4\sqrt{13}\hat{k}}{\sqrt{52}}\right)$$

JOINT A $\Sigma \underline{F} = 0$

$\underline{F}_1 + \underline{F}_2 + \underline{F}_3 + \underline{F} = 0 \qquad \underline{F} = -1000\hat{k}\text{ N}$

$\hat{i}$: $-F_1 - F_2 + 2F_3 = 0$ OR

$F_1 + F_2 - 2F_3 = 0 \quad \cdots$ (1)

$\hat{j}$: $\frac{\sqrt{3}}{\sqrt{52}}F_1 - \frac{\sqrt{3}}{\sqrt{52}}F_2 = 0$ OR

$F_1 - F_2 = 0 \quad \cdots$ (2)

$\hat{k}$: $-\frac{4\sqrt{3}F_1}{\sqrt{52}} - \frac{4\sqrt{3}}{\sqrt{52}}F_2 - \frac{4\sqrt{3}}{\sqrt{52}}F_3 = 1000$

$\therefore F_1 + F_2 + F_3 = -250\frac{\sqrt{52}}{\sqrt{3}} \quad \cdots$ (3)

FROM (1) & (2) $F_1 = F_2 = F_3$ ∴ FROM (3)

$$F_1 = F_2 = F_3 = \frac{-250\sqrt{52}}{3\sqrt{3}} \Rightarrow +347\text{N (C)}$$

(5.84) SAME AS 5.83 EXCEPT $\underline{F} = 1000\hat{i}$

$\therefore F_1 + F_2 - 2F_3 = 1000\sqrt{52} \quad \cdots$ (1)

$F_1 - F_2 = 0 \quad \cdots$ (2)

$F_1 + F_2 + F_3 = 0 \quad \cdots$ (3)

(2) & (3) $\Rightarrow F_1 = F_2\ ,\ F_3 = -2F_1$ SO FROM (1)

$F_1 = 1200\text{N (T)} = F_2\ ;\ F_3 = 2400\text{N (C)}$

5.85 SAME AS 5.83 EXCEPT $\underline{F} = 1000\,N\,\hat{j}$

$$F_1 - F_2 = -\frac{1000\sqrt{52}}{\sqrt{3}} \quad \cdots (2)$$

$$F_1 + F_2 - 2F_3 = 0 \quad \cdots (1)$$

$$F_1 + F_2 + F_3 = 0 \quad \cdots (3)$$

$$F_1 + F_2 - 2(-F_1 - F_2) = 0$$

$$3F_1 + 3F_2 = 0\ ;\quad F_1 = -F_2$$

FROM (2) $\quad 2F_1 = -1000\sqrt{52}/\sqrt{3} \Rightarrow$

$F_1 = -2080\,N \Rightarrow 2080\,N$ (C)

$F_2 = 2080\,N$ (T)

$F_3 = 0$

5.86 SEE 5.83: $\underline{F} = 707\hat{i} + 707\hat{j}$ N

$$F_1 + F_2 - 2F_3 = 707\sqrt{52} \quad \cdots (1)$$

$$F_1 - F_2 = -\frac{707\sqrt{52}}{\sqrt{3}} \quad \cdots (2)$$

$$F_1 + F_2 + F_3 = 0 \quad \cdots (3)$$

(1) $\quad F_1 + F_2 - 2(-F_1 - F_2) = 707\sqrt{52}$

$$3F_1 + 3F_2 = 707\sqrt{52}$$

$$F_1 + F_2 = \frac{707}{3}\sqrt{52}$$

ADDING (2): $\quad 2F_1 = \frac{707}{3}\sqrt{52}\,(1 - \sqrt{3}) \Rightarrow$

$F_1 = \frac{707}{6}\sqrt{52}\,(1 - \sqrt{3}) \Rightarrow 622\,N$ (C)

$F_2 = \frac{707}{3}\sqrt{52} - (-622) \Rightarrow 2320\,N$ (T)

$F_3 = -(+2320 - 622) \Rightarrow 1700\,N$ (C)

5.87 SEE 5.83. $\underline{F} = 577\hat{i} + 577\hat{j} + 577\hat{k}$

$$F_1 + F_2 - 2F_3 = 577\sqrt{52} \quad \cdots (1)$$

$$F_1 - F_2 = -577\sqrt{52}/\sqrt{3} \quad \cdots (2)$$

$$F_1 + F_2 + F_3 = 577\sqrt{52}/4\sqrt{3} \quad \cdots (3)$$

$$F_3 = -F_1 - F_2 + \frac{577\sqrt{52}}{4\sqrt{3}}$$

$$3F_1 + 3F_2 = 577\sqrt{52}\left(1 + \frac{1}{2\sqrt{3}}\right) \quad \&$$

$$3F_1 - 3F_2 = -577\sqrt{52}\,\sqrt{3} \quad \cdots (2)$$

$$\therefore\ 6F_1 = 577\sqrt{52}\left(1 + \frac{1}{2\sqrt{3}} - \sqrt{3}\right) \Rightarrow$$

$F_1 = 307\,N$ (C)

$F_2 = 2100\,N$ (T)

$F_3 = 1190\,N$ (C)

5.88 $F_{AC} = 0$ by inspection. (At pin C, member AC is the only one that could carry a force ⊥ plane FCB!)

For F_{AD}, slice through AD, DE and DF with a plane:

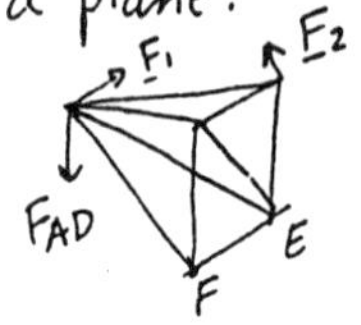

$$\Sigma M_{FE} = 0 = (\Sigma \underline{M}_F)\cdot \hat{u}_{FE} =$$

$$\Big\{(-8\hat{i} + 10\hat{k})\times(-1000\hat{i} + 1200\hat{j} + 2000\hat{k}) + (-8\hat{i} + 10\hat{k} + 8\hat{j})\times(500\hat{i} - 1000\hat{j} + 1500\hat{k}) + -8\hat{i}\times(-F_{AD}\hat{k})\Big\}\cdot\left(\frac{-\hat{i} + \hat{j}}{\sqrt{2}}\right) = 0$$

$$8F_{AD} = 13000 \Rightarrow F_{AD} = 1625\ \text{lb (T)}$$

5.89 (a) START WITH CBDF AND CAN BUILD WHOLE TRUSS BY ADDING A TETRAHEDRON AT A TIME.

(b)

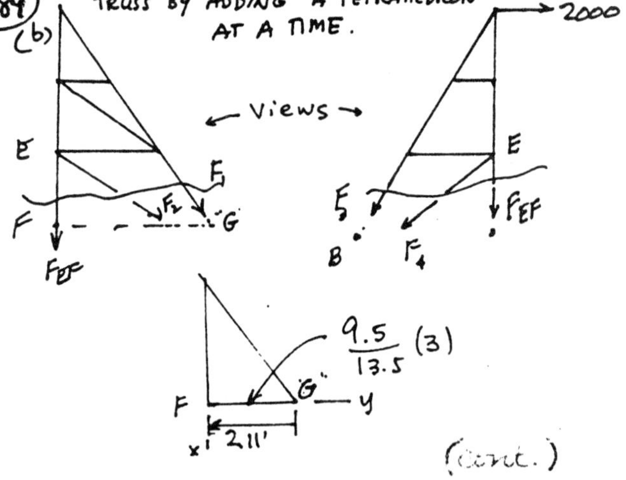

(cont.)

5.89 continued

For 2000 LB $\Sigma \underline{M}_G = (-2.11\hat{j} + 9.5\hat{k}) \times 2000\,\hat{i}$

$= (\quad)\hat{k} + 19000\,\hat{j}$

For EF $\Sigma \underline{M}_G = 2.11\,F_{EF}(+\hat{i}) = 2.11\,F_{EF}\,\hat{i}$

$\therefore \Sigma \underline{M}_{GB} = \underline{0}$

$\left(\frac{4}{5}\hat{i} + \frac{3}{5}\hat{j}\right)\cdot\left((\,)\hat{k} + 19000\hat{j} + 2.11\,F_{EF}\,\hat{i}\right) = 0$

$3(19000) + 4(2.11)\,F_{EF} = 0$

$F_{EF} = \dfrac{-3(19000)}{4(2.11)} \Rightarrow 6750\text{ LB (C)}$

(5.90) SEE TEXT FOR FIGURE.

$\Sigma \underline{M}_A = 0$

$0 = 4\hat{i} \times F_B\hat{k} + 12\hat{j} \times F_C\hat{i} + 3\hat{k} \times F_D\hat{j} +$
$(12\hat{j} + 3\hat{k}) \times (10\hat{i} - 6\hat{j} - 12\hat{k})$

$0 = -4F_B\hat{j} - 12F_C\hat{k} - 3F_D\hat{i} - 120\hat{k} - 144\hat{i}$
$+ 30\hat{j} + 18\hat{i}$

$0 = (-3F_D - 144 + 18)\hat{i} + (-4F_B + 30)\hat{j}$
$+ (-12F_C - 120)\hat{k}$

$\therefore F_B = \frac{30}{4}\text{ LB};\ F_C = -10;\ F_D = -42\text{ LB}$

$\Sigma F_x = 10 - 10 + F_{Ax} = 0 \Rightarrow F_{Ax} = 0$

$\Sigma F_y = -6 - 42 + F_{Ay} = 0 \Rightarrow F_{Ay} = 48\text{ LB}$

$\Sigma F_z = -12 + \frac{30}{4} + F_{Az} = 0 \Rightarrow F_{Az} = \frac{18}{4}\text{ LB}$

USE SECT. IN TEXT.

$\Sigma M_{Cy} = (3)(10) + (3)\left(\frac{4}{13}F_{BE}\right) = 0$

$F_{BE} = \dfrac{-130}{4} = \dfrac{130}{4}\text{ LB (C)}$

JOINTS: JOINT E:

$\Sigma \underline{F}_E = 0 = 10\hat{i} - 6\hat{j} - 12\hat{k} - F_{DE}\hat{j} +$
$\left(\dfrac{4\hat{i} - 12\hat{j} - 3\hat{k}}{13}\right)F_{BE} - F_{CE}\hat{k} = 0$

$0 = \left(10 + \frac{4}{13}F_{BE}\right)\hat{i} + \left(-6 - F_{DE} - \frac{12}{13}F_{BE}\right)\hat{j}$
$+ \left(-12 - \frac{3}{13}F_{BE} - F_{CE}\right)\hat{k} = \underline{0}$

$\hat{i}:\ F_{BE} = \dfrac{-130}{4} \Rightarrow 32.5\text{ LB (C)}$

(5.91) Consult solution to 5.1 for the forces in the members.

$\sigma_{AB} = \frac{200}{2} = 100$ psi, tensile stress

$\sigma_{BD} = \frac{500}{2} = 250$ psi, tensile

$\sigma_{BC} = \frac{1100}{2} = 550$ psi, Compressive

$\sigma_{AD} = \frac{880}{2} = 440$ psi, tensile

$\sigma_{DC} = \frac{880}{2} = 440$ psi, tensile

(5.92) Consult solution to 5.4 for the forces in the members.

$\sigma_{AE} = \frac{285}{0.4} = 713$ psi, tensile stress

$\sigma_{AB} = \frac{267}{0.3} = 890$ psi, compressive

$\sigma_{BE} = \frac{333}{0.6} = 555$ psi, tensile

$\sigma_{BC} = \frac{534}{0.5} = 1070$ psi, compressive

$\sigma_{CE} = \frac{361}{0.7} = 516$ psi, tensile

$\sigma_{CD} = \frac{733}{0.8} = 916$ psi, compressive

$\sigma_{DE} = \frac{0}{0.9} = 0$ [force = 0 by a FBD of pin D]

(5.93) Consult solution to 5.5 for the forces in the members.

$\sigma_{AB} = \frac{2260}{0.003} = 0.753$ MPa, tensile stress

$\sigma_{BE} = \frac{2000}{0.006} = 0.333$ MPa, Compressive

$\sigma_{BC} = \frac{1130}{0.002} = 0.565$ MPa, tensile

$\sigma_{BD} = \frac{800}{0.003} = 0.267$ MPa, tensile

$\sigma_{AE} = \frac{800}{0.005} = 0.160$ MPa, compressive

$\sigma_{ED} = \frac{1130}{0.004} = 0.283$ MPa, Compressive

$\sigma_{CD} = \frac{800}{0.002} = 0.400$ MPa, Compressive

5.94

$$A = 36 - \left(6 - \frac{14}{8}\right)^2 = 36 - 18.1 = 17.9 \text{ in.}^2$$

$$\sigma = \frac{F}{A} = \frac{5000}{17.9} = 279 \text{ psi}$$

5.95 Consult solution to 5.39 for forces, noting must multiply by 10 for these loads (10 kN instead of 1 kN).

$$\sigma_{BG} = \frac{14100}{0.002} = 7.05 \text{ MPa, compressive}$$

$$\sigma_{CF} = \frac{11200}{0.0025} = 4.48 \text{ MPa, compressive}$$

5.96 From solution to 5.44, reaction at L is 628 ↑.

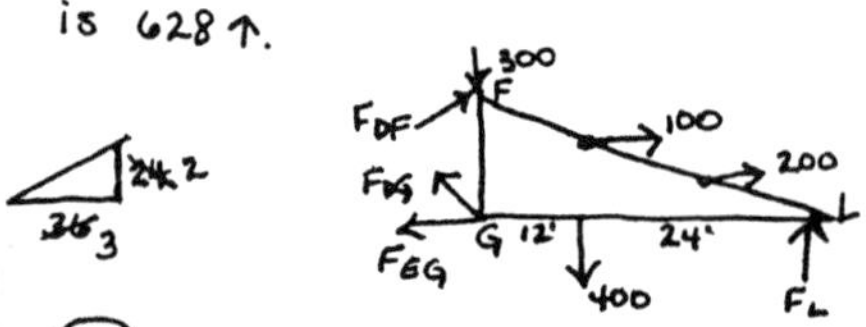

$$\circlearrowleft + \ \Sigma M_G = 0 = -F_{DF}\frac{3(24)}{\sqrt{13}} + 628(36) - 400(12) - 100(16) - 200(8)$$

$$F_{DF} = 732 \text{ lb (C)}$$

$$\text{so } \sigma_{DF} = \frac{732}{3} = 244 \text{ psi, compressive}$$

Can use "E" data to ask a later question about strain or contraction.

5.97 $\sigma_{LC} = \dfrac{500}{\pi(.02)^2} = 398 \times 10^3 \dfrac{N}{m^2} = 398 \text{ kPa}$

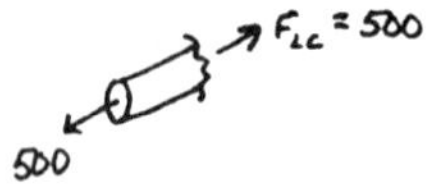

$$\sigma_{CR} = \frac{500}{\pi(.04)^2} = 99.5 \text{ kPa}$$

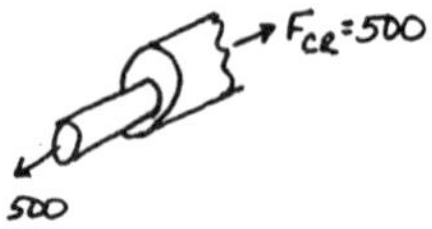

5.98 From solution to Problem 2.68, the cord carrying the largest force is the one connecting the uppermost pulley on the right to the ceiling. Its load is $R_1 = 6P = \frac{6}{7}W$. So

$$\sigma_{max} = 8 \text{ ksi} = \frac{\left(\frac{6W}{7}\right)}{0.1 \text{ in}^2} \Rightarrow W = \frac{7}{6}(0.8) = 0.933 \text{ kips or } 933 \text{ lb}$$

5.99 From solution to 5.61, the reaction at F is 14 kN ↑.

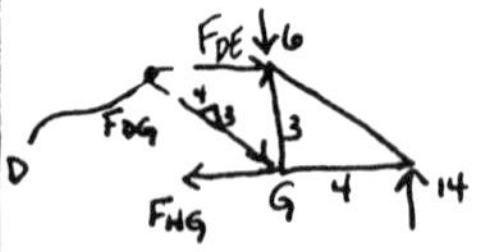

$$\circlearrowleft + \ \Sigma M_G = 0 = 4(14) - 3F_{DE} \Rightarrow F_{DE} = 18.7 \text{ kN (C)} \Rightarrow \sigma_{DE} = \frac{18700}{0.0038} = 4.92 \text{ MPa, compressive}$$

$$+\uparrow \ \Sigma F_y = 0 = -6 + 14 - F_{DG}\left(\tfrac{3}{5}\right) \Rightarrow F_{DG} = 13.3 \text{ kN (C)} \Rightarrow \sigma_{DG} = \frac{13300}{0.0030} = 4.43 \text{ MPa, compressive}$$

$$\circlearrowleft + \ \Sigma M_D = 0 = 8(14) - 6(4) - 3F_{HG} \Rightarrow F_{HG} = 29.3 \text{ kN (T)} \Rightarrow \sigma_{HG} = \frac{29300}{0.0060} = 4.88 \text{ MPa, tensile}$$

So DE carries the largest stress for the given loading.

5.100

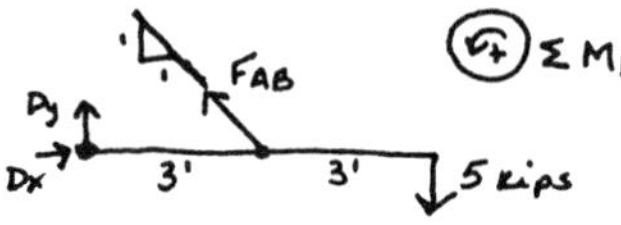

$$\circlearrowleft + \ \Sigma M_D = 0 = F_{AB}\frac{1}{\sqrt{2}}(3) - 5(6)$$

$$F_{AB} = 10\sqrt{2} = 14.1 \text{ kips (T)}$$

$$\sigma_{AB} = \frac{14100}{\pi\left(\frac{1}{2}\right)^2} = 18.0 \text{ ksi, tensile}$$

5.101

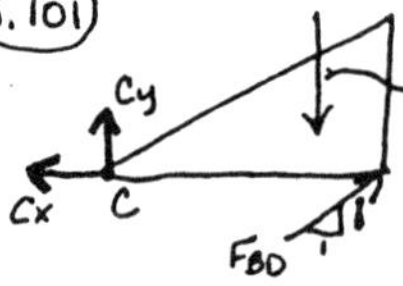

$$\tfrac{1}{2}(.3)1800 = 2700 \text{ N}$$

$$\circlearrowleft + \ \Sigma M_C = 0 = -2700(.2) + F_{BD}\frac{1}{\sqrt{2}}(.3)$$

$$F_{BD} = 2550 \text{ N (C)} \Rightarrow \sigma_{BD} = \frac{2550}{\pi(0.01)^2} = 0.812 \text{ MPa, compressive}$$

(5.102) From solution to 5.62, the force in AB is 9.28 kips (T)

$\therefore\ \sigma_{AB} = \frac{9280}{3} = 3090$ psi, tensile

(5.103) From solution to 4.205, $F_{BD} = 9140$ lb (C) and $F_{AB}\cos 30° = F_{BD}$ (from FBD of B) so that $F_{AB} = 10{,}600$ lb (C). Also (" " " "), we have $F_{BC}\cos 30° = F_{BD}\cos 60°$, so that $F_{BC} = 5280$ lb (C).

$\sigma_{AB} = \frac{10600}{\pi(0.75)^2} = 6000$ psi

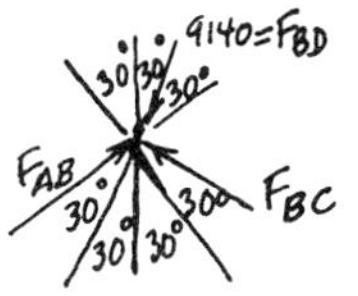

$\sigma_{BC} = \frac{5280}{\pi(0.75)^2} = 2990$ psi

(all three compressive) $\quad \sigma_{BD} = \frac{9140}{\pi(\frac{1}{2})^2} = 11{,}600$ psi

(5.104) Since the area is constant, σ_{max} occurs at the bottom: $\sigma_{max} = \frac{W}{A} = \frac{\rho g V}{A} = \frac{\rho\, 32.2\, A\, \ell}{A}$, $\ell = 1$

$$\sigma_{max} = \frac{8.7\ \text{slug}}{\text{ft}^3}\left(32.2\ \frac{\text{ft}}{\text{sec}^2}\right)(1\ \text{ft}) = 280\ \frac{\text{lb}}{\text{ft}^2}$$

$$= 1.95\ \text{psi}$$

(5.105) Since area is constant, σ_{max} is at the top, where the axial force is greatest: $\sigma_{max} = \frac{F}{A} = \frac{W}{A} = \frac{\rho g A L}{A}$

$$= 7850(9.81)(0.70) = 53{,}910\ \text{Pa}$$

(5.106) $\Sigma F_x = 0 \Rightarrow A_x = 3$; $\Sigma F_y = 0 \Rightarrow A_y = F_C$

(+↺) $\Sigma M_A = 0 \Rightarrow 14 F_C = 3(4) \Rightarrow F_C = \frac{12}{14} = 0.857\text{k} = A_y$

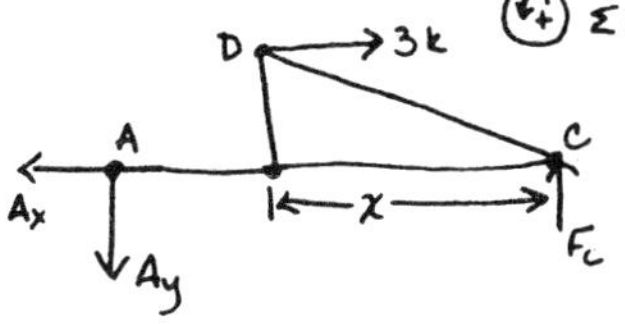

FBD of pin C:

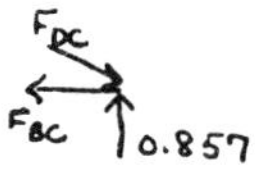

(+↑) $\Sigma F_y = 0 = 0.857 - F_{DC}\frac{x}{\sqrt{16+x^2}}$

$$F_{DC} = \frac{\sqrt{16+x^2}}{x}(0.857) \Rightarrow \sigma_{DC} = \frac{\frac{\sqrt{16+x^2}}{x}(0.857)}{\left(\frac{192}{\sqrt{16+x^2}}\right)} = \frac{0.00446(16+x^2)}{x}$$

where $A_{DC} = \frac{192}{\sqrt{16+x^2}}$ $\quad \frac{d\sigma_{DC}}{dx} = \frac{0.00446[x(2x) - (16+x^2)1]}{x^2} = 0$

or $x^2 - 16 = 0 \Rightarrow x = 4$ ft.

Min, or max? $\frac{d^2\sigma_{DC}}{dx^2} = 0.00446\left[\frac{x^2(2x) - (x^2-16)2x}{x^4}\right] =$

$0.00446\,\frac{32x}{x^4} > 0$ @ $x = 4$, so is a min at $x = 4'$.

So place the pin thusly:

(5.107) $\delta_{AB} = \frac{FL}{AE} = \frac{14100\ 3\sqrt{2} \times 12}{\pi(\frac{1}{2})^2\ 30\ (10^6)} = 0.0305$ in., elongation

(5.108) $\delta_{BD} = \frac{FL}{AE} = \frac{2550(0.3\sqrt{2})}{\pi(0.01)^2\ 69(10^9)} = 4.99 \times 10^{-6}$ m, contraction

(5.109) $\delta_{AB} = \frac{FL}{AE} = \frac{9280(2.06)\times 12}{3\ (10\times 10^6)} = 0.00765$ in., extension (or elongation)

where $L_{AB} = \sqrt{2^2+y^2}$ with $y = (0.5+1.2+1.3) - 2.5 = 0.5'$

$= \sqrt{2^2+0.5^2} \approx 2.06$ ft

5.110 $\delta_{AB} = \frac{FL}{AE} = \frac{10600(24)}{\pi(0.75)^2 30(10^6)} = 0.00480$ in., contraction

$\delta_{BC} = \frac{FL}{AE} = \frac{5280(24)}{\pi(0.75)^2 30(10^6)} = 0.00239$ in., contraction

$\delta_{BD} = \frac{FL}{AE} = \frac{9140(24)}{\pi(\frac{1}{2})^2 30(10^6)} = 0.00931$ in., contraction

5.111 $\delta_{BG} = \frac{FL}{AE} = \frac{14100\, \ell\sqrt{2}}{(0.002)210(10^9)} = 0.0000475\,\ell$ m

$\delta_{CF} = \frac{FL}{AE} = \frac{11200\sqrt{\ell^2+(\frac{\ell}{2})^2}}{(0.0025)210(10^9)} = 0.0000239\,\ell$ m

5.112 $\delta_{DE} = \frac{FL}{AE} = \frac{18700(4)}{(0.0038)69\times10^9} = 0.00029$ m, contraction

$\delta_{DG} = \frac{FL}{AE} = \frac{13300(5)}{(0.0030)69\times10^9} = 0.00032$ m, contraction, the largest

$\delta_{HG} = \frac{FL}{AE} = \frac{29300(4)}{(0.0060)69\times10^9} = 0.00028$ m, extension, the smallest

The order would be the same, as E is a factor in the denominator of all 3.

5.113 $\delta = \frac{FL}{AE} = \frac{5000(6\times12)}{17.9(1800\times10^3)} = 0.0112$ in.

5.114 Each part carries the 500N tensile force.

(a) $\delta_{TOTAL} = \delta_{LC,\,steel} + \delta_{CR,\,alum.} = \frac{500(0.10)}{\pi(0.02)^2 210\times10^9} + \frac{500(0.20)}{\pi(0.04)^2 69\times10^9}$

$= 1.89\times10^{-7} + 2.88\times10^{-7} = 4.77\times10^{-7}$ m.

(b) $\delta_{TOTAL} = \delta_{LC,\,alum.} + \delta_{CR,\,steel} = \frac{500(0.10)}{\pi(0.02)^2 69\times10^9} + \frac{500(0.20)}{\pi(0.04)^2 210\times10^9}$

$= 5.77\times10^{-7} + 0.947\times10^{-7}$

$= 6.72\times10^{-7}$ m

5.115 $\delta = 0.01 = \frac{10000(2)}{(0.0065)E} \Rightarrow E = 308$ MPa

5.116

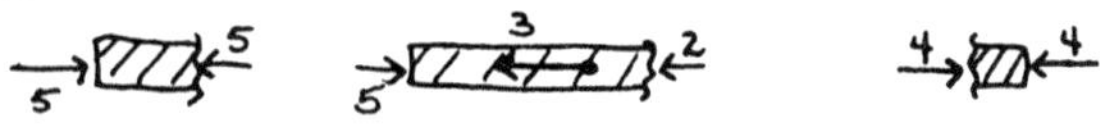

For AC For CD For DB

$\delta = \delta_{AC} + \delta_{CD} + \delta_{DB}$

$= \frac{-5000(36)}{\pi(0.75)^2 15\times10^6} - \frac{2000(12)}{\pi(0.75)^2 15\times10^6} - \frac{4000(24)}{\pi(0.75)^2 15\times10^6}$

$= \frac{-180000 - 24000 - 96000}{26.5\times10^6} = -0.0113$ in. or 0.0113 in. shortening.

5.117

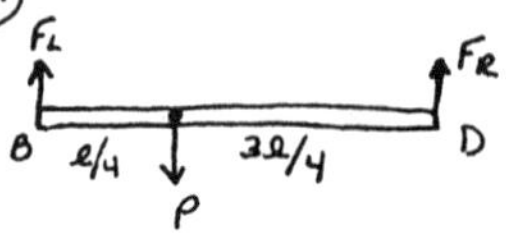

$\Sigma M_B = 0 = F_R\ell - \frac{P\ell}{4} \Rightarrow F_R = P/4.$

$\Sigma F_y = 0 \Rightarrow F_L = 3P/4.$

For BD to stay horizontal, δ_{AB} must $= \delta_{CD}$:

$\frac{F_L L}{AE} = \frac{F_R L_{CD}}{AE} \Rightarrow \frac{3P}{4}L = \frac{P}{4}L_{CD} \Rightarrow L_{CD} = 3L$

It carries $\frac{1}{3}$ the load of AB, so must be 3 times longer for same δ.

5.118

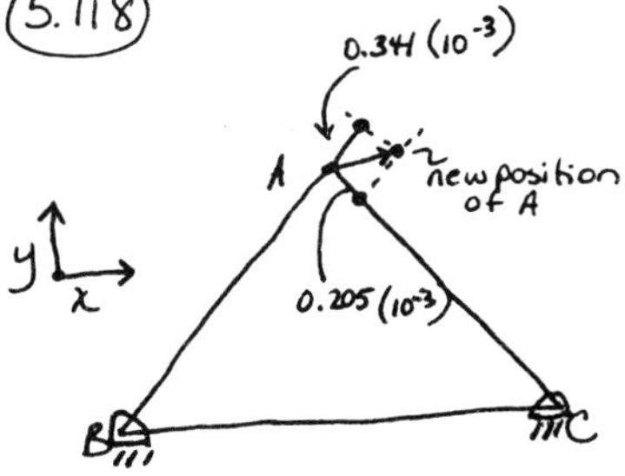

$$\delta_{AB}\text{ now} = \frac{0.256(10^{-3})}{\left(\frac{0.003}{0.004}\right)} = 0.341\ (10^{-3})$$

&

$$\delta_{AC}\text{ now} = \frac{-0.256(10^{-3})}{\left(\frac{0.005}{0.004}\right)} = -0.205\,(10^{-3})$$

$$\delta_{Ax} = (0.341 + 0.205)\frac{\sqrt{2}}{2}(10^{-3}) = 0.386\ (10^{-3})\,m$$

$$\delta_{Ay} = (0.341 - 0.205)\frac{\sqrt{2}}{2}(10^{-3}) = 0.0962\,(10^{-3})\,m$$

5.119

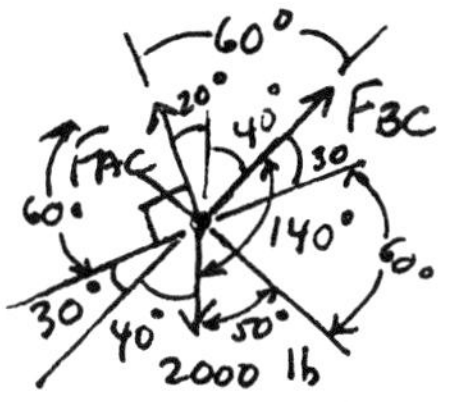

Summing forces ⊥ AC,

$F_{BC}\cos 30° = 2000\cos 70°$

$F_{BC} = 790$ lb.

And ⊥ BC, $F_{AC}\cos 30° = 2000\cos 50°$

$F_{AC} = 1480$ lb

$$\delta_{AC} = \frac{1480\,(48)}{2\,(30\times10^6)} = 0.00118 \text{ in., extension}$$

$$\delta_{BC} = \frac{790\,(36)}{3\,(10\times10^6)} = 0.000948 \text{ in., also extension}$$

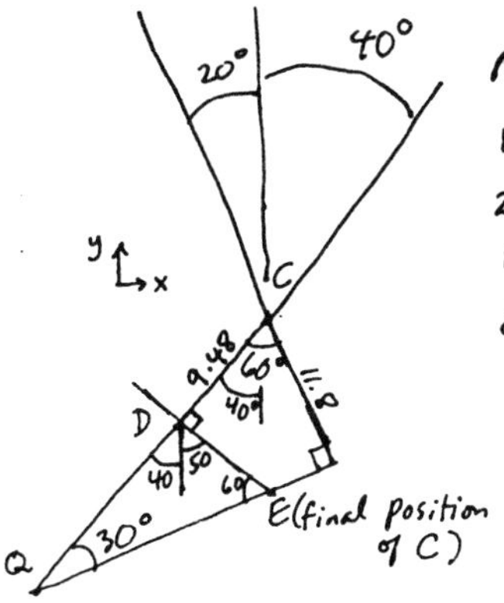

Multiply by 10^4 for the geometry:

$11.8/\cos 60° = 23.6 = CQ$

$23.6 - 9.5 = 14.1 = QD$

$14.1\tan 30° = DE = 8.1$

$\delta_{Cx} = [-9.48\sin 40° + 8.1\sin 50°] * 10^{-4}$

$= 0.111\times10^{-4}$ in.

$\delta_{Cy} = -[9.48\cos 40° + 8.1\cos 50°]\,10^{-4}$

$= -12.5\times10^{-4}$ in.

5.120 From solution to 2.45, $F_{AC} = \dfrac{300}{\sin 75° + \sqrt{3}\cos 75°} = 212$ lb

and $F_{BC} = 2\cos 75°; F_{AC} = 110$ lb

$$\delta_{AC} = \frac{FL}{AE} = \frac{212\,(24/\cos 15°)}{(0.5)(15\times10^6)} = 0.000702 \text{ in.}$$

$$\delta_{BC} = \frac{FL}{AE} = \frac{110\,(24/\cos 30°)}{(0.4)(17\times10^6)} = 0.000448 \text{ in.}$$

Multiply by 10^4 for the geometry:

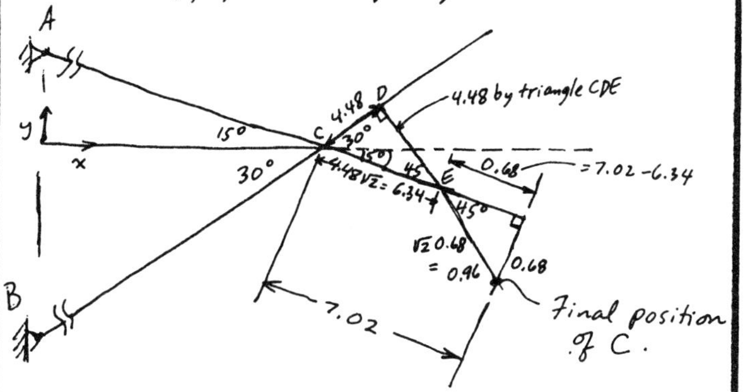

Thus $\delta_{Cx} = [6.34\cos 15° + 0.96\cos(45+15)°]\,10^{-4}$

$= 6.6(10^{-4})$ in.

$\delta_{Cy} = -10^{-4}[6.34\sin 15° + 0.96\sin 60°]$

$= -2.5(10^{-4})$

5.121

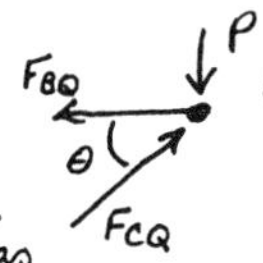

$\Sigma F_y = 0 \Rightarrow F_{CQ}\sin\theta = P$

$F_{CQ} = \dfrac{P}{\sin\theta}$

$\Sigma F_x = 0 \Rightarrow F_{CQ}\cos\theta = F_{BQ}$

$F_{BQ} = P\cot\theta$

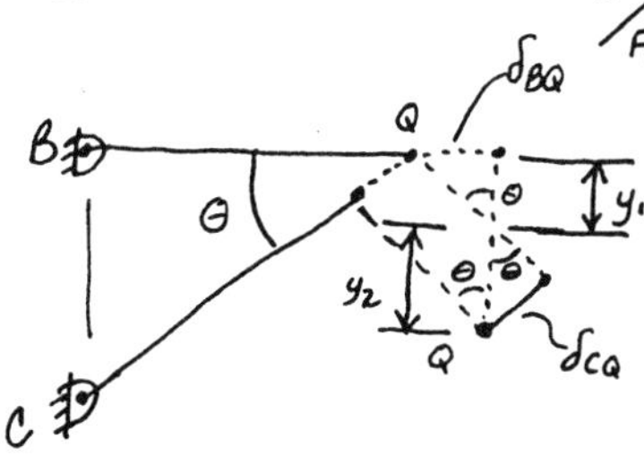

$$\delta_{BQ} = \frac{PL}{AE\tan\theta}\ ; \quad \delta_{CQ} = \frac{\frac{P}{\sin\theta}\ \frac{L}{\cos\theta}}{AE}$$

$$\delta_y = y_1 + y_2 = \frac{\delta_{BQ}}{\tan\theta} + \frac{\delta_{CQ}}{\sin\theta} = \frac{PL}{AE}\left[\frac{1}{\tan^2\theta} + \frac{1}{\sin^2\theta\cos\theta}\right]$$

5.122 From the solution to 5.10, $F_{AB} = 3.33$ kN Ⓣ & $F_{BC} = 6.67$ kN Ⓒ & $F_{AC} = 0$.

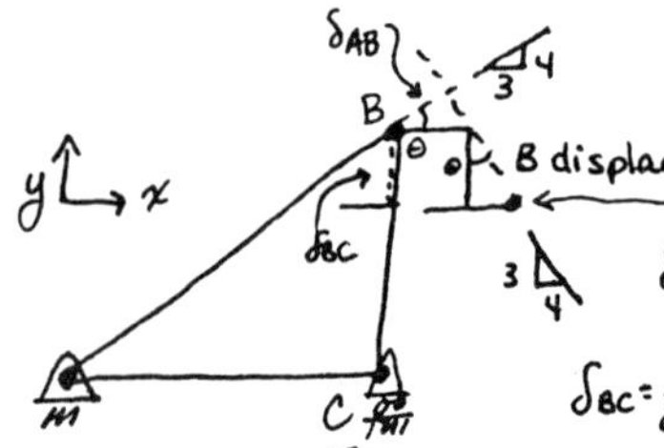

$$\delta_{AB} = \frac{3330(1.67)}{0.004\,(210\times10^9)} = 6.62\times10^{-6}\text{ m, extension}$$

$$\delta_{BC} = \frac{6670\,(1.33)}{0.004\,(210\times10^9)} = 10.6\times10^{-6}\text{ m, contraction}$$

C doesn't move since AC carries no load. Hence $\frac{FL}{AE} = 0$.

$$\delta_{Bx} = \frac{\delta_{AB}}{\cos\theta} + \delta_{BC}\tan\theta$$

$$= \frac{6.62\times10^{-6}}{(3/5)} + (10.6\times10^{-6})\frac{4}{3} = 25.2\times10^{-6}\text{ m}$$

$$\delta_{By} = -\delta_{BC} = -10.6\times10^{-6}\text{ m}$$

5.123 The forces in AB and AC are still 212000 N Ⓣ and 212000 N Ⓒ, respectively. The force in BC is no longer zero, however:

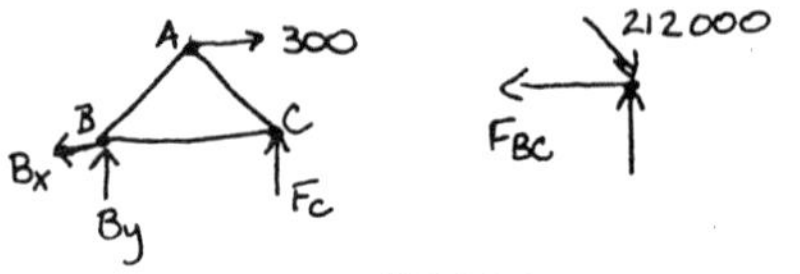

$$\Sigma F_x = 0 \Rightarrow F_{BC} = \frac{212000}{\sqrt{2}} = 150\text{ kN Ⓣ}$$

δ_{AB} still $= 0.256\times10^{-3}$ m, extension;

δ_{AC} still $= 0.256\times10^{-3}$ m, contraction.

$$\delta_{BC}\text{ now} = \frac{150000\,(1.414)}{(0.004)\,207\times10^9} = 0.256\times10^{-3}\text{, extension}$$

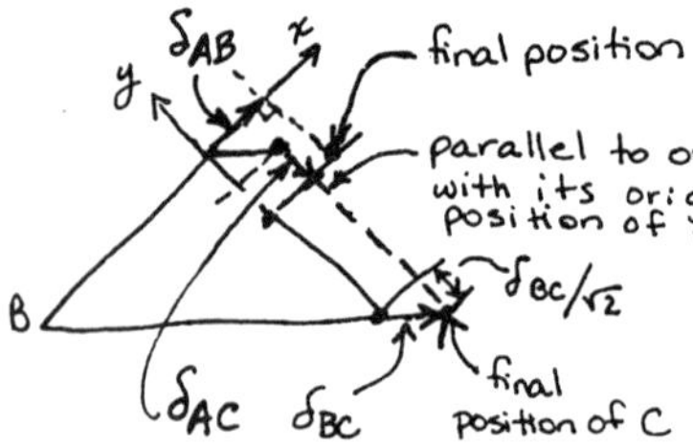

$$\delta_{Ax} = 0.256(10^{-3})\left[\frac{1}{\sqrt{2}} + \left(1+\frac{1}{\sqrt{2}}\right)\frac{1}{\sqrt{2}}\right] = 1.914(.256)10^{-3}$$

$$= 0.490(10^{-6})\text{ m}$$

$$\delta_{Ay} = 0.256(10^{-3})\left[\frac{1}{\sqrt{2}} - \left(1+\frac{1}{\sqrt{2}}\right)\frac{1}{\sqrt{2}}\right] = -0.128(10^{-3})\text{ m}$$

5.124

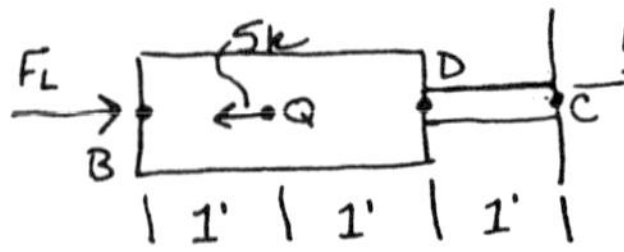

$F_L + F_R = 5$, still.
In BQ, force is F_L Ⓒ;
In QD and in DC, is F_R Ⓣ.

$$\frac{-F_L 1}{5(10)} + \frac{F_R 1}{5(10)} + \frac{F_R(1)}{2(30/3)} = 0$$

(Note 12 in./ft cancels across, as does the 10^6 factor in E.)

$$-6F_L + 6F_R + 5F_R = 0$$

$$\frac{11}{6}F_R = F_L$$

$$\frac{17}{6}F_R = 5$$

$$F_R = \frac{30}{17} = 1.76\text{ kips} \qquad F_L = \frac{11}{6}\left(\frac{30}{17}\right) = 3.24\text{ kips}$$

5.125

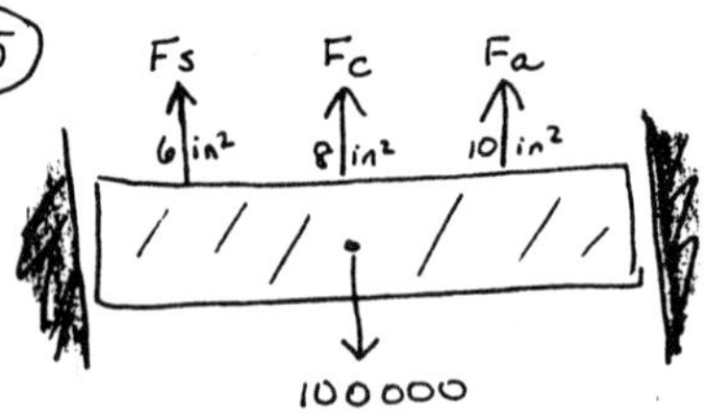

$$F_s + F_c + F_a = 100000$$

$$\frac{F_s L}{A_s E_s} = \frac{F_c L}{A_c E_c} = \frac{F_a L}{A_a E_a}$$

($A_s = 6$, $E_s = 30\times10^6$; $A_c = 8$, $E_c = 17\times10^6$; $A_a = 10$, $E_a = 10(10^6)$)

$$F_s = F_c\,\frac{6(30)}{8(17)} = 1.32\,F_c \Rightarrow F_c = 0.756\,F_s$$

$$F_s = F_a\,\frac{6(30)}{10(10)} = 1.8\,F_a \Rightarrow F_a = 0.556\,F_s$$

$$\therefore F_s\,(1 + .756 + .556) = 2.31\,F_s = 100000$$

$F_s = 43300$

$F_c = 32700$ $F_a = 24100$

Adding to 100,100 lb, off by 0.1% due to roundoff.

$$\delta = \frac{43300L}{6\,(30\times10^6)} = 2.41\times10^{-4}L\text{ in., if } L \text{ in inches}$$

which $= \delta$ of each of the other 2 bars.

5.126

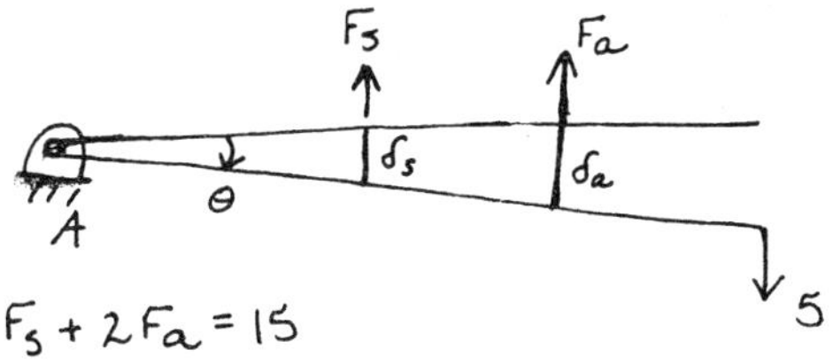

$\Sigma M_A = 0 \Rightarrow F_s + 2F_a = 15$

Also, by similar triangles, $\delta_a = 2\delta_s$:

$$\frac{F_a\ 1.3}{0.002(69\times10^9)} = 2\,\frac{F_s\ 1.8}{0.004\,(210\times10^9)}$$

$F_s = 2.20\,F_a$

$F_a\,(2.20+2) = 15$

$F_a = 3.57$ kN

$F_s = 2.20F_a = 7.85$ kN

$$\frac{3.57(1000)1.3}{(0.002)69\times10^9} = \delta_a = 3.36\,(10^{-5})\,m$$

$$\theta \approx \tan\theta = \frac{\delta_a}{2} = 1.68\times10^{-5}\ rad.$$

Check: θ also $\approx \dfrac{\delta_s}{1} = \dfrac{7.85(1000)(1.8)}{0.004\,(210\times10^9)} =$ ✓

5.127

$\alpha L \Delta T = 0.0006$

$(18.9\times10^{-6})(0.3)\,\Delta T = 0.0006$

$\Delta T = 105.8°C$

5.128 After gap closes, temp. increases another $110 - 105.8 = 4.2°C$. Let the bar expand, then let the walls push it back to the just-closed-gap length:

$\delta_{temp} = \alpha L \Delta T = (18.9\times10^{-6})(0.3)(4.2) =$

$$\delta_{compress} = \frac{PL}{AE} = \frac{P(0.3)}{(0.005)104(10^9)}$$

$P = 41,300$ N

5.129

$F_s + F_c + F_a = 100000$ (1.)

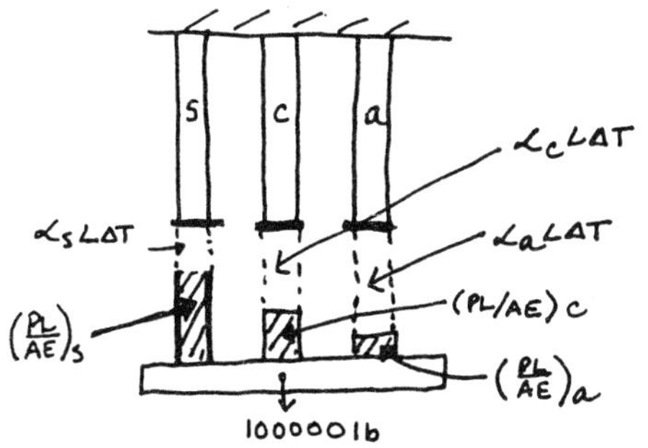

$$\frac{F_sL}{A_sE_s} + \alpha_s L\Delta T = \frac{F_cL}{A_cE_c} + \alpha_c L\Delta T = \frac{F_aL}{A_aE_a} + \alpha_a L\Delta T$$

$$F_s = (\alpha_c - \alpha_s)A_sE_s\Delta T + F_c\left(\frac{A_sE_s}{A_cE_c}\right)$$

$$F_a = (\alpha_c - \alpha_a)\Delta T A_aE_a + F_c\,\frac{A_aE_a}{A_cE_c}$$

$\therefore$ by (1.), $F_c\left(1 + \frac{6(30)}{8(17)} + \frac{10(10)}{8(17)}\right) + 3(6)30(80) + (-3.5)80(10)10 = 100000$

$F_c\ (\ 3.06\ ) = 84800$

so $F_c = 27700$

and $F_a = -28000 + 27700\,\frac{100}{136} = -7600$

and $F_s = 43200 + 27700\left(\frac{180}{136}\right) = 79900$

Check: $\Sigma = 100000$ ✓

5.130 The moment equation,

$F_s + 2F_a = 15000$ N is still good (1.)

$$\delta_{steel} = \frac{FL}{AE} + \alpha L\Delta T = \frac{F_s(1.8)}{(0.004)(210\times10^9)} + 11.7(10^{-6})(1.8)(-20)$$

$$\delta_{alum.} = \frac{F_a(1.3)}{(0.002)(69\times10^9)} + 23.4(10^{-6})(1.3)(-20)$$

And δ_a still $= 2\delta_s$, so

$F_a\,[9.42\,(10^{-9})] - 608\,(10^{-6}) = 2[2.14\,(10^{-9})F_s - 421\,(10^{-6})]$

$F_a = 0.454\,F_s - 24.8\,(10^3)$ (2.)

Sub. (2) into (1.):

$F_s + 2[0.454F_s - 24.8\,(10^3)] = 15000$

$$F_s = \frac{64600}{1.908} = 33900\ N$$

By (2.), $F_a = -9410$ N

$$\theta = \frac{\delta_{alum}}{2m} = \frac{-88.6\,(10^{-6}) - 608.4\,(10^{-6})}{2} = -349(10^{-6})\ rad.$$

Check:

$$\theta = \frac{\delta_{steel}}{1m} = \frac{72.6\,(10^{-6}) - 421\,(10^{-6})}{1} = -348\,(10^{-6})\ rad.$$ ✓

5.131 $\Sigma M_{B\,\text{LEFT END}} = 0 = 5(6) - A_x 3 = 0$

$\therefore$ A IS A 2-FORCE MEMBER $10\sqrt{2}$ kN (T)

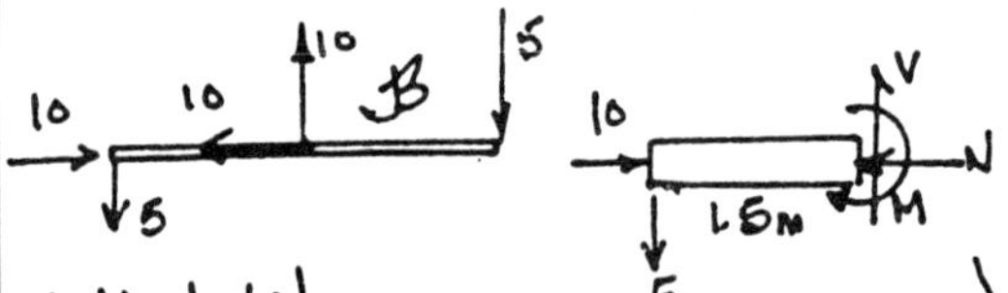

$\therefore$ N = 10 kN

V = 5 kN $\therefore$ M = 1.5(5) = 7.5 kN·m } AS SHOWN

5.132 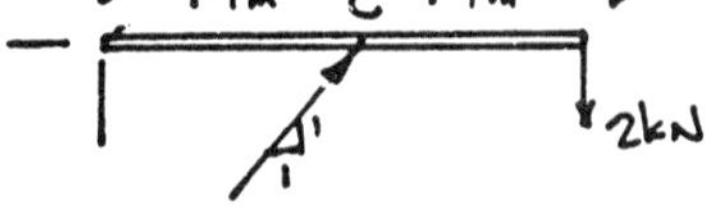

$\Sigma M_B = 0 =$ 2kN(.8) $- C\frac{\sqrt{2}}{2}(.4) = 0$

$\therefore F_{AC} = 4\sqrt{2}$ kN

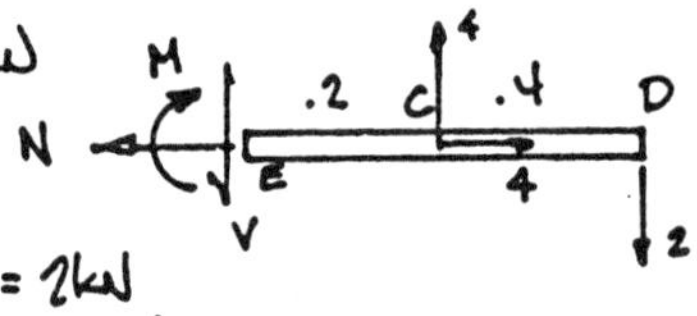

$\Sigma F_y = 0 \Rightarrow V = 2$ kN

$\Sigma F_x = 0 \Rightarrow N = 4$ kN

$\Sigma M_E = 0 \Rightarrow M = -2(.6) + 4(.2) = -.4$ kN·m

5.133 $\Sigma M_A = 0 = -3000(.5) + 3T \Rightarrow T = 500$ N

V = 500 N ; N = 0

M = −500(1.5) = −750 N·m

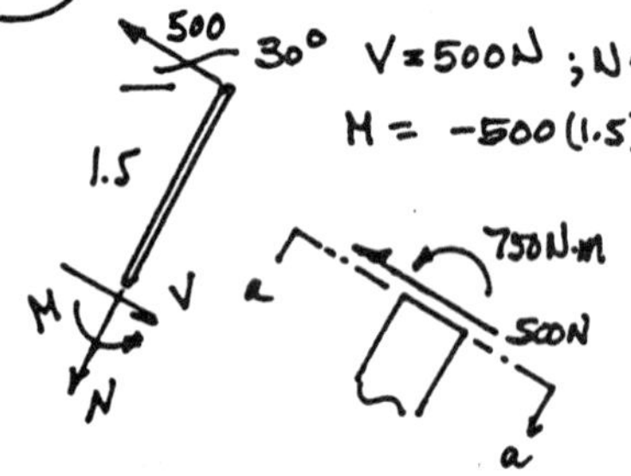

5.134 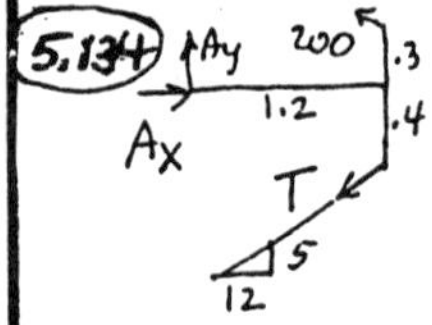

Note the bent member is a 2-force member.

$\Sigma M_A = 0 = 200[.8(.3) + .6(1.2)] + -T\left[\frac{12}{13}(.4) + \frac{5}{13}(1.2)\right] \Rightarrow T = 231$

$\Sigma F_x = 0 \Rightarrow A_x = 160 + \frac{12}{13}(231) = 373$

$\Sigma F_y = 0 \Rightarrow A_y = \frac{5}{13}(231) - 120 = -31.1$

$\underline{F} = 373\hat{\imath} - 31.1\hat{\jmath}$ N exerted by pin onto shaded member.

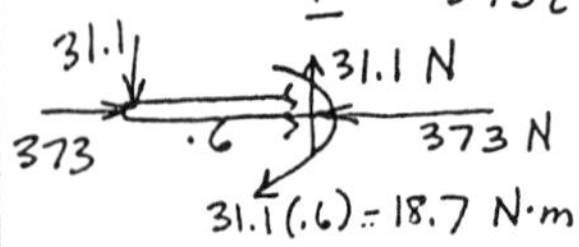

⇦ Answers to (b)

5.135 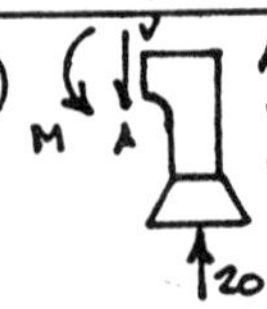

AT A-A

V = 20 LB

M = −20 LB-IN

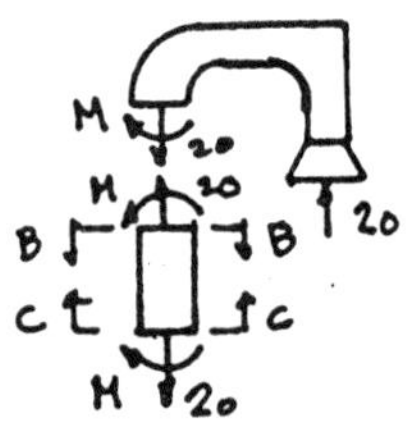

M = 20(2) = 40 LB-IN

5.136 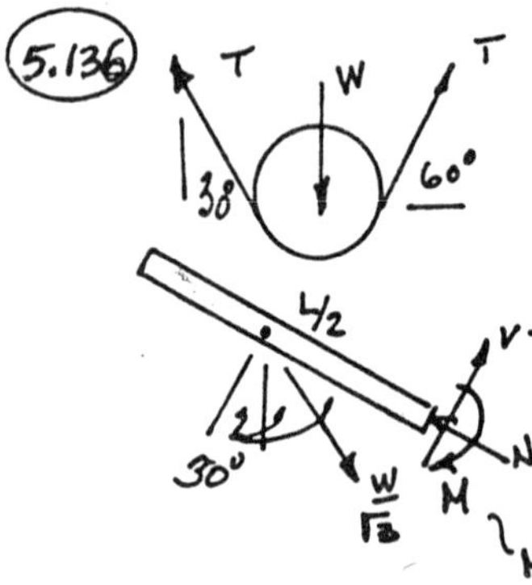

$T\frac{\sqrt{3}}{2}(2) = W$

$T = \frac{W}{\sqrt{3}}$

$V = \frac{1}{2}\frac{W}{\sqrt{3}} = \frac{W}{2\sqrt{3}}$

$N = \frac{W}{\sqrt{3}}\frac{\sqrt{3}}{2} = \frac{W}{2}$

$M = \frac{W}{\sqrt{3}}\left(\frac{1}{2}\right)\left(\frac{L}{4}\right) = \frac{WL}{8\sqrt{3}}$

5.137 $\Sigma M_A = 0 \Rightarrow D_y = \frac{2 \times 24}{20} = 2.4$ kip

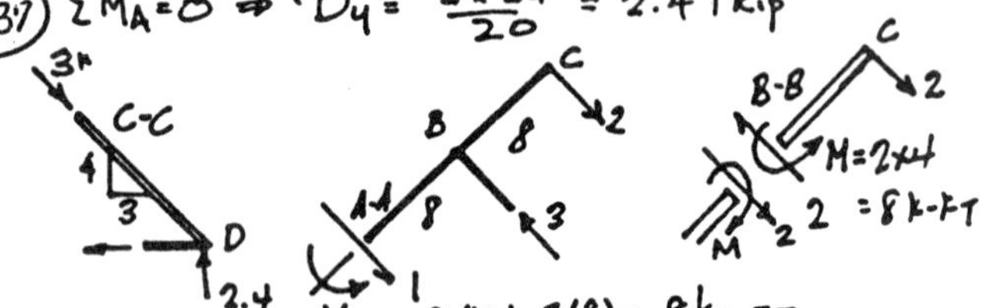

M = 2(16) − 3(8) = 8 kip-FT

5.138 $\Sigma M_A = 0 \Rightarrow \frac{T}{2}(8) = 1000(10) \Rightarrow T = 2500$ LB

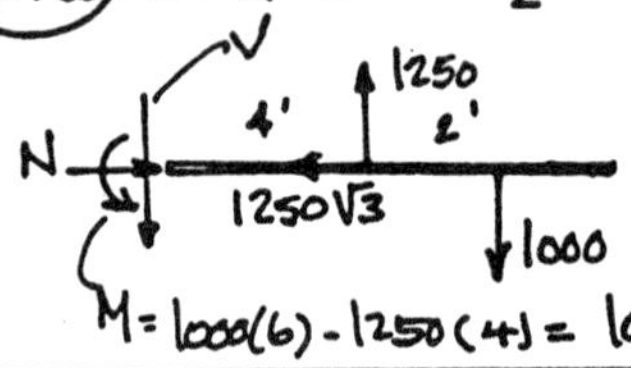

V = 1250 − 1000 = 250 LB

N = 1250√3 = 2165 LB

M = 1000(6) − 1250(4) = 1000 LB-FT

5.139 $\Sigma M_A = 0 \Rightarrow B_y = \frac{.5(300)}{2} = 75$ N

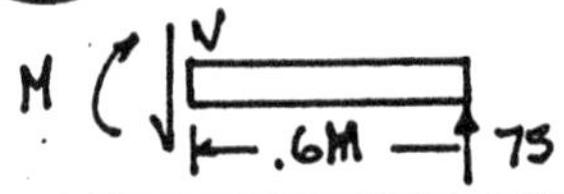

V = 75 N

M = 75(.6) = 45 N·m

5.140 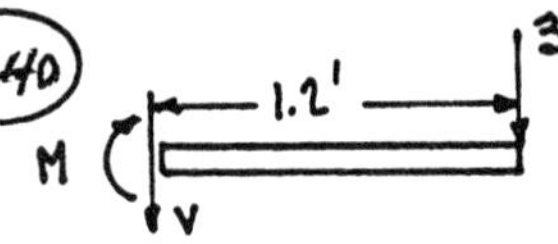

V = −300 LB

M = −300(1.2) = −360 LB-FT

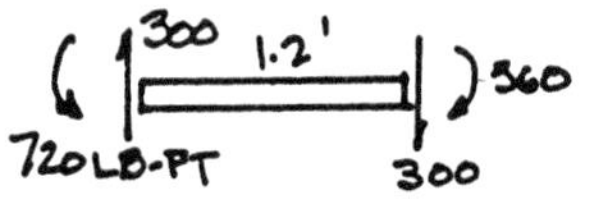

5.141 REACTIONS FORM A COUPLE WHICH BALANCES 20N·m $\therefore$ REACTIONS ARE 20N·m / 1.2m = 16.67 N

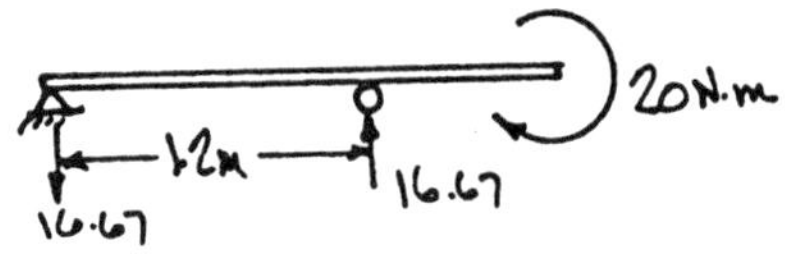

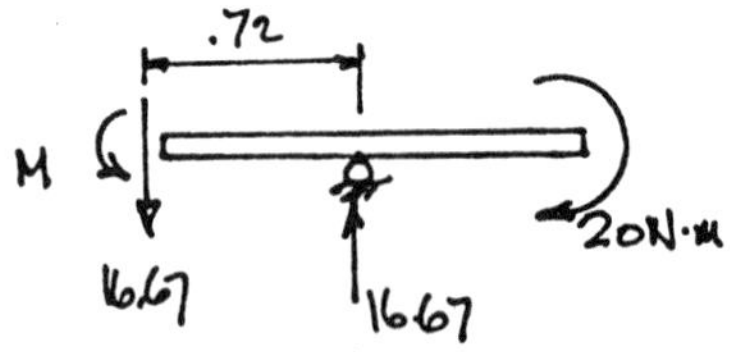

M = 20 − 16.67(.72) = 8 N·m

(5.142) $\Sigma F_y = 0 \Rightarrow A = B = 25/2 = 12.5 \uparrow$ LB

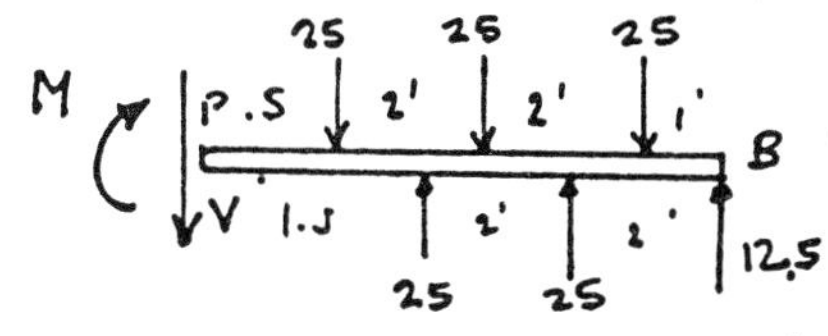

$V = -12.5$ LB

$M = +6.25$ LB-FT

$M = 12.5(5.5) + 25(3.5 + 1.5 - .5 - 2.5 - 4.5)$

(5.143)

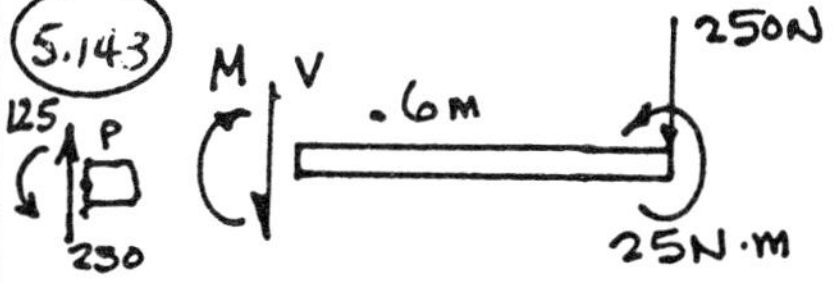

$\therefore V = 250$N

$M = 25 - 250(.6)$

$= -125$ N·M

(5.144) $\Sigma M_B = 0 = -50(5) + 100 + 10Q$

$Q = 15 \Rightarrow B = 35.$

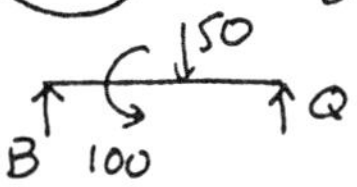

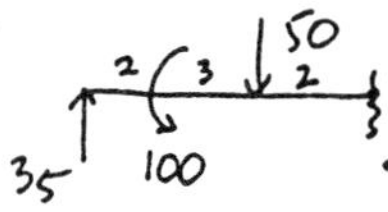

15 by $\Sigma F_y = 0$

$\Sigma M_{cut} = 0 = 100 + 50(2) + M - 35(7)$

$M = 245 - 200 = 45$ lb-ft

(5.145)

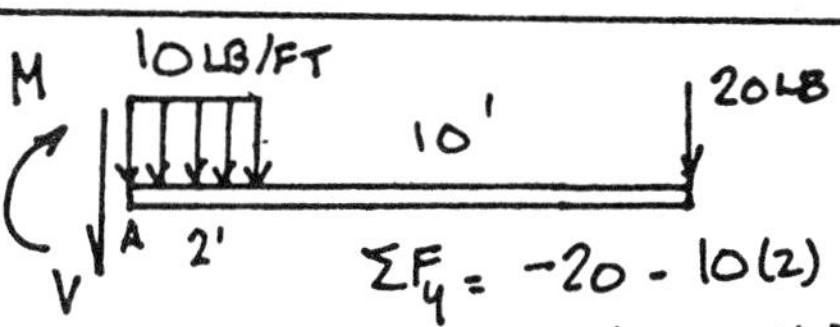

$\Sigma F_y = -20 - 10(2) - V = 0$

$\therefore V = -40$ LB

$\Sigma M_A = 0 \Rightarrow M = -10(2)(1) - 20(12) = -260$ LB-FT

(5.146)

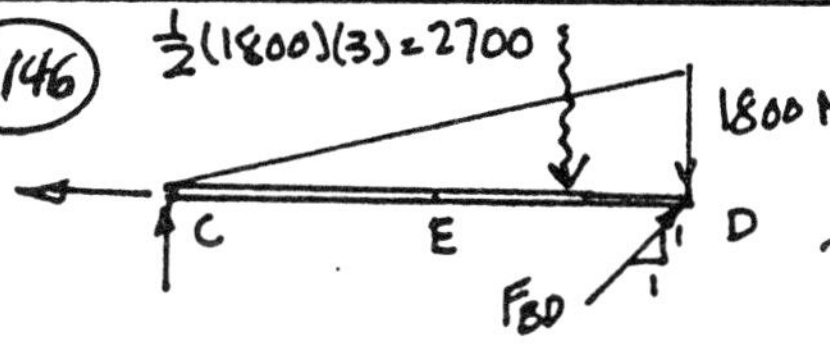

$\Sigma M_C = 0 \Rightarrow$

$D_y = 2700(\frac{2}{3})$

$D_y = \frac{F_{BD}}{\sqrt{2}} = 1800$

$\therefore C_y = 2700 - 1800 = 900 \uparrow$ N $\quad C_x = 1800 \leftarrow$ N

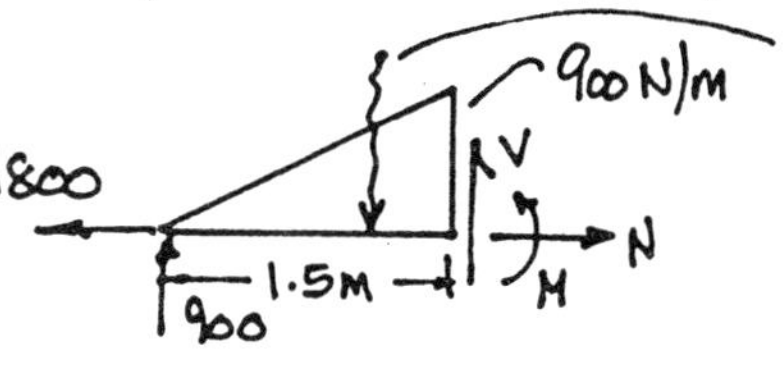

$\therefore V = 675 - 900 = -225$ N $\quad \therefore N = 1800$ N

$M = 900(1.5) - 675(\frac{1}{3})(1.5) = 1013 \doteq 1010$ N·m

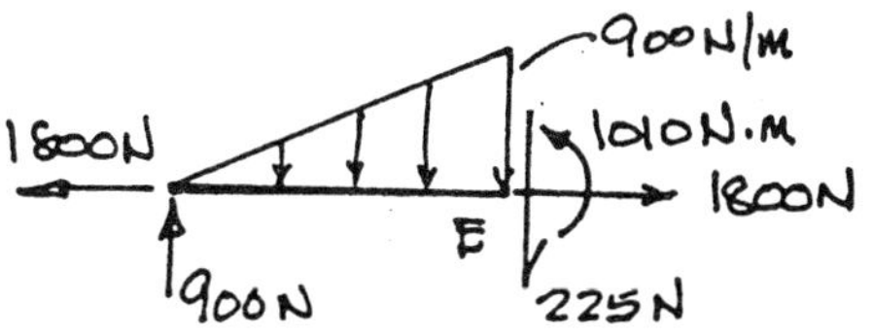

(5.147)

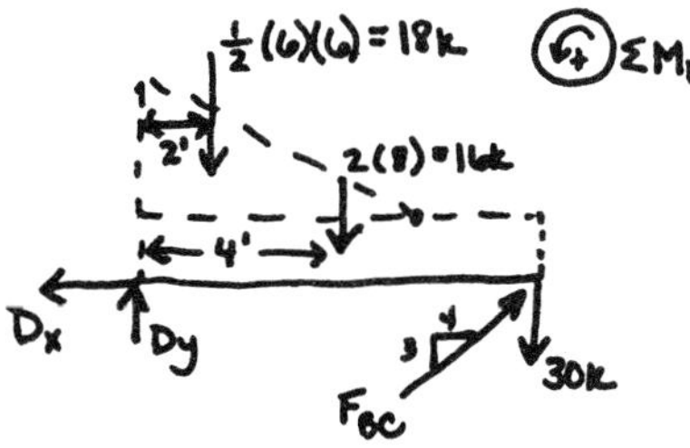

$\Sigma M_D = 0 = -18(2) - 16(4) - 30(8) + F_{BC}\frac{3}{5}(8)$

$F_{BC} = 70.8$k

Now cut the section:

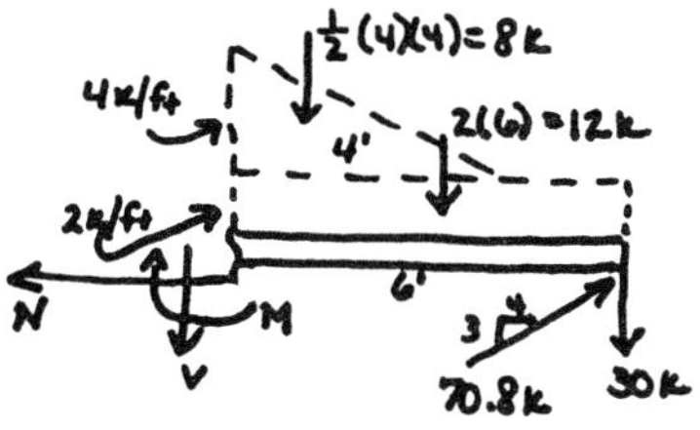

$\Sigma F_x = 0 = 70.8(4/5) - N \Rightarrow N = 56.6$ k

$\Sigma F_y = 0 = -V - 8 - 12 - 30 + 70.8(3/5) \Rightarrow V = -7.52$ k

$\Sigma M_{cut\ a\text{-}a} = 0 = 70.8(3/5)6 - 30(6) - 12(3) - 8(4/3) - M$

$M = 28.2$ k-ft.

N and M are in directions shown on FBD. The shear force is +7.52 kips ↑ on the cut face shown in the FBD.

(5.148)

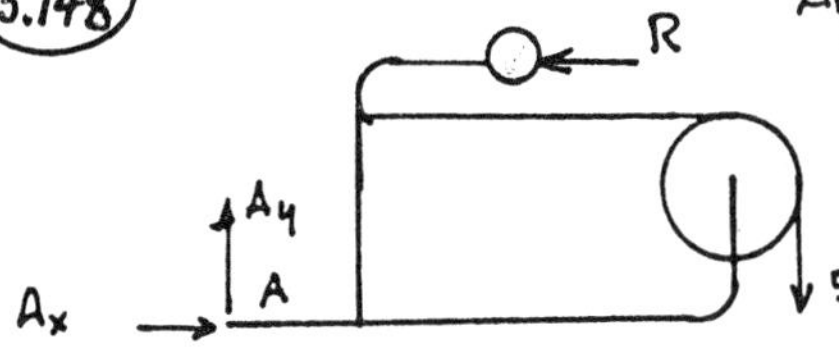

$A_y = 500$

$\Sigma M_A = 0$

$R = \frac{500(3.5)}{2}$

$R = 875$ LB

$\therefore A_x = 875 \rightarrow$ LB

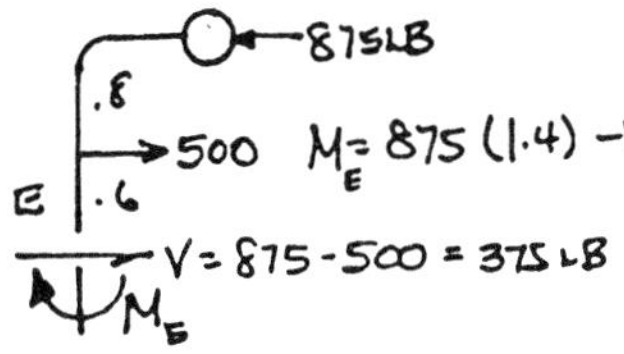

$M_E = 875(1.4) - 500(.6) = 925$ LB-FT

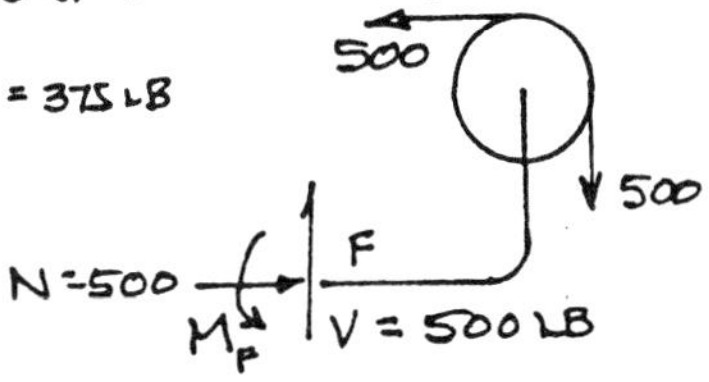

$M_F = 500(1.6 - 1.2) = 200$ LB-FT

5.149

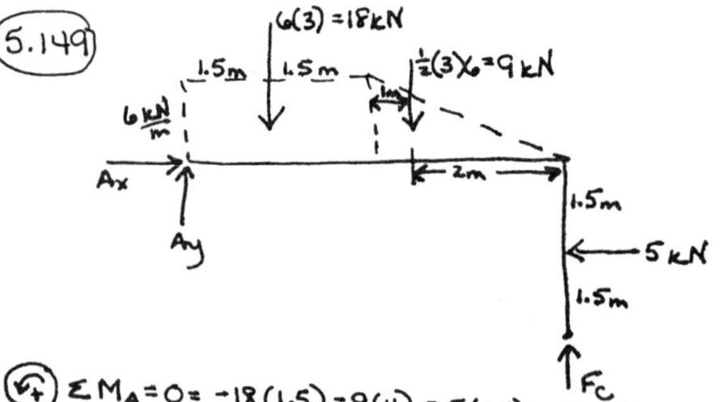

$\Sigma M_A = 0 = -18(1.5) - 9(4) - 5(1.5) + F_c(6)$

$F_c = \dfrac{27 + 36 + 7.5}{6} = 11.75\text{ kN}$

Now the cut:

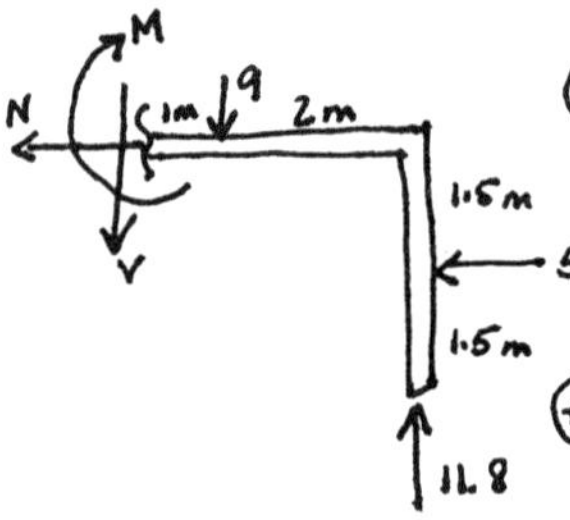

$\Sigma F_x = 0 = -N - 5 \Rightarrow N = -5$ or $5\text{ kN} \rightarrow$ on the FBD at the cut section shown.

$\Sigma F_y = 0 = 11.75 - 9 - V \Rightarrow V = 2.75\text{ kN}$ as shown.

$\Sigma M_{cut} = 0 = M + 9(1) + 5(1.5) - 11.75(3) \Rightarrow M = 18.75\text{ kN}\cdot\text{m}$ as shown.

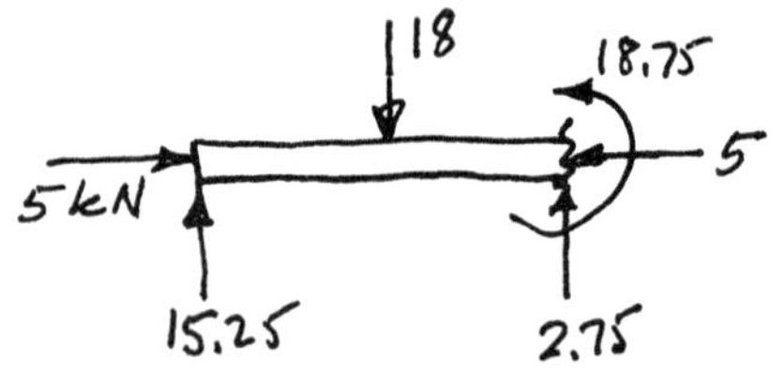

5.150

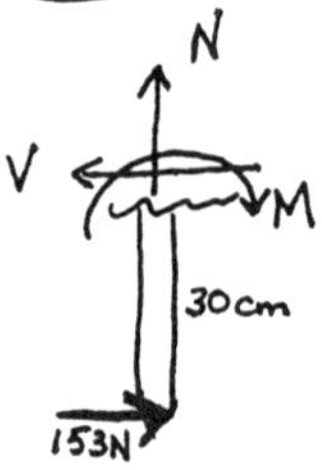

$\Sigma F_y = 0\text{ N}$

$\Sigma F_x = 0 = 153 - V \Rightarrow V = 153\text{ N}$ as shown

$\Sigma M_{cut} = 0 = 153(30) - M$

$M = 4590\text{ N}\cdot\text{cm}$ as shown

5.151

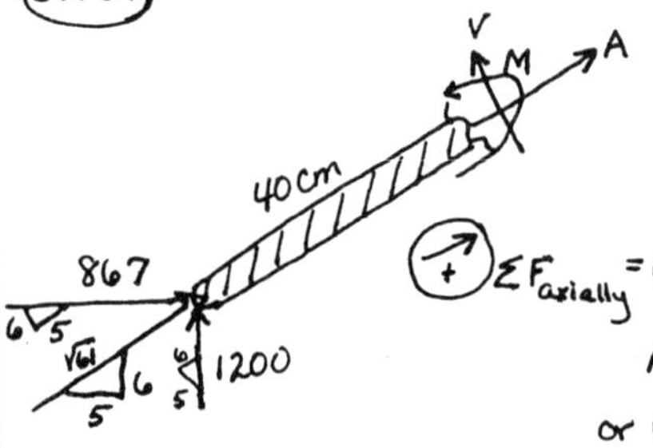

$\Sigma F_{axially} = 0 = A + 867\frac{5}{\sqrt{61}} + 1200\frac{6}{\sqrt{61}}$

A = axial force $= -1480$ or $1480 \swarrow$ compressing the section.

$\Sigma F_{transversely} = 0 = V + 1200\left(\frac{5}{\sqrt{61}}\right) - 867\left(\frac{6}{\sqrt{61}}\right)$

$V = -102$ or $102 \searrow$ on the cut section shown.

$\Sigma M_{cut} = 0 = M + \left(867\frac{6}{\sqrt{61}} - 1200\frac{5}{\sqrt{61}}\right)40$

$M = 4090\text{ N}\cdot\text{cm}$ as shown

5.152

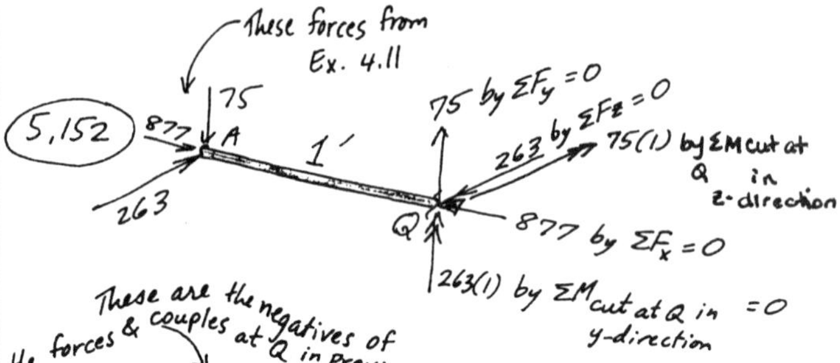

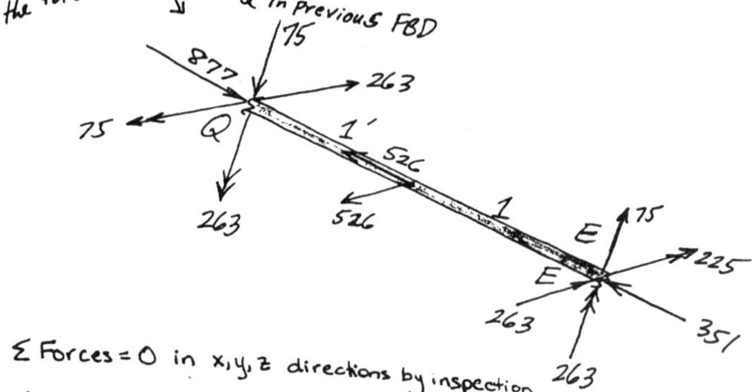

Σ Forces $= 0$ in x, y, z directions by inspection

$\Sigma M_{Qx} = 0$ ✓

$\Sigma M_{Qy} = -263 + 263(2) + 263 - 526(1) = 0$ ✓

$\Sigma M_{Qz} = 75 - 225 + 75(2) = 0$ ✓

5.153

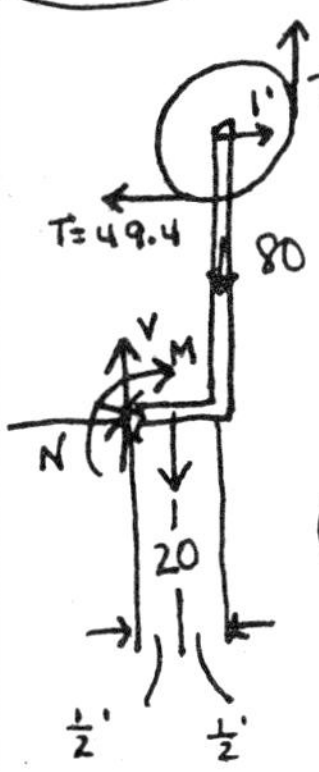

$(\overset{+}{\rightarrow})\ \Sigma F_x = 0 = N - 49.4 \Rightarrow N = 49.4$ lb as shown

$(+\uparrow)\ \Sigma F_y = 0 = V - 20 - 80 + 49.4$

$V = 50.6$ lb as shown

$(\circlearrowleft +)\ \Sigma M_{cut} = 0 = -M + 3(49.4) + 2(49.4) - 20(\tfrac{1}{2}) + - 80(1)$

$M = 157$ lb-ft as shown

On the required FBD, we reverse these results:

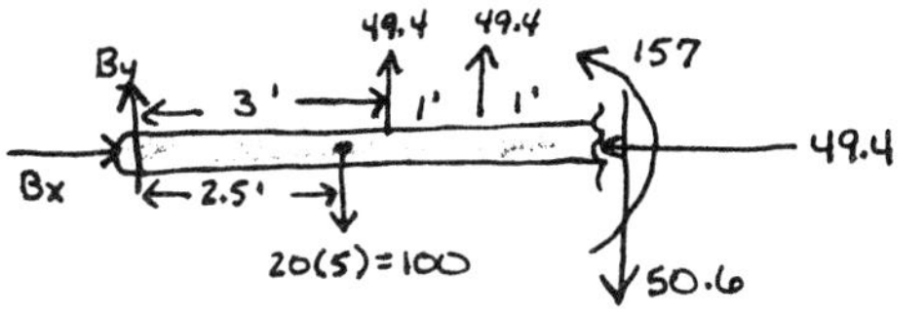

(Note: $\Sigma M_B = -0.2 \approx 0$ as a partial check.)

5.155

EACH REACTION IS $9(8)/2 = 36$ kN ↑

$0 < x < 4$ m

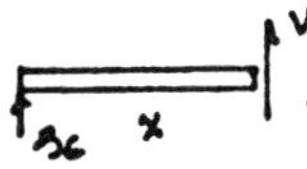

$V = -36$ kN

$M = 36x$ kN·m

$4 < x < 12$

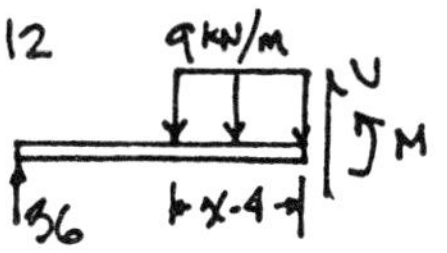

$V = 9(x-4) - 36 = 9x - 72$

$M = 36x - 9(x-4)\dfrac{(x-4)}{2}$

$\therefore M = -\frac{9}{2}(x-4)^2 + 36x$ kN·m

$12 < x < 16$

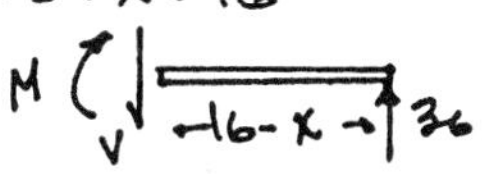

$V = 36$ kN

$M = 36(16-x)$ kN·m

a) FOR $V = 0$; $9x = 72$ ∴ $x = 8$ m

b) $|V|_{MAX} = 36$ kN $0 < x < 4$ & $12 < x < 16$ m

c) FOR ZERO MOM. $x = 0$, $x = 16$ m

d) $\dfrac{dM}{dx} = -9(x-4) + 36$

FOR $\dfrac{dM}{dx} = 0 \Rightarrow -9x + 36 + 36 = 0$

$x = 8$ m

∴ @ $x = 8'$

$M = -\frac{9}{2}(8-4)^2 + 36\cdot 8 = 216$ kN·m

5.154

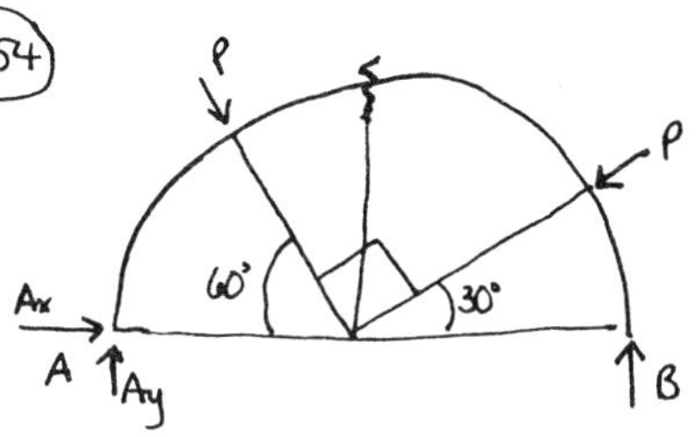

$\Sigma M_A = 0 = 2RB - P\frac{\sqrt{3}}{2}R - P\frac{1}{2}R$

$B = \dfrac{P(\sqrt{3}+1)}{4} = 0.683P$

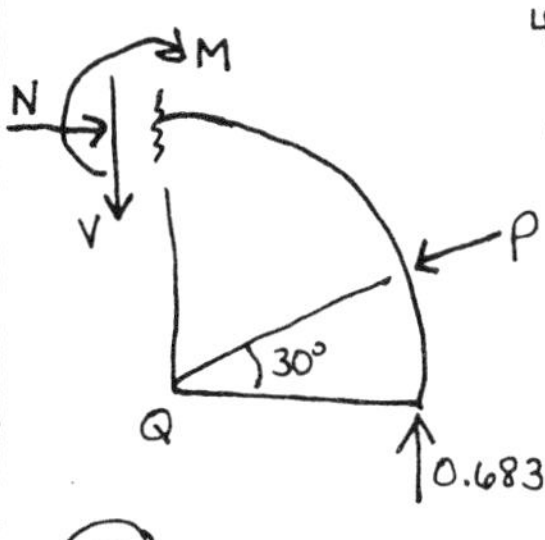

$(\overset{+}{\rightarrow})\ \Sigma F_x = 0 \Rightarrow N = 0.866P$ as shown

$(+\uparrow)\ \Sigma F_y = 0 = 0.683P - 0.500P - V$

$V = 0.183P$

break up P at Q!

$(\circlearrowleft +)\ \Sigma M_{cut} = 0 = -M + 0.683PR - P(0.866)R$

$M = -0.183PR$ or $0.183PR$ ↻ on the cut section shown

5.156

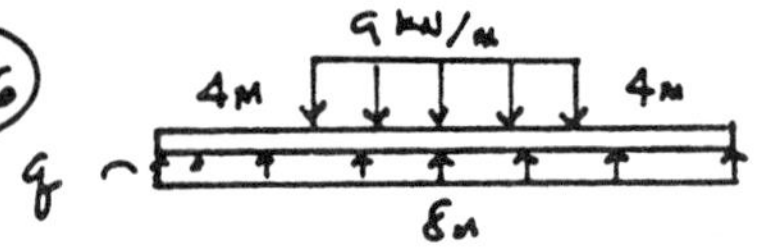

$q \cdot 16 = 9 \times 8$
$q = 4.5$ kN/m

$0 < x < 4$

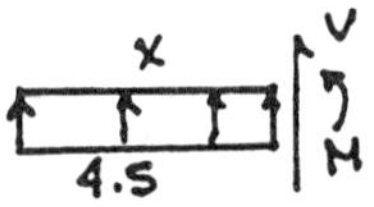

$V = -4.5x$ kN
$M = (4.5x)(x/2) = 2.25x^2$ kN·m

$4 < x < 12$

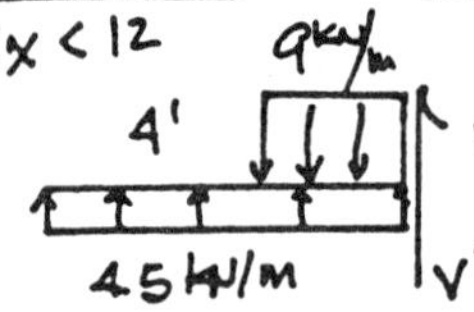

$V = 9(x-4) - 4.5x$
$= 4.5x - 36$ kN

$M = -\frac{9}{2}(x-4)^2 + 2.25x^2 = -2.25x^2 + 36x - 72$ kN·m

a) $V = 0$ AT $x = 0, 8, 16$

b) FOR $|V|_{MAX}$, $\frac{dV}{dx} \neq 0$ ANYWHERE $\therefore |V|_{MAX}$ OCCURS AT $x = 4$ (& 12) WHERE SLOPE CHANGES. $\therefore |V|_{MAX} = 4.5(4) = 18$ kN

c) $M = 0$ AT $x = 0$ & 16 m AND WHERE
$-\frac{9}{4}x^2 + 36x - 72 = 0 \Rightarrow x = 2.34, 13.7$
WHICH IS OUTSIDE RANGE $4 < x < 12$
$\therefore M = 0$ ONLY AT ENDS.

d) M_{MAX} IS AT $x = 8$ m
$M_{MAX} = -2.25(8)^2 + 36(8) - 72 = 72$ kN·m

5.157

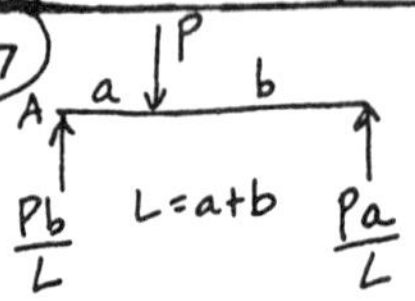

Reactions are from $\Sigma M_A = 0$, then $\Sigma F_y = 0$.

Assume $b > a$ as it appears.

Clearly, largest M is at $x = a$:

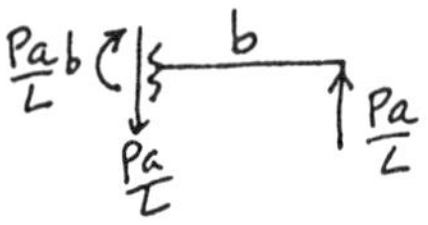

or

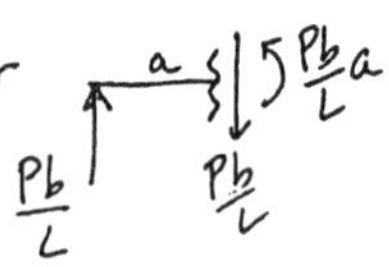

so

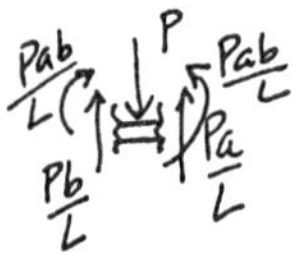

Largest M's value is $\frac{Pab}{a+b}$

5.158

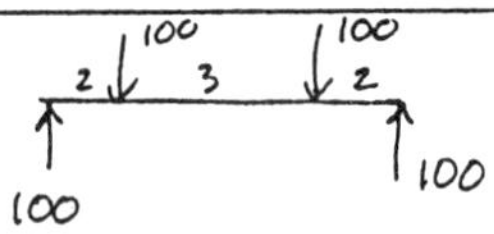

Reactions each = 100 lb↑ by symmetry.

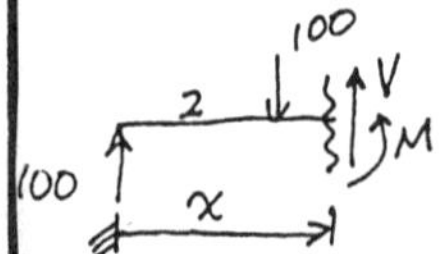

$\Sigma F_y = 0 \Rightarrow V = 0$ anywhere in central segment

$\Sigma M_{cut} = 0 \Rightarrow M + 100(x-2) - 100x$
$M = 200$ lb-ft anywhere in central segment

5.159

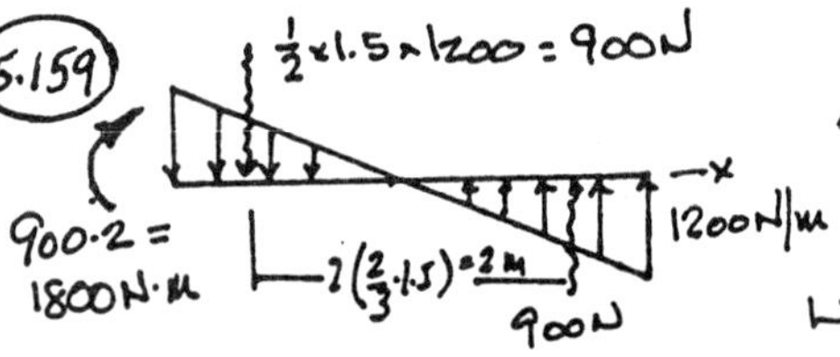

BY CUTTING SUCCESSIVE SECTIONS FROM THE LEFT END TO THE RIGHT END OF THE BEAM, IT IS SEEN THAT AT $x = 0$, $V = 0$ AND INCREASES UP TO $x = 1.5$, THEN THE LOAD REVERSAL REDUCES V. THUS $V_{MAX} = 900$ N AT $x = 1.5$m. THE EFFECT OF THE COUPLE FORMED BY THE LOADS IS CARRIED AT THE WALL $\therefore M_{MAX} = 900 \cdot 2 = 1800$ N·m.

5.160

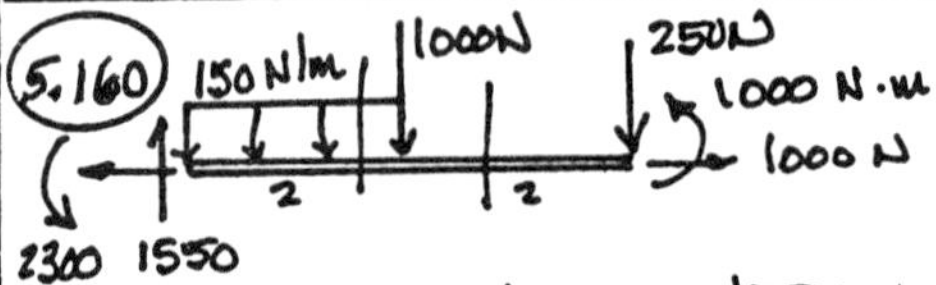

$0 < x < 2$; $V = 150x - 1550$
$M = 1550x - 2300 - 150 \cdot x \cdot \frac{x}{2} = -75x^2 + 1550x - 2300$

$2 < x < 4$; $V = 300 + 1000 - 1550 = -250$ N
$M = 1550x - 2300 - 150 \cdot 2(x-1) - 1000(x-2)$
$M = 250x + 0 = 250x$ N·m

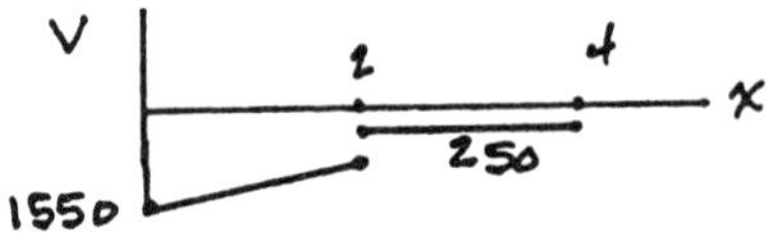

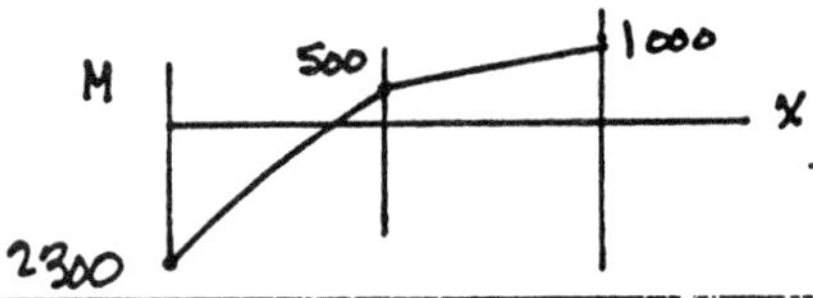

5.161

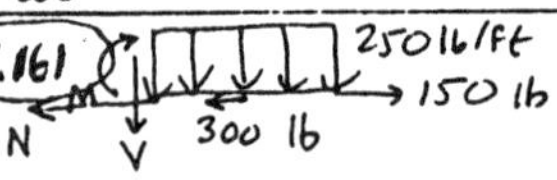

$N = -150$ lb or 150 → from $\Sigma F_x = 0$
$V = -250(12) = -3000$ lb or 3000 ↑ from $\Sigma F_y = 0$
$M = -3000(6) = -18000$ or 18000 ↺ lb-ft from $\Sigma M_{wall} = 0$.

For $0 \le x < 6'$, $N = -150$ or 150 lb (C); for $6 < x \le 12'$, $N = +150$ or 150 lb (T)

For all x :

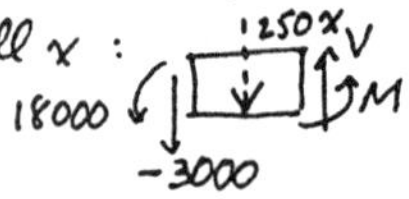

$\Sigma F_y = 0 \Rightarrow V = 250x - 3000$

$\Sigma M_{cut} = 0 \Rightarrow M = 3000x - 250\frac{x^2}{2} - 18000$

Note V & M are both zero at $x = 12'$ ✓

(5.162) a) HT. OF BC $= 10 + \frac{10}{\sqrt{3}} + \frac{10}{\sqrt{3}} = 10 + \frac{20}{\sqrt{3}} = 21.5'$

WIND LOAD $= 80(21.5) = 1720$ LB

b) CD IS TWO-FORCE

c)

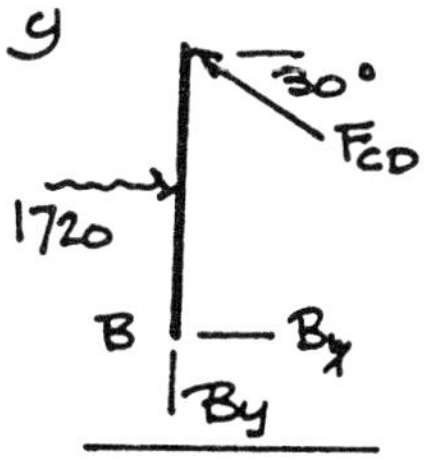

$\Sigma M_B = 0 = \frac{\sqrt{3}}{2} F_{CD}(21.5)$

$-\frac{1}{2}(21.5)(1720) \Rightarrow$

$F_{CD} = 993$ LB ©

d)

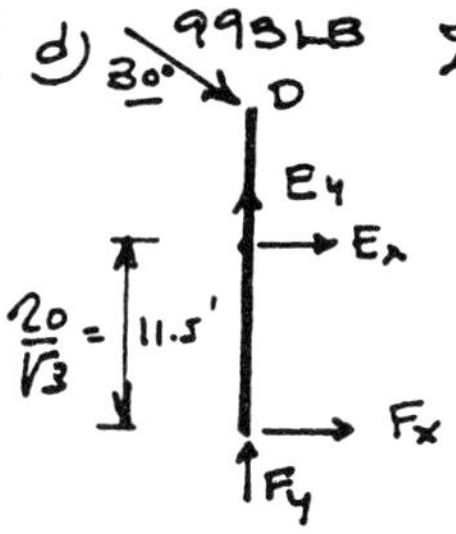

$\Sigma M_E = 0$

$11.5 F_x - \frac{\sqrt{3}}{2}(993)(10) = 0 \Rightarrow$

$F_x = 748$ LB

FROM ENTIRE SYSTEM

$\Sigma F_x = 0 = 748 + 1720 - A_x = 0$

$A_x = 2468 \leftarrow$ LB

$\Sigma M_A = 0 = 20 F_y - \left[\frac{10}{\sqrt{3}} + \frac{21.5}{2}\right](1720) = 0 \Rightarrow$

$F_y = 1420 \uparrow$ LB ; $\Sigma F_y = 0 \Rightarrow A_y = 1420 \downarrow$ LB

e)

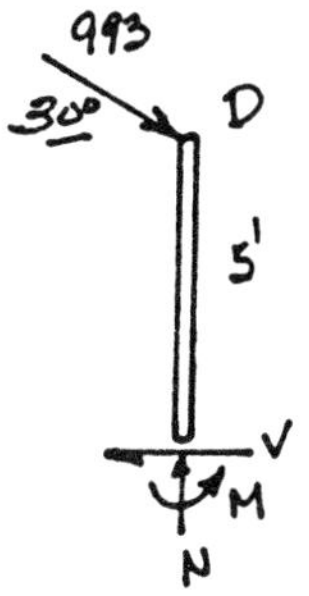

$V = 993 \cdot \frac{\sqrt{3}}{2} = 860$ LB

$N = 993 \cdot 1/2 = 496$ LB

$M = 993 \cdot \frac{\sqrt{3}}{2} \cdot 5 = 4300$ LB-FT

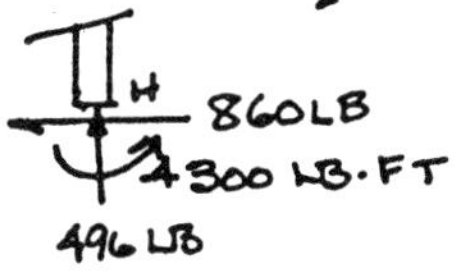

(5.163)

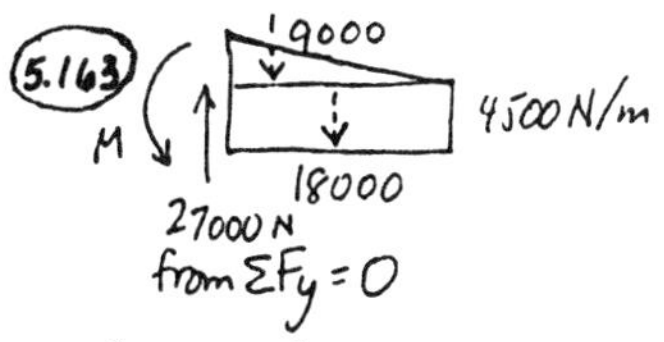

$\Sigma M_{wall} = 0$ gives

$M = 36000 + 9000\left(\frac{4}{3}\right)$

$= 48000$ N·m

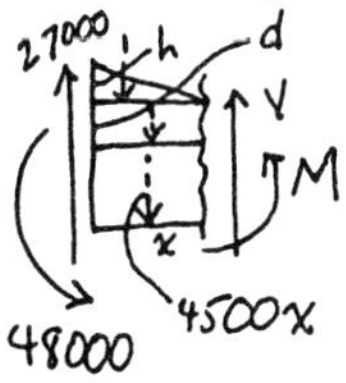

$\frac{h}{x} = \frac{4500}{4} \Rightarrow h = \frac{4500}{4} x = 1125x$

$d = 4500 - h = 4500\left(1 - \frac{x}{4}\right)$

$\Sigma F_y = 0 = 27000 + V - 4500x - 4500\left(1 - \frac{x}{4}\right)x$

$- \frac{1}{2} x \frac{4500}{4} x$

$V = -27000 + 9000x - 563x^2$

$\Sigma M_{cut} = 0 = M + 48000 - 27000x + 4500x \frac{x}{2}$

$+ x 4500\left(1 - \frac{x}{4}\right)\frac{x}{2} + \frac{1}{2} x \frac{4500}{4} x \frac{2}{3} x$

$M = -48000 + 27000x - 9000\frac{x^2}{2} + \frac{4500}{24}x^3$

(5.164)

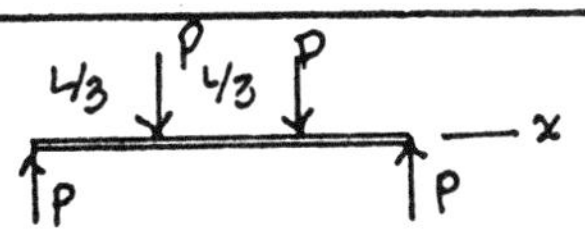

$0 < x < L/3$

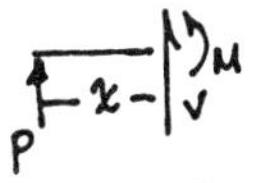

$V = -P;\ M = Px$

FOR $L/3 < x < 2L/3$

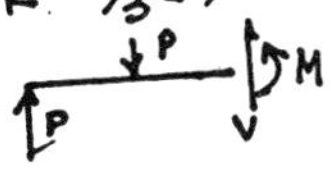

$V = 0;\ M =$ couple $= \frac{PL}{3}$

LAST 1/3 OF BEAM $V = -P$

$\therefore\ |V|_{MAX} = P\ ; |M|_{MAX} = \frac{PL}{3}$ IN MIDDLE 1/3

(5.165) $\Sigma M_{LEFT\ END} = 0 = \frac{2}{3} L R_2 - \frac{PL}{3} - \frac{P}{3}(L)$

$R_2 = P \quad \therefore\ R_1 = P/3$

$0 < x < L/3$

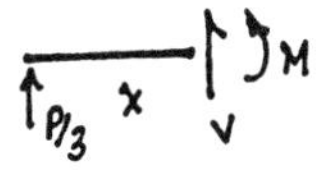

$V = -\frac{P}{3};\ M = \frac{Px}{3}$

$\frac{L}{3} < x < \frac{2L}{3}$

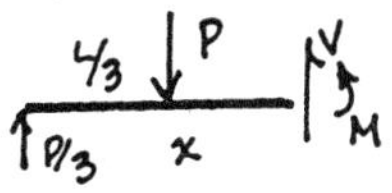

$V = P - P/3 = \frac{2}{3}P$

$M = \frac{Px}{3} - P(x - L/3)$

$\frac{2}{3}L < x < L$

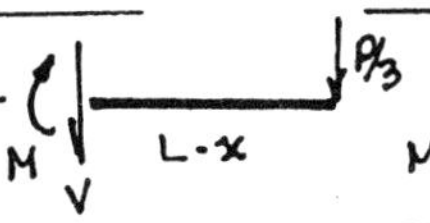

$V = -P/3$

$M = -\frac{P}{3}(L - x)$

EXTREME VALUES:

$V = -P/3\quad 0 < x < L/3$ & $\frac{2L}{3} < x < L$; $V = \frac{2P}{3}$ @ $x = L/3 < x < \frac{2L}{3}$

$M = \frac{PL}{9}$ AT $x = L/3$; $M = -\frac{PL}{9}$ AT $x = 2L/3$

5.166 $0<x<L/2$

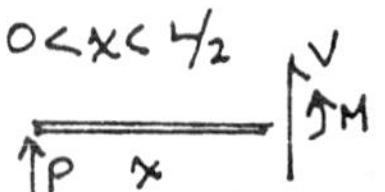

$V=-P;\ M=Px$

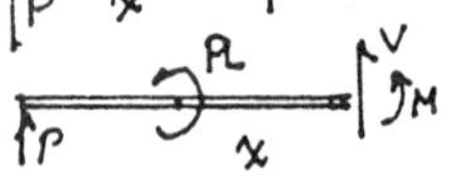

$L/2<x<L$

$V=-P$

$M=Px-PL$

EXTREME VALS: $V=-P\quad 0<x<L$

$M=\frac{PL}{2}$ AT $x=L/2^-$; $M=-\frac{PL}{2}$ AT $x=\frac{L}{2}^+$

5.167 $\Sigma M_{LEFT\,END}=0 \Rightarrow LR_2=\frac{PL}{2}-\frac{PL}{4}$

$R_2=P/4$; $R_1=3P/4$

$0<x<L/2$

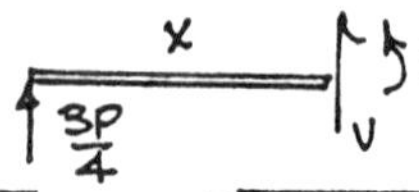

$V=-3P/4$

$M=3Px/4$

$L/2<x<L$

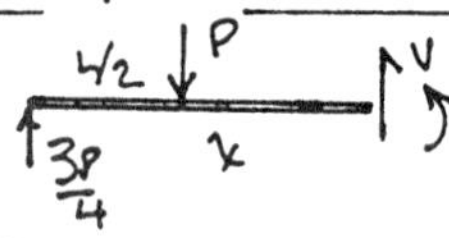

$V=P-\frac{3P}{4}=P/4$

$M=\frac{3Px}{4}-P(x-L/2)$

EXTREMES:

$V=-\frac{3P}{4}\quad 0<x<L/2$; $V=P/4\quad L/2<x<L$

$M=\frac{3PL}{8}$ AT $x=L/2$

5.168

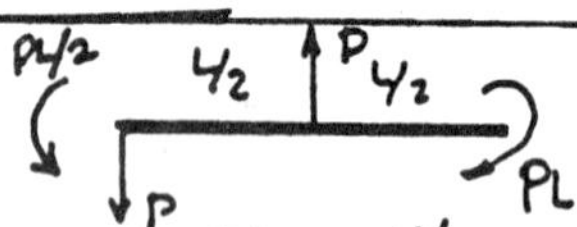

$0<x<L/2$

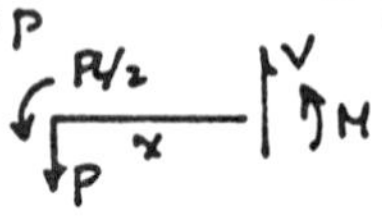

$V=P;\ M=-Px-\frac{PL}{2}$

$\frac{L}{2}<x<L$

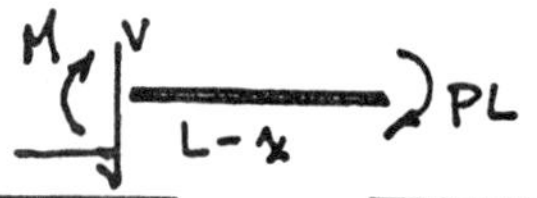

$V=0$

$M=-PL$

EXTREMES: $V=P\quad 0<x<L/2$

$M=-PL\quad x\geq L/2$

5.169

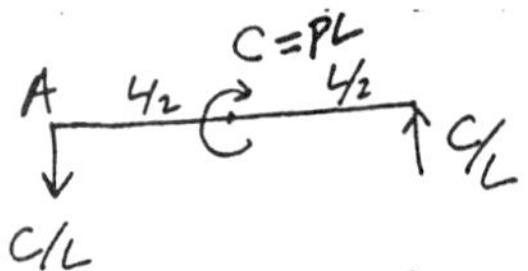

Reactions are from $\Sigma M_A=0$, then $\Sigma F_y=0$.

$0\leq x<\frac{L}{2}$:

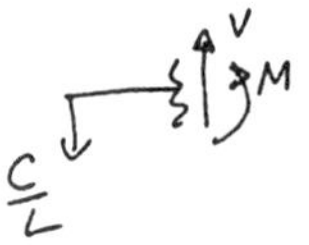

$V=C/L$ including at $x=\frac{L}{2}$

$M=-\frac{C}{L}x$

Note $C=PL$

$\frac{L}{2}<x\leq L$:

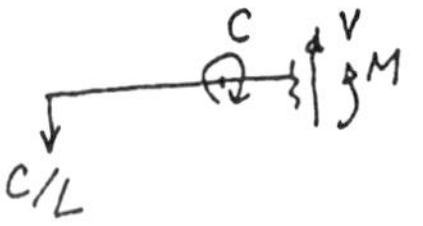

$V=\frac{C}{L}=P$ still, including at $x=\frac{L}{2}$

$M=C-\frac{C}{L}x=PL-Px$

5.170

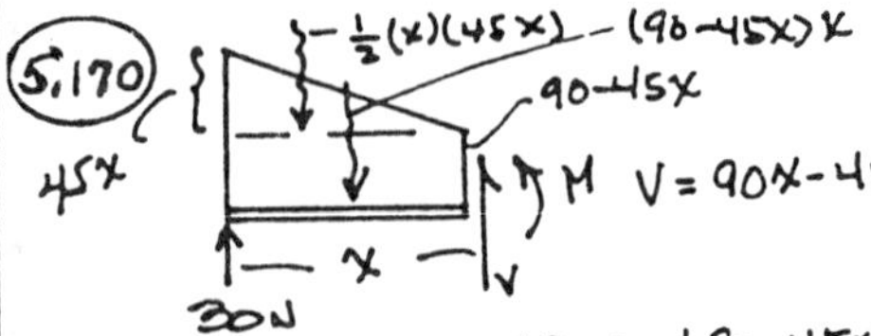

$V=90x-45x^2+\frac{45}{2}x^2$

$M=30x+\frac{45}{2}x^2\left(\frac{2}{3}x\right)+(90-45x)x\cdot\frac{x}{2}$

$V=-22.5x^2+90x-30$

$M=7.5x^3-45x^2+30x$

$\frac{dM}{dx}=0\Rightarrow x^2-4x+4/3=0\Rightarrow x=.367\text{ m}$

AT $x=.367$. $M=5.32$ N·m BUT AT $x=2$

$M=-60$ N·m & $V=60$N

5.171

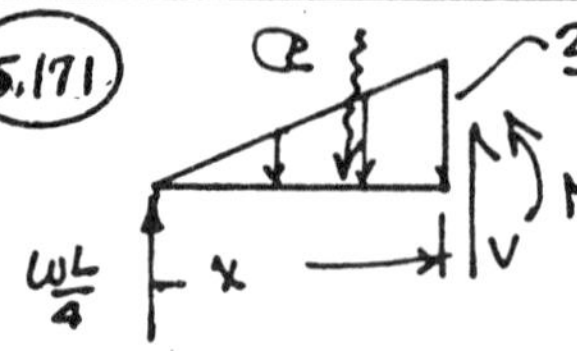

$Q=\frac{1}{2}\left(\frac{2wx}{L}\right)x=\frac{wx^2}{L}$

$\therefore V=\frac{wx^2}{L}-\frac{wL}{4}$

$M=\frac{wLx}{4}-Q\frac{x}{3}=\frac{wLx}{4}-\frac{wx^2}{L}\cdot\frac{x}{3}$

$\therefore$ FOR $0\leq x\leq L/2$

$V=\frac{wx^2}{L}-\frac{wL}{4}$ & $M=\frac{wLx}{4}-\frac{wx^3}{3L}$

BY SYMMETRY: CORRESPONDING VALUES MAY BE OBTAINED FOR $L/2\leq x\leq L$

5.172 $\Sigma M_{LEFT\,END}=0\Rightarrow 8R_2-4(10)(6)+30(2)+50$

$\Rightarrow R_2=16.25\Rightarrow 16.2$. $\therefore R_1=-6.25$N

$0<x<2$m

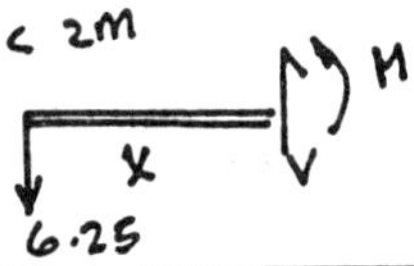

$V=6.25$N

$M=-6.25x$

$2\text{m}<x<4\text{m}$

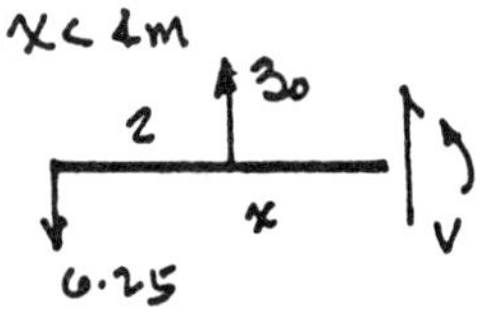

$V=6.25-30=-23.8$N

$M=30(x-2)-6.25x$

$M=23.8x-60$ N·m

$4\text{m}<x<8$

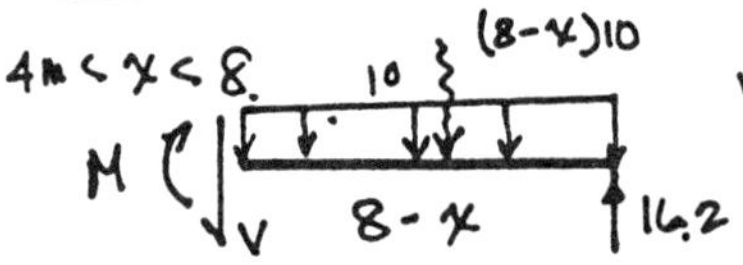

$V=16.2-10(8-x)$

$V=10x-63.8$N

$M=16.2(8-x)-10(8-x)(8-x)/2$

$M=-5(8-x)^2+16.2(8-x)$ N·m

(5.173)

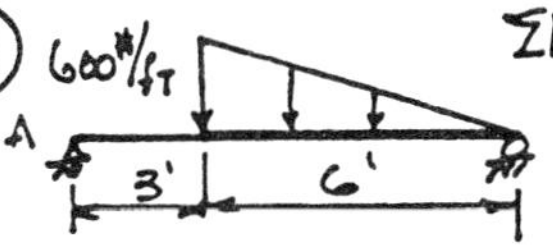

$\Sigma M_A \Rightarrow B_y = \frac{5}{9}\left(\frac{1}{2}\cdot 600\cdot 6\right) = 1000\uparrow$ LB

& $A_y = 800\uparrow$ LB

$0<x<3$

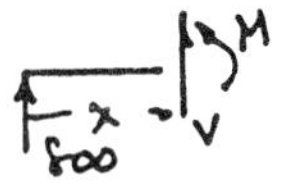

$V = -800$ LB

$M = 800x$ LB-FT

$3<x<9$

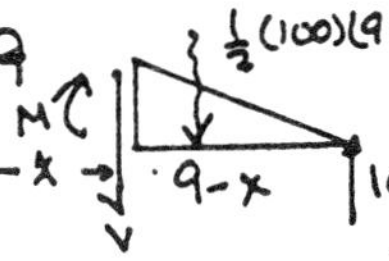

$V = 1000 - 50(9-x)^2$

$V = -50x^2 + 900x - 3050$

$M = 1000(9-x) - \frac{1}{2}(100)(9-x)^2\frac{(9-x)}{3} = 1000(9-x) - \frac{50}{3}(9-x)^3$

(5.174)

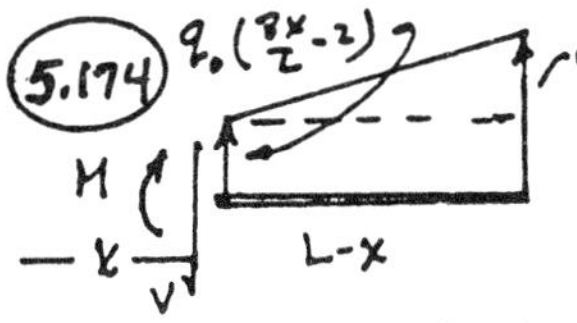

$V = \frac{1}{2}(L-x)\left[q_0 - q_0\left(\frac{3x}{L}-2\right)\right] + q_0\left(\frac{3x}{L}-2\right)(L-x)$

$V = \frac{1}{2}(L-x)\frac{q_0}{L}(L-3x+2L) + \frac{q_0}{L}(3x-2L)(L-x)$

$= \left(1-\frac{x}{L}\right)q_0\left(-\frac{1}{2}+\frac{3x}{2}\right)$

$\therefore V = \frac{q_0}{2}(3x-L)\left(1-\frac{x}{L}\right)$

$M = \frac{1}{2}(L-x)\frac{q_0}{L}(3L-3x)\left(\frac{2}{3}\right)(L-x) + \frac{q_0}{L}(3x-2L)(L-x)\cdot\frac{(L-x)}{2}$.

$M = \frac{q_0}{L}(L-x)^3 + \frac{q_0}{L}(L-x)^2\left(\frac{3x-2L}{2}\right) \Rightarrow$

$M = \frac{1}{2}\frac{q_0}{L}(L-x)^2 x$

(5.175) $\Sigma M_A = 0 = -30(.3) - 20(.5) + 100 + B_y(1) - 200(1.5) \Rightarrow B_y = 219\uparrow$N ; $A_y = 31\uparrow$N

$0<x<.1$

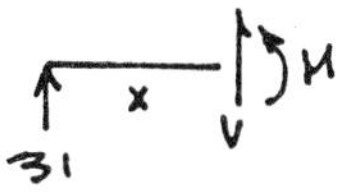

$V = -31$N ; $M = 31x$ N.m

$.1<x<.4$

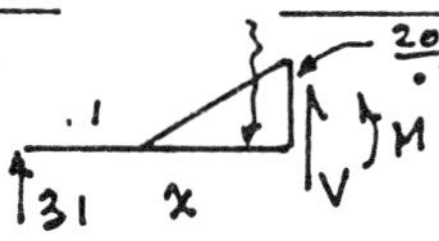

$V = \frac{1}{2}(x-.1)667(x-.1) - 31 = -31 + 333(x-.1)^2$

$M = 31x - \frac{1}{2}(x-.1)667(x-.1)\frac{(x-.1)}{3} = 31x - 111(x-.1)^3$

$.4<x<.6$

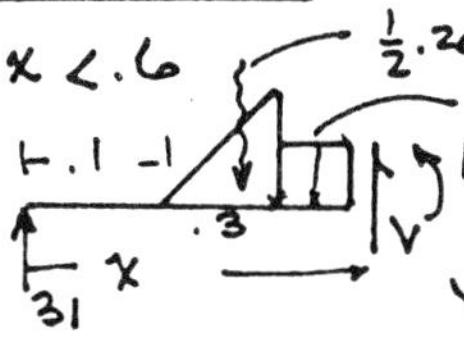

$V = 30 + 100(x-.4) - 31$

$V = 100x - 41$ N

$M = 31x - 30(x-.3) - 100(x-.4)(x-.4)/2$

$M = -50x^2 + 41x + 1$ N.m

$.6<x<.8$

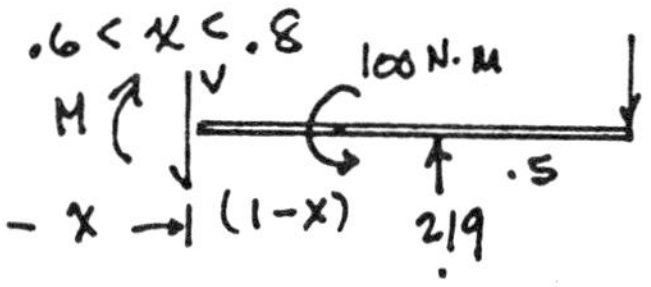

$V = 19$ N

$M = 219(1-x) + 100 - 200(1-x+.5)$

$M = -19x + 19$ N.m

$.8<x<1$

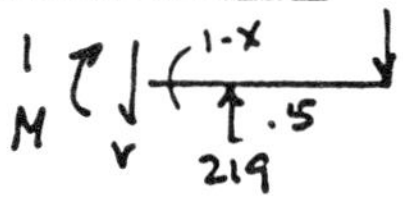

$V = 219 - 200 = 19$N

$M = 219(1-x) - 200(1-x+.5)$

$M = -19x - 81$ N.m

$1.0<x\ 1.5$

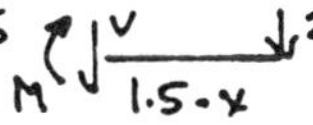

$V = -200$ N

$M = -200(1.5-x)$ N.M

(5.176)

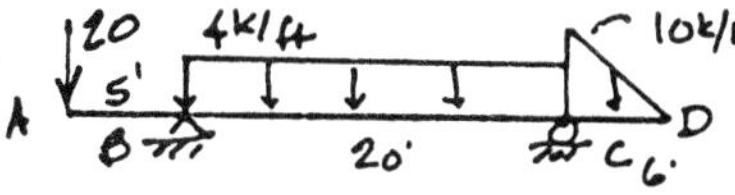

$\Sigma M_B = 0 = 20C + 5(20) - 10(80) - 22(30)$

$C = 68$ KIP ; $B = 130 - 68 = 62$ KIP

$0<x<5'$

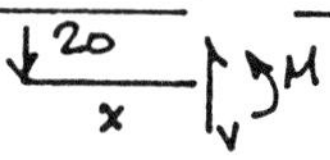

$V = 20$ KIP

$M = -20x$ FT-KIP

$5<x<25$

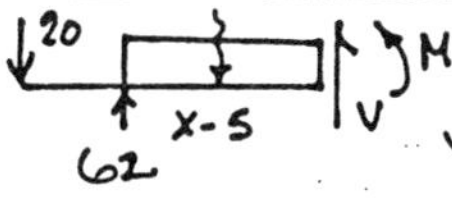

$V = 4(x-5) + 20 - 62$

$V = 4x - 62$ KIP

$M = 62(x-5) - 20x - 4(x-5)(x-5)/2$

$M = -2x^2 + 62x - 360$ KIP-FT

$25<x<31$

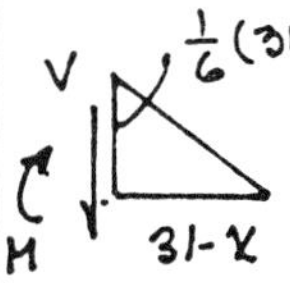

$V = -\frac{1}{2}(31-x)\frac{5}{3}(31-x)$

$V = -\frac{5}{6}(31-x)^2$ KIP

$M = -\frac{1}{2}\left[5/3(31-x)\right](31-x)(31-x)/3$

$M = -5/18(31-x)^3$ KIP-FT

5.177 $0 < x < .6$ m

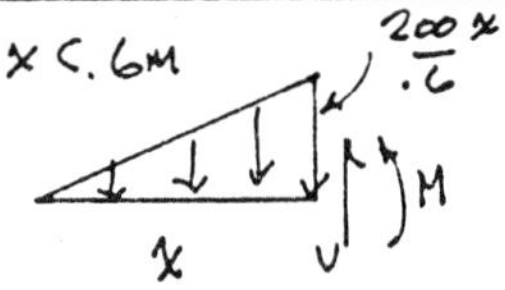

$V = \frac{1}{2}\left(\frac{200}{.6}x\right)x = \frac{1000}{6}x^2 = \frac{500}{3}x^2$

$M = -\frac{1}{2}\left(\frac{200}{.6}x\right)\frac{x}{3}\cdot x = -\frac{500}{9}x^3$ N·m

$.6 < x < .8$

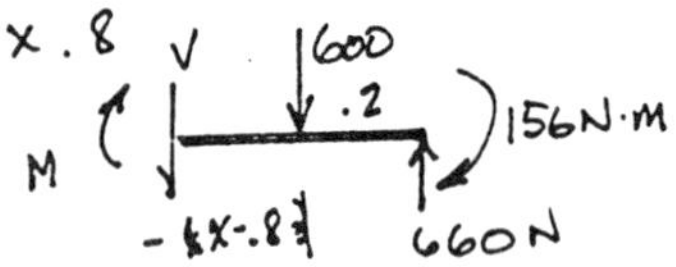

$V = 660 - 600 = 60$ N

$M = +600(x-.6) - 156 + 660(-x+.8+.2)$

$M = -60x + 24$ N·m

$.8 < x < 1$

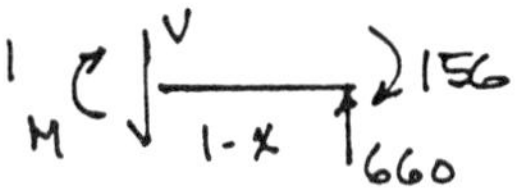

$V = 660$ N

$M = 660(1-x) - 156$

$M = -660x + 504$ N·m

EXTREME VAL:

$V = 660$ N IN $0.8 < x \le 1$

$M = 156$ N·m AT $x = 1$

5.178

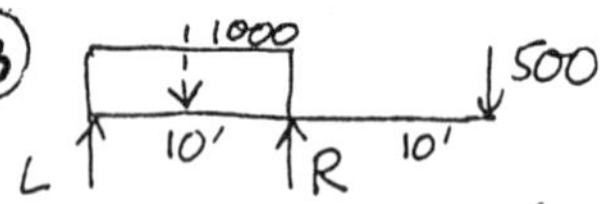

$\Sigma M_L = 0 = 10R - 1000(5) - 500(20) \Rightarrow R = 1500$ lb

$\therefore L = 0$ by $\Sigma F_y = 0$.

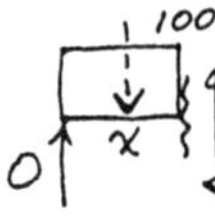

$100x = V$

$100x\frac{x}{2} = -M \Rightarrow M = -50x^2$ } For $0 \le x < 10'$

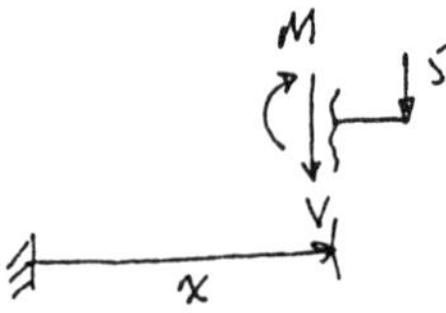

For $x > 10'$ and $\le 20'$:

$V = -500$ from $\Sigma F_y = 0$

and $M = -500(20-x)$ from $\Sigma M_{cut} = 0$

$= -10000 + 500x$

In the left-half, $|M_{MAX}| = |-50(10)^2| = 5000$ lb-ft @ $x = 10'$

In the right half, $|M_{MAX}| = 500(20-10) = 5000$ lb-ft again at $x = 10'$

M is not discontinuous at $x = 10'$, but V is, there. R causes a jump in V at $x = 10'$.

5.179

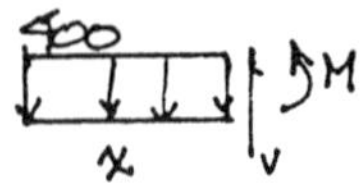

$0 < x < 5$ $V = 400x$ LB

$\Sigma M_D = 2000(5) + 400(5)(12.5) - 10B = 0$

$\therefore B = 3500 \uparrow$ LB

$5 < x < 10$

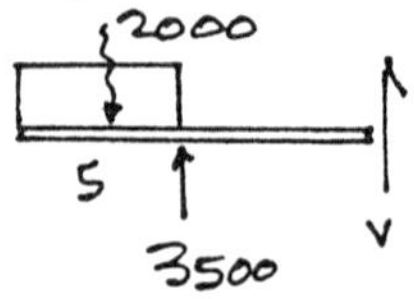

$M = 3500(x-5) - 2000(x-2.5)$

$\therefore M = 1500x - 12500$ LB-FT

5.180

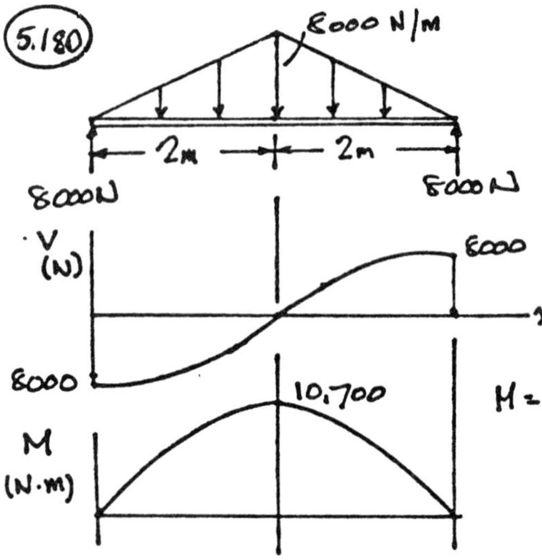

$0 < x < 2$

$\frac{dV}{dx} = 4000x$

$V = 2000x^2 - 8000$

$\frac{dM}{dx} = -2000x^2 + 8000$

$M = -\frac{2000}{3}x^3 + 8000x$

5.181

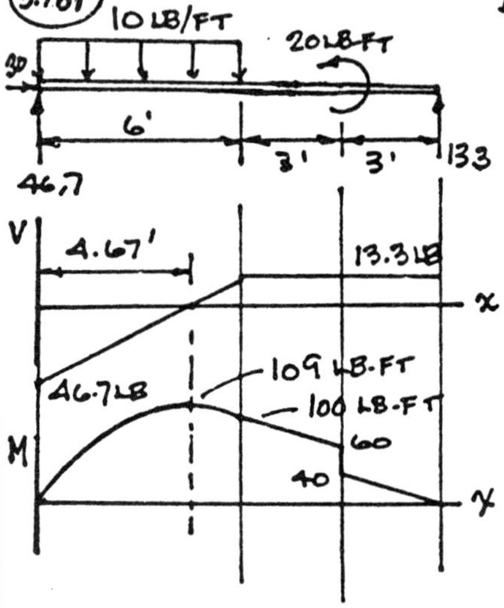

$\Delta M|_0^6 = +\frac{1}{2}46.7(4.67) = 109.0$

$\Delta M|_6^9 = -13.3(3) = -39.9$

$\Delta M|_{4.67}^6 = -\frac{1}{2}(13.3)(1.33) = -8.8$

5.182

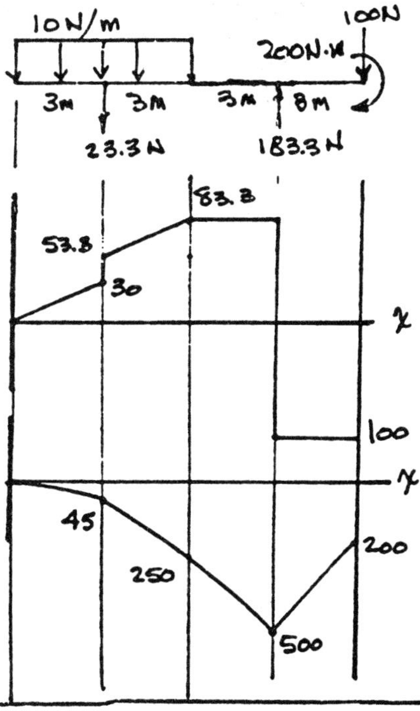

5.185

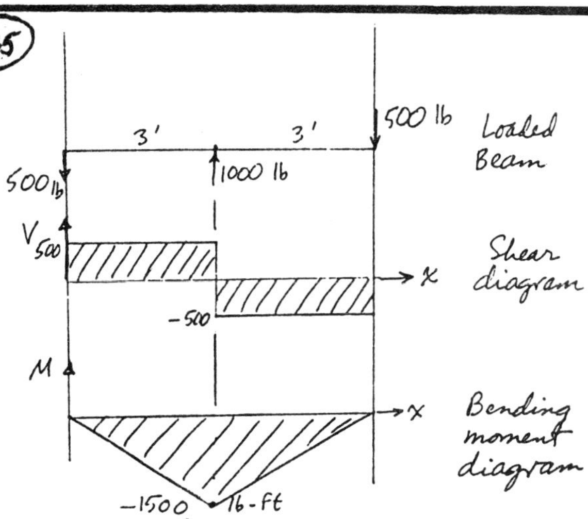

5.183

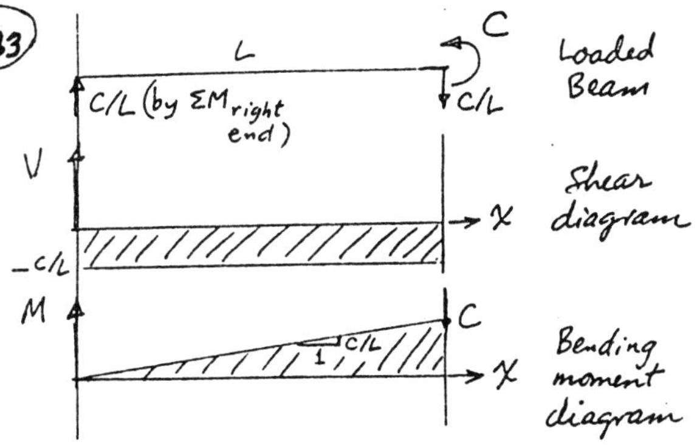

5.186

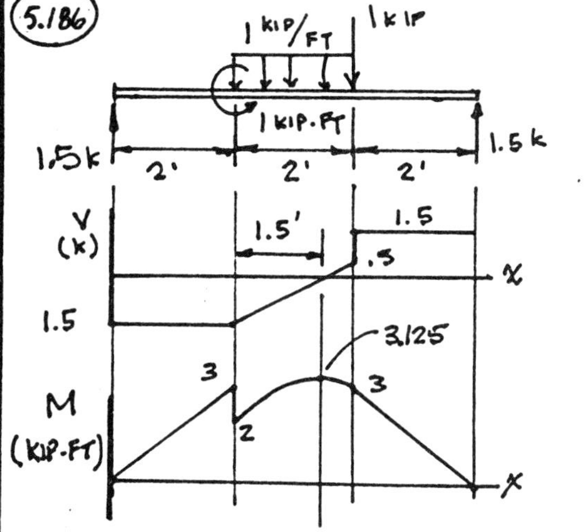

5.184

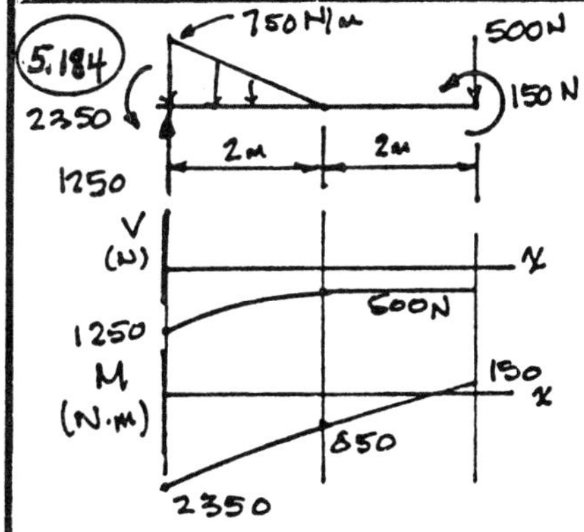

$M|_{x=2} = 1250(2) - 2350 - 750\left(\frac{2}{3}\cdot 2\right) = -850$ N·m

5.187

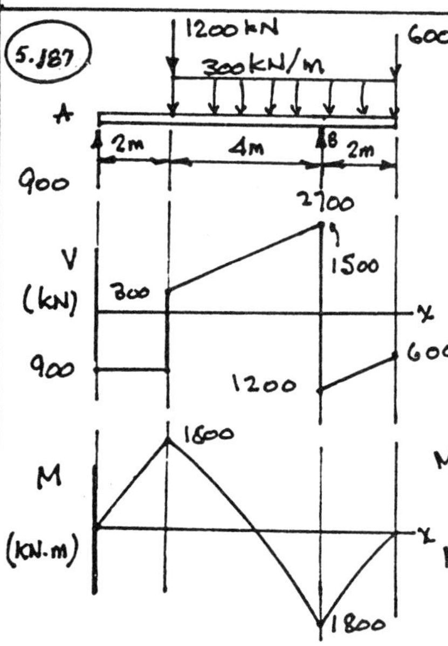

$\Sigma M_B = 0 \Rightarrow$

$A_y = 900\uparrow$ kN ;

$B_y = 2700\uparrow$ kN

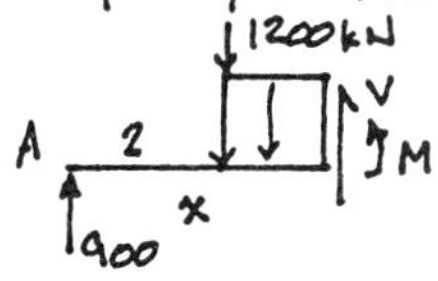

$V = 1200 - 900 + 300(x-2)$

$V = 300x - 300$ kN

$M = 900x - 1200(x-2) - 300(x-2)^2/2$

$M = -150x^2 + 300x + 1800$ kN-m

5.188

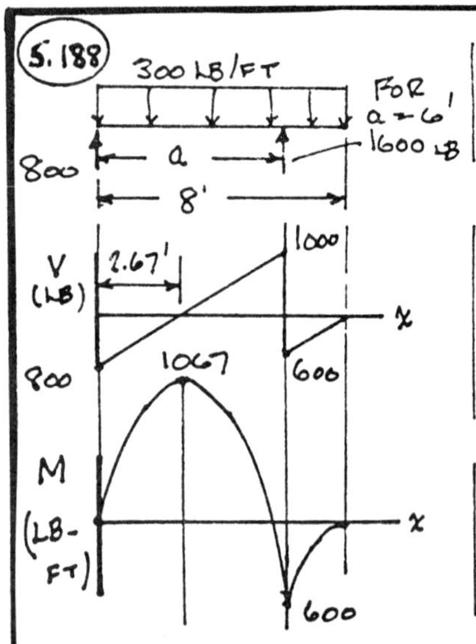

FOR $a = 6'$

b)

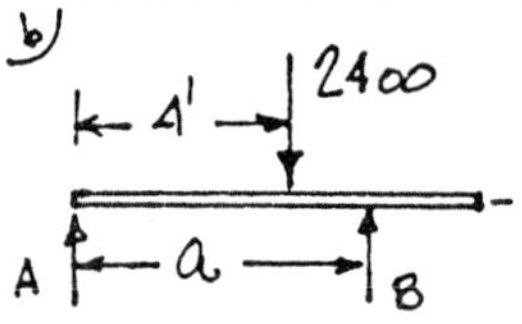

$aB = 4(2400)$

$B = 9600/a$

$A = 2400 - B$

$= 2400\,\frac{(a-4)}{a}$

$0 < x < a$

$M = Ax - 150x^2$

$V = -A + 300x$

FOR $V = 0$

$x = \frac{8}{a}(a-4)$

SUB. INTO M:

$$M_{MAX} = \frac{150(64)(a-4)^2}{a^2}$$ (RELATIVE MAX) FOR $a > 4'$)

AT $x = a$ AND $a < 8'$ A NEG. MOMENT EXISTS

$$M(a) = -300(8-a)\frac{(8-a)}{2} = -150(8-a)^2$$

ADJUST a SO THAT $M_{MAX} = |M(a)|$

$$\frac{150(64)(a-4)^2}{a^2} = 150(8-a)^2 \Rightarrow$$

$$f(a) = a^4 - 16a^3 + 512a - 1024 = 0$$

a	4	6	5	5.5	5.7	5.6	5.65	5.66	5.656
f(a)	256	-112	161	45	-13	17	2.1	-.9	.256

∴ TO THREE FIGS. $a = 5.66$ FT

5.189

$\Sigma M_B = 0 \Rightarrow$

$A = 16\uparrow$ kN

$B = 26\uparrow$ kN

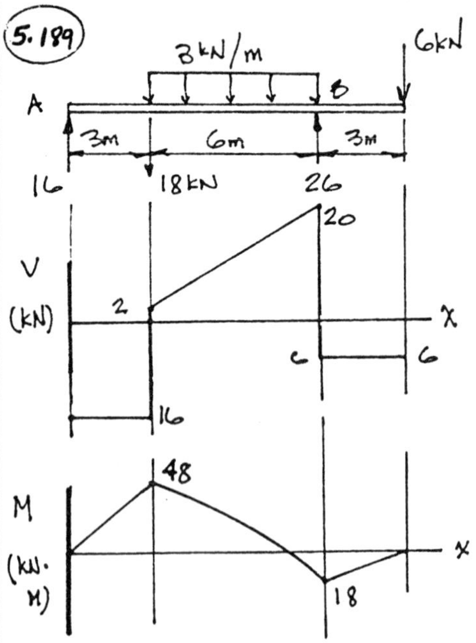

5.190

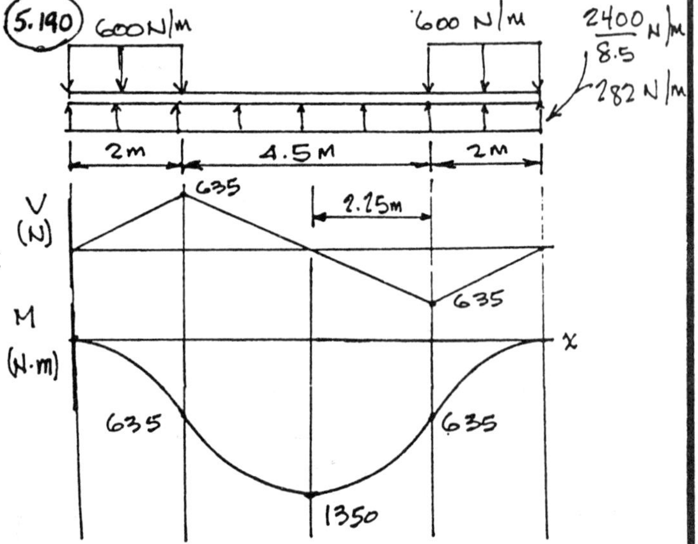

5.191

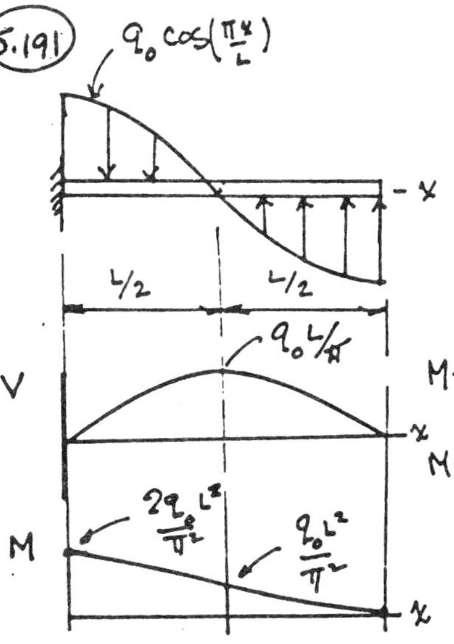

$$\frac{dV}{dx} = q_0 \cos\frac{\pi x}{L}$$

$$V = \frac{q_0 L}{\pi}\sin\frac{\pi x}{L} + C_1$$

$$V(L) = 0 \quad \therefore C_1 = 0$$

$$\frac{dM}{dx} = -\frac{q_0 L}{\pi}\sin\frac{\pi x}{L}$$

$$M = \frac{q_0 L^2}{\pi^2}\cos\frac{\pi x}{L} + C_2$$

$$M(L) = 0 : C_2 = \frac{q_0 L^2}{\pi^2}$$

$$\therefore V = \frac{q_0 L}{\pi}\sin\frac{\pi x}{L}$$

$$M = \frac{q_0 L^2}{\pi^2}\left(1 + \cos\frac{\pi x}{L}\right)$$

5.192

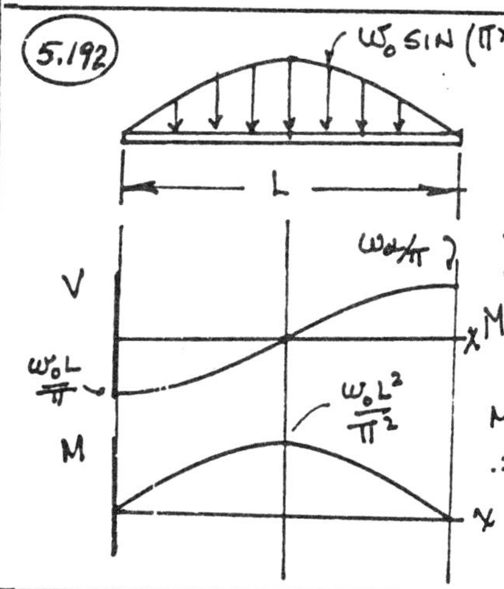

$$\frac{dV}{dx} = w_0 \sin\frac{\pi x}{L}$$

$$V = -\frac{w_0 L}{\pi}\cos\frac{\pi x}{L} + C_1$$

$$\frac{dM}{dx} = \frac{w_0 L}{\pi}\cos\frac{\pi x}{L} - C_1$$

$$M = \frac{w_0 L^2}{\pi^2}\sin\frac{\pi x}{L} - C_1 x + C_2$$

$$M(0) = 0 \;\&\; M(L) = 0$$

$$\therefore C_1 = 0 \;\&\; C_2 = 0$$

5.193

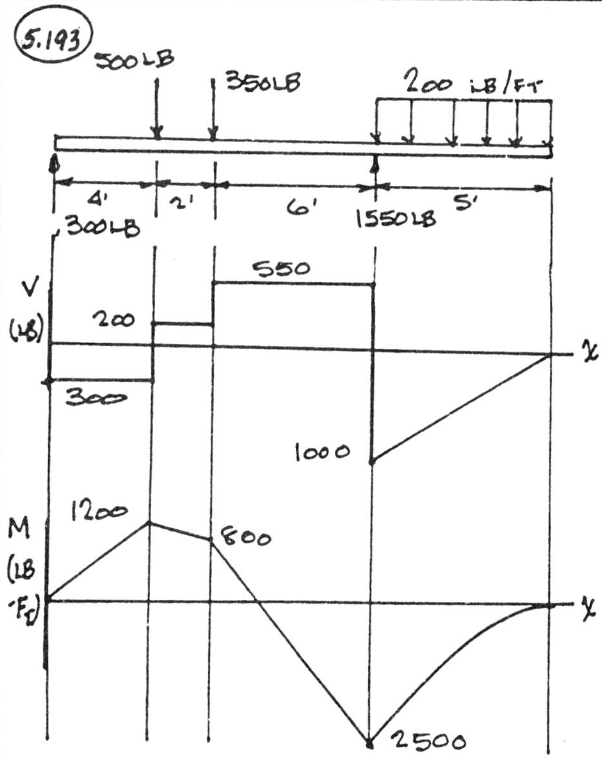

5.194

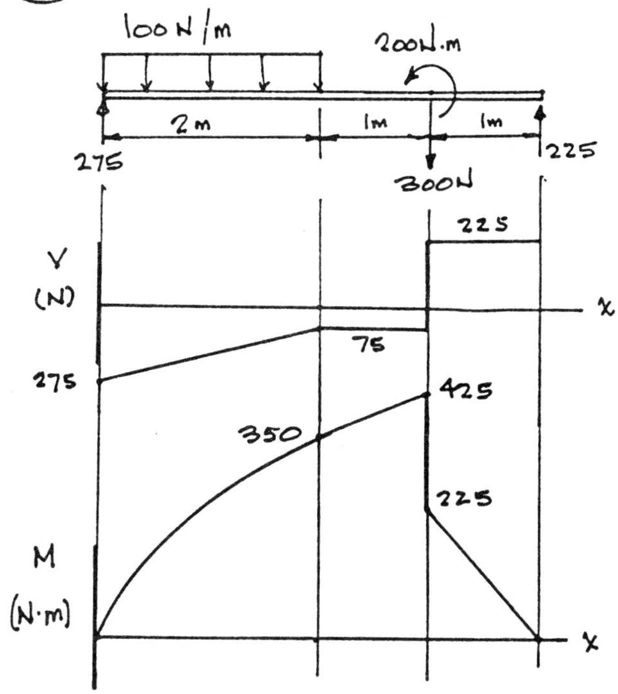

5.195

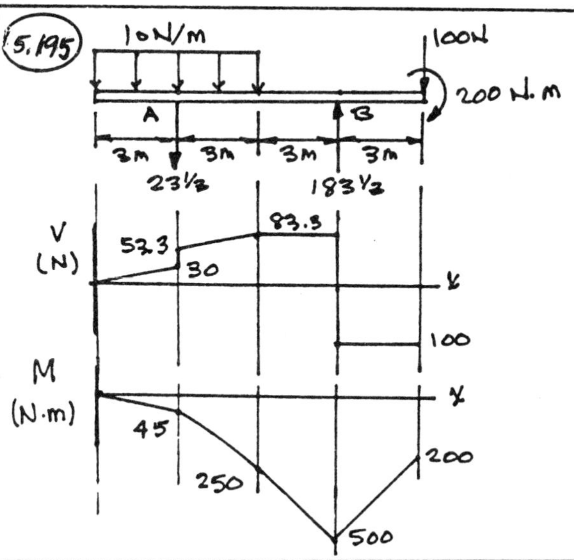

5.196

$M = \mu\,[F \cdot L]/[L]$

$M = \mu$

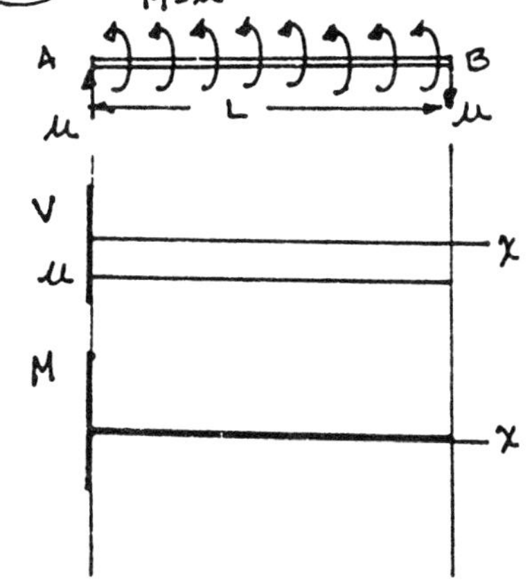

$$\Sigma M_B = 0 = AL - \mu L$$

$$\therefore A = \mu \uparrow$$

$$B = \mu \downarrow$$

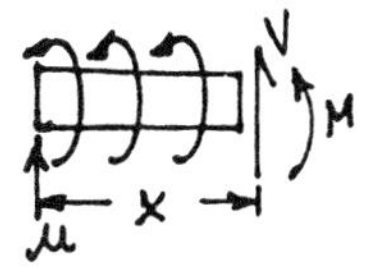

$$V = -\mu$$

$$M = \mu x - \mu x = 0$$

$M = 0$ FOR $0 \le x \le L$

5.197 $\Sigma M_A = 0 = \frac{12}{13}T(.9) - .3(20) + 25 = 31$

$T = 37.3$

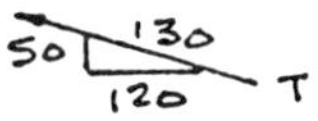

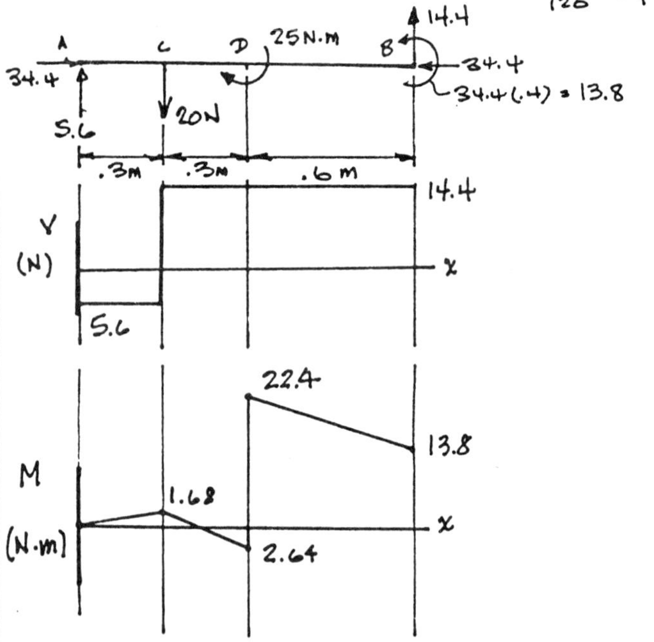

5.198 $B = \frac{wa}{b}$; $A = w\left(\frac{b-a}{b}\right)$

$2a > b > a$

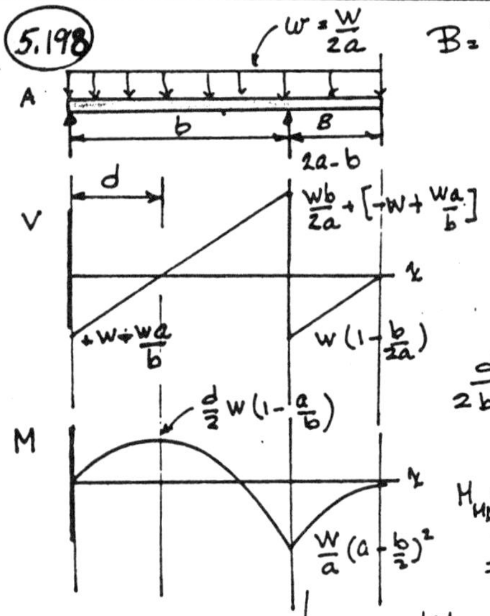

$d = \dfrac{W - \frac{Wa}{b}}{W/2a}$

$d = \frac{2a}{b}(b-a)$

$\frac{d}{2b} = \frac{2a}{2b}\left(1 - \frac{a}{b}\right) < 1$

FOR $\frac{a}{b} < 1$

$M_{MAX} = \frac{d}{2}W(1 - a/b)$

$= \frac{Wa}{b^2}(b-a)^2$ &

$|M_{MIN}| = \frac{W}{a}(a - b/2)^2$

DIVIDE:

$\dfrac{|M_{MIN}|}{M_{MAX}} = \dfrac{\left(1 - \frac{b}{2a}\right)^2}{(1 - a/b)^2}$

RATIO = 1 FOR $a/b = \frac{1}{\sqrt{2}}$

AND $\dfrac{|M_{MIN}|}{|M_{MAX}|} > 1$ IF $\frac{a}{b} > \frac{1}{\sqrt{2}}$

SEE GRAPH:

AT $a/b = .9$

RATIO $\doteq 20$

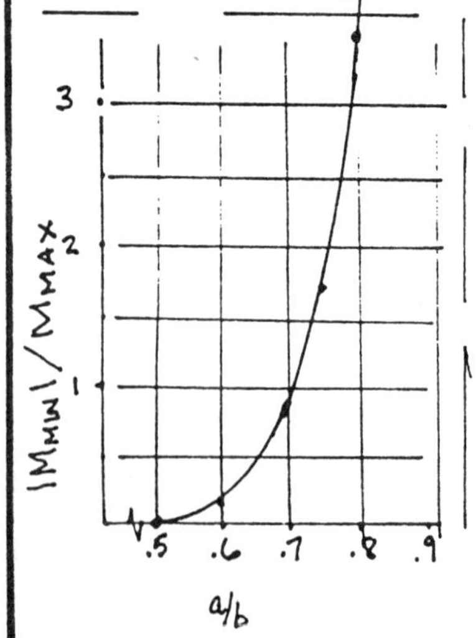

5.199

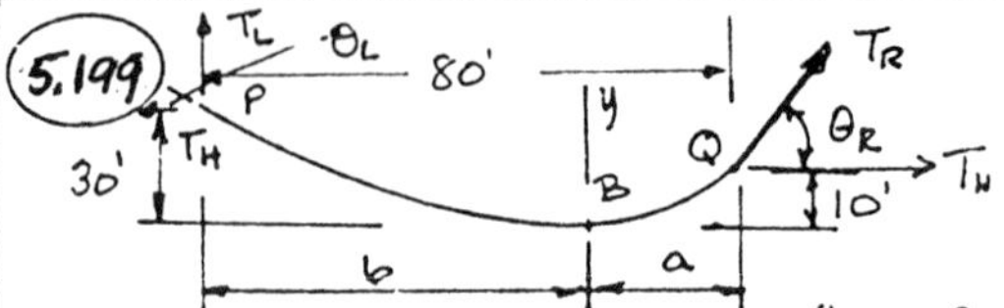

$y'' = 50/T_H$; $y = \frac{25x^2}{T_H} + C_1x + C_2$ ($C_1 = 0$, $C_2 = 0$)

$y(a) = 10'$; $10 = 25a^2/T_H$

$y(-b) = 30'$; $30 = 25b^2/T_H$ &

$a + b = 80$ & FROM ABOVE $b^2/a^2 = 3$

$\therefore a = 29.3'$ & $b = 50.7'$

$T_H = 2.5\left(\frac{80}{1+\sqrt{3}}\right)^2 = 2144$ LB ~ 2140 LB

$\theta_L = \tan^{-1}\left(\frac{50}{2144}(50.7)\right) = 49.8°$

$T_L = \dfrac{2144}{\cos\theta_L} = 3320$ LB ~ 3310 LB

5.200 USE EXAMPLE 5.29 HERE - PARABOLIC CABLE

$y = \dfrac{q_0x^2}{2T_H} = 500$ FT @ $x = 1/4$ MILE $= 1320'$

SO $q_0(1320)^2 = 2(500)T_H$; EACH CABLE SUPPORTS 40×10^6 LB; $q_0 = \dfrac{40\times10^6}{2640}$

$T_H = \dfrac{40\times10^6}{2640}\dfrac{(1320)^2}{(1000)} = 26.4\times10^6$ LB

@ $x = 1320'$, $y' = \left(\dfrac{40\times10^6}{2640}\right)\dfrac{(1320)}{26.4\times10^6} = .758$

$\therefore y' = .758 \Rightarrow 37.1°$ WITH HORIZONTAL

$\therefore$ WITH θ AS IN FIG. P5.200,

$\theta = 90 - 37.1 = 52.9°$

5.201 TAKE ORIGIN AT LOW POINT.

$q(x) = q_0\cos(\pi x/L)$

$y'' = \dfrac{q(x)}{T_H} = \dfrac{q_0}{T_H}\cos\left(\dfrac{\pi x}{L}\right)$; $y' = \dfrac{q_0}{T_H}\dfrac{L}{\pi}\sin\dfrac{\pi x}{L} + C_1$ ($C_1 = 0$)

& $y = -\dfrac{q_0}{T_H}\dfrac{L^2}{\pi^2}\cos\left(\dfrac{\pi x}{L}\right) + C_2$

$y(0) = 0 \therefore C_2 = \dfrac{q_0}{T_H}\dfrac{L^2}{\pi^2}$

$y = \dfrac{q_0L^2}{\pi^2T_H}\left(1 - \cos\dfrac{\pi x}{L}\right)$

AT $x = L/2$, $y = H \Rightarrow T_H = \dfrac{q_0L^2}{\pi^2H}$

& $y = H\left(1 - \cos\left(\dfrac{\pi x}{L}\right)\right)$

5.202 WITH ORIGIN AT LOW POINT

$y = q_0 x^2/2T_H \quad \therefore H_R = \dfrac{q_0 R^2}{2T_H}$

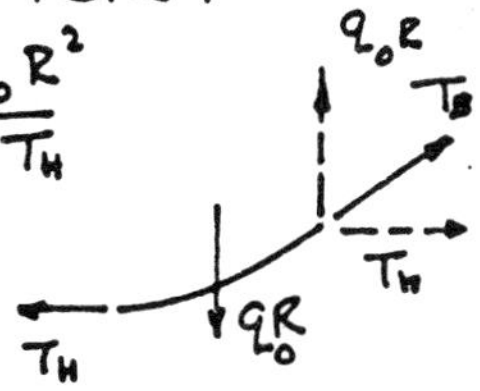

OR $\dfrac{T_H}{q_0 R} = \dfrac{R}{2H_R}$; $H_L = \dfrac{q_0 L^2}{2T_H}$

$T_B = \sqrt{T_H^2 + (q_0 R)^2}$

$= q_0 R\sqrt{1 + T_H^2/q_0^2 R^2} = q_0 R\sqrt{1 + \dfrac{R^2}{4H_R^2}}$

SIMILARLY: $T_A = q_0 L\sqrt{1 + \dfrac{L^2}{4H_L^2}}$

5.203

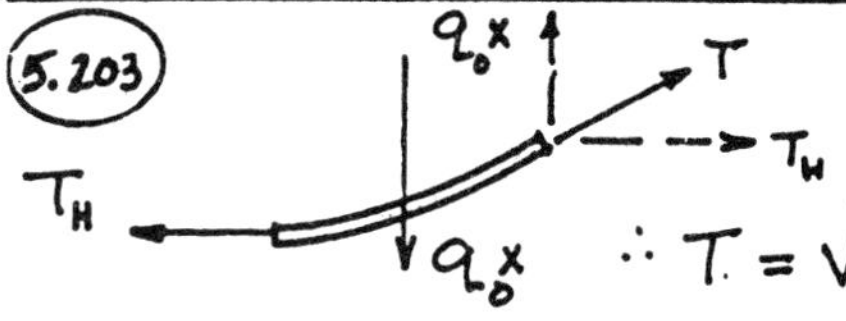

$\therefore T = \sqrt{T_H^2 + (q_0 x)^2}$

5.204

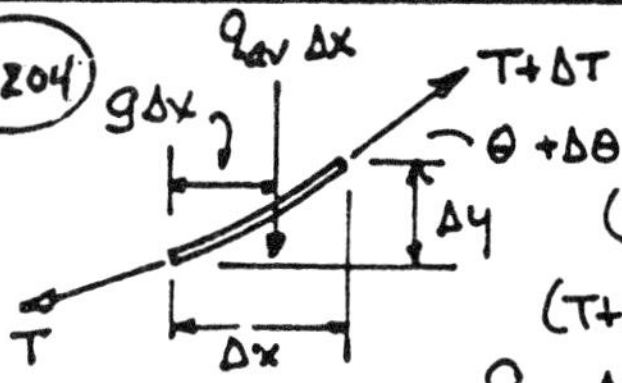

$\Sigma M_{\text{LEFT END}} = 0$

$(T+\Delta T)\sin(\theta+\Delta\theta)\Delta x -$

$(T+\Delta T)\cos(\theta+\Delta\theta)\Delta y -$

$q_{av}\Delta x(g\Delta x) = 0$

DIVIDE Δx & TAKE LIM AS $\Delta x \to 0$

$T\sin\theta - T\cos\theta \dfrac{dy}{dx} = 0$

$\therefore \dfrac{dy}{dx} = \tan\theta$ ... NOTHING NEW!

5.205 $y' = \dfrac{q_0 x}{T_H} + C_1$; $y'(150) = 0 \therefore C_1 = -\dfrac{700(150)}{T_H}$

$y = \dfrac{q_0 x^2}{2T_H} + C_1 x + C_2$ ($C_2 = 0$) & $y(200) = -50 =$

$\dfrac{700(200)^2}{2T_H} + C_1(200) \Rightarrow$

$T_H = \dfrac{700}{50}(200)\left[-\dfrac{200}{2} + 150\right] = 140000$ LB

$C_1 = -\dfrac{700(150)}{140000} = -.75$

$\theta_L = 36.9°$; $T_A = \dfrac{140000}{\cos(36.9)} = 175000$ LB

AT $x = 200'$ $y' = \dfrac{700(200)}{700(200)} - .75 = .25$

$\therefore \theta_R = 14.0°$; $T_B = \dfrac{140000}{\cos(14.0)} = 144000$ LB

$y' = \dfrac{700x}{700(200)} - .75 = \dfrac{1}{200}(x - 150)$

$y'^2 = \dfrac{1}{4\times10^4}(x-150)^2$

$l = \displaystyle\int_0^{200}\sqrt{1+y'^2}\,dx$

$= \dfrac{1}{200}\displaystyle\int_0^{200}\sqrt{(200)^2 + (x-150)^2}\,dx$

$l = \dfrac{1}{400}\Big[(x-150)\sqrt{(x-150)^2+(200)^2} + (200)^2$

$\ln\left[(x-150)+\sqrt{(x-150)^2+(200)^2}\right]\Big]\Big|_0^{200}$

$400l = 50(206) + 150(250) + (200)^2\ln\left(\dfrac{256}{100}\right)$

$l = 214$ FT (USED INTEG. TABLES)

5.206 HERE WE INTEGRATE FROM $x = 150'$ TO $200'$

$\therefore$ FROM ABOVE

$400 l_R = \Big[(x-150)\sqrt{(x-150)^2+(200)^2} + (200)^2\ln\big[$

$(x-150) + \sqrt{\quad}\,\big]\Big]\Big|_{150}^{200}$

$= 50(206) + (200)^2\ln\left(\dfrac{256}{200}\right)$

$l_R = 50.4$ FT

5.207 $y'' = \dfrac{q(x)}{T_H}$; $y' = \dfrac{k\,x^{n+1}}{T_H\,(n+1)} + C_1$ IF

$q = kx^n$ $n \geq 1$ & $y = \dfrac{k\,x^{n+2}}{T_H(n+1)(n+2)} + C_1 x + C_2$

$y = 0$ AT $x = 0 \therefore C_2 = 0$; $y = fL$ AT $x = L$

$fL = \dfrac{k}{T_H}\dfrac{L^{n+2}}{(n+1)(n+2)} + C_1 L \Rightarrow C_1 = f - \dfrac{k}{T_H}\dfrac{L^{n+1}}{(n+1)(n+2)}$

$\therefore \dfrac{y}{L} = \dfrac{kL^{n+1}}{T_H}\left[\dfrac{(x/L)^{n+2} - (x/L)}{(n+1)(n+2)}\right] + f\dfrac{x}{L}$

OR $y = 0$ AT $x = L/2 \Rightarrow 0 = \dfrac{k}{T_H}\dfrac{L^{n+2}}{2^{n+2}(n+1)(n+2)}$

$C_1 = \dfrac{-k}{T_H}\dfrac{L^{n+1}}{2^{n+1}(n+1)(n+2)}$. EQ. THE "$C_1$'s"

$T_H = \dfrac{k L^{n+1}}{f(n+1)(n+2)\,2^{n+2}}\left[2^{n+2} - 2\right]$

MAX. TENSION: $T_H/\cos\theta|_{L \text{ or } R}$

PUT T_H & C_1 INTO y ABOVE:

$\dfrac{y}{L} = \dfrac{f\,2^{n+2}}{(2^{n+2}-2)}\left[\dfrac{\left(\frac{x}{L}\right)^{n+2} - \left(\frac{x}{L}\right)}{1}\right] + f\left(\dfrac{x}{L}\right)$

OR $y = fL\left[\dfrac{2^{n+2}(x/L)^{n+2} - 2(x/L)}{2^{n+2} - 2}\right]$

5.208 $\ell = 2\int_0^{L/2}\sqrt{1+\left(\frac{8Hx}{L^2}\right)^2}\,dx$

$$= 2\int_0^{L/2}\left[1+\frac{1}{2}\left(\frac{8Hx}{L^2}\right)^2-\frac{1}{8}\left(\frac{8Hx}{L^2}\right)^4+\dots\right]dx$$

WITH $H/L = 0.2$; FROM EX. 4.23 $\ell = 1.10\,L$

a) ONE TERM $\ell = L$ 10% LOW

b) TWO TERMS

$$\ell \doteq 2\left[L/2+\frac{1}{6}(64)\frac{H^2}{L^4}\left(L^3/8\right)\right] = 1.11L$$

(1% HIGH)

c) THREE TERMS

$$\ell = L\left[1+\frac{8}{3}(.2)^2-\frac{1}{8(5)}\,8^4\frac{H^4}{L^8}\frac{L^5}{2^5}\right] = 1.10$$

NO DIF. TO 3 FIGS.

5.209 $y = \frac{T_H}{q_0}\cosh\left(\frac{q_0x}{T_H}+k_1\right)+k_2$ OR

$y = \frac{T_H}{q_0}\left(\cosh\left(\frac{q_0x}{T_H}\right)-1\right)$ ORIGIN IN MIDDLE WITH $y'=0$

$y' = \sinh\left(\frac{q_0x}{T_H}\right)$

$T_0 = T_H\cosh\left(\frac{q_0L}{2T_H}\right)$ COULD HAVE USED SUPPORT REACTIONS OR INTEGRATED TO GET THIS

$T_H\sinh\left(\frac{q_0L}{2T_H}\right) = \frac{q_0\ell}{2}$; $\frac{T_0}{T_H} = \cosh\left(\frac{q_0L}{2T_H}\right)$

$\frac{q_0L}{2T_H} = \cosh^{-1}\left(\frac{T_0}{T_H}\right)$; $L = \frac{2T_H}{q_0}\cosh^{-1}\left(\frac{T_0}{T_H}\right)$

WHERE $T_H = \sqrt{T_0^2-\left(\frac{q_0\ell}{2}\right)^2} = \frac{q_0\ell}{2}\sqrt{k-1}$

OR $T_0 = \frac{q_0\ell}{2}\sqrt{k}$. Alternatively, $L = \ell\sqrt{k-1}\,\cosh^{-1}\left(\sqrt{\frac{k}{k-1}}\right)$

5.210 IN PROB. 5.209 LET $T_0 = q_0\ell$

MAX $T_H = q_0\ell\sqrt{1-1/4} = \sqrt{3}/2\; q_0\ell$

AND $T_0/T_H = 2/\sqrt{3}$

$$L = 2\frac{T_H}{q_0}\cosh^{-1}\left(\frac{T_0}{T_H}\right)$$

$$= 2\left(\frac{\sqrt{3}}{2}\ell\right)\cosh^{-1}\left(\frac{2}{\sqrt{3}}\right)$$

$L = .951\ell$

5.211

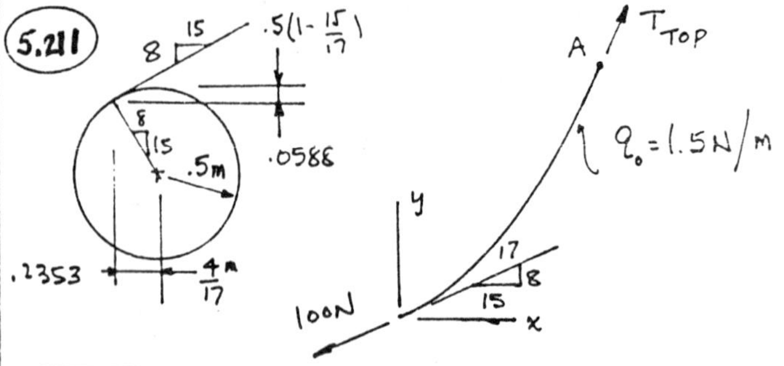

$y = \frac{T_H}{q_0}\cosh\left(\frac{q_0x}{T_H}+k_1\right)+k_2$ OR

$y = k\cosh\left(\frac{x}{k}+k_1\right)+k_2$; $y=0$ AT $x=0$, $y' = \frac{8}{15}$ @ $x=0$ ⇒

$k\cosh k_1 + k_2 = 0$ (1)

$\frac{k}{k}\sinh\left(\frac{x}{k}+k_1\right) = \frac{8}{15}$ ⇒ $\frac{8}{15} = \sinh k_1$ ... (2)

∴ $k_1 = .5108$; ALSO $T = 100\,N$ @ 0, SO

$T_H = 100\left(\frac{15}{17}\right) = 88.2\,N$

∴ $\frac{T_H}{q_0} = k = \frac{88.2}{1.5} = 58.8$, THEN

$0 = 58.8\cosh(.511) + k_2$

$k_2 = -58.8(1.13) = -66.6$

$y = 58.8\cosh(.566) - 66.6$ AT $x = 3.2353$

$y|_{x=3.2353} = 1.9\,m$ ∴ THE ANSWER IS

$1.9 + (.5 - .0588) = 2.3\,m$

NOTE: $y = 58.8\cosh\left(\frac{x}{58.8}+.511\right) - 66.6$

5.212 USING EQ. 5.36 WITH $y(0) = 0 = y'(0) = 0$

$y = \frac{T_H}{q_0}\left(\cosh\frac{q_0x}{T_H}-1\right)$; $\ell = 2\int_0^{1.5}\sqrt{1+y'^2}\,dx$

$y' = \sinh\frac{q_0x}{T_H}$; $\sqrt{1+y'^2} = \cosh\frac{q_0x}{T_H}$

∴ $\ell = 2\int_0^{1.5}\cosh\left(\frac{q_0x}{T_H}\right)dx = \frac{2T_H}{q_0}\sinh\frac{1.5q_0}{T_H}$

FOR $\ell = 20$ $10\frac{q_0}{T_H} = \sinh\left(\frac{1.5q_0}{T_H}\right)$

q_0/T_H	5	4	2	2.5	2.7	2.6	2.65
$\frac{1}{10}\sinh\left(\frac{1.5q_0}{T_H}\right)$	90	20	1	2.1	2.87	2.45	2.66

∴ $q_0/T_H = 2.66$; $H = \frac{T_H}{q_0}\left(\cosh\frac{1.5q_0}{T_H}-1\right)$

$H = \left(\frac{1}{2.65}\right)\left[\cosh(1.5\times2.65)-1\right] = 9.67$ FT

SLIGHTLY LESS THAN 9.89 FT

5.213 $y_{PARAB} = \frac{q_o x^2}{2T_H}$; $y_{CAT} = \frac{T_H}{q_o}\left(\cosh \frac{q_o x}{T_H} - 1\right)$

$y_{SAG\ PARAB} = \frac{q_o L^2}{8T_H}$; $y_{SAG\ CAT} = \frac{T_H}{q_o}\left(\cosh \frac{q_o L}{2T_H} - 1\right)$

SAG/SPAN $= R$

$\frac{y_{SAG}}{L} = R_{CAT} = \frac{T_H}{q_o L}\left(\cosh\left(\frac{q_o L}{2T_H}\right) - 1\right)$

$\therefore \frac{q_o L}{2T_H} = \frac{\cosh\left(\frac{q_o L}{2T_H}\right) - 1}{2R}$ LET

$\frac{q_o L}{2T_H} = X$; $2XR - \cosh(x) - 1 = 0$ ①

LET $R = .1$ & SOLVE ① BY TRIAL & ERROR

X	0	.2	.4	.3	.4	.39	.395
LHS	0	-.0199	.00107	-.0146	.0011	-9.8×10^{-4}	3.2×10^{-5}

$\therefore$ TAKE $.395 = \frac{q_o L}{2T_H}$; $R_{PAR} = \frac{q_o L}{8T_H} = .0988$

$\text{ERROR} = \frac{.1 - .0988}{.1} \times 100 = 1.3\%$

LET $R = .25$ AGAIN SOLVE ① BY TRIAL & ERROR : TAKE $.931 = \frac{q_o L}{2T_H}$

$R_{PAR} = \frac{q_o L}{8T_H} = .233$; $\text{ERROR} = \frac{.25 - .233}{.25} \times 100 = 6.8\%$

LET $R = 1$. ① GIVES $2.467 = \frac{q_o L}{2T_H}$

$R_{PAR} = \frac{q_o L}{8T_H} = .6167 = .617$ $\text{ERROR} = \frac{1 - .617}{1} \times 100$

ERROR = 38.3 %

5.214

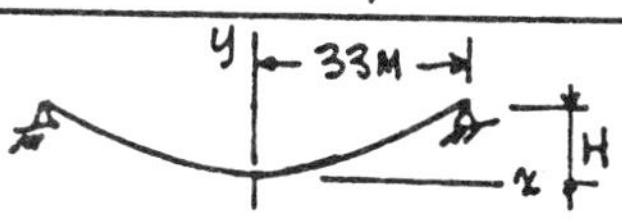

BASICALLY SAME AS PROB. 5.212

$\frac{l}{2} = \int_0^{L/2} \sqrt{1 + y'^2}\, dx$

$y' = \sinh \frac{q_o x}{T_H}$; $\frac{l}{2} = \int_0^{L/2} \cosh \frac{q_o x}{T_H} dx = \frac{T_H}{q_o}\left[\sinh \frac{q_o x}{T_H}\right]_0^{L/2}$

$\frac{l}{L} = \frac{2T_H}{q_o L} \sinh \frac{q_o L}{2T_H} \Rightarrow \frac{q_o L}{2T_H} = \frac{33}{40} \sinh \frac{q_o L}{2T_H}$

$q_o L/2T_H$	1	1.2	1.1	1.098	1.096	1.095
$(33/40)\sinh q_o L/2T_H$	.969	1.25	1.102	1.099	1.0964	1.095

$\frac{H}{L/2} = \frac{2T_H}{q_o L}\left(\cosh\left(\frac{q_o L}{2T_H}\right) - 1\right) \Rightarrow H = 33(.604)$

$H = 19.9\,m$

5.215

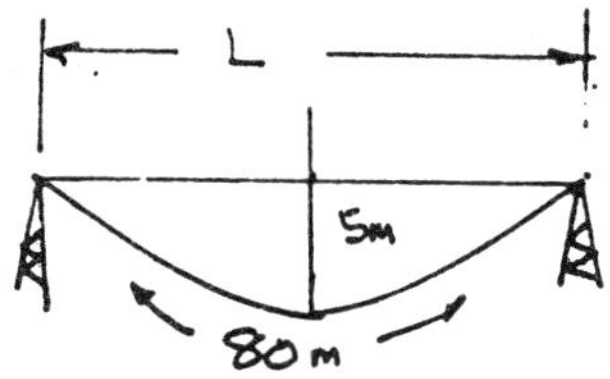

$T_{MAX} = 480N$

$y = \frac{T_H}{q_o}\left(\cosh \frac{q_o x}{T_H} - 1\right)$; $y' = \sinh \frac{q_o x}{T_H} = \tan\theta$

$5 = \frac{T_H}{q_o}\left(\cosh \frac{q_o L}{2T_H} - 1\right)$

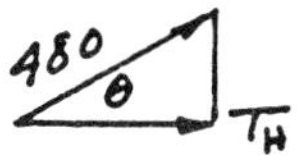

$5 = \frac{T_H}{q_o}\left(\frac{480}{T_H} - 1\right)$; AT $L/2$, $\tan\theta = \sinh\left(\frac{q_o L}{2T_H}\right)$

$q_o = \frac{480}{5} - .2T_H = 96 - .2T_H$ ①

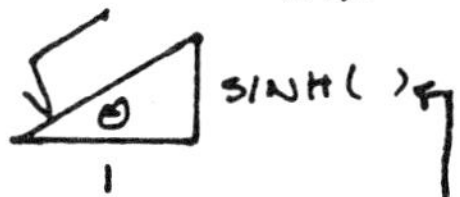

$l = 80 = 2\int_0^{L/2} \sqrt{1 + y'^2}\, dx = 2\int_0^{L/2} \cosh\left(\frac{q_o x}{T_H}\right) dx$

$l = 2\frac{T_H}{q_o} \sinh\left(\frac{q_o x}{T_H}\right)\Big|_0^{L/2}$ | $T_H = 480\cos\theta$; $T_H = \frac{480}{\cosh\left(\frac{q_o L}{2T_H}\right)}$

$40 = \frac{T_H}{q_o} \sinh\left(\frac{q_o L}{2T_H}\right) = \frac{T_H}{80}\sqrt{\left(\frac{480}{T_H}\right)^2 - 1} = 40$ ②

$96 - .2T_H = q_o \Rightarrow T_H = 480 - 5q_o \Rightarrow$ INTO ②

$\sqrt{480^2 - T_H^2} = 40 q_o$

$480^2 - (480 - 5q_o)^2 = 1600 q_o^2 \Rightarrow$

$q_o = 2.95\ N/m$; $T_H = 465\ N$

5.216 $q_o = 50\ LB/FT$

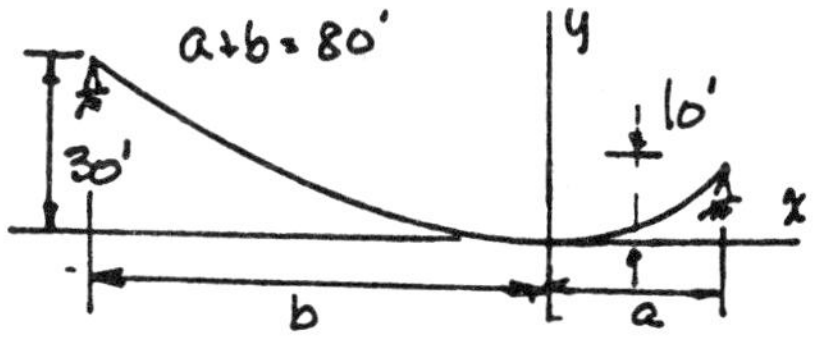

$y = \frac{T_H}{q_o}\left(\cosh \frac{q_o x}{T_H} - 1\right)$

$y(a) = 10 \Rightarrow \frac{10 q_o}{T_H} = \cosh \frac{q_o a}{T_H} - 1$; $y(-b) = 30' \Rightarrow$

$\frac{30 q_o}{T_H} = \cosh \frac{q_o b}{T_H} - 1$; ADD $(a + b = 80)$

$\frac{q_o(a+b)}{T_H} = \frac{80 q_o}{T_H} = \cosh^{-1}\left(1 + \frac{10 q_o}{T_H}\right) + \cosh^{-1}\left(1 + \frac{30 q_o}{T_H}\right)$

let $\frac{q_o}{T_H} = x$; $x = \frac{1}{80}\left[\cosh^{-1}(1 + 10x) + \cosh^{-1}(1 + 30x)\right]$

X	.025	.024	.023	.022	.021	.0215	.0216	.02162
RHS	.0231	.0227	.0222	.0218	.0213	.02158	.02163	.021629

TO 3 FIGS. $q_o/T_H = .0217 \Rightarrow a = 29.8\ FT$

$b = 80 - 29.8 = 50.2\ FT$ $\left(T_H = \frac{50}{.0217} = 2300\ LB\right)$

NOTE: NOT MUCH DIFFERENT FROM PROB. 5.199

(5.217) $T\cos\theta = T_H$

$y' = \sinh\left(\frac{x}{230} + 1.16\right)$; $x_B = 73.6$ so

y' THERE $= 2.083$

$\theta = \tan^{-1} y' = 64.35°$; $\cos\theta = .433$

$\therefore T = \frac{57.4}{.433} = 132.61$ LB at 25.6° $\therefore 132.61\cos 25.6° = 120$ lb↑ for (a) and $132.61\sin 25.6° = 57.4$ lb→ for (b)

$57.4\,H = (132.61)\sin 64.35° \left(\frac{8}{2}\right)$

$H = 8.33'$ ABOVE B

(5.218)

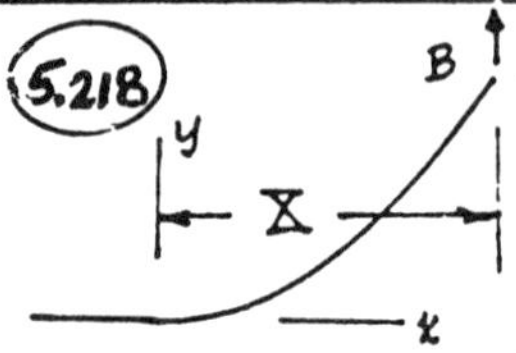

$l = \int ds = \int\sqrt{1+y'^2}\,dx$

$l = \int_0^X \cosh\left(\frac{q_0x}{T_H}\right)dx$

$y = \frac{T_H}{q_0}\cosh\left(\frac{q_0x}{T_H} + k_1\right) + k_2$ &

$y' = \sinh\left(\frac{q_0x}{T_H} + k_1\right) = 0$ @ $x=0 \Rightarrow k_1 = 0$!

so

$y = \frac{T_H}{q_0}\left(\cosh\frac{q_0x}{T_H}\right) + k_2 = 200\cosh\left(\frac{x}{200}\right) + k_2$ ($T_H \to 50$, $q_0 \to .25$)

$y=0$ AT $x=0 \Rightarrow 0 = 200 + k_2 \Rightarrow y = 200\left(\cosh\frac{x}{200} - 1\right)$

HT. OF B IS $y = 30'$ THUS

$\frac{30}{200} + 1 = \cosh\frac{x}{200} = 1.15 \Rightarrow x = 108'$

$l_{IN\,AIR} = \int_0^{108}\sqrt{1+\sinh^2\left(\frac{q_0x}{T_H}\right)}\,dx = \int_0^{108}\cosh(\ )\,dx$

$= \frac{T_H}{q_0}\sinh\left(\frac{q_0x}{T_H}\right)\Big|_0^{108} \Rightarrow 113.3'$

$\therefore$ CABLE ON GROUND $= 150 - 113.3 = 36.7'$

(5.219) $y = \frac{T_H}{q_0}\left(\cosh\left(\frac{q_0x}{T_H}\right) - 1\right)$; $l = \int ds$

$l = \int\sqrt{1+y'^2}\,dx = 2\int_0^{L/2}\sqrt{1+\sinh^2(\ )}\,dx \Rightarrow$

$l = 2\frac{T_H}{q_0}\sinh\left(\frac{q_0L}{2T_H}\right)$

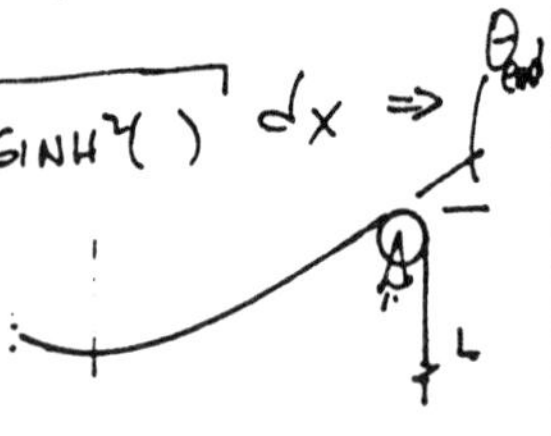

$\sin\theta_{end} = \frac{y'}{\sqrt{\ }} = \tanh(\ )$

$2q_0L\sin\theta_{end} = \frac{2T_H}{q_0}\sinh\left(\frac{q_0L}{2T_H}\right) q_0$

$2\frac{q_0L}{2T_H}\tanh\left(\frac{q_0L}{2T_H}\right) = \sinh\left(\frac{q_0L}{2T_H}\right)$

$2x - \cosh x = 0$ $x = \frac{q_0L}{2T_H}$

X	0	1	.5	.6	.55	.59	.589	.589385
LHS	-1	.457	-.128	.0145	-.0551	.00084	-.00053	.00000

TAKE $X = .589 = \frac{q_0L}{2T_H}$ OR $T_H = q_0L(.849)$

$\sin\theta_{end} = \tanh X = \tanh(.589..)$

$\theta_{end} = 31.97°$; $T_{MAX} = \frac{T_H}{\cos\theta_{end}} = 1.179\,T_H$

$T_{MAX} = 1.179\,q_0L(.849) = 1.00\,q_0L$ (OF COURSE)

$l_{TOTAL} = l + L = 2(.849L)\sinh(.589) + L$

$= L[1.688\sinh(.5894) + 1] = 2.06\,L$

(NEGLECT LITTLE PART AROUND PULLEY)

SAG $= y|_{end} = \frac{T_H}{q_0}\left[\cosh\left(\frac{q_0X}{T_H}\right) - 1\right] = .152L$

(5.220) $\Sigma M_A = 0 = 10(8) + 3(32) - T_B\frac{5}{\sqrt{41}}(36) + T_B\frac{4}{\sqrt{41}}11 \Rightarrow$

$T_B = \frac{176\sqrt{41}}{136} = \frac{22\sqrt{41}}{17}$ kN $= 8.29$ kN

$T_{A_H} = T_B\frac{4}{\sqrt{41}} = \frac{22\sqrt{41}}{17}\cdot\frac{4}{\sqrt{41}} = \frac{88}{17}$

$T_{A_V} = -T_B\frac{5}{\sqrt{41}} + 13 = 13 - \frac{22\sqrt{41}}{17}\cdot\frac{5}{\sqrt{41}} = 13 - \frac{111}{17} = \frac{110}{17}$

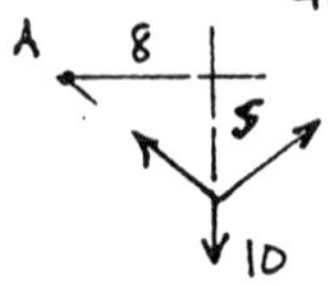

$S = 8\left(\frac{T_{AV}}{T_{AH}}\right) = 8\left(\frac{110}{88}\right) = 10$ m

$T_{P_{12H}} = \frac{88}{17}$ $T_{P_{12V}} = 10 - \frac{110}{17} = \frac{60}{17}$

$\therefore T_{P_{12}} = \sqrt{\left(\frac{60}{17}\right)^2 + \left(\frac{88}{17}\right)^2} = 6.27$ kN

$T_A = \sqrt{\left(\frac{88}{17}\right)^2 + \left(\frac{110}{17}\right)^2} = 8.29$ kN

(5.221)

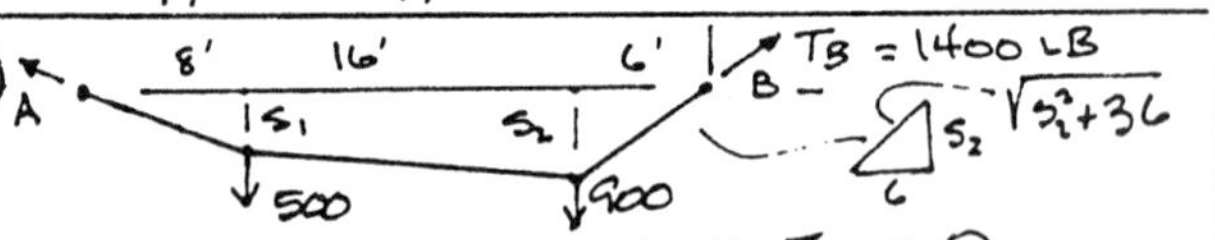

$\Sigma M_A = 0 = 500(8) + 900(24) - 30T_{B_V} = 0$

$T_{B_V} = 853.3$ LB; $T_{A_V} = 546.7$ LB

$T_{B_V} = \frac{s_2}{\sqrt{s_2^2+36}}\times 1400 = 853.33 \Rightarrow s_2 = 4.613$ FT $\therefore \sqrt{\ } = 7.568$ FT

$T_{B_H} = \frac{6}{7.568}\times 1400 = T_{A_H} = 1109.9$ LB

$s_1 = 8\left(\frac{T_{AV}}{T_{AH}}\right) = 8\left(\frac{546.7}{1109.9}\right) = 3.940$ FT

$s_2 - s_1 = .673$ $\therefore T_{12} = T_{A_H}\left(\frac{\sqrt{16^2 + (.673)^2}}{16}\right)$

$T_{12} = 1109.9 \times 1.\text{—} = 1111$ LB

$\therefore s_1 = 3.94$ FT; $s_2 = 4.61$ FT, $T_A = 1240$ LB, $T_B = 1400$ LB

5.222 SEE TEXT FOR DIMENSIONS.

$\Sigma F_V = 0 \Rightarrow T_{1V} = 600\ N$

$T_{1H} = P$

$T_{1H} = \frac{.35}{1.2} T_{1V}$

$= \frac{.35}{1.2}(600) = 175$

$\therefore P = 175\ N$

$T_{3V} = 100N$; $T_{3H} = 175N$ $\therefore \frac{.3}{d_2 - d_1} = \frac{100}{175} \Rightarrow d_2 - d_1 = .525$

$T_{1V} - T_{2V} = 300$ & $600 - T_{2V} = 300$ $\therefore T_{2V} = 300$

so: $\frac{d_1 - .35}{.4} = \frac{175}{300}$ $\therefore d_1 = .35 + .4\left(\frac{175}{300}\right) = .583\ m$

$d_2 = .583 + .525 = 1.11\ m$

5.223 SEE FIG. IN TEXT. FOR UNIFORM B

$T_{1V} = T_{2V} = 100\ LB$; ALSO $T_{1H} = T_{2H}$

$\therefore T_1 = T_2$ & $\phi_1 = \phi_2$

$10\cos\phi_1 + 15 + 20\cos\phi_1 = 38$ $\phi_1 = \phi_2 = \phi$

$30\cos\phi = 23$; $\phi = 39.9°$

$T_1 \sin\phi = 100$, so $T_1 = T_2 = 156\ LB$

$H = 20\sin 39.9 - 10\sin 39.9 = 6.42\ FT$

5.224

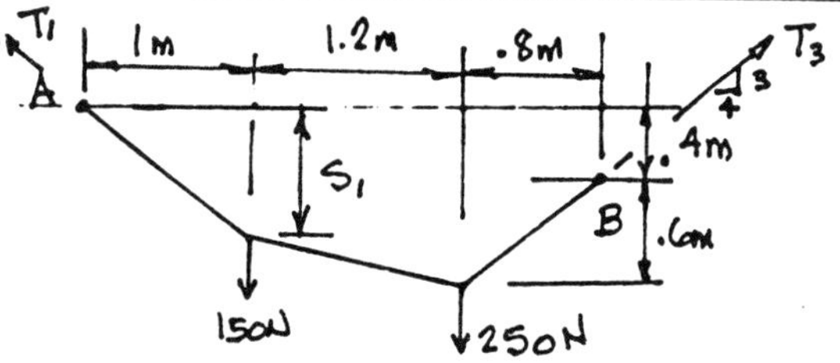

$\Sigma M_A = 0$; $\frac{3}{5}T_3(3) + \frac{4}{5}T_3(.4) - 150(1) - 250(2.2) = 0$

$\Rightarrow T_3 = 330\ N$

$\therefore T_{3H} = 330(4/5) = 264\ N$

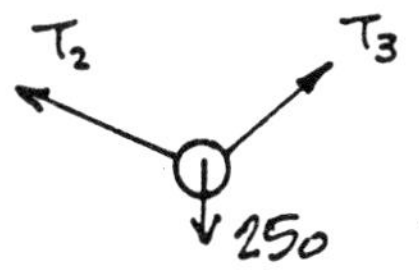

$T_{2V} = 250 - T_3(3/5)$

$= 250 - 300(3/5) = 52N$

$\frac{T_{2V}}{T_H} = \frac{1 - S_1}{1.2} \Rightarrow S_1 = .764\ m$

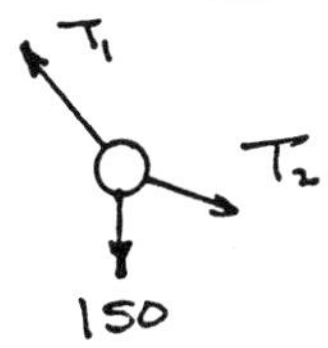

$T_2 = \sqrt{(52)^2 + (264)^2} = 269\ N$

$\Sigma F_y = 0$

$T_{1V} - T_{2V} = 150$

$T_{1V} = 150 + 52 = 202\ N$

$\therefore T_1 = \sqrt{(202)^2 + (264)^2} = 332\ N$

5.225

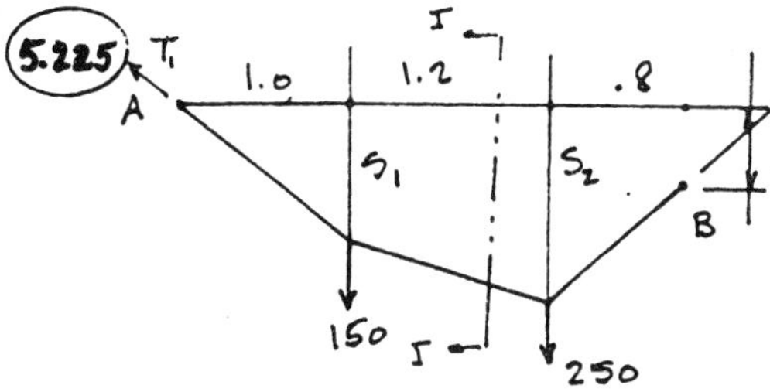

GUESS $T_1 = 600N$ & CHECK

$\Sigma M_B = 0$

$\frac{(600)S_1(2) + 600(1)(S_1 - .4)}{\sqrt{1 + S_1^2}} = 2(150) + 250(.8)$

$1800 S_1 - 2400 = 500\sqrt{1 + S_1^2} \Rightarrow S_1 = .436\ m$

$\therefore T_H = 600\left(\frac{1}{\sqrt{1 + (.436)^2}}\right) = 550\ LB$

$\Sigma M_A = 0 \Rightarrow$ FOR SECT I-I

$T_{2H} S_1 - \left[T_{2H}\left(\frac{S_2 - S_1}{1.2}\right)\right]1 = 150(1) \Rightarrow$

$2.2S_1 - S_2 = \frac{180}{T_{2H}}$ & FROM ABOVE: $T_H = 550$

& $S_1 = .436$; $S_2 = .632\ m$

$\therefore T_1 = 550\sqrt{1 + (.436)^2} = 600N$;

$T_2 = 550\sqrt{1 + \left(\frac{.632 - .436}{1.2}\right)^2} = 557\ N$

$T_3 = 550\sqrt{1 + \left(\frac{.632 - .4}{.8}\right)^2} = 573\ N$

$\} < 600N$ OK!

5.226 GEOMETRY: $3\sin\theta = 9\sin\phi$

$3\cos\theta + 9\cos\phi = 10$

$\sin^2\theta = 9\sin^2\phi$ so $1 - \cos^2\theta = 9(1 - \cos^2\phi)$

BUT $9\cos^2\theta = (10 - 9\cos\phi)^2$

$\therefore 1 - \frac{1}{9}(10 - 9\cos\phi)^2 = 9(1 - \cos^2\phi) \Rightarrow$

$-91 + 180\cos\phi = 81 \Rightarrow \cos\phi = \frac{172}{180}$

OR $\phi = 17.1°$

$\sin\theta = 3\sin\phi = 3\sin(17.1°) \Rightarrow \theta = 62.2°$

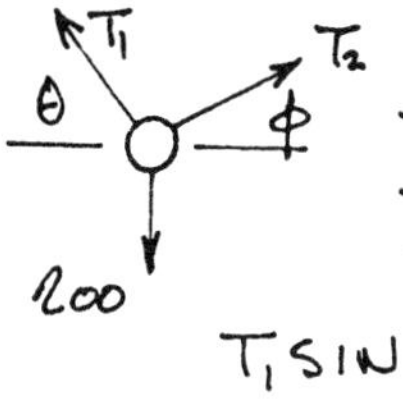

$T_1\cos\theta = T_2\cos\phi$

$T_1\sin\theta + T_2\sin\phi = 200$

$T_1\sin\theta + \sin\phi\left(\frac{T_1\cos\theta}{\cos\phi}\right) = 200$

$\therefore T_1 = 195\ LB$ &

$T_2 = 95.2\ LB$

5.227 $\dfrac{\delta_y}{\text{constants}} = \dfrac{1+\cos^3\theta}{\sin^2\theta\cos\theta}$

$$\frac{d\,\delta_y}{d\theta} = 0 \Rightarrow 0 = \frac{\sin^2\theta\cos\theta(-3\cos^2\theta\sin\theta) - (1+\cos^3\theta)(2\sin\theta\cos^2\theta - \sin^3\theta)}{\sin^4\theta\cos^2\theta}$$

Use $s = \sin\theta$ & $c = \cos\theta$:

$$3s^3c^3 + 2sc^2 - s^3 + 2sc^5 - s^3c^3 = 0$$

Note $s=0$ ($\theta = 0$) is not a minimum soln.

$$2s^2c^3 + 2c^2 - s^2 + 2c^5 = 0$$

$$0 = (2c^3 - 1)(1-c^2) + 2c^2 + 2c^5 = 2c^3 - 1 + 3c^2 = 0$$

$2c^3 + 3c^2 - 1 = 0$ and $c = \frac{1}{2}$ is a root $\Rightarrow \cos\theta = \frac{1}{2}$, $\theta = 60°$

synthetic division:

$$\begin{array}{r|rrrr} \tfrac{1}{2} & 2 & 3 & 0 & -1 \\ & & 1 & 2 & 1 \\ \hline & 2 & 4 & 2 & 0 \end{array}$$

$\Rightarrow$ Reduced quadratic is $c^2 + 2c + 1 = 0$

$(c+1)^2 = 0$ No real soln here.

$\therefore$ Computer should show $\theta = 60°$ as the solution!

5.228 See soln. to 5.213. Solve Eq. (1),

$$2xR - \cosh x - 1 = 0$$

by computer, e.g. by Newton-Raphson (see Appendix D) for $R = 0.1$, 0.25, and 1.0.

CHAPTER 6

6.1

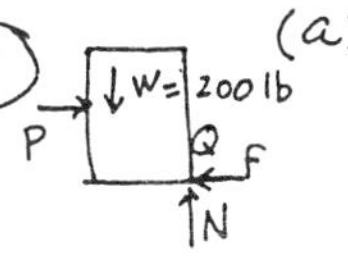

(a) $\Sigma M_Q = 0 = 2W - 5P \Rightarrow P = 80$ lb

$\therefore$ by $\Sigma F_x = 0$, $f = 80$ (if it can!)

by $\Sigma F_y = 0$, $N = W = 200$

But $f_{MAX} = \mu N = 0.3(200) = 60$. $\therefore$ $f = 60$ and block slides. P_{MAX} then $= 60$ lb if P acts to right.

(b)

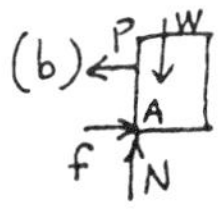

$\Sigma M_A = 0 = 5P - 200 \Rightarrow P = 40$ to tip ↺.

$\therefore f = 40$ by $\Sigma F_x = 0$. Now μN still $= 60$.

So this time the block tips for $P > 40$, and $P_{MAX} = 40$ if P acts to left.

6.2

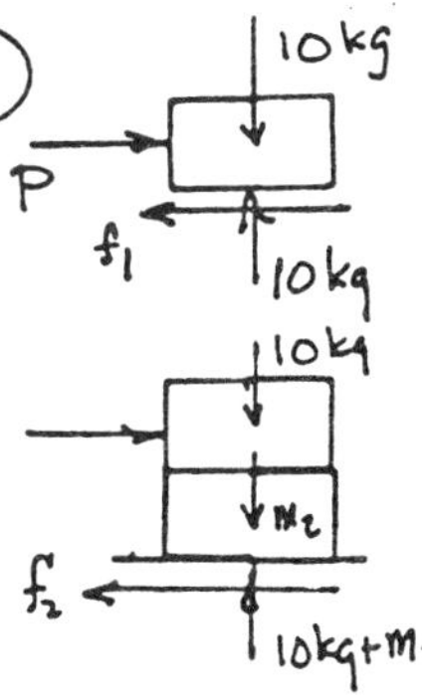

$f_{1_{MAX}} = .4\,(10\text{kg}) = 4\text{kg}$

$f_{2_{MAX}} = .2\,(10\text{kg} + m_2)$

$= 2 + .2m_2$

a) $m_2 = 8$ kg $\quad f_{2_{MAX}} = 2 + 1.6 = 3.6$ kg

SINCE EQ. IS NOT TO BE DISTURBED:
IF $P \le 3.6\ \text{kg} \times 9.81 = 35.3$ N NEITHER BLOCK MOVES.

b) $m_2 = 12$ kg $\therefore f_{2_{MAX}} = 2 + 2.4 = 4.4$ kg

NOW UPPER BLOCK GOVERNS $(4.4 > 4)$

$\therefore P \le 4 \times 9.81 = 39.2$ N

6.3

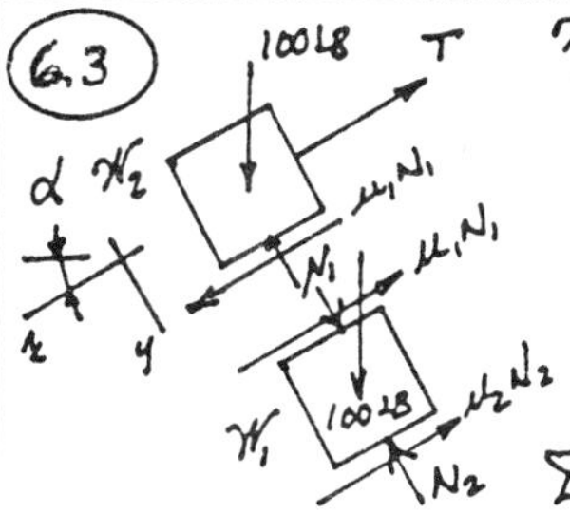

W_1 HAS TO SLIP ON BOTH SURFACES:

$\Sigma F_x = 0 \Rightarrow 100\sin\alpha + .2N = T \quad (1)$

$\Sigma F_y = 0 \Rightarrow 100\cos\alpha = N_1 \quad (2)$

$\Sigma F_x = 0 \Rightarrow .2(N_1 + N_2) = 100\sin\alpha \quad (3)$

$\Sigma F_y = 0 \Rightarrow N_1 + 100\cos\alpha = N_2 \quad (4)$

$(2) \to (4)\ \&\ (4) \to 3 \Rightarrow .6 = \tan\alpha$

$\alpha = 31.0°$

6.4

Reverse the friction direction:

$\Sigma F_x = 0 \Rightarrow 200\left(\frac{1}{2}\right) + 0.4N = P$

$\Sigma F_y = 0 \Rightarrow N = 200\frac{\sqrt{3}}{2}$

$\therefore P = 100 + 0.4(100\sqrt{3}) = 169$ lb

For P between 31 lbs up the plane and 169 lbs down the plane (i.e., if up the plane is positive, for $-169\text{ lb} \le P \le 31\text{ lb}$), the block is in equilibrium.

6.5

Note:

$\mu > \tan\phi$ so ok. w. $T = 0$

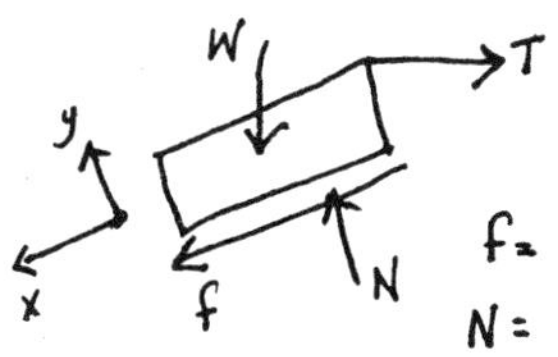

$\Sigma F_x = 0 = W(.6) + f - T(.8)$

$\Sigma F_y = 0 = N - W(.8) - T(.6)$

$f = .8T - .6W$

$N = .6T + .8W$

$f < \mu N = 0.8(.6T + .8W)$

$\therefore (.8 - .48)T < (.6 + .64)W$

$T < \frac{1.24W}{.32} = 3.89W$, not to slip.

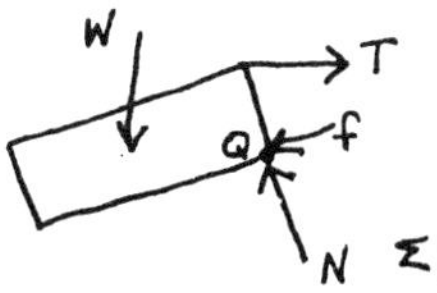

Now check tipping case:

$\Sigma M_Q = 0 = -T(.8)B + W(.6)\frac{B}{2} + W(.8)B$

$T = \frac{(.3 + .8)W}{.8} = \frac{11}{8}W$

$T = 1.38W$ = answer.

Tip Governs!

6.6

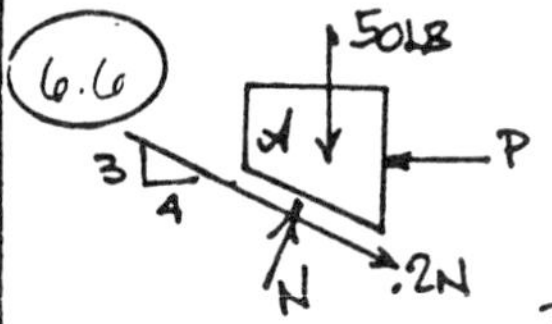

FIRST GET VAL. OF P FOR A TO SLIDE ON B.

$.8N - .6(2N) - 50 = 0$

$N = 50/.68$

$P = .6N + .8(.2N) = 55.9\,LB$

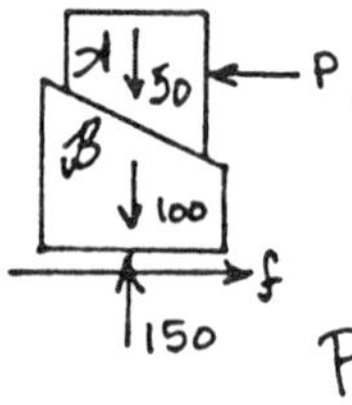

FOR BLOCKS TO STAY TOGETHER & SLIDE

$P \geq f_{MAX} = .35(150) = 52.5\,LB$

P_{MIN} IS ANSWER 52.5 LB

6.7

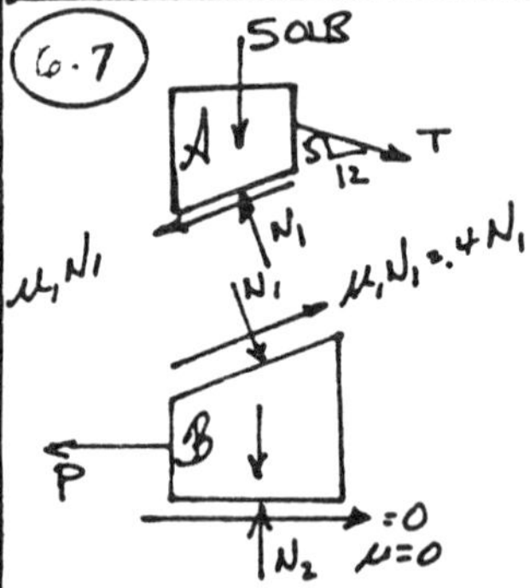

B MUST BE ON VERGE OF SLIP ON A & FLOOR

ON A:

$\Sigma F_x = 0 \Rightarrow \frac{12}{13}T = .4N_1\frac{12}{13} + N_1\frac{5}{13} \Rightarrow 12T = 9.8N_1$

$\Sigma F_y = 0 = \frac{5}{13}T + 50 + .4N_1\frac{5}{13} - \frac{12}{13}N_1$ THESE

GIVE $N_1 = 110\,LB$; ON B $\Sigma F_x = 0 \Rightarrow P_{MAX} = 82.9\,LB$

6.8

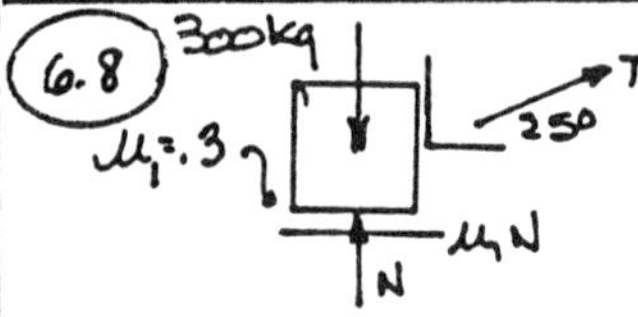

$\Sigma F_x = 0 \Rightarrow T\cos 25° = .3N$ (1)

$\Sigma F_y = 0 \Rightarrow T\sin 25° = 300(9.81)$ (2)

DIVIDE (1) BY (2) ⇒

$N = 2560\,N$ ...(3)

$\therefore T = 855\,N$ ..(4)

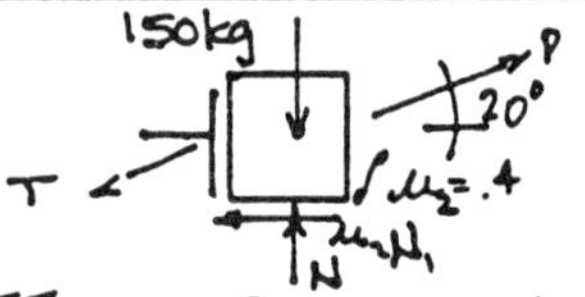

$\Sigma F_x = 0 \Rightarrow P\cos 20° - \mu_2 N_1 - T\cos 25° = 0$ (5)

$\Sigma F_y = 0 \Rightarrow N_1 + P\sin 20° - 150(9.81) - T\sin 25°$. (6)

(5) & (6) GIVE:

$\tan 20° = \frac{150(9.81) + T\sin 25° - N_1}{\mu_2 N_1 + T\cos 25°}$ (7)

WITH (4), (7) GIVES: $N_1 = 1350\,N$

BY (5) $P = \frac{1}{\cos 20°}(.4(1350) + 855\cos 25°)$

$P = 1400\,N$

6.9 Here, $g = 9.81\ m/s^2$; If the bottom 2 blocks move together:

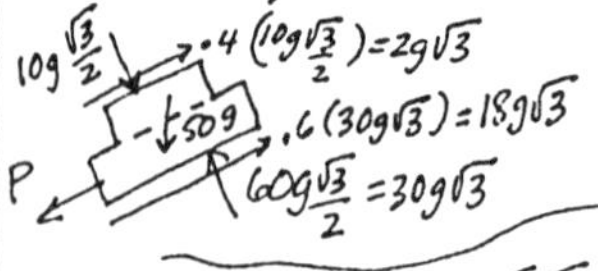

$\swarrow x$ $\Sigma F_x = 0 = P + \frac{50g}{2} - (2+18)\sqrt{3}g$

$P = 20\sqrt{3}g - 25g = 9.64g = 94.6\,N$

Check:

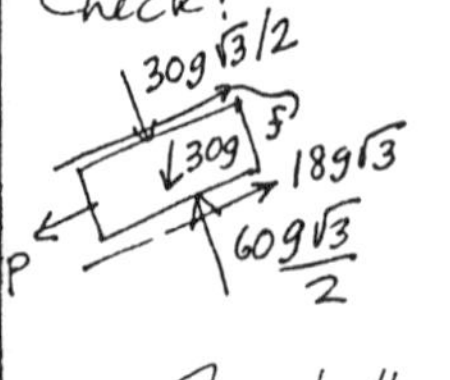

$\Sigma F_x = 0 = P - f - 18g\sqrt{3} + 15g$

(P = 94.6)

$f = -64.1$ or 64.1 downward.

$|f| < f_{MAX}$? $= .5(15g\sqrt{3})$ (= 255)

or $f_{MAX} = 127$, so yes, $|f| < f_{max}$

∴ The bottom block does not slip alone

6.10 If they move together as before:

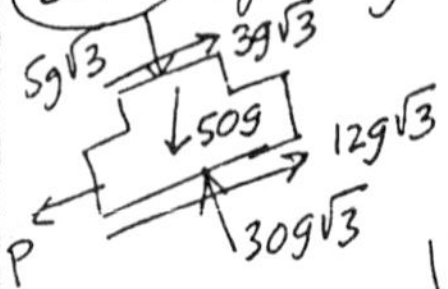

$P = 15\sqrt{3}g - 25g = 9.61\,N$

Check:

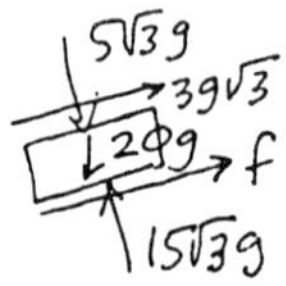

$-f + 10g - 3\sqrt{3}g = 0$

$f = 47.1$

$f_{MAX} = 0.5(15\sqrt{3}g) = 127\,N$ so OK, they still move as one.

6.11 If top one (T) slips on bottom one (B):

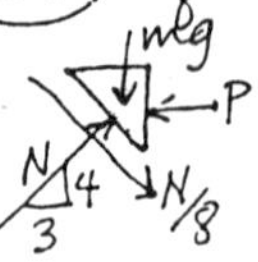

$\Sigma F_y = 0 \Rightarrow N\left(\frac{4}{5}\right) = mg + \frac{N}{8}\left(\frac{3}{5}\right)$

$N = \frac{40mg}{29}$.

Then $\Sigma F_x = 0 \Rightarrow P = \frac{3}{5}N + \frac{N}{8}\left(\frac{4}{5}\right) = \frac{28}{29}mg$.

Check slip at plane:

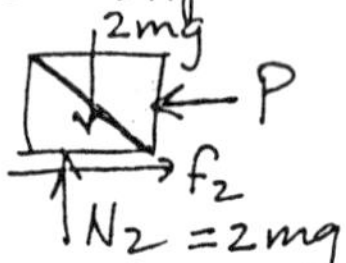

$\Sigma F_x = 0 \Rightarrow f_2 = P$. If $f_2 = \mu N_2 = \frac{1}{2}(2mg)$

$N_2 = 2mg$ by $\Sigma F_y = 0$. then $P = f_2 = mg$.

3rd case: tipping:

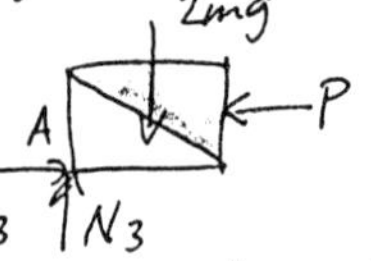

$\Sigma M_A = 0 = P\frac{h}{2} - 2mg\left(\frac{4}{3}h/2\right) \Rightarrow P = \frac{8}{3}mg$.

The smallest P governs, which is $\frac{28}{29}mg = 0.966\,mg$

6.12

$\Sigma F_y = 0 = -W\cos\theta + N$
$\Sigma F_x = 0 = -W\sin\theta + \mu N$ } ⇒ $\mu = \tan\theta$

$\mu = \tan\theta = dy/dx = x$; $y'(1) = 1$

so $\theta = 45°$ & $\mu = 1$

$\Sigma F_x = 0 \Rightarrow P = \mu N + W\sin\theta$

$\Sigma F_y = 0 \Rightarrow N = W\cos\theta$ AS BEFORE

$\therefore P = \mu(W\cos\theta) + W\sin\theta = 2W\sin\theta$

BUT $\theta = 45°$ ∴ $P = \sqrt{2}\,W$

6.13

$\Sigma F_{RAD} = 0 \Rightarrow W\cos\phi = N$

$\Sigma F_{TAN} = 0 \Rightarrow W\sin\phi = \frac{1}{4}N$

$\Rightarrow W\sin\phi = \frac{1}{4}W\cos\phi$

$\therefore \tan\phi = 1/4$ $\phi = 14.0°$

$\therefore D = R - R\cos\phi = R(1 - \cos 14°) = .030R$

6.14

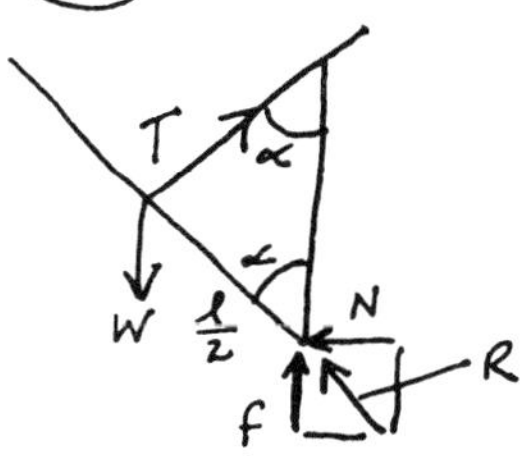

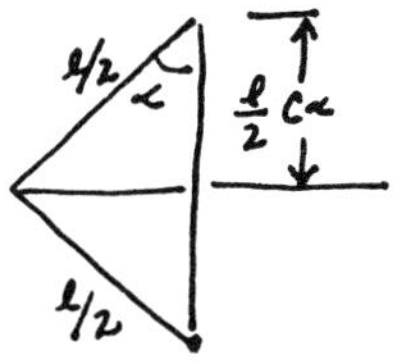

$T S_\alpha \frac{\ell}{1} C_\alpha = W \frac{\ell}{2} S_\alpha$

$S_\alpha = \sin\alpha$

$C_\alpha = \cos\alpha$

$T_\alpha = \tan\alpha$

$T = \frac{W}{2C_\alpha}$

$N = T S_\alpha = \frac{W}{2} T_\alpha$

$f = W - T C_\alpha = \frac{W}{2}$

Note $\frac{N}{f} = T_\alpha$

μ needed $= \frac{f}{N} = \cot\alpha$

6.15

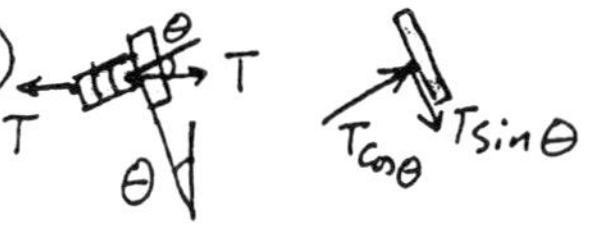

$f \le \mu N \Rightarrow T\sin\theta \le \mu T\cos\theta$

$\tan\theta \le \mu$

Slips at $\theta = \tan^{-1}(\mu) = \tan^{-1}(0.1)$

$= 5.71^\circ$

6.16

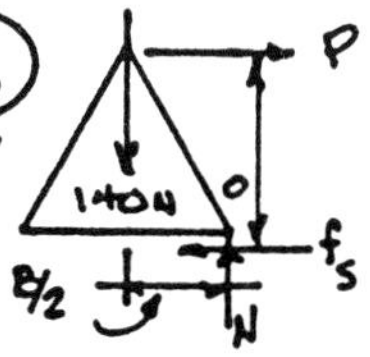

$\Sigma M_0 = 0 \Rightarrow .3P = mg\,(B/2)$

$\Sigma F_y \Rightarrow N = 140N$

$f_s \le .4N = 56$

$\Sigma F_x = 0 \Rightarrow P = f_s \le 56$; SO FROM ABOVE

$\frac{B}{2} = \frac{.3P}{mg} \le \frac{.3(56)}{140} = .120m$

$\therefore B = 0.240m$

6.17

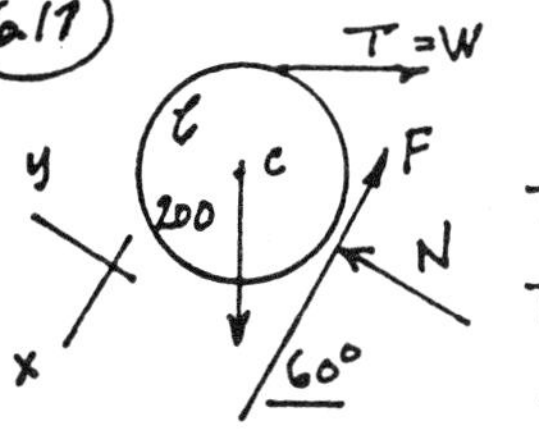

$\Sigma M_c = 0 \Rightarrow F = T$

$\Sigma F_x = 0 \Rightarrow T\cos 60^\circ + F = 200\cos 30$

$T\cos 60^\circ + T = 200\sqrt{3}/2$

$T = \frac{200}{\sqrt{3}}$ LB $= F = 115$ LB

NOW: $\Sigma F_y = 0 \Rightarrow N = 200\sin 30 + T\sin 60 = 0$

$\therefore N = 200$ LB, $F = \mu N \Rightarrow \frac{200}{\sqrt{3}\,200} = \mu = \frac{1}{\sqrt{3}}$

OR $\mu = .577$

6.18

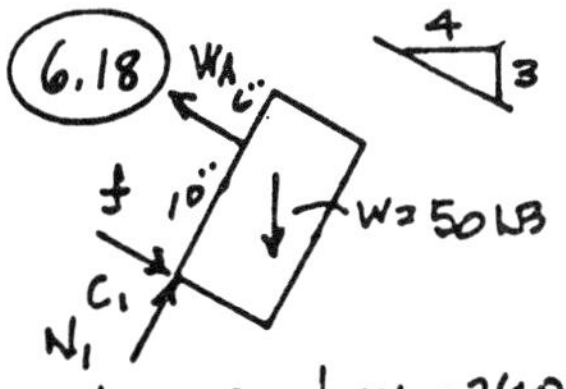

$\Sigma M_{C_1} = 0 \Rightarrow 10W_A - 3(40) - 8(30) = 0 \Rightarrow W_A = 36$

$W_A > 36$ ANYTHING TIPS CCW

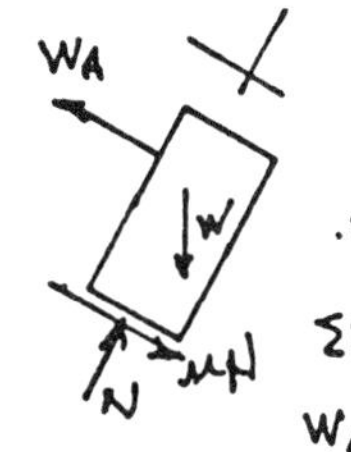

$\Sigma F_y = 0 \Rightarrow$

$N = 40$

$\therefore \mu N = 12$

$\Sigma F_x \Rightarrow$

$W_A = 42$

CAUSES SLIDING ↖

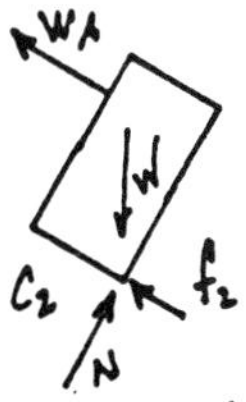

$\Sigma M_{C_2} = 0: 10W_A - 40(3) - 30(8) \Rightarrow W_A = 12$ LB

$W_A < 12$ LB ANYTHING TIPS CW

$\Sigma F_y = 0 \Rightarrow$

$N = 40$

$\Sigma F_x = 0 \Rightarrow$

$W_A + \mu N = 30$

$W_A = 18$

ANYTHING <18 CAUSES SLIDING ↘.

$\therefore\ 18 \le W_A \le 36$ LB

6.19

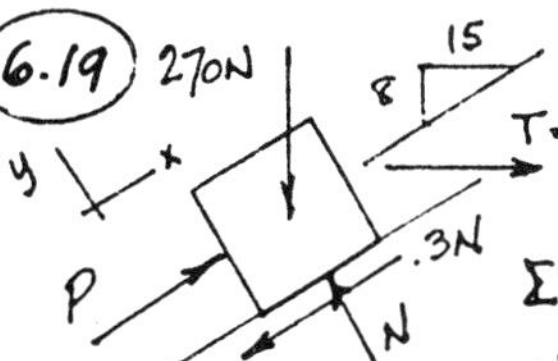

a) IMPEND. UP PLANE

$\Sigma F_x = 0 = \frac{15}{17}(180) + P - .3N - \frac{8}{17}(270)$ ①

$\Sigma F_y = 0 = N - \frac{15}{17}(270) - \frac{8}{17}(180)$ ②

$N = 323N$, THEN $P = 65.1N$

b) IMPEND. DOWN PLANE ∴ REVERSE SIGN OF $.3N$ IN ① & RESOLVE: N STILL $= 323N$

BUT $P = -128.7N$ (OR $P \ge 128.7$ DOWN PLANE)

EQUILIBRIUM RANGE IS

$-129.0 \le P \le 65.1$ N

(6.20)

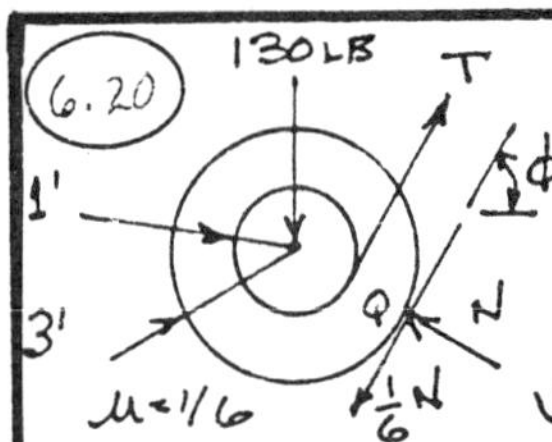

$\Sigma M_Q = 0 = (130\sin\phi)(3) - 3T = 0 \Rightarrow T = 195\sin\phi$

$\Sigma F_x = 0 \Rightarrow 130\sin\phi + \frac{N}{6} = T$ ②

$\Sigma F_y = 0 \Rightarrow N = 130\cos\phi$ ③

WITH $T = 195\sin\phi$ PUT ③ → ②

AND GET $\frac{130}{6}\cos\phi = 65\sin\phi$

OR $\tan\phi = 1/3$; $\phi = 18.4°$

(6.21)

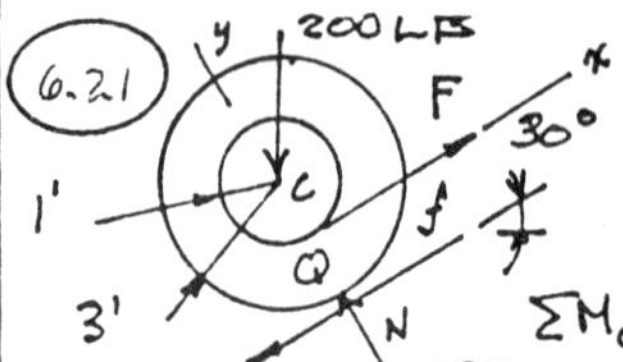

$\Sigma M_Q = 0 = F(2) - 200(3)\sin 30°$

$F = 150$ LB ; $F = k\Delta$

$\therefore k = \frac{150}{4/12} = 450$ LB/FT

$\Sigma M_C = 0 \Rightarrow 3f = F$; $f = 50$ LB

$\Sigma F_y = 0 \Rightarrow N = 173.2$

$\mu = 50/173.2 = 0.289$

(6.22)

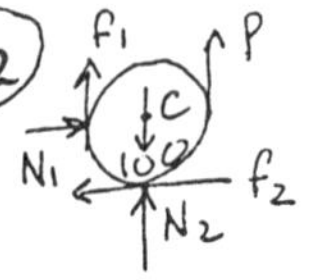

Note can't impend rolling up wall, for if so $N_2 \to 0$ so $f_2 \to 0$ so $N_1 \to 0$ so $f_1 \to 0$. This leaves just P and the weight, which cannot satisfy both $\Sigma F_y = 0$ and $\Sigma M_C = 0$.

∴ It sits in corner and impends ↻, with $f_1 = \mu_1 N_1 = 0.6 N_1$ and $f_2 = \mu_2 N_2 = 0.5 N_2$.

$\Sigma F_x = 0 \Rightarrow N_1 = \mu_2 N_2$ and $\Sigma F_y = 0 \Rightarrow f_1 + P + N_2 = 100$ (with $f_1 = \mu_1 N_1$)

$\therefore \mu_1\mu_2 N_2 + P + N_2 = 100 = N_2(1 + \mu_1\mu_2) + P$ (1)

$\Sigma M_C = 0 \Rightarrow PR = R(\mu_1 N_1 + \mu_2 N_2) \Rightarrow P = N_2(1+\mu_1)\mu_2$ (2) (with $N_1 = \mu_2 N_2$)

Solving (1) & (2) gives $P = \frac{100(1+\mu_1)\mu_2}{1 + 2\mu_1\mu_2 + \mu_2} = 38.1$ lb

(6.23)

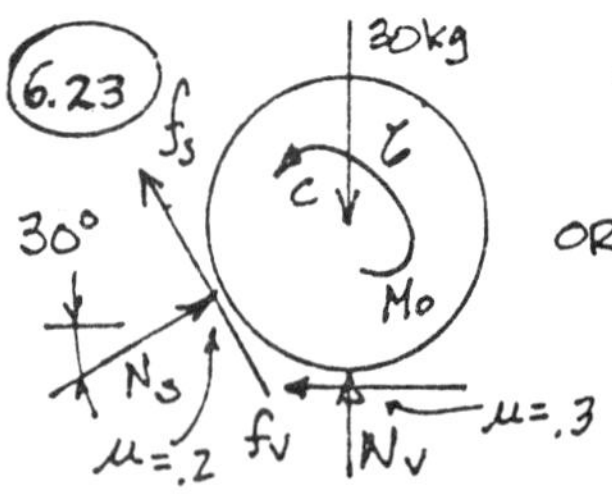

$f_s = .2N_s$; $f_v = .3N_v$

$\Sigma M_C = 0 \Rightarrow f_s + f_v = \frac{M_0}{.6}$

OR $N_s + 1.5N_v = \frac{M_0}{.12}$ . . ①

$\Sigma F_x = 0 \Rightarrow N_s\frac{\sqrt{3}}{2} - .2N_s\frac{1}{2} - .3N_v = 0$ . . ②

$\Sigma F_y = 0 \Rightarrow N_v + \frac{N_s}{2} + \frac{\sqrt{3}}{2}N_s(.2) = 30(g)$ . . ③

② & ③ GIVE: $N_s = 91.2$ & $N_v = 233$ N

∴ FROM ① $M_0 = 52.9$ N·m

(6.24)

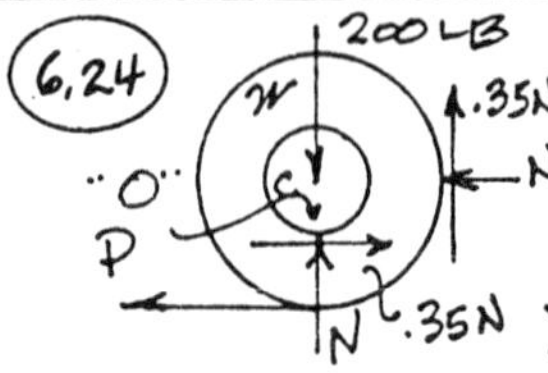

FOR C AT REST.

$\Sigma F_x = 0 \Rightarrow P = .35N - N_2$ ①

$\Sigma F_y = 0 \Rightarrow 200 = N + .35N_2$ ②

$\Sigma M_C = 0 \Rightarrow 2P = 1(.35)N + .35(N_2)(2)$ . . . . . ③

① & ② GIVE: $P = 70 - (1.123)N_2$ . . . ④

② INTO ③ WITH ④ GIVES:

$P = 42$ LB ; $N_2 = 24.8$ LB ; $N = 191.3$ LB

NOTE: IF CONTACT IS BROKEN AT WALL THEN ΣM_O SHOWS THAT FOR $P > 0$ NO EQUILIBRIUM IS POSSIBLE.

(6.25) $2 + \cos\phi = 5\sin\phi$; SQUARE BOTH SIDES & SUB. $\cos^2\phi = 1 - \sin^2\phi$:

$26\sin^2\phi - 20\sin\phi + 3 = 0 \Rightarrow$

$\phi = 34.4°$

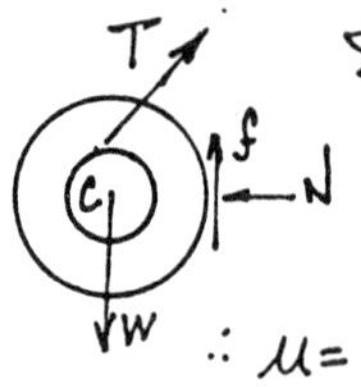

$\Sigma M_C = 0 = T(1) - f(2) \Rightarrow T = 2\mu N$

$\Sigma F_x = 0 = T\sin 34.4° - N$

$N = T\sin 34.4°$

$\therefore \mu = \frac{T}{2N} = \frac{T}{2T\sin 34.4°} = .885$

(6.26)

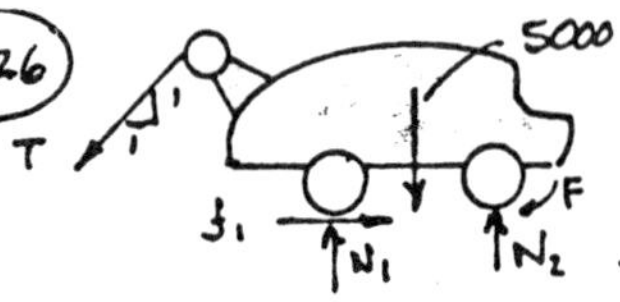

SEE TEXT FOR DIM.

$f_1 = \mu N_1$

$\Sigma M_F = 0 \Rightarrow 5000(6) + \frac{T}{\sqrt{2}}(3 + 14) = N_1(12)$. ①

$\Sigma F_x = 0 \Rightarrow \frac{T}{\sqrt{2}} = f_1 = \frac{1}{4}N_1$ . . . . . . ②

PUT ② INTO ① ⇒ $T = 1370$ LB

(6.27)

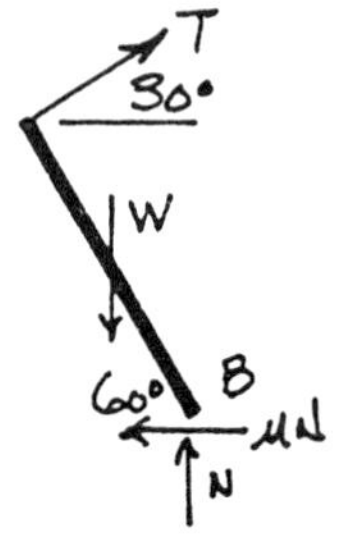

$\Sigma M_B = 0 = W\frac{\ell}{2}\left(\frac{1}{2}\right) - T\ell$

$\Rightarrow T = W/4$

$\Sigma F_x = 0 = T\frac{\sqrt{3}}{2} = \mu N$

$\Rightarrow N = \frac{\sqrt{3}}{2\mu}\frac{W}{4}$

$\Sigma F_y = 0 = T\frac{1}{2} - W + N$

SUB. T, N IN TERMS OF W & GET: $\mu = \frac{\sqrt{3}}{7} = .247$

6.28

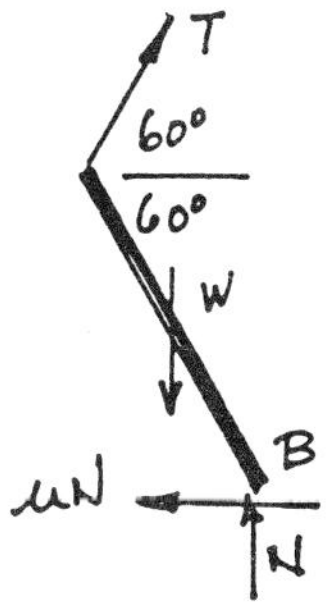

$\Sigma M_B = 0 = \frac{W\ell}{4} - T\left[\frac{\sqrt{3}}{2}\ell\right]$

$\Rightarrow T = W/2\sqrt{3}$ THIS TIME.

$\Sigma F_x = 0 \Rightarrow T\frac{1}{2} = \mu N \Rightarrow N = \frac{W}{4\sqrt{3}\mu}$

$\Sigma F_y = 0 \Rightarrow T\frac{\sqrt{3}}{2} - W + N$

SUB. AS BEFORE (5.94)

& GET $\mu = \frac{1}{3\sqrt{3}} = .192$

6.29

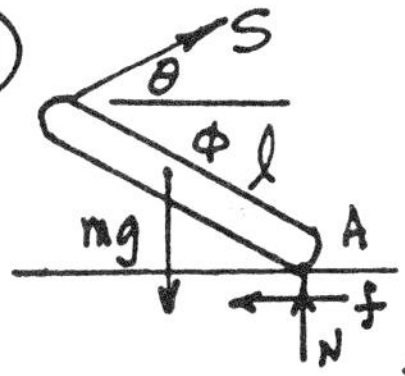

a) $\Sigma M_A = 0$

$mg\frac{\ell}{2}\cos\phi = S\sin(\theta+\phi)\ell$

$S = \frac{mg\cos\phi}{2\sin(\theta+\phi)}$

AS θ DECR., S INCR.

b) $\phi = 30°$, $mg = 5$ LB

$S = \frac{5(\sqrt{3}/2)}{2\sin(\theta+30°)}$ ①; $\Sigma F_x = 0 \Rightarrow S\cos\theta = \mu N$

$\Sigma F_y = 0 \Rightarrow S\sin\theta = mg - N$

ADD $S[\cos\theta + \mu\sin\theta] = \mu mg = 5\mu$.. ②

FOR $\theta = 30°$ ① & ② GIVE:

$\mu = \sqrt{3}(2.5)/(10-2.5) = .577$

6.30

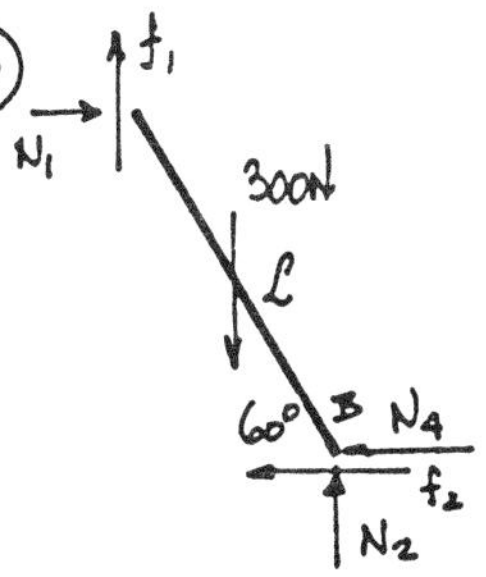

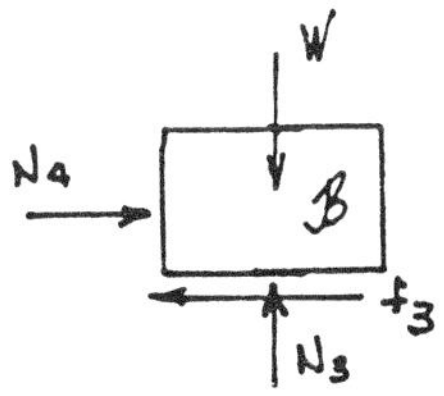

ON ℓ:

$\Sigma F_x = 0 \Rightarrow N_1 = .1N_2 + N_4$ ①

$\Sigma F_y = 0 \Rightarrow N_2 + .3N_1 = 300$ ②

$\Sigma M_B = 0 = 300(1/2)(\ell/2) - N_1(\ell\sqrt{3}/2) - .3N_1(\ell/2)$

$\therefore N_1 = 73.8$ N & FROM ② $N_2 = 278$ N, THEN

FROM ① $N_4 = 46.0$ N ; ON B:

$\Sigma F_x = 0 \Rightarrow f_3 = \mu N_3 = .4N_3 = N_4 \therefore N_3 = N_4/.4$

$\Sigma F_y = 0 \Rightarrow W = N_3 = 46/.4 = 115$ N

6.31

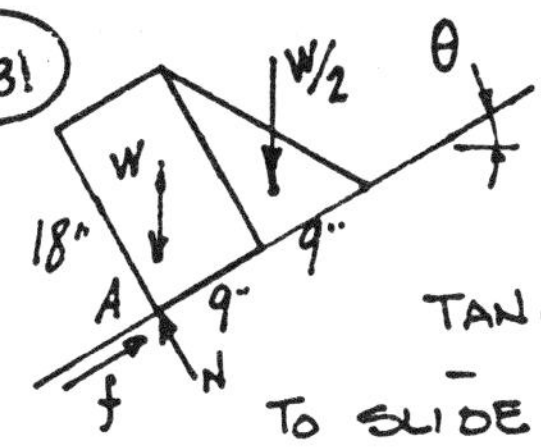

$\Sigma M_A = 0 = W(9)\sin\theta - W(9/2)\cos\theta + \frac{W}{2}(6)\sin\theta - \frac{W}{2}(12)\cos\theta \Rightarrow$

$\tan\theta = 7/8$; $\theta = 41.2°$ TO TIP

TO SLIDE: $\frac{3}{2}W\sin\theta = f$

$\frac{3}{2}W\cos\theta = N$

$f \le \mu N$ SO THAT $\mu \ge \tan\theta = 7/8$ OR $\mu = .875$

6.32 AGAIN, FRICTION FORCE PUSHES VEHICLE (CHAIR & GIRL) UP PLANE

$\therefore f = (M+m)g\sin\phi$. FOR CHAIR:

HAND FORCES H TIMES WHEEL RAD. MUST BALANCE f TIMES OUTTER WHEEL RAD.

$fR = Hr \therefore H = (M+m)g\sin\phi\,(R/r)$

6.33

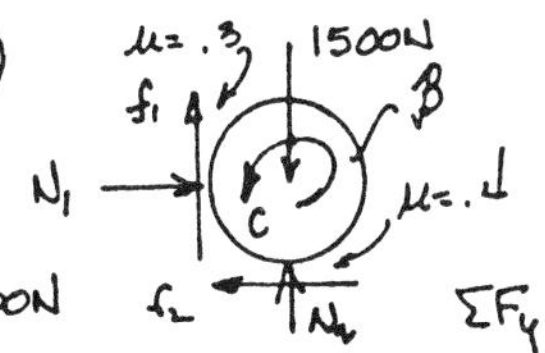

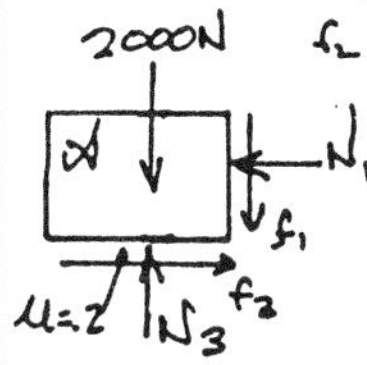

CASE ①: B ROLLS ON PLANE: THEN

$f_1 = .3N_1$; $f_3 = .2N_3$

$\Sigma F_y = 0 \Rightarrow 2000 + .3N_1 = N_3$

$\Sigma F_x = 0 \Rightarrow N_1 = .2N_3$

$\therefore 2000 + .06N_3 = N_3 \Rightarrow N_3 = 2130$ N

SO THAT $N_1 = 426$, $f_1 = 128$

$f_3 = 426$

FROM B $f_2 = N_1 = 426$ N

CK: $N_2 = 1500 - f_1 = 1372$ & $f_{2MAX} = .4 \times 1372$

$f_{2MAX} = 549$ N $> f_2$ SO WE'RE OK: B ROLLS

$\therefore \Sigma M_{CENTER} = 0 = C - (f_1+f_2)(.3)$

$C = 166$ N·m

FOR B TO SLIP ON PLANE TOO.

$\left.\begin{array}{l}\Sigma F_x = 0 = N_1 - .4N_2 \\ \Sigma F_y = 0 = N_2 - 1500 + .3N_1\end{array}\right\} \Rightarrow \begin{array}{l}N_1 = 1340\text{ N} \\ N_2 = 536\text{ N}\end{array}$

$\therefore C - (f_1+f_3)(.3) = 209$ N·m SO $C = 166$ N·m

6.34

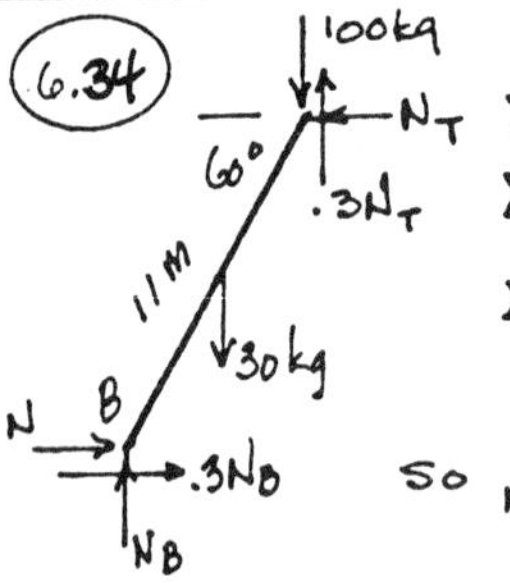

FIRST: WITHOUT BLOCK

$\Sigma F_x = 0 = -N_T + \mu N_B = 0$ (1)

$\Sigma F_y = 0 = \mu N_T - 130\,kg + N_B$ (2)

$\Sigma M_B = 0 \Rightarrow 11 N_T\left[\frac{\sqrt{3}}{2} + \mu\frac{1}{2}\right] - 11g\left[100(\tfrac{1}{2}) + 30(\tfrac{1}{4})\right] = 0$ .. (3)

SO $N_T = \dfrac{2\,(564)}{\sqrt{3} + \mu}$ N

(1) $\Rightarrow N_B = N_T/\mu$ & WITH (2) $\Rightarrow$

$\mu = \dfrac{-1.73 \pm \sqrt{3.40}}{.230} = .499$

NOT ENOUGH SO BLOCK IS NEEDED

NOW WITH N. (3) STILL GIVES N_T BUT WE USE ACTUAL μ OF .3

$N_T = 555$ N

THEN $N - N_T + .3N_B = 0$ (NEW (1))
& $.3N_T - 130\,kg + N_B = 0$ (SAME (2))

THESE GIVE $N_B = 1110$ & $N = 222$ N

$\therefore\ .3\,m(9.81) = 222$

$\therefore\ m \geq 75.4$ kg

6.35

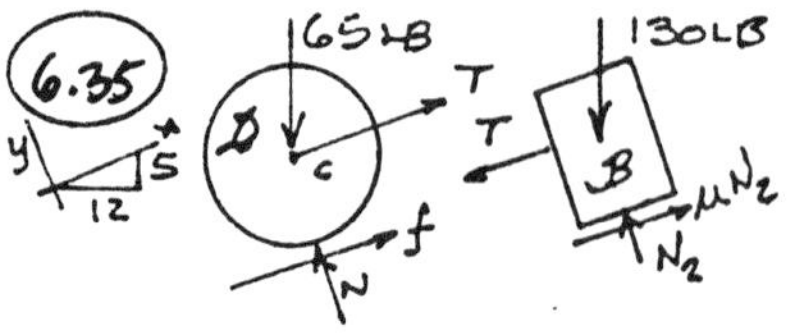

ON D $\Sigma M_c \Rightarrow f = 0$

$\Sigma F_x \Rightarrow T = \frac{5}{13}(65) = 25$

ON B: $\Sigma F_y = N_2 - \frac{12}{13}(130) = 0$; $N_2 = 120$ LB

$\Sigma F_x = 0 = \mu N_2 - T - \frac{5}{13}(130) = 0$

$\mu(120) - 25 - \frac{5}{13}(130) = 0$

$\therefore\ \mu = 75/120 = .625$

6.36

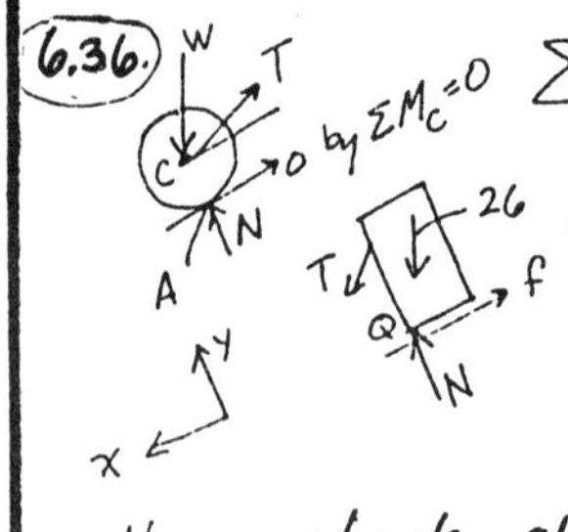

$\Sigma M_A = 0 \Rightarrow \cancel{R}T\frac{15}{17} = \cancel{R}W\frac{5}{13} \Rightarrow T = \frac{17}{39}W$

Assume first tipping: $\Sigma M_Q = 0$:

$0 = 26\left[\left(-\frac{12}{13}*6\right) + \frac{5}{13}(10)\right] + \left(\frac{17}{34}W\right)\frac{15}{17}(16)$

$W = 7.15$ lb *not to tip the block.*

Now check slipping: $\Sigma F_y = 0 \Rightarrow N = 26\left(\frac{12}{13}\right) + T\left(\frac{8}{17}\right)$ [with $T = \frac{17}{39}W$]

$\Sigma F_x = 0 \Rightarrow f = 26\left(\frac{5}{13}\right) + \frac{15}{17}\left(\frac{17}{39}W\right)$ *which is* $\leq 0.6N$ *if no slip*:

$10 + \frac{15}{39}W \leq 0.6\left[24 + \frac{8}{39}W\right]$

$W \leq \dfrac{4.4}{0.262} = 16.8$ lb *for no tip.*

$\therefore\ W_{MAX} = 7.15$ lb

6.37

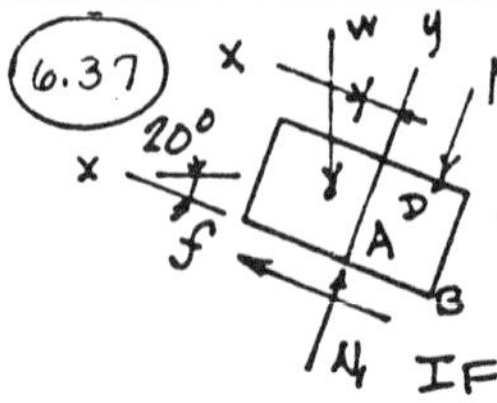

$\Sigma F_x = 0 = f - W\sin 20° = 0$ ①

$\Sigma F_y = 0 = N_1 - N_2 - W\cos 20°$ ②

$\Sigma M_A = 0 = Wx\cos 20° - W(.5)\sin 20° - N_2(1) = 0$ . . ③

IF $f = \mu N_1 = .3N_1$ THEN

① $\Rightarrow N_1 = \dfrac{W\sin 20°}{.3}$, THEN ② $\Rightarrow N_2 = W\left[\dfrac{\sin 20°}{.3} - \cos 20°\right]$

SUB. N_2 INTO ③ AND SOLVE FOR x; $x = .395$

$\therefore$ MASS CENTER: $x = .395$ m, $y = .5$ m

6.38 SEE PROB 6.37 ABOVE. AB = 1.6 m

$N_1 = \dfrac{W}{\mu}\sin 20°$ ①

$\Sigma M_D = 0 = W\cos 20°(1.9) + W\sin 20°(1/2) - \mu N_1(1) - N_1(1) = 0$. SUB. N_1 INTO THIS EQ. AND SOLVE FOR μ $\mu = .212$

6.39

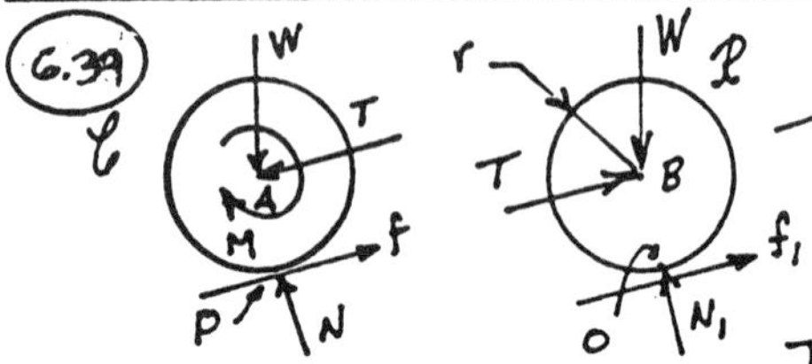

$\Sigma M_B \Rightarrow f_1 = 0$

$\Sigma M_O = 0 \Rightarrow$

$T = W\sin\phi$ ©

ON ℓ: $\Sigma M_P = 0 = M - Tr - Wr\sin\phi$ $\therefore M = 2Wr\sin\phi$

MOVE COUPLE TO $\mathcal{R}$ AND REVERSE T-FORCES. $\Sigma M_P = 0 \Rightarrow T = W\sin\phi$ Ⓣ. ON $\mathcal{R}$ WITH T REVERSED & M APPLIED: $\Sigma M_O \Rightarrow M = 2Wr\sin\phi$

6.40

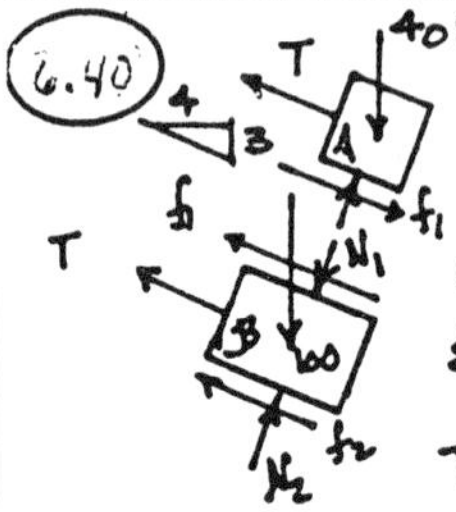

ON A $\Sigma F_{UP} = 0 = T - \frac{3}{5}(40) - f_1$

① $T - 24 - \mu 32 = 0$ WHERE $N_1 = 4/5(40) = 32$

ON B: $T + f_1 + f_2 - \frac{3}{5}(100) = 0$

& $N_2 = 4/5(140) = 112$

$T + \mu 32 + \mu 112 - 60 = 0$ . . ②

① & ② SOLVED TOGETHER GIVE

$\mu = \dfrac{36}{176} = .205$ & $T = 30.6$ LB

6.41 SEE PROB. 6.40. ON BLOCK B REPLACE T BY 2T. EQ ② BECOMES: $2T + \mu 32 + \mu 112 - 60 = 0$

SOLVE WITH ① TO GET:

$\mu = \dfrac{12}{208} = .0577$; $T = 25.8$ LB

(6.42) SEE PROB 6.40. REPLACE 36.9° PLANE WITH θ-PLANE. FIND θ. μ ALL SURFACES IS .20.

$N_1 = 40\cos\theta$; $T - 40\sin\theta - \mu 40\cos\theta = 0$

OR $T = 40\sin\theta + 8\cos\theta$ . . . NEW (1)

ON B: $\Sigma F \Rightarrow 0 = T + \mu(100+40)(-\cos\theta) - 100\sin\theta + 8\cos\theta$

∴ $T + 28\cos\theta - 100\sin\theta + 8\cos\theta = 0$

$T = 100\sin\theta - 36\cos\theta$ . . . (2)

(1) & (2) GIVE $\tan\theta = 11/15 \Rightarrow$ **$\theta = 36.25°$**

NOTE: 6.40 μ ROUNDS OFF TO .2 AND "GIVES" $\theta = 36.9°$ ($= \tan^{-1} 3/4$)

(6.43)

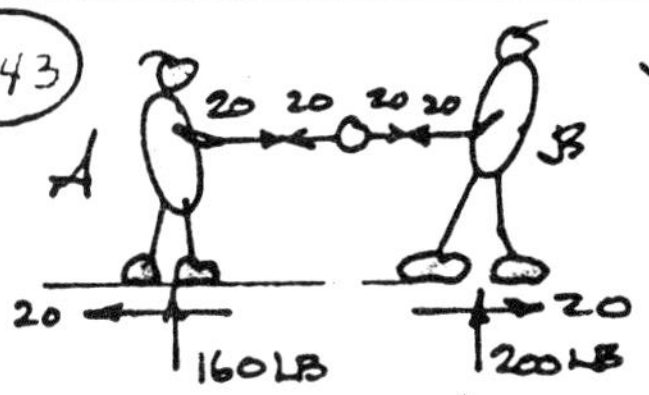

a) 20 ← [3] → 20 SCALE READS "20"

b) FRICTION FOR MR A & MR B ARE SAME: 20 LB

SINCE $f_{max} = \mu N$ MR A WILL SLIP FIRST (HE'S LIGHTER) ∴ $\mu 160 = 20$ ∴ $\mu = 1/8 = .125$

(6.44) Slip will have to occur on both surfaces simultaneously.

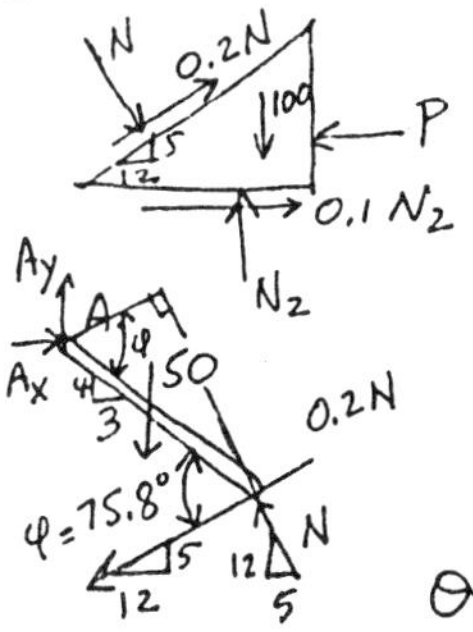

On bar, $\Sigma M_A = 0$

$0 = 50\,\frac{3}{5}(5) + 0.2N(10)\sin\varphi - N(10)\cos\varphi$

So $N = 291$ lb

On block, $\Sigma F_y = 0 = N_2 - N\left(\frac{12}{13} - .2\,\frac{5}{13}\right) - 100$

$N_2 = 346$ lb

Finally, then, $\Sigma F_x = 0 = 291\left(.2\,\frac{12}{13} + \frac{5}{13}\right) + .1(346) - P$

or $P = 200$ lb

(6.45) Friction forces reverse directions for impending slip of wedge to the right:

BAR: $\Sigma M_A = 0$ now gives $N = \dfrac{150}{10\cos\varphi + 2\sin\varphi} = 34.2$ lb

WEDGE: $\Sigma F_y = 0 \Rightarrow N_2 = 34.2\left(\frac{12}{13} + (.2)\left(\frac{5}{13}\right)\right) + 100 = 134$ lb

$\Sigma F_x = 0 \Rightarrow P = 34.2\left[\frac{5}{13} - (.2)\frac{12}{13}\right] - 0.1(134) = -6.56$ lb

No; a force $P = 6.56 \rightarrow$ lb is needed to cause slip of wedge →.

(6.46) In 4.238, we have the force normal to bar. ∴ friction is zero so $\mu_{min} = 0$.

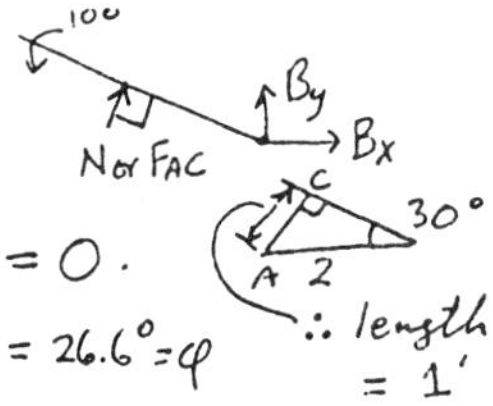

In 4.239:

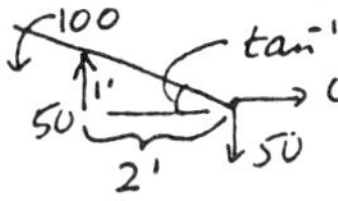

$\tan^{-1}(1/2) = 26.6° = \varphi$

$N = F_{AC\,normal} = 50\cos\varphi$

$f = F_{AC\,tangential} = 50\sin\varphi$

$\Rightarrow \mu_{min} = \frac{f}{N} = \tan\varphi = 1/2$

(6.47)

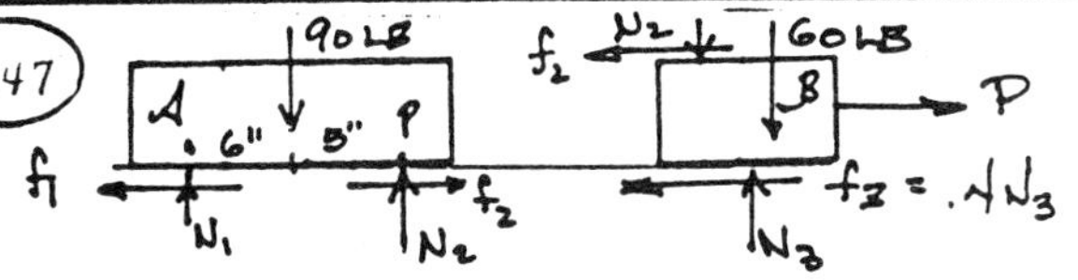

ON A: $\Sigma F_x = 0 \Rightarrow f_1 = f_2$

$\Sigma F_y = 0 = N_1 + N_2 - 90$

$\Sigma M_P = 0 = 90(5) - N_1(11)$; $N_1 = 40.9$ LB; $N_2 = 49.1$ LB

THEN $\mu_1 N_1 = .2(40.9) = 8.18$ LB

$\mu_2 N_2 = .3(49.1) = 14.7$ LB ∴ $f_2 = 8.18$

ON B:

$\Sigma F_x = P - f_2 - f_3 = 0$; $\Sigma F_y = N_3 - N_2 - 60 = 0$

∴ $N_3 = 109.1$; $f_3 = .4 \times 109.1 = 43.6$ LB

$P = f_2 + f_3 = 8.18 + 43.6 = 51.8$ LB

ANSWER IS SAME IF P CHANGES DIRECTION BECAUSE (BY INSPECTION), P & ALL THREE f's CHANGE TOO. THIS ALTERS NONE OF THE EQUATIONS.

(6.48) SEE PROB. 6.47 ABOVE

N_1 & N_2 DON'T CHANGE:

$N_1 = 40.9$ LB; $N_2 = 49.1$ LB & $f_1 = f_2$

$\mu_1 N_1 = .2(40.9) = 8.18$

$\mu_2 N_2 = .1(49.1) = 4.91$ $f_2 = 4.91$ THIS TIME

ON B: N_3 STILL $= 109.1$ & $f_3 = 43.64$ AS BEFORE.

$P = f_3 + f_2 = 43.6 + 4.9 = 48.5$ LB

6.49

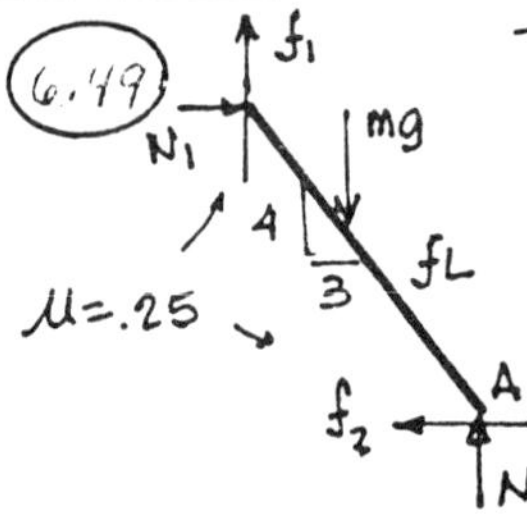

FOR PART TWO OF PROB. THERE ARE 4 UNKNOWN REACTIONS: N_1, N_2, f_1, f_2 AND ONLY 3 INDEP. EQUATIONS. $\Sigma F, \Sigma M$. (5 UNKNOWNS COUNTING fL)

FOR IMPENDING SLIP AT WALL & GROUND: $\Sigma F_x = 0 = N_1 - \frac{1}{4} N_2$ ①

$\Sigma F_y = 0 = N_2 - mg + \frac{1}{4} N_1$ ②

$\Sigma M_A = 0 = mg\, fL(3/5) - N_1 L(4/5) - \frac{N_1}{4} L(\frac{3}{5})$ ③

① & ② GIVE $N_1 = \frac{4}{17} mg$; $N_2 = \frac{16}{17} mg$

N_1 INTO ③ GIVES $f = .373$

SO DIST. UP LADDER IS $.373L$

6.52

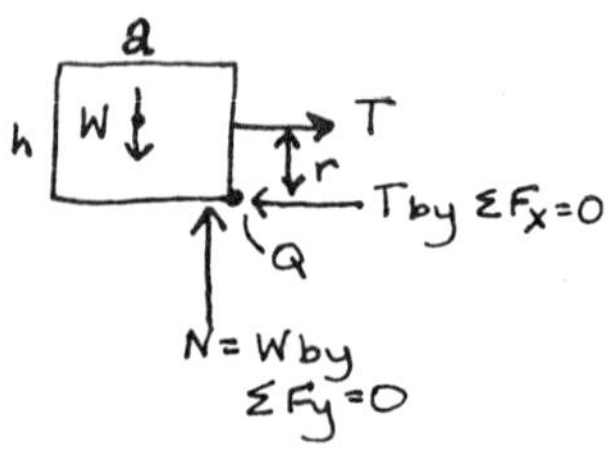

T = 2P by solution to 6.50. Want moment about Q of W (↺) to exceed that of T (↻), for then the reaction N will be to the left of Q and block won't tip:

$W \frac{a}{2} > Tr = 2Pr$

$a > \frac{4Pr}{W}$

If $P = 0.1W$, $a > 0.4r$. If $P < 0.1W$, the required a is smaller, so the value of "a" that works for all $P < 0.1W$ is $0.4r$

6.50

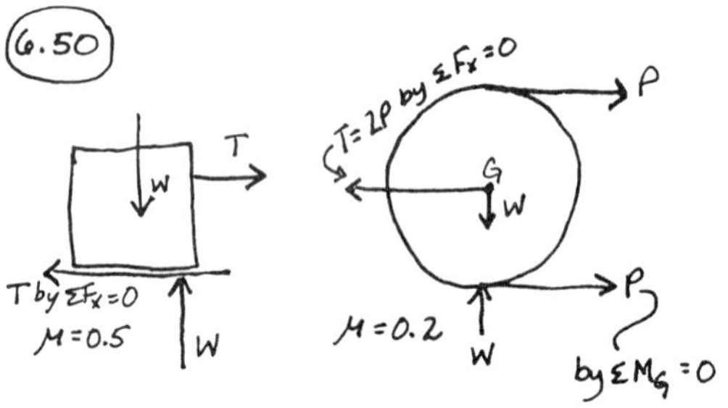

(a.) Case ①:

Cylinder turns with block still:

$P = \mu W = 0.2W$

Case ②: Block slides: $T = 2P = 0.5W$

$P = 0.25W$

So critical case is (a) with $P = 0.2W$.

(b.) Case ①: Cylinder turns with block still:

$P = \mu W = 0.5W$

Case ②: Block slides: $T = 2P = 0.2W \Rightarrow P = 0.1W$

This time (b) is the critical case, with $P = 0.1W$

6.53

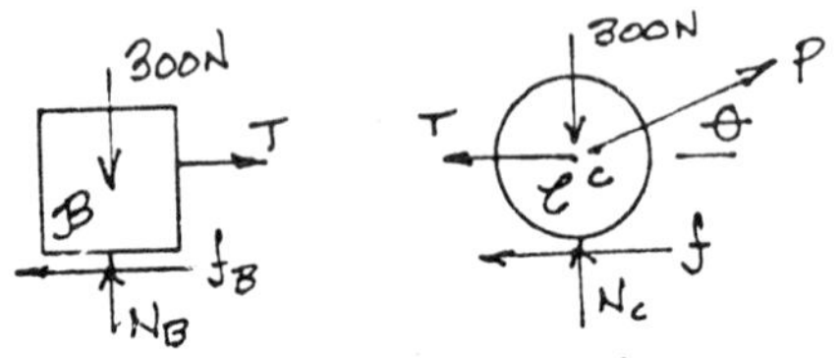

FROM $\mathcal{B}$:

$\Sigma F_x = 0 \Rightarrow T = f_B$ ①

$\Sigma F_y = 0 \Rightarrow N_B = 300$ ②

FROM $\mathcal{C}$:

$\Sigma F_x = 0 \Rightarrow P\cos\theta = f + T$ ③

$\Sigma F_y = 0 \Rightarrow N_c = 300 - P\sin\theta$ ④

$\Sigma M_c = 0 \Rightarrow f = 0$ . . . ⑤

a) $\mathcal{B}$ WILL SLIP WHEN $f_B = \mu N_B = .4(300) = 120$ N

BY ① $T = 120$; ③ & ⑤, $P\cos\theta = T = 120$

SO AT SLIP OF $\mathcal{B}$, $P = \frac{120}{\cos\theta}$ N

b) $\mathcal{C}$ IS ON VERGE OF ROLLING TO THE RIGHT, BECAUSE A P SLIGHTLY LARGER THAN THE ANSWER TO (a) ABOVE WILL CAUSE A SMALL f ($f < \mu N$) TO DEVELOP BENEATH $\mathcal{C}$. THIS f WILL PRODUCE THE MOMENT fR ABOUT THE CENTER OF $\mathcal{C}$ NEEDED FOR ROLLING.

6.51 $P = \mu_C W$ for impending slip beneath the cylinder.

$2P = \mu_B W$ for impending slip beneath the block.

$\therefore P = P$ gives $\mu_C W = \frac{\mu_B}{2} W \Rightarrow \frac{\mu_B}{\mu_C} = 2$

6.54

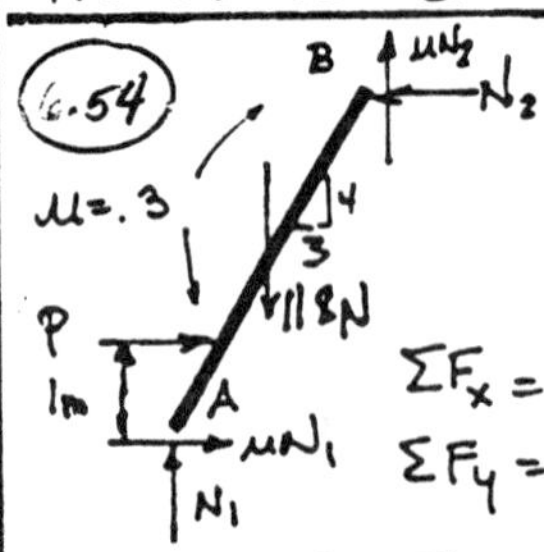

$\Sigma M_A = 0 = 4N_2 + 3(.3)N_2 - 118(1.5) - P(1)$

$N_2 = \frac{177 + P}{4.9}$ ①

$\Sigma F_x = 0 \Rightarrow .3N_1 + P = N_2$

$\Sigma F_y = 0 \Rightarrow N_1 - 118 + .3N_2 = 0$

FROM THESE EQ. $N_2 = 32.5 + .917P$ ②

EQUATE ① & ② AND SOLVE FOR P

$P = 5.2$ N ; $N_2 = 37.3$ N & $N_1 = 107$ N

(6.55)

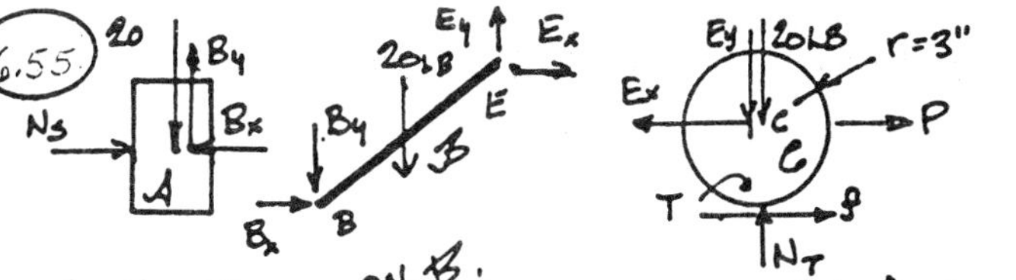

ON $\mathcal{A}$: $N_S = B_x$, $B_y = 20\text{ LB}$

ON $\mathcal{B}$: $B_x = -E_x$, $E_y = 40\text{ LB}$

ON $\mathcal{C}$: $f = 0$, $\Sigma M_C = 0$, $P = E_x$, $N_T = E_y + 20$

ON $\mathcal{B}$: $\Sigma M_E = 20(8) + B_x(12) + B_y(16) = 0$

$\Rightarrow B_x = -40\text{ LB}$; $E_x = 40\text{ LB}$; $P = 40\text{ LB}$

$\therefore P = 40 \rightarrow \text{LB}$; $N_S = 40 \leftarrow \text{LB}$ BY SLOT; $N_T = 60\uparrow\text{ LB}$

(6.56) SEE 6.55 & TEXT: PUT $\mathcal{A}, \mathcal{B}, \mathcal{C}$ TOGETHER. ADD M CW ON $\mathcal{C}$ AND TAKE MOMENTS ABOUT A:

$\Sigma M_A = 0 = 40(16) - 20(8) - M - \frac{M}{3}(12-3) \Rightarrow M = 120\text{ LB-IN}$

ON $\mathcal{C}$: $\Sigma M_C = 0 \Rightarrow f = M/3 \therefore f = \frac{120}{3} = 40\text{ LB}$

N_T IS STILL 60 LB AND $\mu = f/N_T = \frac{40}{60} = 2/3$

(6.57)

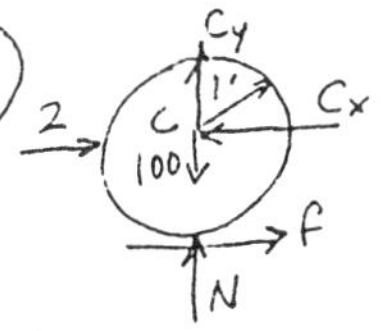

$\Sigma M_C \Rightarrow 0 = f$

Then $\Sigma F_x \Rightarrow C_x = 2$

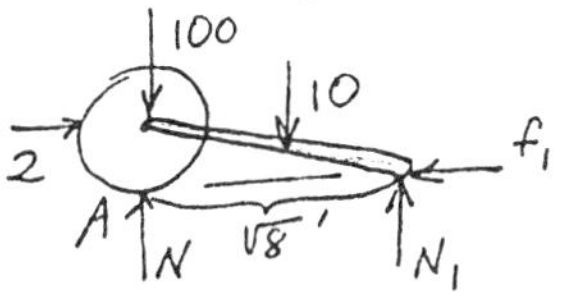

$\Sigma M_A = 0 = \sqrt{8}\,N_1 - \frac{\sqrt{8}}{2}(10) - 2(1)$

$\therefore N_1 = 5.71\text{ lb.}$

$\Sigma F_x = 0 \Rightarrow f_1 = 2.$ $\quad \therefore \mu_{min} = \frac{f_1}{N_1} = \frac{2}{5.71} = 0.350$

(6.58)

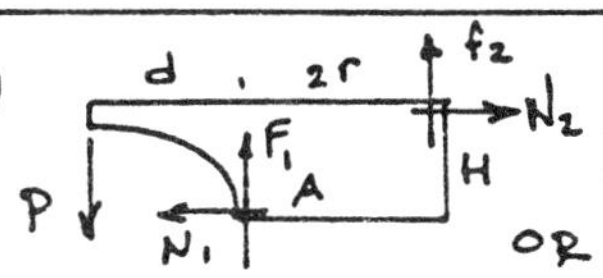

$\Sigma F_x = 0 \Rightarrow N_1 = N_2 = N$

$\Sigma F_y = 0 \Rightarrow f_1 + f_2 = P$

OR $P = \mu(N+N) = 2\mu N$

$\therefore N \geq P/2\mu$; NOW $\Sigma M_A = 0 \Rightarrow Pd = NH - f_2(2r) \geq NH - \mu N 2r$

$Pd \geq (H - 2\mu r)N \geq (H - 2\mu r)\frac{P}{2\mu}$, SO, SINCE $P > 0$

$d \geq \frac{H}{2\mu} - r$ FOR NO SLIP

(6.59)

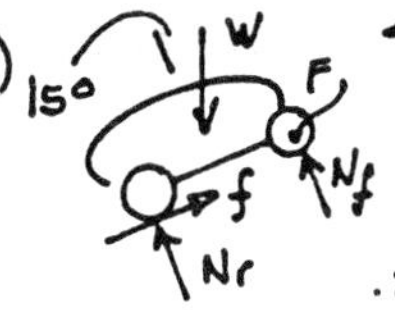

SEE TEXT FOR DIMEN.

$\Sigma M_F = 0 = W\cos 15°(4.05) + W\sin 15°(2.5) - N_r(9)$

$\therefore N_r = W(.507)$

$\Sigma F_x = 0 = f - W\sin 15° \Rightarrow f = .259W$

$f \leq \mu N_r \Rightarrow .259W \leq \mu W(.507)$

$\therefore \mu \geq .511$

(6.60)

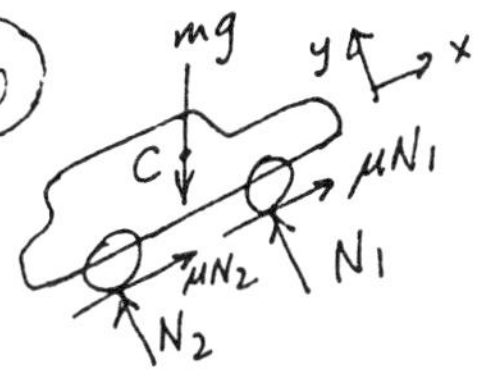

$\Sigma F_x = 0 \Rightarrow \mu(N_1 + N_2) = mg\sin 15°$

$\Sigma F_y = 0 \Rightarrow N_1 + N_2 = mg\cos 15°$

$\therefore$ by dividing the equations,

$\mu = \tan 15° = 0.268$

(6.61)

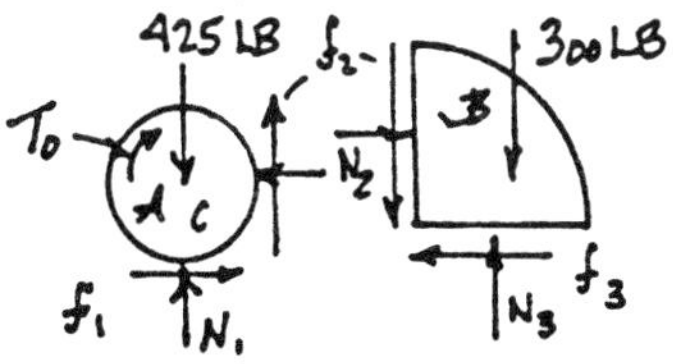

ASSUME $\mathcal{A}$ SLIPS ON $\mathcal{B}$ AND ROLLS ON PLANE

ON $\mathcal{B}$: $\Sigma F_y = 0 = N_3 - f_2 - 300$ (1)

$\Sigma F_x = 0 = N_2 - f_3 = N_2 - .25N_3$; $N_3 = 4N_2$ (2)

WITH $f_2 = \mu N_2$ (2) INTO (1) GIVES $N_2 = 80$

$f_2 = 20$. NOW ON $\mathcal{A}$: $\Sigma F_x = 0 \Rightarrow f_1 = 80$

$\Sigma F_y = 0 = f_2 + N_1 - 425 \Rightarrow N_1 = 405$

$.25N_1 = f_{MAX} = 101 > f_1$ $\therefore$ ASSUMP. OK.

$\Sigma M_C = T_0 - f_1(1) - f_2(1) = 0 \Rightarrow$ $\boxed{T_0 = 100\text{ LB-FT}}$

(FOR $\mathcal{A}$ TO SLIP EVERYWHERE, $T_0 = 125$ LB-FT)

(6.62)

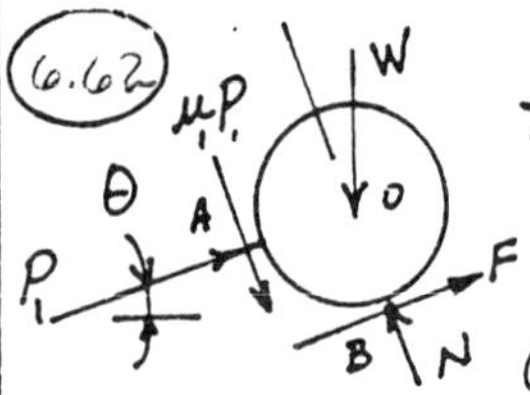

① ASSUME CYLINDER ROLLS.

$\Sigma M_B = P_1 R - \mu_1 P_1 R - W R \sin\theta = 0$

$\Rightarrow P_1 = \dfrac{W \sin\theta}{1-\mu_1}$

② NOW ASSUME IT SLIDES

$\Sigma F = 0 = P_2 - W\sin\theta - \mu_2 N = 0 \Rightarrow N = \dfrac{P_2 - W\sin\theta}{\mu}$

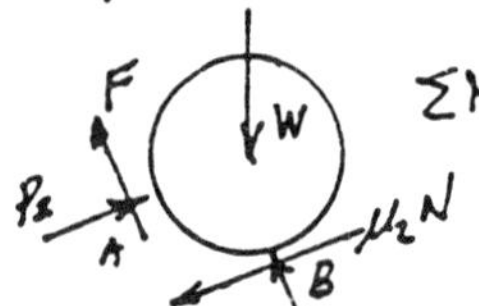

$\Sigma M_A = -NR + \mu_2 NR + WR\cos\theta = 0$

$\left(\dfrac{P_2 - W\sin\theta}{\mu_2}\right)(-1+\mu_2) + W\cos\theta = 0$

$\therefore P_2 = \dfrac{W}{1-\mu_2}\left[(1-\mu_2)\sin\theta + \mu_2\cos\theta\right]$

TO ROLL .. $P_1 < P_2$: TO SLIDE .. $P_1 > P_2$

$\theta = 30°$, $\mu_1 = \mu_2 \Rightarrow P_1 = \dfrac{W(1/2)}{1-\mu}$

$P_2 = \dfrac{W}{1-\mu}\left[\frac{1}{2}(1-\mu) + \frac{\sqrt{3}}{2}\mu\right]$; FOR $P_1 < P_2$

$\frac{1}{2} < \frac{1}{2}(1-\mu) + \frac{\sqrt{3}}{2}\mu \Rightarrow 1 < 1 + \mu(.732)$

TRUE, SO IT ROLLS FOR $\theta = 30°$

$\theta = 45° \Rightarrow P_1 < P_2$ IF $1 < 1 - \mu + \mu = 1$

$\therefore$ FOR $\theta = 45°$, ITS ON VERGE OF SLIDING

$\theta = 60°$ IF $P_1 < P_2$ THEN

$\sqrt{3} < \sqrt{3}(1-\mu) + 1\mu = 1 - .423\mu$

NOT TRUE, SO

FOR $\theta = 60°$, IT SLIDES

(6.63) $\mu = 1/4$ ALL SURFACES

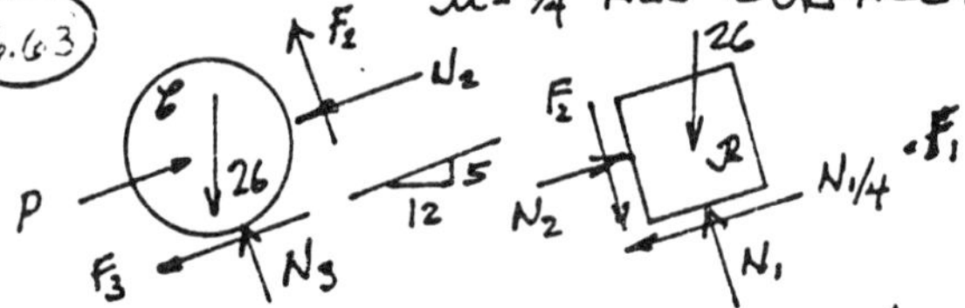

$\Sigma M = 0 \Rightarrow F_2 = F_3$	$N_1 - F_2 = 24$
$N_3 + F_2 = 24$	$N_2 - 1/4\, N_1 = 10$
$P = N_2 + F_3 + 10$	

a) SUPPOSE $F_3 = \frac{1}{4} N_3 \Rightarrow F_3 = \frac{24}{5}$; $N_2 = \frac{86}{5}$

$\therefore P = \frac{86}{5} + \frac{24}{5} + 10 = 32\text{ N}$

b) SUPPOSE $F_2 = \frac{1}{4} N_2 \Rightarrow N_2 = 4F_2 \Rightarrow$

$4F_2 - \frac{1}{4}F_2 = 16 \Rightarrow F_2 = \frac{64}{15} = F_3$; $N_2 = \frac{256}{15}$

$\Rightarrow P = 31.3\text{ N}$

$\therefore$ 𝒞 ROLLS ON PLANE WITH $P = 31.3\text{N}$

(6.64) SEE F.B.D. ABOVE 6.63's SOL'N.

$\Sigma F_x = 0 = P - \frac{5}{13}(26) - N_2 - F_3$ (1)

$\Sigma F_y = 0 = N_3 - \frac{12}{13}(26) + F_2$ (2)

$\Sigma M_c = 0 \Rightarrow F_3 = F_2$ ..... (3)

$\Sigma F_x = 0 = N_2 - \frac{5}{13}(26) - F_1$ .. (4)

$\Sigma F_y = 0 = N_1 - F_2 - \frac{12}{13}(26)$ .. (5)

ASSUME 𝒞 ROLLS: IT PUSHES ℬ UP. ALSO, $F_2 = \mu N_2$ & (4) & (5) YIELD: $N_2 = \dfrac{10 + 24\mu}{1-\mu^2}$

ALSO, $F_3 = F_2 = \mu N_2 = \dfrac{\mu(10+24\mu)}{1-\mu^2}$

AND $N_3 = 24 - \mu N_2 = 24 - \mu\left(\dfrac{10+24\mu}{1-\mu^2}\right)$

$N_3 = \dfrac{24 - 10\mu - 48\mu^2}{1-\mu^2}$; FOR ROLLING OF 𝒞

$F_3 \le \mu N_3 \Rightarrow \dfrac{\mu(10+24\mu)}{1-\mu^2} \le \dfrac{\mu(24 - 10\mu - 48\mu^2)}{1-\mu^2}$

$\underbrace{24\mu^2 + 17\mu - 7}_{f(\mu)} \le 0 \Rightarrow \mu = \dfrac{17 \pm 31}{48}$

$= 7/24$ & -1

SO FOR $\mu \le \frac{7}{24}$ 𝒞 ROLLS ON PLANE

" FOR $\mu > \frac{7}{24}$ 𝒞 SLIPS ON PLANE

CRITICAL VALUE IS $\mu = \frac{7}{24}$

(6.65)

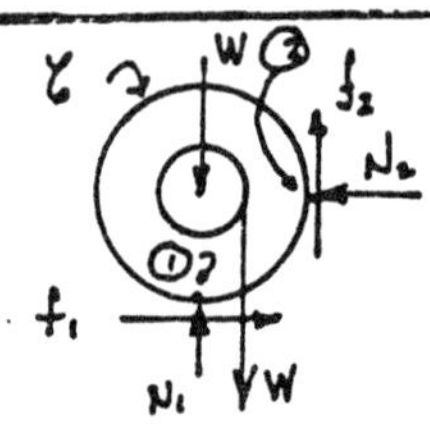

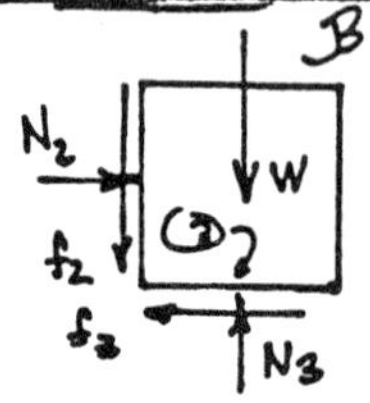

IF SLIPS AT ① & ②: ON 𝒞 $\mu N_1 = N_2$ (1)

$N_1 + \mu N_2 = 2W$ (2)	ON ℬ: $N_2 = f_3$ (4)
$\mu(N_1 + N_2) = \frac{W}{2}$ (3)	$\mu N_2 + W = N_3$ (5)

FROM (1)&(2) $N_1 = 2W/(1+\mu^2)$ THEN (3) GIVES $\mu = 0.2153$. GO BACK & GET $N_1 = 1.9114W$ & $N_2 = 0.4114W$. THEN (4) GIVES $f_3 = .4114\,W$ & (5) $\Rightarrow N_3 = 1.0886W$

BUT $f_{3MAX} = \mu N_3 = .2153\ (1.0886W) = .2344W$

& $f_{3MAX} < f_3$ SO ASSUMPTION IS WRONG

NOW ASSUME 𝒞 ABOUT TO ROLL ON PLANE

$f_1 = N_2$ ① ; $N_1 + \mu N_2 = 2W$ ② ; $f_1 + f_2 = W/2$ ③

$N_2 = f_3 = \mu N_3$ ④ ; $W + f_2 = N_3$ ⑤ : $f_2 = \mu N_2$ ⑥

① & ③ $\Rightarrow N_2 = \dfrac{W}{2(1+\mu)} = \mu N_3$ BY ④ ; USE ⑤, ⑥ TO GET μ

$3\mu^2 + 2\mu - 1 = 0 \Rightarrow$ TWO ROOTS: $\mu = 1/3$ IS ANS.

6.66

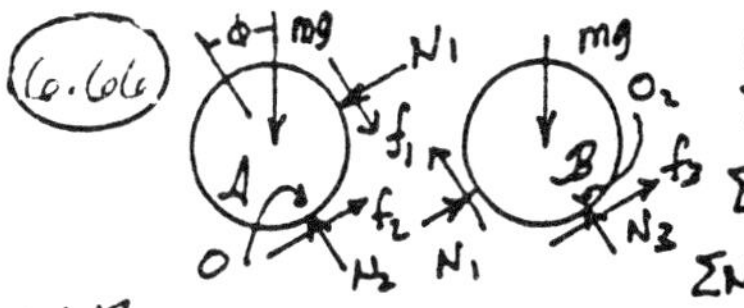

ON A:

$\Sigma F_x = -mg\sin\theta - N_1 + f_2$

$\Sigma F_y = -mg\cos\theta - f_1 + N_2$

$\Sigma M_O = (-mg\sin\theta)R - N_1R + f_1R$

$\Rightarrow f_1 = mg\sin\theta + N_1$

ON B:

$\Sigma F_x = N_1 + f_3 - mg\sin\theta$

$\Sigma F_y = f_1 - mg\cos\theta + N_3$

$\Sigma M_{O_2} = -mg\sin\theta R + N_1R + f_1R$

$\Rightarrow f_1 = mg\sin\theta - N_1$

THE TWO EQ. FOR f_1 REQUIRE $N_1 = 0$. IF $N_1 = 0$, THEN $f_1 = 0$ $\therefore f_2 \,\&\, f_3 = 0$ FROM ΣM.

SINCE N_1 & f_1, f_2 & f_3 ARE ZERO THERE IS NOTHING TO BALANCE THE WT COMP. DOWN THE PLANE $\therefore$ NO EQUILIB.

6.67 SEE PROB 6.66: FBD ENTIRE SYS:

$\Sigma M_O = 0 \Rightarrow 2RN_3 - 2W\sin 20^\circ R - W\cos 20^\circ 2R = 0$

$\therefore N_3 = W(\sin 20^\circ + \cos 20^\circ) = 1.28W$ ①

$\Sigma F_y = 0 \Rightarrow N_2 = 2W\cos 20^\circ - N_3 = W(\cos 20 - \sin 20)$

$N_2 = .598W$ ②; $\Sigma F_x = 0 \Rightarrow f_2 + f_3 = 2W\sin 20^\circ$ ③

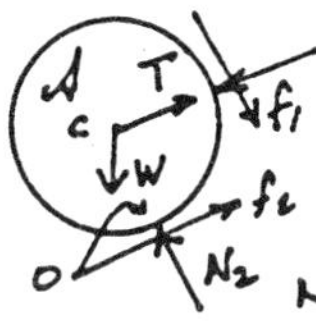

$\Sigma M_C = 0 \Rightarrow f_1 = f_3$; ALSO $f_2 = f_1$

BY ③ $f_3 = f_2 = W\sin 20^\circ$

$= .342W < .359W$. THUS NO SLIP AT "O" SINCE $f < f_{MAX}$.

SINCE $F_2 = W\sin 20^\circ$, THEN $N_1 = T$ ON A ($\Sigma F_x = 0$) ALSO, NO SLIP AT O_2 SINCE $f_3 = f_2$ & $\mu N_2 < \mu N_3$ (BECAUSE $N_2 > N_1$). CHECK SLIP AT INTERFACE: $f_1 = f_2 = .342W < \mu N_1 = \mu T$

$\therefore T_{MIN} = \dfrac{.342W}{.6} = \dfrac{.342(9.81)(20)}{.6} = 112\text{ N}$

6.68 FORCE OF FRICTION f PUSHES VEHICLE UP PLANE. $\therefore f = mg\sin\beta$

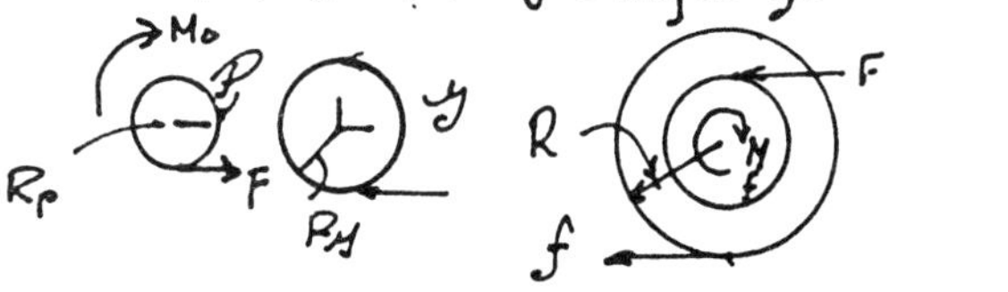

FOR WHEEL $\Sigma M \Rightarrow FR_y = M_f + fR$

BUT FROM P: $FR_p = M_o$ SO,

$M_o = M_f\, R_P/R_y + mg\sin\beta\, R\, R_P/R_y$

FOR a) $M_f = 0$ $\therefore$ $M_o = (mg\sin\beta)\, R_P R/R_y$

FOR b) $M_f \neq 0$ $\therefore M_o = (mg\sin\beta) R_P R/R_y + M_f\, R_P/R_y$

6.69

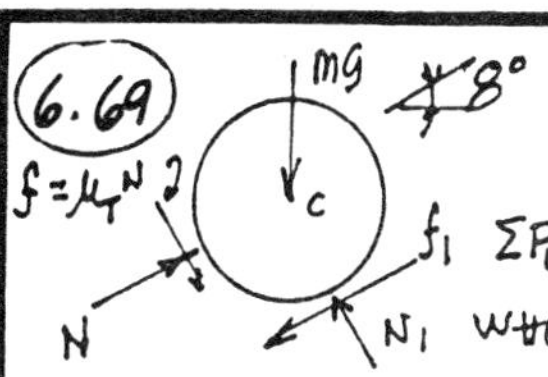

8° $\Sigma F_x = 0 \Rightarrow mg\sin 8^\circ = N - f_1 = N(1-\mu_T) \Rightarrow N = mg\sin 8^\circ/(1-\mu_T)$

$\Sigma F_y = 0 \Rightarrow mg\cos 8^\circ = N_1 - f = N_1 - \mu_T N$ WHERE $f_1 = f = \mu_T N$; $\Sigma M_c = 0$

FROM ABOVE: $mg\cos 8^\circ = N_1 - \dfrac{\mu_T mg\sin 8^\circ}{1-\mu_T}$

AND $f_1 = f = \mu_T N = \dfrac{\mu_T mg\sin 8^\circ}{1-\mu_T}$ FROM THE LAST TWO EQUATIONS CONSTRUCT $f_1/N_1 = \mu_P$

$\mu_P \geq \mu_T\sin 8^\circ/[\mu_T\sin 8^\circ + \cos 8^\circ(1-\mu_T)]$

OR $\mu_T \leq \mu_P/[(\tan 8^\circ)(1-\mu_P) + \mu_P]$

6.70 FIRST $\mu > 0$ AND FROM 1st EQ ABOVE $\mu < 1$. IF μ'S ARE SAME WE CAN REPLACE 5.49'S SOLUTION WITH VALUES $8^\circ = \phi$ AND $\mu_T = \mu_P = \mu$ $\Rightarrow$

$(\mu - \mu^2)\sin\phi = (1-\mu)\mu\cos\phi$ OR

$\tan\phi = 1$, $\phi = 45^\circ$

$\therefore$ $0 < \phi \leq 45^\circ$.

6.71

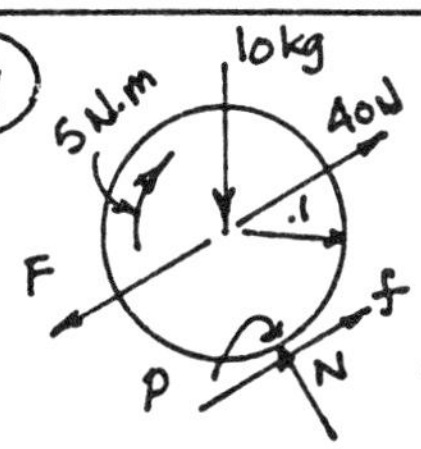

$\Sigma M_P = 0 = F(.1) + mg\sin 30^\circ(.1) - 40(.1) - 5 \Rightarrow F = 40.95\text{ N}$

$F = k\Delta$; $\Delta = \dfrac{40.95}{50} = .819\text{ cm}$

b) $\Sigma F_y = 0 = N - mg\cos 30^\circ$

$N = 10(9.81)\cos 30^\circ = 84.96\text{ N}$

$\Sigma F_x = 0 = 40 + f - mg\sin 30^\circ - F = 0$, SUB $F = \mu N$ TO GET $\mu = .588$

6.72

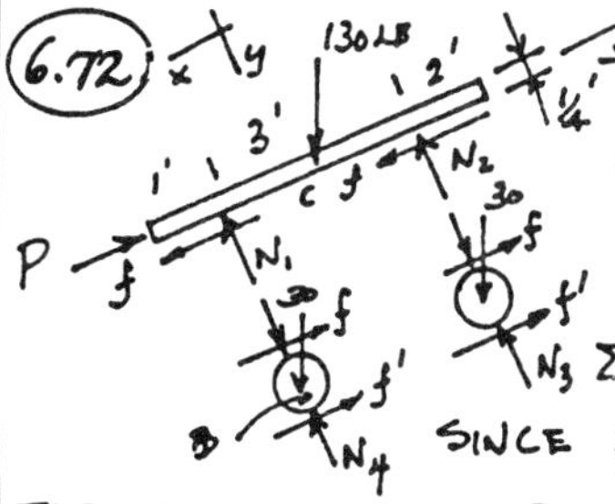

$\Sigma M_B = 0 \Rightarrow 30(1/2)(1/2) = 1f \Rightarrow f = 7.50\text{ LB}$

$\Sigma F_x \Rightarrow f + f' = 30(1/2)$

$f' = 15 - 7.5 = 7.50\text{ LB}$ ALSO

$\Sigma F_y = 0 \Rightarrow N_4 = N_1 + 30(.866) > N_1$

SINCE f's ARE EQUAL, SLIP FIRST AT TOP OF ROLLERS (SMALLER μN).

ON PLANK: $\Sigma M_c = 0 = N_2(1) - N_1(2) - 2f(1/8)$ $\Rightarrow$

$N_2 - 2N_1 - 7.50/4 = 0$; $\Sigma F_y = 0 \Rightarrow N_1 + N_2 = 130\frac{\sqrt{3}}{2} = 113$

SOLVE THESE TWO: $N_1 = 37.0 \Rightarrow N_2 = 76.0$

SO FRONT ROLLER DICTATES: $\mu(37.0) = 7.5$ OR $\mu = .203$. $\Sigma F_x = 0 \Rightarrow P = 2f + 65 = 80\text{ LB}$

6.73

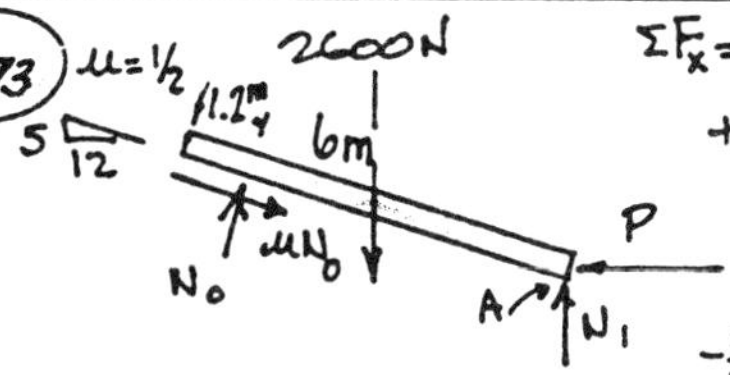

$\Sigma F_x = 0 \Rightarrow (\frac{12}{13})(\frac{1}{2})N_0 + N_0\frac{5}{13} = P$ . . . ①

$\Sigma F_y = 0 \Rightarrow N_0(\frac{12}{13}) - \frac{1}{2}N_0(\frac{5}{13}) + N_1 = 2600$ ②

$\Sigma M_A = 0 \Rightarrow 2600(3)\frac{12}{13} = N_0(4.8)$ $\therefore N_0 = 1500$ & FROM ① $P = 1270$ newtons

(6.74) SEE PROB 6.73 & TEXT ($\mu = 0$)

$\Sigma M_A \Rightarrow N_0 = 1500$ N

$\Sigma F_x = 0 = \frac{5}{13} N_0 - P \Rightarrow P = 577$ N

(6.75) $\mu = 1/3$ SEE PROBS. 6.73 & 6.74

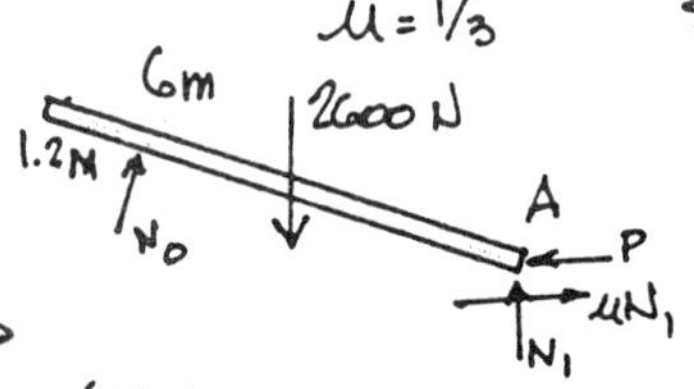

$\Sigma M_A \Rightarrow N_0 = 1500$ N

$\Sigma F_y = 0 \Rightarrow$

$N_1 = -1500\,(12/13) + 2600 = 1215$

$\Sigma F_x = 0 \Rightarrow P = 1500\,(5/13) + \frac{1}{3}(1215) \Rightarrow P = 982$ N

(6.76) SEE PROB 6.73–75

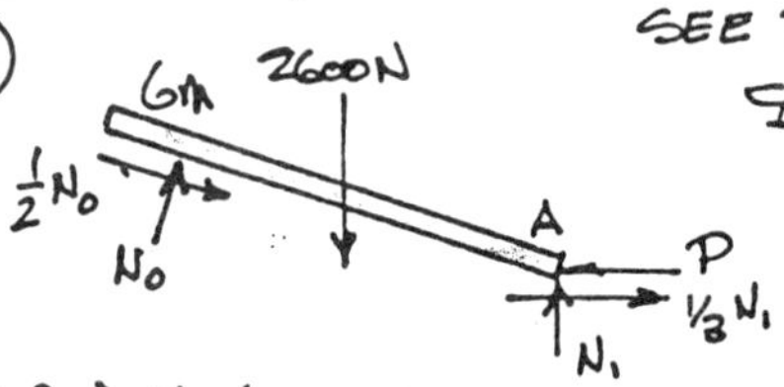

$\Sigma M_A \Rightarrow N_0 = 1500$ N

$\Sigma F_x = 0 \Rightarrow N_0\left(5/13 + \frac{12}{13\times 2}\right) + \frac{N_1}{3} = P \;\cdots$ ①

$\Sigma F_y = 0 \Rightarrow N_0\left(\frac{12}{13} - \frac{5}{13\times 2}\right) + N_1 = 2600 \cdots$ ②

SOLVE TOGETHER FOR P: $P = 1770$ N

(NOTE: $N_1 = 1500$N)

(6.77) SEE PROB 6.73. P IS REVERSED.

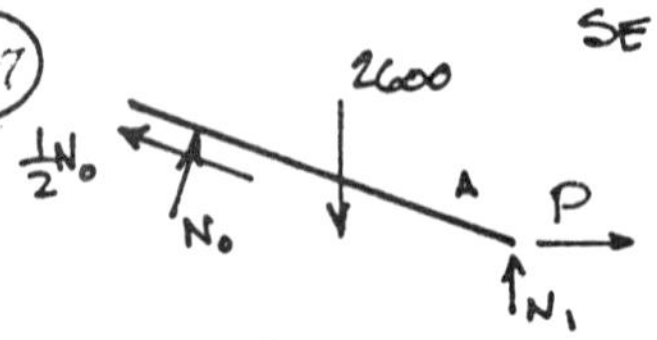

$\Sigma M_A \Rightarrow N_0 = 1500$N

$\Sigma F_x = 0 = N_0\left(\frac{5}{13} - \frac{1}{2}(12/13)\right) + P = 0 \Rightarrow$

$P = \frac{1}{13}(1500) = 115$ N TO START IT MOVING

(6.78)

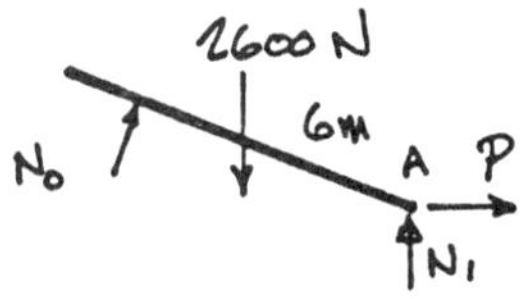

$\Sigma F_x \neq 0$. WITH OR WITHOUT P

$\therefore P = 0$

(6.79) $\mu = 1/3$ SEE PROB 6.75

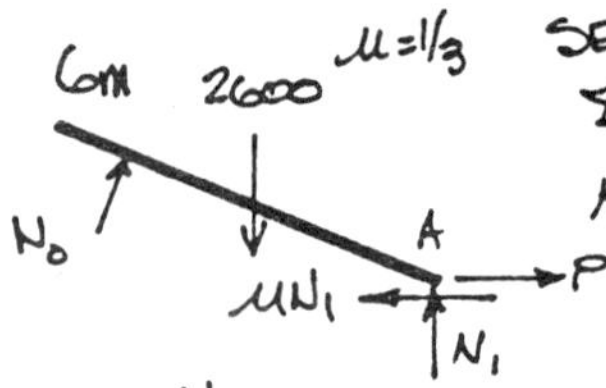

$\Sigma M_A \Rightarrow N_0 = 1500$N

ALSO: $\Sigma F_y \Rightarrow N_1 = 1215$N

$\Sigma F_x = 0 = P - \frac{N_1}{3} + N_0(5/13) \Rightarrow P = -172$N

$\therefore P = 0$ IS ANS.

(6.80) SEE PROB 6.76 ; $N_0 = 1500$ N

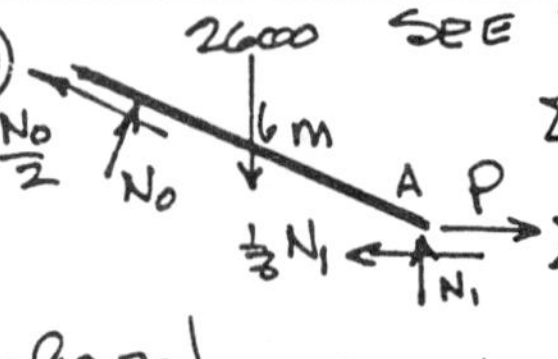

$\Sigma F_x \Rightarrow N_0\left(\frac{5}{13} - \frac{12}{26}\right) - \frac{1}{3}N_1 + P = 0$

$\Sigma F_y \Rightarrow N_0\left(\frac{12}{13} + \frac{5}{26}\right) + N_1 = 2600$

$\therefore N_1 = 927$N, $\therefore P = \frac{1}{3}N_1 - 1500\,(5/13 - 12/26) \Rightarrow$

$P = 424$ N

(6.81)

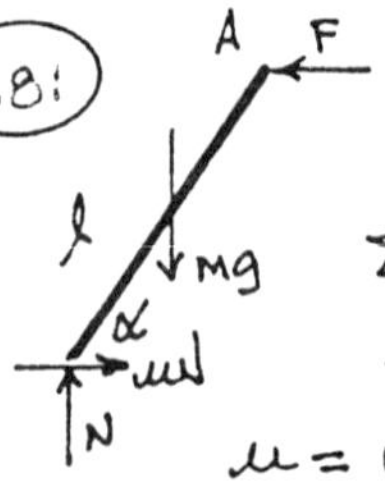

FROM SYMMETRY VERTICAL AT A IS ZERO.

$\Sigma F_y = 0 \Rightarrow N = mg$

$\Sigma M_A = 0 \Rightarrow \mu N \ell \sin\alpha + \frac{mg\,\ell\cos\alpha}{2}$

$- N\ell\cos\alpha = 0 \Rightarrow$

$\mu = (\cot\alpha)/2$

NOTE: AT $\alpha = 90°$, $\mu = 0$; AT $\alpha = 0^+$, $\mu \to \infty$

(6.82)

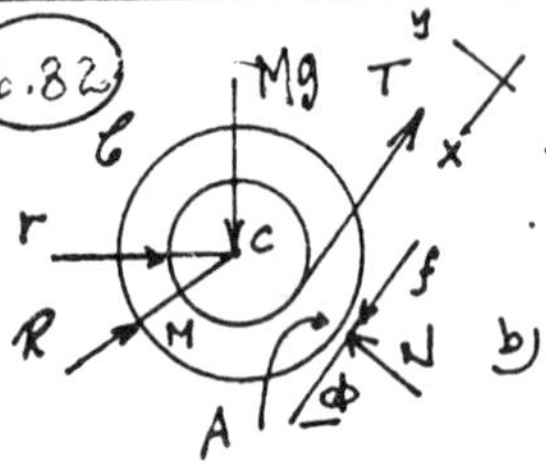

$T = mg$

a) $\Sigma M_c = 0 = Tr \neq 0$

$\therefore$ NO EQUILIB. WITHOUT FRICTION

b) $\Sigma M_A = 0 = Mg\sin\phi\, R - T(R-r)$

$T = \frac{RMg\sin\phi}{R-r} = mg$ OR $MR\sin\phi = m\,(R-r)$

$\Sigma F_x = 0 = Mg\sin\phi - \frac{MgR\sin\phi}{R-r} + f$

$f = -Mg\sin\phi + \frac{MgR\sin\phi}{R-r} \leq \mu \frac{Mg\cos\phi}{N} \Rightarrow$

$\mu_{MIN} = \left(\frac{r}{R-r}\right)\tan\phi$

(6.83)

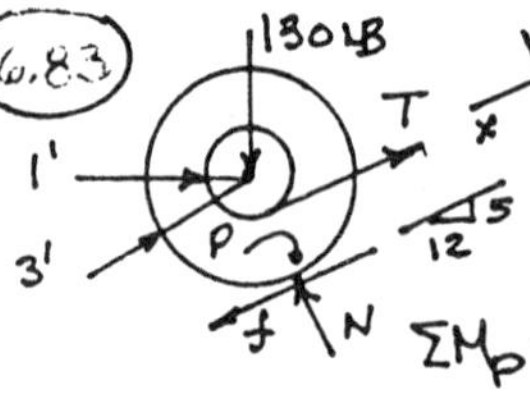

$\Sigma F_x = 0 \Rightarrow T - (\frac{5}{13})130 - \mu N = 0$

$\Sigma F_y = 0 = N - \frac{12}{13}(130)$

$N = 120$ LB

$\Sigma M_p = 0 = 50(3) - 2(T) \Rightarrow T = 75$

$\therefore \mu N = 120\mu = 75 - 50 \Rightarrow \mu = \frac{25}{120} = .208$

(6.84)

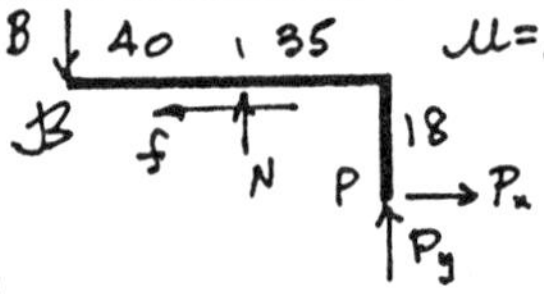

$\mu = .4$

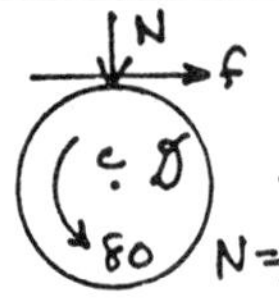

$\Sigma M_c = 0 \Rightarrow$

$f = 400$N

$N = \frac{f}{\mu} = 1000$N

ON B:

$\Sigma M_p = 0 = B(75) + 400(18) - 1000(35)$

$\therefore B = 371$ N

(6.85) T NOW APPLIED CLOCKWISE. f IS IN OPPOSITE DIRECTION BUT F.B.D. OF B STILL GIVES: $f = 400$, $N = 1000$N

$\Sigma M_p = 0 = B(75) - 400(18) - 1000(35)$

$B = 563$N

(6.86) SEE PROB. 6.84; $T = 100$ N·m

$\Sigma M_C = 0 \Rightarrow 20f = 10000 \Rightarrow f = 500$ N

$\therefore N = f/\mu = 500/.4 = 1250$ N

ON BAR WT IS 75N (37.5 cm) ON HORIZ. AND 54N ON 18CM PIECE.

$\Sigma M_p = B(75) + 225(37.5) + 500(18) - 1250(35) = 0 \Rightarrow B = 351$ N

(6.87)

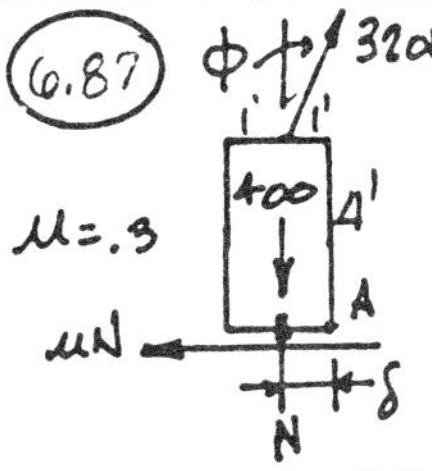

a) IF SLIDES:

$320 \sin\phi = \mu N = .3N$

$320 \cos\phi + N = 400$

EQUATE THE N'S AND OBTAIN

$1.09 \cos^2\phi - .225\cos\phi - .859 = 0$

$\cos\phi = \dfrac{.225 \pm 1.9487175}{2.18} \Rightarrow \phi = 4.35°$ TO SLIDE

b) TIP?

$\Sigma M_A = 0 = 400(1) - N\delta - 320\cos\phi(1) - 320\sin\phi(4) = 0$ AT $\phi = 0$ $\delta = -.2$

$\therefore$ IT TIPS FIRST !!!

So $\Sigma M_A = 0 = 400(1) - 320\sin\phi(4) - 320\cos\phi(1) = 0$

$\cos\phi = -4\sin\phi + 1.25$

$17\sin^2\phi - 10\sin\phi + .5625 = 0$

$\Rightarrow \phi = 3.61°$ TIPS.

(6.88)

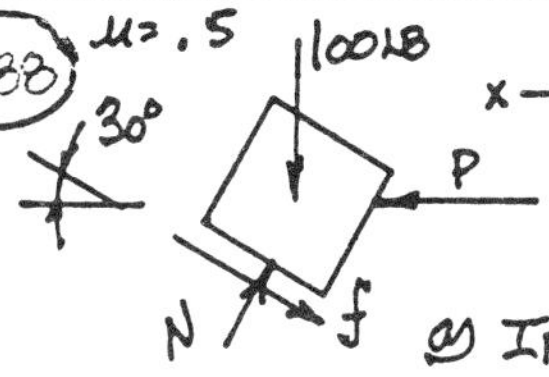

$\Sigma F_x = 0 = P - N\sin 30° - f\cos 30°$ . . . ①

$\Sigma F_y = 0 = -W + N\frac{\sqrt{3}}{2} - f(\frac{1}{2})$. ②

a) IF $f = 0$, ② GIVES $N = 200/\sqrt{3}$ & ① GIVES $\therefore P = N/2 = 57.7$ LB

b) $f = \mu N$; ② $\Rightarrow N = \dfrac{200}{\sqrt{3} - \mu} = 162$ LB

WITH ①: $P = 151$ LB

(6.89)

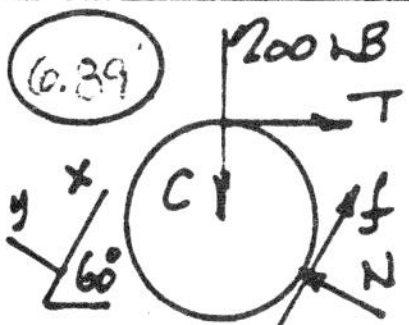

$\Sigma F_x = 0 \Rightarrow \frac{200\sqrt{3}}{2} = f + \frac{T}{2}$ . . . ①

$\Sigma M_C = 0 \Rightarrow T = f$ . . . ②

② INTO ① $\Rightarrow T = 115$ LB

$\therefore$ a) $f = 115$ LB

$\Sigma F_y = 0 \Rightarrow N = 200(\frac{1}{2}) + T\frac{\sqrt{3}}{2} = 200$

& (b) $f = \mu N$ FOR IMPENDING SLIP:

$\dfrac{200}{\sqrt{3}} = \mu(200) \Rightarrow \mu = \dfrac{1}{\sqrt{3}} = .577$

(6.90)

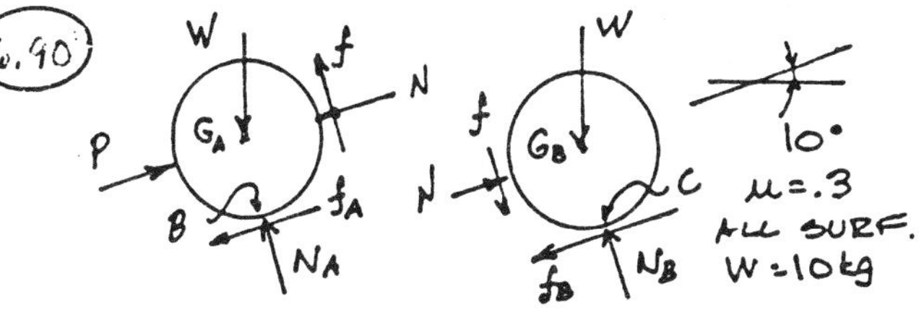

$10°$, $\mu = .3$ ALL SURF. $W = 10$ kg

ASSUME THEY EACH ROLL, THEN CHECK AFTERWARD: $\therefore f = \mu N$. ΣM WRT G_A & G_B SHOW THAT ALL 3 f'S ARE EQUAL.

$\Sigma M_C = 0 \Rightarrow W\sin 10°(r) + \mu N(r) - Nr = 0$

$\Rightarrow N = W\sin 10°/(1-\mu)$

$\Sigma M_B = 0 \Rightarrow Nr + \mu Nr - Pr + W\sin 10° r = 0$

$\Rightarrow P = \dfrac{W\sin 10°}{1-\mu}(1+\mu) + W\sin 10° = 48.7$ N

CHECK ROLLING ASSUMPTION:

$f_A = P - W\sin 10° - N = W\sin 10°\left(\frac{\mu}{1-\mu}\right)$

& $N_A = W\cos 10° - \mu\dfrac{W\sin 10°}{1-\mu}$; $f_B = N - W\sin 10° = W\sin 10°\left(\frac{\mu}{1-\mu}\right)$

$f_A/N_A = \mu_{\text{NEEDED AT } B} = \dfrac{\sin 10°(\frac{.3}{.7})}{\cos 10° - \frac{.3}{.7}\sin 10°} = .082 < .3$ OK

$f_B/N_B = \dfrac{\sin 10°(.3/.7)}{\sin 10°(.3/.7) + \cos 10°} = .070 < .3$ OK ALSO

(6.91)

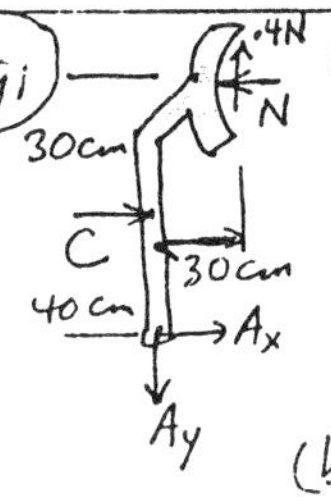

(a) Clockwise

$\Sigma M_A = 0 \Rightarrow 40C = 70N + 30(.4N)$

$\dfrac{C}{N} = \dfrac{8.2}{4} = 2.05$

(b) counterclockwise, 0.4 N acts ↓:

$\Sigma M_A = 0 \Rightarrow 40C = 70N - 30(.4N)$

$\dfrac{C}{N} = \dfrac{7-1.2}{4} = \dfrac{5.8}{4} = 1.45$

(6.92)

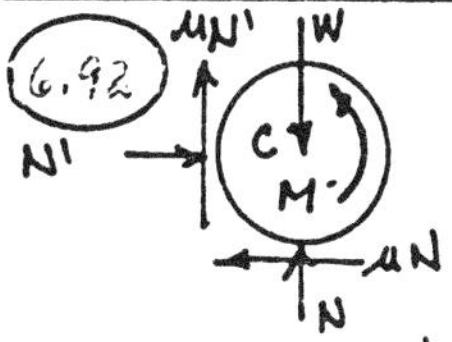

SKID:

$\Sigma F_y = 0 \Rightarrow N + \mu N' = W$

$\Sigma F_x = 0 \Rightarrow N' = \mu N$

$\Big\}\ N(1+\mu^2) = W$

$\Sigma M_C = 0 \Rightarrow M = \mu(N + N')R = \mu(1+\mu)NR$

$\therefore M = \dfrac{\mu(1+\mu)RW}{1+\mu^2}$

TO MOVE UP: $N = 0$ so $\Sigma F_x \Rightarrow N' = 0$ $\therefore$ NO VERTICAL FRICTION COMPONENT $\therefore$ IT WON'T MOVE UPWARD.

(6.93) To slip A & B on C:

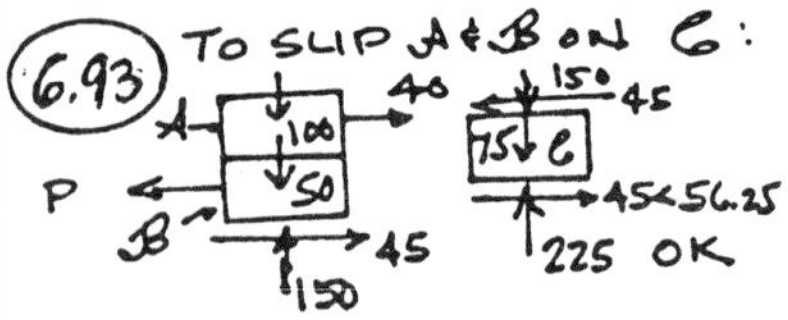

$\Sigma F_x = 0 \Rightarrow$

$P = 40 + 45 = 85$ LB

To slide A & B on C

$45 < 56.25$

225 OK

To move all three:

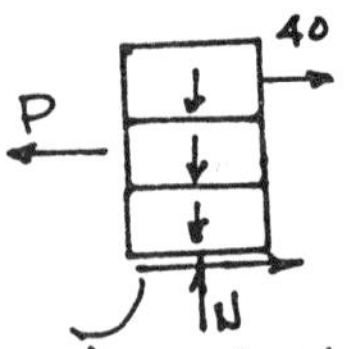

$\mu N = .25(225) = 56.25$

$P = 96.25 > 85$

To slide out B:

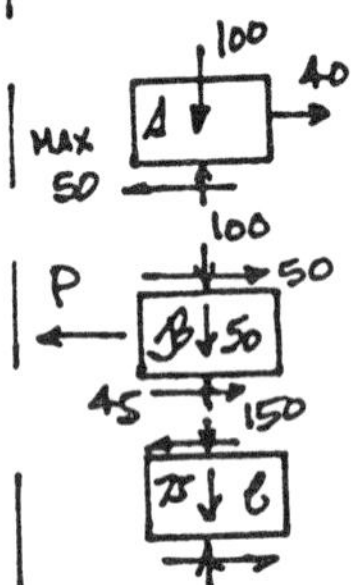

$P = 95 > 85$

To slide B & C underneath A:

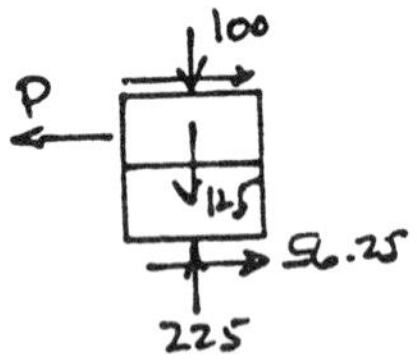

$P = 106.25 > 85$

$\therefore P = 85$ LB & A & B slide on C first

(6.94)

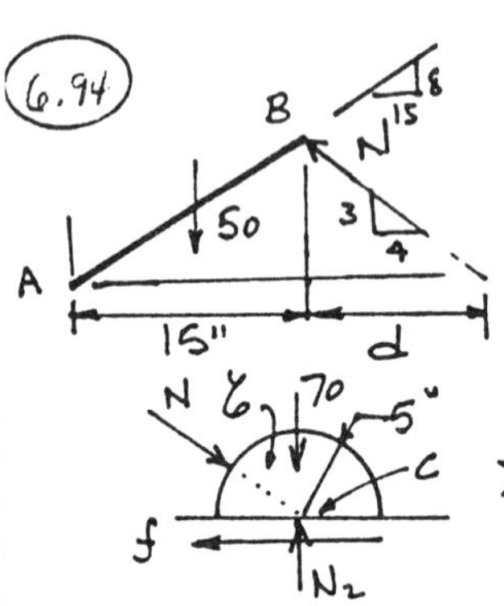

$\Sigma M_A = 0 = -50(7.5) + \frac{3}{5}N\left(15 + 32/3\right) \Rightarrow$

$N = 24.4$ LB

$\Sigma F_x = 0 = \frac{4}{5}(24.4) - f$

$f = 19.5$ LB

$\Sigma F_y \Rightarrow N_2 = 70 + .6(24.4)$

$N_2 = 84.6$ LB

a) $f \le \mu N \therefore \mu_{MW} = \frac{19.5}{84.6} = .231$

b) f, N, 70 LB all pass through C. Thus, N_2 also must pass through C

(6.95)

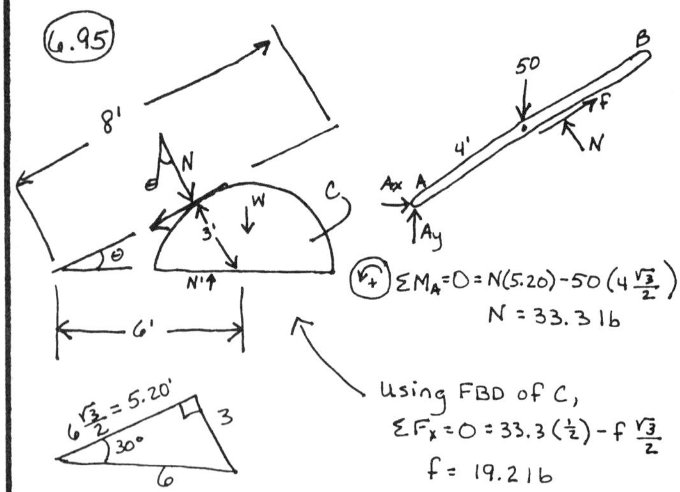

$\Sigma M_A = 0 = N(5.20) - 50\left(4\frac{\sqrt{3}}{2}\right)$

$N = 33.3$ lb

$6\frac{\sqrt{3}}{2} = 5.20'$

Using FBD of C,

$\Sigma F_x = 0 = 33.3\left(\frac{1}{2}\right) - f\frac{\sqrt{3}}{2}$

$f = 19.2$ lb

(b) $f = \mu_{min} N \Rightarrow \mu_{min} = \frac{f}{N} = \frac{19.2}{33.3} = 0.577$

(6.96)

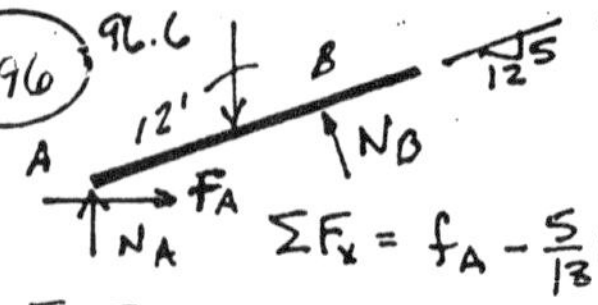

$\Sigma M_A \Rightarrow 12N_B - 96.6\left[(9)\frac{12}{13}\right] = 0$

$N_B = 66.9$ LB

$\Sigma F_x = f_A - \frac{5}{13}N_B = 0 \Rightarrow f_A = 25.7$ LB

$\Sigma F_y = 0 \Rightarrow N_A = 96.6 - \frac{12}{13}N_B = 34.8$ LB

$\mu_{MIN} = f_A/N_A = 25.7/34.8 = .739$

(6.97)

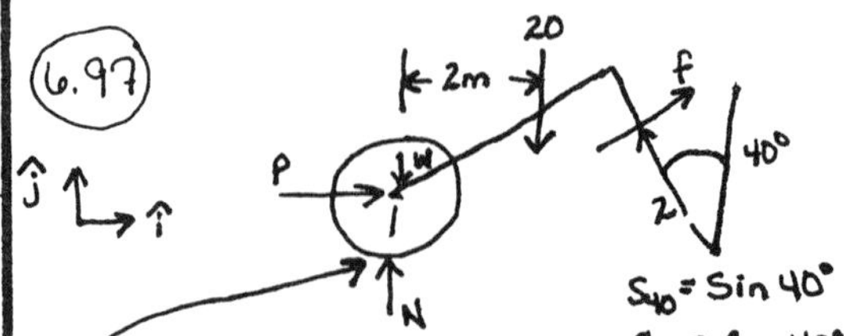

$S_{40} = \sin 40°$

$C_{40} = \cos 40°$

(From FBD of disc alone, friction beneath it = 0 by $\Sigma M_A = 0$)

$\Sigma M_A = 0 = -20(2)\hat{k} + \left[(5 - 2S_{40})\hat{i} + (2(40 \cdot 1))\hat{j}\right] \times \left[f(C_{40}\hat{i} + S_{40}\hat{j}) + N(C_{40}\hat{j} - S_{40}\hat{i})\right]$

from which

$40 = f(1.979) + N(3.187)$ ①

Also,

$\Sigma F_x = 0 \Rightarrow -P = 0.766f - 0.643N$ ②

Solving ① and ②, $N = 8.250 + 0.533P$ (ans to (a))

and $f = 6.925 - 0.858P$ with f in the direction shown; (answer to (b))

(c) For the least P, f is in the correct direction:

$f \le \mu N$

$6.925 - 0.858P \le (0.35)(8.250 + 0.533P)$

$P \ge 3.87$ N

(d.) For the largest P, reverse direction of f:

$-6.925 + 0.858P \le (0.35)(8.250 + 0.533P)$

$P \le 14.6$ N

(6.98)

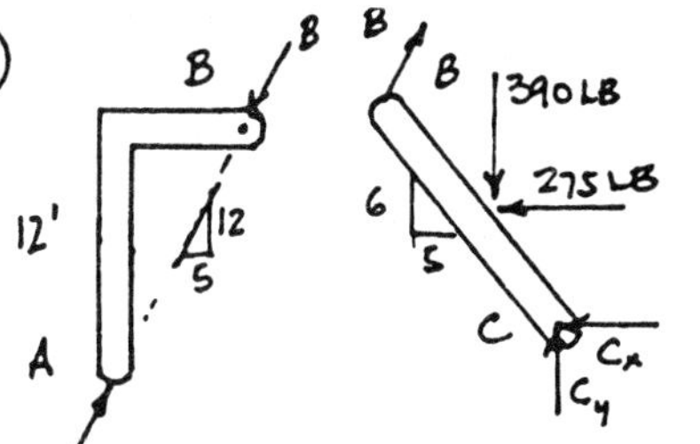

FOR ENTIRE SYSTEM:

$\Sigma M_C = 0$

$275(6) + 390(5) - A_y(15) = 0$

$A_y = 240$

$A_x = \frac{5}{12} A_y = \frac{5}{12}(240) = 100 \quad f_A = \mu A_y$

$\therefore$ a) $\mu = f_A / A_y = \frac{100}{240} = .417$

$\Sigma F_x = 0 \Rightarrow C_x = 275 - 100 = 175 \rightarrow$ LB

$\Sigma F_y = 0 \Rightarrow C_y = 390 - 240 = 150 \uparrow$ LB

ON BC: $B_x = 100 \rightarrow$ LB; $B_y = 240 \uparrow$ LB

$\therefore$ b) $B = 100\hat{i} + 240\hat{j}$ LB; $C = 175\hat{i} + 150\hat{j}$ LB

(6.99)

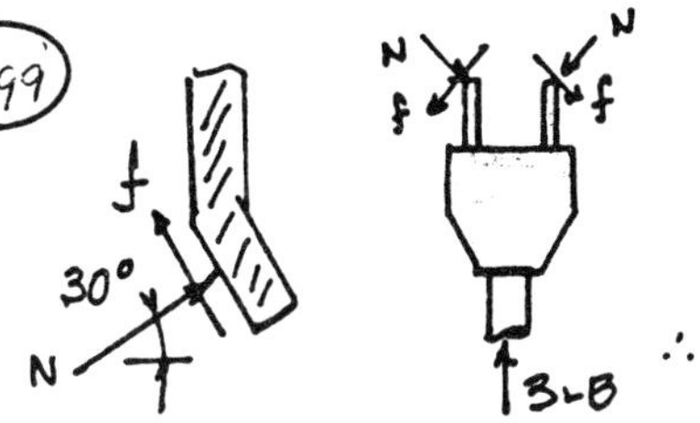

$2f\cos 30° + 2N\sin 30° = 3$

$f = \mu N$

$\therefore N = \dfrac{3/2}{1/2 + (.25)(.866)}$

$N = 2.09$ LB; FORCE $\perp$ TO PRONG IS $N\cos 30° - f\sin 30° = N\left(\frac{\sqrt{3}}{2}\right) - \mu N\left(\frac{1}{2}\right)$

$\mu = .25$ AND THE FORCE IS 1.55 LB

(6.100)

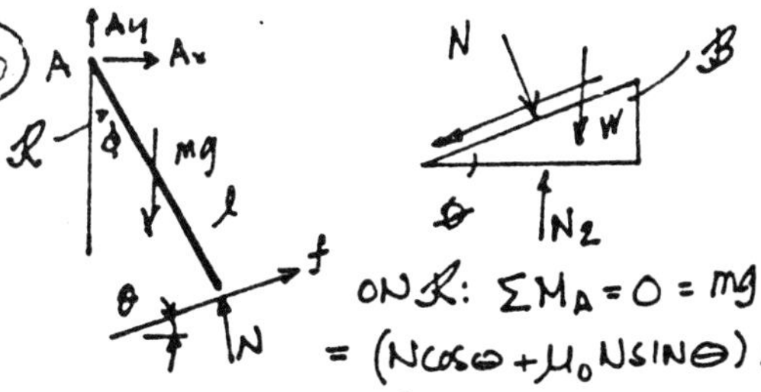

ON $\mathcal{R}$: $\Sigma M_A = 0 = mg\frac{\ell}{2}\sin\phi = (N\cos\theta + \mu_0 N\sin\theta)\ell\sin\phi + (\mu_0 N\cos\theta - N\sin\theta)\ell\cos\phi = 0$; SOLVE FOR N IN TERMS OF θ & ϕ, μ_0

$$N = \left[\frac{\frac{mg}{2}\sin\phi}{(\cos\theta + \mu_0\sin\theta)\sin\phi + (\mu_0\cos\theta - \sin\theta)\cos\phi}\right] > 0$$

$N \Leftrightarrow > 0 \cdots + \cdots \Rightarrow \tan\phi > \dfrac{\tan\theta - \mu_0}{1 + \mu_0\tan\theta}$

ON $\mathcal{B}$: $\Sigma F_x = 0 \Rightarrow N\sin\theta = f\cos\theta \leq \mu_0 N\cos\theta$

$f \leq \mu_0 N \Rightarrow N\tan\theta \leq \mu_0 N \;\therefore\; \mu_0 \geq \tan\theta$

(6.101)

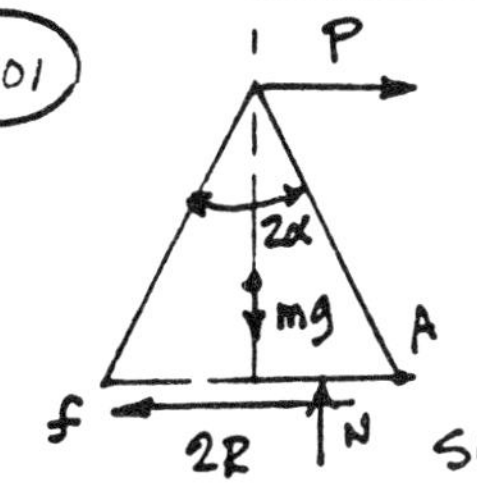

IF TIPS:

$\Sigma M_A = 0 \Rightarrow P = mg\tan\alpha$

IF SLIPS:

$P = \mu_0 N = \mu_0 mg$

SLIPS 1ST IF $P_{SLIP} < P_{TIP}$

I.E., $\mu_0 mg < mg\tan\alpha$

$\therefore$ SLIPS FIRST IF $\mu_0 < \tan\alpha$ AT $P = \mu_0 mg$

TIPS FIRST IF $\mu_0 > \tan\alpha$ AT $P = \mu_0 mg$

TIPS & SLIPS IF $\mu_0 = \tan\alpha$ AT $P = \mu_0 mg$

(6.102)

$x^2 = \frac{64}{3}y$

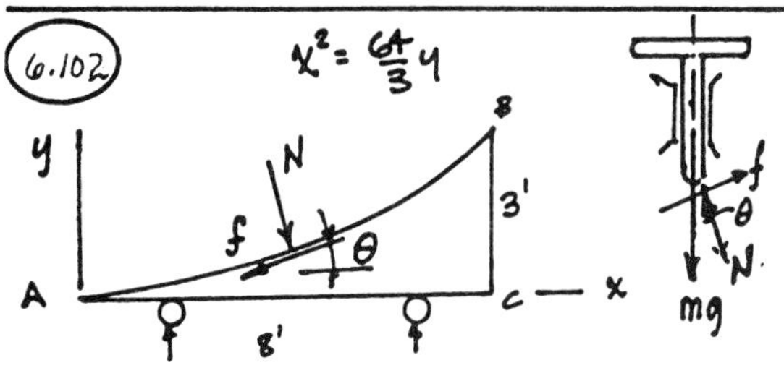

ON ABC:

$\Sigma F_x = 0 = N\sin\theta - \mu_0 N\cos\theta \Rightarrow \mu_0 = \tan\theta$

$x_{MAX} = \frac{32}{3}y'$ & $y' = \tan\theta = \mu_0$

$\therefore x_{MAX} = \frac{32}{3}\mu_0$

(6.103)

$x^2 = \frac{64}{3}y$

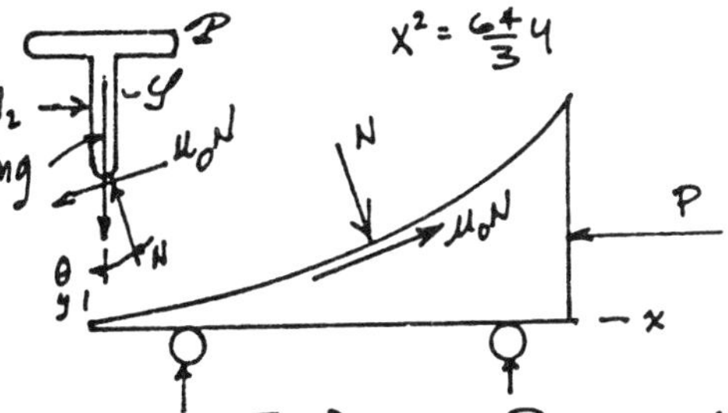

OVERALL FBD: $\Sigma F_x \Rightarrow N_2 = P \quad \cdots$ ①

ON $\mathcal{P} + \mathcal{Y}$: $\Sigma F_y = 0 = N\cos\theta - \mu_0 N\sin\theta - mg \cdots$ ②

$\Sigma F_x = 0 \Rightarrow N_2 = P = N\sin\theta + N\mu_0\cos\theta \cdots$ ③

③ GIVES: $N = P/(\sin\theta + \mu_0\cos\theta)$

OR BY ② $P = mg\dfrac{\sin\theta + \mu_0\cos\theta}{\cos\theta - \mu_0\sin\theta} \quad \cdots (4)$

FROM PROB. 6.102

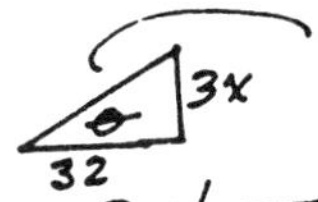

$\sqrt{32^2 + 9x^2}$

WHERE $\sin\theta = 3x/\sqrt{\;}$; $\cos\theta = 32/\sqrt{\;}$

SO ④ GIVES:

$$P = \frac{mg(32\mu_0 + 3x)}{(32 - \mu_0 3x)}$$

(6.104)

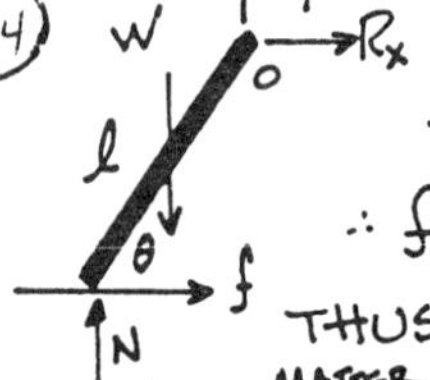

$\Sigma M_o = 0 = \frac{Wl}{2}\cos\theta + fl\sin\theta - Nl\cos\theta = 0$

$\therefore f = N\cot\theta - \frac{W}{2}\cot\theta$

THUS, IF $\mu \geq \cot\theta$, THEN $f \leq \mu N$ NO MATTER HOW SMALL (BUT NOT ZERO) THE VALUE OF W.

(6.105)

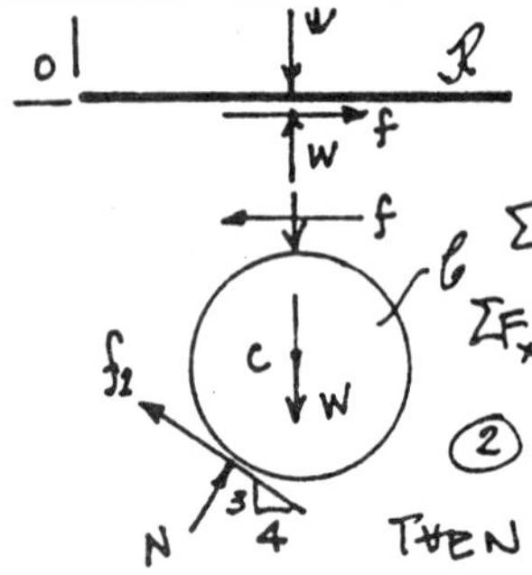

ON R: $\Sigma M_o \Rightarrow N = W$

ON B: $\Sigma M_C \Rightarrow f = f_2$

$\Sigma F_y = 0 \Rightarrow \frac{4}{5}N + \frac{3}{5}f_2 = 2W$ ①

$\Sigma F_x = 0 \Rightarrow \frac{3}{5}N = \frac{4}{5}f_2 + f_2$ .. ②

② → ① ⇒ $f_2 = \frac{2}{3}W$

THEN $N = 3(\frac{2}{3}W) = 2W$

SO f_{MAX} TOP $= \mu W$; f_{MAX} PLANE $= 2\mu W$

∴ SLIPS AT TOP FIRST & SINCE f's ARE EQUAL: $f \leq \mu W$ OR $\frac{2}{3}\frac{W}{W} = \mu$

$\mu_{MIN} = 2/3$

(6.106)

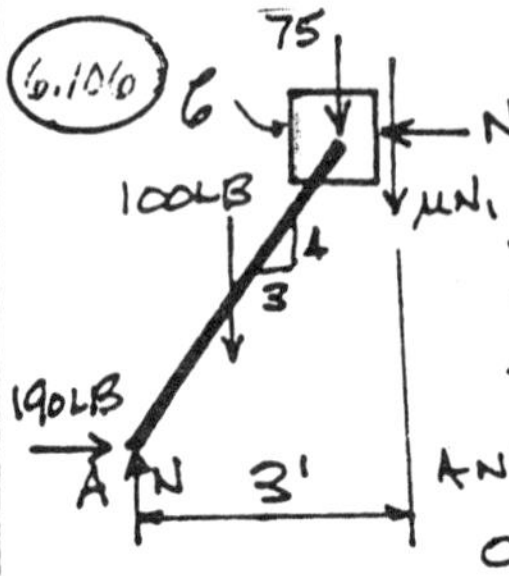

$\Sigma F_x = 0 \Rightarrow 190 = N_1$

$\Sigma F_y = 0 \Rightarrow N = 175 + \mu(190)$

$\Sigma M_A = 0 \Rightarrow 4N_1 - 100(3/2) - 75(3) - \mu N_1(3) = 0$; SUB. N_1 AND GET $4 - 3\mu = 1.974$

OR $\mu = .675$

(6.107)

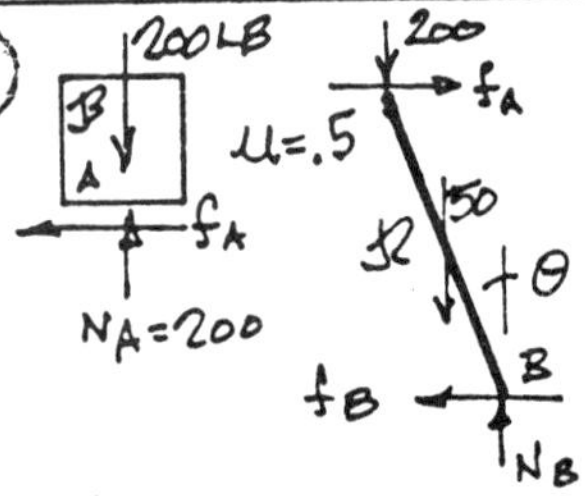

TRY $f_B = .5N_B$

$\Sigma M_A = 10N_B\sin\theta - .5N_B 10\cos\theta - 50(5\sin\theta) = 0$

ALSO $N_B = 250$

$\therefore \Sigma M_A \Rightarrow \theta = 29.1°$

NOW $f_B = 125 \Rightarrow f_A = 125 > \mu N_A = 100$

SO IT SLIPS AT TOP FIRST. ∴ PUT $f_A = 100$ & TAKE MOMENTS AT B ON R.

$\Sigma M_B = 0 = 50(5)\sin\theta + 200(10)\sin\theta - 100(10)\cos\theta = 0$

$45\sin\theta = 20\cos\theta$

$\tan\theta = \frac{20}{45} = \frac{4}{9} = .444$

$\therefore \theta = 24.0°$

(6.108)

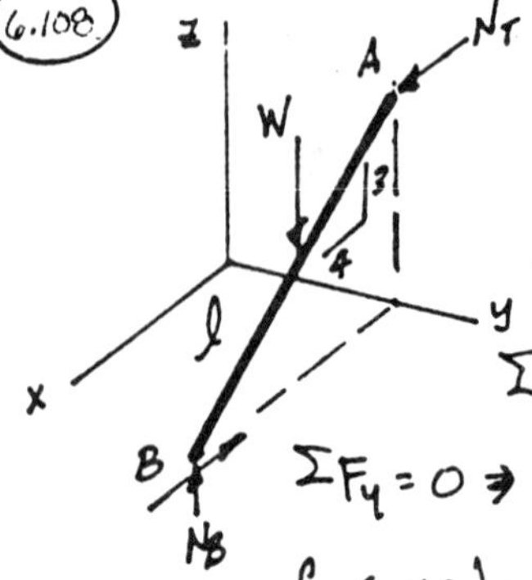

$W = 50 \times 9.81 = 491\ N$

$\Sigma M_B = 0 \Rightarrow 491\,l/2\,(4/5) = N_T\,l\,(3/5)$

$\therefore N_T = \frac{2}{3}491 = 327\ N$

$\Sigma F_x = 0 \Rightarrow f_B = N_T = 327\ N$

$\Sigma F_y = 0 \Rightarrow N_B = 491$

$f_B \leq \mu N_B$ OR $2/3(491) \leq \mu(491)$

$\therefore \mu_{MIN} = 2/3$

(6.109) a) SEE FIG. IN TEXT: LET G BE POINT ON AB WHERE MASS CENTER IS LOCATED:

$\Sigma M_B = 0$ NOW $\underline{r}_{BG} \times (mg)(-\hat{k})$ IS ⊥ TO PLANE AOB. $\underline{r}_{BA} \times \underline{N}_A$ MUST BE ⊥ TO AOB & ONLY ⊥ AOB TO BALANCE $\underline{r}_{BG} \times (mg)(-\hat{k})$. ∴ $\underline{N}_A$ MUST BE IN PLANE AOB ALSO.

b)

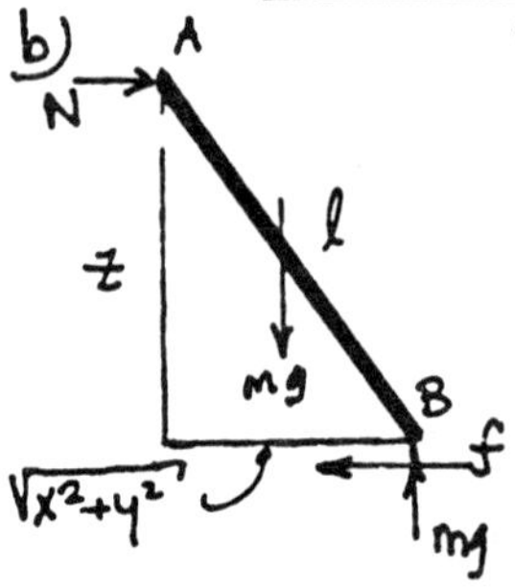

$\Sigma M_B = 0 \Rightarrow$

$mg\,\frac{l}{2}\,\frac{\sqrt{x^2+y^2}}{l} = Nz$

$\Sigma F_x \Rightarrow f = N$

$\therefore f = mg\frac{\sqrt{x^2+y^2}}{2z} \leq \mu mg$

$\therefore \mu \geq \frac{\sqrt{x^2+y^2}}{2z}$

(6.110)

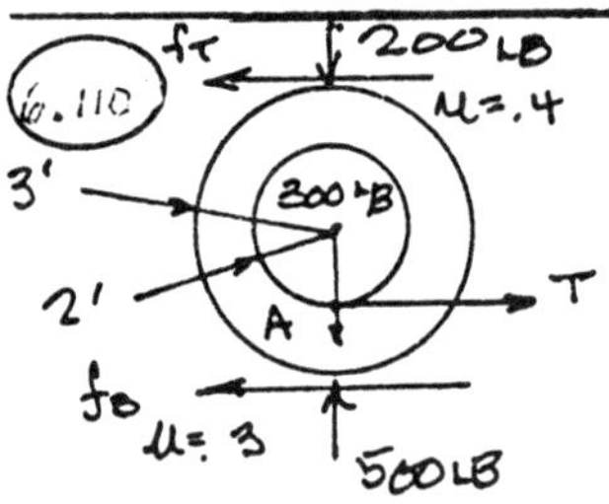

IF IT SLIPS AT THE BOTTOM,

$f_B = .3(500) = 150\ LB$

$\Sigma M_A = 0 = 5f_T - 1(150)$ ∴ $f_T = 30\ LB$

BUT $f_{T\,MAX} = .4 \times 200 = 80\ LB$ ∴ OK

$\Sigma F_x = 0 \Rightarrow T = f_T + f_B = 150 + 30$

$T = 180\ LB$

(6.111) SEE PROB 6.110

a) $f_{B_{MAX}} = .4(500) = 200$ LB

ASSUME SLIP AT BOT. AGAIN:

$\Sigma M_A = 0 = 5 f_T - 1(200) \Rightarrow f_T = 40$ LB

$40 < 80$ ∴ OK & $T = 240$ LB

b) $f_{B_{MAX}} = .9(500) = 450$ FOR SLIP AT BOT.

$\Sigma M_A = 0 = 5 f_T - 1(450) \Rightarrow f_T = 90$ LB > 80

SO SLIPS AT TOP THIS TIME.

$\Sigma M_A = 0 \Rightarrow 80(5) - f_B(1) = 0 \Rightarrow f_B = 400$

& $400 < 450$ ∴ $T = 400 + 80 = 480$ LB

(6.112)

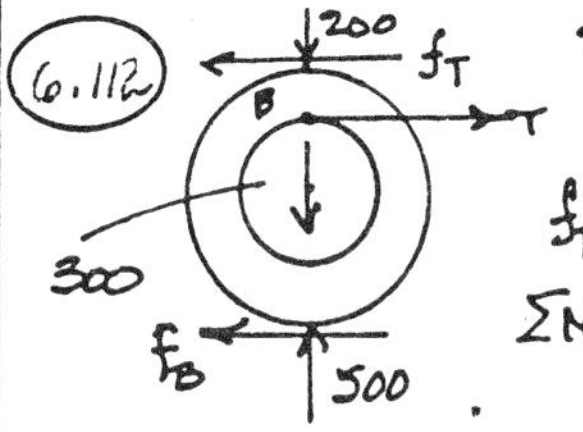

SEE PROB 6.110

ASSUME SLIPS AT TOP:

$f_T = .4(200) = 80$

$\Sigma M_B = 0 = f_T(1) - 5 f_B$

$f_B = 80/5 = 16$ LB < 150

∴ $T = 16 + 80 = 96$ LB

(6.113) SEE FIG IN TEXT! AD & DC ARE 2-FORCE.

$\Sigma M_A = 0 \Rightarrow F_{C_y} = 36.6$ LB $= F_{C_x}$

BUT $.6(36.6) = 22.0$ IS μN ∴ BOX MUST PROVIDE $36.6 - 22.0 = 14.6$ LB TO THE LEFT.

THUS $\mu_B N_B = .5\, mg = 14.6 \Rightarrow W_{Box} = 29.2$ LB

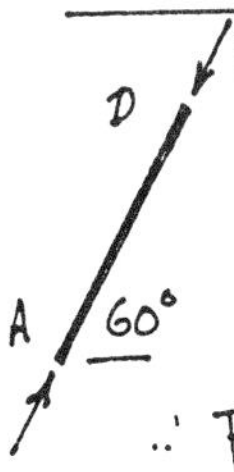

F = FORCE ON AD BY PIN

FROM ABOVE $A_x = F_{C_x} = 36.6$ LB

$A_y = \frac{A_x}{\tan 30°} = 63.4$ ↑ LB

∴ $F_{D_x} = 36.6$ ← LB & $F_{D_y} = 63.4$ ↓ LB

OR $F_D = 73.2$ LB ∠60°

(6.114)

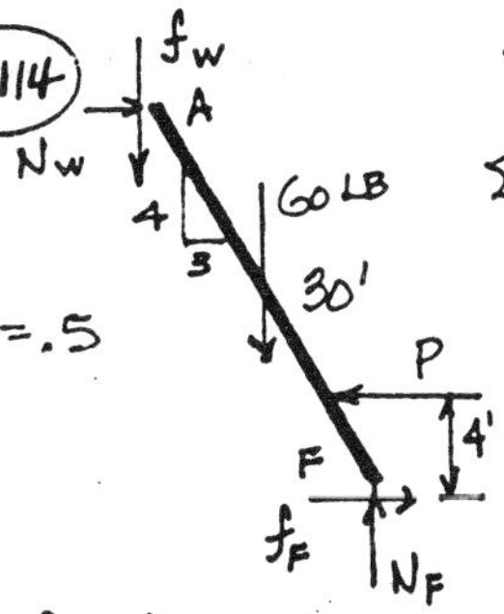

$\mu = .5$

$\Sigma F_x = N_W + f_F - P = 0$ . . (1)

$\Sigma F_y = 0 = N_F - f_W - 60$

$f_W = .5 N_W$

$f_F = .5 N_F$

∴ $N_F = .5 N_W + 60$ . . (2)

$\Sigma M_F = 0 = P(4) + 60(9) + f_W(18) - N_W(24)$ . . (3)

FROM (1) & (2) $N_W = P - .5(.5 N_W + 60) \Rightarrow$ . . (4)

$N_W = \frac{4}{5}P - 24$ . . (5)

(3) BECOMES: $4P + 540 + 9N_W - 24 N_W = 0$

(4) → (5) ⇒ $8P = 900$ OR $P \approx 113$ LB

(6.115) SEE F.B.D FROM PROB 6.114 (4' = y)

$\Sigma F_x = 0 = N_W + f_F - P = 0$

$N_W = P - .5 N_F$

$\Sigma F_y = 0 \Rightarrow N_F = .5 N_W + 60$

∴ $N_W = \frac{4}{5}P - 24$

$\Sigma M_F = 0 = yP + 60(9) + .5 N_W(18) - N_W(24)$

WITH N_W ABOVE:

$0 = yP + 540 - 12P + 360 \Rightarrow$

$P(12 - y) = 900$; HOLDS FOR Y FROM 0 → 12

BUT AS y → 12 FT P → ∞ ∴ 12' IS SMALLEST y

(6.116)

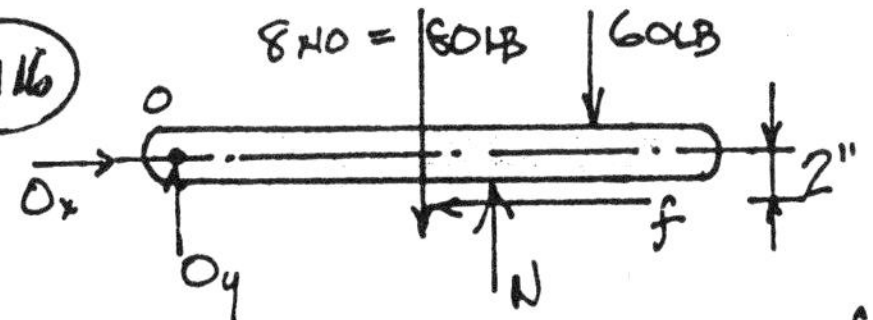

$\Sigma M_O = 0 = 5N - 80(4) - 60(7) - f(2/12)$

$f = 30N - 4440$

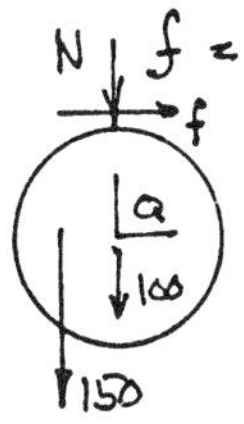

$\Sigma M_Q = 0 = f\,2.5 - 150 \times 1$

∴ $f = 60$ LB

SO $N = (60 + 4440)/30 = 150$ LB

$f_{AVAIL} = .5(150) = 75 > 60$ ∴ ADEQ.

ON BRAKE: $\Sigma F_x = 0 \Rightarrow O_x = 60$ → LB

$\Sigma F_y = 0 \Rightarrow O_y = 10$ ↓ LB

(6.117)

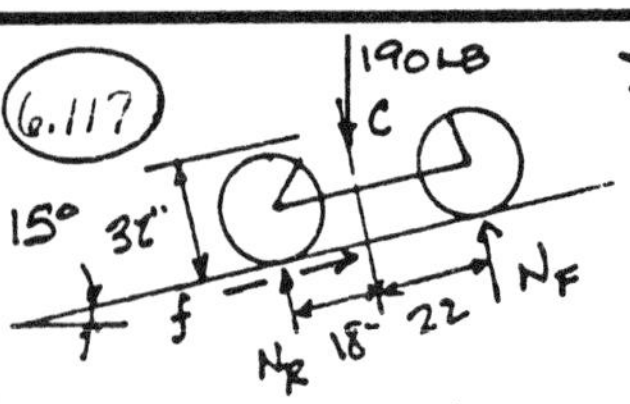

$\Sigma F_x = 0 \Rightarrow f = 190 \sin 15° = 49.2$ LB

$\Sigma M_R = 0 = 40 N_F - 190(18)\cos 15° + 190(32)\sin 15° \Rightarrow$

$N_F = 43.2$ LB

$\Sigma F_y = 0 \Rightarrow N_R = 190 \cos 15° - 43.2 = 140$ LB

$f/N_R = \mu_{MIN} = 49.2/140 = 0.351$

(6.118) SEE FIG. IN TEXT AND PROB 6.117

$\Sigma M = 0 \Rightarrow T(1.5) = f(13) = 49.2(13) \Rightarrow$

$T = 426$ LB. ON PEDAL: $F(6.5) = T(4) \Rightarrow$

$F = 262$ LB

(6.119)

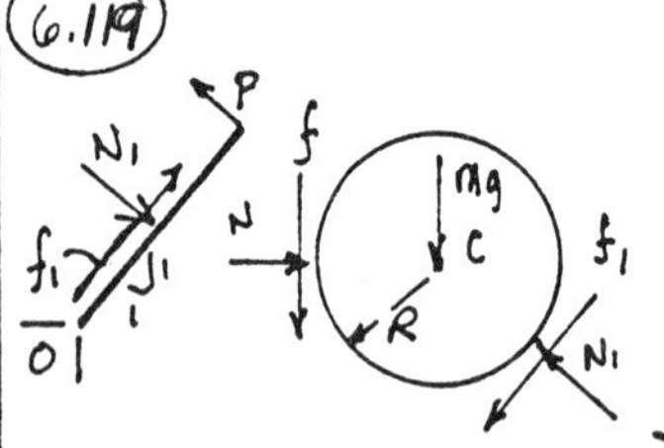

NOTE: $a = R(1+\sqrt{2})$

$\Sigma M_O = 0 \Rightarrow N_1 = 2P$

$\Sigma M_C = 0 \Rightarrow f = f_1$

$\Sigma F_x = 0 \Rightarrow N - \frac{f_1}{\sqrt{2}} = \frac{2P}{\sqrt{2}}$

$\Sigma F_y = 0 \Rightarrow \frac{N_1}{\sqrt{2}} - f - \frac{f_1}{\sqrt{2}} = mg$

SOLVE: $N = 2P - \frac{mg}{1+\sqrt{2}}$ & $f = (\sqrt{2}P - mg)\frac{\sqrt{2}}{1+\sqrt{2}} = f_1$

TO PREVENT SLIP AT WALL:

$\frac{2P - \sqrt{2}\,mg}{1+\sqrt{2}} = f < \mu\left(2P - \frac{mg}{1+\sqrt{2}}\right) \Rightarrow P < 1.17\,mg$

FOR NO SLIP AT BAR: $f_1 < \mu_{BAR} N_1$

$\frac{2P - \sqrt{2}\,mg}{1+\sqrt{2}} < .6P \Rightarrow P < 2.56\,mg$.

$\therefore$ $P = 1.17\,mg$; AT THE WALL

(6.120)

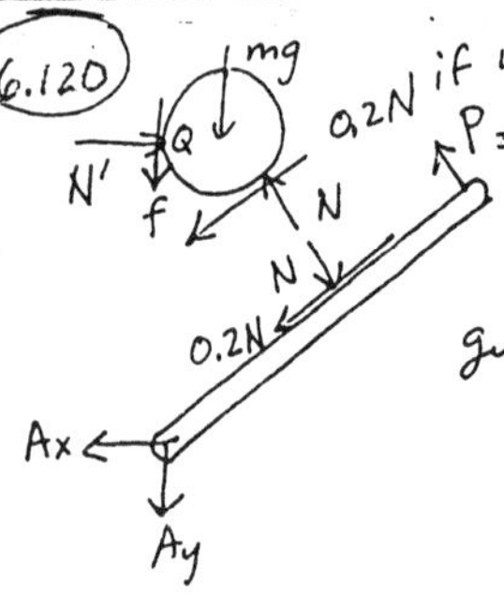

0.2N if we assume slipping at the bar. $P = N/2$ by $\Sigma M_A = 0$.

On cylinder, $\Sigma M_Q = 0$

gives $0 = \frac{NR}{\sqrt{2}} - 0.2NR\left(1+\frac{1}{\sqrt{2}}\right) - mgR$

$N = \frac{mg}{\frac{1}{\sqrt{2}} - 0.2 - \frac{0.2}{\sqrt{2}}}$

$P = \frac{N}{2} = \frac{mg}{2\left(\frac{.8}{\sqrt{2}} - 0.2\right)} = 1.37\,mg$

Check: $\Sigma F_y = 0$ on cylinder $\Rightarrow f = mg + \overbrace{2.74mg}^{N}\left(\frac{-1+.2}{\sqrt{2}}\right)$

$f = 0.550\,mg$

$\Sigma F_x = 0 \Rightarrow N' = 1.2\,(\overbrace{2.74mg}^{N}) = 3.29\,mg$

$f_{MAX} = .3N' = 0.986\,mg > f$ so ans.

is $P = 1.37\,mg$ with slip at the point of contact between cylinder and bar.

(6.121) AC is a 2-force member.

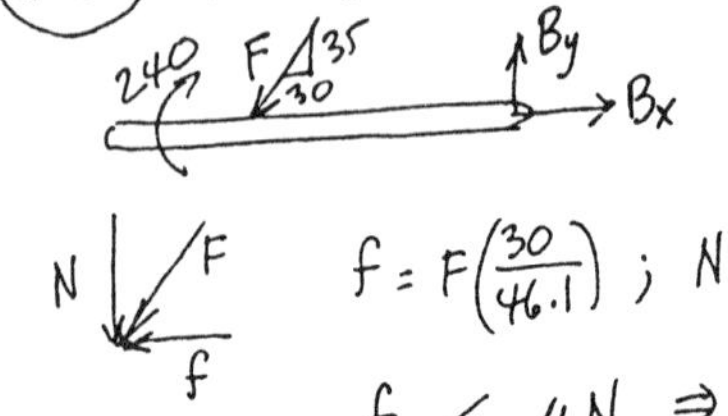

$\Sigma M_B = 0 \Rightarrow \frac{35}{46.1}F(.3) = 240$

$F = 1054$ N but not needed;

$f = F\left(\frac{30}{46.1}\right)$; $N = F\left(\frac{35}{46.1}\right)$

$f \le \mu N \Rightarrow \frac{30}{35} = \mu_{min} = 0.857$

Note: $B_x = F_x = \frac{30}{46.1}(1054) = 686$; $F_y = B_y = 1054\left(\frac{35}{46.1}\right) = 800$ N.

(6.122)

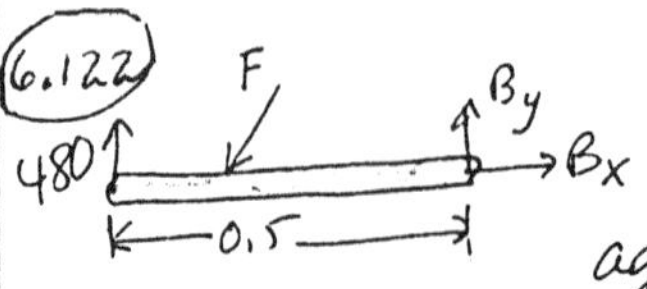

$\Sigma M_B = 0 \Rightarrow F_{again} = 1054$ N

Its components again yield $\mu_{min} = 0.857$ in the same way.

And ΣF_x here $\Rightarrow B_x = F_x = 1054\frac{30}{46.1} = 686$ N as before.

But ΣF_y here $\Rightarrow B_y = F_y - 480 = 800 - 480 = 320$ N this time!

(6.123) Note μ needed under block $= \frac{27.3}{266} = 0.103$.

See solution to 4.235!

Much larger friction coefficient needed under bar, namely: $\frac{A_x}{A_y} = \frac{27.3}{34.5} = 0.791$ (ans.)

(6.124)

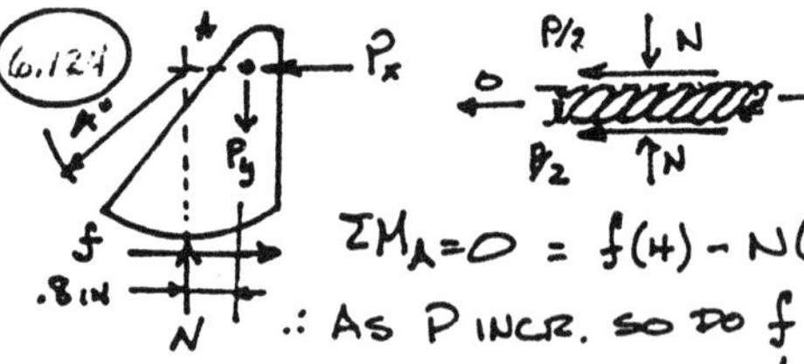

$\therefore f = P/2$

$\Sigma M_A = 0 = f(4) - N(.8)$; $N = 5f$ ①

$\therefore$ AS P INCR. SO DO f & N.

$f_{MAX} = \mu N$ $\therefore$ ① GIVES $N = 5\mu N$ OR $\mu_{MIN} = .2$

IF $P = 500$, THEN $f = 250$ & $N = 1250$

$\therefore \Sigma F_x \Rightarrow P_x = 250 \leftarrow$ LB; $\Sigma F_y \Rightarrow P_y = 1250 \downarrow$ LB

$\therefore$ FORCE BY PIN ONTO SUPPORT IS

$250\,\hat{i} + 1250\,\hat{j}$

6.125

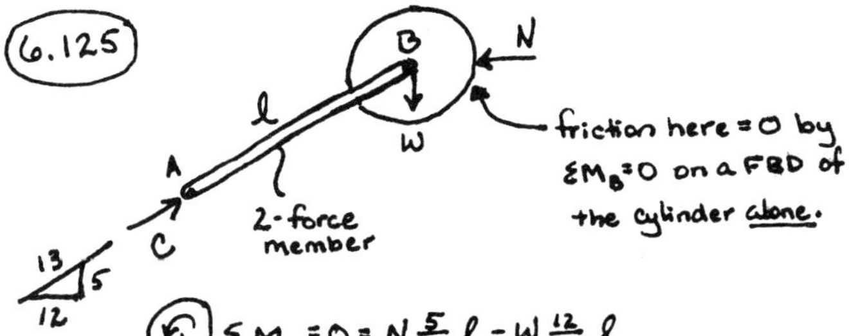

$$\circlearrowleft + \ \Sigma M_A = 0 = N\tfrac{5}{13}\ell - W\tfrac{12}{13}\ell$$

$$N = \tfrac{12}{5}W$$

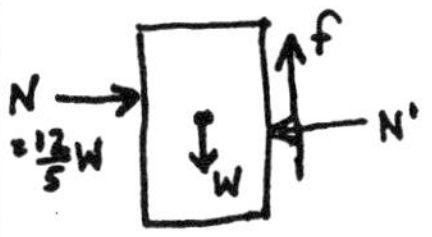

$$\Sigma F_x = 0 \Rightarrow N' = \tfrac{12}{5}W \qquad f \le \mu N'$$

$$\Sigma F_y = 0 \Rightarrow f = W \qquad W \le \mu \tfrac{12}{5}W$$

$$\mu \ge \tfrac{5}{12}$$

$$\mu_{min} = 5/12$$

6.126

First part of 6.125 $\Rightarrow N = \tfrac{12}{5}W_C$

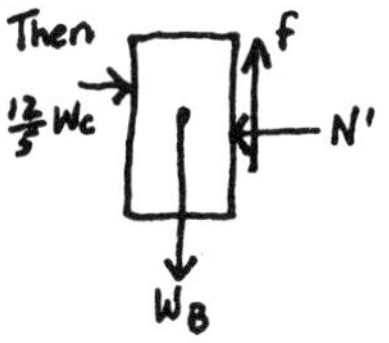

$$\Sigma F_x = 0 \Rightarrow N' = \tfrac{12}{5}W_C$$

$$\Sigma F_y = 0 \Rightarrow f = W_B$$

$$f \le \mu N' \Rightarrow W_B \le \mu \tfrac{12}{5}W_C$$

$$\mu \ge \frac{5}{12}\frac{W_B}{W_C}$$

$$\mu_{min} = \frac{5}{12}\frac{W_B}{W_C}$$

6.127

This time the original moment equation becomes: $\tfrac{5}{13}\ell N - W_C\tfrac{12}{13}\ell - W_R\tfrac{12}{26}\ell = 0$

$$N = \tfrac{12}{5}W_C + \tfrac{6}{5}W_R$$

Then from the 2nd FBD,

$$N' = \tfrac{12}{5}W_C + \tfrac{6}{5}W_R \text{ and } f = W_B \quad \Bigg\} \quad f \le \mu N'$$

$$W_B \le \mu\left(\tfrac{12}{5}W_C + \tfrac{6}{5}W_R\right)$$

$$\mu \ge \frac{5W_B}{12W_C + 6W_R}$$

$$\mu_{min} = \frac{5W_B}{12W_C + 6W_R}$$

6.128

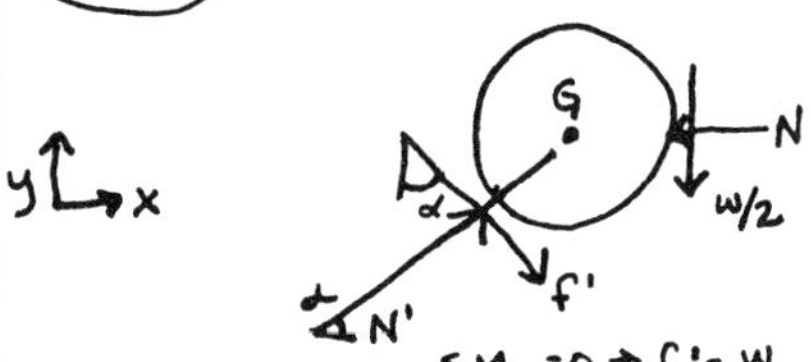

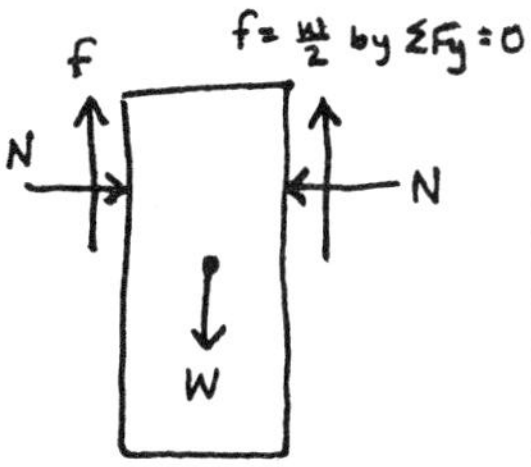

$$\Sigma M_G = 0 \Rightarrow f' = \tfrac{W}{2}$$

$$\xrightarrow{+} \ \Sigma F_x = 0 = N'\cos\alpha + \tfrac{W}{2}\sin\alpha - N$$

$$+\uparrow \ \Sigma F_y = 0 = N'\sin\alpha - \tfrac{W}{2}\cos\alpha - \tfrac{W}{2}$$

Solving for N' and N gives

$$N = \tfrac{W}{2}(1+\cos\alpha)/\sin\alpha \quad \text{and}$$

$$N' = \tfrac{W}{2}(1+\cos\alpha)/\sin\alpha \text{ also.}$$

so $f \le \mu_1 N \Rightarrow \tfrac{W}{2} \le \mu_1 \tfrac{W}{2}(1+\cos\alpha)/\sin\alpha$

$$\mu_1 \ge \frac{\sin\alpha}{1+\cos\alpha}$$

and $f' \le \mu_2 N' \Rightarrow \tfrac{W}{2} \le \mu_2 \tfrac{W}{2}(1+\cos\alpha)/\sin\alpha$

$$\mu_2 \ge \frac{\sin\alpha}{1+\cos\alpha}, \text{ the same value as } \mu_1.$$

As α gets smaller, so do the required μ's to prevent slip.

6.129

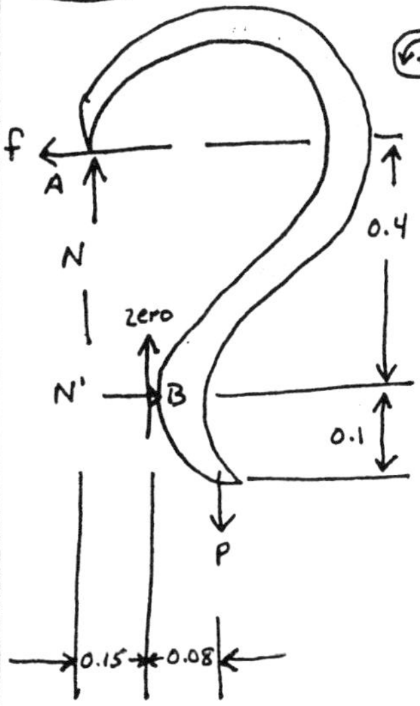

$$\Sigma F_y = 0 \Rightarrow N = P \quad (1)$$

$$\circlearrowleft + \ \Sigma M_B = 0 = 0.4f - 0.15N - 0.08P$$

$f \le \mu N$ for impending slip:

$$\frac{0.15P + 0.08P}{0.4} \le \mu P \quad (P \text{ by } (1))$$

$$\mu \ge 0.375 + 0.200 = 0.575$$

If $\mu = 0.2$ and 0.4 dimension is H:

$$\Sigma M_B = 0 = Hf - 0.15N - 0.08P$$

$$f \le \mu N \Rightarrow \frac{0.15P + 0.08P}{H} \le \mu P$$

$$\frac{0.15 + 0.08}{0.2} \le H$$

$$H \ge 1.15 \text{ m}$$

6.130

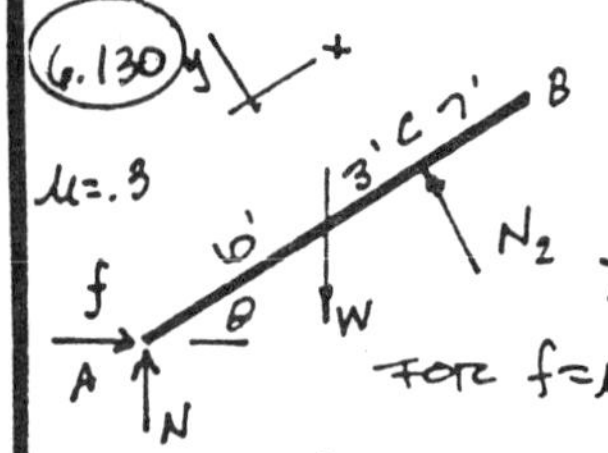

$\Sigma M_C = 0 = W\cos\theta\,(3) + f(13)(\sin\theta) - N\,13\cos\theta$ ①

$\Sigma F_x = 0 \Rightarrow f\cos\theta + N\sin\theta = W\sin\theta$

For $f = \mu N$; $N \geq \dfrac{W\sin\theta}{\sin\theta + .3\cos\theta}$ ②

Put ② into ①: $3W\cos\theta \geq (13\cos\theta - 3.9\sin\theta)\left(\dfrac{W\sin\theta}{\sin\theta + .3\cos\theta}\right) \Rightarrow$

$f(\theta) = 3.9\tan^2\theta - 10\tan\theta + .9 \geq 0$

$\tan\theta = 2.47$ & $.0936$

$\theta = 68.0°$ & $5.35°$. Now $H/13 = \sin\theta$

∴ For no slip:

$0 \leq H \leq 1.21$ FT & 13 FT $\geq H \geq 12.1$ FT

Qualitatively this can be illustrated nicely with a pencil (put eraser on floor!)

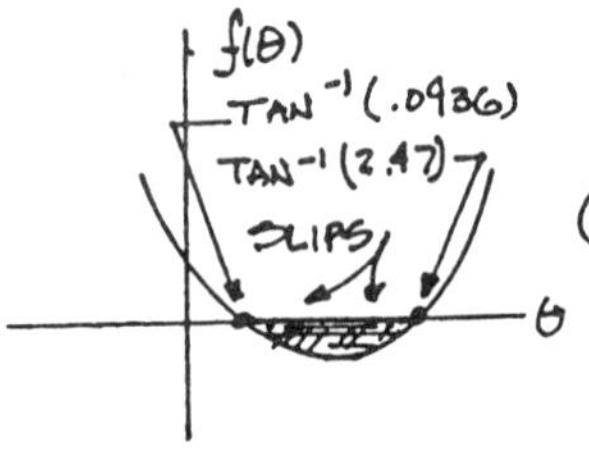

6.131

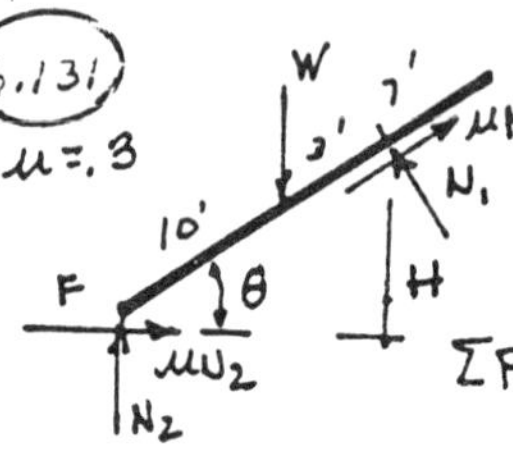

$\cos\theta = \sqrt{169 - H^2}/13$

$\sin\theta = H/13$

$\Sigma F_x = 0 = \mu N_2 + \mu N_1\cos\theta - N_1\sin\theta$. ①

$\Sigma F_y = 0 \Rightarrow N_2 + \mu N_1\sin\theta + N_1\cos\theta = W$ . . ②

① → ② ⇒ $N_1 = \dfrac{W\mu}{\sin\theta\,(1+\mu^2)}$ . . . . . ③

$\Sigma M_F = 0 = N_1(13) - W(10)\cos\theta$ & with ③

This gives: $\dfrac{W\mu}{\sin\theta(1+\mu^2)} = \dfrac{W10\cos\theta}{13} \Rightarrow$

$\sin 2\theta = .7156 \Rightarrow \theta = 22.8°$ & $H = 5.04$ FT

6.132

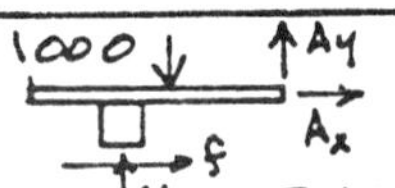

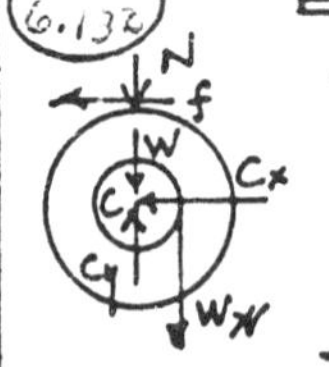

See Example 6.9: f's change direction

$\Sigma M_A = 0 = 1000(1) - N(1.5) + f(.015)$

∴ $N = \dfrac{1000}{1.47} = 680$ Newtons ($f = \mu N = .2N$)

$\Sigma M_C = 0 = W_H(.2) - (.2)(680)(.3)$

∴ $W_H = 204$ Newtons

6.133

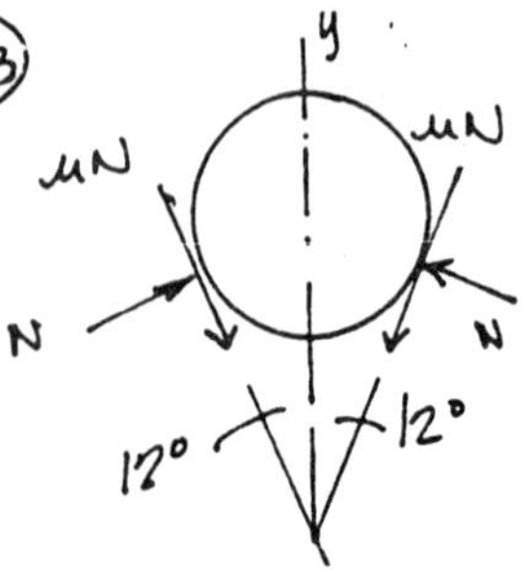

$\Sigma F_y = 0 \Rightarrow$

$2\mu N\cos 12° = 2N\sin 12°$

∴ $\tan 12° = \mu$

or $\mu = \tan 12° = .213$

6.134

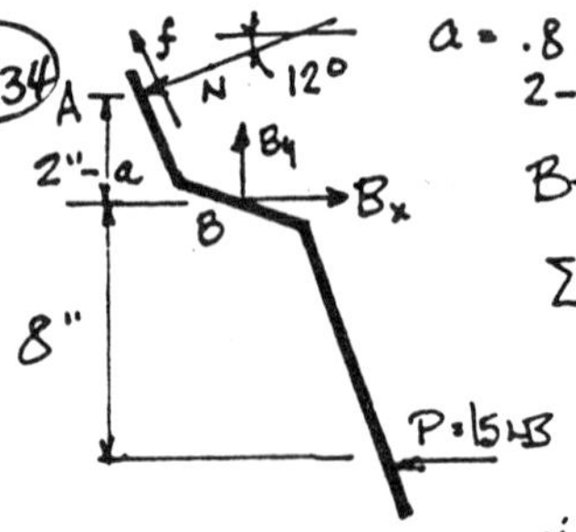

$a = .8\sin 12° = .166$

$2 - a = 1.83"$

By symmetry, $B_y = 0$

$\Sigma M_A = 0 \Rightarrow$

$B_x(2 - .166) = 15(10 - .166)$

∴ $B_x = 80.4$ LB

6.135

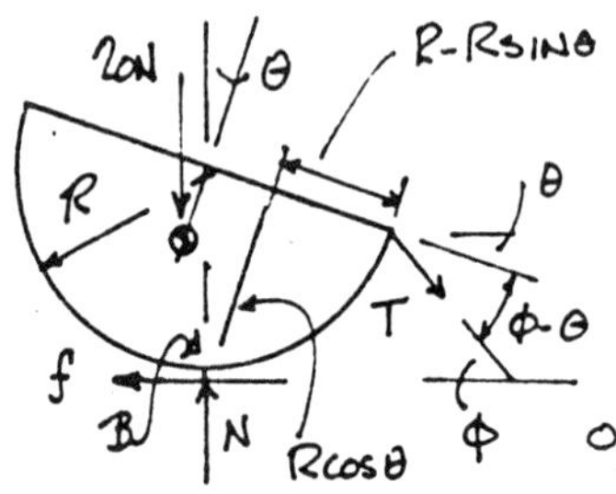

$\Sigma F_y = 0 \Rightarrow$

$-20 + N - T\sin\phi = 0$ ①

$\Sigma F_x = 0 \Rightarrow$

$T\cos\phi - f = 0$

or

$T\cos\phi - \mu N = 0$ . . ②

① & ② give $\dfrac{T\cos\phi}{\mu} = 20 + T\sin\phi$

$\Sigma M_B = 0 \Rightarrow 20\left(\dfrac{4R}{3\pi}\right)\sin\theta = T\cos(\phi-\theta)R\cos\theta + T\sin(\phi-\theta)(R - R\sin\theta)$ . . . ⇒

$\dfrac{80}{3\pi}\sin\theta = [\cos(\phi-\theta)\cos\theta + \sin(\phi-\theta)(1-\sin\theta)]\,T$

At $\phi = 20°$ & $\theta = 30°$ ⇒ $T = 5.53$ N

By ②, $f = T\cos\phi = 5.20$

By ①, $N = 20 + 5.53(.342) = 21.9$

$\mu = f/N = \dfrac{5.20}{21.9} = .237$

6.136

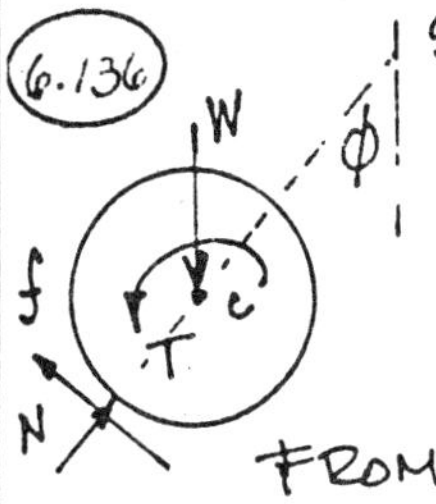

a) $\Sigma M_C = 0 \Rightarrow T = fR \quad \ldots (1)$

$\Sigma F_x = 0 \Rightarrow W\cos\phi = N \ldots (2)$

$\Sigma F_y = 0 \Rightarrow f = W\sin\phi \Rightarrow$ (FROM (1))

$T/R = W\sin\phi \quad \ldots (3)$

FROM (3), $\phi = \sin^{-1}(T/WR)$

b) $f \le \mu N$ SO

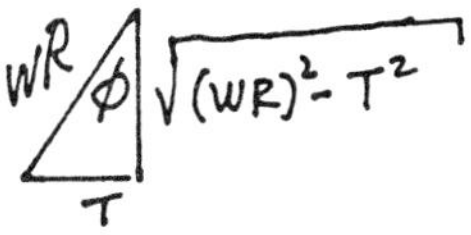

$\frac{T}{R} \le \mu\,(W\cos\phi)$

$\frac{T}{RW\cos\phi} \le \mu \quad \therefore \mu_{MIN} = \dfrac{T}{WR\left(\dfrac{\sqrt{W^2R^2 - T^2}}{WR}\right)}$

OR

$$\mu_{MIN} = \frac{T}{\sqrt{W^2R^2 - T^2}}$$

6.137

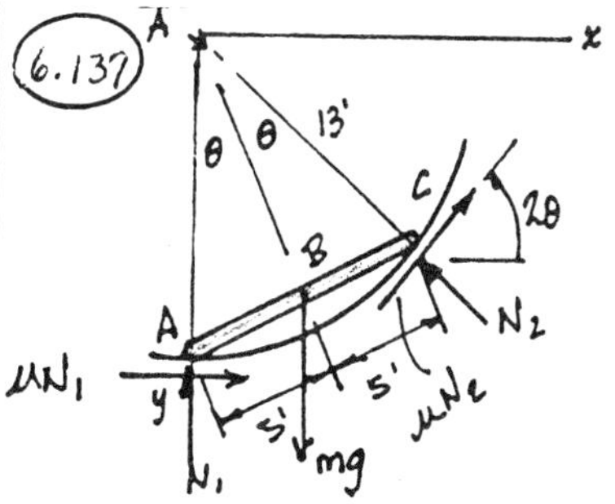

$\theta = \sin^{-1}(5/13)$

$\sin\theta = 5/13$

$\cos\theta = 12/13$

$\sin 2\theta = 120/169$

$\cos 2\theta = 119/169$

$\Sigma M_A = 0 \Rightarrow \mu(N_1 + N_2)(13) = mg\,12(5/13) \quad \ldots (1)$

$\Sigma F_y = 0 \Rightarrow N_1 + \mu N_2 \sin 2\theta + N_2\cos 2\theta = mg \ldots (2)$

$\Sigma F_x = 0 \Rightarrow \mu N_1 + \mu N_2 \cos 2\theta = N_2 \sin 2\theta \quad \ldots (3)$

$\therefore \mu(N_1 + N_2) = mg\,60/169 \quad \ldots (1)$

$N_1 + N_2\left(\mu\frac{120}{169} + \frac{119}{169}\right) = mg \quad \ldots (2)$

$\mu N_1 + N_2\left(\mu\frac{119}{169} - \frac{120}{169}\right) = 0 \quad \ldots (3)$

(3) → (4) $\Rightarrow N_1 = \frac{N_2}{169\mu}(120 - 119\mu) \quad \ldots (4)$

(4) INTO (1) $\Rightarrow N_2 = 6mg/(5\mu + 12)$ THEN

$N_1 = \frac{6mg}{5\mu+12}\,\frac{1}{169\mu}(120 - 119\mu)$, SUB. N_1 & N_2 → (2)

TO GET A QUAD IN $\mu \Rightarrow \mu = .348$ &

FOR THE RECORD:

$N_1 = .584\,mg$; $N_2 = .437\,mg$ & $2\theta = 45.24°$

6.138

$\underline{f}_1 = f_1(-\cos\theta\,\hat{j} + \sin\theta\,\hat{k})$; $f_1 = \mu N_1$

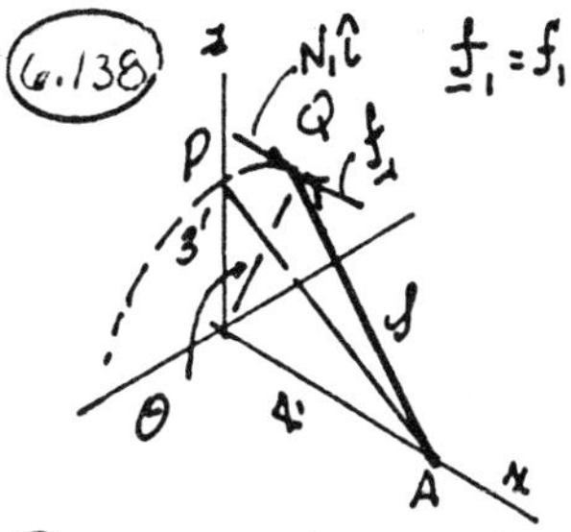

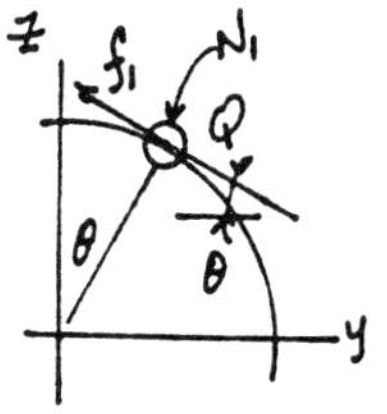

PROJECTION OF Q ONTO x-y PLANE

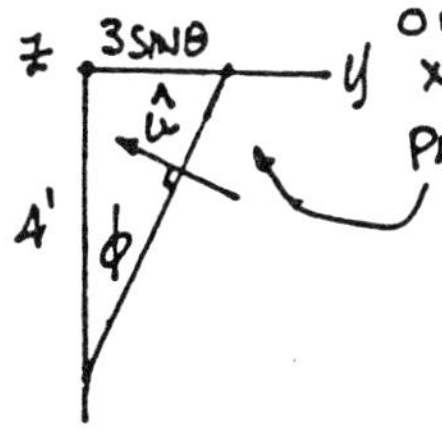

THE FORCE AT Q $[N_1\hat{i} + \underline{f}_1]$ CAN HAVE NO COMPONENT PARALLEL TO $\hat{u}$ BECAUSE:

$\Sigma \underline{M}_A = 0$

$\Sigma \underline{M}_A \cdot \hat{k} = 0 \quad \ldots (1)$

AND FORCES AT A CANNOT CONTRIBUTE TO LEFT-HAND SIDE OF (1), NOR CAN THE GRAVITY FORCE.

$\therefore$ IF $[N_1\hat{i} + \underline{f}_1]$ HAS A "$\hat{u}$-COMPONENT," THEN (1) CANNOT HOLD. ($f_1 = \mu N_1$ FOR MAX ANGLE)

$\therefore [N_1\hat{i} + \mu N_1(-\cos\theta\,\hat{j} + \sin\theta\,\hat{k})] \cdot [-3\sin\theta\,\hat{i} + 4\hat{j}] = 0$

$\Rightarrow (-3\sin\theta + \mu 4\cos\theta) = 0 \Rightarrow \tan\theta = \frac{4}{3}\mu$

LET ψ BE MAX ∠ BETW. AP & $\mathcal{S}$.

$\cos\psi = \hat{AP} \cdot \hat{AQ}$

$= \left(\frac{-4\hat{i} + 3\hat{k}}{5}\right) \cdot \left(\frac{-4\hat{i} + 3\cos\theta\,\hat{k} + 3\sin\theta\,\hat{j}}{5}\right)$

$= \frac{16 + 9\cos\theta}{25}$; $\cos\theta = \frac{3}{\sqrt{9 + 16\mu^2}}$

$\therefore \psi = \cos^{-1}\left[\frac{16\sqrt{16\mu^2 + 9} + 27}{25\sqrt{16\mu^2 + 9}}\right]$

ILLUSTRATION: SEE TABLE

μ	$\psi°$
0	0
.1	4.55
.2	8.94
.3	13.0
.4	16.7
.5	20.0
.6	22.9
.7	25.4
.8	27.6
.9	29.5
1.0	31.1
100	50.0
∞	50.2

6.139

$f_{MAX} = \mu N = \mu W\cos\phi$

$(W\sin\phi)^2 + H_{MAX}^2 = \mu^2 W^2 \cos^2\phi$

SO $H_{MAX} = W\sqrt{\mu^2\cos^2\phi - \sin^2\phi}$

6.140 $\left(W\sin\phi+\frac{H}{\sqrt{2}}\right)^2+\left(\frac{H}{\sqrt{2}}\right)^2 \le \mu^2W^2\cos^2\phi$

$W^2\sin^2\phi+\sqrt{2}\,WH\sin\phi+\frac{H^2}{2}+\frac{H^2}{2}\le\mu^2W^2\cos^2\phi$

$\underbrace{\left(\frac{H}{W}\right)^2+\left(\frac{H}{W}\right)\left(\sqrt{2}\sin\phi\right)+\left(\sin^2\phi-\mu^2\cos^2\phi\right)}_{LHS}\le 0$

$\frac{H}{W}=\frac{-\sqrt{2}\sin\phi+\sqrt{4\mu^2\cos^2\phi-2\sin^2\phi}}{2}$

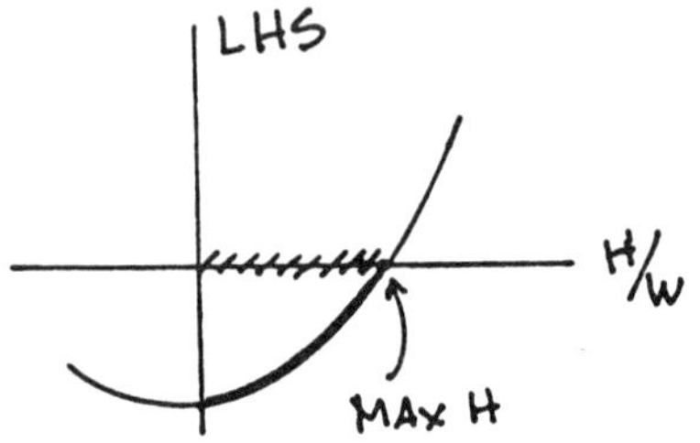

6.141

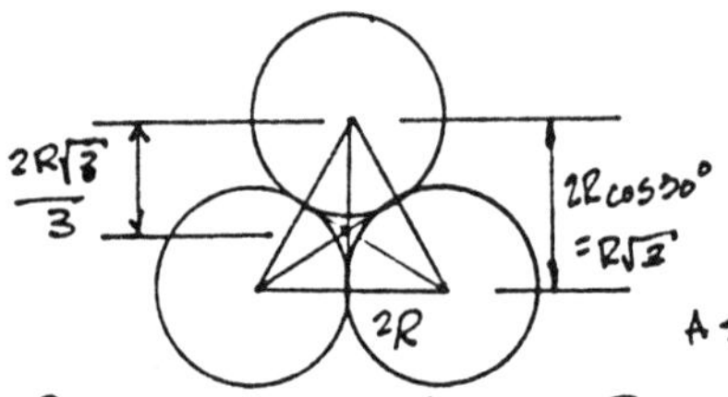

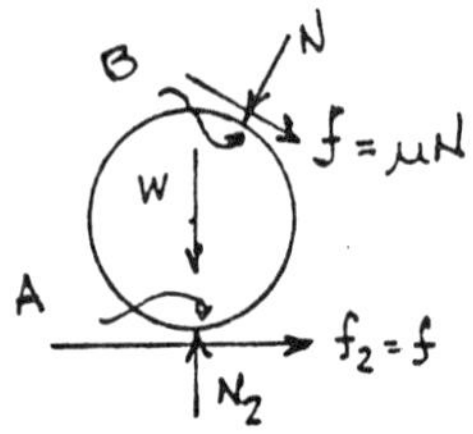

ASSUME FIRST THAT BOTTOM SPHERES ROLL OUT ON GROUND:

$\Sigma M_A=0\Rightarrow \frac{N}{\sqrt{3}}R=f\sqrt{\frac{2}{3}}R+fR=\mu N\left(1+\sqrt{2/3}\right)$

FROM WHICH: $\frac{1}{\sqrt{3}}=\mu\left(1+\sqrt{2/3}\right)\Rightarrow\mu=.3178$

MUST CHECK TO SEE IF BOT ONE SKIDS. THEN $f=f$ AND $f_2=\mu N_2$

$\Sigma M_B=0\Rightarrow \mu N_2R\left[1+\sqrt{\frac{2}{3}}\right]+\frac{WR}{\sqrt{3}}=N_2R\frac{1}{\sqrt{3}}$

FROM $\Sigma F_y=0$ ON ENTIRE FBD $N_2=\frac{4}{3}W$

SO $\left(\frac{4W}{3}\right)\left[\mu\left(1+\sqrt{\frac{2}{3}}\right)-\frac{1}{\sqrt{3}}\right]=\frac{-W}{\sqrt{3}}\Rightarrow$

$\mu=.0795$ ∴ LARGER μ PREVENTS MOTION FROM BOTH. ∴ $\mu=.318$

6.142

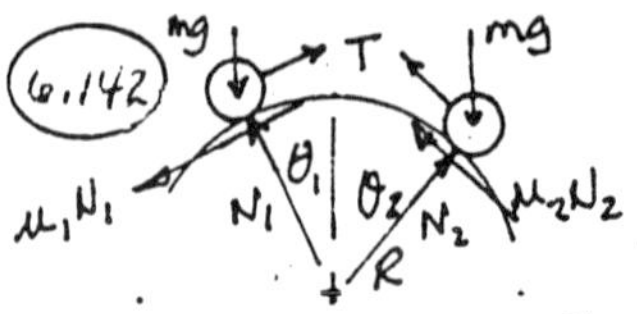

$R(\theta_1+\theta_2)=1.5R \cdots$ ①

$N_1=mg\cos\theta_1 \cdots$ ②

$N_2=mg\cos\theta_2 \cdots$ ③

$T-\mu N_1=mg\sin\theta_1 \cdots$ ④

$T+\mu N_2=mg\sin\theta_2 \cdots$ ⑤

SUB: ② → ④ ⇒ $T-\mu mg\cos\theta_1=mg\sin\theta_1$

" ③ → ⑤ ⇒ $T+\mu mg\cos\theta_2=mg\sin\theta_2$ } ⇒

$.3(\cos\theta_1+\cos\theta_2)=\sin\theta_2-\sin\theta_1$

$\underbrace{.3\cos\theta_1+.3\cos(1.5-\theta_1)+\sin(\theta_1-1.5)+\sin\theta_1}_{LHS}=0$

θ_1 (rad)	LHS
0	−.6763
.2	−.3906
.4	−.0894
.44	−.0283
.45	−.0131
.46	.0022
.459	.0007
.4589	.0005
.4587	.0002
.4586	.0001
.4585	−.0001
.45855	.00001
.45854	−.000005

∴ $\theta_1=.45854=26.27°$

1.5 rad = 85.944°
−26.272

$\theta_2=59.67°$

$N_1=mg(.8967)$

$N_2=mg(.5050)$

$T=mg(.7116)$

6.143

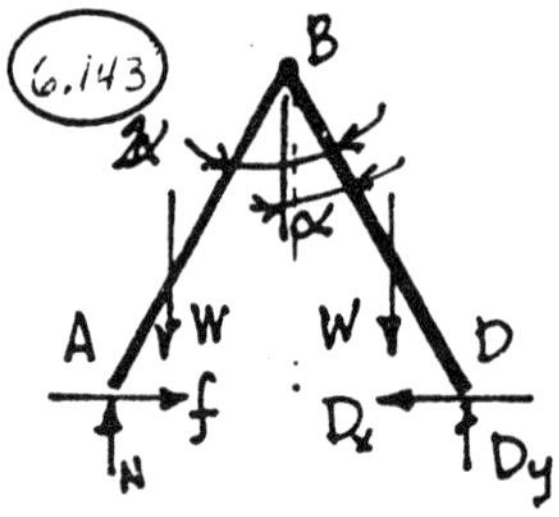

NOTE: $\Sigma F_x=0\Rightarrow D_x=f$

$\Sigma F_y=0$ & $\Sigma M_A=0$

$\Rightarrow D_y=N$

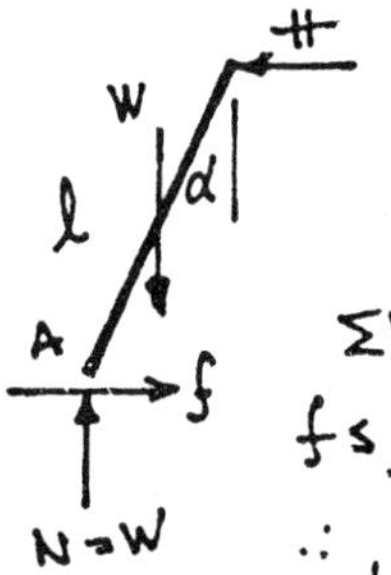

$\Sigma M_A=0\Rightarrow W\frac{l}{2}\sin\alpha=Hl\cos\alpha$

$H=\frac{\tan\alpha}{2}W$

$\Sigma F_x=0\Rightarrow f=H=\frac{\tan\alpha}{2}W$

$f\le\mu N\Rightarrow\frac{\tan\alpha}{2}W\le\mu W$

∴ $\mu\ge\frac{1}{2}\tan\alpha$

(6.144) FROM 6/43 ABOVE NOTE THAT $\mu = \mu \geq \frac{\tan\alpha}{2} = \frac{.577}{2}$ SO NO SLIPPING WITHOUT P

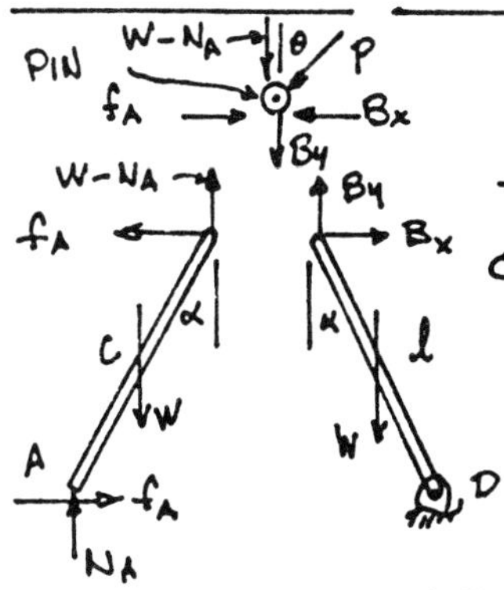

ON PIN: $\Sigma F's = 0$ GIVE:

$B_y + W - N_A + P\cos\theta = 0$ .. ①

$-B_x + f_A - P\sin\theta = 0$ .. ②

ON BD: $\Sigma M_D = 0 \Rightarrow$

$\frac{Wl\sin\alpha}{2} = B_x l\cos\alpha + B_y l\sin\alpha$ OR

$\frac{W\tan\alpha}{2} = B_x + B_y\tan\alpha$ ③

AND ON AB, $\Sigma M_A = l\left[(W-N_A)\sin\alpha + f_A\cos\alpha - \frac{W\sin\alpha}{2}\right] = 0$

OR $(W-N_A)\tan\alpha + f_A - \frac{W}{2}\tan\alpha = 0$ . . . ④

SUB: B_x FROM ②, AND B_y FROM ① INTO ③, THEN SOLVE ③ & ④ AND GET

$$f_A = \frac{W\tan\alpha + P(\sin\theta + \tan\alpha\cos\theta)}{2} \quad \&$$

$$N_A = \frac{2W\tan\alpha + P(\sin\theta + \tan\alpha\cos\theta)}{2\tan\alpha};$$

SET $f_A \leq \mu N_A$: GET

$$W(2\mu - \tan\alpha) \geq P(\sin\theta + \tan\alpha\cos\theta)\left(\frac{\tan\alpha - \mu}{\tan\alpha}\right)$$

& SO FOR $\alpha = 30°$, $\mu = .4$, $\theta = 30°$

$\frac{P}{W} \leq .725$ OR $P \leq .725W$ FOR NO SLIP

AND $P = .725W$ AT SLIP

(6.145)

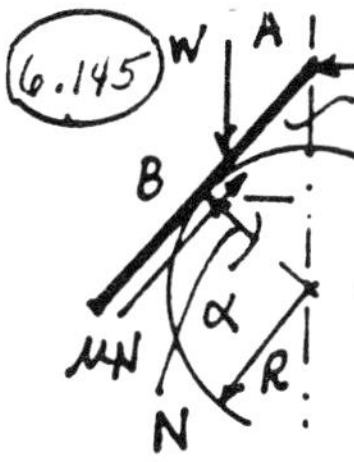

$\Sigma M_A = 0 = Nd - WR\sin\alpha$

WHERE d IS AB $= R/\tan\alpha$

$\therefore N = WR\sin\alpha/(R/\tan\alpha)$

$\Sigma F_y = 0 \Rightarrow N\sin\alpha + \mu N\cos\alpha = W$

$N = \frac{W}{\sin\alpha + \mu\cos\alpha}$ $\mu = .2$

WE EQUATE THE "N'S" AND SUB. $\mu = .2$

$\cos\alpha = \sin^3\alpha + \sin^2\alpha\cos\alpha(.2)$

$f(\alpha) = \cos\alpha(1 - .2\sin^2\alpha) - \sin^3\alpha = 0$

SO FROM TABLE,

$\alpha = 53.45° \Rightarrow 2\alpha = 107°$

$\alpha°$	$f(\alpha)$
0	1
10	.9736
20	.8777
30	.6977
40	.4372
50	.1178
55	-.0531
53	+.0157
53.4	.0019
53.5	-.0015
53.45	.0002

NEXT CASE: SLIP UP

$\Sigma M_A = 0$ STILL GIVES

$N = W\sin^2\alpha/\cos\alpha$; BUT ΣF_y HAS A SIGN CHANGE:

$\Sigma F_y = 0 \Rightarrow N\sin\alpha - \mu N\cos\alpha = W$

THIS TIME:

$f(\alpha) = \cos\alpha(1 + .2\sin^2\alpha) - \sin^3\alpha$

SO $\alpha = 57.9°$ & $2\alpha = 115.8°$

40	.5636
50	.2687
60	-.0745
57	.0314
58	-.0038
57.9	-.0002
57.8	.0033

ANS: $107° < 2\alpha < 116°$

(6.146)

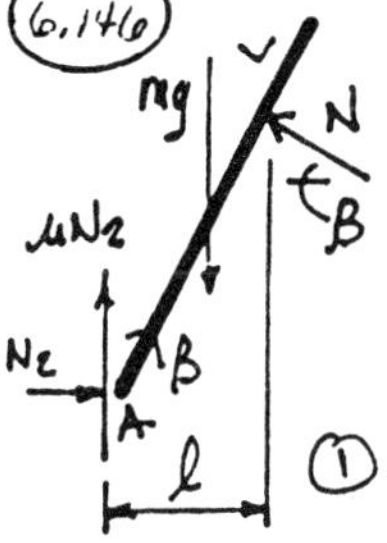

$\Sigma F_x = 0 \Rightarrow N_2 = N\cos\beta$ .. ①

$\Sigma F_y = 0 \Rightarrow N\sin\beta + f_2 = mg$

$N\sin\beta + \mu N_2 \geq mg$ .. ②

$\Sigma M_A = 0 \Rightarrow \frac{2Nl}{\sin\beta} = mgL\sin\beta$ .. ③

① → ② $\Rightarrow N\sin\beta + \mu N\cos\beta \geq mg$

$N \geq mg/(\sin\beta + \mu\cos\beta)$

PUT N INTO ③: LET $\mu = .5$ AND SIMPLIFY:

$f(\beta) = \sin^3\beta + \frac{1}{2}\sin^2\beta\cos\beta - 1 \geq 0$ ④

FROM TABLE ON RIGHT

$\beta = 72.°$; I.E.

$\beta_{MIN} = 72.0°$

$\beta°$	$f(\beta)$
0	-1
15	-.9503
30	-.7667
50	-.3619
70	-.0192
72	-.000007
72.1	+.0009
71.9	-.0009

6.147

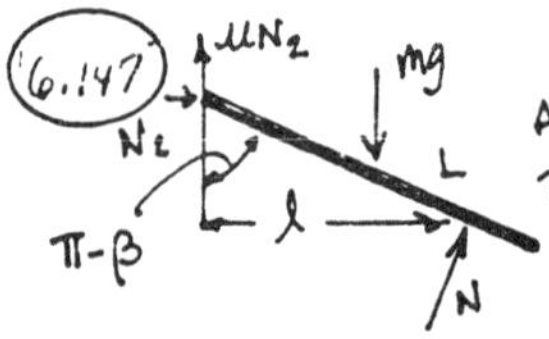

ALL THREE EQUATIONS ARE SAME AS ①, ②, ③ IN PROB 6.146 SO WE GET ④ AGAIN. THERE ARE NO ROOTS TO THIS INEQUALITY IN THE "SECOND QUADRANT" $\therefore \beta_{MAX} = 90°$.
ALSO, THE 3-FORCE (NON-PARALLEL) SYSTEM ACTING ON THE BODY MUST BE CONCURRENT AND FOR $\beta > \pi/2$, THEY CANNOT BE.

6.148

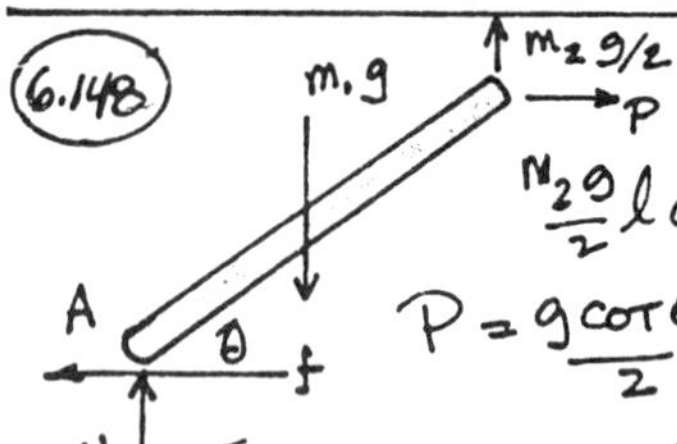

$\Sigma M_A = 0 \Rightarrow$

$$\frac{m_2 g}{2}\ell\cos\theta - m_1 g\frac{\ell}{2}\cos\theta - P\ell\sin\theta = 0$$

$$P = \frac{g\cot\theta}{2}(m_2 - m_1)$$ } THIS COULD BE ⊕ ⊖ OR 0

FIRST CONSIDER ⊕; I.E. $m_2 > m_1$

$$N = m_1 g - \frac{m_2 g}{2} \geq 0 \Rightarrow m_1 \geq m_2/2$$

$$\Sigma F_x = 0 \Rightarrow f = P = \frac{g\cot\theta}{2}(m_2 - m_1) \leq \mu\left(m_1 - \frac{m_2}{2}\right)g$$

$$\frac{(m_2 - m_1)\cot\theta}{(2m_1 - m_2)} \leq \mu$$ TO PREVENT SLIP INWARD FOR $m_2 \geq m_1 \geq m_2/2$

IF NOW $m_2 < m_1$ SO THAT P'S DIRECTION IS REVERSED, THEN CHECK "OUTWARD SLIP" OF BOTTOM OF BARS: NOW,

$$f = \frac{g\cot\theta}{2}(m_1 - m_2) \leq \mu\left(\frac{2m_1 - m_2}{2}\right)g$$

OR $\mu \geq \dfrac{\cot\theta\ (m_1 - m_2)}{2m_1 - m_2}$ & IF

$m_1 = m_2$, THEN $P = 0$ & $\mu = 0$.
SO, IN ALL THREE CASES, ANS. IS

$$\mu = \frac{|m_2 - m_1|\cot\theta}{2m_1 - m_2} \quad \text{WHERE } m_1 \geq \frac{m_2}{2}$$

6.149

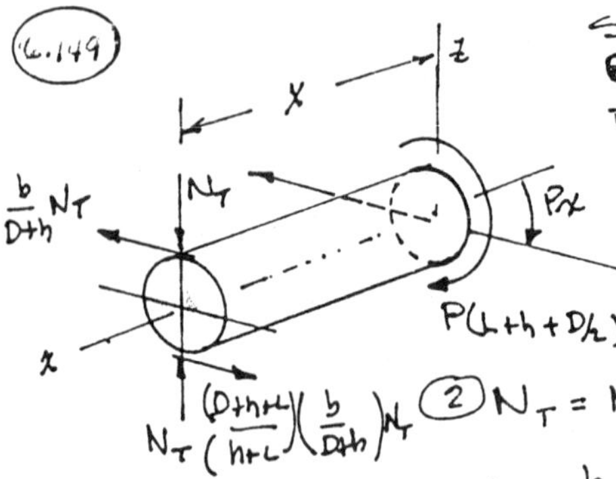

SEE EXAMPLE 6.11 & FIG. P6.149 IN TEXT; EQUATION NUMBERS REFER TO EXAMPLE:

② $N_T = N_B$

⑥ $N_T b = f_T(D+h) \Rightarrow f_T = \dfrac{b}{D+h}N_T$

⑪ $f_B\left(\dfrac{h+L}{D+h+L}\right) = \dfrac{b}{D+h}N_B \Rightarrow f_B = \left(\dfrac{D+h+L}{h+L}\right)\left(\dfrac{b}{D+h}\right)N_T$

NOTE: $\Sigma F_x = \Sigma F_z = 0$

$$\Sigma F_y = 0 = P + \left(\frac{b}{D+h}\right)N_T = \left(\frac{D+h+L}{h+L}\right)\left(\frac{b}{D+h}\right)N_T$$

$$\therefore N_T = \frac{P(D+h)(h+L)}{bD}$$

$$\Sigma M_{x\text{-AXIS}} = N_T\frac{D}{2}\left[\frac{b}{D+h} + \frac{D+h+L}{h+L}\,\frac{b}{D+h}\right] - P\left(L+h+\frac{D}{2}\right)$$

$$= \frac{P(D+h)(h+L)\ D/2 \cdot b[2h+2L+D]}{bD\ \cdot\ (D+h)(h+L)} - P(L+h+D/2)$$

$= 0$; $\Sigma M_{y\text{-AXIS}} = (N_T - N_T)x = 0$

$$\Sigma M_{z\text{-AXIS}} = N_T\left[\frac{D+h+L}{h+L}\,\frac{b}{D+h} - \frac{b}{D+h}\right]x - Px$$

$$= \frac{P(D+h)(h+L)}{bD}\left[\frac{bD}{(D+h)(h+L)}\right]x - Px = 0$$

6.150

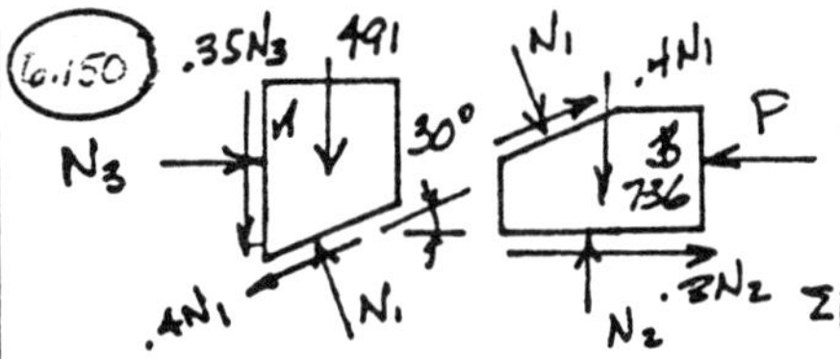

ON A:
$\Sigma F_x = 0 \Rightarrow$
$N_3 = N_1\left(\frac{1}{2} + .4\frac{\sqrt{3}}{2}\right)$
$\Sigma F_y = 0 \Rightarrow N_1\left(\frac{\sqrt{3}}{2} - .4\left(\frac{1}{2}\right)\right) - 491 = .35N_3 \Rightarrow$

$N_1 = 1330$ N; NOW ON B:

$\Sigma F_y = 0 \Rightarrow N_2 = N_1(.866 - .4(1/2)) + 736 \Rightarrow$
$N_2 = 1620$ N

$\Sigma F_x = 0 \Rightarrow P = 1330\left[\frac{1}{2} + .4(.866)\right] + .3(1620)$
OR $P = 1610$ N   NOTE: IN TEXT "P" IS "F"

6.151 SEE FIG 6.150 ABOVE: REMOVE P AND LET "F" ACT DOWNWARD ON TOP OF A. ON B: (ALL FRICT. FORCES ARE REVERSED)

$\Sigma F_y = 0 \Rightarrow N_2 = 736 + N_1\left[\frac{\sqrt{3}}{2} + .4\left(\frac{1}{2}\right)\right] \quad \ldots (1)$

$\Sigma F_x = 0 \Rightarrow .3N_2 + .4N_1\frac{\sqrt{3}}{2} = N_1\left(\frac{1}{2}\right) \quad \ldots (2)$

SUB. N_2 FROM (1) INTO (2) THIS GIVES $N_1 = -1330$, NOT POSSIBLE ∴ BODIES ARE NOT ON VERGE OF SLIPPING

6.152

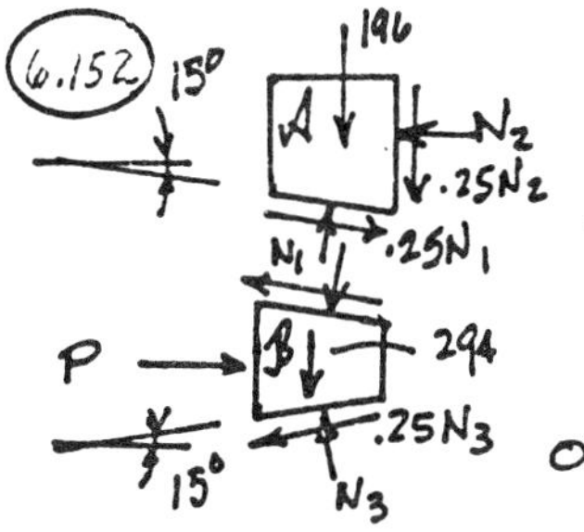

ON A: $\Sigma F_x = 0$ & $\Sigma F_y = 0 \Rightarrow$

$.25N_1\cos 15° + N_1\sin 15° = N_2$

$.25N_1\sin 15° + N_1\cos 15° - 196 = .25N_2$

SOLVE TOGETHER:

$N_1 = 253\,N$

ON B:

$\Sigma F_x = 0 \Rightarrow N_1(.25\cos 15° + \sin 15°) + N_3(\sin 15° + .25\cos 15°) = P$

$\Sigma F_y = 0 \Rightarrow N_3(\cos 15° - .25\sin 15°) = N_1(\cos 15° - .25\sin 15°) + 294$

∴ $N_3 = 580\,N$; WITH N_1 & N_3 ∴ $P = 417\,N$

6.153

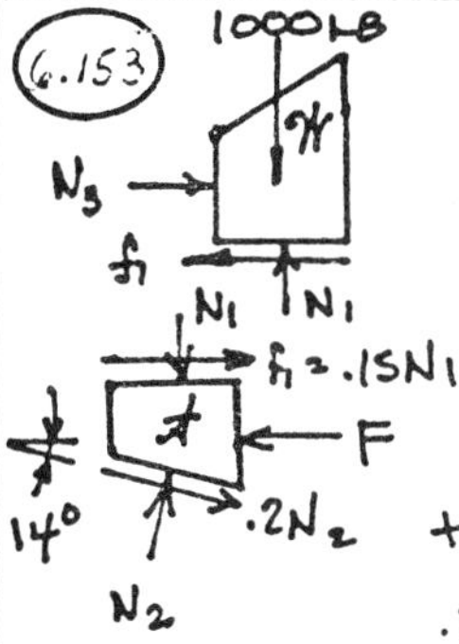

ON W: $\Sigma F_y = 0 \Rightarrow N_1 = 1000$ LB

ON A: $\Sigma F_y = 0 \Rightarrow$

$N_2(\cos 14° - .2\sin 14°) = N_1 = 1000$

$N_2 = 1085$ LB

$\Sigma F_x = 0 \Rightarrow F = .15(1000) + (.2\cos 14° + \sin 14°)(1085) = 150 + 473$

∴ $F = 623$ LB

6.154 SEE PROB 6.153 ABOVE: N_3 ACTS ← ON W AND FRICTION FORCES ARE REVERSED. DET. F REQ'D TO KEEP W FROM "FALLING".

$N_1 = 1000$ LB & $.15N_1 = 150$ LB

$\Sigma F_y = 0$ ON A: ⇒

$N_2\cos 14° + .2N_2\sin 14° - 1000 = 0 \Rightarrow N_2 = 980$ LB

$\Sigma F_x = 0 \Rightarrow N_2\sin 14° - .2N_2\cos 14° - 150 - F = 0$

∴ $F = -103$ LB : SO SYSTEM WILL REMAIN IN EQUILIB. WITHOUT F SINCE IT TAKES 103 → LB TO MOVE W↓.

6.155

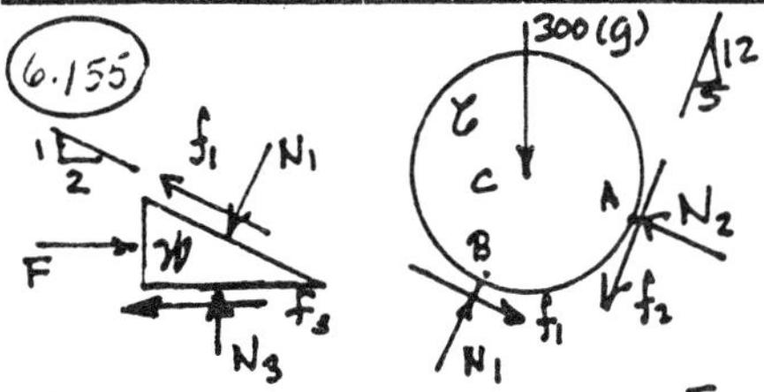

$\Sigma M_C = 0$

$f_1 = f_2$

ASSUME SLIP AT A: $f_2 = .4N_2$

$\Sigma F_x = 0 \Rightarrow N_1\frac{1}{\sqrt{5}} + .4N_2\frac{2}{\sqrt{5}} = N_2\left[.4\left(\frac{5}{13}\right) + \frac{12}{13}\right] \Rightarrow$

$N_1 = 1.61\,N_2$; $f_1 = f_2 = .4N_2 = .4\left(\frac{1}{1.61}N_1\right) = .248\,N_1 < .4N_1$ SO NO SLIP AT B.

$\Sigma F_y = 0 \Rightarrow N_1\frac{2}{2.236} - .4N_2\frac{1}{2.236} = N_2\left(.4\left(\frac{12}{13}\right) - \frac{5}{13}\right) + 300(g)$

$N_1(.894) - \frac{N_1}{1.61}(.179 - .015) = 300(9.81) \Rightarrow$

$N_1 = 3720\,N$ & $N_2 = 2310\,N$ & $f_1 = 924\,N$

ON W: $\Sigma F_y = 0 \Rightarrow N_3 = N_1\frac{2}{2.236} - f_1\frac{1}{2.236} = 2910$

∴ $F = .2(2910) + 3720\frac{1}{2.236} + 924\frac{2}{2.236} = 3070\,N$

6.156 SEE PROB 6.155 ABOVE: FRICTION FORCES REVERSE DIRECTION. DET. F TO KEEP WEDGE FROM MOVING TO LEFT.

ASSUME SLIP AT A: $f_1 = f_2$ AGAIN

$\Sigma F_x = 0 \Rightarrow \frac{5}{13}(.4N_2) - \frac{12}{13}N_2 - \frac{2}{\sqrt{5}}(.4N_2) + \frac{1}{\sqrt{5}}N_1 = 0$

∴ $N_2 = .397\,N_1$ OR $N_1 = 2.52\,N_2$

$f_1 = .4N_2 = .159\,N_1 < .4\,N_1$ ∴ NO SLIP AT B.

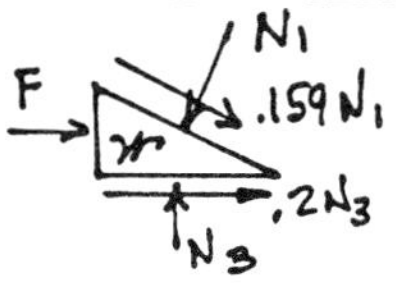

ON C: $\Sigma F_y = 0 \Rightarrow \frac{2}{\sqrt{5}}N_1 + \frac{.159N_1}{\sqrt{5}} + \frac{5}{13}(.397N_1) + \frac{12}{13}(.159N_1) = 300(g)$

∴ $N_1 = .794\,(300)(g) = 2337\,N$

ON W: $\Sigma F_y = 0 \Rightarrow N_3 = .966\,N_1 = 2258\,N$

$\Sigma F_x = 0 \Rightarrow F + .2N_3 = \frac{N_1}{\sqrt{5}} - .159N_1\frac{2}{\sqrt{5}} = .305\,N_1$

∴ $F = .112\,N_1 = .112(2337) = 261\,N$; THIS TIME, EQUILIB. WITHOUT F IS IMPOSSIBLE

6.157

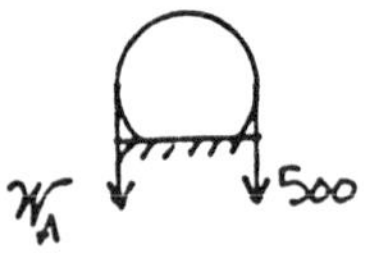

CASE ①: $W_A = T_L$

$\therefore W_A = 500\,e^{.45\pi} = 2060\text{ N}$

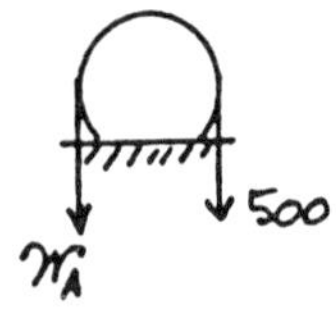

CASE ②: $W_A = T_S$

$500 = W_A\,e^{.45\pi} \Rightarrow$

$W_A = 122\text{ N}$

$\therefore\ 122\text{ N} \le W_A \le 2060\text{ N}$

6.158

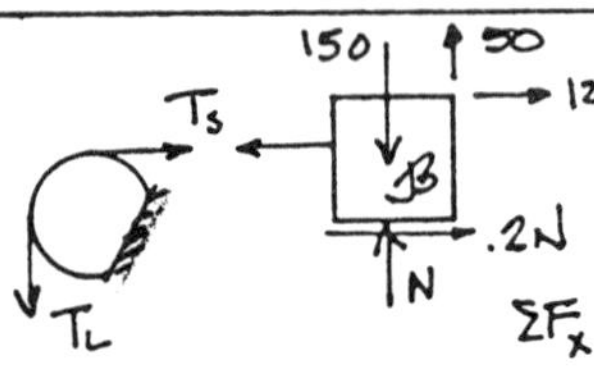

① A IMPEND. ↓

$\Sigma F_y = 0 \Rightarrow N = 100\text{ LB}$

$f = .2(100) = 20\text{ LB}$

$\Sigma F_x = 0 \Rightarrow T_S = 140$

$\therefore T_L = W_A = 140\,e^{.4\pi/2};\ W_A = 262\text{ LB}$

② A IMPEND ↑ : REVERSE $f = .2N$ & INTERCHANGE T_L & T_S. $N = 100\text{ LB}$ & $f = 20 \leftarrow \text{LB}$

$\Sigma F_x = 0 \Rightarrow T_L = 120 - 20 = 100\text{ LB};\ T_S = W_A$

$\therefore 100 = W_A\,e^{.4\pi/2};\ W_A = 53.3\text{ LB}$

$\therefore\ 53.3\text{ LB} \le W_A \le 262\text{ LB}$

6.159

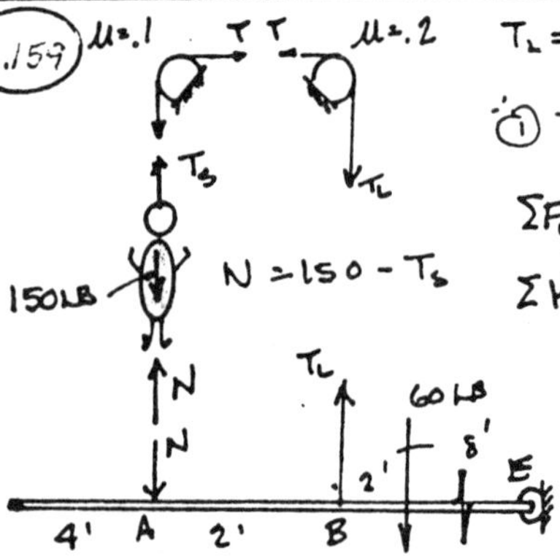

$T_L = T e^{.2\pi/2};\ T = T_S e^{.1\pi/2}$

① $T_L = T_S e^{.3\pi/2} = 1.60\,T_S$

$N = 150 - T_S$

$\Sigma F_y = 0 \Rightarrow T_S + N = 150$ ②

$\Sigma M_E = 0 \Rightarrow 12N = 10T_L - 480$ ③

① → ② & ③ → ② GIVES:

$T_S = 81.4\text{ LB}$

6.160 SEE PROB. 6.159 ABOVE AND INTERCHANGE T_L & T_S:

$\Sigma M_E = 0 \Rightarrow 480 - 10T_S + 12N = 0$

$N = 10/12\,T_S - 40$

$T_L = T e^{.1\pi/2};\ T = T_S e^{.2\pi/2}\ \therefore T_L = 1.60\,T_S$

SAME AS BEFORE BUT OPPOSITE SIDES OF PEGS

$\Sigma F_{y\,MAN} = 0 \Rightarrow T_L + N = 150$

$T_L + \left[\frac{5}{6}\left(\frac{T_L}{1.60}\right) - 40\right] = 150 \Rightarrow$

$\therefore T_L = 125\text{ LB}$

6.161 $W = T_L\quad \beta = \frac{5}{4}(2\pi)$

$\therefore W_{MAX} = 40\,e^{[.3\times\frac{5}{4}\times 2\pi]} = 422\text{ LB}$!

6.162

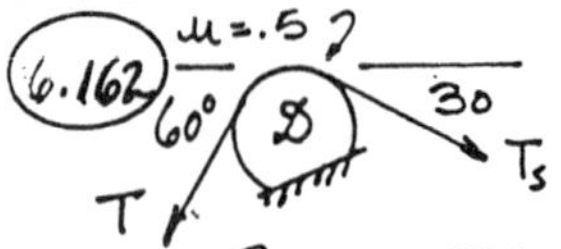

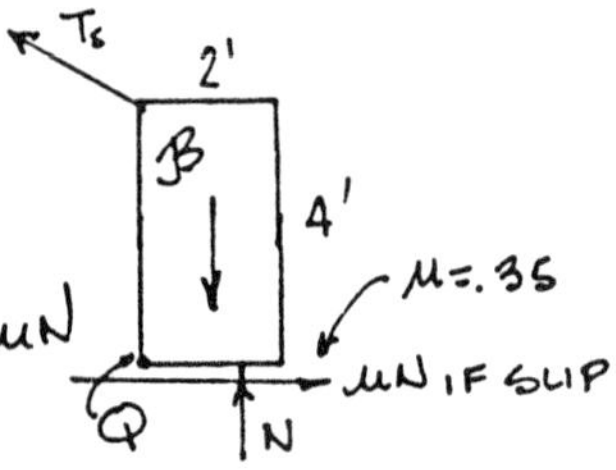

CASE ① B SLIP: (?)

$\Sigma F_x = 0 \Rightarrow T_S\cos 30° = f = \mu N$

$\Sigma F_y = 0 \Rightarrow T_S\frac{1}{2} + N = 40$

EQUATE: $\Rightarrow T_S = 13.4\text{ LB}$

$T = T_S e^{.5(\pi/2)} = 2.19\,T_S\ \therefore T = 29.3\text{ LB}$

CASE ② B TIPS: (?) N & f ACT AT Q:

$\Sigma M_Q = 0 = T_S(.866)(4) - 40(1) \Rightarrow T_S = 11.5\text{ LB}$

$\therefore T = 2.19\,T_S = 25.2\text{ LB}$, TIPPING GOVERNS

6.163 WITH IDLER

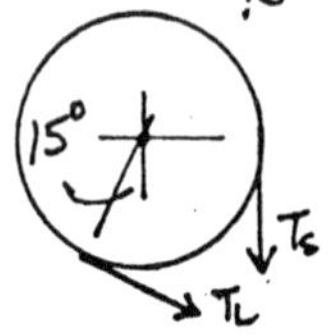

$\beta = 270° - 15° = 255° = 4.45\text{ rad.}$

$\therefore \frac{T_L}{T_S} = e^{.3(4.45)}$ OR

$T_L/T_S = 3.80$

WITHOUT IDLER

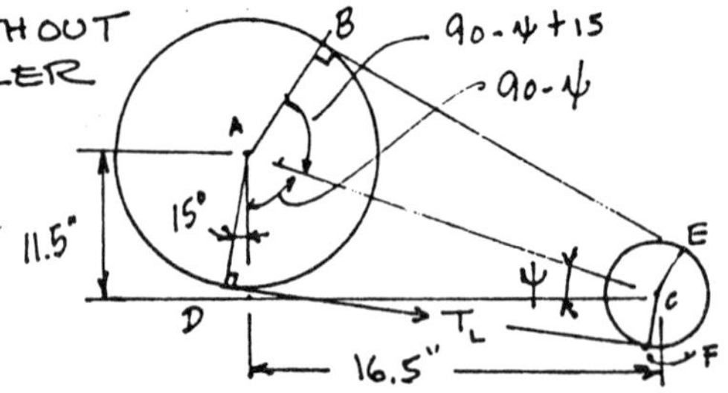

FROM FIG. $\psi = \tan^{-1}(11.5/16.5) = 34.9°$

$90 - \psi = 55.1°$ & $90 - \psi + 15° = 70.1°$

$2\times[90 - \psi + 15] = 140°$

$\beta = (360 - 140)\,\pi/180 = 3.84\text{ rad.}$

$\therefore T_L/T_S = e^{.3(3.84)} = 3.17$

6.164

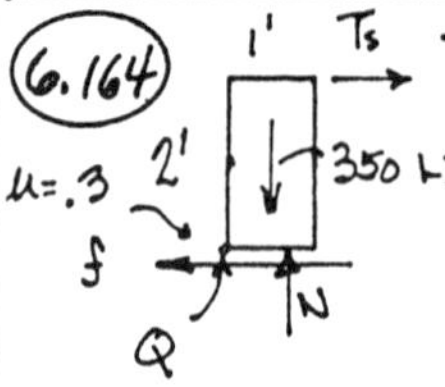

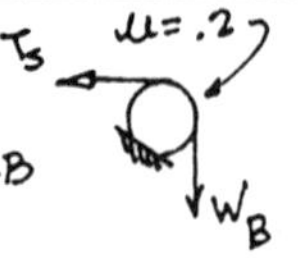

SLIDE:

$N = 350\text{ LB}$

$f = .3(350) = 105 \leftarrow \text{LB}$

$T_S = f;\ W_B = 105\,e^{.2\pi/2} = 144\text{ LB}$

CHECK TIPPING: $\Sigma M_Q = 0 \Rightarrow$

$350(1/2) = T_S(2);\ T_S = 87.5\text{ LB}$

$W_B = T_L = 87.5\,e^{.2\pi/2} = 120\text{ LB}$

$W_{B\,MAX} = 120\text{ LB}$ (TIPPING GOVERNS)

6.165

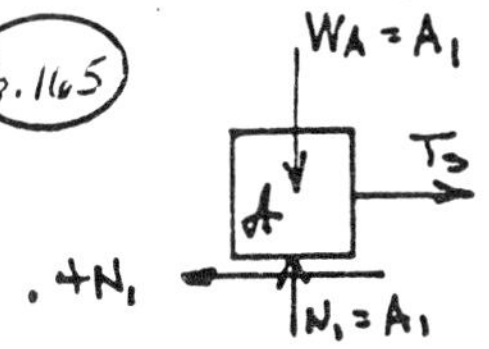

(1) IF A SLIDES ON B.

$.4A_1 = T_S = \frac{680}{e^{\mu\beta}}$ $\beta\mu = \frac{\pi}{2}\cdot\frac{2}{\pi}$

$\therefore A_1 = \frac{680}{.4e} = 625\text{ LB}$

(2) IF $A_1 = 625$, THEN FROM B: $\Sigma F_x = 0 \Rightarrow$

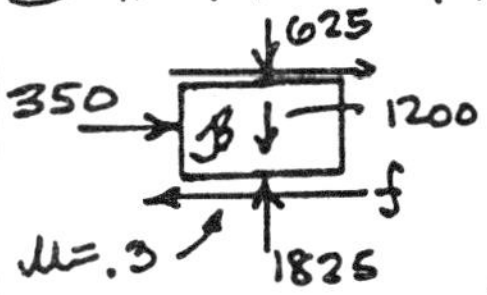

$f = 600\text{ LB}$, BUT

$f_{MAX} = .3(1825) = 548\text{ LB}$

$\therefore$ A & B MOVE TOGETHER

MOVE TOGETHER: $W_A = A_2$, SAY $\Rightarrow$

$N = 1200 + A_2$, $f = \mu N_2 = .3N_2$

$\Sigma F_x = 0 \Rightarrow .3(A_2 + 1200) = \frac{680}{e} + 350 \Rightarrow A_2 = 800\text{ LB}$

$\therefore A_2 = W_A = 800\text{ LB}$ PREVENTS BOTH CASES

6.166

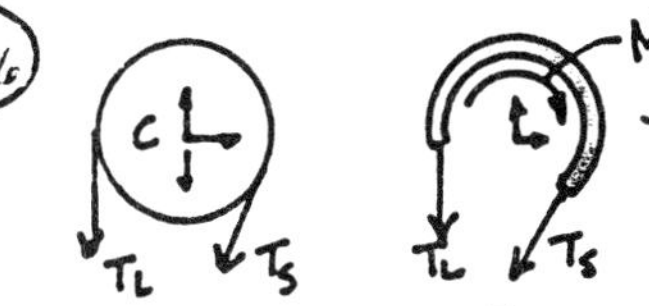

BAND WITH RESULTANT OF N's & f's SHOWN AT C AS A FORCE WITH TWO COMP. & A COUPLE, M_f.

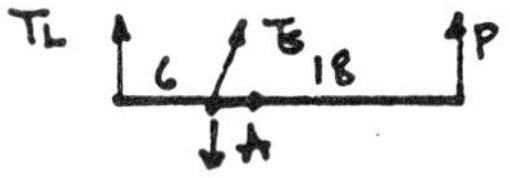

$\beta = 2\pi - (\pi/2 + \pi/3) = 7\pi/6$

$\Sigma M_A = 0 \Rightarrow 18P - 6T_L \Rightarrow T_L = 3P$; ON BAND

$M_f = (T_L - T_S)6$; $T_S = T_L/e^{\mu\beta}$ $\therefore$

$M_f = 18P\left(1 - \frac{1}{e^{.4(7\pi/6)}}\right)$ OR $M_f = 13.8P$ LB-IN

6.167

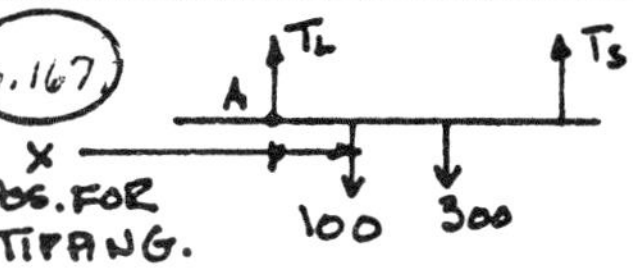

$T_L + T_S = 400$

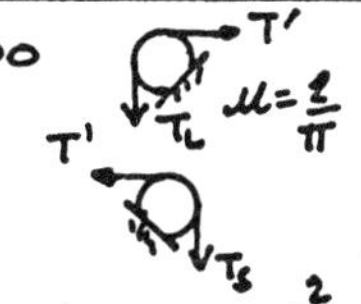

$\Sigma M_A = 0 \Rightarrow 100x + 300(5) = T_S(10)$ $\therefore T_L = T_S e^2$

AND $T_S = 400/(1 + e^2) = 47.7\text{ LB}$; $T_L = 352.3\text{ LB}$

$\therefore x = \frac{477 - 1500}{100} = -10.23'$ (OFF THE BAR) AND

HE MAKES IT TO HIS.....AH!, LEMONADE

6.168 THREE CASES: (1) A WILL TIP ; (2) A WILL SLIDE ON B; (3) A WILL SLIDE W B.

(1)

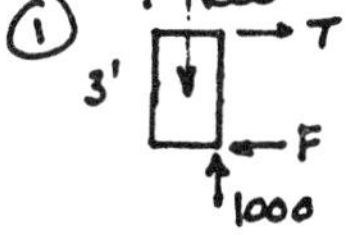

$\Sigma M_{COR} = 0 \Rightarrow 3T - 1000(1/2) \Rightarrow T = 166\frac{2}{3}$

$f_1 = f_{MAX} = .3(1000) = 300\text{ LB}$

(2)

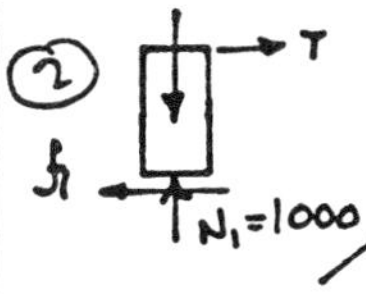

$\therefore T = 300\text{ LB}$, BUT > (1) $\therefore$ A WON'T SLIDE ON B.

$f_{MAX} = .3(1750) = 525\text{ LB}$

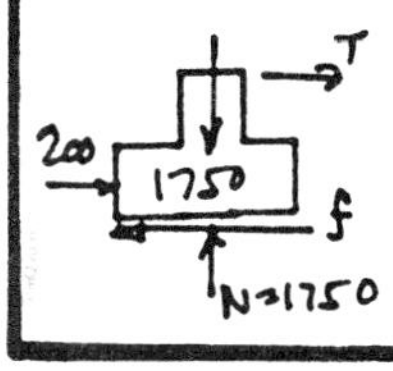

$T = 525 - 200 = 325 >$ (1) $\therefore$ A TIPS FIRST WITH $T = 166\frac{2}{3}$ LB &

$P = 166\frac{2}{3}\, e^{\frac{1}{\pi}\cdot\frac{\pi}{2}} = 275\text{ LB}\downarrow$

6.169

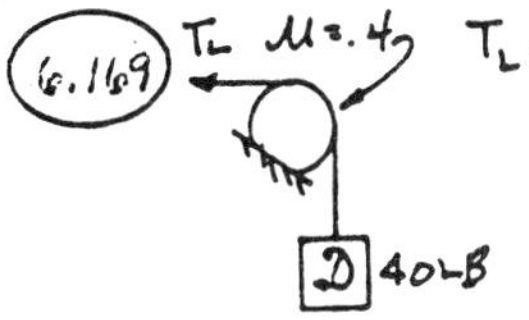

$T_L = 40\, e^{.4\pi/2} = 75.0\text{ LB}$

(IF $40 = T_L$, $T_S = 21.4\text{ LB}$)

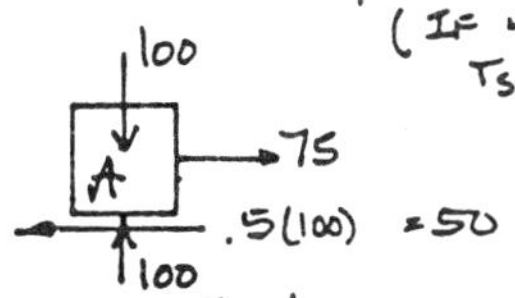

$\therefore$ A CANNOT MOVE WITH B. ALSO, SINCE f_{MAX} UNDER A IS = 50, B WON'T MOVE DOWN WITH NO P APPLIED. NEXT SEE IF P MOVES B ALONE: ASSUME SO:

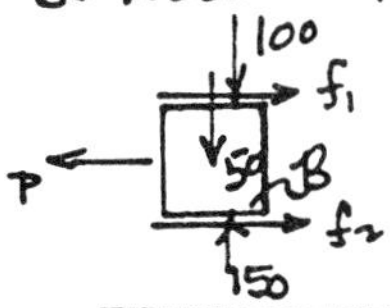

$f_1 = f_{1MAX} = 50$ & $f_2 = f_{2MAX} = 45$

$\therefore P = 95\text{ LB}$ TO MOVE JUST B.

CHECK:

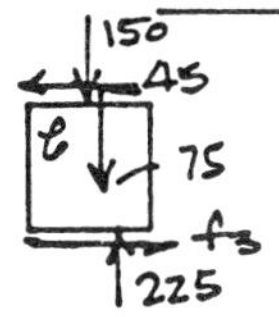

$f_{3MAX} = .25(225) = 56.3 > 45$

SO C DOESN'T MOVE.

$\therefore$ JUST B MOVES AT $P = 95\text{ LB}$

6.170 $\beta = 180° - 2\sin^{-1}\left[\frac{.25 - .15}{1.3}\right] = 180 - 2 \times 4.41°$

$= 171° = 2.98\text{ rad}$ (SEE FIG IN TEXT)

$\therefore T_L/T_S = e^{.25(2.98)} = 2.11$; FOR

$T_L = 200\text{ LB}$, $T_S = 94.8\text{ LB}$

a) $\Sigma M_{CENTER\ OF\ P_1} \Rightarrow T_a = (200 - 94.8)(.15)$

$\therefore T_a = 15.8\text{ N}\cdot\text{m}$

b) $\Sigma M_{CENTER\ OF\ P_2} \Rightarrow T_R = (200 - 94.8)(.25)$

$\therefore T_R = 26.3\text{ N}\cdot\text{m}$

NOTE: ON LARGE PULLEY, AT SLIP $200 = T_S e^{.25(3.30)}$

OR $T_S = 87.6\text{ N} < 94.8$ $\therefore$ NO SLIP ON P_2

6.171

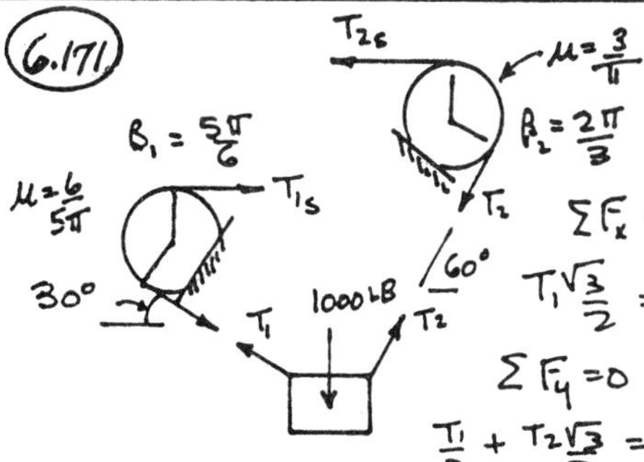

$\Sigma F_x = 0 \Rightarrow$

$T_1\frac{\sqrt{3}}{2} = \frac{T_2}{2}$

$\Sigma F_y = 0 \Rightarrow$

$\frac{T_1}{2} + \frac{T_2\sqrt{3}}{2} = W = 1000$

$\therefore T_1 = 500\text{ LB}$ & $T_2 = \sqrt{3}\,500 = 866\text{ LB}$

$500 = T_{1S}\, e^{\mu_1\beta_1} = T_{1S}\, e^{\frac{6}{5\pi}(5\pi/6)} = T_{1S}\, e$

$\therefore T_{1S} = 184\text{ LB}$; $500\sqrt{3} = T_{2S}\, e^{\frac{3}{\pi}\cdot\frac{2\pi}{3}} = T_{2S}\, e^2$

$\therefore T_{2S} = 117\text{ LB}$

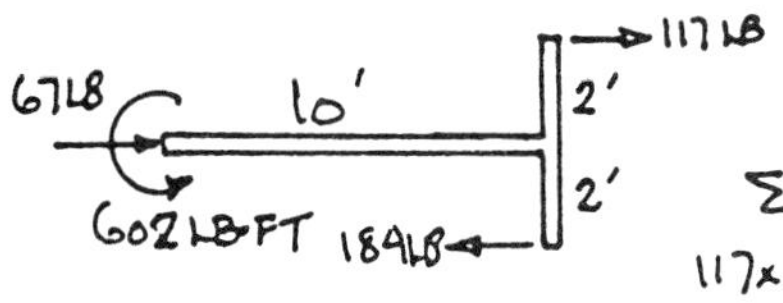

$\Sigma F_x = 0 \Rightarrow$

$184 - 117 = 67\text{ LB}$

$\Sigma M = 0 \Rightarrow$

$117 \times 2 + 184 \times 2 = 602\text{ LB-FT}$

6.172 $\frac{T_L}{T_S} = e^{.4(\frac{3\pi}{4})} = 2.57$ ∴ MIN. TENSION REQ'D FOR EQUILIB. IS $T_S = \frac{50}{2.57} = 19.6$ LB

FOR NO-SLIP MAN, MAX T FOR EQUILIB. IS $T_L = 50(2.57) = 128$ LB

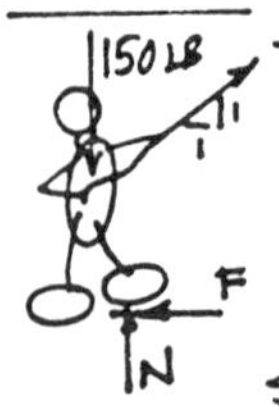

MAX. T. OCCURS WHEN F = .3N

$\Sigma F_y = 0 \Rightarrow N + \frac{1}{\sqrt{2}} T = 150$

$\Sigma F_x = 0 \Rightarrow \frac{1}{\sqrt{2}} T = F = .3N$

SOLVE FOR T: T = 49.0 LB

∴ FOR EQUILIB: $19.5 \leq T \leq 49.0$ LB

6.173 SEEK THE SMALLEST POS. INT. n FOR WHICH $1000 \leq 40\, e^{.3(2\pi n)}$

SO: $25 = e^{.6\pi n}$ OR $\ln 25 \leq .6\pi n$

$n = 1.71$ ∴ NUM. OF WRAPS = 2

6.174

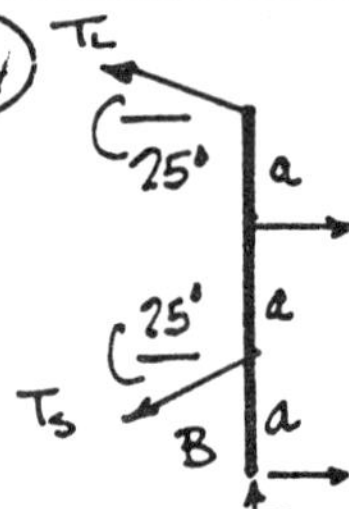

$\beta = 180° + 2(25°) = 230° = 4.01$ rad.

$\frac{T_L}{T_S} = e^{.3(4.01)} = 3.33$ ①

$\cos 25° = .906$

$\Sigma M_B = 0 \Rightarrow 2aF_o = 3a(.906 T_L)$

$+ a(.906 T_S)$ & WITH ① ⇒

$2F_o = 9.96 T_S$

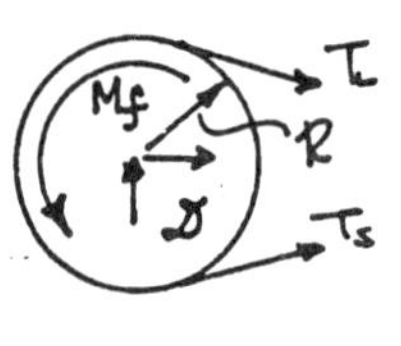

T 'ON' $\mathcal{D}$ $\Sigma M = 0 \Rightarrow$

$M_f = (T_L - T_S)R = 2.33 T_S R$

∴ $M_f = 2.33\left(\frac{2F_o}{9.96}\right)R = .468 F_o R$

6.175

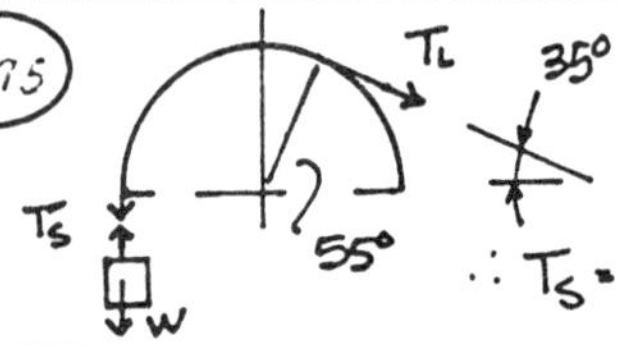

$\beta = (180 - 55)\frac{\pi}{180} = 2.18$ rad

$50 = T_S\, e^{.1(2.18)}$

∴ $T_S = W = 40.2$ LB

6.176 $\beta = 2\pi + \pi - \frac{\pi}{6} = 2.83\pi = 8.90$ rad.

$e^{\mu\beta} = e^{.5(8.90)} = 85.63$

FOR $T_L = 700$, $T_S = \frac{700}{85.63} = 8.18$ LB $= T_{MIN}$

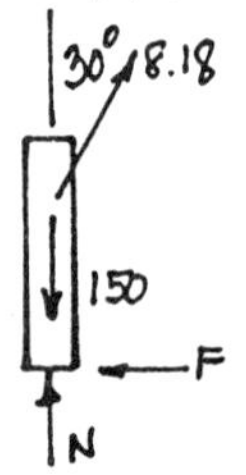

$N = 150 - 8.18(\frac{\sqrt{3}}{2}) = 143$ LB

$F = \frac{8.18}{2} = 4.09$ LB

6.177

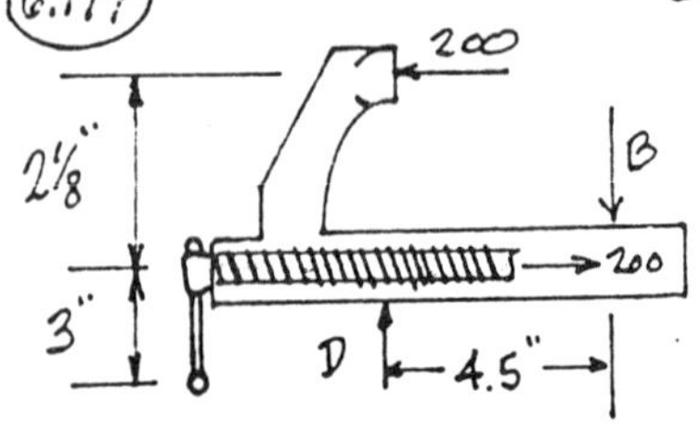

a) $\Sigma M_D = 0 \Rightarrow$

$B(4.5) = 200(2\frac{1}{8})$

$B = 94.4$ LB $= D$

b) $M_o = 3F_H$

$3F_H = Fr\left(\frac{2\pi r\mu + np}{2\pi r - np\mu}\right)$ $F = 200$, $r = 1/4$, $p = 1/8$, $\mu_k = .25$

$3F_H = 50\left(\frac{2\pi(\frac{1}{4})(1/4) + 1/8}{2\pi(1/4) - \frac{1}{8}(1/4)}\right) \Rightarrow F_H = 5.60$ LB.

6.178 SEE PROB. 6.177 ABOVE:

① TIGHTENING:

$3F_H = 200(1/4)\left[\frac{2\pi(1/4)(.3) + 1/8}{2\pi(1/4) - 1/8(.3)}\right] \Rightarrow F_H = 6.48$ LB

② LOOSENING:

$3F_H = 200(1/4)\left[\frac{2\pi(1/4)(.3) - 1/8}{2\pi(1/4) + 1/8(.3)}\right] \Rightarrow F_H = 3.59$ LB

6.179 $\text{EFF} = \frac{Fr\omega_o \tan\alpha}{M\omega_o} = \frac{Fr\tan\alpha}{\frac{Fr(\tan\alpha + \mu)}{1 - \mu\tan\alpha}}$

SEE EQ. 5.23 ∴ $\text{EFF} = \frac{(1 - \mu\tan\alpha)\tan\alpha}{\mu + \tan\alpha}$

6.180 $\text{EFF}\Big|_{\mu = .3} = \frac{(1 - .3\tan\alpha)\tan\alpha}{.3 + \tan\alpha}$

$\frac{d\,\text{EFF}}{d\alpha} = 0 \Rightarrow (.3\tan\alpha)\left[\sec^2\alpha - .3(2)\tan\alpha\sec^2\alpha\right]$

$- \tan\alpha(1 - .3\tan\alpha)(\sec^2\alpha) = 0 \Rightarrow$

A QUADRATIC IN $\tan\alpha$:

$.3\tan^2\alpha + .18\tan\alpha - .3 = 0 \Rightarrow \alpha = 36.7°$

AND EFF = .554

6.181 FROM EQ. 6.28:

$M_o = Fr\left(\frac{2\pi r\mu - np}{2\pi r + np\mu}\right)$ FOR RETRACTING

$= 895\left(\frac{.5}{12}\right)\left[\frac{2\pi(.5)(.4) - 1(1/16)}{2\pi(.5) + 1(1/16)(.4)}\right] = 14.1$ LB-FT

6.182

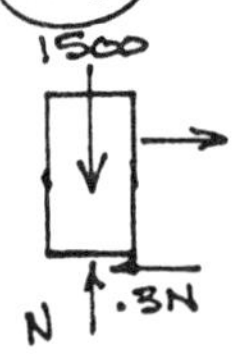

$N = 1500$; $F = .3N = 450$ LB

$M_o/2$ TO EACH SIDE:

$p = .06''$, $r = .25$, $\mu = .35$

$\frac{M_o}{2} = 450(.25)\left[\frac{2\pi(.25)(.35) + 1(.06)}{2\pi(.25) - 1(.06)(.35)}\right]$

∴ $M_o = 88.5$ LB-IN

(6.183) 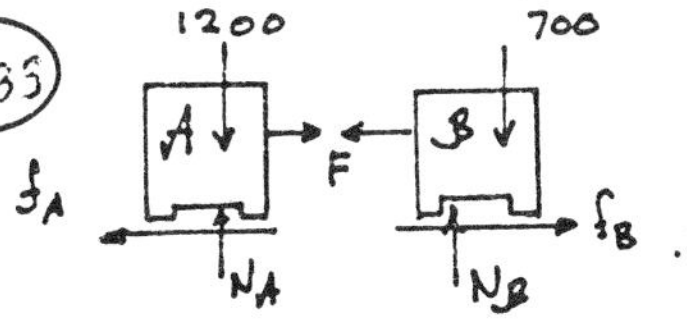

$f_{MAX_A} = .2(1200) = 240$ LB

$f_{MAX_B} = .3(700) = 210$ LB

∴ B MOVES BEFORE A

$$\frac{M_o}{2} = 210(.25)\left[\frac{2\pi(.25)(.35) + 1(.06)}{2\pi(.25) - 1(.06)(.35)}\right] \Rightarrow M_o = 41.2 \text{ LB-IN}$$

(6.184) TAN $\phi = \mu$ (DEFINITION) AND EQ. 6.23

$$M = \frac{Fr(\tan\alpha + \tan\phi)}{1 - \tan\alpha \tan\phi} = Fr \tan(\alpha + \phi)$$

(6.185) $P = \int_0^{2\pi}\int_{r=0}^{R_o} p\, r\, dr\, d\theta = k_2 R_o 2\pi$, THEN

$$M = \int_A r(p\,dA)\mu = \int_0^{2\pi}\int_0^{R_o} r \frac{P}{2\pi R_o} \cdot \frac{1}{r}\mu r\, dr\, d\theta \Rightarrow$$

$$M = \frac{P}{2\pi R_o}\mu \frac{R_o^2}{2} \cdot 2\pi = \frac{P\mu R_o}{2}$$ WHICH IS 25% LESS THAN $\frac{2\mu P R_o}{3}$

(6.186) EQ. 6.33:

$$M = \frac{2\mu P R_o}{3} = \frac{2(.4)10(4)}{3} = 10.7 \text{ LB-IN}$$

(6.187) 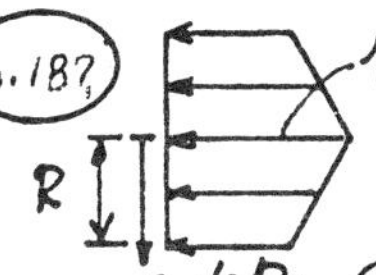

$\mu = .4$ STILL, $F = 10$ LB

$$p = -\frac{.4p_o}{R}r + p_o$$

$$P = \int_A p\,dA = \int_0^{2\pi}\int_0^R p_o\left(1 - \frac{.4r}{R}\right) r\,dr\,d\theta$$

$$\therefore P = 2\pi p_o R^2 (11/30); \quad p_o = \frac{30}{22}\frac{P}{\pi R^2}$$

$$M = \int_A (\underbrace{\mu\,dN}_{df})r = \int_0^{2\pi}\int_0^R \mu\left[\frac{30}{22}\frac{P}{\pi R^2}\right]\left(1 - \frac{.4r}{R}\right) r^2\,dr\,d\theta \Rightarrow$$

$M = \frac{7}{11}\mu P R$; $M = .636\mu P R = .636(.4)(10)4$

$= 10.2$ LB-IN; 95% M IN 6.186

(6.188) FIRST, FIND k. $\Sigma F_y = 0 \Rightarrow$

$$P = \int_{\phi=0}^{2\pi}\int_0^{\pi/2} k\left(1 - \frac{2\theta}{\pi}\right)\cos\theta\, R\,d\theta\, R\sin\theta\, d\phi$$

$$= kR^2 2\pi\left[\frac{-\cos 2\theta}{4}\Big|_0^{\pi/2} - \frac{1}{\pi}\left(\frac{\theta\cos 2\theta}{-2}\Big|_0^{\pi/2} + \int_0^{\pi/2}\frac{\cos 2\theta}{2}d\theta\right)\right] \Rightarrow$$

$$P = \frac{\pi k R^2}{2} \quad \therefore k = \frac{2P}{\pi R^2} = .6366\frac{P}{R^2};$$

$$\Sigma M_{\text{℄}} = 0 \Rightarrow T_o = \int \mu p\,dA\, R\sin\theta, \quad (dA = R^2\sin\theta\,d\theta\,d\phi)$$

$$T_o = \mu R^3 2\pi \int_0^{\pi/2} k\left(1 - \frac{2\theta}{\pi}\right)\sin^2\theta\,d\theta.$$ USE DOUBLE ANGLE FORMULA & INTEGRATE BY PARTS TO GET $T_o = .505\mu P R$

(6.189) THIS TIME: $p = k\cos\theta$

$$P = \int_{\phi=0}^{2\pi}\int_0^{\pi/2}(k\cos\theta)\cos\theta\,\underbrace{R^2\sin\theta\,d\theta\,d\phi}_{dA} \Rightarrow$$

$$P = kR^2\frac{\cos^3\theta}{3}(-1)\Big|_0^{\pi/2} 2\pi \Rightarrow P = \frac{2\pi k R^2}{3}$$

$$\therefore k = \frac{3P}{2\pi R^2}; \quad \Sigma M_{\text{℄}} = 0 \Rightarrow$$

$$T_o = \int_A \mu p R\sin\theta \underbrace{R^2\sin\theta\,d\theta\,d\phi}_{dA}$$

$$T_o = \int_0^{2\pi}\int_0^{\pi/2}\mu\frac{3PR^3}{2\pi R^2}\cos\theta\sin^2\theta\,d\theta\,d\phi = \mu P R$$

(6.190) 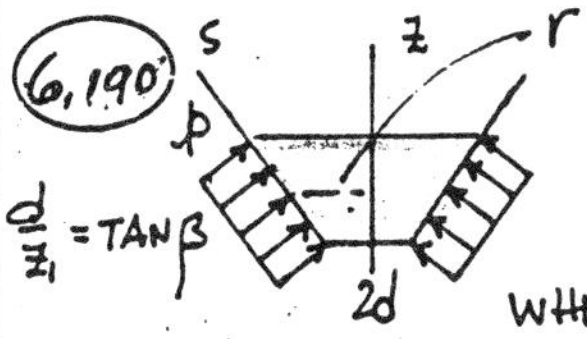

$$T_o = \int r\,df$$

$$= \int (z\tan\beta)\mu\,dN$$

WHERE $dN = p\,dA = p\,2\pi r\,ds$

$$T_o = \int (z\tan\beta)^2\mu p 2\pi\frac{dz}{\cos\beta} \Rightarrow$$

$$T_o = \int_{d/\tan\beta}^{D/\tan\beta} z^2\left(\frac{\tan^2\beta}{\cos\beta}\right)\mu p 2\pi\,dz \Rightarrow \frac{2\pi\mu p(D^3 - d^3)}{3\sin\beta}$$

WHEN $\beta = 90°$, $T_o = \frac{2\pi\mu p(R_o^3 - R_i^3)}{3}$ WHERE d (R_i) COULD = 0

(6.191) USING EQ. 6.33, ($R_i = 0$),

$$M = T = \frac{2\mu P R_o}{3} = \frac{2(.2)200(8)}{3} = 213 \text{ LB-IN}$$

(6.192) EQ. 6.32; $T = \frac{2\mu P}{3}\left(\frac{R_o^2 + R_oR_i + R_i^2}{R_o + R_i}\right) \Rightarrow$

$$T = \frac{2(.2)200}{3}\left(\frac{8^2 + 48 + 6^2}{14}\right) = 282 \text{ LB-IN}$$

(6.193) USE EQ. 6.32 5 N.m = 500 N.cm

$$M = 500 = \frac{2\mu P}{3}\left(\frac{R_o^2 + R_oR_i + R_i^2}{R_o + R_i}\right)$$

$R_o = 5$ CM, $R_i = 2.5$ CM, $\mu = .3$

$$\therefore 500 = \frac{2(.3)P}{3}\left(\frac{5^2 + 5(2.5) + 2.5^2}{5 + 2.5}\right) \Rightarrow$$

$P = 429$ N $= 4F_{SPR}$ (EACH)

$\therefore F_{SPR} = 107$ N

(6.194) See Soln to 6.142. Appendix D may be used to write a computer program using Newton-Raphson, for example, to solve the equation for θ_1. Ans. Should be $\theta_1 = 26.27°$ for the angle.

(6.195) Letting $\rho = \sigma = \mu$, the equation is $\sqrt{\mu^2\sin^2\theta - \cos^2\theta} = \frac{1}{\mu} - 2\sqrt{2\sin^2\theta - 1}$.

If $\theta < 45°$, radicand on Right side is < 0. So increment θ from 45° to 90°, and solve for μ to satisfy the equation for each θ. For example, should get:

if $\theta = 45°$:

$$\sqrt{\mu^2\tfrac{1}{2} - \tfrac{1}{2}} = \frac{1}{\mu} - 0$$

$$\mu^2 - 1 = \left(\frac{\sqrt{2}}{\mu}\right)^2 = \frac{2}{\mu^2}$$

$$\mu^4 - \mu^2 - 2 = 0$$

$$\mu^2 = (1 \pm \sqrt{1+8})/2$$

$$\mu^2 = 2 \Rightarrow \mu = 1.41,$$

very large.

if $\theta = 90°$:

$$\mu = \frac{1}{\mu} - 2$$

$$\mu^2 + 2\mu - 1 = 0$$

$$\mu = 0.414$$

(6.196) Equations to solve are (see 6.145's soln)

Slipping down: $\cos\alpha(1 - 0.2\sin^2\alpha) - \sin^3\alpha = 0$ for which $2\alpha = 107°$

and

Slipping up: $\cos\alpha(1 + 0.2\sin^2\alpha) - \sin^3\alpha = 0$ for which $2\alpha = 116°$.

(6.197) Equation to solve (see soln to 6.146) is $\sin^3\beta + \frac{1}{2}\sin^2\beta\cos\beta - 1 = 0$ and the min. is at $\beta = 72.0°$.

CHAPTER 7

7.1 $A\underline{r}_{O_1C_1} = \int \underline{r}_1 \, dA$

$A\underline{r}_{O_2C_2} = \int \underline{r}_2 \, dA$; BUT $\underline{r}_1 = \underline{r}_{O_1O_2} + \underline{r}_2$

$\therefore A\underline{r}_{O_1C_1} = \int (\underline{r}_{O_1O_2} + \underline{r}_2) dA$

$= (\int dA)\, \underline{r}_{O_1O_2} + \int \underline{r}_2 dA$

$= A\, \underline{r}_{O_1O_2} + A\, \underline{r}_{O_2C_2}$

$\therefore \underline{r}_{O_1C_1} = \underline{r}_{O_1O_2} + \underline{r}_{O_2C_2} = \underline{r}_{O_1C_2}$

7.2

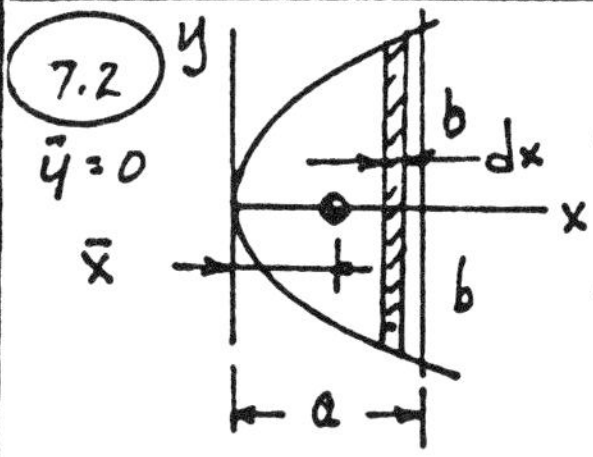

$\bar{y} = 0$

$x = ky^2$; $a = kb^2$; $k = a/b^2$

$\therefore x = \frac{a}{b^2} y^2$ so $dA = 2b\left(\frac{x}{a}\right)^{1/2} dx$

$A = \int dA = \int_0^a 2b\left(\frac{x}{a}\right)^{1/2} dx$

$= \frac{2b}{\sqrt{a}}\left(\frac{2}{3}\right) x^{3/2} \Big|_0^a = \frac{4}{3} ab$

$A\bar{x} = \int x \, dA = \frac{2b}{\sqrt{a}} \int_0^a x^{3/2} dx = \frac{2b}{\sqrt{a}} \frac{2}{5} x^{5/2} \Big|_0^a = \frac{4}{5} a^2 b$

$\therefore \bar{x} = \frac{3}{5} a$

7.3

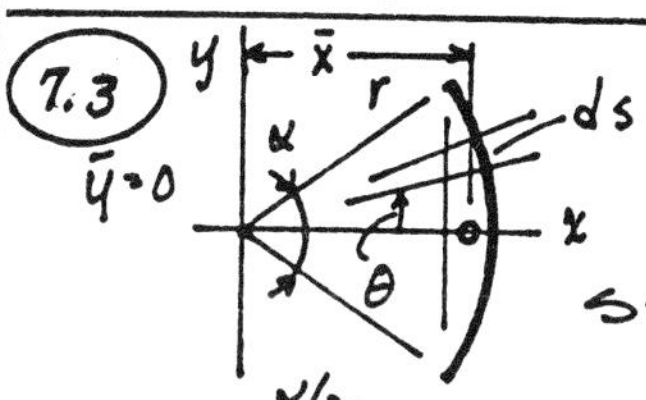

$\bar{y} = 0$

$ds = r\,d\theta$

$s = \int_{-\alpha/2}^{\alpha/2} r\,d\theta = r\alpha$

$s \cdot \bar{x} = \int r\cos\theta \, ds$

$s\bar{x} = \int_{-\alpha/2}^{\alpha/2} r\cos\theta \, r\,d\theta = r^2 \sin\theta \Big|_{-\alpha/2}^{\alpha/2} = 2r^2 \sin\frac{\alpha}{2}$

$\therefore \bar{x} = \frac{2r}{\alpha} \sin\frac{\alpha}{2}$

7.4 ONLY (d) MAY BE USED

$dA = Y\,dx$; $\bar{y} = \int_0^x \frac{1}{2} Y Y\,dx \Big/ \int_0^x Y\,dx$

7.5 $A = \int_0^2 e^x dx = e^x \Big|_0^2 = e^2 - 1$

$A\bar{y} = \frac{1}{2}\int_0^2 e^{2x} dx = \frac{1}{4} e^{2x} \Big|_0^2 = \frac{1}{4}(e^4 - 1)$

$\therefore \bar{y} = \dfrac{\frac{1}{4}(e^4 - 1)}{e^2 - 1} = \dfrac{13.40}{6.39} = 2.10$ UNITS

7.6 $Y = 5\cosh x$; $dA = Y\,dx$

$A = \int_0^1 5\cosh x \, dx = 5\sinh x \Big|_0^1 = 5.876 \text{ m}^2$

$\bar{x}A = \int_0^1 5x\cosh x \, dx = 5(x\sinh x - \cosh x)\Big|_0^1$

$= 3.161 \text{ m}^3 \therefore \bar{x} = \frac{3.161}{5.876} = .538 \text{ m}$

$\bar{y}A = \frac{1}{2}\int_0^1 Y^2 dx = \frac{1}{2}\int_0^1 25\cosh^2 x \, dx$

$= 12.5\left(\frac{\sinh 2x}{4} + \frac{x}{2}\right)\Big|_0^1 = 17.58 \text{ m}^3$

$\bar{y} = \frac{17.58}{5.876} = 2.99 \text{ m}$

7.7 $\bar{y} = 0$ by symmetry. $\bar{x}$ is same as for the half shown.

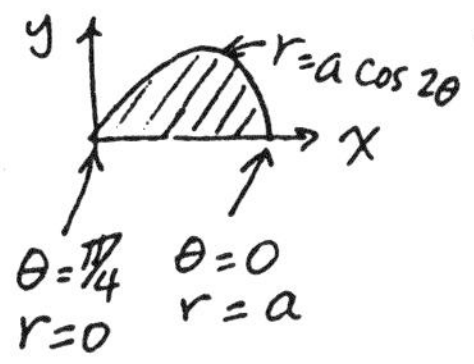

$$\bar{x} = \frac{\int_{\theta=0}^{\pi/4} \int_{r=0}^{a\cos 2\theta} (r\cos\theta)\, r\,dr\,d\theta}{\iint r\,dr\,d\theta} = \frac{N}{D}$$

(same limits)

$N = \int_0^{\pi/4} \frac{a^3\cos^3 2\theta}{3} \cos\theta \, d\theta = \frac{a^3}{24}\int_0^{\pi/4} (3\cos 3\theta + 3\cos\theta + \cos 7\theta + \cos 5\theta)\, d\theta$

after use of trig identities

$= \frac{a^3\, 128}{\sqrt{2}(24)35}$. Also,

$D = \int_0^{\pi/4} \frac{a^2\cos^2 2\theta}{2} d\theta = \frac{a^2}{2}\int_0^{\pi/4} \frac{1 + \cos 4\theta}{2} d\theta$

$= \frac{a^2}{4}\left(\theta + \frac{\sin 4\theta}{4}\right)\Big|_0^{\pi/4} = a^2\pi/16$

$\bar{x} = \frac{N}{D} = 0.549a$

7.8 $dA = y\,dx = \frac{dx}{x} \therefore A = \ln x \Big|_{.2}^{5} = 3.219 \text{ m}^2$

$\bar{x}A = \int x\,dA = \int_{.2}^{5} x \frac{dx}{x} = x \Big|_{.2}^{5} = 4.8 \text{ m}^3$

$\therefore \bar{x} = 4.8/3.219 = 1.492 \text{ m}$

$A\bar{y} = \int \frac{1}{2} Y^2 dx = \frac{1}{2}\int_{.2}^{5} \frac{dx}{x^2} = \frac{1}{2}\left[-\frac{1}{x}\right]_{.2}^{5} = 2.40 \text{ m}^3$

$\therefore \bar{y} = 2.40/3.219 = .746 \text{ m}$

7.9 $dA = \sin x\, dx \therefore A = -\cos x \Big|_0^{\pi/2} = 1 \text{ FT}^2$

$\bar{x} A = \int x \sin x\, dA = \sin x - x\cos x \Big|_0^{\pi/2} = 1.0$

$\therefore \bar{x} = 1.00 \text{ FT.}$

$\bar{y} A = \frac{1}{2}\int_0^{\pi/2} \sin^2 x\, dx = \frac{1}{2}\left(\frac{1}{2}(x - \sin x\cos x)\right)\Big|_0^{\pi/2}$

$= \frac{1}{4}\left(\frac{\pi}{2} - 0\right) = \frac{\pi}{8} m^3 = .393$

$\bar{y} = .393/1 = 0.393 \text{ FT}$

7.10 $dA = (y_1 - y_2)dx = \left(6 - \frac{x^2}{9} - \frac{x}{3}\right)dx$

$A = \left(6x - \frac{x^3}{27} - \frac{x^2}{6}\right)\Big|_0^6 = 22 \text{ IN}^2$

$\bar{y} A = \int \frac{1}{2}(y_1 + y_2)\, dA = \int \frac{1}{2}(y_1+y_2)(y_1-y_2)dx$

$= \frac{1}{2}\int(y_1^2 - y_2^2)dx = \frac{1}{2}\int_0^6\left(36 - \frac{12x^2}{9} + \frac{x^4}{81} - \frac{x^2}{9}\right)dx$

$= \frac{1}{2}\int_0^6 \cdots dx = \frac{1}{2}\left(36x - \frac{12x^3}{27} + \frac{x^5}{405} - \frac{x^3}{27}\right)\Big|_0^6 = 65.6 \text{ IN}^3$

$\therefore \bar{y} = \frac{65.6}{22} = 2.98 \text{ IN}$

7.11 SEE PROB. 7.10 $A = 22 \text{ IN}^2$

$\bar{x} A = \int_0^6 \left(6x - \frac{x^3}{9} - \frac{x^2}{2}\right)dx$

$= 3x^2 - \frac{x^4}{36} - \frac{x^3}{18}\Big|_0^6 = 60 \text{ IN}^3$

$\therefore \bar{x} = 60/22 = 2.73 \text{ IN}$

7.12

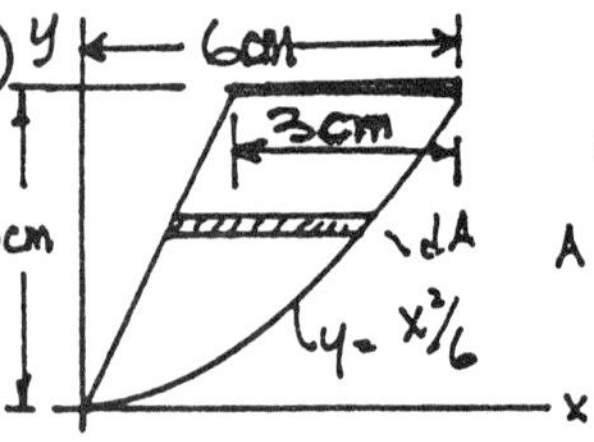

$y_1 = \frac{x^2}{6},\ y_2 = 2x$

$dA = (x_1 - x_2)dy$

$A = \int_0^6 \left(\sqrt{6}\, y^{1/2} - \frac{y}{2}\right)dy$

$= \frac{2}{3}(36) - 9 = 15 \text{ cm}^2$

$\bar{x} A = \int \frac{1}{2}(x_1 + x_2)\, dA = \frac{1}{2}\int (x_1^2 - x_2^2)\, dA$

$= \frac{1}{2}\int\left(6y - \frac{y^2}{4}\right)dy = \frac{1}{2}\left[3y^2 - \frac{y^3}{12}\right]\Big|_0^6 = 45 \text{ cm}^3$

$\therefore \bar{x} = \frac{45}{15} = 3.00 \text{ cm}$

$\bar{y} A = \int_0^6 y\left(\sqrt{6}\, y^{1/2} - \frac{y}{2}\right)dy$

$= \int\left[\sqrt{6}\, y^{3/2} - \frac{y^2}{2}\right]dy = 50.4 \text{ cm}^3$

$\therefore \bar{y} = \frac{50.4}{15} = 3.36 \text{ cm}$

7.13

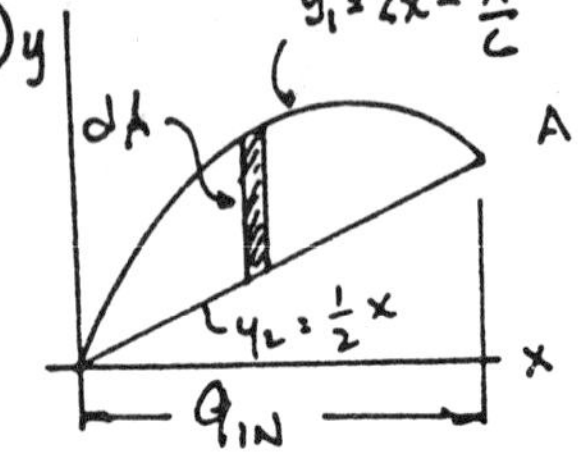

$dA = (y_1 - y_2)dx$

$A = \int_0^9 \left(2x - \frac{x^2}{6} - \frac{x}{2}\right)dx$

$= 20.25 \text{ IN}^2$

$\bar{x} A = \int_0^9 \left(2x^2 - \frac{x^3}{6} - \frac{x^2}{2}\right)dx$

$= \frac{2}{3}x^3 - \frac{x^4}{24} - \frac{x^3}{6}\Big|_0^9 = 91.9$

$\therefore \bar{x} = \frac{91.9}{20.25} = 4.50 \text{ IN}$

$\bar{y} A = \int \frac{1}{2}(y_1 + y_2)(y_1 - y_2)\, dx$

$= \int \frac{1}{2}(y_1^2 - y_2^2)\, dx$

$= \int_0^9 \left[4x^2 - \frac{2}{3}x^3 + \frac{x^4}{36} - \frac{x^2}{4}\right]\frac{1}{2}\, dx$

$= \frac{1}{2}\left[\frac{4}{3}x^3 - \frac{1}{6}x^4 + \frac{x^5}{180} - \frac{x^3}{12}\right]\Big|_0^9 = 72.95 \text{ IN}^3$

$\therefore \bar{y} = \frac{72.95}{20.25} = 3.60 \text{ IN}$

7.14 SEE PROB. 7.12

7.15 SEE PROB 7.13

7.16

$x_c = \dfrac{\int_0^{10} x\, dx}{\int_0^{10} dx}$ (ds = dx here) $= \dfrac{\frac{x^2}{2}\Big|_0^{10}}{x\Big|_0^{10}} = \frac{50}{10} = 5 \text{ in.}$

7.17

$x_c = \dfrac{\int_0^8 x\sqrt{1+y'^2}\, dx}{\int_0^8 \sqrt{1+y'^2}\, dx}$ (ds) and $y = \frac{3}{4}x$, so $y' = \frac{3}{4}$

$= \dfrac{\int_0^8 x\sqrt{1+\frac{9}{16}}\, dx}{\int_0^8 \sqrt{1+\frac{9}{16}}\, dx} = \dfrac{\frac{5}{4}\int_0^8 x\, dx}{\frac{5}{4}\int_0^8 dx} = \dfrac{\frac{x^2}{2}\Big|_0^8}{x\Big|_0^8} = \frac{32}{8} = 4 \text{ m}$

7.18

$$x_c = \frac{\int_0^2 x\sqrt{1+y'^2}\,dx}{\int_0^2 \sqrt{1+y'^2}\,dx} \quad (ds) \qquad y = \frac{x^2}{2} \Rightarrow y' = x$$

$$= \frac{\int_0^2 x\sqrt{1+x^2}\,dx}{\int_0^2 \sqrt{1+x^2}\,dx} = \frac{\text{(tables) } \frac{1}{3}\sqrt{1+x^2}^{\,3}\Big|_0^2}{\frac{1}{2}\left[x\sqrt{1+x^2} + \ln\left(x+\sqrt{1+x^2}\right)\right]\Big|_0^2}$$

$$= \frac{\frac{1}{3}(5^{3/2}) - \frac{1}{3}}{\frac{1}{2}\left[2\sqrt{5} + \ln(2+\sqrt{5})\right] - \frac{1}{2}[0]}$$

$= 1.15\ ft$

7.19 Find $\bar{y}$ and use it to get $\bar{x}$ by the symmetry:

$$\bar{y} = \frac{\int_0^R y\,ds}{\int_0^R ds} = \frac{\int_0^R \left(R - \sqrt{R^2-x^2}\right)\sqrt{1+y'^2}\,dx}{\int_0^R \sqrt{1+y'^2}\,dx}$$

$x^2 + (y-R)^2 = R^2$

$y = R - \sqrt{R^2-x^2}$

$y' = \frac{x}{\sqrt{R^2-x^2}}$ and $\sqrt{1+y'^2} = \frac{R}{\sqrt{R^2-x^2}}$

$$\bar{y} = \frac{\int_0^R \left(\frac{R^2}{\sqrt{R^2-x^2}} - R\right)dx}{\int_0^R \left(\frac{R}{\sqrt{R^2-x^2}}\right)dx} = \frac{\left[R^2\sin^{-1}\left(\frac{x}{R}\right) - Rx\right]\Big|_0^R}{\left[R\sin^{-1}\left(\frac{x}{R}\right)\right]\Big|_0^R}$$

$$= \frac{R^2\left(\frac{\pi}{2}-1\right)}{R\frac{\pi}{2}} = R\left(1 - \frac{2}{\pi}\right) = 0.363R$$

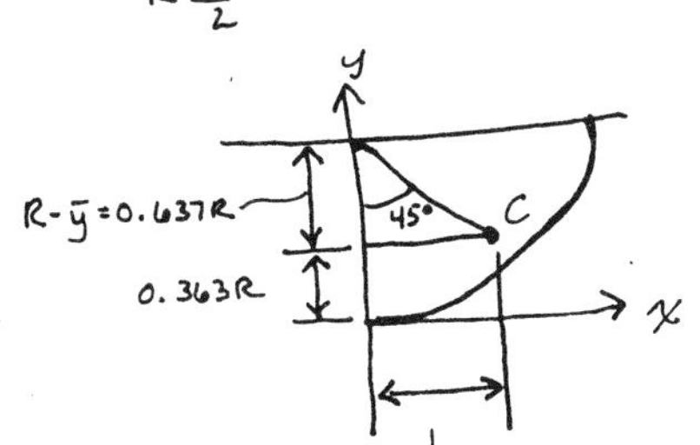

Thus $\bar{x} = 0.637R$ by symmetry.

7.20

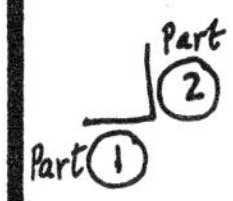

$$x_c = \frac{\int_0^5 x\,dx + \int_0^5 5\,dy}{\int_0^5 dx + \int_0^5 dy} \quad (ds)$$

$$= \frac{\frac{x^2}{2}\Big|_0^5 + 5y\Big|_0^5}{x\Big|_0^5 + y\Big|_0^5} = \frac{\frac{25}{2} + 25}{5+5}$$

$= \frac{75}{20} = 3.75\,m$

7.21

$$y_c = \frac{\int_0^8 y\sqrt{1+9/16}\,dx}{\int_0^8 \sqrt{1+9/16}\,dx} \quad (y = \tfrac{3}{4}x)$$

$$= \frac{\frac{3}{4}\left(\frac{5}{4}\right)\int_0^8 x\,dx}{\frac{5}{4}\int_0^8 dx} = \frac{\frac{3}{4}\left(\frac{64}{2}\right)}{8} = 3m$$

7.22

$$y_c = \frac{\int_0^5 y\,dx + \int_0^5 y\,dy}{10} = \frac{0 + \frac{y^2}{2}\Big|_0^5}{10} \quad (y \to 0 \text{ in first integral})$$

$= \frac{25}{20} = 1.25\,m$

7.23 $dA = (y_1 - y_2)dx \quad y_1 = x^{1/2},\ y_2 = x/2$

$A = \int dA = \int (x^{1/2} - x/2)\,dx = \frac{2}{3}x^{3/2} - \frac{x^2}{4}\Big|_0^4 = \frac{4}{3}\ IN^2$

$\bar{x}A = \int_0^4 \left(x^{3/2} - \frac{x^2}{2}\right)dx = \frac{2}{5}x^{5/2} - \frac{x^3}{6}\Big]\Big|_0^4 = 2.13\ IN^3$

$\therefore \bar{x} = 2.13 / \tfrac{4}{3} = 1.60\ IN$

NOW LET $dA = (x_2 - x_1)dy = (2y - y^2)dy$

$\bar{y}A = \int y\,dA = \int_0^2 (2y^2 - y^3)\,dA$

$= \frac{2}{3}y^3 - \frac{y^4}{4}\Big|_0^2 = \frac{4}{3}\ IN^3$

$\therefore \bar{y} = \frac{4/3}{4/3} = 1.00\ IN$

(7.24) $dA = \left[\frac{x^2}{2} - (-x)\right]dx = \left(\frac{x^2}{2} + x\right)dx$

$A = \int_0^2 \left(\frac{x^2}{2} + x\right)dx = \frac{8}{6} + \frac{4}{2} = 3.33 \text{ mm}$

$\bar{x}A = \int_0^2 x\left(\frac{x^2}{2} + x\right)dx = \int_0^2 \left(\frac{x^3}{2} + x^2\right)dx$

$= \frac{16}{8} + \frac{8}{3} = \frac{14}{3} \text{ mm}^3$

$\therefore \bar{x} = 14/3 \,/\, 10/3 = 1.40 \text{ mm}$

$A\bar{y} = \int_0^2 \frac{1}{2}\left(\frac{x^2}{2} + x\right)\left(\frac{x^2}{2} - x\right)dx$

$= \frac{1}{2}\int_0^2 \left(\frac{x^4}{4} - x^2\right)dx = -\frac{8}{15}$

$\therefore -\frac{8}{15} \Big/ 10/3 = -.160 \text{ mm}$

(7.25)

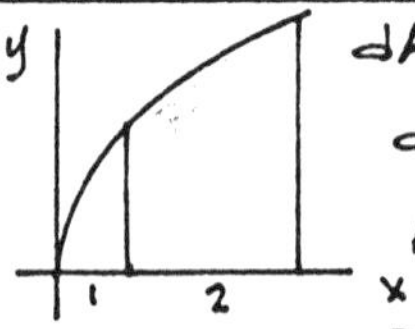

$dA = y\,dx, \quad y = x^{1/2}$

$dA = x^{1/2}dx$

$A = \int_1^3 x^{1/2}dx = \frac{2}{3}x^{3/2}\Big|_1^3 = 2.797$

$\bar{x}A = \int x\,dA = \int_1^3 x^{3/2}dA = 5.836 \;\therefore \bar{x} = 2.087 \text{ m}$

(7.26)

$\bar{x} = \bar{z} = 0$ by symmetry.

$\bar{y} = \frac{\int_{y=0}^{H} y \pi x^2 dy}{\int_{y=0}^{H} \pi x^2 dy} = \frac{\int y\left(\frac{y^2B^3}{H^2}\right)^{2/3}dy}{\int \left(\frac{y^2B^3}{H^2}\right)^{2/3}dy}$

$= \frac{\int_0^H y^{7/3}dy}{\int_0^H y^{4/3}dy} = \frac{\frac{3}{10}y^{10/3}\Big|_0^H}{\frac{3}{7}y^{7/3}\Big|_0^H} = \frac{7}{10}H$

(7.27) $\bar{z} = \frac{\int_0^{4.5} \pi r^2 z\,dz}{\int_0^{4.5} \pi r^2 dz} = \frac{\frac{z^3}{3}\Big|_0^{4.5}}{\frac{z^2}{2}\Big|_0^{4.5}} = \frac{(4.5)^3(2)}{3(4.5)^2} = 3 \text{ FT}$

CENTROID (0,0,3FT)

(7.28) $kz = x^2 + y^2 = r^2, \; k = 2$

$A = \int 2\pi r\,ds = 2\pi \int r\sqrt{(dr)^2 + (dz)^2}$

$= 2\pi \int r\sqrt{1 + \left(\frac{dz}{dr}\right)^2}\,dr$

$= 2\pi \int r\sqrt{1 + r^2}\,dr$

$= \pi \int_0^3 \sqrt{1+r^2}\,(2r\,dr) = \pi\left(\frac{2}{3}\right)(1+r^2)^{3/2}\Big|_0^3 = 64.1$

$A\bar{z} = \int \frac{r^2}{2} 2\pi r\sqrt{1+r^2}\,dr = \pi \int r^3\sqrt{1+r^2}\,dr$

$= \pi\left[\left(\frac{r^2}{5} - \frac{2}{15}\right)(r^2+1)^{3/2}\right]\Big|_0^3$ (FROM TABLES)

$= \pi\left[\frac{25}{15}(10)^{3/2} - \left(-\frac{2}{15}\right)(1)\right] = 166$

$\therefore \bar{z} = \frac{166}{64.1} = 2.59 \text{ FT}$

$\bar{x} = \bar{y} = 0$ BY SYMMETRY

(7.29)

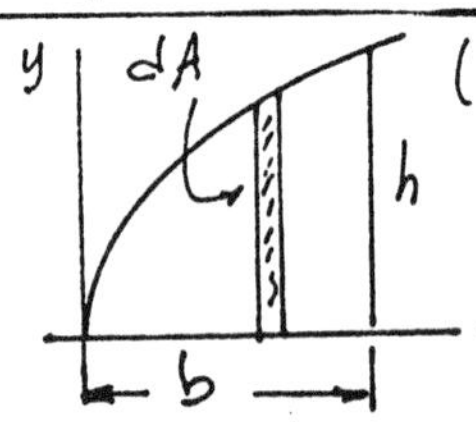

$\left(\frac{y}{h}\right)^n = \frac{x}{b} \qquad dA = y\,dx$

$dA = h\left(\frac{x}{b}\right)^{\frac{1}{n}}dx$

$A = \frac{h}{b^{1/n}}\left[\int_0^b x^{\frac{1}{n}}dx\right] =$

$A = \frac{h}{b^{1/n}} \frac{x^{\frac{n+1}{n}}}{\frac{n+1}{n}}\Big|_0^b = \frac{bhn}{n+1}$

$\bar{x}A = \int_0^b x\,dA = \int_0^b \frac{hx^{1+\frac{1}{n}}}{b^{1/n}}dx = \frac{hb^2n}{2n+1}$

$\therefore \bar{x} = \frac{hb^2n}{2n+1} \cdot \frac{n+1}{bhn} = \frac{b(n+1)}{2n+1}$

$dA = (b - x)dy \;;\; x = b\left(\frac{y}{h}\right)^n$

$\bar{y}A = \int y\,dA = \int_0^h \left(by - \frac{b}{h^n}y^{n+1}\right)dy$

$= \frac{bh^2}{2} - \frac{bh^2}{n+2} = \frac{bh^2n}{2(n+2)}$

$\therefore \bar{y} = \frac{bh^2n}{2(n+2)} \cdot \frac{n+1}{bhn} = \frac{h(n+1)}{2(n+2)}$

7.30 $V = \int dV = \int 2x\,2y\,dz = \frac{4}{4}\int \left(a-\frac{az}{h}\right)\left(b-\frac{bz}{h}\right)dz$

$= \frac{ab4}{4h^2}\int_0^h (h-z)^2 dz = \frac{ab4}{4h^2}\frac{(h-z)^3}{-3}\Big|_0^h$

$= \frac{abh^4}{12} = \frac{1}{3}abh$

$\bar z = \dfrac{\int_0^h \frac{ab}{h^2} z(h-z)^2 dz}{\frac{1}{3}abh}$

$= \frac{3}{h^3}\left[\int (zh^2 - 2hz^2 + z^3)dz\right] = \frac{h^4}{12}$

$\therefore \bar z = \frac{h^4}{4h^3} = \frac{h}{4}$

7.31

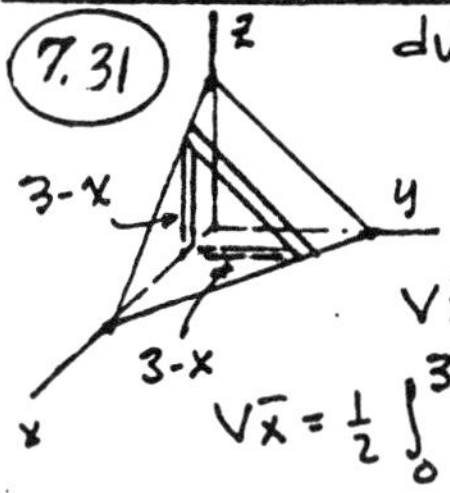

$dV = \frac{1}{2}(3-x)^2 dx$

$V = \frac{1}{2}\int_0^3 (3-x)^2 dx = \frac{9}{2}\ m^3$

$V\bar x = \int x\,dV = \frac{1}{2}\int_0^3 x(3-x)^2 dx$

$V\bar x = \frac{1}{2}\int_0^3 (9x - 6x^2 + x^3)dx = 27/8$

$\bar x = \frac{27/8}{9/2} = \frac{3}{4} = .75\ m = \bar y = \bar z$

7.32 SEE TEXT A_1 = AREA 6×3 ; $A_2 = 4\times2$

FROM SYMMETRY $\bar y = 3$ IN

$\bar x = \frac{A_1\bar x_1 - A_2\bar x_2}{A_1 - A_2} = \frac{6\times3\times3/2 - 4\times2\times2}{6\times3 - 4\times2} = \frac{11}{10} = 1.1$ IN

7.33 $\bar y = \frac{12(7)+12(3)}{24} = 5$ cm

7.34 AREA $= 18\times4 + 5\times6 + \frac{5\times6}{2} + \frac{6\times6}{2} = 135\ cm^2$

$\bar x = \frac{\frac{1}{2}(5\times6)(3+4) + \frac{1}{2}\cdot6\cdot6(3+4)}{135} = 1.71$ IN

$\bar y = \frac{18\cdot4(2) + 15(4+\frac{5}{3}) + 30(4+\frac{5}{2}) + 18(11)}{135} = \frac{622}{135}$

$\bar y = 4.61$ IN

7.35 AREA $= \frac{a+b}{2}(H)$

$\bar y = \dfrac{\frac{bH^2}{2} + \frac{1}{2}(a-b)(H)(\frac{H}{3})}{\frac{a+b}{2}(H)} = \frac{H}{3}\left(\frac{2b+a}{a+b}\right)$

7.36 AREA $= 6(6) + \frac{6(3)}{2} - \frac{3(3)}{2} = 40.5\ in^2$

$A\bar x = 0 + 9(5) - 4.5(-2) = 54$

$\bar x = 54/40.5 = 1.33$ IN

$A\bar y = 0 + 9(2) - 4.5(1) = 13.5$

$\therefore \bar y = 13.5/40.5 = .333$ IN

7.37 AREA $= .09 + .09 + .36 = .54\ m^2$

$\bar x = \frac{0 + .09(-.5) + .09(.2)}{.54} = -.05$ m

$\bar y = \frac{0 + .09(.2) + .09(.5)}{.54} = 0.117$ m

7.38 LET X-AXIS LIE ALONG C_1C_2

$\bar x_1, \bar y_1 \Rightarrow 0, 0$; $\bar x_2, \bar y_2 \Rightarrow \ell, 0$

$\therefore (A_1+A_2)\bar y = A_1(0) + A_2(0) = 0 \quad \therefore \bar y = 0$

$(A_1+A_2)\bar x = A_1(0) + A_2(\ell)$

$\therefore \bar x = \frac{A_2\ell}{A_1+A_2}$

7.39 LINES:

$\bar x = \frac{5\times2 + 4\times2 + 3\times4}{5+3+4} = 2.5$ cm

$\bar y = \frac{5\times1.5 + 3\times1.5}{12} = 1$ cm

TRIANGLE:

$\bar x = \frac{2}{3}\cdot4 = 2.67$

$\bar y = \frac{1}{3}\cdot3 = 1$ cm

7.40

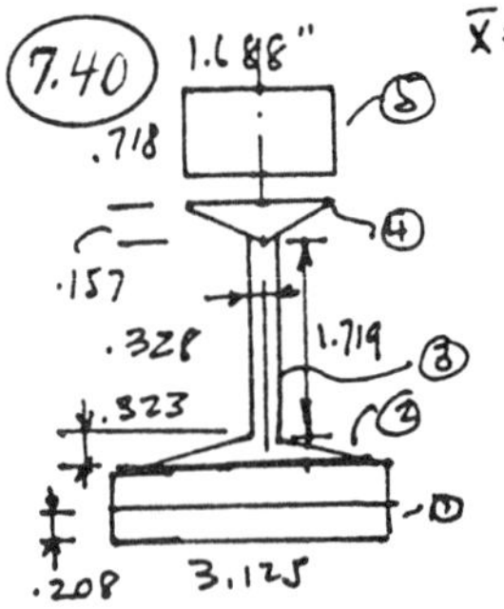

$\bar{x} = 0$;

Part	A	$\bar{y}_p$	$A\bar{y}_p$
1	.650	.104	.0676
2	.505	.316	.1596
3	.564	1.391	.7845
4	.133	2.355	.3132
5	1.212	2.766	3.3524
Σ	3.064		4.6773

$$\bar{y} = \frac{4.6773}{3.064} = 1.527 \text{ IN}$$

7.41

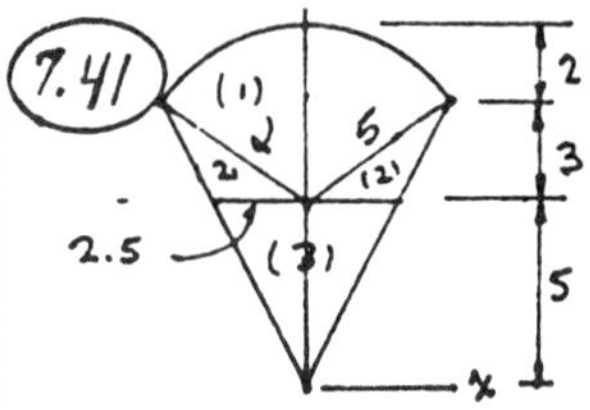

$\alpha = \tan^{-1}(4/3) = 53.1° = .927$ RAD.

$A_1 = \alpha r^2 = .927(25) = 23.18 \text{ IN}^2$

$\bar{y}_1 = 5 + \frac{2r\sin\alpha}{3\alpha} = 7.88 \text{ IN}$

$A_2 = \frac{1}{2}(2.5)(3) = 3.75 \text{ IN}^2$

$\bar{y}_2 = 5 + \frac{1}{3}(3) = 6 \text{ IN}$

$A_3 = \frac{1}{2}(5)(5) = 12.5 \text{ IN}^2$; $\bar{y}_3 = \frac{2}{3}(5) = 3.33$

$$\therefore \bar{y} = \frac{23.18 \times 7.88 + 3.75 \cdot 6 \cdot 2 + 12.5 \cdot 3.33}{23.18 + 3.75 \times 2 + 12.5} =$$

$$= \frac{269.3}{43.18} = 6.24 \text{ IN}$$

$\bar{x} = 0$

7.42 USE □ − △ (1, 2) $A_1 = 16 \text{ FT}^2$, $A_2 = \frac{1}{2} \cdot 2 \cdot 2 = 2 \text{ FT}^2$

$\bar{x} = 4 - \bar{y}$ $\bar{y}_1 = 2$ $\bar{y}_2 = 1 + \frac{1}{3}(2) = \frac{5}{3}$ FT

$$\therefore \bar{y} = \frac{16 \times 2 - 2 \times 5/3}{16 - 2} = 2.048 \text{ FT}$$

$\bar{x} = 4 - 2.048 = 1.952$ FT.

7.43 $\bar{x} = \bar{y}$. USE "SQUARE" − "TRIANGLE"

X-AXIS AS DATUM

$$\bar{y} = \frac{(5 \times 5) \cdot \frac{5}{2} - \frac{1}{2} \cdot 3 \cdot 3 \left(5 - 1 - \frac{1}{3} \cdot 3\right)}{5 \times 5 - \frac{1}{2} \cdot 3 \cdot 3} = 2.34 \text{ IN}$$

7.44 USE $A_1 = 6 \times 2$ RECT., $A_2 = 6 \times 6$ TRIANGLE

$A_3 = $ ⊙.

$$\bar{y} = \frac{6 \cdot 2 \cdot 3 + \frac{1}{2} \cdot 6 \cdot 6 \cdot \frac{1}{3}(6) - \pi 1^2 \cdot 3}{12 + 18 - \pi} = \frac{72 - 3\pi}{30 - \pi}$$

$\bar{y} = 2.33$ IN

$$\bar{x} = \frac{6 \cdot 2 \cdot (-1) + \frac{1}{2} \cdot 6 \cdot 6 \cdot 2 - 0}{30 - \pi} = \frac{24}{30 - \pi} = .894 \text{ IN}$$

7.45 $\bar{x} = 0$ A_1 = TRIANGLE A_2 = CIRCLE

$A_1 = \frac{1}{2} \cdot 6 \cdot 3\sqrt{3} = 9\sqrt{3}$; $A_2 = \frac{9\pi}{4}$ $\bar{y}_2 = 0$

$\bar{y}_1 = -\frac{2}{3}(3\sqrt{3}) + 3 = -.464$ cm

$$\bar{y} = \frac{9\sqrt{3}(-.464) - 0}{9\sqrt{3} - \frac{9}{4}\pi} = -.849 \text{ cm}$$

7.46 $\bar{y} = 0$ (symmetry)

$$\bar{x} = \frac{3(4)2 - 2(1)2 + 5(1)6.5 + 3(1)(9.5)}{12 - 2 + 5 + 3}$$

$\bar{x} = 4.5"$

7.47

$$\bar{x} = \frac{\frac{47^2(35)}{2} - \frac{\pi(15)^2}{2}22 + \frac{1}{2}(30)35(57)}{47(35) - \frac{\pi(15)^2}{2} + 15(35)} = 33.5 \text{ cm}$$

$$\bar{y} = \frac{\frac{47(35)^2}{2} - \frac{\pi(225)}{2}\left(35 - \frac{4(15)}{3\pi}\right) + 15(35)\frac{2}{3}(35)}{\text{same denominator}}$$

$= 17.0$ cm

7.48 $\bar{x} = 0$ by symmetry.

$$\bar{y} = \frac{\frac{\pi 6^2}{2}\frac{4(6)}{3\pi} + 12(4)(-2) - \pi 3^2(0)}{\frac{\pi 6^2}{2} + 48 - \pi 3^2}$$

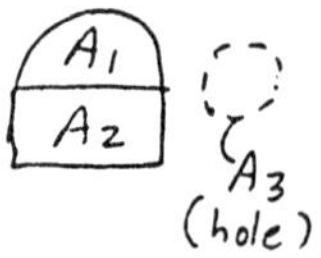

$= 0.629$ in.

7.49 USE RECT (12×6) − TRIANGLE − ○

$$\bar{y} = \frac{(12 \times 6)(3) - \frac{1}{2} \cdot 6 \cdot 4 \cdot \frac{2}{3}(6) - 12 \cdot 4}{12 \times 6 - \frac{1}{2} \cdot 6 \cdot 4 - 12} = 2.5 \text{ IN}$$

$$\bar{x} = \frac{(12 \times 6)(6) - \frac{1}{2} \cdot 6 \cdot 4 \cdot \frac{1}{3}(4) - 12 \cdot 8}{48} = 6.67 \text{ IN}$$

7.50 $\bar{x} = 0$; FOR $\bar{y}$ USE X-AXIS AS DATUM & SUBT. SEMI-CIRCLE & TRIANGLE.

$$\therefore \bar{y} = \frac{\left(-\frac{\pi 2^2}{2}\right)\frac{4(2)}{3\pi} + \left(-\frac{1}{2} \cdot 4 \cdot 2\right)\left(-\frac{1}{3} \cdot 2\right)}{\pi 3^2 - \frac{\pi 2^2}{2} - \frac{1}{2} \cdot 4 \cdot 2} = -.148 \text{ m}$$

(7.51) USE □ − ○ − ◁

AREA $= 12\times12 - \pi 2^2 - \frac{1}{2}\cdot3\cdot3 = 126.93\ \text{IN}^2$

$\bar{y} = \dfrac{12\times12\times6 - \pi 2^2\times9 - \frac{1}{2}\cdot3\cdot3\cdot4}{126.93} = \dfrac{732.9}{126.9}$

$\bar{y} = 5.77\ \text{IN}$

$\bar{x} = \dfrac{12\times12\times6 - \pi 2^2\times3 - \frac{1}{2}\cdot3\cdot3\cdot9}{126.93} = \dfrac{785.8}{126.9} = 6.19\ \text{IN}$

(7.52) $\bar{y}=0$; FOR $\bar{x}$ USE ○ − □

$\bar{x} = \dfrac{(-2\times2)(-1)}{\pi 3^2 - 2\times2} = .165\ \text{cm}$

(7.53) $\bar{x}=0$, FOR $\bar{y}$ USE ⊙ − ◠

$\bar{y} = \dfrac{-\frac{\pi r^2}{2}\cdot\frac{4r}{3\pi}}{\pi R^2 - \frac{\pi r^2}{2}} = \dfrac{-4r^3}{3\pi(2R^2 - r^2)}$

(7.54) $\bar{x}=0$; FOR $\bar{y}$ USE □ − ◠

$\bar{y} = \dfrac{10\cdot10(5) - \frac{\pi 5^2}{2}\cdot\left(\frac{4\cdot5}{3\pi}\right)}{100 - \frac{\pi 5^2}{2}} = \dfrac{416.7}{60.7} = 6.86\ \text{mm}$

(7.55)

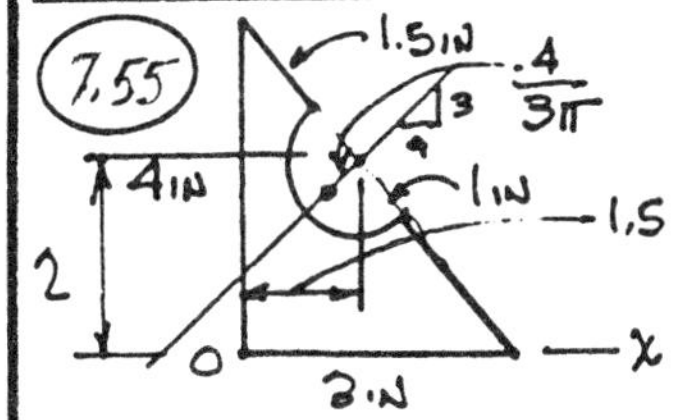

AREA $= \frac{1}{2}\cdot3\cdot4 - \frac{\pi 1^2}{2} = 6 - \frac{\pi}{2} = 4.43\ \text{IN}^2$

$A\bar{x} = \frac{1}{2}\cdot3\cdot4(1) - \frac{\pi(1)^2}{2}\left(1.5 - \frac{4}{3\pi}(.8)\right) = 4.177$

$\therefore \bar{x} = \dfrac{4.177}{4.43} = .943\ \text{IN}$

$\bar{y} = \dfrac{\frac{1}{2}\cdot3\cdot4\cdot\left(\frac{4}{3}\right) - \frac{\pi(1)^2}{2}\left(2 - \frac{4}{3\pi}(.6)\right)}{4.43} = \dfrac{5.258}{4.43}$

$\bar{y} = 1.19\ \text{IN}$

(7.56) $\bar{x} = \dfrac{49(7/2) + 21(9) - \pi 1^2\cdot2 - \pi 1^2\cdot5}{49 + 6(7/2) - \pi 1^2\cdot2} = \dfrac{338.5}{63.72}$

$\therefore \bar{x} = 5.31\ \text{IN}$

(7.57) $\bar{x}=0$; FOR $\bar{y}$ USE ◠ (A_1) − △ (A_2)

$A_1 = \frac{\pi R^2}{2},\ \bar{y}_1 = \frac{4R}{3\pi}$; $A_1\bar{y}_1 = \frac{2R^3}{3}$

$A_2 = \frac{1}{2}R\cdot R\cdot2,\ \bar{y}_2 = \frac{R}{3}$; $A_2\bar{y}_2 = \frac{R^3}{3}$

$\bar{y} = \dfrac{2R^3/3 - R^3/3}{\frac{\pi R^2}{2} - R^2} = \dfrac{2R}{3(\pi-2)} = .584R$

(7.58) $\bar{x}=0$; $A_1 = \frac{1}{2}bh$; $\bar{y}_1 = \frac{1}{3}h$; $A_2 = \frac{bh}{8}$, $\bar{y}_2 = \frac{h}{6}$

$\bar{y} = \dfrac{\frac{1}{2}bh\cdot\frac{1}{3}h - \frac{1}{8}bh\cdot\frac{1}{6}h}{\frac{1}{2}bh - \frac{1}{8}bh} = \frac{7}{18}h = .389\,h$

(7.59) $\bar{x}=0$

$\bar{y} = \dfrac{\frac{1}{2}\cdot6\cdot6\left(2+\frac{1}{3}\cdot6\right) + 2\cdot10\cdot1}{\frac{1}{2}\cdot6\cdot6 + 2\cdot10} = 2.42\ \text{IN}$

(△, $y_\triangle$; □, $y_\square$)

(7.60) ALL AREAS $= .75\ \text{IN}^2$ = "A"

$\bar{x} = \dfrac{[2(A) - 1(A)]3}{5A} = \dfrac{3}{5} = .6\ \text{IN}$

$\bar{y} = \dfrac{-2A\cdot5}{5A} = -2\ \text{IN}$

(7.61) TABLE VAL. $\bar{x} = 1.03\ \text{IN}$; $\bar{y} = 2.03\ \text{IN}$

$\bar{y} = \dfrac{(6\times\frac{5}{8}\times3) + (4-\frac{5}{8})\times\frac{5}{8}\times\frac{5}{16}}{6\times\frac{5}{8} + (4-\frac{5}{8})\times\frac{5}{8}} = \dfrac{11.91}{5.86}$

$\bar{y} = 2.03\ \text{IN}$

$\bar{x} = \dfrac{4\times\frac{5}{8}\times2 + (6-\frac{5}{8})\frac{5}{8}\times\frac{5}{16}}{5.86} = 1.03\ \text{IN}$

(7.62) $\frac{h}{2}\cdot h + 3h = (h+3)(h-2)$ MEASURE FROM BOTTOM

$h^2 + h - 6 = h^2/2 + 3h \Rightarrow$

$h^2 - 4h - 12 = 0 \Rightarrow (h-6)(h+2) = 0 \quad \therefore h = 6\ \text{cm}$

(7.63) $l = .3 + .5 + .2 = 1\ \text{m}$

$l\bar{x} = .3(.15) + .5(.3) + .2(.3)$

$= .255 \quad \therefore \bar{x} = .255\ \text{m}$

$l\bar{y} = .3(0) + .5(.25) + .2(.5)$

$= 0 + .125 + .1 = .225 \quad \therefore \bar{y} = .225\ \text{m}$

$l\bar{z} = .3(0) + .5(0) + .2(-.1)$

$= -.02$

$\therefore \bar{z} = -.02\ \text{m}$

(7.64)

$$\bar{x} = \frac{5(2.5)+5(5)}{5+5} = \frac{2.5+5}{2} = \frac{7.5}{2} = 3.75$$

(7.65)

$$l\frac{l}{2} + ll + 0 = 3l\bar{x} \Rightarrow \bar{x} = \boxed{\frac{l}{2}}$$

$$0+0+l\frac{l}{2} = 3l\bar{y} \Rightarrow \bar{y} = \boxed{\frac{l}{6}}$$

$$0+0+l\frac{l}{2} = 3l\bar{z} \Rightarrow \bar{z} = \boxed{\frac{l}{6}}$$

(7.66) $\bar{y} = \frac{l}{2}$ by symmetry.

$$5l\bar{x} = 0+0+0+2l\left[l\frac{\sqrt{3}}{2}\frac{1}{2}\right] \Rightarrow \bar{x} = \frac{\sqrt{3}}{10}l = 0.173l$$

$\bar{z} = \bar{x}$ by inspection $= 0.173l$

(7.67) $3[30]\frac{30}{2} + [(40)+100][30] = 370\bar{x}$

$\bar{x} = 15$cm This one is obtainable by inspection.

$$2(40)\frac{40}{2} + (100+60)40 = 370\bar{y}$$

$$\bar{y} = \frac{1600+6400}{370} = 21.6\text{ cm} = \bar{y}$$

$$50(4)25 + (80+30)50 = 370\bar{z}$$

$$5000 + 5500 = 370\bar{z}$$

$$10500 = 370\bar{z} \Rightarrow \bar{z} = 28.4\text{cm}$$

(7.68) Length of arc $= 5\pi = 15.7$ in.

$$37.7\bar{x} = 0 + 10(6) + 12(3)$$

$$\bar{x} = \frac{60+36}{37.7} = 2.55 \text{ in.}$$

$\bar{y} = 5$ in (by symmetry)

$$\bar{z} = \frac{15.7\left(\frac{2}{\pi}5\right)}{37.7} + 0 = 1.33 \text{ in.}$$

(7.69)

$$\bar{x} = \frac{\pi 3^2(3) + 6(12)3 + 0}{\pi 3^2 + 6(12) + \frac{1}{2}(12)6} = \frac{84.8+216}{136} = 2.21 \text{ in.}$$

$$\bar{y} = \frac{0+72(6)+36(6)}{136} = 4.77 \text{ in.}$$

$$\bar{z} = \frac{\pi 3^2 \frac{4(3)}{3\pi} + 0 + 36(2)}{136} = 0.794 \text{ in.}$$

(7.70)

$$\bar{x} = \frac{\int_0^1 xy\,dx + 1(1)(0.5)}{\int_0^1 y\,dx + 1} \quad \text{where } y = x^2$$

$$= \frac{\int_0^1 x^3 dx + 0.5}{\int_0^1 x^2 dx + 1} = \frac{\frac{x^4}{4}\Big|_0^1 + 0.5}{\frac{x^3}{3}\Big|_0^1 + 1} = \frac{0.750}{1.33} = 0.564 \text{ in.}$$

$$\bar{y} = \frac{\int_0^1 \frac{y}{2} y\,dx + (1)(1)(-0.5)}{1.33} = \frac{\int_0^1 \frac{x^4 dx}{2} - 0.5}{1.33}$$

$$= \frac{\frac{1}{10} - 0.5}{1.33} = \frac{-0.4}{1.33} = -0.301 \text{ in}$$

(7.71)

$$\bar{x} = \frac{0.250 + 0.5 - \overbrace{\tfrac{1}{2}(0.5)(0.5)}^{0.125}\left(\frac{0.5}{3}\right)}{0.333 + 1 - 0.125} = \frac{0.729}{1.21} = 0.602 \text{ in.}$$

$$\bar{y} = \frac{0.1 - 0.5 - 0.125[-0.5 - 2/3(0.5)]}{1.21} = -0.244 \text{ in.}$$

(7.72)

See figure in next problem's solution and ignore the hole:

$$\bar{x} = \frac{6(2) + 20(5.5)}{6+20} = 4.69 \text{ in.}$$

$$\bar{y} = \frac{6(4/3) + 20(2)}{26} = 1.85 \text{ in.}$$

7.73 $A = A_1 + A_2$ (rectangle) $- A_3$ (circular hole)

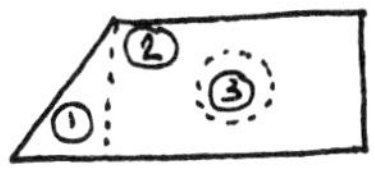

$$= \underbrace{\tfrac{1}{2}(3)4}_{6} + \underbrace{5(4)}_{20} - \underbrace{\pi(1.5)^2}_{7.07} = 18.9$$

$$\bar{x} = \frac{6(2) + 20(5.5) - 7.07(5.5)}{18.9} = \frac{83.1}{18.9} = 4.40 \text{ in.}$$

$$\bar{y} = \frac{6(4/3) + 20(2) - 7.07(2)}{18.9} = 1.79 \text{ in.}$$

7.74

$$\frac{\frac{\pi}{2}(.4)^2 \times \frac{4(.4)}{3\pi} - .4\,\frac{h^2}{2}}{\frac{\pi}{2}(.4)^2 - .4h} = h \Rightarrow$$

$$.2h^2 - .2513h + .04267 = 0$$

$$h^2 - 1.2566h + .21335 = 0 \Rightarrow h = .202 \text{ m}$$

7.75 USE THE LINE SEPARATING THE TWO RECT. AS DATUM: $A_1\bar{x}_1 = A_2\bar{x}_2$ ∴

$$h \cdot 2 \cdot \frac{h}{2} = 6 \times 2 \times 1;\quad h^2 = 12 \quad \therefore h = 3.46 \text{ cm}$$

7.76 SHADED AREA $= \pi \frac{(2)^2}{2} = 2\pi \text{ m}^2$

$$A\bar{x} = 2\pi(0) + \frac{\pi}{2}(+1) - \left[\left(\frac{\pi}{2}\right)(-1)\right] = \pi \text{ m}^3$$

$$\therefore \bar{x} = \pi/2\pi = 1/2 = .500 \text{ m}$$

$$A\bar{y} = 2\pi\left(-\frac{4(2)}{3\pi}\right) + \frac{\pi}{2}\left(\frac{4(1)}{3\pi}\right) - \left[\frac{\pi}{2}\left(-\frac{4(1)}{3\pi}\right)\right]$$

$$= -\frac{16}{3} + \frac{2}{3} + \frac{2}{3} = -\frac{12}{3} = -4 \text{ m}^3$$

$$\bar{y} = -\frac{4}{2\pi} = -\frac{2}{\pi} = -.637 \text{ m}$$

7.77 AREA $= .3 \times .6 + .3 \times .9 - \pi(.1)^2 = .4186 \text{ m}^2$

$$\bar{x} = \frac{.3(.6)(.3) + .3 \times .9 \times .45 - \pi(.1)^2(.3)}{.4186} = \frac{.1661}{.4186}$$

$$\bar{x} = .397 \text{ m}$$

$$\bar{y} = \frac{.3(.6)(.45) + .3 \times .9 \times .15 - \pi(.1)^2(.4)}{.4186} = \frac{.1089}{.4186}$$

$$\bar{y} = .260 \text{ m}$$

7.78 USE

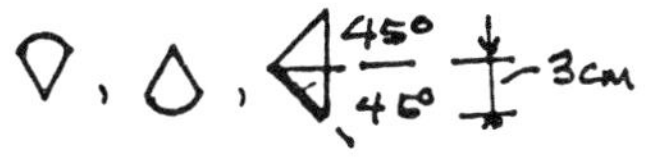

$$\text{AREA} = \frac{\pi}{2}(3\sqrt{2})^2 + 2\left(\tfrac{1}{2}\right)(3)(3) = 9(\pi+1) \text{ cm}^2$$

$$A\bar{x} = 9\pi(0) + 9(2) = 18$$

$$\bar{x} = \frac{18}{9(\pi+1)} = \frac{2}{\pi+1} = .483 \text{ CM.}$$

7.79

$$\text{AREA} = \frac{4+6}{2}(8) - \frac{\pi 2^2}{2} = 40 - 2\pi = 33.72 \text{ in}^2$$

$$\bar{x} = \frac{(4 \cdot 8) \cdot 4 + \frac{1}{2} \cdot 8 \cdot 2\,(16/3) - \left(\frac{\pi \cdot 4}{2}\right)6}{33.72} = 3.94 \text{ IN}$$

$$\bar{y} = \frac{(4.8) \cdot 2 + \left(\frac{1}{2} \cdot 8 \cdot 2\right)\left(4 + \frac{2}{3}\right) - \left(\frac{\pi 4}{2}\right)\frac{4 \cdot 2}{3\pi}}{33.72} = 2.85 \text{ IN}$$

7.80 $\bar{x} = \bar{y} = .5\text{m}$ BY SYMMETRY

A = 2 [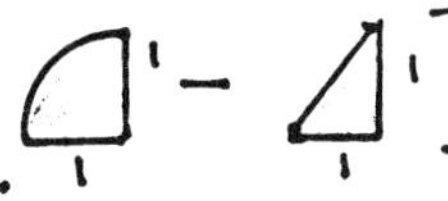]

$$= 2\left[\frac{\pi(1)^2}{4} - \frac{1(1)}{2}\right] = \frac{\pi}{2} - 1 = .571 \text{ m}^2$$

7.81 $\bar{x} = \bar{y}$; FOR $\bar{y}$ USE $\frac{1}{4}$ ⊙; SUBT. 2-SEMI-⊙'S & ADD BACK IN DOTTED AREA (SEE PROB 7.80)

$$\bar{y} = \frac{\frac{\pi 2^2}{4} \cdot \frac{4(2)}{3\pi} - \frac{\pi(1)^2}{2} \cdot \frac{4(1)}{3\pi} - \frac{\pi(1)^2}{2} \cdot (1) + \left(\frac{\pi}{2} - 1\right)\frac{1}{2}}{\frac{\pi 2^2}{4} - \frac{\pi(1)^2}{2} \cdot 2 + \left(\frac{\pi}{2} - 1\right)}$$

$$= \frac{.7146}{.5708} = 1.252 \text{ m}$$

7.82 LET X-AXIS COINCIDE WITH AXIS OF SYMMETRY; THEN $\bar{y} = 0$

$$\bar{x} = \frac{(-\pi(.1)^2)(-.3)}{\pi(.5)^2 - 5\pi(.1)^2} = .015 \text{ m}$$

(7.83)

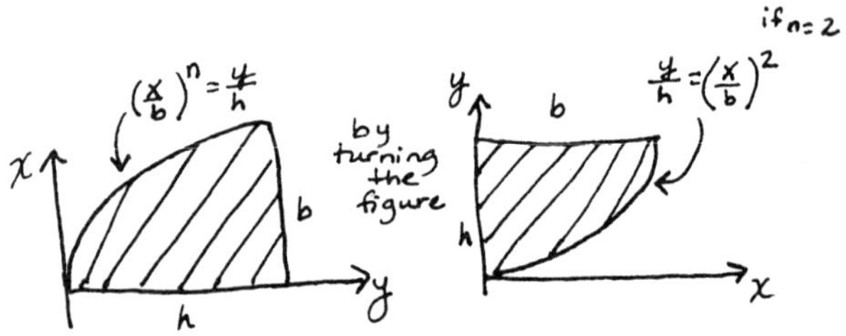

$$(\bar{y}, \bar{x}) = \left(\frac{n+1}{2n+1} h, \frac{n+1}{2(n+2)} b\right) =$$

$$= \left(\frac{3}{5} h, \frac{3}{8} b\right) \text{ if } n = 2 \text{ which was to be shown.}$$

$$\text{Area} = \frac{n}{n+1} bh = \frac{2}{3} hb$$

(7.84)

$$\bar{x}_{\text{dotted}} = \frac{bh\left(\frac{b}{2}\right) - \left(\frac{2}{3}bh\right)\left(\frac{3}{8}b\right)}{bh\left(1 - \frac{2}{3}\right)} \quad \left(\text{Denom.} = \text{Area} = \frac{bh}{3}\right)$$

$$= \frac{b\left(\frac{1}{2} - \frac{1}{4}\right)}{1/3} = 3/4\, b$$

$$\bar{y}_{\text{dotted}} = \frac{bh\left(\frac{h}{2}\right) - \left(\frac{2}{3}bh\right)\frac{3}{5}h}{\frac{bh}{3}} = h\left(\frac{1}{2} - \frac{2}{5}\right)3$$

$$= \frac{3}{10}h$$

(7.85)

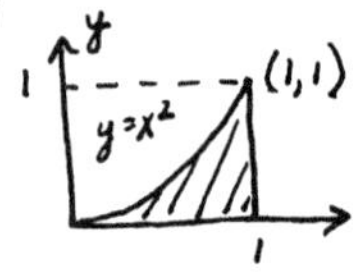

$\bar{x} = 3/4\,(1)$

$\bar{y} = 3/10\,(1)$

$A = \frac{bh}{3} = \frac{1}{3}$

$$\bar{x}_{\text{shaded}} = \frac{\frac{1}{3}\left(\frac{3}{4}\right) - \overbrace{\frac{1}{4}\left(\frac{1}{2}\right)}^{\text{rectangular cutout}}\frac{7}{8}}{\frac{1}{3} - \frac{1}{8}} = 0.675 \text{ units of length}$$

(7.86)

$$\bar{y}_{\text{shaded}} = \frac{\frac{1}{3}\left(\frac{3}{10}\right) - \frac{1}{8}\left(\frac{1}{4}\right)}{\left(\frac{5}{24}\right)} = 0.330 \text{ units of length}$$

(7.87) LET $R_i = R_o\phi$

$$\frac{\pi R_o^2}{2} \cdot \frac{4R_o}{3\pi} - \frac{\pi (R_o\phi)^2}{2}\left(\frac{4(R_o\phi)}{3\pi}\right) = \left[\frac{\pi R_o^2}{2} - \frac{\pi (R_o\phi)^2}{2}\right] R_o\phi$$

$$\frac{4}{3}(1 - \phi^3) = \pi(1 - \phi^2)\phi = \pi(1+\phi)(1-\phi)\phi$$

DIVIDE BY $(1-\phi) \Rightarrow$

$$\pi(1+\phi)\phi = 4/3\,(1 + \phi + \phi^2) \Rightarrow$$

$$\phi^2 + \phi - \frac{4}{3\pi - 4} = 0 \therefore \phi = \frac{R_i}{R_o} = .494$$

(7.88) $\left(\frac{\pi ab}{2} - \frac{\pi b^2}{2}\right)\bar{y} = \frac{\pi ab}{2}\left(\frac{4b}{3\pi}\right) - \frac{\pi b^2}{2}\left(\frac{4b}{3\pi}\right)$

$\therefore \bar{y} = \frac{4b}{3\pi}$; AREAS NOT NEEDED SINCE $\bar{y}$'s OF INDIVID. CENTROIDS ARE EACH $\frac{4b}{3\pi}$

(7.89) $\left(\frac{\pi ab}{2} - \frac{\pi b^2}{2}\right)\bar{x} = \frac{\pi ab}{2}\left(\frac{4a}{3\pi}\right) - \frac{\pi b^2}{2}\left(\frac{4b}{3\pi}\right)$

$$b(a-b)\bar{x} = \frac{4}{3\pi} b(a^2 - b^2)$$

$$\bar{x} = \frac{4}{3\pi}(a+b)$$

THE AREAS ARE NEEDED NOW SINCE X-COORD. OF CENTROIDS ARE NOT THE SAME

(7.90) $A = \pi r^2 \frac{2\alpha}{2\pi} = \alpha r^2$

$$A\bar{y} = \int_0^r \int_{-\alpha}^{\alpha} \rho\cos\theta\, \rho\, d\theta\, d\rho = (2\sin\alpha)\frac{r^3}{3}$$

$$\therefore \bar{y} = \frac{2r\sin\alpha}{3\alpha}$$

(7.91) $\lim_{\alpha \to 0}\left(\frac{2r\sin\alpha}{3\alpha}\right) \Rightarrow \frac{2r}{3} = \bar{y}$

7.92 $A = \alpha r^2 - 2\left[\frac{1}{2}(r\sin\alpha)(r\cos\alpha)\right]$

$= r^2(\alpha - \sin\alpha\cos\alpha)$

$A\bar{y} = \alpha r^2\left[\frac{2r\sin\alpha}{3\alpha}\right] - r^2\sin\alpha\cos\alpha\left(\frac{2}{3}r\cos\alpha\right)$

$= \frac{2}{3}r^3\sin^3\alpha$

$\therefore \bar{y} = \frac{2r\sin^3\alpha}{3(\alpha - \sin\alpha\cos\alpha)} = \frac{2r\sin^3\alpha}{3(\alpha - \frac{1}{2}\sin 2\alpha)}$

L'HOSPITAL'S RULE:

$\frac{2r}{3}\left[\frac{3\sin^2\alpha\cos\alpha}{1 - \cos 2\alpha}\right] \Rightarrow \frac{0}{0}$ AGAIN:

$\frac{2r}{3}\left[\frac{6\sin\alpha\cos^2\alpha}{2\sin 2\alpha}\right] \Rightarrow \frac{0}{0}$ AGAIN:

$2r\left[\frac{\cos^3\alpha + \text{SINE TERM}}{2\cos 2\alpha}\right] \Rightarrow r$

7.93

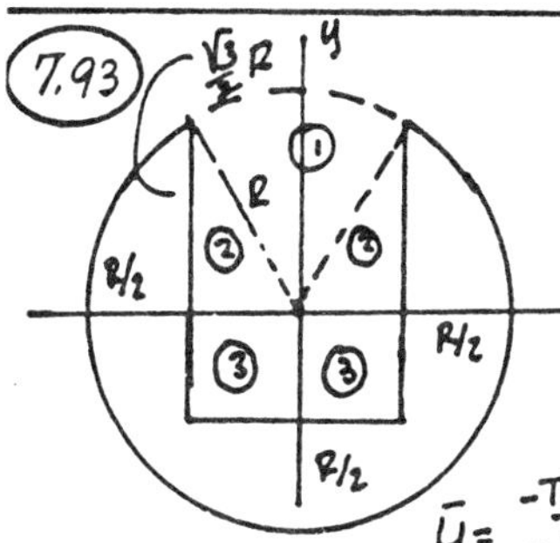

$A_1 = \frac{\pi R^2}{6}$ $\bar{y}_1 = \frac{2R}{\pi}$

$A_2 = \frac{1}{2}\cdot\frac{R}{2}\cdot\frac{\sqrt{3}}{2}R$; $\bar{y}_2 = \frac{1}{3}\cdot\frac{\sqrt{3}}{2}R$

$A_3 = \frac{R}{2}\cdot\frac{R}{2}$ $\bar{y}_3 = \frac{R}{4}$

$\bar{x} = 0$

$\bar{y} = \dfrac{-\frac{\pi R^2}{6}\cdot\frac{2R}{\pi} - \frac{1}{2}\left(\frac{R}{2}\right)\frac{\sqrt{3}}{2}R\cdot 2\cdot\frac{1}{3}\frac{\sqrt{3}}{2}R + \frac{R^3}{8}}{\pi R^2 - \frac{\pi R^2}{6} - \frac{1}{2}R\frac{\sqrt{3}}{2}R - \frac{R^2}{2}}$

$\therefore \bar{y} = -.1978R$ (NOTE: USE APPENDIX C)

7.94 AREA (NET) =

α FOR SEG IS $2\tan^{-1} 4/3 = 106.26° = 1.855$ rad

CENT. OF SEG. ABOVE X-AXIS IS

$\frac{4R\sin^3\frac{\alpha}{2}}{3(\alpha - \sin\alpha)} - 30 = 38.155 - 30 = 8.155$ cm

$\bar{y} = \dfrac{\frac{\pi 40^2}{2}\cdot\frac{4(40)}{3\pi} - \frac{(50)^2}{2}(\alpha - \sin\alpha)(8.155)}{\frac{\pi 40^2}{2} - \underbrace{\frac{(50)^2}{2}(\alpha - \sin\alpha)}_{1118.2}} =$

$\bar{y} = \frac{33547}{1395} = 24.0$ cm

7.95 ORIGIN AT AXIS OF ROTATION

$\frac{3}{8}\pi(6)^2 - (b + \frac{3}{8})(\pi)(2)^2 = 0$

$b + 3/8 = \frac{27}{8}$ $\therefore$ $b = 3$ IN

7.96 *We got 7.78" using every little block. This solution is shorter and more innovative!*

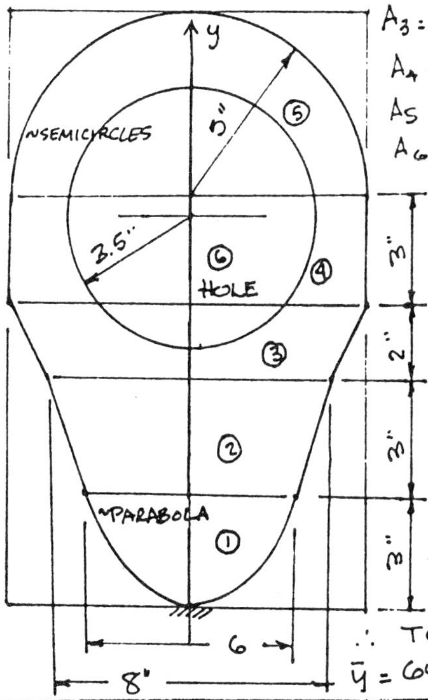

$A_1 = \frac{4}{3}(3)(3) = 12.0$ IN^2

$A_2 = \frac{(6+8)}{2}(3) = 21.0$

$A_3 = \frac{(8+10)}{2}(2) = 18.0$

$A_4 = 3(10) = 30$

$A_5 = \pi 5^2/2 = 39.3$

$A_6 = \pi(3.5)^2 = 38.5$

AREA $= 81.8$ IN^2

$\bar{y}_1 = \frac{3}{5}\cdot 3 = 1.8$

$\bar{y}_2 = (6 - 1.43) = 4.57$

$\bar{y}_3 = (8 - .963) = 7.04$

$\bar{y}_4 = 9.5$

$\bar{y}_5 = (11 + \frac{4(5)}{3\pi}) = 13.12$

$\bar{y}_6 = 10.5$

$\Sigma A\bar{y}$ LESS HOLE $= 640.7$ IN^3

$\therefore$ TO L FIGS.

$\bar{y} = 640.7/81.8 = 7.8$ IN

7.97 LET "t" BE SMALL THICKNESS

$V = [\pi(30) + 50](70)(t)$

$V\bar{x} = 0 + [50(70)t](30)$

$\bar{x} = \frac{50(70)(30)t}{(30\pi + 50)70t} = \frac{150}{3\pi + 5} = 10.4$ mm

$V\bar{y} = \pi(30)(70)t\left[-\frac{2(30)}{\pi}\right] + 50(70)t(25)$

$\bar{y} = \frac{-1800 + 1250}{30\pi + 50} = \frac{-55}{3\pi + 5} = -3.81$ mm

$\bar{z} = 35$ mm FROM SYMMETRY

7.98 $\bar{z} = \dfrac{\rho\left[\frac{\frac{4}{3}\pi R^3}{2}(2R + \frac{3}{8}R) + \pi R^2(2R)R\right]}{\rho\left[\frac{\frac{4}{3}\pi R^3}{2} + \pi R^2(2R)\right]}$

$= 1.34R$

7.99 $\dfrac{\frac{1}{2}\frac{4}{3}\pi R^3(L + \frac{3}{8}R) + \pi R^2 L(\frac{L}{2})}{\frac{1}{2}\frac{4}{3}\pi R^3 + \pi R^2 L} = L$

$\frac{1}{2}\frac{4}{3}R(L + 3/8 R) + \frac{L^2}{2} = \frac{4}{6}RL + L^2$

$\frac{R^2}{4} = \frac{L^2}{2}$ $\Rightarrow \frac{L}{R} = \sqrt{\frac{1}{2}} = 0.707$

7.100 ORIGIN AT LEFT END ∴ WANT $\bar{x} = d\cos\theta$

$$d\cos\theta = \frac{\left[2d\left(\frac{d\cos\theta}{2}\right) + (\pi R)\left(d\cos\theta + \frac{2R}{\pi}\right)\right]\rho A}{(2d + \pi R)\rho A}$$

(WHERE θ = ANGLE BETWEEN d & HORIZ.)

$\Rightarrow d^2\cos\theta = 2R^2$; BUT $\cos\theta = \sqrt{d^2 - R^2}/d$

$\therefore d^2\sqrt{d^2 - R^2}/d = 2R^2 \Rightarrow$

$$\left(\frac{d}{R}\right)^4 - \left(\frac{d}{R}\right)^2 - 4 = 0$$

$$(d/R)^2 = \frac{1 \pm \sqrt{1+16}}{2} = \frac{1 + \sqrt{17}}{2}$$

$\therefore \frac{d}{R} = 1.60$ & $d = 1.60R$

7.101 MOVE ORIGIN TO Q

$$\bar{x} = \frac{\left[\left(\frac{4R}{3\pi}\right)\left(\frac{\pi R^2}{2}\right) + \left(-\frac{1}{3}\sqrt{d^2 - R^2}\right)\left(\frac{1}{2}\right)(2R)\left(\sqrt{d^2 - R^2}\right)\right]\rho}{\left[\frac{\pi R^2}{2} + \frac{1}{2}\cdot 2R\sqrt{d^2 - R^2}\right]\rho}$$

$\bar{x} = 0 \Rightarrow$

$\frac{2R^3}{3} - \frac{1}{3}R(d^2 - R^2) = 0 \Rightarrow 3R^2 = d^2$

OR $d = 1.73R$

7.102 "CYLINDER"

$\bar{y}_c = 1.5\text{m}$

$\bar{x}_c = R - \frac{4R}{3\pi} = .691\text{m}$ $R = 1.2\text{m}$

$\bar{z}_c = \frac{4R}{3\pi} = .509\text{m}$

$m_A = \left(\frac{\pi R^2}{4}\right)(l)\rho = \frac{\pi}{4}(1.2)^2(3)(2000) = 6790\text{ kg}$

"RECTANGLE:"

$\bar{y}_R = 1\text{m}$

$\bar{x}_R = 1.45\text{m}$

$\bar{z}_R = .3\text{m}$

$m_B = 3000(2)(.6)\frac{1}{2} = 1800\text{ kg}$

"TRIANGLE"

$\bar{y}_T = .65\text{m}$

$\bar{x}_T = 1.8\text{m}$

$\bar{z}_T = .1\text{m}$

$m_C = 4000\left(\frac{1}{2}\right)(.3)^2(1.3) = 234\text{ kg}$

$M_T = 8820\text{ kg}$

$$\bar{x} = \frac{.691(6790) + (1.45)(1800) + 1.8(234)}{8820} = .876\text{m}$$

$$\bar{y} = \frac{1.5(6790) + (1)(1800) + .65(234)}{8820} = 1.38\text{m}$$

$$\bar{z} = \frac{(.509)(6790) + .3(1800) + .1(234)}{8820} = .456\text{m}$$

7.103

$$\bar{x} = \frac{(2)(l/2)m + (lm)}{7m} = \frac{2}{7}l$$

$$\bar{y} = \frac{2(l/2)(m) + l(m)}{7m} = \frac{2}{7}l$$

$$\bar{z} = \frac{(3)(l/2)(m) + 2(l)(m)}{7m} = l/2$$

7.104

$$\bar{x} = \frac{-l(m) - l/2(m)}{4m} = -\frac{3}{8}l$$

$$\bar{y} = \frac{l/2(m)}{4m} = l/8$$

$$\bar{z} = \frac{-lm}{4m} = -l/4$$

7.105

$$m = \int_0^L A\rho_0 \frac{x}{L}dx = \rho_0 A\frac{L}{2}$$

$$m\bar{x} = \int A\rho_0\frac{x}{L}x\,dx = \frac{\rho_0 A}{L}\frac{L^3}{3}$$

$$\bar{x} = \frac{2L^2}{L3} = \frac{2}{3}L$$

7.106

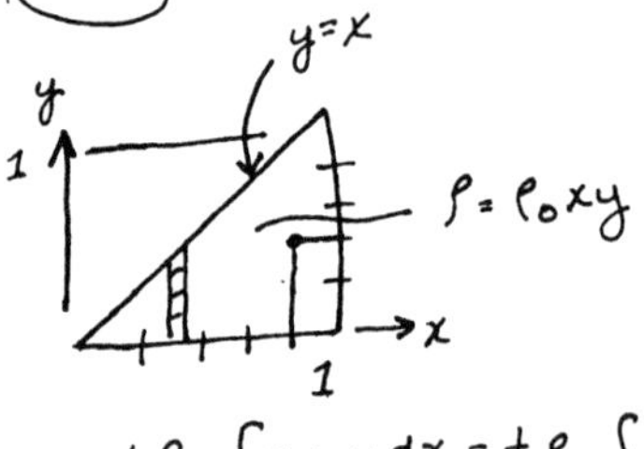

$$m = t\rho_0\int xy\,y\,dx = t\rho_0\int x^3dx = t\rho_0\frac{x^4}{4}\Big|_0^1 = \frac{t\rho_0}{4}$$

$$\bar{x} = \frac{t\rho_0\int x\,xy\,y\,dx}{(t\rho_0/4)} = 4\int x^4dx = 4/5 \quad (\text{not } 2/3)$$

$$\bar{y} = \frac{t\rho_0\int \frac{y}{2}xy\,y\,dx}{(t\rho_0/4)} = 2(1/5) = 2/5 \quad (\text{not } 1/3)$$

7.107

$$m = \int_0^{2\pi} \rho A R\, d\theta = \frac{\rho_0 A R}{2\pi} \frac{\theta^2}{2}\Big|_0^{2\pi} = \rho_0 A R \frac{2\pi}{2}$$

$$m\,\bar{x} = \int_0^{2\pi} (R\cos\theta)\frac{\rho_0}{2\pi} A R\,\theta\, d\theta = \frac{\rho_0 A R^2}{2\pi}\left[\theta\sin\theta\Big|_0^{2\pi} - \int_0^{2\pi}\sin\theta\, d\theta\right]$$

$$= \frac{\rho_0 A R^2}{2\pi}\left[0 + \cos\theta\Big|_0^{2\pi}\right] = 0$$

where $\int u\,dv = uv - \int v\,du$ and $u = \theta,\ dv = \cos\theta\, d\theta$

$$m\,\bar{y} = \int R\sin\theta \frac{\rho_0 A R}{2\pi}\theta\, d\theta = \frac{\rho_0 A R^2}{2\pi}\left[-\theta\cos\theta\Big|_0^{2\pi} + \int_0^{2\pi}\cos\theta\, d\theta\right]$$

$$= \frac{\rho_0 A R^2}{2\pi}\left[-2\pi + 0 + \sin\theta\Big|_0^{2\pi}\right]$$

$$= -\rho_0 A R^2$$

$$\bar{y} = \frac{-\rho_0 A R^2}{\rho_0 A R \pi} = \frac{-R}{\pi}$$

(This time, u was θ, $dv = \sin\theta\, d\theta$)

7.108

$$\bar{x} = \frac{-m\ell - 2m(\ell/2)}{10m} = -\frac{2}{10}\ell = -\frac{1}{5}\ell$$

$$\bar{y} = \frac{4m(\ell/2)}{10m} = \frac{\ell}{5}$$

$$\bar{z} = \frac{m(\ell/2) - (3m)(\ell/2) - 4(m)\ell}{10m} = -\ell/2$$

7.109 a) t is SMALL.

$$\bar{x} = \frac{[2\pi r t(3r)]\frac{3r}{2} + [\pi r^2 t]3r}{2\pi r t(3r) + \pi r^2 t} = \frac{9r + 3r}{7}$$

$$= \frac{12}{7}r = 1.71r = \text{"}x\text{" IN FIGURE}$$

b) CLOSED END GOES FIRST:

$$\bar{x} = \frac{[2\pi r t(3r)]\,3r/2 + 0}{2\pi r t(3r) + \pi r^2 t} = \frac{9r}{7} = 1.29r = \text{"}x\text{"}$$

7.110

$$\text{VOL} = \rho\int_0^{R}\int_0^{2\pi}\int_0^{\alpha} r^2\sin\phi\, dr\, d\theta\, d\phi$$

$$= \rho\int_0^{2\pi}\int_0^{\alpha}\frac{r^3}{3}\sin\phi\Big|_0^R d\theta\, d\phi = -\frac{2\pi R^3}{3}\rho\cos\phi\Big|_0^{\alpha}$$

$$= \frac{2\pi\rho R^3}{3}(1-\cos\alpha)$$

$$V\bar{z} = \int_0^R\int_0^{2\pi}\int_0^{\alpha} r\cos\phi\,\rho r^2\sin\phi\, dr\, d\theta\, d\phi$$

$$= \rho\int_0^{2\pi}\int_0^{\alpha}\frac{R^4}{4}\cos\phi\sin\phi\, d\theta\, d\phi = \rho\frac{\pi R^4}{4}\sin^2\alpha$$

$$\therefore \bar{z} = \frac{\rho\frac{\pi R^4}{4}(1+\cos\alpha)(1-\cos\alpha)}{\rho\frac{2\pi R^3}{3}(1-\cos\alpha)} = \frac{3}{8}R(1+\cos\alpha)$$

7.111

$$\bar{z}_{SOLID} = \frac{3}{8}R(1+\cos\alpha) \qquad V_{CONE} = \frac{\pi}{3}(R\sin\alpha)^2(R\cos\alpha)$$

$$V_{SOLID} = \frac{2\pi R^3}{3}(1-\cos\alpha);\quad \bar{z}_{CONE} = \frac{3}{4}(R\cos\alpha)$$

$$\text{MASS CENTER OF CAP} = \bar{z} = \frac{\left[\frac{2\pi R^3\rho}{3}(1-\cos\alpha)\right]\frac{3R}{8}(1+\cos\alpha) - \left[\frac{\rho\pi R^3\cos\alpha\sin^2\alpha}{3}\right]\left(\frac{3}{4}R\cos\alpha\right)}{\left[\frac{2\pi R^3}{3}\rho(1-\cos\alpha) - \frac{\rho\pi R^3\cos\alpha\sin^2\alpha}{3}\right]}$$

$$= \frac{\frac{3}{4}R(1-\cos^2\alpha) - \frac{3}{4}R\cos^2\alpha\sin^2\alpha}{2 - 2\cos\alpha - \cos\alpha\sin^2\alpha}$$

$$= \frac{\frac{3}{4}R\sin^4\alpha}{2 - 2\cos\alpha - \cos\alpha\sin^2\alpha} \quad \text{OR}$$

$$\bar{z} = \frac{3R(1+\cos\alpha)^2}{4(2+\cos\alpha)}$$

7.112

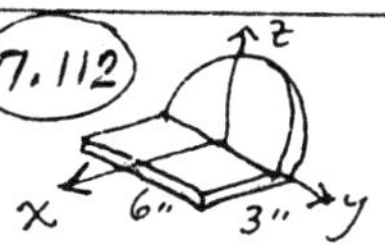

$\bar{y} = 0$ by symmetry

$$\bar{x} = \frac{18\left(\frac{3}{2}\right) + 0\left(\pi 3^2/2\right)}{18 + \pi 3^2/2} = 0.840 \text{ in.}$$

$$\bar{z} = \frac{18(0) + \pi\left(\frac{9}{2}\right)\frac{4(3)}{3\pi}}{18 + \pi 3^2/2} = 0.560 \text{ in.}$$

7.113 AREA IN X-Y PLANE:

$$A = \int_0^4 x\,dy = \int_0^4 \tfrac{1}{2}\sqrt{y}\,dy = \tfrac{8}{3}\ \text{FT}^2$$

$$\bar{x} = \frac{\int_0^1 x(4-4x^2)\,dx}{8/3} = \frac{1}{8/3} = \frac{3}{8}\ \text{FT}$$

$$\bar{y} = \frac{\int_0^4 \tfrac{1}{2} y^{3/2}\,dy}{8/3} = \frac{32/5}{8/3} = \frac{96}{40} = 2.4\ \text{FT}$$

$\&\ \bar{z} = -3\ \text{FT} : W_T = V\gamma = \tfrac{8}{3}(6)\gamma = 16\gamma\ \text{LB}$

MASS CNTR AT (3/8, 12/5, −3)

b) $F_A + F_B + F_C = 16\gamma$ ①

$\Sigma M_{l \perp F_C} \Rightarrow 2F_B - 2F_A - (16\gamma)(.4) = 0$

$F_B - F_A = 3.2\gamma$ ②

$\Sigma M_{\text{LINE } AB} \Rightarrow 8F_C = 16\gamma(1)$

$F_C = 2\gamma$ USE THIS WITH ① & ②

$F_A + F_B = 16\gamma - 2\gamma = 14\gamma$

$-F_A + F_B = 3.2\gamma$

$\therefore F_B = 8.6\gamma$

$F_A = 5.4\gamma$

7.114

$$\bar{x} = \frac{\left(\frac{\pi 4^2}{2}\right)(0) + 3(8)(0) + (-\pi 1^2)(-2) + \frac{1}{2}(3)(3)(5)}{\frac{\pi 4^2}{2} + 3(8) - \pi(1)^2 + \frac{1}{2}(3)(3)}$$

$$\bar{x} = \frac{28.78}{50.49} = .570\ \text{IN}$$

$$\bar{y} = \frac{8\pi\left(3 + \frac{4\cdot 4}{3\pi}\right) + (3)(8)(1.5) + (-\pi 1^2)(1.5) + \left(\frac{9}{2}\right)(1)}{50.49}$$

$$\bar{y} = \frac{153.85}{50.49} = 3.05\ \text{IN}$$

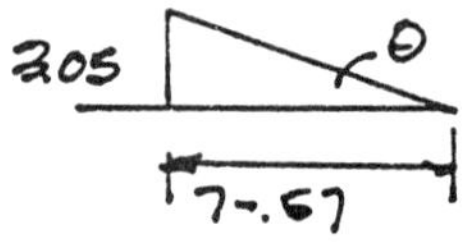

$\tan\theta = \frac{3.05}{6.43} \therefore \theta = 25.4°$

7.115 ORIGIN AT Q

$$\bar{x} = \frac{0 + \rho\left[\frac{1}{2}(1.2)(.8)\right](.07)(.2)}{\rho(.6\pi)(.01) + \frac{1}{2}\rho(1.2)(.8)(.07)} = \frac{.00672}{.0525} = .128\ \text{m}$$

$$\bar{y} = \frac{\rho\left[-.6\pi(.01)\frac{2(.6)}{\pi} + \frac{1}{2}(1.2)(.8)(.07)\left(-\frac{.8}{3}\right)\right]}{.0525\rho} = -.0335\ \text{m}$$

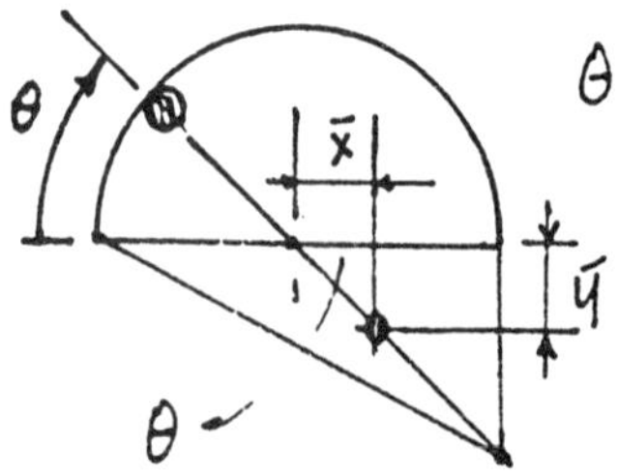

$$\theta = \tan^{-1}\left(\frac{|\bar{y}|}{\bar{x}}\right) = \tan^{-1}\left(\frac{.0335}{.128}\right)$$

$\theta = 14.7°$

7.116 $y = kx^2$; $100 = k(100)^2 \therefore k = \frac{1}{100}$.

$y' = 2kx = \frac{1}{50}x$

$$\bar{y} = \frac{\rho t\int y\,dA}{\rho t\int dA} = \frac{\int y\,2\pi x\,ds}{\int 2\pi x\,ds}$$

$$= \frac{\int\left(\frac{1}{100}\right)x^2 x\sqrt{1+y'^2}\,dx}{\int x\sqrt{1+y'^2}\,dx}$$

$$= \frac{\left(\frac{1}{100}\right)\int_0^{100} x^3\sqrt{1+\left(\frac{x^2}{2500}\right)}\,dx}{\int_0^{100} x\sqrt{1+\frac{x^2}{2500}}\,dx} = \frac{\frac{1}{100}\int \text{SEE BELOW}}{1250\left(1+\frac{x^2}{2500}\right)^{3/2}\frac{2}{3}\Big|_0^{100}}$$

INT. NUMERATOR: LET $\frac{x^2}{2500} = \tan\theta$

AND $x^3 = (2500\tan\theta)^{3/2}$ & $\frac{x\,dx}{1250} = \sec^2\theta\,d\theta$

$x \to 100$; $\theta \to 75.964°$

$$\int (2500)^{3/2}\tan^{3/2}\theta\,\sec\theta\left(\frac{1250\sec^2\theta\,d\theta}{50\sqrt{\tan\theta}}\right)$$

$$= \int\left[\frac{2500^{3/2}\cdot 1250}{50}\right]\tan\theta\,\sec^3\theta\,d\theta$$

$$= [\ \swarrow\ ]\ \frac{\sec^3\theta}{3}\Big|_0^{75.964°}$$

$$\bar{y} = \frac{2500\left(\frac{1}{100}\right)\left(\frac{70.093-1}{3}\right)}{\frac{2}{3}\left(5^{3/2}-1\right)} = 56.56\ \text{mm}$$

AND FOR A CHECK OF A LATER PROB. NOTE:

DENOMINATOR = AREA = $1250(2\pi)(6.786) = 53300\ \text{mm}^2$

7.117

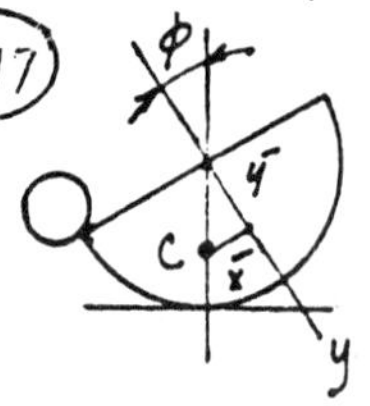

C = COMBINED MASS CENTER

$$\bar{y} = \frac{\frac{W_C}{g}\frac{4R}{3\pi} + \frac{W_S}{g}(0)}{\frac{W_S}{g} + \frac{W_C}{g}} = \frac{W_C\frac{4R}{3\pi}}{W_S + W_C}$$

$$\bar{x} = \frac{W_S R}{W_S + W_C} \therefore \phi = \tan^{-1}\left(\frac{\bar{x}}{\bar{y}}\right) = \tan^{-1}\left[\frac{3\pi W_S}{4W_C}\right]$$

(7.118) $\underline{r}_{oc} = \dfrac{\int \underline{r}\, dm}{\int dm} = \dfrac{\int \underline{r}\, \rho\, dv}{\int \rho\, dv}$

$= \dfrac{\rho \int \underline{r}\, dv}{\rho \int dv} = \dfrac{\int \underline{r}\, dv}{\int dv}$ } DEF. OF CENTROID OF VOLUME

NOW IF PLATE OR SHELL IS VERY THIN, WITH t BEING A SMALL CONSTANT THICKNESS

$\underline{r}_{oc} = \dfrac{\int \underline{r}\, t\, dA}{\int t\, dA} = \dfrac{t \int \underline{r}\, dA}{t \int dA} = \dfrac{\int \underline{r}\, dA}{\int dA}$

AND THIS IS DEF. OF CENT. OF AREA (FLAT OR CURVED)

(7.119) METHOD 1 : "COMPOSITE PARTS"

$V_{ACTUAL} \bar{z}_{ACT} = V_{SOLID} \bar{z}_{SOLID} - V_{INSIDE} \bar{z}_{INSIDE}$ (1)

$\frac{\pi}{3}(R_o^2 H_o - R_i^2 H_i) \cdot (\bar{z}_{ACT}) = \frac{\pi R_o^2 H_o}{3} \cdot \frac{H_o}{4} - \frac{\pi R_i^2 H_i}{3} \cdot \frac{H_i}{4}$ (2)

NOW: $R_i = R_o - \dfrac{t}{\cos\alpha}$ (α IS ½ CONE ∡) (3)

SUB. (3) INTO (2) AND NEGLECT TERMS LIKE t^2, t^3, t^4, etc COMPARED WITH t.

$4\left[\dfrac{2R_oH_o}{\cos\alpha}t + \dfrac{R_o^2 t}{\sin\alpha}\right]\bar{z} = \dfrac{2R_o^2H_ot}{\sin\alpha} + \dfrac{2H_o^2R_ot}{\cos\alpha}$

$\bar{z} = \dfrac{2R_o\cos\alpha + 2H_o\sin\alpha}{\sin\alpha\cos\alpha\left(\dfrac{2H_o\sin\alpha + R_o\cos\alpha}{H_o\sin\alpha\cos\alpha}\right)4}$ (4)

BUT $\cos\alpha = H\Big/\sqrt{H_o^2 + R_o^2}$ & $\sin\alpha = \ldots$

SUB INTO (4): $\bar{z} = 4R_oH_o^2 / 4(3R_oH_o)$

OR $\bar{z} = H_o/3$

METHOD 2 : "INTEGRATION"

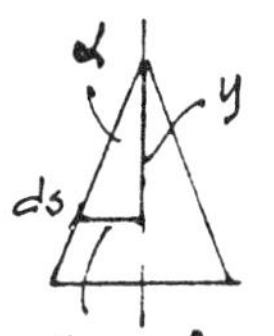

$ds = \sqrt{dr^2 + dy^2} = \sqrt{1 + \tan^2\alpha}\, dy$

$\dfrac{r}{y} = \tan\alpha$

$\bar{y} = \dfrac{\int y 2\pi r\, ds}{\int 2\pi r\, ds} = \dfrac{\int_0^{H_o} y^2 \sec\alpha\, dy}{\int_0^{H_o} y \sec\alpha\, dy}$ ($r = y\tan\alpha$, $ds = \sqrt{1+\tan^2\alpha}\,dy$)

$= \dfrac{H_o^3/3}{H_o^2/2}$ ∴ $\bar{y} = \frac{2}{3}H_o$; SAME

AS $\bar{z} = H_o/3$ ABOVE

(7.120) RECT. IS 4×3.5 WITH A PERIMETER OF 3.5+3.5+4+4 = 15 ; ITS CENT. IS 5 FROM ℄. ∴ SURFACE AREA IS:

$15 \times 2\pi \times 5 + (1.5)\pi \times 2 \times \pi \times 5 = 619$ IN²

(7.121) $\text{VOL} = \left(3.5(4) - \dfrac{\pi(1.5)^2}{4}\right)2\pi(5) = 384$ IN³

(7.122) $2\pi S\bar{x} = A_{SURF}$

$S\bar{x} = 12(8) + 2(11) + 7(5) + 4(10) + \pi(2.5)\left[9 - \dfrac{2(2.5)}{\pi}\right]$

$= 251$ cm² ∴ $A_{SURF} = 2\pi \times 251 = 1580$ cm²

(7.123) GET CENTROID OF AREA; USE VERT. LINE 5cm TO LEFT OF ℄ FOR DATUM

$\bar{x} = \dfrac{[6(7)]3 - \left(\frac{\pi 2.5^2}{2}\right)\left[1.5 + 2.5\left(1 - \frac{4}{3\pi}\right)\right] - 5(2)(5)}{42 - 9.82 - 10}$

$\bar{x} = 2.12$ cm ∴ VOL $= 2\pi(2.12 + 5)\, 22.2 = 993$ cm³

(7.124) $A_{SURF} = [2\pi(1) + 2\pi(1.8)]\, 10\left(\dfrac{100\pi}{180}\right)$

$= 2.8(2\pi)\dfrac{100\pi}{18} = 307$ FT²

(7.125) $\text{VOL} = 10\left(\dfrac{100\pi}{180}\right)\left[\pi(1.8^2 - 1^2)\right] = 123$ FT³

(7.126) $4fy = x^2$; $4\frac{f}{D}Dy = x^2$ ∴ $11.2y = x^2$; $y' = \dfrac{x}{5.6}$

$dA = 2\pi x\, ds$; $A = 2\pi \int_0^5 x\sqrt{1 + \dfrac{x^2}{31.36}}\, dx$ ⇒

$A = 2\pi\left(\frac{2}{3}\right)\left(1 + \dfrac{x^2}{31.36}\right)^{3/2} \dfrac{31.36}{2}\Big|_0^5 = 92.6$ m²

NOTE:

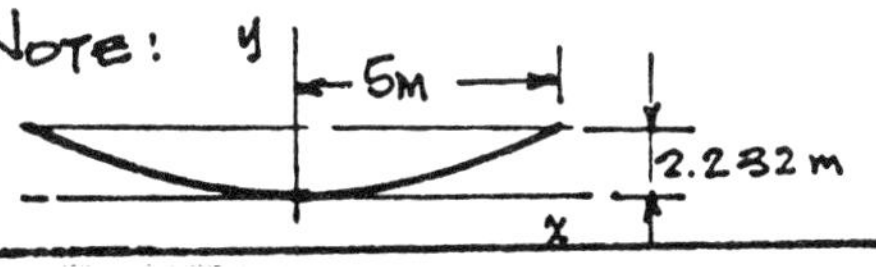

(7.127) $y = x^2/11.2$; $2\pi\bar{x}A$ = VOL INSIDE SHELL

$= 2\pi\int_0^5 x(2.23 - y)\, dx = 2\pi\left[2.23\dfrac{x^2}{2} - \dfrac{x^4}{44.8}\right]\Big|_0^5$

∴ VOL = 87.5 m³

(7.128) $L = \sqrt{1^2 + 1.5^2} = 1.803$ IN ; $\bar{x} = 1.5$ IN

$A = 2\pi\bar{x}L = 2\pi(1.5)(1.803) = 17.0$ IN²

(7.129) SEE PROB. 7.128 :

$\text{VOL} = 2\pi\bar{x}A = 2\pi\left[1.5(1)\left(\tfrac{1}{2}\right) + \dfrac{(1.5)(1)}{2} \cdot \dfrac{4}{3}\right]$

$= 11.0$ IN³

7.130 $VOL = 2\pi\bar{y}A$; $VOL = \frac{4}{3}\pi r^3$

$2\pi\bar{y}\left(\frac{\pi r^2}{2}\right) = \frac{4}{3}\pi r^3 \therefore \bar{y} = \frac{4r}{3\pi}$ $(\bar{x}=0)$

7.131 SURF. OF SPHERE $= 4\pi R^2$

$\therefore 2\pi\bar{y}(\pi R) = 4\pi R^2 \Rightarrow \bar{y} = \frac{2R}{\pi}$

7.132

$A = 2\pi\bar{y}S_{TOTAL}$

$= 2\pi\left(\frac{S\sqrt{3}}{2}/2\right)2S = \pi S\sqrt{3}\,(S)$

$= \pi\sqrt{3}S^2$ OR $5.44S^2$

7.133

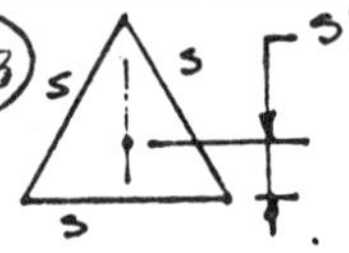

$\frac{S\sqrt{3}}{2}\frac{1}{3} = \frac{S}{2\sqrt{3}} = \bar{y}$

$VOL = 2\pi\bar{y}A = \frac{2\pi S}{2\sqrt{3}}\frac{1}{2}S\frac{\sqrt{3}}{2}S$

$\therefore VOL = \frac{\pi}{4}S^3$ OR $.765S^3$

7.134 SEE FIG. IN TEXT

$VOL = .8(.6)(.6(2\pi)) - \frac{\pi(.2)^2}{4}(.8\times 2\pi)$

$-\frac{1}{2}(.6)(.6)(2\pi\times .4) = 1.810 - .158 - .452 = 1.20\,m^3$

7.135 REV. ABT. X-AXIS

$VOL = .8(.6)[2\pi(.3)] - \frac{\pi(.2)^2}{4}(2\pi\times .3)$

$-\frac{1}{2}(.6)(.6)(2\pi\times .4) \Rightarrow .393\,m^3$

7.136 $AREA = 2\pi(.5)(.6\sqrt{2}) = 2.67\,m^2$

7.137 $A = 2\pi(.3)(.6)\sqrt{2} = 1.60\,m^2$

7.138 $VOL = (\pi R)(2\pi rt) = 2\pi^2 Rrt$

πR: DIST. TRAVELED BY CENTROID; $2\pi rt$: AREA

7.139

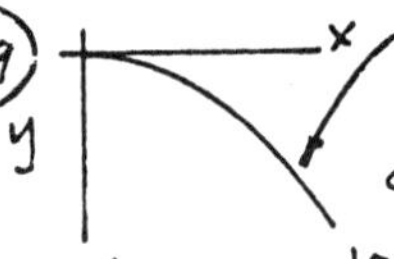

$y = \frac{x^2}{100}$; $y' = \frac{x}{50}$

$ds = \sqrt{1+y'^2}\,dx = \sqrt{1+\left(\frac{x}{50}\right)^2}\,dx$

$S\bar{x} = \int x\,ds = \int_0^{100} x\sqrt{1+\frac{x^2}{50^2}}\,dx = \left(1+\frac{x^2}{2500}\right)^{3/2}\frac{2}{3}\left(\frac{2500}{2}\right)\Big|_0^{100}$

$= \left[(1+4)^{3/2}-1\right]\frac{2}{3}(1250) = 8484\,mm^2$

$\therefore A = 2\pi\bar{x}S = 2\pi(8484) = 53300\,mm^2$

as in 7.116 !

7.140 SEE PROB 7.139

$A\bar{x} = \int_0^{100} x\left(100-\frac{x^2}{100}\right)dx = \left[100\frac{x^2}{2} - \frac{x^4}{400}\right]\Big|_0^{100}$

$\therefore A\bar{x} = \frac{100^3}{4}\,mm^3$ $\therefore VOL = 2\pi\,(100)^3/4 = 1.57\times 10^6\,mm^3$

CHECK:

$V = \int_0^{100}\pi x^2\,dy = \int_0^{100}\frac{\pi x^3}{50}\,dx = \frac{\pi 100^4}{200} = \frac{\pi}{2}(100)^3$ ok.

7.141

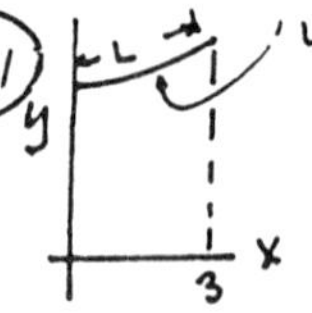

$y - 5 = x^2/3$; $y' = \frac{2}{3}x$

$A_{SURF} = 2\pi\bar{y}L$

$= 2\pi\int y\,ds = 2\pi\int y\sqrt{1+y'^2}\,dx$

$= 2\pi\int\left(5+\frac{x^2}{3}\right)\sqrt{1+\left(\frac{2}{3}x\right)^2}\,dx$

$= \frac{10\pi}{(3/2)}\int_0^3\sqrt{x^2+(3/2)^2}\,dx + \frac{2\pi}{3}\cdot\frac{2}{3}\int_0^3 x^2\sqrt{x^2+(3/2)^2}\,dx$

USING $\int$ TABLES:

$= \frac{20\pi}{3}\left(\frac{1}{2}\right)\left[x\sqrt{x^2+9/4} + \frac{9}{4}\ln\left(x+\sqrt{x^2+9/4}\right)\right]\Big|_0^3 \rightarrow$

$A_{SURF} = 174\,IN^2$

7.142

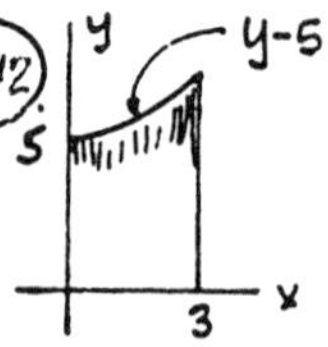

$A\bar{y} = \int_0^3 \frac{y}{2}\,y\,dx = \frac{1}{2}\int_0^3\left(5+\frac{x^2}{3}\right)^2dx \Rightarrow$

$A\bar{y} = \frac{1}{2}\int_0^3\left[25+\frac{10x^2}{3}+\frac{x^4}{9}\right]dx = \frac{110.4}{2} = 55.2\,IN^3$

so $VOL = 2\pi\bar{y}A = 2\pi(55.2) = 347\,IN^3$

7.143 $(\pi r)(\pi R) = \pi^2 Rr$

πr: LENGTH; πR: DIST. TRAVELED BY C

7.144 $(\pi r)\pi\left(R+\frac{2r}{\pi}\right) = \pi^2 r\left(R+\frac{2r}{\pi}\right)$

$= \pi r(\pi R + 2r)$

7.145 $(\pi r)\pi\left(R-\frac{2r}{\pi}\right) = \pi r(\pi R - 2r)$

7.146 $\left(\frac{\pi r}{2}\right)\pi\left(R+\frac{2r}{\pi}\right) = \pi r\left(\frac{\pi R}{2}+r\right)$

7.147 $\left(\frac{\pi r}{2}\right)\pi\left(R-\frac{2r}{\pi}\right) = \pi r\left(\frac{\pi R}{2}-r\right)$

7.148 $\left(\frac{\pi r^2}{2}\right)(\pi R) = \pi^2 R r^2/2$

AREA ↗   ↖ DIST. C MOVES

7.149 $\left(\frac{\pi r^2}{4}\right)\pi\left(R+\frac{4r}{3\pi}\right) = \frac{\pi r^2}{12}(3\pi R + 4r)$

7.150 $\left(\frac{\pi r^2}{2}\right)\pi\left(R+\frac{4r}{3\pi}\right) = \frac{\pi r^2}{6}(3\pi R + 4r)$

7.151 $\left(\frac{\pi r^2}{4}\right)\pi\left(R-\frac{4r}{3\pi}\right) = \frac{\pi r^2}{12}(3\pi R - 4r)$

7.152 $\left(\frac{\pi r^2}{2}\right)\pi\left(R-\frac{4r}{3\pi}\right) = \frac{\pi r^2}{6}(3\pi R - 4r)$

(TWICE 6.128's VOL ✓)

7.153

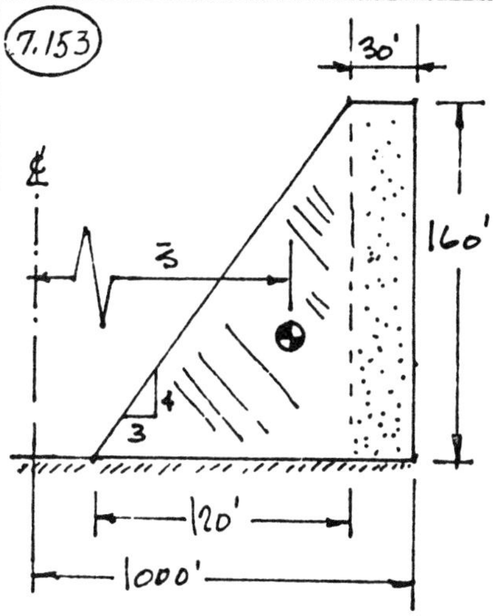

$$\text{VOL} = A\left(\frac{\pi}{2}\times\bar{s}\right) = \frac{\pi}{2}(A\bar{s})$$

$$= \frac{\pi}{2}\left(A_\triangle \bar{s}_\triangle + A_\square \bar{s}_\square\right)$$

$$= \frac{\pi}{2}\left[\tfrac{1}{2}(120)(160)(1000-70) + 30(160)(1000-15)\right]$$

$$= 80\pi\left[60(930) + 30(985)\right]$$

$$= 21{,}500{,}000 \text{ FT}^3 \text{ OF CONCRETE}$$

7.154 $\bar{x} = \left\{3\left(\tfrac{1}{2}\right) + \tfrac{1}{2}(1.5) + \tfrac{1}{2}\left(1\tfrac{1}{3}\right) + \left[\tfrac{1}{2}(1.5) - \frac{\pi\left(\frac{1}{2}\right)^2}{2}(1.5)\right] + \tfrac{1}{2}(1.5)^2\left[2+\tfrac{1}{3}(1.5)\right]\right\} \Big/ \left[3+\tfrac{1}{2}+\tfrac{1}{2}+\tfrac{1}{2}-\frac{\pi}{8}+\frac{(1.5)^2}{2}\right]$

$= 5.8901/5.2323 = 1.13$ ft

$\bar{y} = \left\{3(1.5) + \tfrac{1}{2}(1.25) + \tfrac{1}{2}\left(\tfrac{2}{3}\right) + \left[\tfrac{1}{2}(1.75) - \frac{\pi\left(\frac{1}{2}\right)^2}{2}\left\langle 2 - \frac{4\left(\frac{1}{2}\right)}{3\pi}\right\rangle\right] + \tfrac{1}{2}(1.5)^2\left[1+\tfrac{2}{3}(1.5)\right]\right\}/5.2323 = 1.51$ ft

---

7.155 $A = \pi(r_o^2 - r_i^2) = \pi(.7^2 - .615^2) = .351 \text{ IN}^2$ 1ST 8

$A = \pi(r_o^2 - r_i^2) = \pi(.19^2 - .14^2) = .0518 \text{ IN}^2$ 2ND 20

MAST: $A = \pi(.905^2 - .814^2) = .491 \text{ IN}^2$

$l_{MAST} = 157.7$ IN; $Al = 77.4$, $Al\bar{x} = 77.4(157.7)/2 = 6103$

$y = -.406x + 65.7$ USED FOR GETTING l_i's

No(i)	A_i	l_i	$\bar{x}_i$
1	0.3510	61.5	10.1
2	"	55.4	25.3
3	"	49.8	38.9
4	"	44.8	51.2
5	"	40.3	62.2
6	"	36.2	72.2
7	"	32.6	81.1
8	"	29.3	89.2
9	0.0518	26.4	96.4
10	"	23.7	102.9
11	"	21.3	108.8
12	"	19.1	114.1
13	"	17.2	118.8
14	"	15.5	123.1
15	"	13.9	127.0
16	"	12.5	130.4
17	"	11.2	133.6
18	"	10.0	136.4
19	"	9.0	138.9
20	"	8.1	141.2
21	"	7.3	143.2
22	"	6.5	145.1
23	"	5.8	146.7
24	"	5.2	148.2
25	"	4.7	149.5
26	"	4.2	150.8
27	"	3.8	151.8
28	"	3.4	152.8

$\Sigma(Al) = 134.0 \text{ IN}^3$

$\Sigma(Al\bar{x}) = 7294.7 \text{ IN}^4$

$\bar{y} = \bar{z} = 0$ BY SYMMETRY

$$\bar{x} = \frac{4\Sigma(Al\bar{x})_{TUBE} + (Al\bar{x})_{MAST}}{4\Sigma(Al)_{TUBE} + (Al)_{MAST}}$$

ALL ρ's CANCEL

$$\bar{x} = \frac{4(7294.7) + 6103}{4(134.1) + 77.4}$$

$\bar{x} = 57.5$ IN $(\bar{y} = 0 = \bar{z})$

THE MAST'S LARGER DIAMETER WILL RESULT IN AN INCREASE IN $\bar{x}$ IF AN INCH OF ICE COVERS THE ENTIRE ANTENNA.

7.156

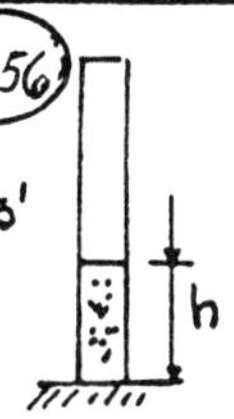

$\rho_{CONC} = 144 \text{ LB/FT}^3$

PIPE: 15 FT AT 3.03 LB/FT

I.D. 3.33 IN

MASS CENTER "$\bar{z}$"

$$\bar{z} = \frac{(15)(3.03)(7.5) + (144)\pi\left(\frac{(3.33)^2}{4}\right)h\left(h/2\right)\left(\frac{1}{144}\right)}{15(3.03) + 144\,\pi\frac{(3.33)^2}{4}h\left(\frac{1}{144}\right)}$$

$$\bar{z} = \frac{340.9 + 4.35h^2}{45.45 + 8.71h}$$

$$\frac{d\bar{z}}{dh} = 0 \Rightarrow 37.96h^2 + 395.8h - 2969 = 0$$

$$h = \frac{383.6}{75.9} = 5.05' \approx 34\% \text{ FULL}$$

(7.157) mass $= \int \rho\, dV = \iiint \rho\, r\,d\phi\; r\sin\phi\, d\theta\; dr$

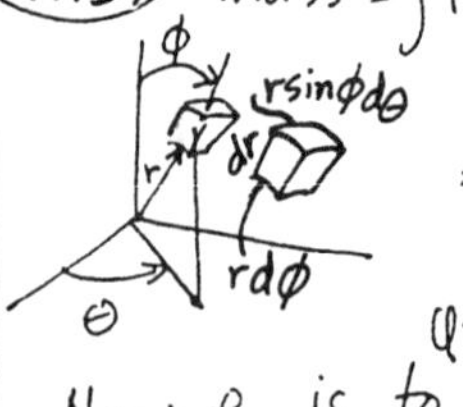

$$= \int_{\phi=0}^{\pi}\int_{\theta=0}^{2\pi}\int_{r=r_1}^{r_2} \rho(r)\, r^2 \sin\phi\; dr\, d\theta\, d\phi$$

Now ρ is to be assumed to vary linearly over radial segments, e.g.:

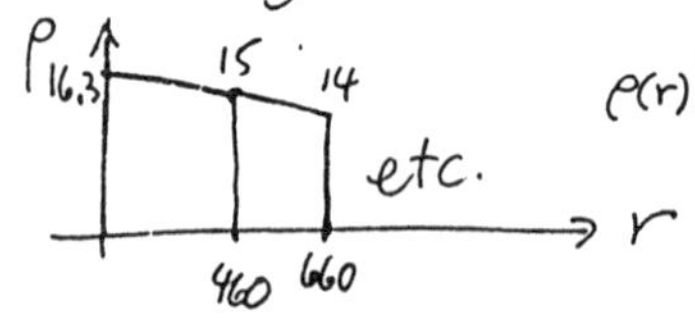

In 1st segment, $\rho(r) = \rho = mr + b$
$$= \frac{-1.3}{460} r + 16.3$$

In 2nd segment, $\rho = \frac{-1}{200} r + \left(15 + \frac{1}{200}\cdot 460\right)$, etc.

So $\iiint (mr+b) r^2 \sin\phi\; dr\, d\theta\, d\phi =$ mass

$$= \sum \left(\frac{mr^4}{4} + \frac{br^3}{3}\right)\Bigg|_{r_i}^{r_f} 4\pi = \sum m\pi r^4\Big|_{r_i}^{r_f} + \frac{4}{3}\pi b r^3\Big|_{r_i}^{r_f}$$

where $[r_i, r_f]$ defines each interval.
Programming the computer to sum up over 8 segments gives

$$\text{mass} = 1.4638(10^{12}) \frac{g}{(cm)^3}\cdot(mi)^3$$
$$= 6.10\,(10^{27}) \text{ grams} = 6.10(10^{24}) \text{ kg}$$

Handbook answer is $5.98(10^{24})$ kg,
So not bad !

Average density $= \dfrac{1.4638(10^{12})}{\frac{4}{3}\pi(3960)^3} = 5.63 \dfrac{g}{cc}$

CHAPTER 8

8.1 $I_x = \int_0^h y^2 (b\,dy) = \frac{bh^3}{3}$

BECAUSE y & y_c ARE THE SAME LINE

8.2 $I_x = \int (x\,dy)y^2 = \int_0^4 \sqrt{y}\,y^2 dy = \int_0^4 y^{5/2} dy$

$= \frac{2}{7} y^{7/2} \Big|_0^4 = \frac{2}{7}(4)^{7/2} = 36.6\ m^4$

8.3 $I_y = \int_0^2 x^2(4-y)\,dx = \int_0^2 (4x^2 - x^4)\,dx$

$= \frac{4}{3}(8) - \frac{32}{5} = \frac{32}{3} - \frac{32}{5} = 4.27\ m^4$

8.4

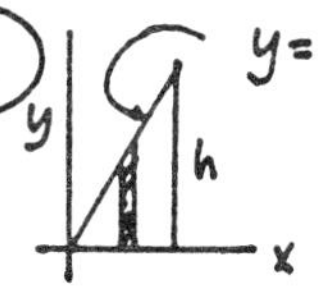

$y = \frac{2h}{b}x \quad I_y = 2\int x^2 y\,dx$

$= 2\int_0^{b/2} \frac{2h}{b} x^3 dx = \frac{hb^3}{16}$

b) $I_{\text{TOTAL AREA},y} = hb^3\left(\frac{1}{16} + \frac{1}{48}\right) = \frac{4}{48}hb^3 = \frac{hb^3}{12}$

8.5

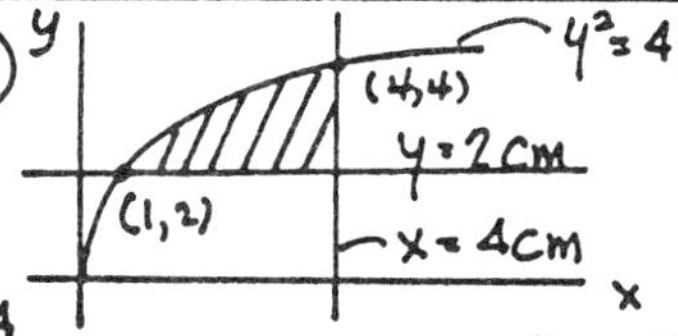

$I_{xx} = \int y^2 dA$

$= \int_2^4 y^2 (4-x)\,dy = \left(\frac{4y^3}{3} - \frac{y^5}{20}\right)\Big|_2^4 = 25.1\ cm^4$

8.6 $I_y = \int_A x^2 dA = \int_1^4 x^2(2\sqrt{x} - 2)\,dx$

$= 2\int_1^4 x^{5/2} dx - 2\int_1^4 x^2 dx = 2\left(\frac{2}{7}\right)x^{7/2}\Big|_1^4 - \frac{2}{3}x^3\Big|_1^4$

$= 72.6 - 42.0 = 30.6\ cm^4$

8.7 $I_x = 2\int_0^{\alpha/2} (r^2 \sin^2\theta)\,tr\,d\theta = r^3 2t\left[\frac{\theta}{2} - \frac{\sin 2\theta}{4}\right]\Big|_0^{\alpha/2}$

$= 2tr^3\left[\frac{\alpha}{4} - \frac{\sin\alpha}{4}\right] = \frac{tr^3(\alpha - \sin\alpha)}{2}$

8.8 $I_y = 2\int_0^{\alpha/2} (r^2\cos^2\theta)\,tr\,d\theta$

$= 2r^3 t\left[\frac{\alpha}{4} + \frac{\sin\alpha}{4}\right] = \frac{tr^3(\alpha + \sin\alpha)}{2}$

CHECK: $I_z = (\alpha tr)r^3$ & THIS $= I_x + I_y$ FOR A PLANE AREA

8.9

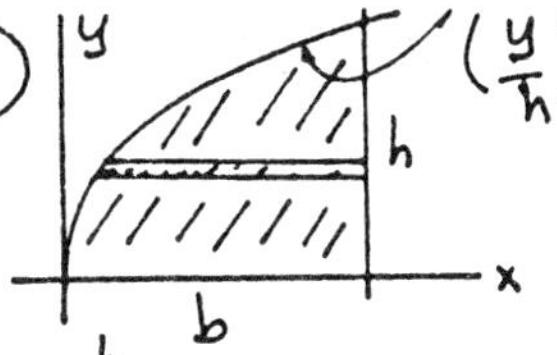

$\left(\frac{y}{h}\right)^n = \frac{x}{b}$

$I_x = \int y^2 dA$

$I_x = \int_0^h y^2(b - x_{curve})\,dy = \int_0^h y^2\left(b - b\frac{y^n}{h^n}\right)dy$

$= b\int_0^h \left(y^2 - \frac{y^{n+2}}{h^n}\right)dy = b\left[\frac{h^3}{3} - \frac{h^{n+3}}{(n+3)h^n}\right]$

$= bh^3\left[\frac{1}{3} - \frac{h^3}{(n+3)}\right] \Rightarrow bh^3\left[\frac{n}{3(n+3)}\right]$

8.10 SEE PROB 8.9 & TURN STRIP TO VERTICAL

$I_y = \int x^2 dA = \int_0^b x^2 \frac{x^{1/n}}{b^{1/n}} h\,dx$

$= \frac{h}{b^{1/n}} \frac{x^{3+1/n}}{(3+\frac{1}{n})}\Big|_0^b = \frac{hb^{3+1/n}}{b^{1/n}\left(\frac{3n+1}{n}\right)} = \frac{nhb^3}{3n+1}$

8.11 a) $I_x = \int_0^{2\pi}\int_{R_i}^{R_o} (r^2\sin^2\theta)\,r\,dr\,d\theta$

$= \frac{R_o^4 - R_i^4}{4}\int_0^{2\pi} \frac{(1-\cos 2\theta)}{2}d\theta = \frac{\pi(R_o^4 - R_i^4)}{4}$

b) I_x ALSO $= \frac{\pi R_o^4}{4} - \frac{\pi R_i^4}{4}$; THIS WORKS BECAUSE $\int_0^{R_i} y^2 dA$, NOT PART OF REQ'D INTEGRATION, GETS CANCELLED

8.12

$I_x = \frac{\pi(R_o^2 + R_i^2)(R_o^2 - R_i^2)}{4} \approx \frac{\pi 2R^2 2Rt}{4} = \pi R^3 t$

8.13 $J_o = \frac{bh^3}{3} + \frac{hb^3}{12} = \frac{bh}{12}(4h^2 + b^2)$

8.14 USING PROB. 8.2 & 8.3,

$J_o = I_x + I_y = 36.6 + 4.27 = 40.9\ m^4$

8.15

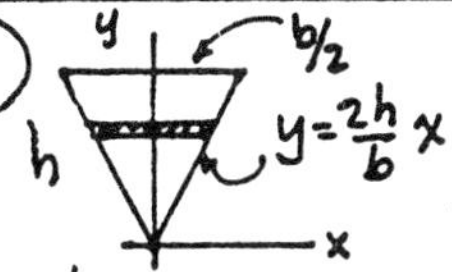

$J_o = I_x + I_y = \left[\frac{bh^3}{4} + \frac{hb^3}{48}\right]$

$J_o = bh\left(\frac{h^2}{4} + \frac{b^2}{48}\right)$

NOTE: $I_x = \int_0^h y^2\left(2\cdot\frac{by}{2h}\right)dy = \frac{b}{h}\frac{y^4}{4}\Big|_0^h = \frac{bh^3}{4}$

8.16 $J_o = I_x + I_y = 25.1 + 30.6 = 55.7\ cm^4$

8.17 $J_o = \int_{-\alpha/2}^{\alpha/2} r^2(tr\,d\theta) = \alpha tr^3$

8.18 USING PROB. 8.9 & 8.10, GET

$$J_0 = I_x + I_y = \frac{bh^3n}{3(n+3)} + \frac{b^3hn}{3n+1}$$

8.19

$$J_0 = \int_0^{2\pi}\int_{R_i}^{R_o} r^2 (r\,dr\,d\theta) = \frac{\pi}{2}(R_o^4 - R_i^4)$$

8.20 FOR LATER PROB., WE MUST OBTAIN $A, \bar{x}, \bar{y}$.

$$A = \int_0^2 (4-y)\,dx = \int_0^2 (4-x^2)\,dx = 8 - 8/3 = \frac{16}{3}$$

$$A\bar{x} = \int_0^2 (4x - x^3)\,dx = \left(2x^2 - \frac{x^4}{4}\right)\Big|_0^2 = 4$$

$$A\bar{y} = \int_0^4 y\,x_{CURVE}\,dy = \int_0^4 y y^{1/2}\,dy = \frac{2}{5}y^{5/2}\Big|_0^4 = 12.80$$

$$\bar{x} = \frac{4}{16/3} = \frac{3}{4};\quad \bar{y} = \frac{12.80}{16/3} = 2.40$$

FROM PROB. 8.2, $I_x = 36.6\ m^4$

$$I_{\bar{x}} = 36.6 - \left(\frac{16}{3}\right)(2.40)^2 = 5.88\ m^4$$

8.21 FROM EXAMPLE 8.8,

$$I_{\bar{x}_c} = 2\left[\frac{(b/2)h^3}{36}\right] = \frac{1}{36}bh^3$$

8.22

$$A = \int_2^4 \left(4 - \frac{y^2}{4}\right)dy = \left(4y - \frac{y^3}{12}\right)\Big|_2^4 = 3.33\ cm^2$$

$$\bar{y} = \frac{\int y\,dA}{3.33} = \frac{\int_2^4 y\left(4 - \frac{y^2}{4}\right)dy}{3.33} = 2.70\ cm$$

SINCE $I_x = 25.1\ cm^4$ BY PROB. 8.5, WE GET $I_{x_c} = 25.1 - 3.33(2.70)^2 = .824\ cm^4$

8.23 BY PROB. 7.29, $(\bar{x}, \bar{y}) = \left(\frac{n+1}{2n+1}b, \frac{n+1}{2(n+2)}h\right)$ & $A = \frac{n}{n+1}bh$. BY PROB. 8.9

$I_x = bh^3\left(n/3(n+3)\right)$ SO:

$$I_{x_c} = \underbrace{\frac{bh^3n}{3(n+3)}}_{I_x} - \underbrace{bh\left(\frac{n}{n+1}\right)}_{A}\underbrace{\frac{h^2(n+1)^2}{4(n+2)^2}}_{\bar{y}^2}$$

$$= bh^3n\left[\frac{4(n+2)^2 - 3(n+1)(n+3)}{12(n+2)^2(n+3)}\right]$$

$$= bh^3n\left[\frac{n^2 + 4n + 7}{12(n+3)(n+2)^2}\right]$$

8.24 SEE SOL. TO PROB. 8.20 & 8.3

$$I_{y_c} = 4.27 - \frac{16}{3}(.75)^2 = 1.27\ m^4$$

8.25 TO FIND I_{y_c}, NEED $\bar{x}$. BY PROB 8.22, $A = 3.33\ cm^2$

$$\bar{x} = \frac{\int x\,dA}{3.33} = \frac{\int_1^4 x(2\sqrt{x} - 2)\,dx}{3.33}$$

$$= \frac{\int_1^4 (2x^{3/2} - 2x)\,dx}{3.33} = \frac{\left(2x^{5/2}\frac{2}{5} - x^2\right)\Big|_1^4}{3.33}$$

$$= \frac{4/5(31) - 16 + 1}{3.33} = 2.94\ cm$$

BY PROB. 8.6, $I_y = 30.6\ cm^4$

$$\therefore I_{y_c} = 30.6 - 3.33(2.94)^2 = 1.82\ cm^4$$

8.26 BY PROB 8.10, $I_y = nhb^3/(3n+1)$

USE A & $\bar{x}$ PROB. 8.23 ABOVE, THEN,

$$I_{y_c} = I_y - A\bar{x}^2 = \frac{nhb^3}{3n+1} - \frac{nbh}{n+1}\left[\frac{(n+1)b}{2n+1}\right]^2$$

$$= hb^3n\left[\frac{n^2}{(3n+1)(2n+1)^2}\right] = \frac{hb^3n^3}{(3n+1)(2n+1)^2}$$

8.27

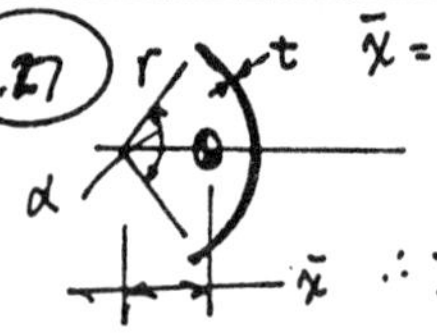

$\bar{x} = \frac{r\sin\alpha/2}{\alpha/2}$: I_y WAS PROB 8.8 $= \frac{tr^3(\alpha + \sin\alpha)}{2}$

$$\therefore I_{y_c} = I_y - A\bar{x}^2$$

$$= \frac{tr^3(\alpha + \sin\alpha)}{2} - \alpha r t\left(\frac{2r\sin\alpha/2}{\alpha}\right)^2$$

$$\therefore I_{y_c} = r^3t\left[\frac{\alpha}{2} + \frac{\sin\alpha}{2} - \frac{4\sin^2\alpha/2}{\alpha}\right]$$

8.28

$I_x = \frac{\pi R^4/4}{2} = \frac{\pi R^4}{8}$, SO THAT

$$I_{x_c} = \frac{\pi R^4}{8} - \frac{\pi R^2}{2}\left(\frac{4R}{3\pi}\right)^2 = R^4\left[\frac{\pi}{8} - \frac{\pi 16}{18\pi^2}\right]$$

$$= \frac{R^4(9\pi^2 - 64)}{72\pi} = .110R^4$$

8.29 USING SOL. TO (8.28):

$$I_{x_c} = .110R^4 + \frac{\pi R^2}{2}\left[\left(\frac{4R}{3\pi}\right) - h\right]^2 - .110r^4 - \frac{\pi r^2}{2}\left[\left(\frac{4r}{3\pi}\right) - h\right]^2$$

WHERE $\pi(R^2 - r^2)h = \frac{4R}{3\pi}(\pi R^2) - \frac{4r}{3\pi}(\pi r^2)$

OR $h = \frac{4}{3\pi}\left[R + r - \frac{Rr}{R+r}\right]$ SAME AS IN TEXT OF PROBLEM

$$\therefore I_{x_c} = .110(R^4 - r^4) + \frac{\pi R^2}{2}\left[-\frac{4r}{3\pi} + \frac{4Rr}{(R+r)3\pi}\right]$$

$$-\frac{\pi r^2}{2}\left[-\frac{4R}{3\pi} + \frac{4Rr}{(R+r)3\pi}\right]^2 = .110(R^4 - r^4) - .283\frac{R^2r^2(R-r)}{R+r}$$

IF $R \approx r$; $I_{x_c} \doteq .110(R^2+r^2)(R+r)(R-r) - .283\frac{r^4t}{2r}$

continued →

(8.29) continued:

So $I_{x_c} \doteq .110(2)(r^2)\,2rt - \frac{.283 r^3 t}{2} = .299 r^3 t$

OR $I_{x_c} \doteq .3 r^3 t$

(8.30) $600 = I_{y_c} + 10(7)^2$

$600 - 490 = I_{y_c} = 110 \text{ FT}^4$

$J_\eta = 110 + 10(4^2) = 110 + 160 = 270 \text{ FT}^4$

(8.31) $J_\xi = I_{x_c} + 10(1)^2 \Rightarrow I_{x_c} = 40 - 10 = 30 \text{ FT}^4$

$\therefore I_x = 30 + 10(3)^2 = 120 \text{ FT}^4$

(8.32)

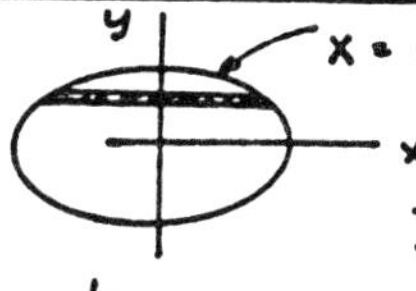

$x = a\sqrt{1 - \frac{y^2}{b^2}}$

$I_x = \int y^2 dA = 2\int_0^b y^2\, 2x\, dy$

$= 4a\int_0^b y^2\sqrt{1 - y^2/b^2}\,dy$; LET $y/b = \sin\theta$

$I_x = 4a\int_0^{\pi/2} b^2 \sin^2\theta \cos\theta\; b\cos\theta\, d\theta$

$= 4ab^3 \int_0^{\pi/2} \frac{\sin^2 2\theta}{4}\, d\theta = \frac{ab^3}{2}\left[\theta - \frac{\sin 4\theta}{4}\right]\Big|_0^{\pi/2} = \frac{ab^3 \pi}{4}$

by AREA (SAME SUBSTITUTION)

$= 4a\int_0^b \sqrt{1 - y^2/b^2}\, dy = 4a\int_0^{\pi/2} \cos\theta\; b\cos\theta\, d\theta$

$= 4ab\int_0^{\pi/2} \left(\frac{1 + \cos 2\theta}{2}\right) d\theta = 2ab\left[\theta + \frac{\sin 2\theta}{2}\right]\Big|_0^{\pi/2}$

$= \pi ab$; $I_x = A k_x^2 \Rightarrow \frac{\pi a b^3}{4} = \pi a b\, k_x^2$

$\therefore k_x = \frac{b}{2}$

(8.33)

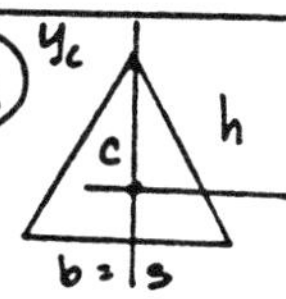

$I_{x_c} = \frac{bh^3}{36} = \frac{s\left(\frac{\sqrt{3}}{2}s\right)^3}{36} = \frac{\sqrt{3}\, s^4}{96}$

$\frac{I_{y_c}}{2} = \frac{1}{12} h\left(\frac{b}{2}\right)^3 = \frac{s^4\sqrt{3}}{24(8)} \Rightarrow I_{y_c} = \frac{\sqrt{3}\, s^4}{96}$

$J_{c_\Delta} = I_{x_c} + I_{y_c} = \frac{\sqrt{3}\, s^4}{48} = .0361 s^4$

SAME AREA: $\frac{1}{2} S_\Delta\left(\frac{\sqrt{3}}{2} S_\Delta\right) = S_\square^2 \Rightarrow S_\square = \sqrt{\frac{\sqrt{3}}{4}}\, S_\Delta$

$J_{c\square} = \frac{S_\square^4}{12}\cdot 2 = \frac{S_\square^4}{6} = \frac{1}{6}\left[\sqrt{\frac{1}{4}\sqrt{3}}\, S_\Delta\right]^4 = .0313 S_\Delta^4$

$\therefore J_{c\square}/J_{c\Delta} = .0313/.0361 = .867$

(8.34) $J_A = J_c + A d^2$

$d = \frac{2}{3}\cdot\frac{\sqrt{3}}{2} S$; $A = \frac{1}{2} S\left(\frac{\sqrt{3}}{2} S\right)$; $J_c = \frac{\sqrt{3}\, S^4}{48}$

$\therefore J_A = S^4\left[\frac{\sqrt{3}}{48} + \frac{\sqrt{3}}{4}\left(\frac{1}{3}\right)\right] = .180 S^4$

(8.35) USING PROB. 8.20 & 8.24

$J_c = I_{x_c} + I_{y_c} = 5.88 + 1.27 = 7.15 \text{ m}^4$

(8.36) BY 8.22, $I_{x_c} = .824 \text{ cm}^4$

& " 7.25, $I_{y_c} = 1.82 \text{ cm}^4$

So $J_c = .824 + 1.82 = 2.64 \text{ cm}^4$

(8.37)

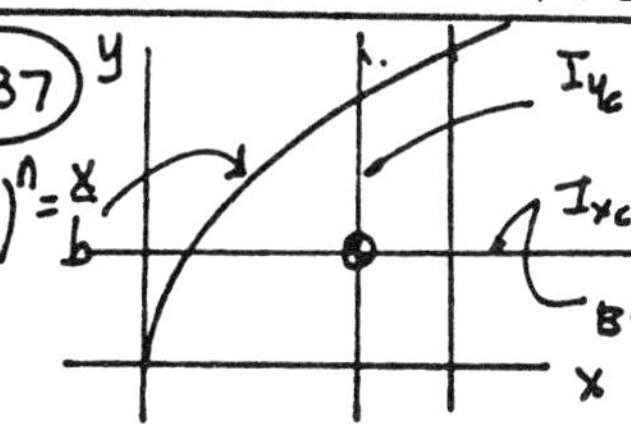

$\left(\frac{y}{h}\right)^n = \frac{x}{b}$

$I_{y_c} = \frac{b^3 h\, n^3}{(3n+1)(2n+1)^2}$ (7.26)

$I_{x_c} = bh^3 n\left(\frac{n^2 + 4n + 7}{12(n+3)(n+2)^2}\right)$ BY PROB 8.23

$\therefore J_c = I_{x_c} + I_{y_c}$ So:

$J_c = bh^3 n\left(\frac{n^2 + 4n + 7}{12(n+3)(n+2)^2}\right) + b^3 h\left(\frac{n^3}{(3n+1)(2n+1)^2}\right)$

(8.38) FROM PROB 8.20 (8.2)

$I_x = 36.6 \text{ m}^4$; $A = \frac{16}{3} = 5.33 \text{ m}^2$

So $36.6 = 5.33\, k_x^2 \Rightarrow k_x = 2.62 \text{ m}$

(8.39) FROM PROB. 8.20 AGAIN, $A = 5.33 \text{ m}^2$

AND FROM 8.3, $I_y = 4.27 \text{ m}^4$

So $4.27 = 5.33\, k_y^2 \Rightarrow k_y = .894 \text{ m}$

(8.40) FROM EXAMPLE (8.8) $I_x = I_{x_0} = \frac{bh^3}{12}$

So $I_x = A k_x^2$; $\frac{bh^3}{12} = \frac{1}{2} bh\, k_x^2 \Rightarrow k_x = \frac{h}{\sqrt{6}} = .408 h$

(8.41) $I_x = \frac{3\ell(5\ell)^3}{3} - \left[\frac{2\ell(3\ell)^3}{12} + 2\ell(3\ell)\left(\frac{5}{2}\ell\right)^2\right]$

$= \ell^4\left[125 - \frac{27}{6} - \frac{75}{2}\right] = 83\ell^4$

(8.42) $I_{x_c} = \frac{bh^3}{12} - \frac{ad^3}{12} = \frac{bh^3 - ad^3}{12}$

8.43 SEE TEXT FOR FIG.

$$I_x = I_{x\triangle} - I_{x\triangle}$$

$$= \frac{bh^3}{12} - \frac{\frac{b}{2}(h/2)^3}{12} \Rightarrow \frac{5}{64}bh^3$$

8.44

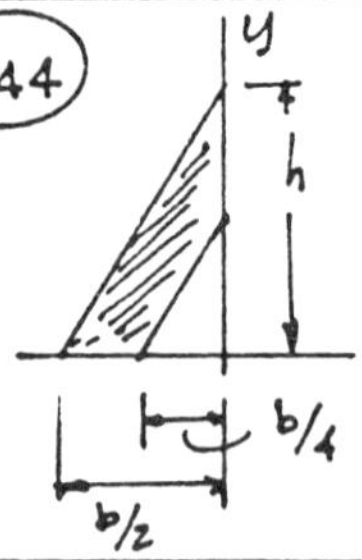

$$I_y = 2\left[\frac{h(b/2)^3}{12} - \frac{\frac{h}{2}\left(\frac{b}{4}\right)^3}{12}\right]$$

$$= \frac{b^3h}{6}\left[\frac{1}{8} - \frac{1}{2}\cdot\frac{1}{64}\right] \Rightarrow \frac{5hb^3}{256}$$

8.45 $I_x = \frac{\pi R^4}{4(4)} - \left[\frac{.07(.15)^3}{3}\right] = .000235\ m^4$

WHERE $R = .2M$

8.46 $I_y = \frac{\pi R^4}{4(4)} - \left[\frac{.15(.07)^3}{3}\right] = .000297\ m^4$

$R = .2M$

8.47 $I_x = \frac{6(7)^3}{3} - \left[\frac{2.5(3)^3}{12} + 2.5(3)(5.5)^2\right]$

$= 686 - 232.5 = 453\ IN^4$

8.48 $I_y = \frac{4(6)^3}{3} + \frac{3(3.5)^3}{12} + 3(3.5)(1.75+2.5)^2$

$= 488\ IN^4$

CHECK: $I_y = \frac{7}{3}(6)^3 - \frac{3(2.5)^3}{3} = 488\ IN^4$

8.49 $I_x = I_{x\square} - I_{x\triangle}$

$= \frac{1.7(2^3)}{3} - I_{x_c} - \frac{\pi R^2}{4}\left(2 - \frac{4R}{3\pi}\right)^2$

$I_{x_c} = I_{x_p} - Ad^2 = \frac{\pi R^4}{16} - \frac{\pi R^2}{4}\left(\frac{4R}{3\pi}\right)^2 = .0549R^4$

$\therefore I_x = 4.533 - .0549 - 1.950 = 2.53\ FT^4$

8.50 $I_y = \frac{2(1.7)^3}{3} - \left[.0549 + \frac{\pi(1)^2}{4}\left(1.7 - \frac{4(1)}{3\pi}\right)^2\right]$

$= 3.28 - 1.338 = 1.95\ FT^4$

8.51 SEE TEXT FOR FIG. & DIMENSIONS:

$I_x = \frac{20(80)^3}{3}2 + \frac{20(20)^3}{12} + 20(20)(70)^2$

$= 8,800,000\ CM^4$

CHK: $\frac{60}{3}(80)^3 - \frac{20}{3}(60)^3 = 8,800,000\ CM^4$

8.52 $I_y = \frac{80(60)^3}{3} - \left[\frac{60(20)^3}{12} + (60)(20)(30)^2\right]$

$= 5760000 - 1120000 = 4640000\ CM^4$

CHK: $\frac{80}{3}(20)^3 + \frac{80}{12}(20)^3 + 1600(50)^2 + \frac{20}{12}(20)^3 + 400(30)^2$

$= 4640000$

8.53 SEE TEXT FOR FIG. & DIMENSIONS:

$I_x = \frac{\pi R^4}{8} - 2\left[\frac{\pi r^4}{4} + \pi r^2\left(\frac{.5}{\sqrt{2}}\right)^2\right]$

$= \frac{\pi}{8}(1.2)^4 - 2\left[\frac{\pi}{4}(.1)^4 + \pi(.1)^2\left(\frac{.5}{\sqrt{2}}\right)^2\right] = .806\ FT^4$

8.54 BY INSPECTION, $I_{y_c} = I_x = .806\ FT^4$ (SEE PROB. 8.53 ABOVE) WHERE C IS SOMEWHERE ON THE y_c-AXIS

$\therefore I_y = .806 + \left[\frac{\pi}{2}(1.2)^2 - 2\pi(.1)^2\right](1.2)^2 = 3.97\ FT^4$

8.55 $I_x = \frac{\pi R^4}{8} - \left[\frac{\pi r^4}{4} + \pi r^2(.5)^2\right] - 2\left(\frac{\pi r^4}{8}\right)$

$= \frac{\pi}{8}(1.2)^4 - \left[\frac{\pi}{4}(.1)^4 + \pi(.01)(.25)\right] - \frac{\pi}{4}(.1)^4$

$= .8143 - .007933 - .0000785 = .806\ FT^4$

8.56 BY INSPECTION, $I_{y_c} = I_x = .806\ FT^4$ (SEE PROB. 8.55 ABOVE) WHERE C IS SOMEWHERE ON THE y_c-AXIS.

$\therefore I_y = .806 + \left[\frac{\pi}{2}(1.2)^2 - 2\pi(.1)^2\right](1.2)^2$ (LIKE 7.54)

$= 3.97\ FT^4$

8.57 $I_x = \frac{.8(1)^3}{3} - 2\left[\frac{.35(.9)^3}{3}\right] = .0966\ m^4$

CHK: $I_x = \frac{.1}{3}(.9)^3 + \frac{.8}{12}(.1)^3 + .08(.95)^2 = .0966$

8.58 $I_y = \frac{1(.8)^3}{3} - \frac{.9(.35)^3}{3} - \left[\frac{.9(.35)^3}{12} + .9(.35)(.625)^2\right]$

$= .1707 - .0129 - .126 = .0315\ m^4$

CHK: $I_y = \frac{.1}{3}(.8)^3 + \frac{.9}{12}(.1)^3 + .09(.40)^2 = .0315$

8.59 $I_x = \frac{1(9)^3}{3} + \left[\frac{10(1)^3}{12} + 10(9.5)^2\right] + 2\left[\frac{\frac{1}{2}(3)^3}{12} + \left(\frac{3}{2}\right)7^2\right]$

$+ 2\left[\frac{3.5\left(\frac{1}{2}\right)^3}{12} + 3.5\left(\frac{1}{2}\right)(8.75)^2\right] = 1563\ IN^4$

$= \underline{1560\ IN^4}$

CHK: $I_x = \frac{10(10)^3}{3} - 2\left[\frac{\frac{1}{2}(5.5)^3}{3} + \frac{3(8.5)^3}{3} + \frac{1(9)^3}{3}\right]$

$= 1563$ ✓

(8.60) $I_y = \frac{5.5(1)^3}{12} + \frac{1(10)^3}{12} + \frac{.5(8)^3}{12} + \frac{3(2)^3}{12}$

$= 107\ \text{IN}^4$

CHK: $I_y = \frac{10(10)^3}{12} - 2\left[\frac{5.5(4.5)^3}{12} + 5.5(4.5)(2.75)^2\right]$

$-2\left[\frac{3(4)^3}{12} + 12(3)^2\right] - 2\left[\frac{.5(1)^3}{12} + .5(4.5)^2\right] = 107$

(8.61) KEEP 4 DIGITS HERE:

$I_x = \left(\frac{8.048(1.102)^3}{3} + \frac{8.048(1.102)^3}{12}\right)$

$+ 8.048(1.102)\left(24 - \frac{1.102}{2}\right)^2 = 8070\ \text{IN}^4$

CHK: $\frac{8.048(24)^3}{3} - \left[\frac{7.25(21.8)^3}{12} + 7.25(21.8)\left(\frac{21.8}{2}\right.\right.$

$\left.\left. + 1.102\right)^2\right] = 8070\ \text{IN}^4$

(8.62) $I_{y_C} = \frac{24(8.048)^3}{12} - 2\left[\frac{(24-2.204)\left(\frac{8.048-.798}{2}\right)^3}{12}\right.$

$\left. + (24-2.204)\left(\frac{8.048-.798}{2}\right)(2.212)^2\right]$

$= 1043 - 2[86.52 + 386.7] = 96.2$

So

$I_y = 96.2 + [8.048(1.102)(2) + 21.8(.798)]\left(\frac{8.048}{2}\right)^2 = 665\ \text{IN}^4$

CHK!

$I_y = \frac{24(8.048)^3}{3} - \frac{21.8(3.625)^3}{3} - \frac{21.8(3.625)^3}{12}$

$-21.8(3.625)(6.236)^2 = 665$

(8.63) USING SOL. TO FOLLOW IN PROB (8.69)

$I_x = \frac{5\sqrt3}{16}s^4 + Ad^2 = \frac{5\sqrt3}{16}s^4 + s^2\left(\frac32\sqrt3\right)\left(\frac{s^2 3}{4}\right)$

$A = s\sqrt3(s) + 2\left(\frac12 s\sqrt3\cdot\frac{s}{2}\right) = s^2\left(\frac32\sqrt3\right)$

So: $I_x = s^4\left(\frac{23\sqrt3}{16}\right) = 2.49\,s^4$

(8.64) BY PROB 8.70 $I_{y_C} = \frac{5\sqrt3\,s^4}{16}$, THEN

$I_y = \frac{5\sqrt3\,s^4}{16} + \overbrace{\frac32\sqrt3\,s^2}^{A}\ \underbrace{(s/2)^2}_{d^2}$

$= \sqrt3\,s^4\left[\frac{5}{16} + \frac32\cdot\frac14\right] = \frac{11}{16}\sqrt3\,s^4$

(8.65) $I_x = \frac{20(120)^3}{3}\cdot 2 + \frac{(30)(20)^3}{12} + 600(60)^2$

$= 25{,}220{,}000\ \text{cm}^4$ OR $.252\ \text{m}^4$

(8.66) $I_y = \frac{120(70)^3}{3} - \left[\frac{100(30)^3}{12} + 3000(35)^2\right]$

$= 13{,}720{,}000 - 3{,}900{,}000 = 9{,}820{,}000\ \text{cm}^4$ OR $.0982\ \text{m}^4$

(8.67)

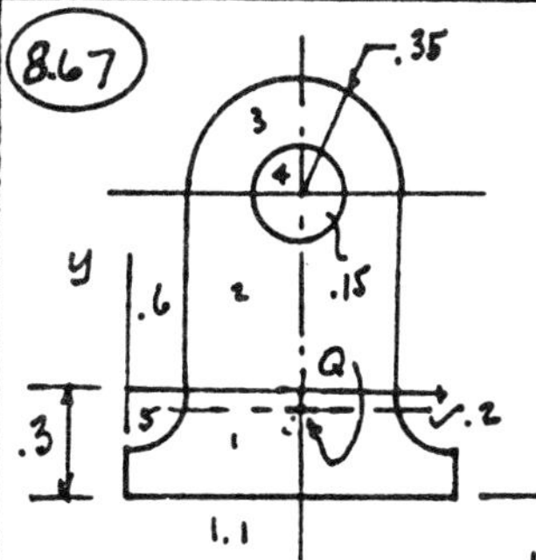

$I_x = I_1 - 2I_5 + I_2 + I_3 - I_4$

$= \frac{(1.1)(.3)^3}{3}$

$-\left\{\left[\frac{\pi(.2)^4}{8} - \frac{\pi(.2)^2}{8}\left(\frac{4}{3}\frac{(.2)}{\pi}\right)^2\right] + \frac{\pi(.2)^2}{2}\left(.3 - \frac{4(.2)}{3\pi}\right)^2\right\}$

$+\left[\frac{(.7)(.6)^3}{12} + (.7)(.6)(.6)^2\right]$

$+\left\{\left[\frac{\pi(.35)^4}{8} - \frac{\pi(.35)^2}{2}\left(\frac{4(.35)}{3\pi}\right)^2\right] + \frac{(.35)^2\pi}{2}\left(.9 + \frac{4(.35)}{3\pi}\right)^2\right\}$

$-\left[\frac{\pi(.15)^4}{4} + \pi(.15)^2(.9)^2\right] = .326\ \text{m}^4$

(8.68) $A = 1.1(.1) + 1.1(.2) - \frac{2\pi(.2)^2}{4} + .6(.7)$

$+ \frac{\pi(.35)^2}{2} - \pi(.15)^2 = .8089\ \text{m}^2$

$I_{y_C} = \frac{.3(1.1)^3}{12} - 2\left[\frac{.110(.2)^4}{2} + \frac{\pi(.2)^2}{4}\left(.55 - \frac{4(.2)}{3\pi}\right)^2\right]$

$+ \frac{.6(.7)^3}{12} + \frac{\pi(.35)^4}{8} - \frac{\pi(.15)^4}{4} = .04215\ \text{m}^4$

So

$I_y = .04215 + .809(.55)^2 = .287\ \text{m}^4$

(8.69) DIST. ACROSS FLATS: $s\sqrt3/2$

$I_{x_C} = \frac{s(s\sqrt3)^3}{12} + 4\left[\frac{\frac{s}{2}\cdot s^3 3\sqrt3}{8(12)}\right] = \frac{5}{16}\sqrt3\,s^4$

(8.70) $I_{y_C} = \frac{s\sqrt3}{12}s^3 + 2\left[\frac{s\sqrt3(s/2)^3}{36}\right. +$

$\left.\left(\frac12 s\sqrt3\ \frac{s}{2}\right)\left(\frac{s}{2} + \frac{s}{6}\right)^2\right]$

$= s^4\sqrt3\left[\frac{1}{12} + \frac{1}{18(8)} + 2\cdot\frac14\cdot\frac49\right] = \frac{5\sqrt3}{16}s^4$

SAME AS I_{x_C}

8.71 $A = (3\tfrac{3}{8})(\tfrac{5}{8}) + 6(\tfrac{5}{8}) = 2.109 + 3.750$
$= 5.859 \text{ IN}^2$

$$I_x = \frac{(3.375)(5/8)^3}{3} + \frac{5/8\,(6)^3}{3} = 45.275 \text{ IN}^4$$

$$I_{x_c} = 45.275 - 5.859\,(2.03)^2 = 21.1 \text{ IN}^4$$, SAME AS TABLE ANS.

8.72 $$I_y = \frac{(5\tfrac{3}{8})(5/8)^3}{3} + \frac{5/8\,(4)^3}{3} = 13.771 \text{ IN}^4$$

$$I_{y_c} = 13.771 - 5.859(1.03)^2 = 7.55 \text{ IN}^4$$

TO ONE SIG. FIG. $\frac{7.6 - 7.5}{7.5} \times 100 = 1.3\%$ DIF

8.73 $$I_y = \frac{6(3.5)^3}{3} - \left[\frac{5(3)^3}{12} + 5(3)2^2\right] = 14.5$$

OR $$I_y = \frac{.5\,(3.5)^3}{3}(2) + \frac{5(.5)^3}{3} = 14.5 \text{ IN}^4$$

$$x_c = \frac{3.5(\tfrac{1}{2})\,\tfrac{3.5}{2}(2) + 5(\tfrac{1}{2})(1/4)}{6} = 1.125 \text{ IN}$$

$\therefore$ $$I_{y_c} = I_y - Ad^2 = 14.5 - 6(1.125)^2 = 6.91 \text{ IN}^4$$

8.74 $$I_{x_c} = \frac{\tfrac{3}{4}(6)^3}{12} + 2\left[\frac{2.75\,(3/4)^3}{12} + 2.75(\tfrac{3}{4})(2.625)^2\right]$$
$= 42.1 \text{ IN}^4$

8.75 $$I_{y_c} = \frac{6(3/4)^3}{12} + 2\left[\frac{\tfrac{3}{4}(2.75)^3}{12} + \frac{3}{4}(2.75)(1.75)^2\right]$$
$= 15.4 \text{ IN}^4$

8.76 $A\bar{y} = A_{\square}\,\bar{y}_{\square} + A_{\Delta}\,\bar{y}_{\Delta} = 20(1) + \tfrac{1}{2}(6)(6)(4)$
$A = 38 \therefore \bar{y} = 2.421$ IN

$$I_{x_c} = \left[\frac{10(2)^3}{12} + 20(1.421)^2\right] + \left[\frac{6(6)^3}{36} + 18(4 - 2.421)^2\right]$$
$= 47.1 + 80.9 = 128 \text{ IN}^4$

8.77 $$I_y = 2\left[\frac{6(3)^3}{12} + \frac{2(5)^3}{3}\right] = 193.67 \doteq 194 \text{ IN}^4$$

CHK: $$I_y = 2\left[\frac{8(5)^3}{3} - \left(\frac{6(2)^3}{12} + 12(4)^2\right) - \left(\frac{6(3)^3}{36} + 9(2)^2\right)\right] = 193.65 \doteq 194 \checkmark$$

8.78

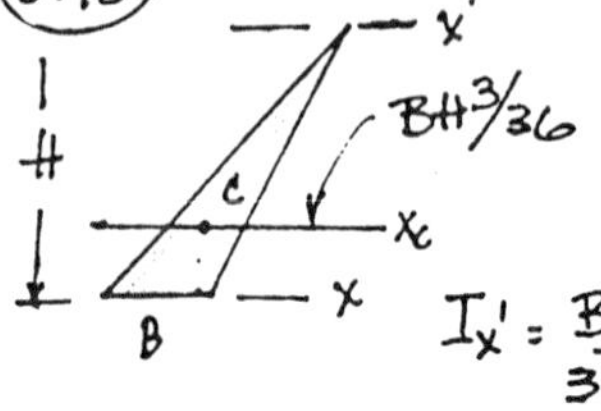

$$I_x = \frac{BH^3}{36} + (\tfrac{1}{2}BH)(\tfrac{H}{3})^2 = \frac{BH^3}{12}$$

$$I_{x'} = \frac{BH^3}{36} + (\tfrac{1}{2}BH)(\tfrac{2}{3}H)^2 = \frac{1}{4}BH^3$$

8.79 $$I_x = \frac{26(30)^3}{12} - \frac{\pi 5^4}{4} + \frac{\pi 15^4}{8}$$
$= 58500 - 490.9 + 19880 = 77900 \text{ mm}^4$

$$I_y = \frac{30(26)^3}{3} - \left[\frac{\pi 5^4}{4} + \pi 5^2(13)^2\right] + \left[.1098(15)^4 + \frac{\pi 15^2}{2}\left(26 + \frac{4 \cdot 15}{3\pi}\right)^2\right]$$
$= 175760 - 13764 + 375800 = 538000 \text{ mm}^4$

8.80 a) $$J_c = \int_0^{2\pi}\int_{R_i}^{R_o} r^2(r\,dr\,d\theta) = \frac{r^4}{4}\Big|_{R_i}^{R_o}\,\theta\Big|_0^{2\pi}$$

$$J_c = \frac{\pi}{2}(R_o^4 - R_i^4)$$

b) FROM COMPOSITE AREAS:
$$J_c = \frac{\pi R_o^4}{2} - \frac{\pi R_i^4}{2}$$

c) AS $R_i \to R_o$
$$J_c = \frac{\pi}{2}\left[(R_o^2 + R_i^2)(R_o^2 - R_i^2)\right] \text{ \& } R_o - R_i = t$$
$$= \frac{\pi}{2}\left[2R_o^2(2R_o)t\right] = 2\pi R_o^3 t$$

8.81 SEE TEXT FOR FIG. & DIMEN.
$$I_{x_c} = 2(404) + \left\{\frac{10(.75)^3}{12} + (7.5)\left[8.25 - .375\right]^2\right\}2$$
$= 1740 \text{ IN}^4$

$$I_{y_c} = \left(\frac{.75\,(10)^3\,2}{12}\right) + 2\left[11.0 + 14.7(5 - .799)^2\right] = 666 \text{ IN}^4$$

8.82 $I_{XX} = 2\left[175 + 19.1\,(6)^2\right] = 1730 \text{ IN}^4$

$I_{YY} = 2(533) = 1070 \text{ IN}^4$

(8.83) a) $I_x = \frac{th^3}{12} + 2\left[\frac{bt^3}{12} + bt\left(\frac{h+t}{2}\right)^2\right]$

$I_x \doteq \frac{th^3}{12} + \frac{bth^2}{2}$; $I_y = \frac{ht^3}{12} + \frac{2tb^3}{12} \doteq \frac{tb^3}{6}$

FOR $I_x = I_y$

b) $\frac{h^3}{12} + \frac{bh^2}{2} = \frac{b^3}{6}$ LET $\beta = \frac{b}{h}$ ⇒

$2\beta^3 - 6\beta - 1 = 0 = f(\beta)$. WHERE IS $f' = 0$?

$f' = 6\beta^2 - 6 = 0 \Rightarrow \beta = \pm 1$, AT +1, $f = -5$ & AT −1, $f = 3$; AT 2, $f = 3$ ∴ ROOT is BET. 1 & 2.

β	1	2	1.5	1.8	1.9	1.81
$f(\beta)$	−5	3	−3.25	−.136	1.318	−.000518

SO $\beta = \frac{b}{h} = 1.81$ TO MAKE $I_x = I_y$

(8.84) $I_x = 2\left[\frac{(4-\frac{7}{8})(7/8)^3}{3}\right] + 2\left[\frac{\frac{7}{8}(6)^3}{3}\right] + \frac{1}{3}(11)^3$

∴ $I_x = 571\ \text{in}^4$ AND

$571 = Ak_x^2 = [11 + 2(\frac{7}{8})6 + (3\frac{1}{8})(7/8)2]k_x^2$

$k_x = 4.60$ IN

(8.85) SEE FIG. IN TEXT FOR DIMEN.

$I_y = \frac{11(1)^3}{12} + 2\left[\frac{6(7/8)^3}{12} + 6(\frac{7}{8})(\frac{1}{2}+\frac{7}{16})^2\right]$

$+ 2\left[\frac{7}{8}(3\frac{1}{8})^3/12 + \frac{7}{8}(3\frac{1}{8})(\frac{3.125}{2}+\frac{7}{8}+\frac{1}{2})^2\right]$

$= 10.815 + 51.64 = 62.5\ \text{in}^4$

CHK: $I_y = \frac{6(9)^3}{12} + \frac{5(1)^3}{12} - 2\left[\frac{(5\frac{1}{8})(3\frac{1}{8})^3}{12} + (5\frac{1}{8})(3\frac{1}{8})(\frac{3\frac{1}{8}}{2}+\frac{7}{8}+\frac{1}{2})^2\right] = 62.5$

(8.86)

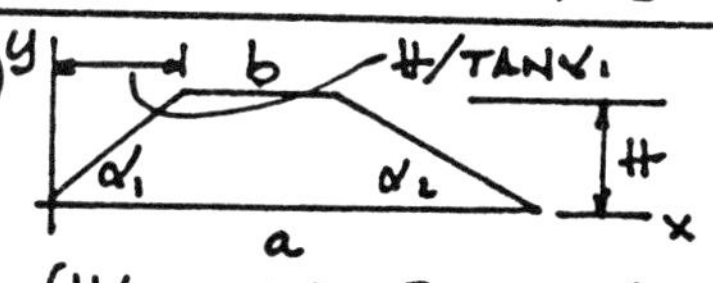

$I_x = \frac{(H/\tan\alpha_1)(H)^3}{12} + \frac{bH^3}{3} + \frac{(a-b-\frac{H}{\tan\alpha_1})H^3}{12}$

$= \frac{H^3}{12}[4b + a - b] = \frac{(3b+a)H^3}{12}$

(8.87) EACH FILLET'S AREA = $\frac{1}{2}(B)(B)$ $= \frac{24.7-24.3}{4} = .3873\ \text{in}^2$

a) CONTRIBUTIONS OF 4 FILLETS TO I_{x_c} ARE: $4\left[\frac{(.3873)^4}{36} + \frac{(.3873)^2}{2}\left(6.312 - \frac{.3873}{3}\right)^2\right]$

$= 11.47\ \text{in}^4$

TOTAL $I_{x_c} = 916 + 11.5 = 927.5 \doteq 928\ \text{in}^4$ (TABLE VALUE)

b) CONT. OF FILLETS TO I_{y_c} (SEE EX (8.15))

$I_{y_c} = 4\left[\frac{(.3873)^4}{36} + \frac{(.3873)^2}{2}\left(\frac{.451}{2} + \frac{.3873}{3}\right)^2\right]$

$= .0402\ \text{in}^4$

∴ TOTAL $I_{y_c} = 225 + .04 \approx 225\ \text{in}^4$

(8.88) $I_{XX} = \frac{.313(14.12-1.026)^3}{12} + 2\left[\frac{6.776(.513)^3}{12} + 6.776(.513)(7.06 - \frac{.513}{2})^2\right]$

$= 58.56 + 321.96 = 381\ \text{in}^4$ (< 386)

$381 = Ak_x^2 = 11.1k_x^2 \Rightarrow k_x = 5.86$ in (< 5.88)

(8.89) $I_{YY} = \frac{(14.12-1.026)(.313)^3}{12} + \left[\frac{.513(6.776)^3}{12}\right]2$

$= .0334 + (13.3)(2) = 26.6\ \text{in}^4$

AGAIN $A = 11.1\ \text{in}^2$

$26.6 = 11.1k_y^2 \Rightarrow k_y = 1.55$ in

TABLE = 1.54 in $\frac{1.55-1.54}{1.54} \times 100 = .65\%$ DIF

(8.90) SEE PROB 8.41, I_x WAS $83\ell^4$

$A = 15\ell^2 + (-3\ell^2)(2) = 9\ell^2$

SO $I_{x_c} = 83\ell^4 - 9\ell^2(5/2\,\ell)^2 = 26.75\ell^4$

$I_{y_c} = \frac{3\ell(\ell^3)}{12} + 2\frac{\ell(3\ell)^3}{12} = \frac{57}{12}\ell^4 = 4.75\ell^4$

$J_c = I_{x_c} + I_{y_c} = (26.75 + 4.75)\ell^4 = 31.5\ell^4$

(8.91) NOTE: $(x_c, y_c) = (3.6, 4.6)$

$J_c = A\Big[(3.6)^2 + (4.6)^2 + [(3.6-4)^2 + (4.6-0)^2] + [(3.6-7)^2 + (4.6-4)^2] + [(3.6-11)^2 + (4.6-4)^2] + [(3.6-11)^2 + (4.6-8)^2] + [(3.6-7)^2 + (4.6-8)^2] + [(3.6-4)^2 + (4.6-8)^2] + [(3.6-0)^2 + (4.6-8)^2] + [(3.6+4)^2 + (4.6-8)^2] + [(3.6+4)^2 + (4.6-1)^2]\Big]$

$J_c = A\{34.12 + 21.32 + 11.92 + 55.12 + 66.32 + 23.12 + 11.72 + 24.52 + 57.92 + 70.72\} = 376.8A$

$\doteq 377A$ AS IN EX 8.11

8.92 SEE PROB. 8.79: $I_x = 77900 \text{ mm}^4$, $I_y = 538000 \text{ mm}^4$

AREA, $A = 30(26) + \frac{\pi}{2}(15)^2 - \pi(5)^2 = 1055 \text{ mm}^2$

$$\bar{x} = \left[780(13) - \pi 5^2(13) + \frac{\pi}{2}(15)^2\left(26 + \frac{4(15)}{3\pi}\right)\right] / 1055$$

$\bar{x} = 19.49 \text{ mm}$

$I_x = I_{xQ} = 77900 \text{ mm}^4$

$I_{y_c} = I_y - A\bar{x}^2 = 538000 - 1055(19.49)^2$
$= 137{,}000 \text{ mm}^4$

$I_{yQ} = 137000 + 1055(19.49 - 13)^2 = 181000$

$J_Q = I_{xQ} + I_{yQ} = 77900 + 181000 = 259000 \text{ mm}^4$

8.93 $I_{xy} = -\int_0^R \int_0^{\pi/2} (r\cos\theta)(r\sin\theta)\, r\,dr\,d\theta$

$= -\frac{r^4}{4} \frac{\sin^2\theta}{2}\Big|_0^{\pi/2} = -\frac{R^4}{8}$

8.94

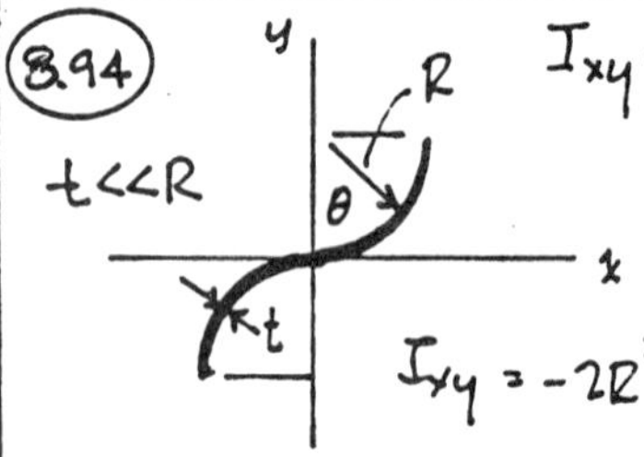

$I_{xy} = -2\int_0^{\pi/2} (R\sin\theta)(R - R\cos\theta)\, tR\,d\theta$

$I_{xy} = -2R^3 t \int_0^{\pi/2} (\sin\theta - \sin\theta\cos\theta)\,d\theta$
$= -2R^3 t(1 - \tfrac{1}{2}) = -R^3 t$

$\frac{\ell}{2} = \frac{\pi R}{2} \rightarrow \ell = \pi R$

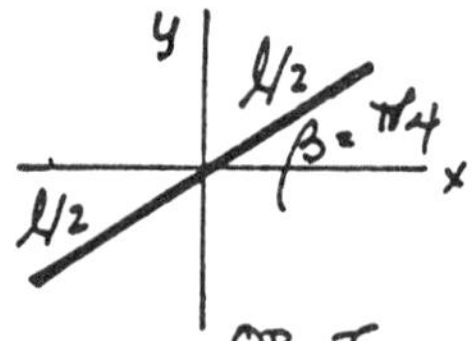

$I_{xy} = \frac{-t\ell^3 \sin 90°}{24} = \frac{-t\pi^3 R^3}{24}$

OR $I_{xy} = -1.29 R^3 t$; 29% LARGER IN ABS. VAL BECAUSE AREA IS "STRETCHED" FURTHER FROM THE AXES

8.95 $I_x = \int_0^2 y^2(2y - y^2)\,dy = \left(\frac{y^4}{2} - \frac{y^5}{5}\right)\Big|_0^2 = \frac{8}{5} \text{ in}^4$

$I_y = \int_0^4 x^2\left(\sqrt{x} - \frac{x}{2}\right)dx = \left(\frac{2}{7}x^{7/2} - \frac{x^4}{8}\right)\Big|_0^4 = \frac{32}{7} \text{ in}^4$

$I_{xy} = -\int_0^4 \int_{x/2}^{\sqrt{x}} xy\,dy\,dx = -\int_0^4 x\frac{y^2}{2}\Big|_{x/2}^{\sqrt{x}} dx$

$= -\int_0^4 \frac{x}{2}\left(x - \frac{x^2}{4}\right)dx = -\left(\frac{x^3}{6} - \frac{x^4}{32}\right)\Big|_0^4 = -\frac{8}{3} \text{ in}^4$

8.96

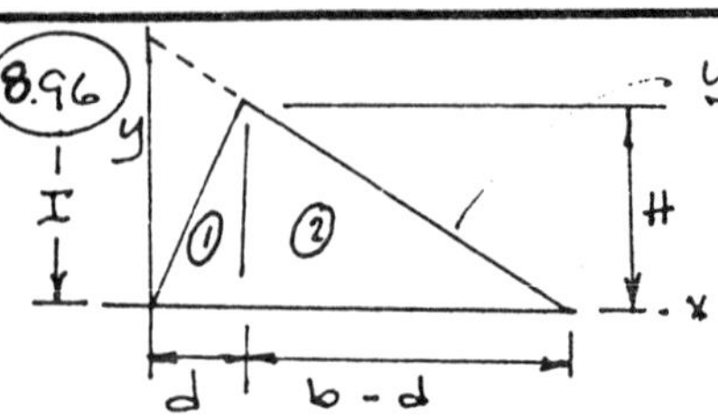

$y = -\frac{H}{b-d}x + \frac{bH}{b-d}$

$\frac{H}{b-d} = \frac{I}{b}$

$I_{xy} = -\int_{A_1} xy\,dy\,dx - \int_{A_2} xy\,dy\,dx$

$= -\int_0^d x\frac{y^2}{2}\Big|_0^{\frac{Hx}{d}} dx - \int_d^b x\frac{y^2}{2}\Big|_0^{-\frac{Hx}{b-d} + \frac{bH}{b-d}} dx$

$I_{xy} = -\frac{H^2}{2d^2}\frac{x^4}{4}\Big|_0^d - \frac{1}{2(b-d)^2}\int_d^b (bH - Hx)^2 x\,dx$

$= -\frac{H^2 d^2}{8} - \frac{H^2}{2(b-d)^2}\int_d^b (b^2 x - 2bx^2 + x^3)\,dx$

$= -\frac{H^2 d^2}{8} - \frac{H^2}{2(b-d)^2}\left(b^2\frac{x^2}{2} - \frac{2bx^3}{3} + \frac{x^4}{4}\right)\Big|_d^b$

$= \frac{-H^2}{24(b-d)^2}\left[\frac{3(b-d)^2 d^2 + 12b^4/12 - 6b^2d^2 + 8bd^3 - 3d^4}{1}\right]$

$= -\frac{bH^2(2d+b)(b-d)^2}{24(b-d)^2} = \frac{-bH^2(2d+b)}{24}$

8.97 $I_x = I_y$ BY SYMMETRY

$I_x = I_y = \frac{2b(b)^3}{3} = \frac{2}{3}b^4$

$I_{xy} = 2\left[0 - b^2\left(\frac{b}{2}\right)\left(-\frac{b}{2}\right)\right] = \frac{b^4}{2}$

8.98

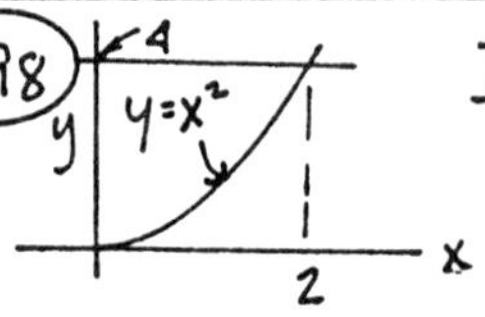

$I_{xy} = -\int_0^4 \int_0^{\sqrt{y}} xy\,dx\,dy$

$= -\int_0^4 y\left(\frac{x^2}{2}\right)\Big|_0^{\sqrt{y}} dy \Rightarrow$

$I_{xy} = -\int_0^4 \frac{y^2}{2}dy = -\frac{y^3}{6}\Big|_0^4 = -\frac{32}{3}$

CHK: $I_{xy} = -\int_0^2 \int_{x^2}^4 xy\,dy\,dx$

$= -\int_0^2 x\left(\frac{y^2}{2}\right)\Big|_{x^2}^4 dx = -\int_0^2 \frac{x}{2}(16 - x^4)\,dx$

$= -\left[4x^2 - \frac{x^6}{12}\right]\Big|_0^2 = -\frac{32}{3}$

(8.99) SEE TEXT FOR FIG.

$$I_{xy} = -\iint xy\,dx\,dy = -\int_0^1\int_0^{e^x} xy\,dy\,dx$$

$$= -\int_0^1 x\left(\frac{y^2}{2}\Big|_0^{e^x}\right)dx = -\int_0^1 \frac{x}{2}e^{2x}dx$$

INTEGRATE BY PARTS: "U" = x & "dV" = $e^{2x}dx$

$$= -\frac{1}{2}\left(\frac{xe^{2x}}{2}\Big|_0^1\right) - \int_0^1 \frac{e^{2x}}{2}dx$$

$$= -\frac{1}{2}\left[\frac{e^2}{2} - 0 - \frac{e^{2x}}{4}\Big|_0^1\right] = -\frac{(1+e^2)}{8} = -1.05$$

(8.100)

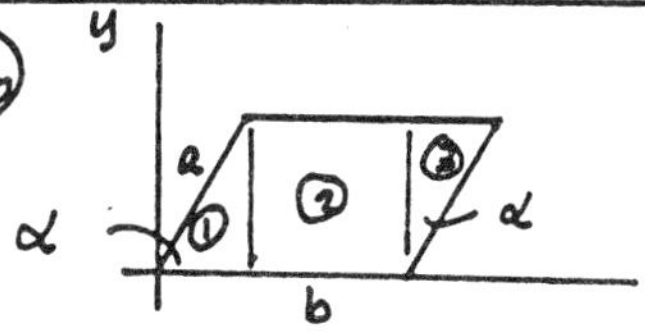

$$I_{xy} = -\int_{A_1} xy\,dA - \int_{A_2} xy\,dA - \int_{A_3} xy\,dA$$

$$I_{xy} = -\int_0^{a\cos\alpha}\int_0^{x\tan\alpha} xy\,dy\,dx - \int_{a\cos\alpha}^{b}\int_0^{a\sin\alpha} xy\,dy\,dx - \int_b^{b+a\cos\alpha}\int_{(x-b)\tan\alpha}^{a\sin\alpha} xy\,dy\,dx$$

$$= -\int_0^{a\cos\alpha} x\left(\frac{y^2}{2}\right)\Big|_0^{x\tan\alpha}dx - \int_{a\cos\alpha}^{b} x\left(\frac{y^2}{2}\right)\Big|_0^{a\sin\alpha}dx - \int_b^{b+a\cos\alpha} x\left(\frac{y^2}{2}\right)\Big|_{(x-b)\tan\alpha}^{a\sin\alpha}dx$$

$$= -\int_0^{a\cos\alpha}\frac{x^3\tan^2\alpha}{2}dx - \int_{a\cos\alpha}^{b}\frac{a^2\sin^2\alpha}{2}x\,dx - \int_b^{b+a\cos\alpha}\frac{x}{2}\left[a^2\sin^2\alpha - x^2\tan^2\alpha - b^2\tan^2\alpha + 2xb\tan^2\alpha\right]dx$$

INTEGRATE & SIMPLIFY

$$I_{xy} = -\frac{a^2b^2\sin^2\alpha}{4} - \frac{a^3b}{3}\sin^2\alpha\cos\alpha$$

(8.101)

$$I_{xy_c} = 2.75(.75)\left(\frac{2.75}{2}+.375\right)(2.625)2$$

$$= 18.95\text{ IN}^4 \doteq 19.0\text{ IN}^4$$

CHK: $I_{xy_c} = (-)(-)2(5.25)2.75\left(3-\frac{5.25}{2}\right)\left(\frac{2.75}{2}+.375\right)$

$= 18.95$ ✓

(8.102)

$$I_{xy} = 0 - bh\left(\frac{bh}{4}\right) - \left[0 - ad\left(\frac{bh}{4}\right)\right]$$

$$= -(bh - ad)\frac{bh}{4}$$

(8.103)

$$I_{xy} = -\frac{R^4}{8} - \left[0 - \underset{A}{.07(.15)}\cdot\underset{\bar{x}}{\frac{.07}{2}}\underset{\bar{y}}{\frac{(.15)}{2}}\right]$$

$$= \frac{-.2^4}{8} + \frac{.07^2(.15)^2}{4} = -.000172\text{ IN}^4$$

(8.104)

$$I_{xy} = -10(1.25)(2) - (3.5)7(4.25)(3.5)$$

$$= -389\text{ IN}^4$$

CHK: $I_{xy} = \frac{-6^2(7)^2}{2(2)} + (2.5)(3)(5.5)(1.25) = -389$

(8.105) FIRST GET $I_{x_cy_c}$ FOR 1/4-CIRCLE

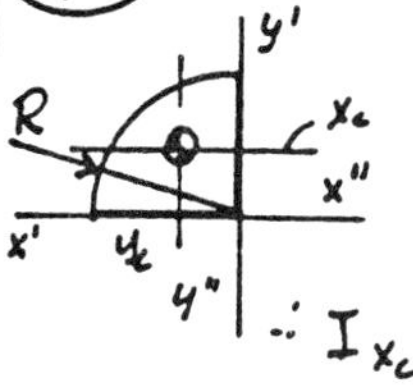

$I_{x'y'} = -\frac{R^4}{8}$ & $I_{x''y''} = -\frac{R^4}{8}$ TOO!

$I_{x''y''} = I_{x_cy_c} - A\bar{x}\bar{y}$

$$\therefore I_{x_cy_c} = \frac{\pi R^2}{4}\left(\frac{4R}{3\pi}\right)^2 - \frac{R^4}{8} = .01647R^4$$

NOW RECTANGLE: ——— RECTANGLE

$$I_{xy} = \left[0 - 2(1.7)\frac{2}{2}\frac{1.7}{2}\right]$$

$$-\left[.01647(1)^4 - \frac{\pi(1)^2}{4}(1.7-.4244)(2-.4244)\right]$$

$$\therefore I_{xy} = -1.33\text{ FT}^4 \qquad \left(\frac{4(1)}{3\pi} = .4244\right)$$

(8.106)

$$I_{xy} = \frac{90^2}{2}\left(\frac{(60)^2}{2}\right) - \left[(-)(-)\frac{20(60)^2 30}{2}\right]$$

$$= 5.76\times10^6 - 1.08\times10^6 = 4.68\times10^6\text{ CM}^4$$

(8.107)

$$I_{xy} = \left[0 - \frac{\pi R^2}{2}(1.2)\left(\frac{4(1.2)}{3\pi}\right)\right] - \left[0 - \frac{\pi r^2}{1}\left(\frac{.5}{\sqrt{2}}\right)\left(1.2 - \frac{.5}{\sqrt{2}}\right)\right] - \left[0 - \pi r^2\left(\frac{.5}{\sqrt{2}}\right)\left(1.2 + \frac{.5}{\sqrt{2}}\right)\right]$$

$$= \frac{-\pi(1.2)^2}{2}(1.2)\frac{^2 4}{3\pi} + \frac{\pi(.1)^2}{1}\left(\frac{.5}{\sqrt{2}}\right)(1.2)(2) = -1.36\text{ FT}^4$$

(8.108) SEE 8.107 — ENTIRE HOLE

$$I_{xy} = -1.3824 - \left[0 - \pi(.1)^2(.5)(1.2)\right]$$

$$-\left[0 - \pi(.1)^2(1.2)\frac{4(.1)}{3\pi}\right]$$ — HALF-HOLES AT THEIR "C"

$$= -1.3824 + .02045 = -1.36\text{ FT}^4$$

8.109 $I_{xy} = [0 - .8(1)(.4)(.5)] - [0 - (.35)(.9)(\frac{.9}{2})(\frac{.35}{2})] - [0 - (.35)(.9)(\frac{.9}{2})(.45 + \frac{.35}{2})]$

$\therefore I_{xy} = -.0466 \text{ m}^4$

CHK: $I_{xy} = [0 - .8(.1)(.95)(.4)] + [0 - .1(.9)(.4)(.45)]$
$= -.04660$

8.110 y IS AN AXIS OF SYM.
$\therefore I_{xy} = 0$

8.111 SEE FIG. PROB. 8.61

$I_{xy} = 0 - A\bar{x}\bar{y}$

$A = 1.102(8.048)(2) + 21.8(.798) = 35.1 \text{ IN}^2$

$I_{xy} = 0 - 35.1(4.024)(12) = -1693 = -1700 \text{ IN}^4$

8.112 $A = s(s\sqrt{3}) + 2[\frac{1}{2}s\sqrt{3}\,\frac{s}{2}] = s^2\sqrt{3}\,\frac{3}{2}$

$I_{xy} = 0 - \frac{3\sqrt{3}}{2}s^2 \cdot \frac{s}{2} \cdot \frac{s\sqrt{3}}{2} = -s^4\frac{9}{8}$

NOTE: y_c IS AXIS OF SYM. $I_{xy} = -\frac{9}{8}s^4$

8.113 $A = (2400)(2) + 600 = 5400 \text{ cm}^2$

$I_{xy} = 0 - 5400(-35)(60)$
$= 11{,}340{,}000$ OR $11{,}300{,}000 \text{ cm}^4$

CHK: $[0 - 120(70)(-35)(60)] - [0 - 1500(-35)(98)]$
$- [0 - 1500(-35)(25)] = 11{,}340{,}000$ ✓

8.114 SEE FIG. PROB. 8.67 ABOVE: Q IS CENTROID OF 2 - 1/4-CIRCLES. AT Q THEIR COMBINED $I_{x_Q y_Q} = 0$

① + ⑤ ⑤

$I_{xy} = [0 - \frac{.3^2}{2}\frac{(1.1)^2}{2}] - [0 - \frac{\pi(.2)^2}{2}(.55)(.3 - \frac{4(.2)}{3\pi})]$

$+ [0 - .6(.7)(.55)(.6)] + [0 - \frac{\pi(.35)^2}{2}[.9 + \frac{4(.35)}{3\pi}](.55)]$
② ③

$- [0 - \pi(.15)^2(.55)(.9)] = -.2344 \text{ IN}^4$
④

8.115 SEE TEXT FOR FIG. $A = 18 \text{ IN}^2$

$\bar{x} = \frac{1}{18}(9 \times 1.5 - 9 \times 2) = -.25 \text{ IN}$

$\bar{y} = \frac{1}{18}(9 \times 1.5 + 9 \times 1) = 1.25 \text{ IN}$

$I_x = \frac{1}{12}6(3)^3 + \frac{3^4}{3} = 40.5 \text{ IN}^4$

$I_y = \frac{1}{12}3(6)^3 + \frac{1}{3}3^4 = 81 \text{ IN}^4$

$I_{xy} = [0 - 9(-1.5)(-1.5)] + [-\frac{(3)^2(6)^2}{72} - 9(2)(-1)]$
$= -6.75 \text{ IN}^4$

$\therefore I_{x_c} = 40.5 - 18(1.25)^2 = 12.4 \text{ IN}^4$

$I_{y_c} = 81.0 - 18(.25)^2 = 79.9 \text{ IN}^4$

$I_{x_c y_c} = -6.75 + 18(.25)(-1.25) = -12.4 \text{ IN}^4$

NOTE: WE COULD HAVE TRANSFERRED DIRECTLY TO CENTROID

8.116 SEE PROB. 8.100 ABOVE

$I_{xy} = -\frac{a^3b}{12}\sin^2\alpha\cos\alpha - \underbrace{ab\sin\alpha}_{\text{AREA}}\ \overbrace{\frac{a\sin\alpha}{2}}^{\bar{y}}\ \overbrace{\left(\frac{b + a\cos\alpha}{2}\right)}^{\bar{x}}$

$= -\frac{a^3b}{12}\sin^2\alpha\cos\alpha - \frac{a^2b^2\sin^2\alpha}{4} - \frac{a^3b\sin^2\alpha\cos\alpha}{4}$

$\therefore I_{xy} = \frac{-a^2b^2\sin^2\alpha}{4} - \frac{a^3b\sin^2\alpha\cos\alpha}{3}$, AS BEFORE

8.117

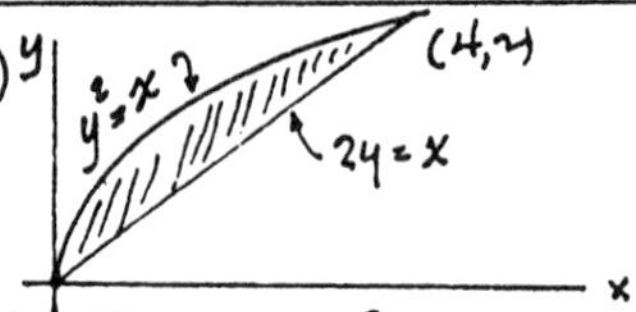

$A = \int_0^2\int_{y^2}^{2y} dx\,dy = \int_0^2 (2y - y^2)dy = (y^2 - \frac{1}{3}y^3)\Big|_0^2 = \frac{4}{3} \text{ IN}^2$

$A\bar{x} = \int_0^4\int_{x/2}^{\sqrt{x}} x\,dy\,dx = \int_0^4 (x^{3/2} - \frac{1}{2}x^2)dx = (\frac{2}{5}x^{5/2} - \frac{1}{6}x^3)\Big|_0^4 = \frac{32}{15}\text{IN}^3$

$A\bar{y} = \int_0^2\int_{y^2}^{2y} y\,dx\,dy = \int_0^2 (-y^3 + 2y^2)dy = [\frac{2}{3}y^3 - \frac{1}{4}y^4]\Big|_0^2 = \frac{4}{3}\text{IN}^3$

$\therefore \bar{x} = \frac{8}{5} \text{ IN}$; $\bar{y} = 1 \text{ IN}$

TRANSFER $I_x = 8/5$, $I_y = 32/7$ & $I_{xy} = -8/3$ TO C:

$I_{x_c} = \frac{8}{5} - \frac{4}{3}(1)^2 = \frac{4}{15} = .267 \text{ IN}^4$

$I_{y_c} = \frac{32}{7} - \frac{4}{3}(\frac{64}{25}) = 1.16 \text{ IN}^4$

$I_{x_c y_c} = I_{xy} + A\bar{x}\bar{y} = -\frac{8}{3} + \frac{1}{3}(\frac{8}{5})(1) = -\frac{8}{15} = -.533 \text{ IN}^4$

8.118 $I_{xy} = [0 - (15l^2)\frac{3l}{2}\cdot\frac{5l}{2}] + 3l^2\cdot\frac{l}{2}\cdot\frac{5l}{2} + 3l^2\cdot\frac{5l}{2}\cdot\frac{5l}{2} = l^4[-\frac{225}{4} + \frac{15}{4} + \frac{75}{4}]$

$I_{xy} = -\frac{135}{4}l^4$

8.119 FROM PROB. 8.117

$I_{x_c} = .2667 \text{ IN}^4$

$I_{y_c} = 1.1581 \text{ IN}^4$

$I_{x_c y_c} = -.5333 \text{ IN}^4$

$$I_{MAX} = \frac{I_{x_c}+I_{y_c}}{2} + \sqrt{\left(\frac{I_{x_c}-I_{y_c}}{2}\right)^2 + I_{x_c y_c}^2}$$

$$= .7124 + \sqrt{.4831} = 1.41 \text{ IN}^4$$

$$I_{MIN} = .7124 - \sqrt{.4831} = .0174 \text{ IN}^4$$

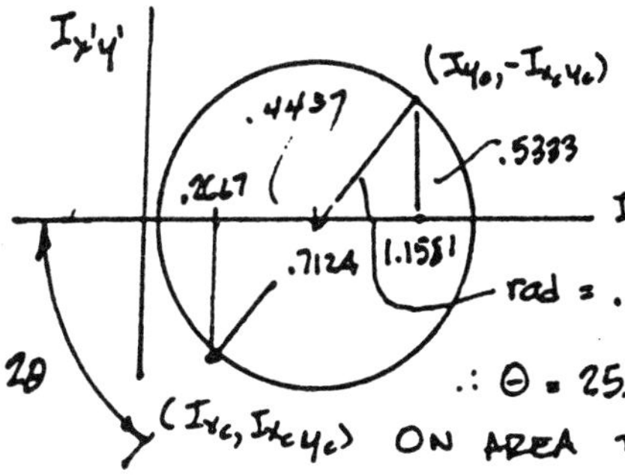

$2\theta = \tan^{-1}\left(\frac{.5333}{.4457}\right) = 50.11°$

$\therefore \theta = 25.06°$ FROM x

ON AREA TO AXIS OF I_{MIN}

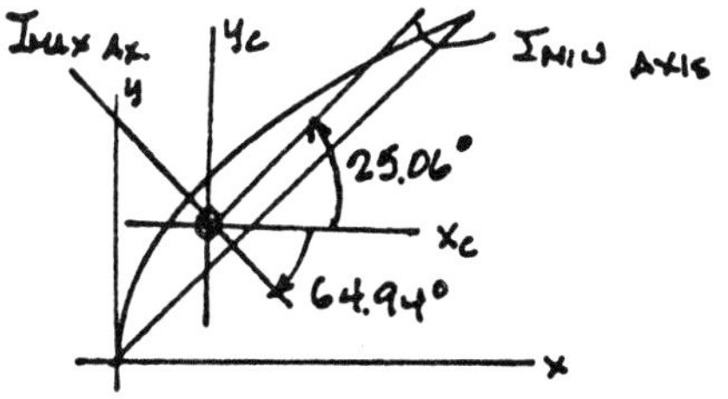

8.120

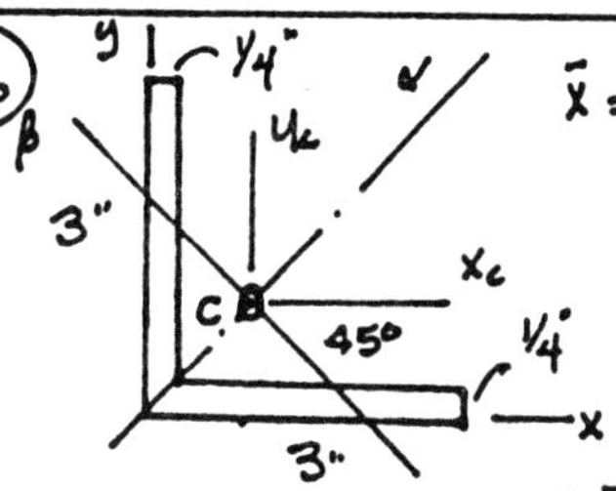

$$\bar{x} = \frac{3(1/4)(1.5) + (2.75)(1/4)(1/8)}{3(1/4) + 2.75(1/4)} = .842 \text{ IN}$$

$$\bar{y} = \frac{\frac{3}{4}(\frac{1}{8}) + 2.75(\frac{1}{4})(\frac{2.75}{2}+\frac{1}{4})}{9-(2.25)^2}$$

$\therefore \bar{y} = .842 \text{ IN}$ (CHKS)

$$I_x = I_y = \frac{3(\frac{1}{4})^3}{3} + \frac{\frac{1}{4}(2.75)^3}{12} + \frac{1}{4}(2.75)\left(\frac{2.75}{2}+\frac{1}{4}\right)^2$$

$$= 2.264 \text{ IN}^4$$

$$I_{x_c y_c} = [0 - \tfrac{3}{4}(1.5-.842)(.125-.842)] + [0 - 2.75(\tfrac{1}{4})(1.625-.842)(.125-.842)] = .740 \text{ IN}^4$$

$$I_{x_c} = I_{y_c} = 2.264 - 1.438(.842)^2$$

$$= 1.245 \text{ IN}^4$$

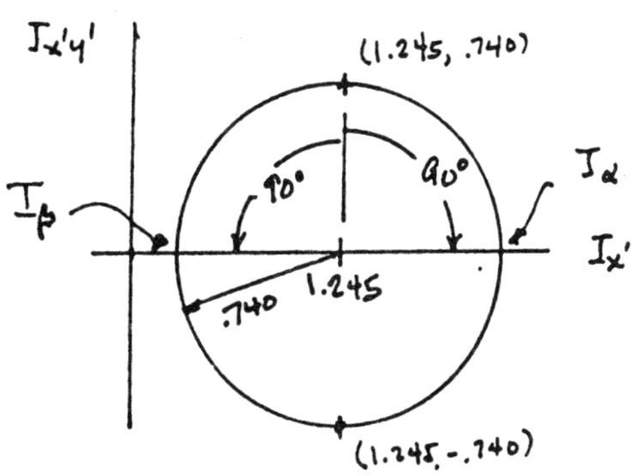

$I_\alpha = 1.245 + .740 = 1.985 \text{ IN}^4$

$I_\beta = 1.245 - .740 = .505 \text{ IN}^4$

IN EXAMPLE (8.23) $I_\alpha = \frac{b^3 t}{3} = 2.25 \text{ IN}^4$ AND $I_\beta = \frac{b^3 t}{12} = .563 \text{ IN}^4$; LARGER THAN THE "EXACT" VAL. BY NEGLECTING HIGHER ORDER TERMS IN t, $\bar{x}$ & $\bar{y}$ WERE SMALLER THEREBY CAUSING I_{x_c} & I_{y_c} TO BE A LITTLE LARGER. THIS "PUSHED" MOHR'S ⊙ TO THE RIGHT & RAISED ALL $I_{x'}$ VALUES.

8.121

a)

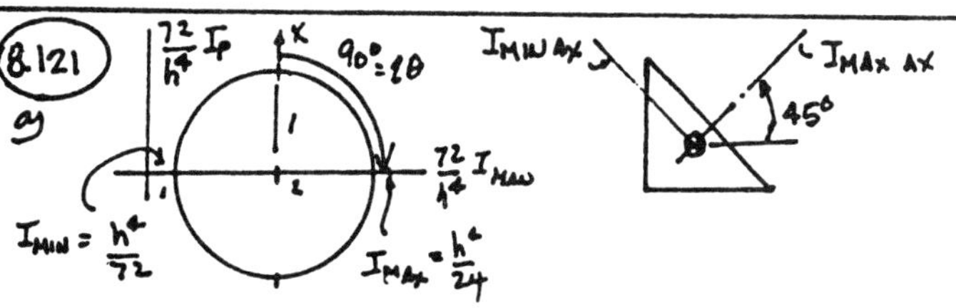

b)

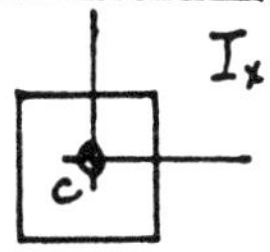

$I_x = I_y = \frac{h^4}{12}$; $I_{xy} = 0$ SO MOHR'S ⊙ IS A POINT!

$I = h^4/12$ ALL AXES THROUGH C.

c)

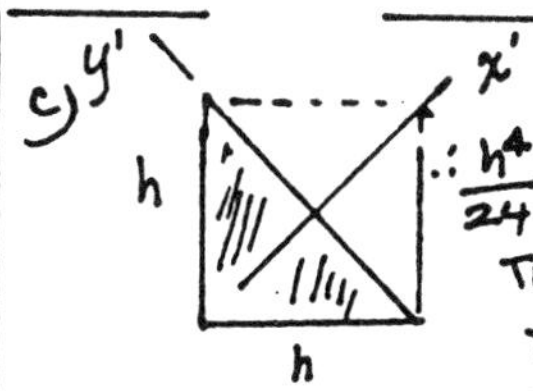

FOR SHADED RT. △ EACH OF THESE HAS 1/2 OF (b) $\therefore \frac{h^4}{24}$ EACH AND $I_{x'y'} = 0$ (THE TRIANGLE CONTRIBUTES 1/2 THE MOMENT OF INERTIA OF THE SQUARE IN ALL DIRECT.)

d) $I_{x'} = h^4/24$ AS FOUND IN a) !

$$I_{y'} = \frac{h^4}{24} - \left(\frac{1}{2}h^2\right)\left[\left(\frac{h}{2}-\frac{h}{3}\right)\right]^2 = h^4\left[\frac{1}{24} - \frac{2}{72}\right] = \frac{h^4}{72}$$

THEY ARE THE SAME LINES AS PRINCIPAL AXES WERE ON SAME AREA IN (a) PART.

8.122 FROM FIG. IN TEXT

$$2\theta = \tan^{-1}\left[\frac{I_{xy}}{\left(\frac{I_x - I_y}{2}\right)}\right] \Rightarrow 2\theta = \tan^{-1}\left(\frac{2I_{xy}}{I_x - I_y}\right)$$

SO ON ACTUAL AREA: $\theta = \frac{1}{2}\tan^{-1}\left(\frac{2I_{xy}}{I_x - I_y}\right)$

TEST IT AS REQ'D IN PROB.

$$\theta = \frac{1}{2}\left[\tan^{-1}\left(\frac{2\,h^4/72}{\frac{h^4}{36} - h^4/36}\right)\right] = \frac{90^\circ}{2} = 45^\circ$$

WHICH, INDEED, COINCIDES WITH THE AXIS OF I_{MAX}

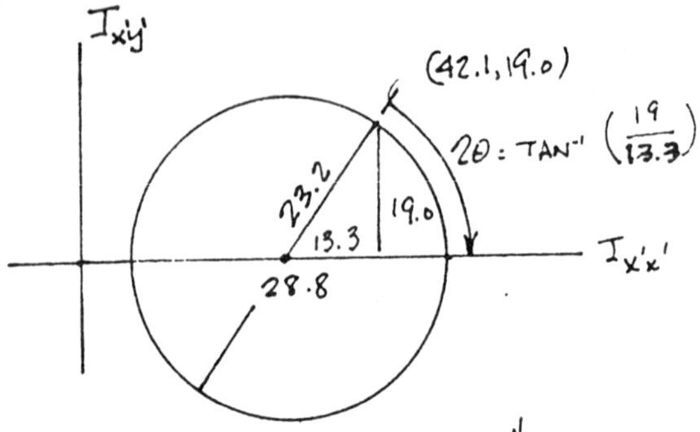

$2\theta = \tan^{-1}\left(\frac{19}{13.3}\right) = 55.0^\circ$

$I_{MAX} = 28.8 + 23.2 = 52.0\ IN^4$

$I_{MIN} = 28.8 - 23.2 = 5.6\ IN^4$

$I_{\ell_1} = I_{MAX} = 52.0\ IN^4$, $I_{\ell_2} = I_{MIN} = 5.6\ IN^4$

$I_{\ell_1\ell_2} = 0$ SEE FIG. ABOVE.

8.123

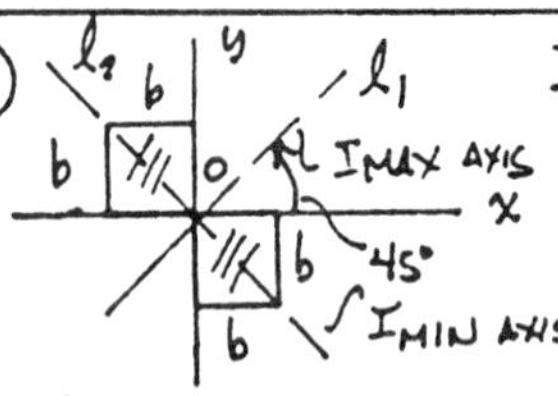

$I_x = I_y = \frac{2}{3}b^4$

$I_{xy} = \frac{1}{2}b^4$

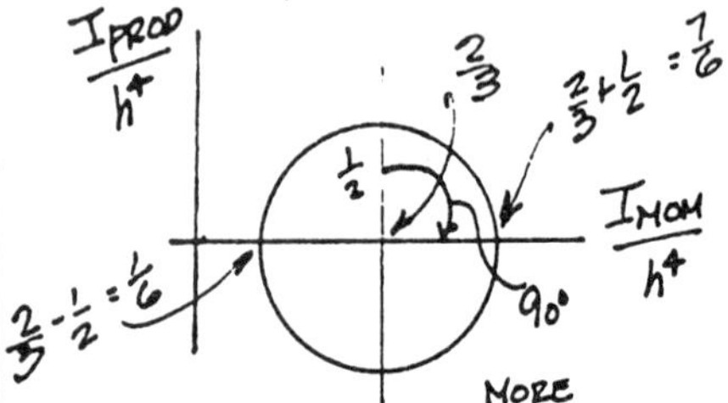

$\therefore I_{MAX} = \frac{7}{6}b^4$

$I_{MIN} = \frac{1}{6}b^4$

I_{ℓ_1} IS I_{MAX} BECAUSE AREA IS DISTRIBUTED MORE AWAY FROM AXIS THAN FOR ANY OTHER LINE THROUGH O. I_{ℓ_2} IS I_{MIN}: AREA "HUGS" ℓ_2-AXIS.

8.124

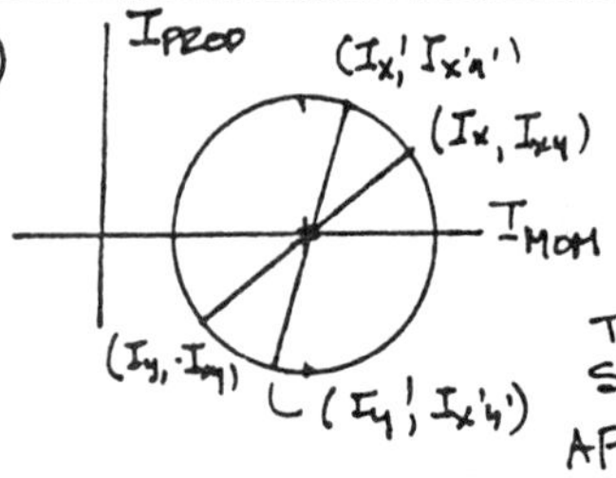

CENTER OF MOHR'S ⊙ IS ALWAYS AVERAGE OF MOM. OF INERT. ABOUT TWO AXIS, THROUGH THE SAME POINT, 90° APART.

x', y' ARE 90° APART, x-y ARE 90° APART ETC

$\therefore I_x + I_y = I_{x'} + I_{y'} = I_{x''} + I_{y''} = I_{x'''} + I_{y'''}$ etc.

8.125

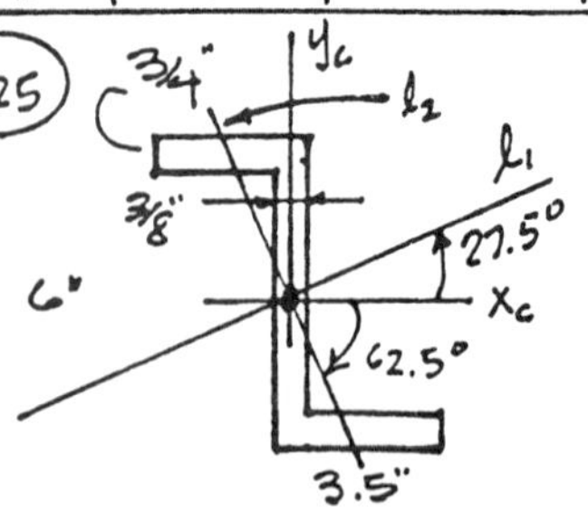

FROM 8.74:
$I_{x_c} = 42.1\ IN^4$

FROM 8.75:
$I_{y_c} = 15.4\ IN^4$

FROM 8.101:
$I_{x_cy_c} = 19.0\ IN^4$

ℓ_1, ℓ_2 ARE PRINCIPAL AXES

8.126

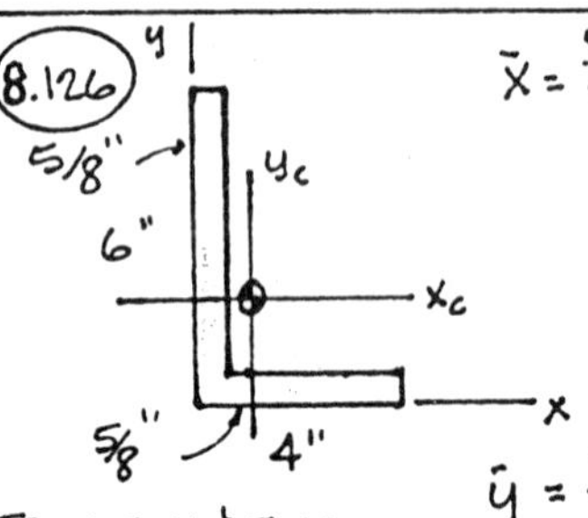

$$\bar{x} = \frac{\frac{5}{8}\left[6\frac{5}{16} + (3\tfrac{3}{8})\left(\frac{27}{16} + \frac{5}{8}\right)\right]}{5/8\left[6 + 3\tfrac{3}{8}\right]} = \frac{6.050}{5.859} = 1.03\ IN$$

$$\bar{y} = \frac{\frac{5}{8}\left[4\left(\frac{5}{16}\right) + (5\tfrac{3}{8})\left(\frac{43}{16} + \frac{5}{8}\right)\right]}{5.859} = 2.03\ IN = \bar{y}$$

FROM 7.71 & 7.72:
$I_{x_c} = 21.1\ IN^4$, $I_{y_c} = 7.58\ IN^4$

$I_{x_cy_c} = \left[0 - 4(5/8)(2 - 1.03)\left(\frac{5}{16} - 2.03\right)\right] + \left[0 - (5\tfrac{3}{8})(5/8)(5/16 - 1.03)(3.313 - 2.03)\right] = 7.26\ IN^4$

CENTER: $\frac{1}{2}(21.1 + 7.58) = 14.4\ IN$

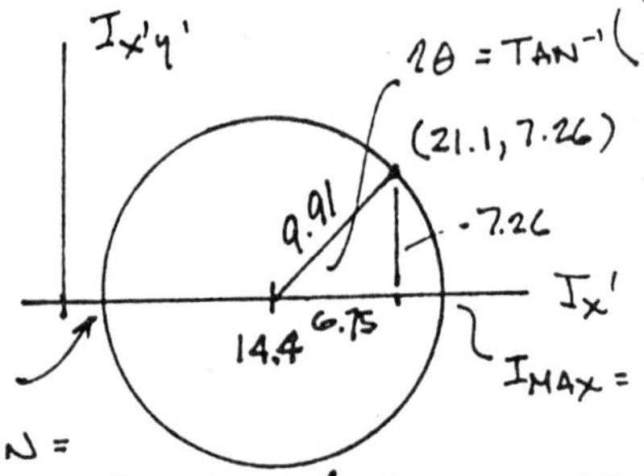

$2\theta = \tan^{-1}\left(\frac{7.26}{6.75}\right) = 47.1^\circ$

$I_{MAX} = 14.4 + 9.91 = 24.3$

$I_{MIN} = 14.4 - 9.9 = 4.5\ IN^4$ COMPARED WITH: $4.37\ IN^4$

TO TWO FIG $I_{MIN} = 4.42\ IN^4 \sim 4.37\ IN^4$

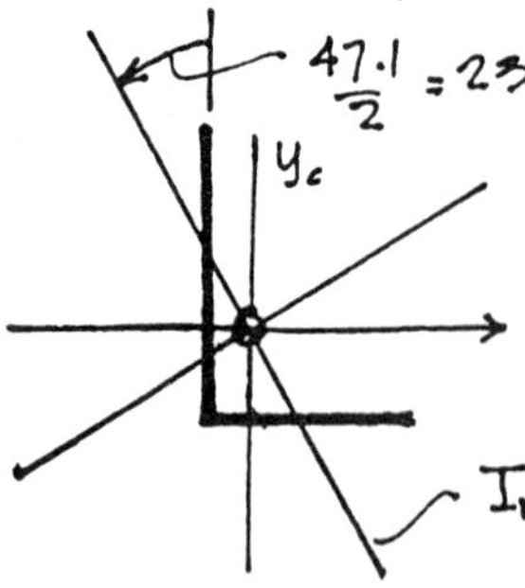

8.127 Sol'n to check problem:

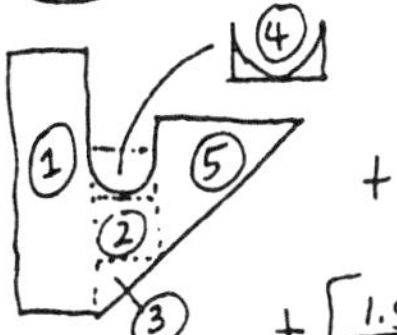

$$I_{yy} = \frac{3}{3} + \left[\frac{.5}{12} + .5(1.5)^2\right] + \left[\frac{1}{36} + \frac{1}{2}(1.333)^2\right] +$$

$$+ \left\{\left[\frac{.5}{12} - \frac{\pi(\frac{1}{2})^4}{2(4)}\right] + \left(.5 - \frac{\pi(\frac{1}{2})^2}{2}\right)(1.5)^2\right\} +$$

$$+ \left[\frac{1.5^4}{36} + \frac{2.25}{2}(2+.5)^2\right] = 1 + 1.1667 + 0.9167 +$$

$$+ (\underbrace{.0171 + .2414}_{.2555}) + 7.1719 = \underline{10.51 \text{ ft}^4}$$

$$I_{y_c} = \left(\frac{3}{12} + 3(.6257)^2\right) + \left[\frac{.5}{12} + .5(.3743)^2\right] + \left[\frac{1}{36} + \frac{1}{2}(.2076)^2\right] +$$

$$+ \left\{\left(\frac{.5}{12} - \frac{\pi}{128}\right) + \left(.5 - \frac{\pi}{8}\right)(.3743)^2\right\} + \left\{\frac{1.5^4}{36} + \frac{2.25}{2}(1.3743)^2\right\}$$

$$= 1.4245 + .1117 + .0493 + .0322 + 2.2654 = \underline{3.8831 \text{ ft}^4}$$

$$I_{y_c} + A\bar{x}^2 = 3.8831 + 5.2323(1.1257)^2 = \underline{10.51 \text{ ft}^4} \checkmark$$

$$I_{xx} = \frac{1(3)^3}{3} + \left[\frac{1(.5)^3}{12} + .5(1.25)^2\right] + \left[\frac{1}{36} + \frac{1}{2}\left(\frac{2}{3}\right)^2\right]$$

$$+ \left\{\frac{.5^3}{12} + .5(1.75)^2 - \left[.0069 + \frac{\pi}{8}\left(2 - \frac{2}{3\pi}\right)^2\right]\right\} + \left(\frac{1.5^4}{36} + \frac{2.25}{2}(2)^2\right)$$

$$= 9 + .7917 + .2500 + (1.5417 - 1.2620) + 4.6406$$

$$= \underline{14.962 \text{ ft}^4}$$

$$I_{x_c} = \left[\frac{3^3}{12} + 3(.0063)^2\right] + \left(\frac{.5^3}{12} + .5(.2563)^2\right) + \left[\frac{1}{36} + \frac{1}{2}(.8396)^2\right]$$

$$+ \left\{\frac{.5^3}{12} + .5(.2437)^2 - \left[.0069 + \frac{\pi}{8}(.2815)^2\right]\right\} +$$

$$+ \left[\frac{1.5^4}{36} + (1.125)(.4937)^2\right] = 2.2501 + .0433 + .3802 +$$

$$+ (.0401 - .0380) + .4148 = \underline{3.0905 \text{ ft}^4}$$

$$I_{x_c} + A\bar{y}^2 = 3.0905 + 5.2323(1.5063)^2 = \underline{14.962 \text{ ft}^4} \checkmark$$

Note: the .0069 entry above is from:

$$\frac{\pi(\frac{1}{2})^4}{2(4)} - \frac{\pi(\frac{1}{2})^2}{2}\left[\frac{4(\frac{1}{2})}{3\pi}\right]^2 = \frac{\pi}{128} - \frac{1}{18\pi} = 0.0069.$$

8.128 Answers for the test problem: $h = 2R = b$:

(a) $$\frac{b^4}{3} + \left[\frac{\pi b^4}{64} + \frac{\pi b^2}{4}\cdot\left(\frac{3b}{2}\right)^2\right] + \left[\frac{b^4}{48} + \frac{b^2}{2}\cdot\left(\frac{5}{2}b\right)^2\right] = 5.2954\,b^4 = \underline{52954 \text{ in.}^4}$$

(b) $$\frac{b^4}{3} + \left[\frac{b^4}{48} + \frac{b^2}{2}\cdot\left(\frac{3}{2}b\right)^2\right] + \left[\frac{\pi b^4}{64} + \frac{\pi b^2}{4}\left(\frac{5}{2}b\right)^2\right] = 6.4370\,b^4 = \underline{64370 \text{ in.}^4}$$

(c) $$\left[\frac{b^4}{48} + \frac{b^2}{2}\cdot\frac{b^2}{4}\right] + \left[\frac{b^4}{12} + b^2\left(\frac{3}{2}b\right)^2\right] + \left[\frac{\pi b^4}{64} + \frac{\pi b^2}{4}\left(\frac{5}{2}b\right)^2\right] = 7.4370\,b^4 = \underline{74370 \text{ in.}^4}$$

(d) $$b^4\left(\frac{1}{48} + \frac{1}{8}\right) + \left(\frac{\pi b^4}{64} + \frac{\pi b^2}{4}\left(\frac{3}{2}b\right)^2\right] + \left[\frac{b^4}{12} + b^2\left(\frac{5}{2}b\right)^2\right] = 8.2954\,b^4 = \underline{82954 \text{ in.}^4}$$

(e) $$b^4\left(\frac{\pi}{64} + \frac{\pi}{4}\left(\frac{1}{2}\right)^2\right) + b^4\left(\frac{1}{12} + 1\left(\frac{3}{2}\right)^2\right) + \left[\frac{b^4}{48} + \frac{b^2}{2}\left(\frac{5b}{2}\right)^2\right] = 5.7246\,b^4 = \underline{57246 \text{ in.}^4}$$

(f) $$b^4\left[\frac{\pi}{64} + \frac{\pi}{4}\left(\frac{1}{2}\right)^2\right] + b^4\left[\frac{1}{48} + \frac{1}{2}\left(\frac{3}{2}\right)^2\right] + \left[\frac{b^4}{12} + b^2\left(\frac{5b}{2}\right)^2\right] = 7.7246\,b^4 = \underline{77246 \text{ in.}^4}$$

CHAPTER 9

9.1

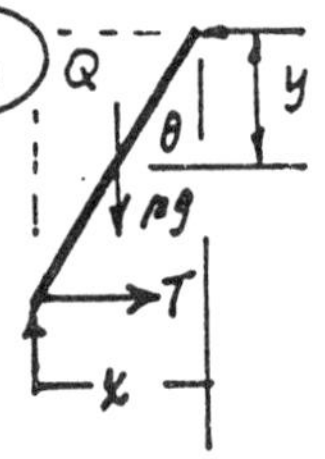

$\delta W = mg\,\delta y - T\delta x$

$= 0 = mg\,\delta\left[\frac{l}{2}\cos\theta\right] - T\delta[l\sin\theta]$

$0: \left(mg\frac{l}{2}(-\sin\theta) - Tl\cos\theta\right)\delta\theta$

$\therefore \frac{mg}{2}\tan\theta = T$

$\Sigma M_Q = 0 = Tl\cos\theta - mg\,l/2\,\sin\theta \therefore T = \frac{mg}{2}\tan\theta$

As $\theta \to 0,\ T \to 0$; $\theta \to 90°,\ T \to \infty$ } SEE SOLN. TO 4.72 FOR F.B.D.

9.2

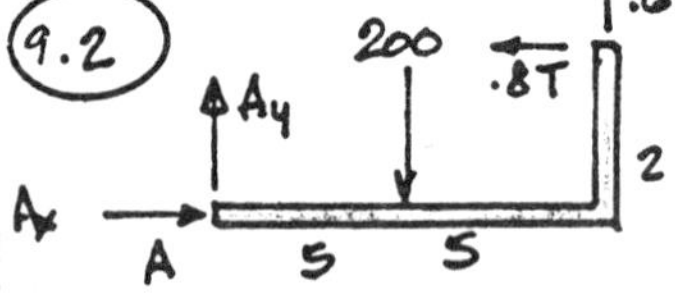

IN A VIRTUAL ROTAT. WRT A OF $\delta\theta$:

$\delta W = 200(5\delta\theta) -$

$.8T(2\delta\theta) - .6T(10\delta\theta) = 0 \Rightarrow T = 132$ LB (T)

Now a δy:

$(A_y - 200 + .6T)\delta y = \delta W = 0 \Rightarrow$

$A_y = 200 - .6(132) = 121$ LB

Now a δx: $(A_x - .8T)\delta x = \delta W = 0 \Rightarrow A_x = 106$ LB

9.3

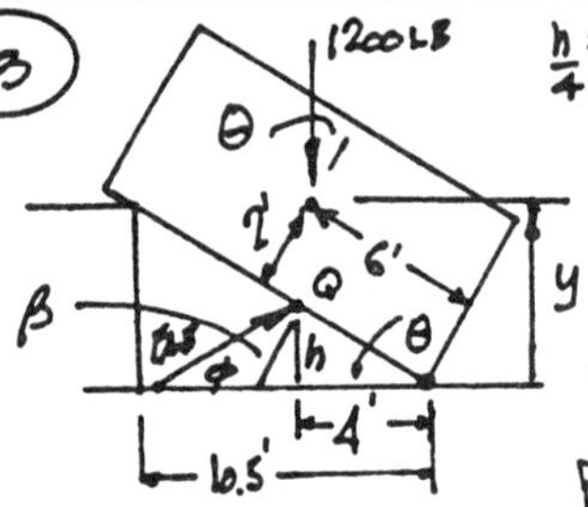

$\frac{h}{4} = \frac{2}{10.5}$; $y = 6\sin\theta + 2\cos\theta$

$\delta y = (6\cos\theta - 2\sin\theta)\delta\theta$

$\theta = \tan^{-1}\left(\frac{2}{10.5}\right) = 10.8°$

$\phi = \tan^{-1}\left(\frac{.762}{6}\right) = 7.24°$

$\beta = (90 - 7.24) - 10.8 = 72.0°$

$\delta W = 0 = [-1200(6\cos\theta - 2\sin\theta) + F_{AB}\cos\beta(4.07)]\delta\theta$

$\Rightarrow F_{AB} = 5250$ LB (C)

9.4

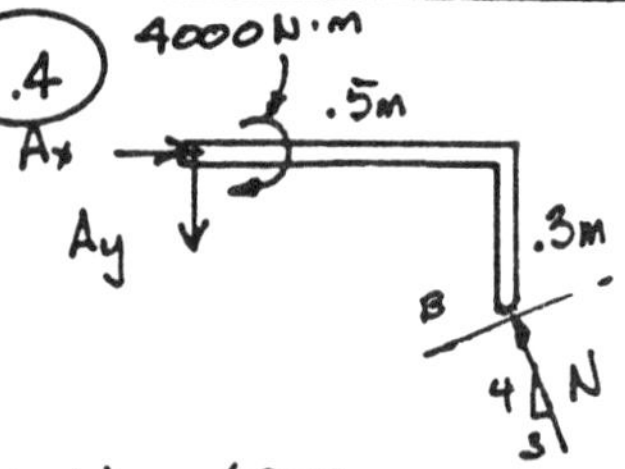

GIVE BAR A $\delta\theta$ WITH "A" FIXED.

$\delta W = .5\delta\theta(N\cdot\frac{4}{5}) - .3\delta\theta(N\cdot\frac{3}{5}) - 4000\,\delta\theta = 0$

$\Rightarrow N = \frac{4000}{.22} = 18200\,N$; FOR δx

$(A_x - \frac{3}{5}N)\delta x = \delta W = 0 \Rightarrow A_x = 10900\,N$; δy:

$(A_y - \frac{4}{5}N)\delta y = \delta W = 0 \rightarrow A_y = 14600\,N$

$\underline{A} = 10900\,\hat{i} - 14600\,\hat{j}$ N

9.5

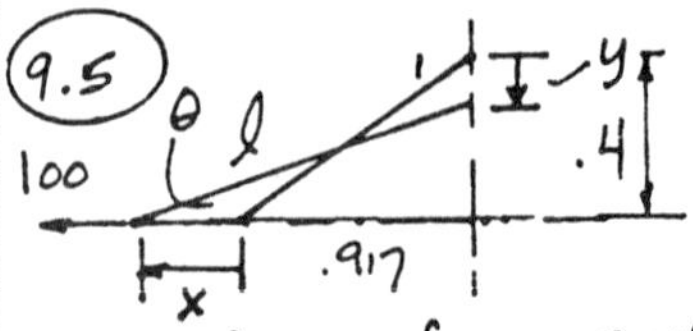

$l\sin\theta = .4 - y$

$l\cos\theta = .917 + x$

$\cos\theta\,\delta\theta = -\delta y$; $-\sin\theta\,\delta\theta = \delta x$

$\delta W = 2(100\delta x) - F_C 2\delta y = 0$

$100(-\sin\theta) - F_C(-\cos\theta) = 0$

$F_C = 100\tan\theta = 100\left(\frac{.4}{.917}\right) = 43.6\,N$

9.6

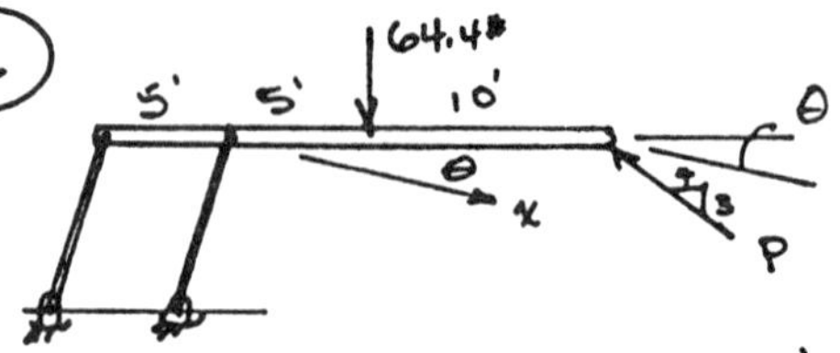

δx:

$\delta x\left(64.4\sin\theta - P\cos\left(\cos^{-1}4/5 - \theta\right)\right) = \delta W = 0$

$\Rightarrow P = \frac{322\tan\theta}{4 + 3\tan\theta}$

9.7

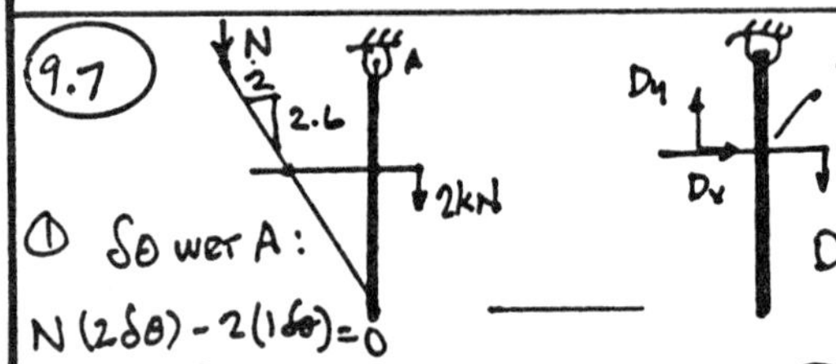

(2) $\delta\theta$ WRT B:

$D_y 1\delta\theta + 2(1\delta\theta) = 0$

$D_y = -2$

(1) $\delta\theta$ WRT A:

$N(2\delta\theta) - 2(1\delta\theta) = 0$

$N = 1$ kN

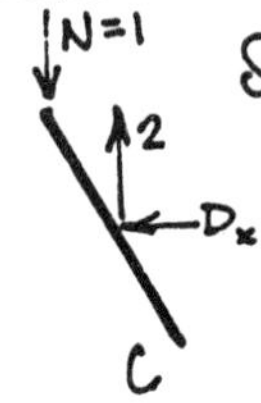

$\delta\theta$ WRT C: $\delta W = D_x\,1.3\delta\theta - 2(1\delta\theta) + 1(2\delta\theta) = 0$

$\therefore D_x = 0$

BACK TO FBD (2):

$\delta x: \Rightarrow D_x\delta x + B_x\delta x = 0 \quad \therefore B_x = 0$ too

$\delta y: \Rightarrow -2\delta y + B_y\delta y - 2\delta y = 0 \quad B_y = 4$ kN

9.8

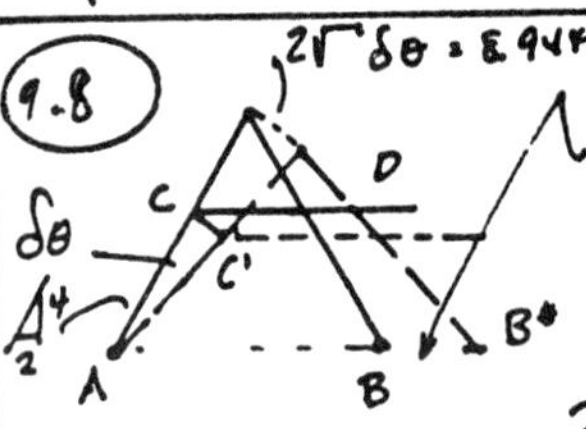

$2r\,\delta\theta = 8.94\,\delta\theta$

$CC' = \sqrt{4^2 + 2^2}\,\delta\theta = 4.472\,\delta\theta$

$2\left(2\sqrt{20}\,\delta\theta\,\frac{4}{r}\right)$ $r = \sqrt{4^2+2^2}$

$\delta W = \left(r\,\delta\theta\,\frac{2}{r}\right)(200) - B_x\left(2[2r\,\delta\theta]\frac{4}{r}\right) = 0 \Rightarrow B_x = 25$ LB

δx: WHOLE BOD. $\delta W = A_x\delta x - B_x\delta x = 0 \Rightarrow A_x = 25$ LB

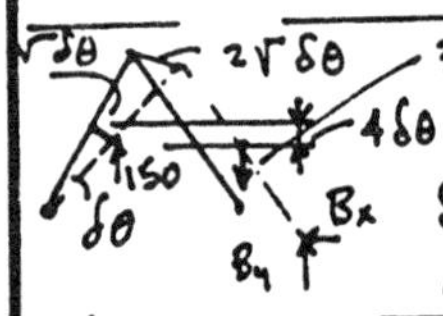

$\delta W = (350 - B_y)4\delta\theta - \left(\frac{2}{r}r\,\delta\theta\right)150 - B_x\left(2r\,\delta\theta\,\frac{4}{r}\right) = 0 \Rightarrow B_y = 225$ LB

δy: WHOLE FRAME: $\delta y(-A_y + 225 - 200) = 0$

$A_y = 25$ LB

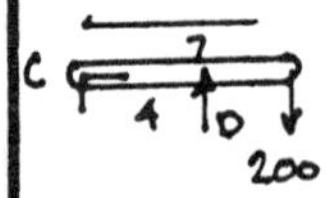

GIVE $\delta\theta$ WITH C FIXED:

$\delta W = 0 = 4\delta\theta\,D - 7\delta\theta\,200 \Rightarrow D = 350$

$\therefore$ ON EB AT D FORCE = 350 LB ↓

9.9

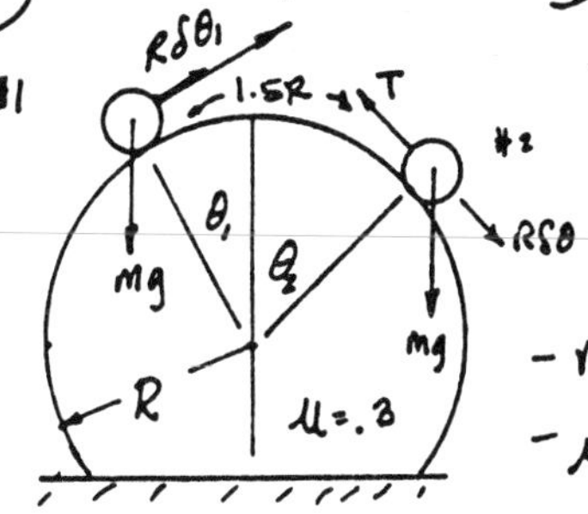

DURING A $\delta\theta$; WE HAVE:

$\delta W = 0$

$= mg R\delta\theta \sin\theta_2$

$- mg R\delta\theta \sin\theta_1$

$- \mu mg \cos\theta_2 R\delta\theta$

$- \mu mg \cos\theta_1 R\delta\theta = 0$

OR $mg[\sin\theta_2 - \sin\theta_1 - .3\cos\theta_2 - .3\cos\theta_1] = 0$

ALSO: $R\theta_1 + R\theta_2 = 1.5R \Rightarrow \theta_1 + \theta_2 = 1.5$ ∴

CAN SOLVE FOR θ_1 & θ_2; $\theta_1 = 26.27°$; $\theta_2 = 59.67°$

NOW:

$TR\delta\theta - \mu mg\cos\theta_1 R\delta\theta - mg\sin\theta_1 R\delta\theta = 0$

$T = mg[.3\cos 26.27° + \sin 26.27°] = .7116\,mg$

A V.DISPL. (δr) OF JUST #1:

$N_1\delta r - mg\cos\theta_1\delta r = 0 \Rightarrow N_1 = mg\cos 26.27° = .8967\,mg$

LIKEWISE #2:

$N_2\delta r = mg\cos\theta_2\delta r$; $N_2 = mg\cos 59.67° = .5050\,mg$

9.10

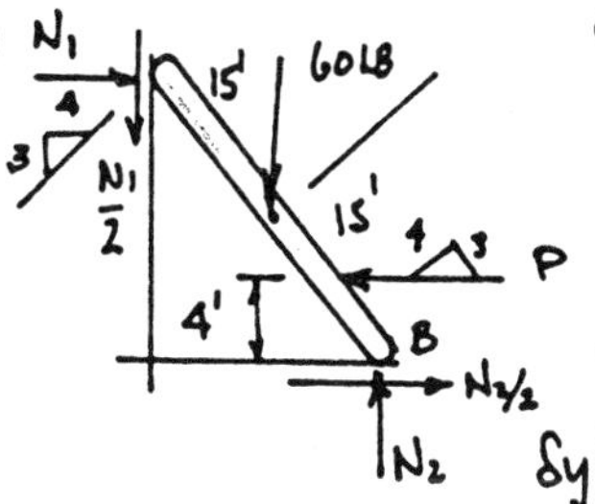

GIVE LADDER A δx:

$\delta W = \delta x(N_1 + \frac{N_2}{2} - P) = 0$

$N_1 + \frac{N_2}{2} - P = 0$ (1)

& a δy:

$\delta y(N_2 - \frac{N_1}{2} - 60) = 0$. (2)

(1) ⇒ $2N_1 + N_2 - 2P = 0$ (4)

(4) − (2) ⇒ $\frac{5}{2}N_1 - 2P = -60$ (5)

$N_1 - .8P = -24$ (6)

HOLD B AND ROTATE $\delta\theta$ ↻:

$[-N_1(.8) + \frac{N_1}{2}(.6)]30\delta\theta + 60(.6)15\delta\theta + P4\delta\theta = 0$

$4P - 15N_1 + 540 = 0$ . . (3)

USE (6) IN (3)

$4P - 15[.8P - 24] = -540$

$4P - 12P + 360 = -540$

$900 = 8P$

∴ $P = 112.5 \approx 113$ LB

9.11 LET LINKAGE BY "Y" HIGH AND "X" WIDE AT BASE.

$\delta W = 0 = -P\delta x - F\delta y = 0$

$x = 2l\cos\alpha \Rightarrow \delta x = -2l\sin\alpha\,\delta\alpha$

$y = 3l\sin\alpha \Rightarrow \delta y = 3l\cos\alpha\,\delta\alpha$

∴ $-P(-2l\sin\alpha\,\delta\alpha) - F(3l\cos\alpha\,\delta\alpha) = 0$

∴ $P = \frac{3\cos\alpha}{2\sin\alpha}F = \left(\frac{3}{2}\cot\alpha\right)F$

9.12 LET UPPER BAR UNDERGO $\delta\theta$ ↻; THEN LOWER BAR UNDERGOES $\delta\phi$ ↺

$\delta W = (11.5\delta\theta)P - 500(2\delta\phi) = 0$

$\frac{1.5\delta\theta}{8} = \delta\phi$ ∴ $\delta\theta(11.5P - 500 \times 2 \times \frac{1.5}{8}) = 0$

$P = 16.3$ LB

9.13

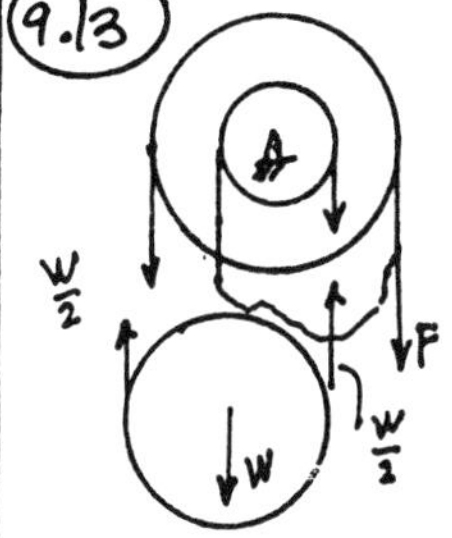

$\delta W = 0$

$(FR + \frac{W}{2}r)\delta\theta - \frac{W}{2}R\delta\theta = 0$

$F = \frac{W}{2}(R - r)/R$

$= \frac{W}{2}\left(1 - \frac{r}{R}\right)$ FOR $r = 2"$, $R = 4"$

$F = \frac{W}{4}$

9.14

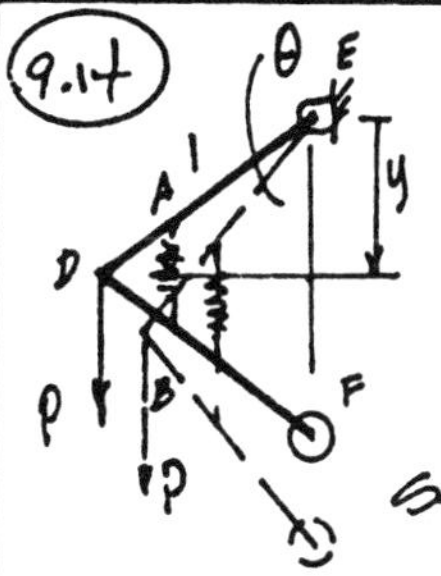

$y = 1\cos\theta$; $\delta y = -\sin\theta\,\delta\theta$

$\delta W_p = -P\sin\theta\,\delta\theta$

$y_A = .7\cos\theta$

$y_B = 1\cos\theta + .3\cos\theta = 1.3\cos\theta$

STRETCH $= S = .3 - .15 = .15$

$\delta W_{sp} = -kS\delta S$; $S = .6\cos\theta - .15$; $\delta S = -.6\sin\theta\,\delta\theta$

∴ $\delta W = [-k(.15)(-.6)\sin 60° - P\sin\theta]\delta\theta = 0$

$\frac{200(.09)\sqrt{3}/2}{\sqrt{3}/2} = P = 18\downarrow N$

9.15 ADD $2(9.81)[-.5\sin\theta - 1.5\sin\theta]$

$= -2(2)(9.81)\sin\theta\,\delta\theta$ ⇒

$\frac{\sqrt{3}}{2}.16 - \frac{P\sqrt{3}}{2} - 34 = 0$

OR $P = 21.3\uparrow N$

9.16

$$-k\,\underbrace{[.6\cos\theta-.15]}_{s}\,\underbrace{[-.6\sin\theta\,\delta\theta]}_{\delta s}-P(1)\sin\theta\,\delta\theta=0$$

$$120\sin\theta\,(.6\cos\theta-.15)=20\sin\theta$$

($\theta=0$ IS ONE SOLUTION)

$$72\cos\theta-18=20$$

$$\cos\theta=38/72\Rightarrow\theta=58.1^\circ$$ } NON-TRIVIAL SOL

9.17 LET θ BE THE ANGLE BETWEEN THE HORIZONTAL AND MEMBERS SUCH AS ABC. $x=a\cos\theta$; $\delta x=-a\sin\theta\,\delta\theta$

$y=(a+2b+2c)\sin\theta\Rightarrow\delta y=(a+2b+2c)\cos\theta\,\delta\theta$

$\delta W=W\delta y+2P\delta x=0\Rightarrow$

$$P=\frac{W(a+2b+2c)\cos\theta}{2a\sin\theta}$$

9.18

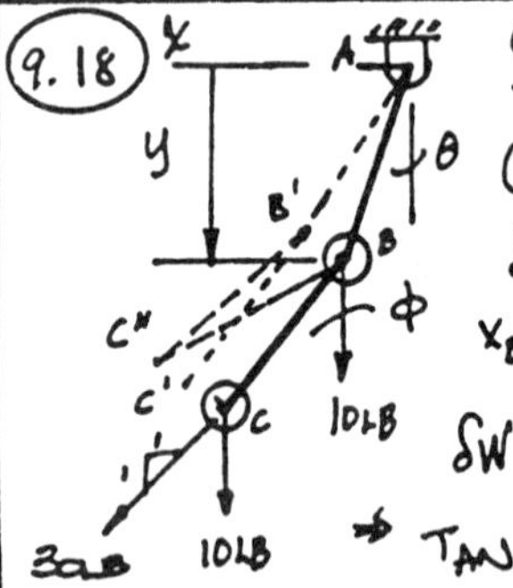

GIVE AB A $\delta\theta$ & LET BC TRANSLATE TO B'C' (B'C' ∥ BC). $y=2\cos\theta$

$\delta y=-2\sin\theta\,\delta\theta$

$x_B=2\sin\theta\Rightarrow\delta x=2\cos\theta\,\delta\theta$

$\delta W=0=(-2\sin\theta\,\delta\theta)\left(10+10+\frac{30}{\sqrt2}\right)$

$\Rightarrow\tan\theta=\frac{21.2}{41.2}$ OR $\theta=27.2^\circ$

NOW GIVE BC A $\delta\phi$; DO NOTHING TO AB (BC → BC''); $\delta W=31.2(-2\sin\phi\,\delta\phi)$
$+2(.2)(2\cos\phi\,\delta\phi)=0$

$31.2\sin\phi=21.2\cos\phi$

$\tan\phi=\frac{21.2}{31.2}\Rightarrow\phi=34.2^\circ$

9.19 a) $y=5(2a\sin\beta)\Rightarrow\delta y=10a\cos\beta\,\delta\beta$

$$\underline{F}_{CA}=F_{CA}\frac{3a\sin\beta\,\hat{j}+a\cos\beta\,\hat{i}}{a\sqrt{9\sin^2\beta+\cos^2\beta}}$$

$$\underline{r}_{CA}=a\cos\beta\,\hat{i}+3a\sin\beta\,\hat{j}$$

$$\delta\underline{r}_{CA}=(-a\sin\beta\,\hat{i}+3a\cos\beta\,\hat{j})\,\delta\beta$$

$$\delta W=0=-W\,10a\cos\beta\,\delta\beta+\underline{F}_{CA}\cdot\delta\underline{r}_{CA}$$

$$\therefore F_{CA}=\frac{10W\cos\beta\sqrt{9\sin^2\beta+\cos^2\beta}}{8\sin\beta\cos\beta}$$

OR

$$\underline{F}_{CA}=\frac{5W\sqrt{9\sin^2\beta+\cos^2\beta}}{4\sin\beta}$$

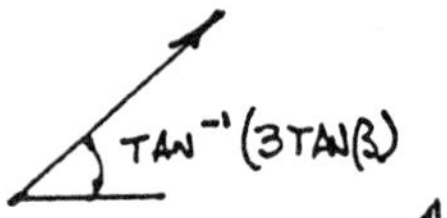

continued

b) $$\underline{F}_{CB}=\left(\frac{5\sin\beta\,\hat{j}+a\cos\beta\,\hat{i}}{\sqrt{25\sin^2\beta+\cos^2\beta}}\right)F_{CB}$$

$$\underline{r}_{CB}=a\cos\beta\,\hat{i}+5a\sin\beta\,\hat{j}$$

$$\delta\underline{r}_{CB}=(-a\sin\beta\,\hat{i}+5a\cos\beta\,\hat{j})\,\delta\beta$$

δy IS SAME AS IN a) SO $\delta W=0\Rightarrow$

$$\underline{F}_{CB}=\frac{5W\sqrt{25\sin^2\beta+\cos^2\beta}}{12\sin\beta}$$

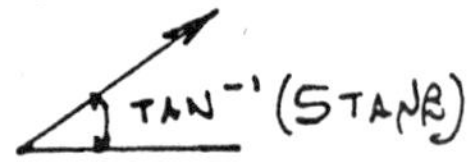

c)

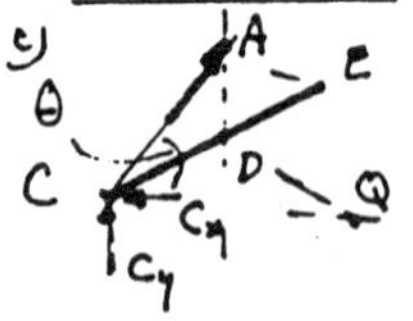

$\Sigma F_x=0\Rightarrow C_x=F_{CA}\cos\theta$

$$C_x=\frac{5W\sqrt{\ }}{4\sin\beta}\left(\frac{\cos\beta}{\sqrt{\ }}\right)=\frac54\cot\beta\,W$$

$\Sigma M_Q=0=Wa\cos\beta-2a\cos\beta\,C_y$

SO $W=2C_y+\frac{15}{4}W(2)$

$$C_y=\frac{(W-\frac{15}{2}W)}{2}=\frac{-13}{2\cdot2}W=-\frac{13}{4}W$$

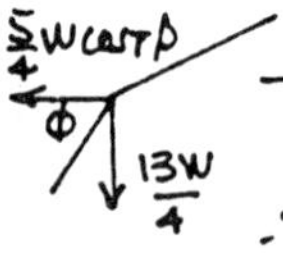

$$\tan\phi=\frac{13W\cdot4}{4\cdot5W\cot\beta}=\frac{13}{5}\tan\beta$$

∴ NOT ALONG CD

9.20

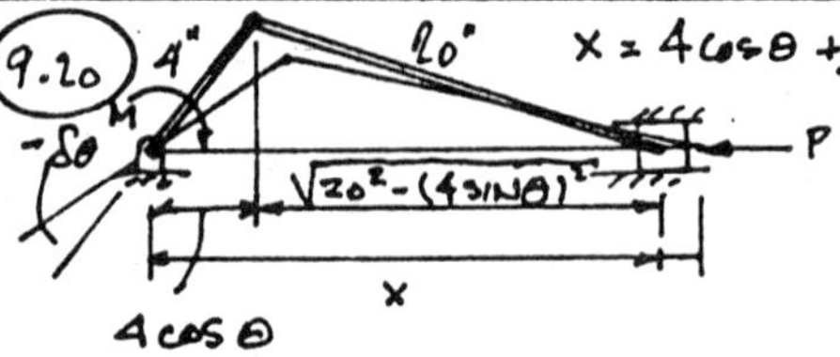

$x=4\cos\theta+4\sqrt{25-\sin^2\theta}$

$\delta W=0=M(-\delta\theta)-P\delta x$

$$=M\delta\theta-P\left[-4\sin\theta+\frac{4(-2\sin\theta\cos\theta)}{2\sqrt{25-\sin^2\theta}}\right]\delta\theta=0$$

OR

$$M=P\left[4\sin\theta+\frac{4\sin\theta\cos\theta}{\sqrt{25-\sin^2\theta}}\right]$$

9.21 $AC=z=2\ell\sin\theta$ LET $x=11\ell\cos\theta$

AT C C_x DOES NO WORK ∴

$\delta z=2\ell\cos\theta\,\delta\theta$; $\delta x=-11\ell\sin\theta\,\delta\theta$

$\delta W=0=C_y\,2\,\delta\theta\cos\theta-11\sin\theta\,\delta\theta\,(300)=0$

CANCEL ℓ.

$C_y=5.5(300)\tan\theta=1650\sqrt3$

∴ $C_y=2860$ LB

(9.22) $\delta W = 0 = C\,\delta\theta - 11(300)\sin\theta\,\delta\theta$

$C = 3300\sqrt{3}/2 = 2860$ LB-FT

(9.23) LET $x = 3l\cos\theta$; $\delta x = -3l\sin\theta\,\delta\theta$ $l = 1$

a) $\delta W = 0 = M\,\delta\theta - (300)\,3\,\delta\theta\sin\theta$

$M = 900\,(\sqrt{3}/2) = 450\sqrt{3}$ LB-FT $= 779$ LB·FT

b)

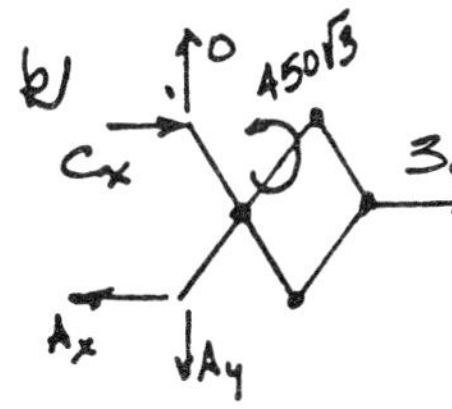

$\Sigma M_A = 0 = -C_x\,\frac{2\sqrt{3}}{2} + 450\sqrt{3} - 300\,(1\,\sqrt{3}/2)$

$C_x = 450 - 150 = 300$

$\therefore A_x = 600 \leftarrow$ LB

$A_y = 0$

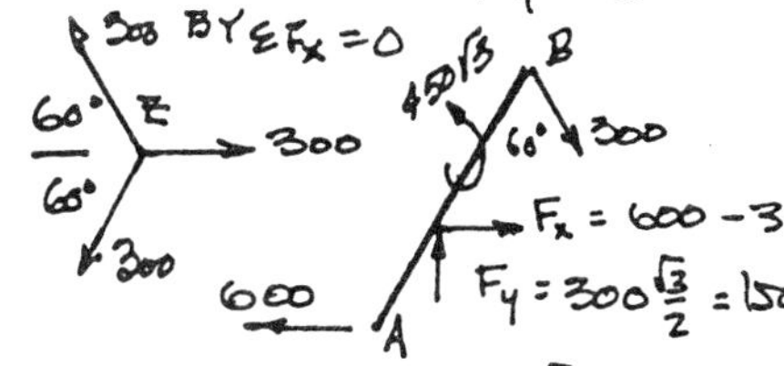

$\Sigma M_B = 450\sqrt{3} + 450\,\sqrt{3}/2 - 150\sqrt{3}/2 - 600\sqrt{3} = 0$

$\Sigma M_F = 0$ ✓ $= 675\sqrt{3} - 675\sqrt{3} = 0$ ✓

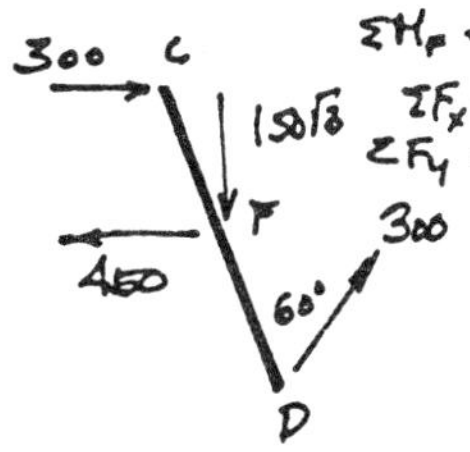

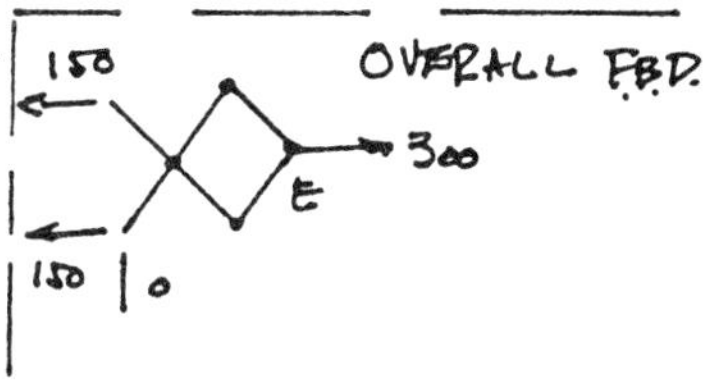

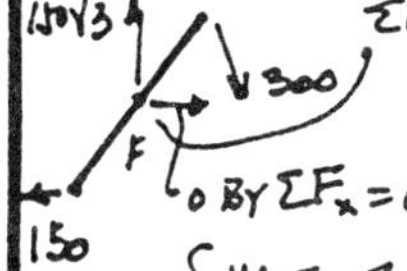

$\Sigma M \neq 0$ ∴ NO EQUILIB. POSSIBLE

USING V.WORK: GIVE δx AT E

$\delta W = 300\,\delta x \neq 0$ ∴ NO EQ. POSSIBLE

(9.24)

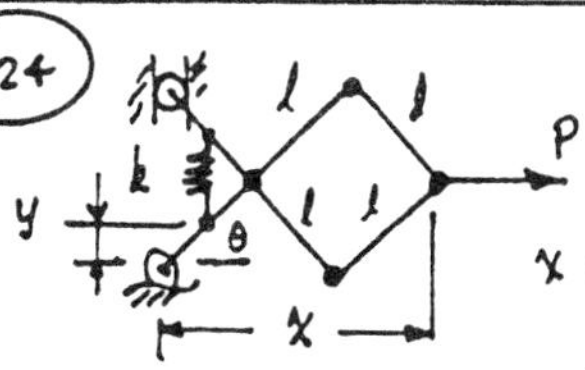

$y = l/2\sin\theta \Rightarrow$

$\delta y = \frac{l}{2}\cos\theta\,\delta\theta$

$x = 3l\cos\theta \Rightarrow \delta x = -3l\,\delta\theta\sin\theta$

IF l_u (UNSTRETCHED) $= l$ & l NOW $= 2y = l\,\delta\theta$,

THEN $\delta = (l(\sin\theta - 1))$ AND THEN

$\delta W = -F_S\delta y + F_S\,3\,\delta y - P(3l\sin\theta\,\delta\theta) = 0$

$kl(-\sin\theta + 1)\,2\,(l/2\cos\theta\,\delta\theta) = P3l\sin\theta\,\delta\theta$

LET $k = f\frac{P}{l}$: $fP(-\sin\theta + 1) = 3P\tan\theta$

$f(-\sin\theta + 1) = 3\tan\theta$, NOW FOR $\theta = 60°$

$f = \frac{3\sqrt{3}}{1 - .866} = 38.8$; $k = 38.8\,P/l$

$k = \frac{38.8\,(300)}{1} = 11640$ LB/FT

(9.25)

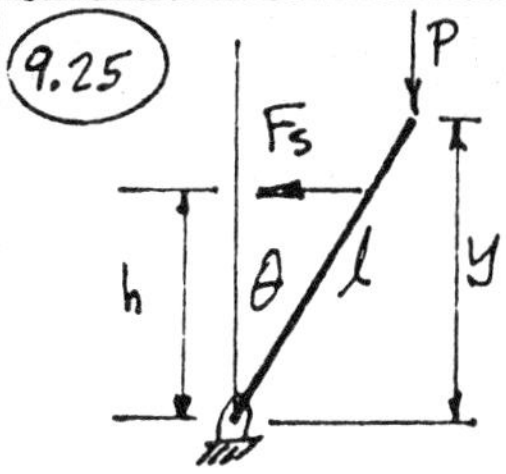

$F_s = k\delta = kh\tan\theta$

$\delta W = -F_s(h\sec^2\theta\,\delta\theta) - P\delta y = 0$

$F_s h\sec^2\theta\,\delta\theta = Pl\sin\theta\,\delta\theta$

$kh\tan\theta\, h\sec^2\theta = Pl\sin\theta$

$\sin\theta = 0$ & $\left(\frac{kh^2}{Pl}\right)^{1/3} = \cos\theta$

THUS $\theta = 0$ & $\theta = \cos^{-1}\left\{\left[\frac{kh^2}{Pl}\right]^{1/3}\right\}$

(9.26)

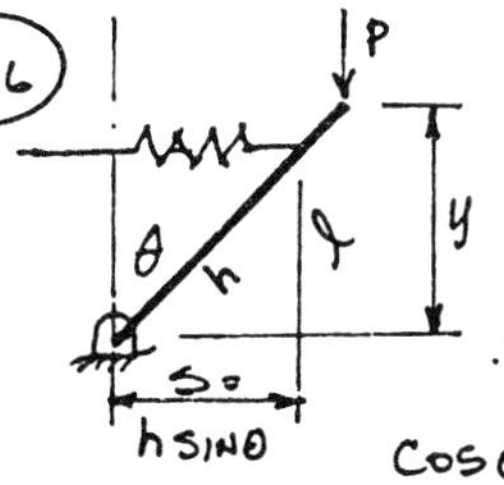

$F_s = ks = kh\sin\theta$

$\delta W = -kh\sin\theta(h\cos\theta\,\delta\theta) + Pl\sin\theta\,\delta\theta = 0$

∴ $\theta = 0$ & $kh^2\cos\theta = Pl$

$\cos\theta = Pl/kh^2$; $y = l\cos\theta$; $\delta y = -l\sin\theta\,\delta\theta$

So $\theta = \cos^{-1}\left(\frac{Pl}{kh^2}\right)$

(9.27) SEE PROB. 4.205. $P = 70(\pi 6^2) = 7920$ LB

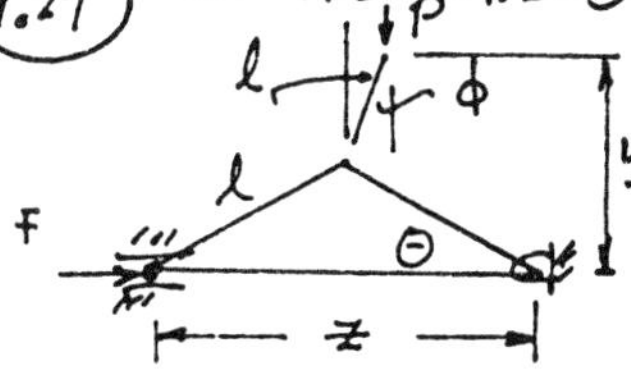

$y = l\sin\theta + l\cos\phi \Rightarrow$

$\delta y = l\cos\theta\,\delta\theta - l\sin\phi\,\delta\phi$

$z = 2l\cos\theta$

$\delta z = -2l\sin\theta\,\delta\theta$

So $\delta W = 0 = -P\delta y - F\delta z \Rightarrow$

$Pl[\cos\theta\,\delta\theta - \sin\phi\,\delta\phi] = 2Fl\sin\theta\,\delta\theta$

BUT $l\cos\theta - l\sin\phi =$ CONST. ∴ $-\sin\theta\,\delta\theta = \cos\phi\,\delta\phi$

So $P = \frac{2F\sin\theta}{\left[\frac{\cos\theta\cos\phi + \sin\phi\sin\theta}{\cos\phi}\right]} = \frac{2F\sin\theta\cos\phi}{\cos(\theta - \phi)} \Rightarrow$

$F = 7920\cos(\theta - \phi)/2\cos\phi\sin\theta$; $\theta = \phi = 30°$

$F = 9140$ LB

(9.28) SEE EXAMPLE 9.5

$\Sigma F_{VERT} = 0 = -6P + 12F$ OR $6P = 12F_V$

$P = 2F_V$; VERT. PART OF F IS $\frac{F}{2}\cos\theta$, SO

$P = 2\left(\frac{F}{2}\cos\theta\right)$; $F = P/\cos\theta$. NOW ON Q ARE TWO F'S & TWO SPRING FORCES. NEED ONLY CHECK (BY SYMMETRY) ΣF_x:

$2\frac{F}{2}\sin\theta \stackrel{?}{=} 2F_{SPRING_x} = 2R\left[-1 + \frac{\sin\theta}{2}\right]k\,\frac{1}{2}$

$P\tan\theta \stackrel{?}{=} kR(-1 + \sin\theta/2) \Rightarrow$

$4\frac{P}{kR}\tan\theta = -4 + 2\sin\theta$ ∴ CHECKS BOTH CASES

9.29

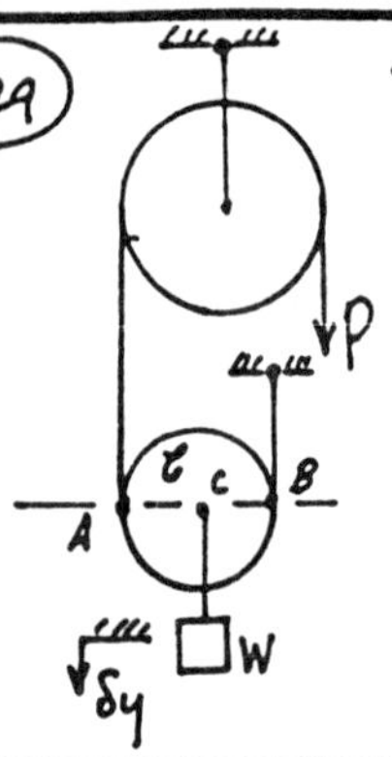

POINT B DOES NOT MOVE DURING A δy OF THE WT. PT. A MOVES $2\delta y$ ∴

$$\delta W = W\delta y - P2\delta y = 0$$

$$P = W/2$$

9.30

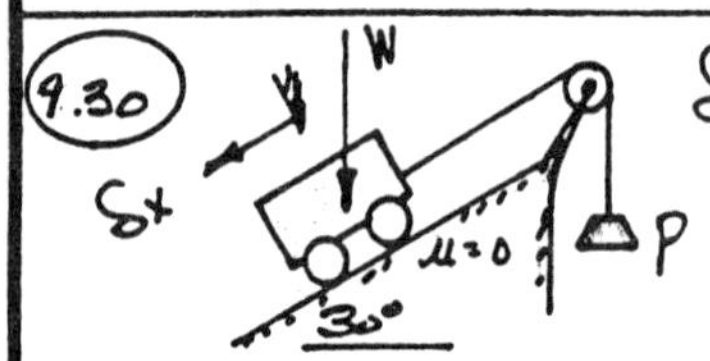

$$\delta W = 0$$
$$= W(\sin 30°)\delta x - P\delta x$$
$$P = W\sin 30° = \frac{W}{2}$$

9.31 $\delta W = 0 = P\ell\,\delta\theta - W\ell\,\delta\theta$

SO $P = W$ (INDEPENDENT OF DIMEN. OF a & b)

9.32

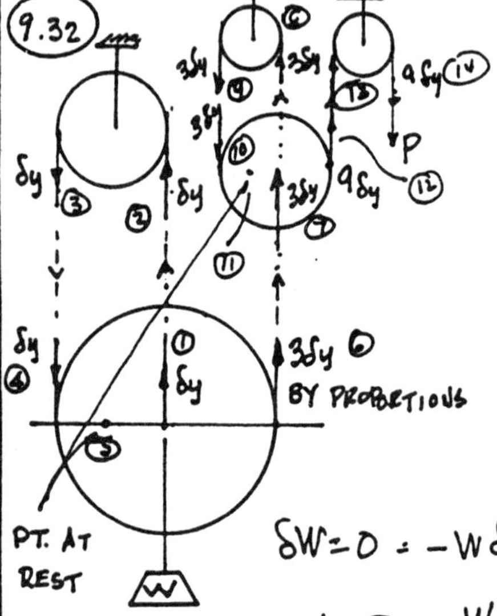

STEPS ARE NUMBERED:

$$\delta W = 0 = -W\delta y + P\,9\,\delta y$$

$$\therefore P = W/9$$

9.33

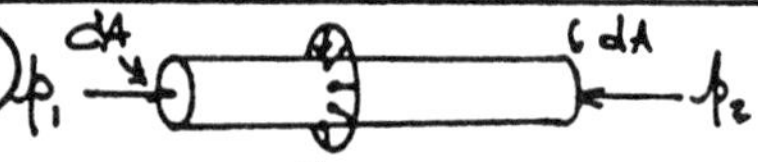

CYL. OF FLUID AT DEPTH z.

ONLY "x" FORCE IS: $p_1\,dA - p_2\,dA = \Sigma F_x = 0$

$$\therefore p_1 = p_2$$

b)

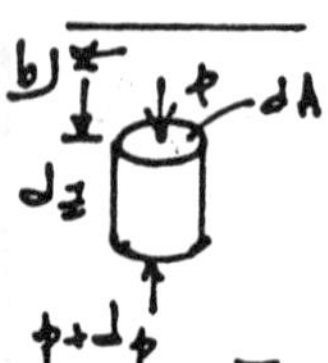

$$\Sigma F_z = 0 = p\,dA + \gamma\,dA\,dz - (p+dp)\,dA$$

$$\therefore dp = \gamma\,dz$$

IF $p = 0$ AT SURFACE $(z = 0)$, THEN $p = \gamma z + C_1^{\,0}$ OR $p = \gamma z$

9.34 BECAUSE THE OTHER COMPONENT ("NORMAL TO THE NORMAL") WOULD BE A SHEAR FORCE ON THE FLUID SURFACE, AND FLUIDS CANNOT SUSTAIN SHEAR FORCES.

9.35 SEE TEXT FOR FIGURE.

$$\Sigma F_x = 0 \Rightarrow p_x\,dy\,dz = p_s\left(\frac{dz}{\sin\theta}\right)dy\sin\theta$$

$p_x = p_s$ (WEIGHT IS A HIGHER ORDER OF SMALLNESS). $\Sigma F_z = 0 \Rightarrow p_z\,dx\,dy = p_s\left(\frac{dx}{\cos\theta}\right)dy\cos\theta$

$p_z = p_s$. A REORIENTATION OF THE SURFACE WOULD, IN THE SAME WAY, GET $p_y = p_s$

$$\therefore p_{\text{ANY DIRECT.}} = p_s$$

9.36

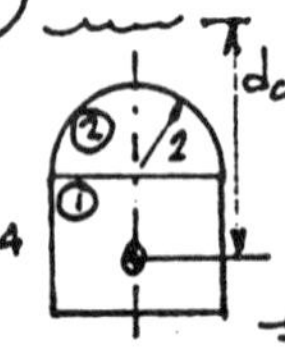

$$\bar{y} = \frac{16(2) + (\pi 2^2/2)\left(\frac{4\cdot 2}{3\pi} + 4\right)}{16 + 2\pi} = 2.80'$$

$$\therefore d_c = 15 + 6 - 2.80 = 18.2'$$

$$F_r = p_c A = \gamma d_c A = 62.4 \times 18.2 \times 22.3$$

$$F_r = 25300 \text{ LB}$$

$$x_p = \bar{x} + \frac{J_{y_c}}{\bar{x}A};\quad I_{y_c} = \frac{4^4}{12} + 16(4-2.8)^2 + .110(2^4) + \frac{\pi 2^2}{2}\left(4 + \frac{4(2)}{3\pi} - 2.80\right)^2 = 72.5 \text{ FT}^4$$

$$\therefore x_p = 18.2 + \frac{72.5}{18.2(22.3)} = 18.38 \text{ FT}$$

9.37

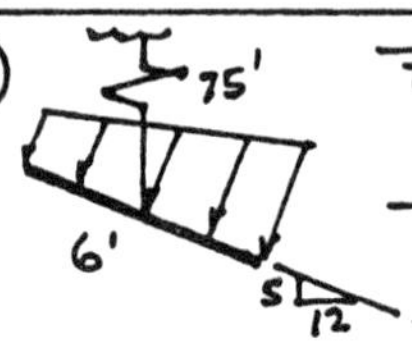

$$F_r = 62.4(75)(\pi 3^2)$$
$$= 132000 \text{ LB}$$

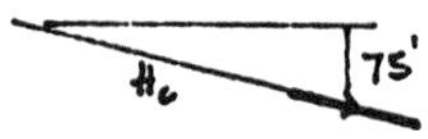

$$H_c = \frac{13}{5}(75) = 195'$$

$$x_p = \bar{x} + I_{y_c}/\bar{x}A = 195 + \frac{\pi 3^4/4}{195(\pi 3^2)} = 195.0115$$

DIST. TO CEN. OF P $= 5/13\,(195.0115) = 75.004'$

9.38

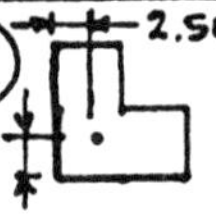

$$\bar{x} = \frac{[3(6)](24/\sqrt{3}+3) + 9(24/\sqrt{3}+4.5)}{27} = 17.36 \text{ FT}$$

$$F_r = 62.4\,(12 + (6-2.5)\cos 30°)(27)$$

$$\therefore F_r = 25300 \text{ LB};\quad I_{y_c} = \frac{6^4}{12} + 36(3-2.5)^2 - \left[\frac{3^4}{12} + 9(1.5+.5)^2\right] = 108 + 9 + (-6.75 - 36) = 74.25 \text{ FT}^4$$

$$x_p = 17.36 + (74.25)/(17.36)(27) = 17.52 \text{ FT}$$

$$y_p = \bar{y} - J_{xy_c}/\bar{x}A = 3.50 - \frac{27}{17.4(27)} = 3.44 \text{ FT}$$

WHERE $\bar{y} = 3.50$ FT AND

$$I_{xy_c} = [0 - 36(-.5)(-.5)] - (0 - 9(-2)(-2))$$
$$= -9 + 36 = 27 \text{ FT}^4$$

9.39

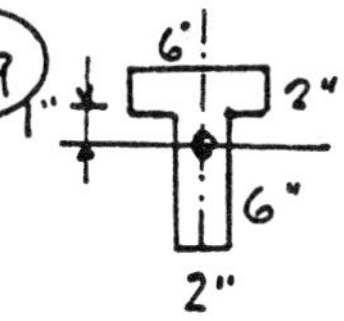

$I_{y_c} = \frac{2}{3}(5)^3 + \frac{2(1)^3}{3} + \frac{6(8)}{12} + 12(2)^2 = 136\ IN^4 = .00656\ FT^4$

$F_r = 62.4\left(2 + \frac{3}{12}\cos 60°\right)\frac{24}{144} = 22.1\ LB$

$X_p = \bar{X} + \frac{I_{yc}}{\bar{X}A} = \left(4 + \frac{3}{12}\right) + \frac{.00656}{4.25(24/144)} = 4.2593\ FT$

DEPTH = 4.2593 cos 60° = 2.1297 FT

9.40

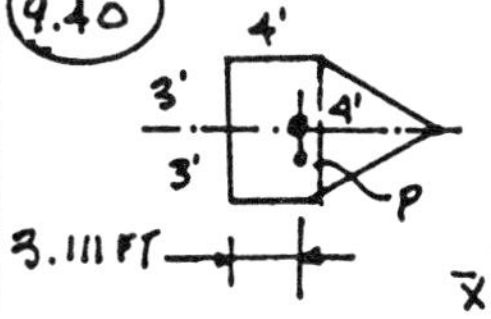

$\bar{y} = 0$ BY SYMMETRY

$\bar{X} = \frac{24(2) + [\frac{1}{2}16(4)](4 + 4/3)}{24 + 12} = 3.111'$

$\bar{x} = 5\sqrt{2} + 3 = 10.07\ FT$

$I_{y_c} = \frac{1}{12}(4)(6)^3 + 2\left[\frac{4(3)^3}{12}\right] = 90\ FT^4$

$I_{xy_c} = 0$ (AXIS OF SYMMETRY)

$F_r = p_c A = 62.4\left(5 + \frac{3}{\sqrt{2}}\right)(36) = 16000\ LB$

$x_p = \bar{x} + \frac{I_{y_c}}{\bar{x}A} = 10.07 + \frac{90}{10.07(36)} = 10.32\ FT$

$y_p = \bar{y} - \frac{I_{xy_c}}{\bar{x}A}$ ($\to 0$) & $\bar{y} = 4.889'$ ∴ $y_p = 4.89\ FT$

DIST D IN FIG = 10.32 − 10.07 = .25 FT

9.41

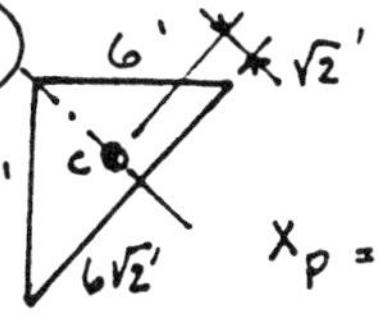

$I_{y_c} = \frac{6\sqrt{2} \cdot \frac{6}{\sqrt{2}} \cdot \frac{36}{2}}{36} = 18\ FT^4$

$X_p = \bar{X} + \frac{I_{y_c}}{\bar{x}A} = (4 + 2\sqrt{2}) + \frac{18}{6.83 \cdot 18} = 6.98\ FT$

9.42

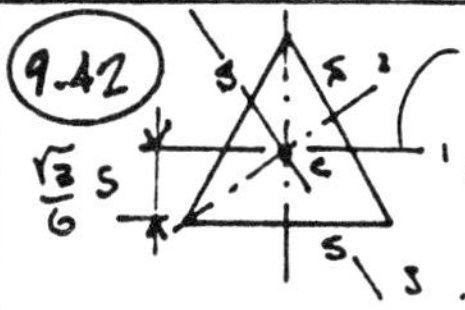

$I_1 = \frac{bh^3}{36} = \frac{S\left(\frac{S\sqrt{3}}{2}\right)^3}{36} = \frac{S^4}{96}\sqrt{3}$

ALSO $I_3 = \frac{S^4}{96}\sqrt{3}$ SO $I_1 = I_3$

∴ MOHR'S ⊙ IS A POINT AND ALL PROD. OF INERT. ARE ZERO AND I ABOUT ANY AXIS THROUGH C $= S^4\sqrt{3}/96$

$x_p = \left(x_A + \frac{2}{3} \cdot S\frac{\sqrt{3}}{2}\right) + \frac{\frac{\sqrt{3}S^4}{96}}{\left(x_A + \frac{2}{3} \cdot S\frac{\sqrt{3}}{2}\right)\left(\frac{1}{2} \cdot S\frac{\sqrt{3}}{2} \cdot S\right)} = 31.74\ FT$

WITH $x_A = 30$ FT & S = 8 FT, $y_p = \bar{y} = 0$

9.43

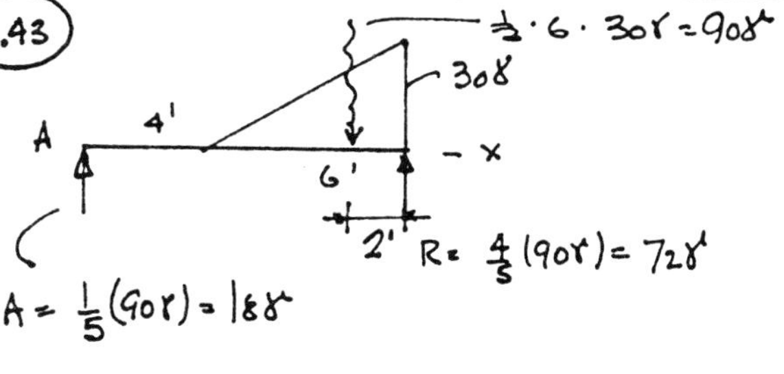

FROM x = 4 → 10 $dV/dx \Rightarrow \frac{5\gamma}{2}(x-4)^2 - 18\gamma = V$

$M' = -V = -\frac{5\gamma}{2}(x-4)^2 + 18\gamma$

$M = \frac{-2.5\gamma(x-4)^3}{3} + 18\gamma x$

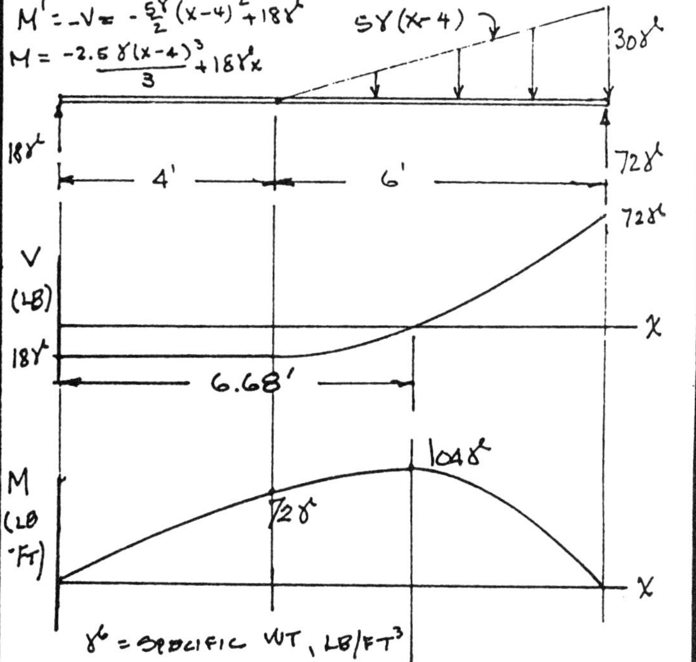

γ = SPECIFIC WT, LB/FT³

9.44 SEE FIG. IN TEXT. PRES. ON EITHER SIDE OF DOOR "CANCEL".

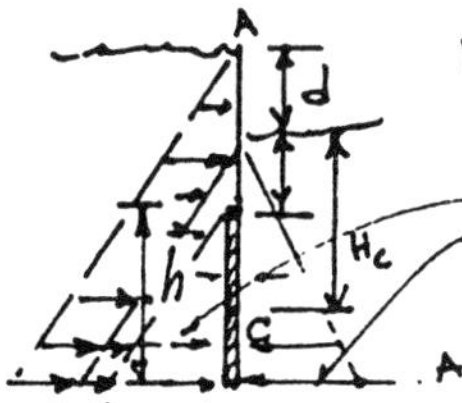

NET FORCE IS JUST γdWh

THESE "TRIANGLES CANCEL" SO $F_r = \gamma dWh$ & IT ACTS AT CENTROID SINCE RESULTANT PRESSURE IS CONSTANT.

CHECK USING EQNS: CENT. OF PRESS OF LOADING ON LEFT:

$x_p = \bar{x} + \frac{I_{y_c}}{\bar{x}A} = d + H_c + \frac{\left(\frac{Wh^3}{12}\right)}{(d + H_c)Wh} = d + H_c + \frac{h^2}{12(d + H_c)}$

ON RIGHT:

$x_p = \underbrace{d + H_c}_{\bar{x}} + \frac{\frac{Wh^3}{12}}{H_c wh} = d + H_c + \frac{h^2}{12 H_c}$

SO DUE TO JUST THESE 2 LOADINGS:

$M_{r_A} = F_r X_A = \gamma wh\left[(d + H_c)^2 + \frac{h^2}{12}\right] - \gamma wh H_c\left(d + H_c + \frac{h^2}{12 H_c}\right)$

$= \gamma wh\left[d^2 + 2dH_c + H_c^2 - dH_c - H_c^2\right]$

$= \gamma wh\, d(d + H_c) = \underbrace{\gamma dwh}_{F_r} X_A$

∴ $X_A = d + H_c$ & IT ACTS AT CENTROID OF DOOR

9.45 SEE PROB. 9.44

LEFT: $F_{r_x} = p_c A = \gamma (d + H_c) \frac{\pi h^2}{4} \rightarrow$

RIGHT: $F_{r_x} = p_c A = \gamma H_c \frac{\pi h^2}{4} \leftarrow$

DIF. $\gamma d \frac{\pi h^2}{4} \rightarrow$ (RESULTANT FORCE)

CENT. OF PRES.: $x_p = \bar{x} + \frac{I_{y_c}}{\bar{x} A}$

LEFT: $d + H_c + \frac{\pi h^4}{4(16)} \Big/ \left[(d+H_c)\frac{\pi h^2}{4}\right]$

RIGHT: $\left(H_c + \frac{h^2/16}{H_c}\right) + d$ IF MEASURED wrt A

DO TO LEFT & RIGHT

$M_{r_A} = \frac{\gamma \pi h^2}{4}\left[(d+H_c)^2 + \frac{h^2}{16}\right] - \frac{\gamma \pi h^2}{4}\left[H_c^2 + H_c d + \frac{h^2}{16}\right]$

$= \frac{\gamma d \pi h^2}{4}\left[d + H_c\right] = F_r x_p$

(AT z, "q" $= \gamma(d+z) - \gamma z = \gamma d$, SO "q" IS CONST.)

$\therefore \frac{\gamma d h^2 \pi}{4}$ @ CENTER OF CIRCLE

9.46 SEE PROB 9.44 & 9.45

AREA $= \frac{1}{2} \frac{2h}{\sqrt{3}}\left(\frac{2h}{\sqrt{3}}\frac{\sqrt{3}}{2}\right) = \frac{1}{\sqrt{3}} h^2$

AS IN PREV. TWO PROB, THE RESULTANT IS ACTING AT THE CENTROID C SINCE RESULTANT PRES. (FROM LEFT & RIGHT) IS CONSTANT:

$F_r = \gamma d \left(\frac{h^2}{\sqrt{3}}\right) \rightarrow \frac{2}{3} h$ DOWN FROM HINGE

9.47 AS ABOVE PRES. ON EACH SIDE OF GATE CANCELS & PRES. $= (7-3)\gamma = 4\gamma$

$\therefore F_r = 4\gamma A = 4\gamma (9.4) = 144\gamma$

$\Sigma M_{HINGE} = 144\gamma(4.5) - F_{STOP}(9)$

$\therefore$ FORCE AT STOP $= 72\gamma$

9.48 $x_p = \bar{x} + \frac{I_{y_c}}{\bar{x} A}$ & WE WANT x_p TO BE AT THE PIN, ELSE ΣM_{PIN} CANNOT BE ZERO!

SO: $x_p = h + 3\frac{1}{3} = \frac{3h+10}{3} = 3 + h + \frac{\pi 3^4/4}{(3+h)\pi(3)^2} \Rightarrow$

$h = 3.75'$ ABOVE TOP OF GATE

9.49 ANSWER IS $p_c(A)$

$F_{r_x} = \left[\frac{\left(\frac{6}{\sqrt{2}} + 4\right)\gamma}{\sqrt{2}}\right](18)$

$= \left(3 + \frac{4}{\sqrt{2}}\right)18\gamma = 105\gamma$

NORMAL TO PLATE THROUGH CENTER OF PRESSURE, P.

9.50 FORCE IS NORMAL TO AREA & THRU CENT. OF PRES. FOUND IN EX. (9.8)

$F_r = p_c A = \gamma\left(\frac{6}{\sqrt{2}}\right)(18) = 76.4\gamma$

9.51 USING THE HINTS:

$d\underline{F} = 200\gamma y\left[-dy\,\hat{i} + (y\,dy/125)\,\hat{j}\right]$

$\underline{F}_r = \int d\underline{F} = 12500\left(-\frac{y^2}{2}\right)\Big|_0^{50}\hat{i} + 12500\frac{y^3}{3(125)}\Big|_0^{50}\hat{j}$

$= -15.6\times10^6\,\hat{i} + 4.16\times10^6\,\hat{j}$ LB

9.52 FROM EX. (9.10), $(x,y) = (6, 33\frac{1}{3})$ FT IS A PT. ON THE LINE. SO:

$\frac{y - 100/3}{x - 6} = -\frac{1}{3.75}$ WHERE $\frac{F_{r_y}}{F_{r_x}} = \frac{6\frac{2}{3}\gamma 10^4}{-25\gamma 10^4} = -\frac{1}{3.75}$

SO: $y = \frac{-x}{3.75} + 34.98$; INTERSECT WITH

$y^2 = 250x \Rightarrow y^2 + 937.5y - 32750 = 0 \Rightarrow$

$y = 33.7205$ FT. SLOPE OF TANG $= dx/dy$

$\frac{dx}{dy} = \frac{2y}{250} = \frac{33.7205}{125} = \frac{1}{3.707}$ WHICH IS CLOSE BUT NOT EQUAL TO THE ANGLE OF $\underline{F}_r$

9.53

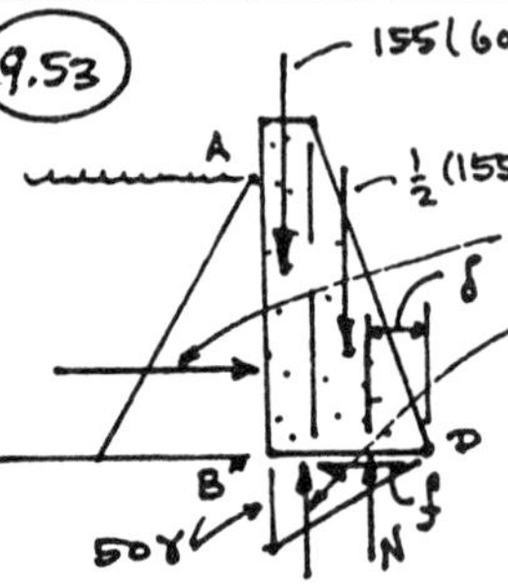

$155(60)(20)(10) = 18.6\times10^6$ $w = 200'$

$\frac{1}{2}(155)(60)(200)18 = 16.74\times10^6$ LB

$\frac{1}{2}(50)(62.4)(200)(50) = 15.6\times10^6$ LB

$\frac{1}{2}(28)(50)(62.4)(200) = 8.736\times10^6$ LB UPLIFT FORCE

$\Sigma F_x = 0 \Rightarrow f = 15.6\times10^6$ LB

$\Sigma F_y = 0 \Rightarrow N = (18.6 + 16.7 - 8.74)\times10^6 = 26.6\times10^6$ LB $\uparrow$

$\Sigma M_D = 0 \Rightarrow -N\delta - 8.74(28)\frac{2}{3} - 15.6(50/3)$

$+ 18.6(23) + 16.7(12) = 0 \Rightarrow \delta = 7.71$ FT TO THE LEFT OF D.

9.54 SEE PROB 9.53

$F.S. = \frac{18.6(23) + 16.7(12)}{8.74(28\times\frac{2}{3}) + 15.6(50/3)}$

$= 1.48$

9.55 SEE EX (9.11). EACH FORCE ON AB DUE TO THE FLUID PRES. ACTS THRU THE CENTER OF CURVATURE OF THE CIRCULAR ARC AB. SO, THE RESULTANT WILL PASS THROUGH THERE ALSO. FROM EX (9.11)

$\underline{F}_r = \gamma RL\left(H+\frac{R}{2}\right)\hat{i} + \gamma RL\left(H+\frac{\pi R}{4}\right)\hat{j}$ & FOR $H=2R$

$\underline{F}_r = 2.5\gamma R^2 L\hat{i} + 2.79\gamma R^2 L\hat{j}$

$|\underline{F}_r| = 3.75\gamma R^2 L$

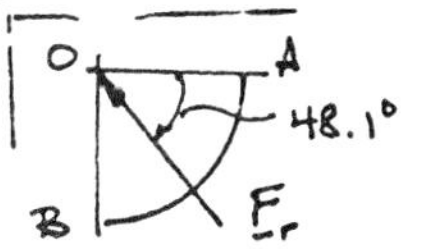

9.56 SEE PROB. 9.55 & EX (9.11)

$\Sigma M_A = 0$

$3.75\gamma R^2 L \sin 48.13° R - BR = 0 \Rightarrow$

$B = 2.79\gamma R^2 L \longrightarrow$

9.57 a) $\Sigma M_A = \gamma HRL\frac{R}{2} + \frac{\gamma R^2 L}{2}\frac{2}{3}R$

$= \bar{x}\left[\gamma HRL + \gamma R^2 L/2\right]$

$X_A = \dfrac{(HR^2/2) + (R^3/3)}{HR + R^2/2} = \dfrac{(3H+2R)R}{(2H+R)3}$

b) $x_p = \bar{x} + \dfrac{I_{yc}}{\bar{x}A}$ (GOOD FOR X-COMP ONLY NOTE AREA NOT PLANAR)

$x_p = H + \frac{R}{2} + \dfrac{LR^3/12}{(H+\frac{R}{2})RL} = \dfrac{3(2H+R)^2+R^2}{6(2H+R)}$

$= \dfrac{3(4H^2+4HR+R^2)+R^2}{6(2H+R)} = \dfrac{2(3H^2+3HR+R^2)}{3(2H+R)}$

SUBTRACT H TO CHECK THE FIRST RESULT:

$\dfrac{6H^2+6HR+2R^2-6H^2-3HR}{3(2H+R)} = \dfrac{(3H+2R)R}{3(2H+R)}$ ✓

9.58

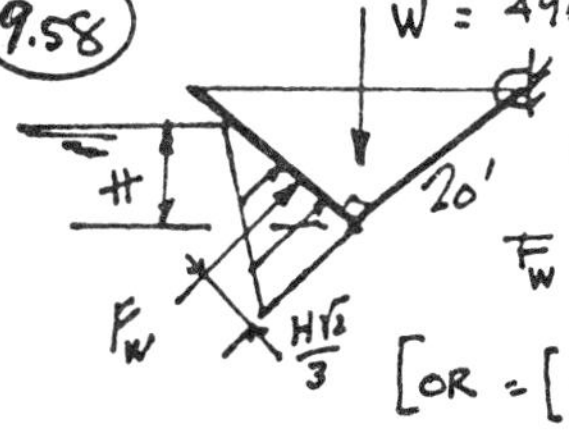

$W = 490(\text{VOL}) = 490(10)\left[20+20+20\sqrt{2}\right](t)$ WHERE $t = 1/24$

$W = 13900$ LB

$F_W = p_c A = \frac{\gamma H}{2} H\sqrt{2}\,10 = 5\sqrt{2}\gamma H^2$

$\left[\text{OR} = \left[\frac{1}{2}H\sqrt{2}\,\gamma H(10)\right] = 5\sqrt{2}\gamma H^2\right]$

WHEN IS $M_{r_o \text{ WATER}} \geq M_{r_o \text{ UT}}$?

$\frac{H\sqrt{2}}{3}5\sqrt{2}\gamma H^2 \geq W\frac{20\sqrt{2}}{2}$ $\gamma = 62.4$ & $W = 13900$ LB

$H^3 \geq 945$ FT $\therefore H_{CRIT} = 9.81$ FT

9.59 $\Sigma M_{HINGE} = 0$ SEE TEXT FIG.

$\Sigma M = 0 = -(\gamma HWB)\frac{B}{2} + \left(\frac{1}{2}\gamma HWH\right)\frac{H}{3} \Rightarrow$

$-\frac{B^2}{2} + \frac{1}{2}\frac{H^2}{3} = 0 \Rightarrow B = H/\sqrt{3}$

OR $H = B\sqrt{3}$

9.60 SEE TEXT FOR FIG. SEG. IS 60° ARC ORIGIN CENTER OF TOP

PRES. AROUND RING AT θ IS

$p = \gamma y = \gamma R\sin\theta$

$F_{r_y} = \int_0^{\pi/3}\left[\gamma R\sin\theta\,(2\pi R\cos\theta)R\,d\theta\right]\sin\theta$

$= \gamma R^3 2\pi\int_0^{\pi/3}\sin^2\theta\cos\theta\,d\theta$

$= 2\pi\gamma R^3\frac{\sin^3\theta}{3}\Big|_0^{\pi/3} = \dfrac{\pi\gamma R^3\sqrt{3}}{4}$

PART OF "FLOOR" IS $\gamma\frac{R\sqrt{3}}{2}\pi\frac{R^2}{4} = \frac{\pi\gamma R^3\sqrt{3}}{8}$

TOTAL: $F_{r_y} = \dfrac{\pi\gamma R^3 3\sqrt{3}}{8}$, $F_{r_x} = 0$; $F_{r_z} = 0$

9.61 SEE TEXT FOR FIG $\theta = 0$

$\gamma = 1\frac{g}{cm^3}\cdot\frac{kg}{1000g}\cdot\frac{10^6 cm^3}{m^3}\cdot 9.81\frac{m}{sec^2} = 9810\frac{N}{m^3}$

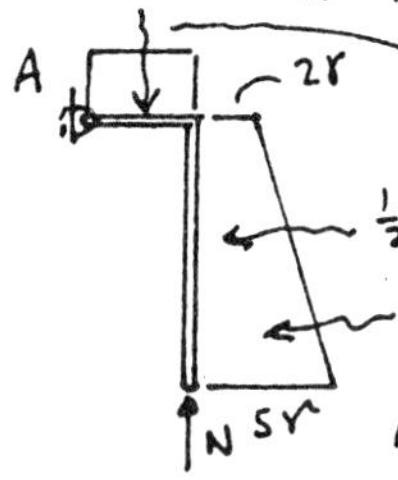

$9810(2)(5)(1) = 98100$ N

$\frac{1}{2}\cdot 2.2(9810)5(3) = 294300$ N

$\frac{1}{3}\cdot 3(13)5 = 22.5(9810) = 220700$ N

$A_x = 294300 + 220700 = 515000$ N

$\Sigma M_A = 0 = 1N - 98100(.5) - 294300(1.5)$

$-220700(2) \Rightarrow N = 932000$ N AT B

$\Sigma F_y = 0 \Rightarrow A_y = 932000 - 98100 = 834000 \downarrow$ N

HYDROSTATIC WATER FORCE $= -515000\hat{i} - 98100\hat{j}$ N

$\underline{r}\times\underline{F}_{WATER} = (x\hat{i}+y\hat{j})\times(-515000\hat{i}-98100\hat{j})$

$= -932000\hat{k} \Rightarrow$

$y = 0.190x - 1.81$ (ORIGIN AT A)

9.62

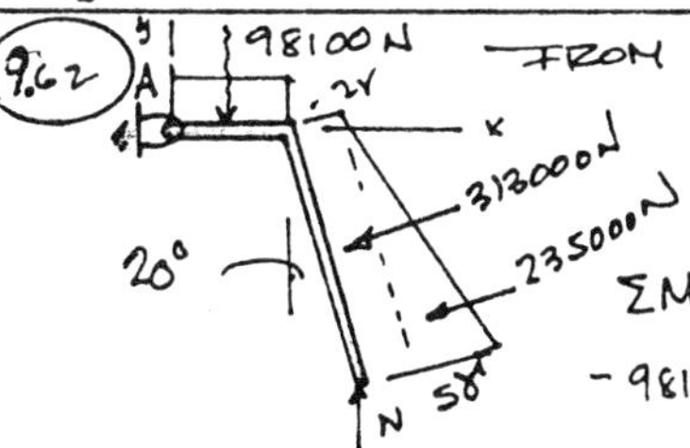

FROM PROB 9.61,

$A_x = 548000\cos 20°$

$= 515000$ N (9.61)

$\Sigma M_A = 0 = N(2.09)$

$-98100(1/2) - 313000[\cos 20°(1.5) + \sin 20°(1.55)] - 235000[\cos 20°(2) + \sin 20°(1.73)] \Rightarrow N = 592000$ N

$\Sigma F_y = 0 = 592000 - 98000 - 548000\sin 20° - A_y \Rightarrow$

$A_y = 307000$ N; $\underline{F}_r = -515000\hat{i} - 285000\hat{j}$ N

$(x\hat{i}+y\hat{j})\times(-515000\hat{i}-285000\hat{j}) = -1237000\hat{k} \Rightarrow$

$-285x + 515y = -1240$ OR

$y = .553x - 2.41$ IS LINE OF ACTION OF HYDROSTATIC FORCE

9.63

SP. WT = γ = 9810 N/m^3

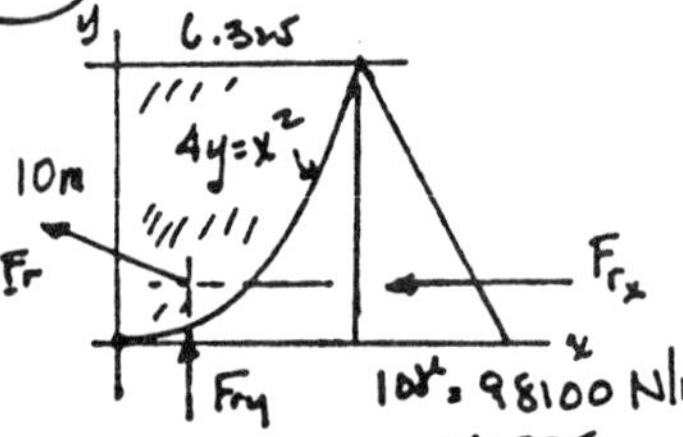

$F_{r_x} = \frac{1}{2}(98100)10 = 490500\text{N}$

HATCHED AREA: $\int_0^{6.325} (10 - \frac{x^2}{4})\,dx \Rightarrow 42.16\text{ m}^2$

SO WT. OF IMAGINARY COL. OF WATER ABOVE IS 42.16 (1) (9810) = 413,600 N = F_{r_y}

CENTROID = $\bar{x} = \int_0^{6.325} (10x - \frac{x^3}{4})\,dx / A = 2.372\text{ m}$

SO $|F_r| = 641600$ N (at 40.14°)

$(x\hat{i} + y\hat{j}) \times (-490500\hat{i} + 413600\hat{j}) = 490500(3.333)\hat{k} + 413600(2.372)\hat{k} \Rightarrow$

$y = -.843x + 5.33$

9.64

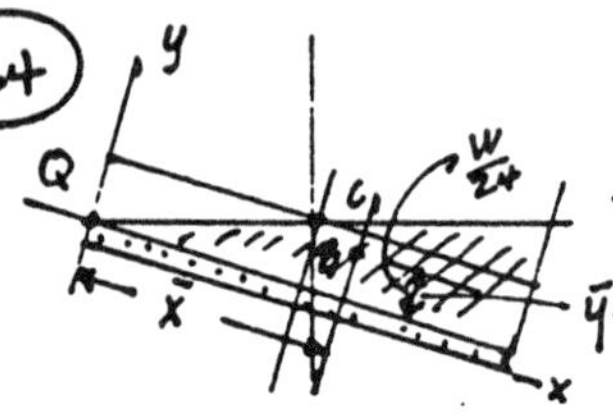

$A\bar{x} = A_{DOT}\bar{x}_{DOT} + A_{BLACK}\bar{x}_B$

$\bar{x} = \frac{(2W^2)(2W) + (\frac{1}{2} \cdot 4WW)(\frac{2}{3} \cdot 4W)}{2W^2 + 2W^2} = \frac{7}{3}W$

$A\bar{y} = A_{DOT}\bar{y}_{DOT} + A_{BLACK}\bar{x}_{BLACK}$

$\bar{y} = \frac{(2W^2)(W/4) + (2W^2)(\frac{W}{2} + \frac{W}{3})}{4W^2} = \frac{13}{24}W$

"SHIP" TURNED THROUGH $\theta = \tan^{-1}(\frac{W/2}{2W})$

$\theta = 14.04°$. WITH RESPECT TO Q, C IS STILL 2W TO RIGHT OF IT, "B" IS NOW, HOWEVER, THIS DISTANCE TO THE RIGHT OF Q:

$\frac{7}{3}W\cos 14.04° + \frac{W}{24}\sin 14.04° = 2.274W > 2W$

∴ IT'LL TURN BACK TOWARD EQUIL. POS.

9.65

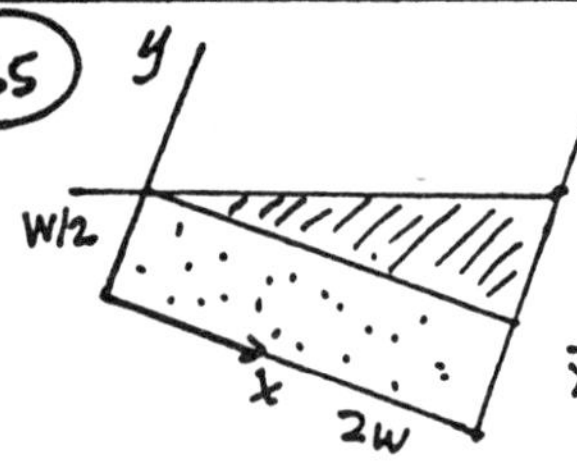

$A\bar{x} = A_{DOT}\bar{x}_{DOT} + A_{BLACK}\bar{x}_{BLACK}$

$\bar{x} = \frac{W^2 \cdot W + \frac{1}{2} \cdot 2W \cdot W(\frac{2}{3} \cdot 2W)}{2W^2} = \frac{7}{6}W$

$\bar{y} = \frac{W^2\, W/4 + W^2\,(W/2 + W/3)}{2W^2} = \frac{13}{24}W$

Continued

$\theta = \tan^{-1}(\frac{W/2}{W}) = 26.57°$

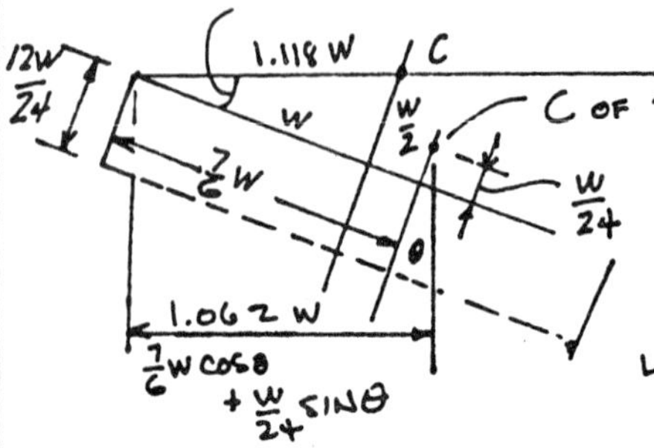

C OF DISPL. FLUID = "B"

SINCE 1.062W < 1.118W "B" IS TO THE LEFT OF SHIP'S C .....

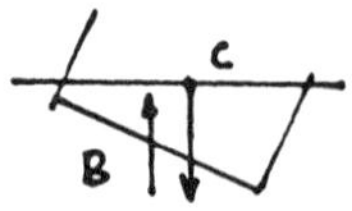

& OVER SHE GOES!

9.66

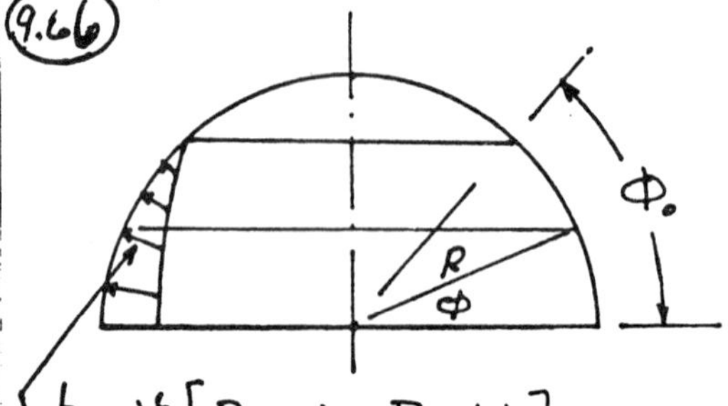

$p = \gamma[R\sin\phi_0 - R\sin\phi]$

F_r = VERTICAL DUE TO WATER PRESSURE

$F_r = \int_0^{\phi_0}\int_{\theta=0}^{2\pi} pR\cos\phi\, d\theta\, R\, d\phi \sin\phi$

$= 2\pi\gamma R^3 \int_0^{\phi_0} (\sin\phi_0 - \sin\phi)\sin\phi\cos\phi\, d\phi$

$= 2\pi\gamma R^3 \left[\sin\phi_0 \frac{\sin^2\phi}{2}\Big|_0^{\phi_0} - \frac{\sin^3\phi}{3}\Big|_0^{\phi_0}\right]$

$= \frac{\pi\gamma R^3 \sin^3\phi_0}{3}$ AND SET IT EQUAL TO W, WHICH IS THE WEIGHT OF TANK

$\frac{\pi\gamma R^3}{3}\sin^3\phi_0 = W$ OR

$R\sin\phi_0 = \text{DEPTH} = \left(\frac{3W}{\pi\gamma}\right)^{1/3}$

IF DEPTH IS CALCULATED TO BE > R, IT'S TOO HEAVY TO LIFT OFF, EVEN IF FULL.

(9.67)

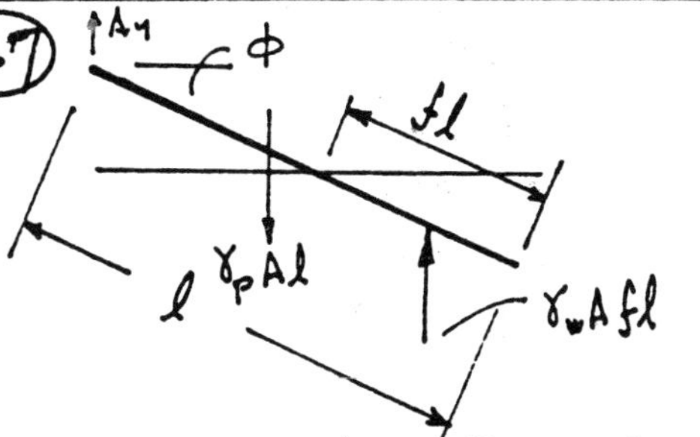

$$\Sigma M_{FOOT} = 0 = \gamma_w A f\ell \left[(1-\tfrac{f}{2})\ell\right]\cos\phi - \gamma_p A \ell \tfrac{\ell}{2}\cos\phi$$

$$\frac{\gamma_p}{2\gamma_w} = \frac{1}{4} = f - \frac{f^2}{2} \Rightarrow f^2 - 2f + \frac{1}{2} = 0 \Rightarrow$$

$f = 1 \pm \sqrt{\frac{1}{2}}$; ROOT < 1 IS $f = .293$

(9.68, 9.69) The procedure for Newton-Raphson is described in Appendix D. The computer program should contain such things as a read statement for data (parameter values) and the initial guess; a subroutine to compute the value of the function and its derivative repeatedly; statements to compute the new approximation to the root and compare with the previous one; and a means of cutting off the procedure and printing results.

(9.70)

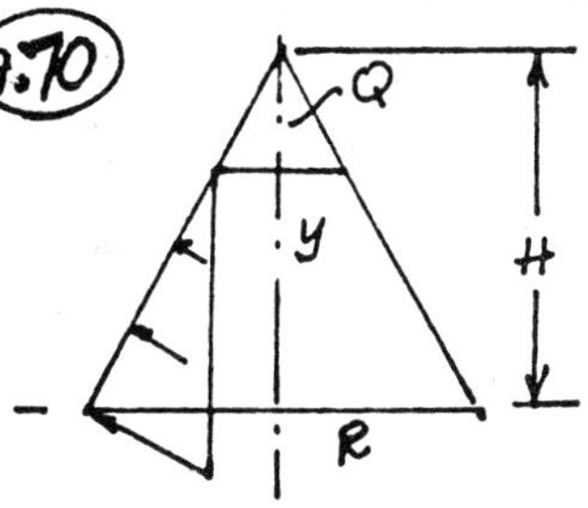

$$p = \gamma(y-Q)$$

$$\frac{r}{y} = \frac{R}{H} \Rightarrow r = \frac{yR}{H}$$

$$dr = \frac{R}{H}dy$$

$$ds = \sqrt{dr^2 + dy^2}$$

$$\therefore ds = \frac{\sqrt{H^2+R^2}}{H}dy$$

$$F_{VERT} = \int p\, 2\pi r\, ds \frac{R}{\sqrt{R^2+H^2}}$$

$$= \int \gamma(y-Q)2\pi\left(\frac{yR}{H}\right)\left(\frac{\sqrt{H^2+R^2}}{H}dy\right)\frac{R}{\sqrt{R^2+H^2}}$$

$$= \frac{2\pi\gamma R^2}{H^2}\left[\frac{H^3}{3} - \frac{QH^2}{2} + \frac{Q^3}{6}\right] = W \text{ (WT. OF TANK)}$$

$$\frac{Q^3}{6} - \frac{QH^2}{2} + \left(\frac{H^3}{3} - \frac{WH^2}{2\pi\gamma R^2}\right) = 0 \text{ ; LET } \alpha = Q/H$$

THUS THE ANSWER DEPENDS ON $\frac{W}{\gamma R^2 H}$.

LET IT BE 1.2 SO THAT

$$\alpha^3 - 3\alpha + .854 = 0$$

$$\left(\alpha^3 - 3\alpha + \left[2 - \frac{3W}{\pi\gamma R^2 H}\right] = 0\right)$$

α	$f(\alpha)$
.1	.555
.2	.262
.25	.120
.27	.0637
.28	.0360
.29	.0084
.291	.0056
.293	.0002

$$\therefore \alpha = \frac{Q}{H} = .293$$

$$H - Q = H(1 - .293)$$

$$= .707H \text{ DEEP}$$

Can use the Newton-Raphson algorithm from Prob. 9.68 to solve the cubic.

APPENDIX (A)

(A.1) $\underline{A}+\underline{B} = -\hat{i} + 5\hat{j} + 6\hat{k}$

$\underline{A}-\underline{B} = 5\hat{i} + 7\hat{j} - 14\hat{k}$

(A.2) $\frac{3}{\sqrt{11}}\hat{i} + \frac{\hat{j}}{\sqrt{11}} - \frac{\hat{k}}{\sqrt{11}}$

(A.3) $-2 - 18 - 18 = -38$

(A.4) THE DIRECTION OF $\underline{A}\times\underline{B}$ IS THAT OF THE ADVANCE OF THE SCREW WHEN IT IS TURNED "FROM $\underline{A}$ INTO $\underline{B}$" THROUGH THE SMALLER OF THE TWO ANGLES BETWEEN $\underline{A}$ AND $\underline{B}$ IN THEIR PLANE.

(A.5) $(\underline{A}\cdot\underline{B})\underline{C} = (60+0+54)(2\hat{i}+4\hat{j}+6\hat{k})$

$= 228\hat{i} + 456\hat{j} + 684\hat{k}$

$\underline{A}\cdot(\underline{B}\times\underline{C}) = (6\hat{i}+2\hat{j}+9\hat{k})\cdot(-24\hat{i}-48\hat{j}+40\hat{k})$

$= -144 - 96 + 360 = 120$

$(\underline{A}\times\underline{B})\times\underline{C} = [\hat{i}(12-0)+\hat{j}(90-36)+\hat{k}(-20)]\times(2\hat{i}+4\hat{j}+6\hat{k})$

$= \hat{i}[54\cdot6+20\cdot4] + \hat{j}[-20(2)-12(6)] + \hat{k}[12(4)-54(2)]$

$= 404\hat{i} - 112\hat{j} - 60\hat{k}$

$\underline{A}\times(\underline{B}\times\underline{C}) = (6,2,9)\times(-24,-48,40)$ (SEE A.5 ABOVE)

$= \hat{i}[2(40)+9(48)] + \hat{j}[9(-24)-6(40)]$

$+ \hat{k}[6(-48)+2(24)]$

$\therefore\ \underline{A}\times(\underline{B}\times\underline{C}) = 512\hat{i} - 456\hat{j} - 240\hat{k}$

(A.6) a) $\underline{A}+\underline{B} = 3\hat{i} - 2\hat{j} + 4\hat{k}$

b) $\underline{B}-\underline{C} = (2-(-5))\hat{i} + (-3-4)\hat{j} + (4-(-2))\hat{k}$

$= 7\hat{i} - 7\hat{j} + 6\hat{k}$

c) $\underline{A}\cdot\underline{B} = 1\cdot2 + 1\cdot(-3) + 0 = -1$

d) $\underline{B}\times\underline{C} = (2\hat{i}-3\hat{j}+4\hat{k})\times(-5\hat{i}+4\hat{j}-2\hat{k})$

$= -10\hat{i} - 16\hat{j} - 7\hat{k}$

e) $\underline{A}\cdot\underline{B}\times\underline{C} = (\hat{i}+\hat{j})\cdot(-8\hat{i}-16\hat{j}-7\hat{k}) = -26$

f) $\underline{A}\times(\underline{B}\times\underline{C}) = (\hat{i}+\hat{j})\times(-10\hat{i}-16\hat{j}-7\hat{k})$

$= -7\hat{i} + 7\hat{j} - 6\hat{k}$

g) $\frac{-5\hat{i}+4\hat{j}-2\hat{k}}{\sqrt{25+16+4}} = -\frac{5}{\sqrt{45}}\hat{i} + \frac{4}{\sqrt{45}}\hat{j} + \frac{(-2)}{\sqrt{45}}\hat{k}$

h) $\frac{2\hat{i}-3\hat{j}+4\hat{k}}{\sqrt{4+9+16}}$; $\cos\theta_x = 2/\sqrt{29} = .371$, $\cos\theta_y = -3/\sqrt{29} = -.557$, $\cos\theta_z = 4/\sqrt{29} = .743$

(A.7) a) $\underline{A}+\underline{B} = 6.5\hat{i} - 20.5\hat{j} - .3\hat{k}$

b) $\underline{B}-\underline{C} = -\hat{i} - 29.2\hat{j} + 6\hat{k}$

c) $\underline{A}\cdot\underline{B} = 2.4(4.1) + 0 - 6.3(6) = -27.96$

d) $\underline{B}\times\underline{C} = \begin{vmatrix} \hat{i} & \hat{j} & \hat{k} \\ 4.1 & -20.5 & 6 \\ 5.1 & 8.7 & 0 \end{vmatrix} = -52.2\hat{i} + 30.6\hat{j} + 140\hat{k}$

e) $\underline{A}\cdot(\underline{B}\times\underline{C}) = (2.4, 0, -6.3)\cdot(-52.2, 30.6, 140) = -1007$

f) $\underline{A}\times(\underline{B}\times\underline{C}) = \begin{vmatrix} \hat{i} & \hat{j} & \hat{k} \\ 2.4 & 0 & -6.3 \\ -52.2 & 30.6 & 140 \end{vmatrix} = 193\hat{i} - 7.14\hat{j} + 73.4\hat{k}$

g) $\hat{u}_c = \frac{5.1\hat{i}+8.7\hat{j}}{\sqrt{5.1^2+8.7^2}} = 0.506\hat{i} + 0.863\hat{j}$

h) $\hat{u}_B = \frac{4.1\hat{i}-20.5\hat{j}+6\hat{k}}{\sqrt{4.1^2+(-20.5)^2+6^2}} = .189\hat{i} - .943\hat{j} + .276\hat{k}$

$\cos\theta_x = .189$, $\cos\theta_y = -.943$, $\cos\theta_z = .276$

(A.8) a) $\underline{A}+\underline{B} = 3\hat{i} - 7\hat{j} + \hat{k}$

b) $\underline{B}-\underline{C} = -\hat{i} - 8\hat{j}$

c) $\underline{A}\cdot\underline{B} = 3(0) + 0(-7) + 0(1) = 0$

d) $\underline{B}\times\underline{C} = (-7\hat{j}+\hat{k})\times(\hat{i}+\hat{j}+\hat{k})$

$= -8\hat{i} + \hat{j} + 7\hat{k}$

e) $\underline{A}\cdot(\underline{B}\times\underline{C}) = 3\cdot(-8) + 0 + 0 = -24$

f) $\underline{A}\times(\underline{B}\times\underline{C}) = 3\hat{i}\times(-8\hat{i}+\hat{j}+7\hat{k}) = -21\hat{j} + 3\hat{k}$

g) $\frac{\hat{i}}{\sqrt{3}} + \frac{\hat{j}}{\sqrt{3}} + \frac{\hat{k}}{\sqrt{3}}$

h) $\frac{-7\hat{j}+\hat{k}}{\sqrt{49+1}}$; $\cos\theta_x = 0$, $\cos\theta_y = \frac{-7}{\sqrt{50}} = -.990$, $\cos\theta_z = \frac{1}{\sqrt{50}} = .141$

(A.9) a) $\underline{A}+\underline{B} = (17,-21,19)$; b) $\underline{B}-\underline{C} = (14,-20,11)$

c) $\underline{A}\cdot\underline{B} = 30+20+18 = 68$; d) $\underline{B}\times\underline{C} = -140\hat{i} - 87\hat{j} + 20\hat{k}$

e) $\underline{A}\cdot(\underline{B}\times\underline{C}) = (2,-1,1)\cdot(-140,-87,20) = -173$

f) $\underline{A}\times(\underline{B}\times\underline{C}) = \begin{vmatrix} \hat{i} & \hat{j} & \hat{k} \\ 2 & -1 & 1 \\ -140 & -87 & 20 \end{vmatrix} = 67\hat{i} - 180\hat{j} - 314\hat{k}$

g) $\frac{\hat{i}+7\hat{k}}{\sqrt{50}} = .141\hat{i} + .990\hat{k}$

h) $\frac{15\hat{i}-20\hat{j}+18\hat{k}}{30.806} = .487\hat{i} - .649\hat{j} + .584\hat{k}$

$\cos\theta_x = .487$, $\cos\theta_y = -.649$, $\cos\theta_z = .584$

(A.10)

$$\underline{P}\times\underline{Q} = \begin{vmatrix} \hat{i} & \hat{j} & \hat{k} \\ 2 & 3 & 6 \\ -1 & -6 & -3 \end{vmatrix} = 27\hat{i} - 9\hat{k}$$

(A.11) $\underline{A}\cdot\underline{B} = 6 - 2 - 15 = -11$

$\underline{A}\times\underline{B} = \hat{i}(5-6) + \hat{j}(9+10) + \hat{k}(4+3) = -\hat{i} + 19\hat{j} + 7\hat{k}$

(A.12) $\underline{A}+\underline{B} = 5\hat{i} + \hat{j} - 2\hat{k}$

$\hat{u}_{A+B} = \dfrac{5\hat{i} + \hat{j} - 2\hat{k}}{\sqrt{30}}$; $\cos\theta = -\dfrac{2}{\sqrt{30}}$, $\theta = 111°$

(A.13)

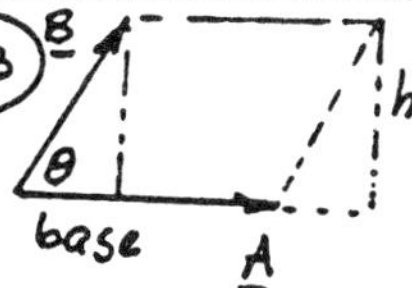

AREA = (BASE) × (HEIGHT)

$= |\underline{A}|(|\underline{B}|\sin\theta)$

AND $|\underline{A}\times\underline{B}| = |\underline{A}||\underline{B}|\sin\theta$, THE SAME.

(A.14) $\hat{u}_1 = \dfrac{4\hat{j} + 12\hat{k}}{4\sqrt{10}}$; $\hat{u}_2 = \dfrac{3\hat{i} + 4\hat{j}}{5}$

$\cos\theta = \hat{u}_1\cdot\hat{u}_2 = 0 + \dfrac{1}{\sqrt{10}}\cdot\dfrac{4}{5} + 0 = .253$

$\therefore\ \theta = \cos^{-1}(.253) = 75.3°$

(A.15) A POINT ON $\underline{F}_3$ HAS COORD: $3, y, 0$

" " " $\underline{F}_4$ " " $x, \frac{4}{3}x, 4x$

COMPONENTS OF A VECTOR FROM $\underline{F}_3$ TO $\underline{F}_4$: $x-3,\ \frac{4}{3}x - y,\ 4x$

TO BE ⊥ TO $\underline{F}_3$; $\frac{4}{3}x - y = 0$

TO BE ⊥ TO $\underline{F}_4$; $(\ )\cdot\underline{F}_4 = 0$

$3(x-3) + 4(\frac{4}{3}x - y) + 48x = 0$ (with $\frac{4}{3}x - y$ crossed out → 0)

$3x - 9 + 48x = 0$

$x = 3/17$; $y = \frac{4}{3}x = 4/17$

LENGTH $= \dfrac{1}{\sqrt{17}}\sqrt{(48)^2 + (12)^2} = 2.91\ m$

(A.16) $|\underline{B}\times\underline{C}|$ = AREA OF BASE PARALLELOGRAM (SEE A.13). THIS × HEIGHT = VOL. OF PARALLELEPIPED $= (\ )\times\underline{|\underline{A}|\cos\phi} = |\underline{B}||\underline{C}|\sin\theta \cdot (\ )$

& $\underline{A}\cdot(\underline{B}\times\underline{C}) = [|\underline{A}|\cos\phi\,\hat{k} + \text{COMP.}\perp\hat{k}]\cdot[\ \ ]$

$= |\underline{A}|\cos\phi\ |\underline{B}||\underline{C}|\sin\theta$

$= |\underline{A}||\underline{B}||\underline{C}|\sin\theta\cos\phi$

THIS IS SAME AS $|\underline{B}||\underline{C}|\sin\theta\cdot(\ )$ ABOVE SINCE ( ) IS $|\underline{A}|\cos\phi$

(A.17) SEE FIG. FOR PROB A.16

$L = |(\underline{B}+\underline{C}) + \underline{A}|$

$= |3\hat{i} + 9\hat{j} + 2\hat{k}| = \sqrt{9+81+4} = \sqrt{94} = 9.70$

(A.18) A UNIT VECTOR ⊥ TO $\underline{A}$ & $\underline{B}$ IS $\pm\dfrac{\underline{A}\times\underline{B}}{|\underline{A}\times\underline{B}|}$ $\therefore\ \underline{C} = \pm|\underline{C}|\left(\dfrac{\underline{A}\times\underline{B}}{|\underline{A}\times\underline{B}|}\right)$

(A.19) a) $\hat{u}_A = \frac{3}{5}\hat{i} + \frac{4}{5}\hat{j}$

b) $(V_x\hat{i} + V_y\hat{j})\cdot(4\hat{i} + \hat{k}) = 0$; $4V_y = 0 \Rightarrow V_y = 0$

$\therefore$ REQ'D VECTOR IS $\dfrac{V_x\hat{i}}{|V_x\hat{i}|} = \hat{i}$

c) $\dfrac{\underline{A}\times\underline{B}}{|\underline{A}\times\underline{B}|} = \dfrac{\hat{i}4 + \hat{j}(-3) + \hat{k}(12)}{13} = \frac{1}{13}(4\hat{i} - 3\hat{j} + 12\hat{k})$

(A.20) LET A:B = $\underline{V}_1$; B:C : $\underline{V}_2$

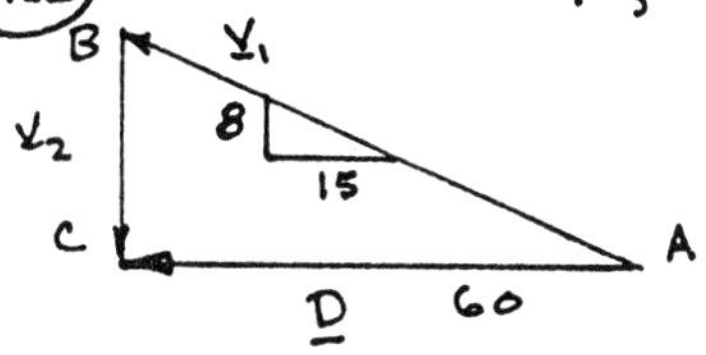

$\dfrac{|\underline{V}_1|}{60} = 17/15$

$|\underline{V}_1| = \dfrac{17\cdot 60}{15} = 68$

$\dfrac{|\underline{V}_2|}{60} = \dfrac{8}{15} \Rightarrow |\underline{V}_2| = 32$

SO $\underline{V}_1 = 68\left(-\frac{15}{17}\hat{i} + \frac{8}{17}\hat{j}\right)$; $\underline{V}_2 = -32\hat{j}$